CNRS histoire des sciences

# CNRS histoire des sciences

Bernadette Bensaude-Vincent et Anne Rasmussen (dir.), *La Science populaire dans la presse et l'édition, XIXe et XXe siècles*, 1997.

Jean-Marc Bernardini, *Le Darwinisme social en France (1859-1918). Fascination et rejet d'une idéologie*, 1997.

Cédric Grimoult, *Évolutionnisme et fixisme en France. Histoire d'un combat, 1800-1882*, 1998.

Pietro Corsi, *Lamarck. Genèse et enjeux du transformisme 1770-1830*, 2001.

Dominique Ottavi, *De Darwin à Piaget. Pour une histoire de la psychologie de l'enfant*, 2001.

Gérard Nissim Amsallag, *La Raison malmenée. De l'origine des idées reçues en biologie moderne*, 2002.

Jean Eisenstaedt, *Einstein et la relativité générale. Les chemins de l'espace-temps*, 2002.

Bernard Andrieu, *Le Laboratoire du cerveau psychologique. Histoire et modèles*, 2003.

**À paraître :**

Frédéric Chaberlot, *La Voie lactée. Histoire des conceptions et des modèles de notre galaxie des temps anciens aux années 1930.*

Dominique Flament

# Histoire des nombres complexes

## Entre algèbre et géométrie



CNRS EDITIONS
15, rue Malebranche – 75005 Paris

*Illustration de couverture : Introduction à l'analyse infinitésimale par Léonard Euler*, traduite du latin en français, avec des notes et des éclaircissements par J.B. Labey, 1796.


ISBN : 2-271-06128-8

# Introduction

L'éventail des problèmes posés par les nombres complexes, tant pour l'histoire moderne de l'essor européen que pour celle des mathématiques, est extrêmement large. J'ai essayé de le considérer en son entier mais en prenant conscience que si cette vue globale était indispensable pour situer entre eux les différents acquis déjà publiés, elle était cependant d'une bien trop grande ampleur pour m'éviter de faire un choix.

Les domaines concernés vont de l'histoire politique à celui de la formalisation logique et en traversent bien d'autres, par exemple, d'ordre métaphysique ou linguistique. Il m'est alors apparu que ma contribution pourrait avoir un intérêt particulier à deux conditions : utiliser ma propre formation acquise auprès de mathématiciens actuels, tout en procédant aussi au dépaysement nécessaire pour penser les mathématiques telles qu'elles l'étaient à l'époque où des innovateurs eurent à combattre des idées reçues pour substituer les unes aux autres des notions successives telles que *nombres sophistiques* ou *absurdes*, *nombres impossibles*, *nombres imaginaires*, *nombres complexes* puis *hypercomplexes*. Encore, en employant d'emblée ici le mot *nombre,* sont omises des difficultés et des discussions portant sur la différence entre *nombre* et *quantité*, et entre *nombre* et *signe*.

La nécessité d'explorer pas à pas ces successives convergences et divergences d'opinion m'amena à me reporter à des textes originaux en constatant que les évocations qu'on en avait faites jusqu'à présent (et qu'on pourra encore en faire dans l'avenir) laissaient une grande part à l'ambiguïté et au sous-entendu. Les éclaircissements que mon ouvrage voulait apporter exigeaient un effort tel qu'il m'a fallu renoncer à un projet initial plus ambitieux : celui de rapporter l'histoire des nombres complexes à celle des représentations du monde proposées au cours des quatre derniers siècles par une économie sociale en perpétuel changement.

Dans les limites qui m'ont été ainsi prescrites, j'ai montré en différentes occasions les voies qu'il conviendrait d'explorer pour situer effectivement les nombres complexes dans l'histoire générale des concepts de l'existence qu'ont eues les entrepreneurs, praticiens ou philosophes de la période considérée. À cet égard, une des difficultés majeures que j'ai tenté de circonscrire sans prétendre la résoudre concerne précisément la différence entre l'*imaginaire* et le *réel* ; différence qui elle-même varie fortement selon les conceptions que l'on a pu se faire, et que l'on peut encore se faire, de la *réalité* et de ses représentations. Pour me tirer d'affaire, j'ai entendu me tenir aussi près que possible des textes écrits par les savants eux-mêmes et d'en considérer le *style* : style tant de leurs procédés d'innovation que de leurs procédés d'exposition. Aussi ai-je été conduit à faire de nombreuses citations afin de mieux souligner comment écrivaient et raisonnaient les mathématiciens d'alors. Bien souvent, les études historiques s'attachent pour de multiples raisons, pas toujours très pertinentes, à traduire les écritures symboliques proposées par les auteurs, nuisant de la sorte à une profonde compréhension des textes étudiés. Outre leur intérêt historique et pédagogique, de telles citations permettent une possible confrontation entre ce que le lecteur perçoit et ce que le commentateur en déduit ; le débat résultant éventuellement de cette confrontation peut susciter à son tour des recherches plus approfondies.

Il existe au moins autant de styles mathématiques (et peut-être même davantage) qu'il existe de mathématiciens. Cette marge s'agrandit encore quand il faut prendre en compte nombre d'auteurs non mathématiciens eux-mêmes mais ayant contribué à inspirer des découvertes s'y référant expressément. Il est impossible de traiter de la même manière des documents de sources et d'inspirations si différentes. Et la manière convenant à chaque cas dépend non moins des connaissances que l'on peut avoir des auteurs en cause. C'est ainsi que, à titre d'exemple, pour comprendre Hamilton, on a la chance de disposer d'une abondante correspondance publiée par R. P. Graves, alors que Gauss demeure hermétique en dépit des nombreux documents conservés et qu'on ne sait presque rien de ce que pensait Bombelli, en dehors de rares textes spécifiques qui nous sont parvenus.

Les chapitres qui suivent s'efforcent d'analyser dans toute sa technicité cas par cas et étape par étape un mouvement de pensée déjà assez connu sous sa forme générale mais dont pourtant bien des nuances restaient et restent encore à explorer. Ce mouvement général tend à substituer (et le fait avec succès) les hardiesses de l'abstraction à des précautions antérieures prises pour se référer au concret. À titre d'exemple et bien qu'il s'agisse là d'une situation déjà très développée, considérons une expression simple telle que $ab = c$ : elle peut être lue de telle sorte que d'une *longueur* multipliée par une *largeur* résulte une *surface* (on donnera alors une forme spéciale à ce que l'expression a représenté par un $c$). On peut aussi la lire comme si $c$ représente lui-même une longueur (dans ce cas les trois lettres pourront être indifféremment empruntées à l'alphabet). Enfin, on peut également la considérer comme si $a$, $b$, $c$ ne renvoyaient pas à une ou des *dimensions de l'espace* mais étaient seulement des *symboles* convenant à généraliser une opération quelle que soit la nature des *objets* auxquels elle se rapporte.

Cette évolution transformatrice conduira, du XVI<sup>e</sup> au XIX<sup>e</sup> siècle, de l'*algèbre syncopée* aux *algèbres* modernes : la première utilise le langage autrement que le non-spécialiste mais tout en y conservant quelque chose qui soit évocateur pour le sens commun ; les dernières utiliseront encore mots et lettres mais en fonction d'emplois définis par des systèmes ou par des théories n'ayant de signification qu'intrinsèque.

Au cours d'une telle évolution, on observera aussi comment et pourquoi iront en s'établissant des rapports voire des liens, tantôt voulus tantôt décriés, entre *algèbre* et *géométrie* ; autant de situations conflictuelles qui contribueront à faire des *vérités premières* que furent les *axiomes* les *hypothèses de construction* que nous connaissons aujourd'hui.

Signalons d'emblée l'état dans lequel se trouve l'historien des mathématiques : d'une part il pense en mathématicien et se doit d'oublier les manières de penser et d'écrire de prédécesseurs trop anciens ; d'autre part il doit penser en historien et alors il doit faire valoir l'importance de ce qu'il a dû oublier en tant que mathématicien. Or cet état a été vécu bien plus profondément encore, et sans doute parfois non sans anxiété, par les innovateurs ayant reçu une formation de prédécesseurs auxquels ils doivent presque tout et qu'ils sont pourtant conduits à remettre en question, parfois même à affronter, afin d'en poursuivre l'effort. Peut-être la force de caractère nécessaire pour surmonter de tels risques et pour être infidèle à des maîtres tout en poursuivant la voie qu'ils avaient ouverte est-elle, autant que la compétence proprement technique, une composante essentielle du génie créateur en mathématique. L'expérience des écoles le montre, et plusieurs philosophes contemporains le suggèrent à leur manière : apprendre d'emblée un formalisme nouveau permet de progresser d'autant plus vite qu'une génération nouvelle s'est substituée à une autre encore encombrée du passé. Mais ce que l'étudiant apprend à l'école lui est proposé comme « tout fait », alors qu'il a été vécu comme un « drame » par ceux qui ont dû l'inventer. Les pages à venir évoqueront parfois cette longue et diverse suite de « drames » vécus ; elles ne pourront le faire que brièvement bien que nombre d'entre elles se réfèrent à ce que l'historien des mathématiques Bell appelait une « tragédie » en parlant de Hamilton, ou Dieudonné en parlant de Grassmann. De telles « tragédies » ne sont pas que répétitives. Chacune d'elles a un caractère propre reflétant un milieu familial, social ou culturel. Peut-être cette simple réflexion ainsi proposée permet-elle d'expliquer notamment l'immense variété de compétences et d'audaces qu'il a fallu aux mathématiciens ayant franchi le cap entre l'*imaginaire* et le *complexe*. Croyants ou non-croyants, reconnus ou méconnus, ils étaient aux frontières séparant plusieurs univers de pensée et souvent plusieurs univers de langage quand on constate, par exemple, que par leurs études et leurs connaissances un Gauss ou un Hamilton eussent pu être aussi bien de prodigieux linguistes qu'ils ont été des innovateurs de symbolismes abstraits.

En parlant ainsi de « génies » je ne me réfère pas uniquement à ceux auxquels on attribue ordinairement ce titre (tout en méconnaissant trop souvent une part de ce qui fut pour eux le plus vital), mais aussi à des auteurs plus ou moins obscurs ayant joué un rôle irremplaçable tant comme produits de sociétés en changement que comme producteurs d'idées nouvelles.

Il va de soi que l'étude historique des mathématiques ne peut être seulement récurrente. Faire sienne une telle approche conduit au témoignage fallacieux d'une histoire confortable pour l'esprit ; une histoire qui écarte les faux pas et les errements et rejette en les taxant d'erronés des résultats qui souvent se révélèrent après coup d'une incontestable fécondité.

Tout en ayant conscience du « milieu » dans lequel font leur apparition les concepts nouveaux, l'historien se doit de faire taire ses *a priori* et ce qu'il sait des mathématiques quand il lui faut reconstituer les démarches hésitantes et maladroites de ceux qui eurent à surmonter l'adversité pour remettre en cause des acquis, considérés autour d'eux comme incontestables et vrais. Sans doute moins agréable et plus ingrate, une telle histoire se révèle cependant la plus à même d'éclairer les mathématiques d'hier et de faire comprendre celles d'aujourd'hui.

*Chapitre premier*

# Les nombres imaginaires comme problème

## A – Apparition des nombres impossibles

### *1 - Les nombres « impossibles » comme problème au XVI^e siècle*

Il est difficile de nommer ces êtres mathématiques tant leur histoire est tourmentée et tant leur désignation fut controversée. Il ne faudra pas moins de quatre siècles avant que ces entités soient enfin reconnues.

Nous trouvons quelques traces de leur présence dans certains ouvrages appartenant à l'époque qui s'étend du Siècle d'or grec à l'orée du XVI^e siècle de notre ère. Dans un traité de stéréométrie (géométrie pratique qui a pour objet la mesure des solides naturels[1]) que l'on attribue à Héron d'Alexandrie, E. Study[2] trouve une erreur révélatrice qui, en langage moderne, s'exprimerait comme suit : $\sqrt{81 - 144} = \sqrt{63}$. Nous pensons, comme lui, qu'elle est purement accidentelle et due à un copiste. Les problèmes que les Anciens résolvaient, outre ceux dits « problèmes solides », de la duplication du cube, de la trisection de l'angle, d'Archimède, etc., ne dépassaient en général guère ceux concernant la résolution des équations du premier et du second degré ; leur nature géométrique « ... enseignait à fuir, comme impossibles et absurdes, toutes les questions dans la solution arithmétique desquelles l'imaginaire aurait dû se présenter »[3].

On trouve, dans l'Algèbre d'al-Khwārizmī, mathématicien du IX^e siècle, une remarque sur l'impossibilité de résoudre certaines équations sans considération préalable de nouveaux objets[4].

1. Définition donnée par le *Petit Robert.*

2. D'après son exposé sur les nombres complexes inséré dans l'*Encyclopédie des sciences mathématiques* (1908), t. I, vol. I, fasc. 3.

3. Bortolotti, E., *Scientia* 33 (1923), 385-395.

4. Pour en savoir plus, nous renvoyons le lecteur aux travaux de R. Rashed et plus particulièrement aux deux ouvrages suivants : *Entre arithmétique et algèbre ; recherches sur l'histoire des mathématiques arabes.* Paris, Les Belles Lettres, 1984 ; *Sharaf al dīn al-Tūsī, œuvres mathématiques.* Paris, 2 vol., Les Belles Lettres, 1968.

Le mathématicien hindou Bhaskara (XII$^e$ siècle) traite, dans ses ouvrages d'algèbre, de nombres négatifs. Toutefois :

> « L'algèbre y est développée, non à cause de sa valeur doctrinale, mais uniquement en tant que moyen auxiliaire de solutions de questions concrètes, les racines carrées de nombres négatifs, lorsqu'elles se rencontrent, sont considérées comme des symptômes certains de l'impossibilité de poursuivre plus loin et abandonnées pour cette raison, purement et simplement »[5].

*Le triparty en la science des nombres de Nicolas Chuquet*

La première étude faite par un Européen, bien qu'elle reste toujours sur le même mode de pensée, est particulièrement intéressante. Chuquet, longtemps oublié et n'ayant peut-être pas encore la place qu'il mérite, fut peu connu de ses contemporains ; cependant, il marqua par la profondeur de sa compréhension un nombre réduit, mais des plus significatifs, de ses successeurs. Son ouvrage manuscrit *Le Triparty en la science des nombres*, écrit en 1484 mais tardivement imprimé (1880), présentait sous maints rapports une avance considérable sur son époque.

Parlant de sa notation exponentielle, Florian Cajori écrit :

> « On this subjet Chuquet was about one hundred and fifty years ahead of his time ; had his work been printed at the time when it was written, it would, no doubt, have greatly accelerated the progress of algebra. »[6]

Traitant des racines, Chuquet introduit le symbole ℞ et dit :

> « Il conviendroit dire que racine première de .12. que lon peult ainsi noter en mettant .1. dessus ℞ en ceste maniere ℞$^1$.12.cest.12 Et ℞$^1$.9.est 9 et ainsi de tous les aultres nobres. Racine seconde est celle qui posee en deux places lune soubz laultre et puys multipliee lune par l'aultre pduyt le nombre duquel est la racine seconde de .16. si est .4.... le peult mettre ℞$^2$ 16... Aultres manieres de racines sont que les simples devant distes que lon peult appeller racine composees come de 14. plus ℞$^2$ 180. dont la racine seconde si est .3.p̃ . ℞$^2$ 5. [i.e. $\sqrt{14+\sqrt{180}} = 3+\sqrt{5}$ ] ... coe la racine seconde de .14.p̃. ℞$^2$ 180. se peult ainsi mettre ℞$^2$ .14. p̃. ℞$^2$ 180. »[7]

5. Loria, G., *Scientia*, 27 (1917), 101-121 ; voir aussi Cajori F., *A history of Mathematical notations*, 1923, vol. I, pp. 80-84.

6. Cajori, F., *ibid.*, vol. I, 101.

7. Cf. Boncompagni, *Bull. biblio...*, vol. XIII (1880), p. 103 ; voir aussi Cajori F., *op. cit.*, vol. I, p. 362.

Nous voyons que cette écriture est très pratique et présente un avantage sur la nôtre ; nous pouvons le constater dans l'exemple qui nous est fourni par Cajori[8] :

« $\text{R}^2.1.\frac{1}{2}$. p̃. $\text{R}^2$.24. p̃. $\text{R}^2.1.\frac{1}{2}$
multiplié par
$\text{R}^2.1.\frac{1}{2}$. p̃. $\text{R}^2$.24. m̃. $\text{R}^2.1.\frac{1}{2}$ égal $\text{R}^2$.24 ».

Il précise :

« This is really more compact and easier to print than our $\sqrt{1 \cdot \frac{1}{2} + \sqrt{24}} + \sqrt{1 \cdot \frac{1}{2}}$ times $\sqrt{1 \cdot \frac{1}{2} + \sqrt{24}} - \sqrt{1 \cdot \frac{1}{2}}$ equals $\sqrt{24}$. »[9]

Dans l'écriture de Chuquet, nous aurons pu remarquer l'emploi des symboles « p̃ » et « m̃ » pour désigner les mots « plus » et « moins », notation que nous ne tarderons pas à retrouver chez les mathématiciens italiens.

L'interprétation et l'usage qu'il fait de « 0 » le placent devant ses confrères. Il considère ce « nombre » comme l'expression d'une quantité nulle et précise, après avoir mis en évidence les solutions de l'équation « $3x^2 + 12 = 12x$ » et ainsi exprimé qu'elles étaient « $x = 2 + \sqrt{4-4}$ » et « $x = 2 - \sqrt{4-4}$ »

> « ... reste .0. Donc $\text{R}^2$.0. adiouste ou soustraicte avec .2. ou de .2. monte .2. qui est le nõbre que lon demande. »[10]

Il ajoute dans un autre endroit :

« Lon doit sçavoir que qui adiouste ou soustrait .0. avec aulcun nombre laddicion ou soustraction ne augmente ne diminue... Et quand on dit 0 cest rien simplement. »[11]

Revenons à la notation exponentielle qu'il inventa, pour préciser d'abord qu'il utilisa le nombre en le qualifiant de plusieurs manières :

---

8. Cajori, F., *ibid.*, vol. I, 103.

9. Nous avons reproduit textuellement la formule de Cajori qui, en langage moderne, doit s'écrire : $\left(\sqrt{\frac{3}{2} + \sqrt{24}} + \sqrt{\frac{3}{2}}\right)\left(\sqrt{\frac{3}{2} + \sqrt{24}} - \sqrt{\frac{3}{2}}\right) = \sqrt{24}$

Notons aussi pour éviter toute confusion le fait que « $1 \cdot \frac{1}{2}$ » correspond à la fraction $\frac{3}{2}$.

10. Boncompagni, *ibid.*

11. Chuquet, N. , *Le triparty en la science des nombres* (*Bull. Biblio. storis. math.*, XIII (1880) (cf. Itard, J. et Dedron P. *Mathématiques et mathématiciens*, 1959).

celui-ci, en effet, pouvait être « sans dénominacion », linéaire, carré ou cubique, et il écrivait respectivement par exemple : $12^0$, $12^1$, $12^2$ et $12^3$. Plus loin il ajoute :

> « On les peult aussi entendre estre nombres quartz ou quarrez de quarrez qui seront ainsi signez .$12^4$.$18^4$.$30^4$., etc. »[12]

Chuquet introduisit une nouvelle écriture symbolique,

> « que lon peult noter en ceste maniers :
> ℞$^2 12^1$, ℞$^2 12^2$, ℞$^2 12^3$, ℞$^2 12^4$, etc.
> ℞$^3 12^1$, ℞$^3 12^2$, ℞$^3 12^3$, ℞$^3 12^4$, etc.
> ℞$^4 12^5$, ℞$^4 12^6$, etc. ».

Une telle écriture induit le lecteur moderne en erreur parce qu'elle omet de mentionner une variable si bien que, par exemple, « ℞$^3 12^4$ » signifie en réalité, dans notre écriture moderne : $\sqrt[3]{12x^4}$. Chuquet accentue ce risque en caractérisant ses nombres par une terminologie géométrique due aux Anciens. Lorsqu'il écrit : « nombre quarrez de quarrez » et qu'il le « signe », par exemple, comme étant $12^4$, il ne faut pas entendre là le résultat du produit 12 fois 12 fois 12 fois 12, mais $12x^4$. De la même manière, son « 12m̃ » signifie « $12x^{-1}$ ».

> « Adiouster 8.$^1$ avec m̃.$5^1$ monte tout .$3^1$. ou $10^1$ avec m̃. $16^1$. monte tout m̃.$6^1$. »[13]

La signification de « $12^0$ » apparaît dans :

> « Exemple qui multiplié .$12^0$ par $12^0$ montent .144. puis adiouster .0. avec .0. monte .0. ainsi monte ceste multiplication .144. »[14]

c'est-à-dire :

$$«12^0 \cdot 12^0 = 12x^0 \cdot 12x^0 = 144x^{0+0} = 144x^0 = 144^0 = 144»$$

Nicolas Chuquet nous semble être le premier de la tradition occidentale[15] à exprimer clairement le sens qu'il faut donner aux quantités négatives et à les utiliser de façon cohérente avec sa définition.

> « Qui adiouste ung moins ung autre nombre ou qui dicellui le soustrayt laddition se diminue et la soustraction croit ainsi comme qui adiouste

12. Boncompagni, *op. cit.*, vol. I.

13. Boncompagni, *op. cit.*, vol. I.

14. C'est-à-dire, aujourd'hui : « 8x – 5x = 3x ; 10x - 16x = – 6x. »

15. En fait les quantités négatives sont employées par d'autres mathématiques bien avant, en particulier chez les Indiens ; les coefficients négatifs apparaissent dans les calculs de polygones de façon assez courante.

moins 4 avec 10 l'addicion monte de 6 [ie - 4 + 10 = 6] Et qui de 10 en soustrait moins 4 il reste 14 [ie 10 – (– 4) = 14] Et quand lon dit moins 4 cest comme si une personne n'avoit rien et quel deust encore 4... »[16]

« Lon doit sçavoir que moins et plus se ont lung envers laultre ainsi comme privacion et habit ou comme debte et avoir dont 0 est disposicion commune précédente lung et laultre comme de moins 12 ρ qui se peult ainsi mettre 0 moins 12 cest a entendre que si une personne avoit 0m̃12 ρ il nauroit riens il devroit encore oultre et par dessus 12 ρ . Et sil avait 0.p̃.12 il auroit 12 oultre et pardessus .0. Et ainsi ault entendre de tous aultres nombres. »[16]

Parfois, certains problèmes le conduisent à des équations du deuxième degré dont les racines sont nos nombres complexes ; mais il se contente dans ce cas de constater que le nombre est impossible ou « irrépérible ».

Il résout l'équation[17]

$4^0\tilde{p}.1^2$ est $3^1$ $\qquad 4 + x^2 = 3x \qquad$ -1-

et obtient :

$1^1$ est $\frac{3}{2}.\tilde{p}\,.\,R\!\!\!\!\!\!\;\;\!^2.\,2\frac{1}{4}.\tilde{m}\,.4 \qquad x = \frac{3}{2} - \sqrt{\frac{9}{4} - 4}$ -2-

et

$1^1$ est $\frac{3}{2}.\tilde{p}\,.\,R\!\!\!\!\!\!\;\;\!^2.\,2.\frac{1}{4}.\tilde{m}\,.4 \qquad x = \frac{3}{2} + \sqrt{\frac{9}{4} - 4}$ -3-

Il dit :

« Et pourtant que $2 \cdot \frac{1}{4}$ qui est la multiplication du moyen est moindre que le précédent. Il senss que ceste raiss est impossible. »[18]

Nous avons, dans les expressions -2- et -3-, utilisé l'écriture de Chuquet, ceci uniquement à titre d'exemple. En effet, dans le cas particulier de l'équation mentionnée précédemment en -1-, il n'utilise aucun symbole pour la racine carrée, confirmant ainsi son refus des racines dites « imaginaires ».

Dans une autre partie de son manuscrit, on trouve l'expression (écrite ici avec les symboles actuels) : $\sqrt{(\sqrt{3}+2)(\sqrt{3}-2)}$ ; il la

16. Chuquet, *op. cit.*

17. Ici, et dans les pages qui suivent, nous écrirons dans la colonne de gauche les écritures d'époque et dans la colonne de droite les formules correspondantes qui nous sont plus familières aujourd'hui.

18. Rappelons à nouveau que dans cette notation $2 \cdot \frac{1}{4}$ désigne la fraction $\frac{9}{4}$.

remplace par $-\sqrt{1}$, au lieu de la remplacer par $\sqrt{-1}$. Une telle réduction aboutissant à un nombre réel constitue naturellement une faute particulièrement étonnante chez un homme dont tous les calculs sont exacts.

Ces remarques sur les notations de Chuquet, et que nous étendrons par la suite aux notations d'autres mathématiciens, présentent un premier intérêt : elles nous permettent de mieux suivre les influences que les innovations eurent les unes sur les autres et de saisir avec plus d'acuité certains « blocages » qui furent souvent dus à un symbolisme peu maniable et pas toujours clair.

Cette observation est également intéressante pour constituer un premier inventaire en vue d'étudier si certaines réactions sont propres à un groupe isolé ou à plusieurs individus sans relation entre eux et subissant des influences différentes. Mais cette importante réflexion ne saurait pas, dans l'état actuel des connaissances, mener très loin : elle laisse seulement soupçonner une masse critique de formalisation suffisamment élaborée pour constituer le minimum au-delà duquel peut surgir enfin l'interprétation d'une expérience mille fois observée, mais sans qu'on en ait trouvé la raison.

Les auteurs que nous venons d'évoquer n'intéressent que partiellement notre sujet, mais permettent de souligner les difficultés que soulevait l'interprétation des nombres « imaginaires ». On en a senti plus ou moins l'existence bien avant de les introduire dans les calculs.

Nous ne pensons pas, contrairement à Study, que les imaginaires doivent leur existence à un simple prolongement de la notion « primitive » de nombre, comme si cette notion avait un caractère naturel. Dire qu'aux nombres naturels s'adjoignent les nombres négatifs, aux entiers les fractionnaires, aux rationnels les irrationnels, c'est omettre que l'ensemble des réels ne connaît pas d'ensemble symétrique et que les nombres complexes ne sont pas nés de cette façon. C'est aussi un anachronisme que de partir de l'idée que nous avons actuellement du nombre.

D'autres avis, plus gravement sommaires, ont justifié l'apparition de $\sqrt{-1}$ en pensant, par exemple, à la résolution des équations du second degré, mais c'est prêter à celles-ci une symétrie non généralisable *a priori*. Le problème, beaucoup plus complexe, ne se résout pas en plongeant, à travers un demi-millénaire d'histoire, le regard scientifique du XX$^{e}$ siècle : il confronte aux structures mentales des inventeurs et aux influences de toutes sortes qu'ils subirent. Les nombres « imaginaires » apparaissent à une époque où l'homme est en train de changer ses représentations.

L'idée exacte de nombre imaginaire est née au moment où l'on refusa de penser qu'il était impossible de calculer la racine carrée d'un nombre négatif qu'il fallait malgré tout introduire pour résoudre efficacement certaines équations. Cette opération « absurde » n'est tentée qu'au XVI^e siècle, à partir du fameux cas irréductible des équations du troisième degré. On découvre qu'une équation cubique avait soit une, soit trois racines. Paradoxalement, la *formule de Cardan* ne pouvait être appliquée que dans le cas d'une seule.

*Les mathématiciens italiens et la résolution d'équations du 3^e et du 4^e degré*

Le mathématicien italien Scipion Del Ferro parvint en 1516 (dans son *Capitulum urbi et rerum numero aequalium*) à en donner une solution, mais celle-ci ne sera pas connue de ses contemporains, obéissant ainsi à une coutume qui faisait alors de chaque découverte un secret inviolable.

Nous ne parlerons pas de l'agitation qui régna autour de cette découverte, nous laisserons Libri le faire à notre place :

> « À voir tous ces problèmes du troisième degré qu'au commencement du XVI^e siècle on se proposait par l'intermédiaire de hérauts, on comprend l'importance que l'on attachait alors aux découvertes algébriques. Il serait difficile de trouver dans l'histoire des sciences l'exemple d'un fait semblable. Les paris, les disputes publiques, les cartels se succédaient sans interruption : toutes les classes de la société s'intéressaient à ces luttes scientifiques, comme on s'intéressait, dans l'Antiquité, aux défis des poètes et aux jeux des athlètes. [...]
>
> Une chose admirable, un art surpassant toutes les subtilités de l'esprit humain, tout ce par quoi les mortels peuvent exceller... La pierre de touche avec quoi l'on éprouvait la force de l'esprit. »[19]

Avant d'aller plus loin, nous rappellerons une démonstration (il en existe de nombreuses) de la résolution d'une équation du troisième degré, celle-ci représentant un double intérêt ; d'une part, elle permettra une meilleure compréhension des lignes à suivre et d'autre part, elle mettra en évidence les difficultés à surmonter. Nous utiliserons ici celle que rappelle d'Alembert[20].

Elle se déduit de la manière suivante :

Soit une équation générale du troisième degré :

$X_1 \qquad y^3 + ay^2 + by + c = 0 \qquad$ -1-

19. Libri, G., *Hist. des sciences mathématiques en Italie*, 1940, t. III (note (3)).

20. *Encyclopédie Méthodique*, article « Cas irréductible ».

$X_2$. On peut faire disparaître le second terme ; pour cela, il suffit de poser : $y = x - \frac{a}{3}$

et nous obtenons une nouvelle équation

$$x^3 + px + q = 0 \qquad \text{-2-}$$

Nous faisons alors le changement de variable :

$$x = u + v \qquad \text{-3-}$$

(où $u$ et $v$ sont deux nouvelles inconnues).

$X_3$. D'où : $x^3 = (u+v)^3 = u^3 + v^3 + 3u^2v + 3uv^2$

$$= u^3 + v^3 + 3uv(u+v) = u^3 + v^3 + 3uvx \qquad \text{-4-}$$

soit $\quad x^3 - 3uvx - u^3 - v^3 = 0 \qquad$ -5-

On compare -2- et -5-, ce qui donne :

$$\begin{cases} u^3 + v^3 = -q \\ 3uv = -p \end{cases} \qquad \text{-6-}$$

Ainsi, si nous trouvons $u$ et $v$ satisfaisant le système -6-, le nombre $x = u + v$ sera racine de l'équation.

De -6-, nous obtenons le système :

$$\begin{cases} u^3 + v^3 = -q \\ u^3v^3 = -\frac{p^3}{27} \end{cases} \qquad \text{-6-}$$

$-q$ et $-\frac{p^3}{27}$ sont alors respectivement la somme et le produit d'une équation du second degré : $Z^2 + qZ - \frac{p^3}{27} = 0$ dont les racines sont $u^3$ et $v^3$.

Utilisant le mode de résolution habituel pour une équation du second degré, on obtient :

$$\begin{cases} u^3 = -\frac{q}{2} + \sqrt{\frac{q^2}{4} + \frac{p^3}{27}} \\ v^3 = -\frac{q}{2} - \sqrt{\frac{q^2}{4} + \frac{p^3}{27}} \end{cases}$$

et finalement :

$X_4$ $$x = \sqrt[3]{-\frac{q}{2} + \sqrt{\frac{q^2}{4} + \frac{p^3}{27}}} + \sqrt[3]{-\frac{q}{2} - \sqrt{\frac{q^2}{4} + \frac{p^3}{27}}}$$

qui est la « Formule de Cardan ».

Les différentes parties signalées par le signe - X - sont les principales difficultés que l'on peut relever à l'époque :

$X_1$ : Égaler une équation à 0 n'existait pas ; on suivait la méthode arabe.

$X_2$ : Supprimer le terme du second degré : connu de Cardan.

$X_3$ : On ne connaissait pas[21] la relation formelle

$$(a + b)^3 = a^3 + b^3 + 3a^2b + 3ab^2.$$

$X_4$ : Établir que $\sqrt[3]{p + \sqrt{-q}} = a + \sqrt{-b}$ et $\sqrt[3]{p - \sqrt{-q}} = a - \sqrt{-b}$ pour obtenir par leur somme une racine de l'équation cubique.

Nous permettant maintenant une seconde anticipation, nous citerons Ferrari (élève de Cardan, 1522-1565) qui résolvait l'équation générale du quatrième degré.

La résolution de l'équation du troisième degré nécessitait la solution préliminaire de l'équation auxiliaire de second degré : $Z^2 + qZ - \frac{p^3}{27} = 0$ où $Z = u^3$ ou $Z = v^3$ ; d'une manière analogue, la solution d'une équation du quatrième degré peut utiliser la solution préliminaire d'une équation cubique auxiliaire.

La méthode de Ferrari se développe comme suit : soit l'équation générale du quatrième degré :

$$x^4 + ax^3 + bx^2 + cx + d = 0$$

que l'on réécrit sous la forme $x^4 + ax^3 = -bx^2 - cx - d$ et où l'on ajoute aux membres la quantité $\frac{a^2x^2}{4}$. Le premier membre est alors un carré parfait :

$$\left(x^2 + \frac{ax}{2}\right)^2 = \left(\frac{a^2}{4} - b\right)x^2 - cx - d.$$

Ajoutant aux deux membres l'expression $\left(x^2 + \frac{ax}{2}\right)y + \frac{y^2}{4}$ (où $y$ est une nouvelle variable sur laquelle on imposera une condition ultérieurement), on obtient dans le premier membre un carré parfait :

$$(*) \quad \left(x^2 + \frac{ax}{2} + \frac{y}{2}\right)^2 = \left(\frac{a^2}{4} - b + y\right)x^2 + \left(\frac{ay}{2} - c\right)x + \left(\frac{y^2}{4} - d\right)$$

Le problème se trouve ramené à un autre avec deux inconnues.

Dans le second membre de l'équation (*), on a un trinôme du deuxième degré en $x$, dont les coefficients dépendent de $y$.

21. On peut marquer ici une certaine réserve. La décomposition du cube était connue aussi bien des mathématiques arabes que des mathématiques chinoises : ce qui est évoqué ici c'est l'absence en tant que telle de cette formule. Signalons cependant l'existence, à la place de celle-ci, d'exemples génériques qui jouent pratiquement le même rôle.

Nous choisissons $y$ de telle manière que ce trinôme soit le carré d'un binôme du premier degré, soit : $\alpha x + ß$. Pour que le trinôme du second degré $Ax^2 + Bx + C$ soit le carré du binôme $\alpha x + ß$, il est suffisant que $B^2 - 4AC = 0$.

En effet, si $B^2 - 4AC = 0$, alors

$$Ax^2 + Bx + C = (\sqrt{A}x + \sqrt{C})^2$$

c'est-à-dire : $$Ax^2 + Bx + C = (ax + b)^2$$

où $$\begin{cases} \alpha = \sqrt{A} \\ \beta = \sqrt{C} \end{cases}$$

Alors, si l'on choisit y tel que :

$$\left(\frac{ay}{2} - c\right)^2 - 4\left(\frac{a^2}{4} - b + y\right)\left(\frac{y^2}{4} - d\right) = 0$$

La seconde partie de l'équation (*) sera le carré parfait $(\alpha x + \beta)^2$. On obtient une équation en y :

$$y^3 - by^2 + (ac - 4d)y - [d(a^2 - 4b) + c^2] = 0$$

Résolvant cette équation cubique auxiliaire (par exemple, par la formule de Cardan), l'on trouve $\alpha$ et $\beta$ en fonction de sa solution $y_0$, c'est-à-dire :

$$\left(x^2 + \frac{ax}{2} + \frac{y_0}{2}\right)^2 = (\alpha x + \beta)^2$$

d'où : $$x^2 + \frac{ax}{2} + \frac{y_0}{2} = \alpha x + \beta$$

ou bien : $$x^2 + \frac{ax}{2} + \frac{y_0}{2} = -\alpha x - \beta$$

En partant de ces deux équations du second degré, on trouve facilement les quatre racines de l'équation du quatrième degré.

Revenons maintenant à l'invention elle-même des racines des nombres négatifs. D'après Libri, la méthode utilisée par Tartaglia pour la résolution de l'équation du troisième degré ne nous est pas parvenue. Malgré tout, ce dernier précise dans son *Generale trattato di numeri et misure*, qu'il a utilisé une méthode reposant sur une construction géométrique, laquelle « lui donnait la composition du cube formé sur la somme de deux lignes »[22] ; Cardan utilisera le même moyen pour obtenir sa formule.

---

22. Libri, G. O., *op. cit.* À propos des équations du troisième degré, on peut se reporter à l'ouvrage de R. Rashed, *Sharaf al dīn al-Tūsī, œuvres mathématiques*. Paris, Les Belles Lettres, 1968, tome I.

*L'*Ars Magna *de Hieronimo Cardano ;* « Radix minus »

Nous n'insisterons pas sur la théorie des équations du second degré que développe Cardan, celle-ci étant seulement due à Al-Khwā rizmī, revue dans son ordre de démonstration et expliquée par l'intermédiaire d'autres figures géométriques[21].

Il convient, avant de donner un bref aperçu sur la méthode de Cardan, de préciser certains aspects du vocabulaire et des expressions qu'il utilisait. Dans son œuvre maîtresse, *Ars Magna*, dont la première publication est datée de 1545, l'un des chapitres s'intitule : « Estimation des capitules composées des moindres, qui sont les carrés, le nombre et les choses ».

Tous les mots qui composent cet intitulé ont une signification très précise : *capitule* désigne l'équation ; l'inconnue est appelée la *chose*, en italien, *cosa* et dont les mots *cossic Art* en anglais, *coss* en allemand, tirent leur origine. Cette dénomination est également utilisée par N. Chuquet qui dit qu'elle est due aux Anciens ; elle a été introduite par les Arabes. Pour les mathématiciens des XVI et XVII^e^ siècles, elle était synonyme d'« Algèbre ».

L'*estimation* exprime la valeur que prend l'inconnue dans l'équation.

Cardan écrit « co » pour exprimer l'inconnue (notre $x$), « ce » pour désigner son carré, abréviation du mot latin *census* ou du mot italien *censo*[23].

Nous préciserons encore qu'une grande partie des notations utilisées par les mathématiciens italiens de la première moitié du XVI^e^ siècle viennent de l'ouvrage écrit par Pacioli, mathématicien du XV^e^ siècle, qui sut résumer et rapporter toutes les connaissances mathématiques de son époque[24] ; c'est ainsi que, pour exprimer les mots « moins » et « plus » (en italien : « meno » et « più » ), Pacioli utilise les symboles « m̃ » et « p̃ », comme le fera Chuquet [25].

Cardan n'est malheureusement pas un bon élève ; il utilise, dans la première édition de son *Ars Magna* des signes qui lui sont propres, bien que très proches de ceux de Pacioli. Pour illustrer ce revirement, qui traduit la faiblesse des notations choisies pour exprimer certaines

---

23. Pour plus d'information sur ces différentes notations, sur lesquelles nous n'insisterons que dans des cas très limités, nous renvoyons naturellement le lecteur à l'*History of Mathematical Notations* de F. Cajori.

24. Pacioli, *Summa de arithmetica geometrica proportioni et proportionalita*. Venice, 1494 (1523).

25. Les signes « + » et « – » apparaissent pour la première fois dans le livre d'arithmétique de Iohann Widman *Behennde vnnd hübsche Rechnūg auf fallen Kauffmanschafften* ». Leipzig (1489, 1526).

opérations (souvent plusieurs symboles signifiaient un même objet), Florian Cajori nous donne un exemple précis :

Au lieu d'écrire pour l'expression :

1. ce. p̃.2.co_______ 48 (ie. $x^2 + 2x = 48$)[26]

il écrit :

« 1. quad. p̃.2.pos.aeq.48 »

où « quad » signifie « carré », « pos. » (positio) désigne l'inconnue, « aeq. » (aequalia) signifie « _____ », c'est-à-dire « égal ».

Venons-en maintenant à sa résolution de l'équation du troisième degré à propos de laquelle Cardan confiait :

> « Je désespérais de trouver ce que je n'osais pas chercher. »[27]

Dans son paragraphe « Du cube et des choses égalés au nombre »[28], il choisit un cas particulier pour sa démonstration : « soit que le cube est six fois le côté égalant 20 »[29] :

> « Je suppose deux cubes AE et CL, dont la différence soit 20, et tels que le produit de leurs côtés AC et CK soit 2 (qui est le tiers de 6, nombre de choses) ; je dis que la différence de ces côtés AC et CK est la chose, ou que, si CB égale CK, AB est l'estimation de la chose. »[30]

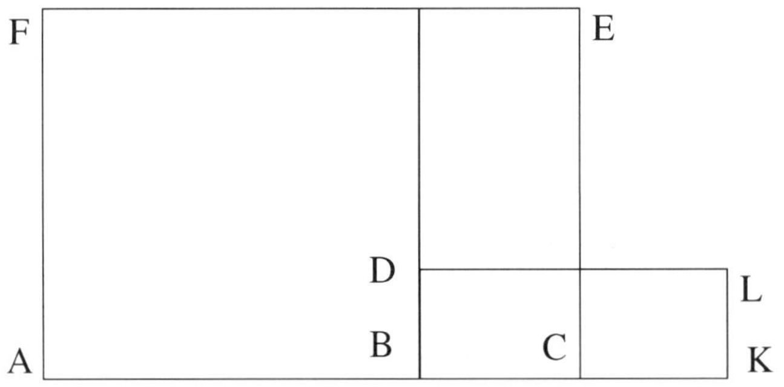


La méthode de Cardan s'appuie sur une construction géométrique « qui lui donnait la composition du cube formé sur la somme de deux lignes », laquelle, seulement après l'étude de beaucoup de cas particuliers, permet enfin d'accéder à la formule abstraite qui lui faisait défaut :

« $(a + b)^3 = a^3 + b^3 + 3ab^2 + 3a^2b$ ».

26. Le trait horizontal signifiant « égal ». À la même époque, certains mathématiciens italiens utilisent le signe « = ».

27. Cité dans Lagrange, « Réflexions sur la résolution des équations » (Mémoires de H.A.R.S.B.L de Berlin, 1770).

28. *Ibid.*, § XI., « $x^3 + px = q$ ».

29. « $x^3 + 6x = 20$ ».

30. Libri, G. *Op. cit.*, t. III, p. 254.

Pour aller plus avant dans son étude, il lui fallait connaître le cube de AC – BC ; il instaura alors trois « lemmes » qui devaient, il le dit lui-même, permettre de traiter tous les cas de l'équation du troisième degré ; affirmation qui prouve l'absence de généralité de sa méthode (Libri dénombre dans l'*Ars Magna*, treize cas principaux et quarante-quatre dérivés).

Il précise, par la suite, qu'il ne parlera pas des relations allant au-delà du troisième degré, jugeant que les « positions » (équations du premier degré) traitent la ligne, les carrés (équations du deuxième degré) définissent les surfaces, les cubes (équations du troisième degré) sont pour les solides, et « il faudrait être "insensé" d'aller au-delà du solide, terme que la nature ne peut pas franchir» ; on a vu que, paradoxalement, son élève Ferrari résolut les équations du quatrième degré[31].

Nous devons cependant reconnaître que Cardan sut montrer beaucoup d'habileté dans ses recherches mathématiques ; à ce propos Bourbaki précise :

> « Cardan, qui a moins de répugnance que la plupart de ses contemporains à employer les nombres négatifs, observe ainsi que les équations du troisième degré peuvent avoir trois racines, et les équations bicarrées quatre (H. Cardano, *Opera* 1663, t. IV, p. 259), et il remarque que le somme des trois racines de $x^3 + bx = ax^2 + c$ (équation dont il sait d'ailleurs faire disparaître le terme en $x^2$) est toujours égal à $a$ (*ibid*). Sans doute guidé par cette relation et l'intuition de son caractère général, il a la première idée de la notion de multiplicité d'une racine... ».[32]

Si Cardan avait pu se dégager des contraintes héritées des Arabes, notamment de celles qui obligeaient l'équation à ne pas s'égaler à 0 et à être uniquement composée de termes positifs, il eut pu atteindre des résultats beaucoup plus décisifs, finalement dus à Descartes.

> « La racine carrée d'un nombre positif est positive ; la racine carrée d'un nombre négatif n'est pas correcte, selon l'idée générale. »[33]

Ces considérations sur les racines négatives et sur l'expression obtenue dans la solution d'une équation du troisième degré lorsque le « cube de la troisième partie des choses est supérieure au carré de la moitié du nombre » le poussèrent certainement à se risquer dans des calculs qui utilisaient la quantité « sophistique », dont il disait :

---

31. Lagrange, *op. cit.* Rappelons cependant que Cardan, en témoin fidèle des mathématiques de son temps, n'hésite pas à consacrer un chapitre entier (39) de son *Ars Magna* à la théorie de Ferrari.

32. Bourbaki, *Éléments d'Histoire des Mathématiques*. Paris, 1974, p. 96.

33. H. Cardano, *De Regula aliza*, Basel (1570) (réf. Cajori, *ibid.*, vol. I, p. 118) ; Eneström, G., *Bib. M.*, vol. XIII (1912-13), p. 163.

> « On ne peut l'employer comme une des ordinaires quantités négatives ("puro minus") ni exécuter avec elle d'autres opérations, ni entendre ce qu'elle peut représenter... Voilà jusqu'où est arrivée la subtilité arithmétique et cet extrême degré est tellement subtil qu'il est inutile. »[34]

Nous trouvons dans son *Ars Magna* (1545) l'opération suivante :

| | |
|---|---|
| 5p :℞m :15 | $5 + \sqrt{-15}$ |
| 5m :℞m :15 | $5 - \sqrt{-15}$ |
| 25 : m : 15q̃d est 40 | $25 - (-15) = 40$ |

Il utilise[35] ici le symbole « ℞m » qui signifie « radix minus » et désigne la racine carrée d'un nombre négatif. Tenant compte des remarques faites dans les pages précédentes, nous trouvons dans ce calcul deux symboles « p: » et « m: » qui signifient « plus » et « moins » ; ce sont des signes issus de ceux de Pacioli (« p̃ » et « m̃ » ) et qui seront abandonnés en faveur de ces derniers dans la seconde édition de l'ouvrage, faite en 1570.

Cardan tenta d'expliquer l'opération qui précède par une figure géométrique ; devant son échec,

> « Il invite le lecteur à faire un effort d'imagination pour sortir du monde réel et créer dans sa pensée une entité toute idéale, qu'il appellera encore *carré* et à laquelle il attribuera l'aire négative −15. Le côté de ce *carré* imaginaire aura justement pour longueur $\sqrt{-15}$ . »[36]

Ce va-et-vient stérile entre algèbre et géométrie pourrait servir d'argument à ceux qui voient Cardan peu sûr de lui empruntant à un autre ses expressions dont il a du moins le mérite de parler. Cet autre mathématicien, le plus intéressant pour nous et qui sut expliquer avec beaucoup de précision ces quantités « imaginaires » est Raphaël Bombelli.

### *L'*Algebra *de Rafaele Bombelli ; «* più di meno *e* meno di meno *»*

L'ouvrage d'algèbre publié par Bombelli en 1572 est un chef-d'œuvre de clarté. Toutes les connaissances d'algèbre y sont développées avec une grande rigueur, ce que Cardan parfois ne sut faire qu'obscurément. Les démonstrations sont suivies d'exemples servant

34. Cité dans Bortolotti, *Op. cit.* note (3).
35. *Ars Magna*, 1845, chap. XXXVII ; *Opera*. Lyon, 1663, p. 287.
36. *Ibid.*, p. 74.

la compréhension ; la première partie de son livre est une lente progression visant à l'introduction des quantités imaginaires.

Dans les premières pages, il nous familiarise avec son écriture ; il traite des différentes propriétés des racines ; nous trouvons, par exemple :

(p.8) « R.q. 2 via R.q. 6 fa R.q. 12 » $\sqrt{2} \cdot \sqrt{6} = \sqrt{12}$

« R.q. 5 via R.q. 5 fa.5. » $\sqrt{5} \cdot \sqrt{5} = 5$

(p.9) « 7. via R.q. 5

$\underline{7}$

R.q. 49 via R.q. 5 fa R.q. 245 » $7\sqrt{5} = \sqrt{49} \cdot \sqrt{5} = \sqrt{245}$

« Partasi R.q. 7 per 5

$\underline{5}$

Partasi R.q. 7 per R.q. 25 ne viene R.q. $\frac{7}{25}$ » $\frac{\sqrt{7}}{5} = \sqrt{\frac{7}{25}}$

4 con R.q. 20 fà R.q. 20.p. 4 $4 + \sqrt{20} = \sqrt{20} + 4$

(p. 13)

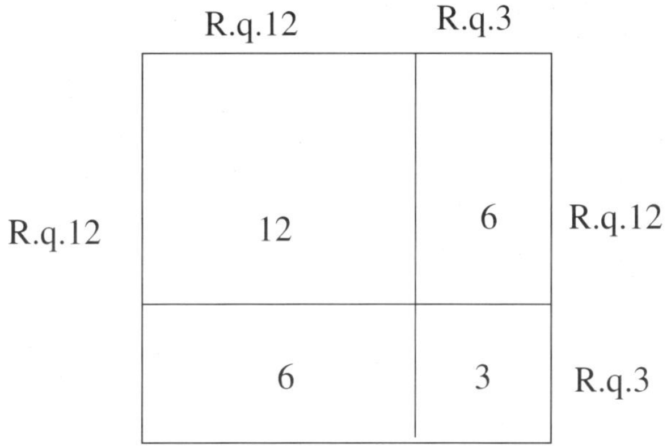


Ouvrons ici une courte parenthèse pour signaler que l'usage fait par Bombelli des notations de Nicolas Chuquet s'observe tout au long de son ouvrage ; nous en noterons deux pour appuyer notre propos :

– Les expressions «$24.m.\overset{\overset{1}{\smile}}{8}$» et « $24.\tilde{m}.8^1$ » signifiant notre « $24 - 8x$ » sont respectivement du premier et du second auteur ; nous laisserons le lecteur remarquer leurs similitudes quant à la notation exponentielle et au symbole traduisant l'addition.

– La seconde est dans l'usage des nombres négatifs. Chuquet écrivait, par exemple, « $0.\tilde{m}.12$ », pour signifier notre « $-12$ »,

Bombelli fait un usage fréquent de cette écriture ; notamment, il écrit « 0.m.1069 » (–1069) dans son ouvrage manuscrit[37].

Fermons la parenthèse.

Nous parvenons à la définition de la règle des signes dans une multiplication :

(p. 70) « Multiplicare di "piu, e meno"

Più via più fà più
Meno via meno fà più
Più via meno fà meno
Meno via più fà meno »

dont la troisième ligne signifie : plus par moins égal moins.

L'exposition des règles est alors suivie d'exemples :

| | |
|---|---|
| Più 8 via più 8 fà più 64 | (+8).(+8) = +64 |
| Meno 5 via meno 6 fà più 30 | (-5).(-6) = +30 |
| Meno 4 via più 5 fà meno 20 | (-4).(+5) = –20 |
| Più 5 via meno 4 fà meno 20 | (+5).(-4) = –20 |

et

| | |
|---|---|
| 6.*p*.4 | 6 + 4 |
| | × |
| 5.*m*.2 | 5 - 2 |
| 30. *p*. 20. *m*. 12. *m*. 8. | 30 + 20 – 12 – 8 |

Une fois ces règles et définitions précisées, nous arrivons à ce qui fut son but et qui fera de lui le créateur indiscutable de la première théorie des « nombres imaginaires » :

« Ho trovato un'altra sorte di R.c. (racine cubique) legate molto differenti dall'altre, laqual nasce dal Capitolo di cubo eguale a tanti, e numero, quando el cubato del terzo delli tanti é maggiore del quadrato della metà del numero come in esso Capitolo si dimostrarà, laqual sorte di R.q. hà nel suo Algorismo diversa operatione dall'altre, e diverso nome ; perche quando il cubato del terzo delli tanti é maggiore del quadrato della metà del numero ; lo ecceso loro non si può chiamare ne più, ne meno, però lo chiamarò *più di meno*, quando egli si doverà aggiongere, e quando si doverà cavare, lo chiamerò *meno di meno*, e questa operatione é necessarissima più che l'altre R.c. L. per rispetto delli capitoli di potenze di poteze, acompagnati cõ li cubi, ò tanti, ò con tutti due insieme, che molto più sono li casi dell'agguagliare dove ne nasce questa sorte di R. che quelli dove nasce l'altra, la quale parerà à

37. Cajori, *op. cit.*, vol. I, p. 126.

molti più tosto sofistica, che reale, e tale opinione hò tenuto anch'io sin'che hò trovato la sua dimostratione in linee ».

Ainsi, il reconnaît l'existence des racines négatives et allant au-delà, bien que les trouvant, selon sa propre expression, plus « sophistiquées » que réelles, leur donne un nom.

> « Comme elle ne peut s'appeler ni "plus" ni "moins", je l'appellerai "più di meno" lorsqu'on devra l'ajouter, et "meno di meno" lorsqu'on devra la soustraire. »[38]

Ces expressions ne peuvent ni ne doivent être traduites littéralement, car elles perdraient leur sens, comme le prouve la suite :

> « Et d'abord je vais exposer la multiplication par les règles du "plus" et du "moins".»

| | |
|---|---|
| 1 - Più via più di meno fà più di meno | (p. via p. dm fà p. dm) |
| 2 - Meno via più di meno fà meno di meno | (m. via p. dm. fà m. dm) |
| 3 - Più via meno di meno fà meno di meno | (p. via m. dm fà m. dm) |
| 4 - Meno via meno di meno fà più di meno | (m. via m. dm fà p. dm) |
| 5 - Più di meno via più di meno fà meno | (p. dm via p. dm fà m.) |
| 6 - Più di meno via meno di meno fà più | (p. dm via m. dm fà p.) |
| 7 - Meno di meno via più di meno fà più | (m. dm via p. dm fà p.) |
| 8 - Meno di meno via meno di meno fà meno | (m. dm via m. dm fà m.) |

Nous pourrions, comme le fait Bortolotti, établir une comparaison entre ces règles et celles que nous employons de nos jours[39].

1'. $1 . i = i$
2'. $(-1) . (i) = - i$
3'. $1 . (- i) = - i$
4'. $(- 1) . (- i) = i$ (comparaison implicitement suggérée par les lignes 5 et 8)
5'. $i . i = - 1$
6'. $i . (- i) = 1$
7'. $(- i) . i = 1$
8'. $(- i) . (- i) = - 1$

Mais ce parallélisme est dangereux à plusieurs titres :

La règle concernant la multiplication des signes est la même que la nôtre, mais il serait difficile de voir, comme le dit explicitement Bourbaki, dans ses *Éléments* (note p. 97), que les mots *più*, *meno*, *meno di meno* et *più di meno* sont respectivement 1, –1, *–i* et *i*. En effet, nous pensons que ceci est uniquement suggéré par l'exposition

38. Bortolotti, *op. cit.*, p. 78.
39. Bortolotti, *op. cit.*, p. 78 ; voir également p. 391 et p. 394.

que fait Bombelli de ses règles et par la significaton trop hâtive donnée au symbole *dm*[40].

Nous utiliserons par la suite ce symbole comme étant le signe *i* de l'« unité imaginaire », mais nous tenons à préciser que cette substitution est abusive, puisque « più di meno » et « meno di meno » contiennent dans leurs expressions l'idée d'additivité et de soustractivité.

Cette remarque nous a été suggérée par le chapitre « Summare di p. di m. et m. di m. » où Bombelli nous expose un axiome concernant l'addition de « più » avec « più.di.meno » et l'énonce ainsi :

> « Più con più.di.meno non se puo sommare, se non dire più p.d.m.... »[41]

N. Bourbaki veut voir dans cet indémontrable la première manifestation de la notion d'indépendance linéaire[42].

Nous insisterons encore une fois en précisant que *più di meno* 1 et *meno di meno* 1, bien que signifiant respectivement $+\sqrt{-1}$ et $-\sqrt{-1}$ n'en sont pas pour autant nos *i* et *–i* ; les signes + et – qui précèdent la racine du nombre (–1) traduisent l'addition et la soustraction de cette dernière. Nous conclurons cette parenthèse en disant avec Jean Itard que :

> « Più di meno et son alter ego, meno di meno, sont, à l'instar de plus et de moins, des signes »[43]

et non des nombres.

Poursuivant ses explications, Bombelli nous expose comment manier ces entités. Nouvelle progression qui nous mène, dans une première étape, à considérer la somme et le produit d'expressions contenues dans des radicaux du troisième degré et qui, dans une seconde étape, débouchent sur la résolution des équations cubiques ;

> « Dimostrare valida in ogni caso la formula di Scipione dal Ferro. »[44]

Il traite alors de nombreux exemples parmi lesquels nous relevons le suivant :

« 1 eguale à 15$\overset{1}{\smile}$.p.4$\overset{0}{\smile}$ » $x^3 = 15x + 4$.

---

40. Bourbaki, en procédant de cette manière qui n'est pas fausse mais qui court-circuite un développement historique, rend pratiquement impossible l'interprétation du « silence » qui suivra les résultats de Bombelli.

41. *Algebra*, 1579, p. 190

42. *Op. cit.*, p. 97.

43. *Matériaux pour l'histoire des nombres complexes*, 1969, p. 4

44. Cajori, *op. cit.*, p. 126 : « Démontrer que la formule de Scipion Del Ferro est valable dans tous les cas. »

Cette équation le mènera alors à la solution générale :
R.c.⌊2.p.dm.R.q.121⌋.p.R.c.⌊2.m.dm.R.q.121⌋

$$\sqrt[3]{2+\sqrt{-121}}+\sqrt[3]{2-\sqrt{-121}}$$

> « Bien que ce mode de résolution soit, à vrai dire, plutôt sophistique (sic), toutefois, dans les opérations, on peut s'en servir sans aucune difficulté. »

et ajoute :

> « la racine de R.c.⌊2.p.dm.R.q.121⌋ sera 2p.dm.R.q.1 qui, ajoutée à son résidu : 2m.dm.R.q.1 donne 4, qui est la valeur de la chose »[45].

Bombelli ne nous explique pas ici comment il a pu parvenir à extraire ces racines ni comment il trouva 4. Comme nous l'explique Study :

> « ... Pour pouvoir établir ces deux relations en extrayant les racines cubiques de $2\pm\sqrt{-121}$, il lui fallait connaître une racine de l'équation $x^3 = 15x + 4$, c'est-à-dire de l'équation dont il était parti. Il n'est toutefois pas impossible qu'il ait trouvé par tâtonnements, et non en extrayant les racines cubiques, les valeurs $2\pm\sqrt{-121}$. »[46]

Ce qui précède suffit à Bortolotti pour conclure que Bombelli est le créateur du *calcul des imaginaires* :

> « Il a, le premier, explicitement reconnu la nature arithmétique de ces entités, introduit un nouveau symbole numérique pour les représenter, construit d'une façon parfaitement logique l'algorithme de ces symboles et, enfin, appliqué avec assurance son calcul à de très nombreux problèmes, souvent compliqués et difficiles. Et fort étrange est le fait que, après lui, pendant plus de deux siècles, on a méconnu la nécessité d'une représentation symbolique et rationnelle et d'un algorithme particulier pour le calcul des imaginaires. »[47]

Et, à l'esprit éclairé que fut Montucla d'ajouter :

> « Il fallait bien que l'analyse conduisit à des expressions de cette nature singulière. Car puisque toute question analytique ou géométrique peut être mise en équation, fut-elle même absurde..., si toute équation devait donner une valeur quelconque réelle ou possible. Il doit cependant y en avoir et il est facile de s'en proposer qui impliquent contradiction par

45. Bombelli, *op.cit.*, p. 293.
46. Study, « Les nombres complexes » *Enc. des Math.*, t. I, vol. I, fasc. 3 (1908), p. 331.
47. Bortolotti, *op.cit.*, p. 79.

des conditions inconciliables. Que fait alors la nature ou la souveraine raison, qui a tout établi *in numero, pondere et mensura* ? Il fallait qu'elle répondit ; elle le fait, mais elle s'enveloppe dans une expression inexplicable ou à laquelle rien ne répond dans la nature des choses. Ce sont les quantités imaginaires, et telle est leur origine nécessaire. »

Ainsi, à l'aube du XVII^e siècle, les quantités imaginaires sont utilisées dans les calculs, elles ont un nom et un algorithme parfaitement définis. Mais leur emploi est gênant ; elles choquent les esprits. Leur passage à travers le mystère ne les font être tolérées que parce que le calcul part du réel pour aboutir au réel. Tolérance due au fait que la théorie sur les équations n'était pas encore parfaitement définie. Aux nombreux et longs calculs viendra se joindre une écriture formelle qui les réduira et fera découvrir aux mathématiciens la généralité qui leur manquait. Toutes ces recherches se feront à la fin du XVI^e siècle et se poursuivront dans le suivant, éclipsant les résultats auxquels était parvenu Bombelli.

## 2 - *Éclipse apparente du problème à l'époque de Viète et Harriot*

C'est avec Viète que s'accentue le changement où l'algèbre de « numéreuse » deviendra « spécieuse » :

« Il fut, en effet, indiscutablement le premier à élever l'algèbre à son troisième degré, celui de l'algèbre purement symbolique... Il est le premier à avoir dépouillé l'algèbre de son écorce verbale. »[48]

Dans son « Introduction en l'Art Analytique »[49], nous trouvons les lignes suivantes qui énoncent clairement le principe d'homogénéité :

« De la loy des Homogènes, ensembles des genres et degrez des grandeurs comparées ;
Si une grandeur est ajoutée à une grandeur, celle-ci est homogène à celle-là, et au tout.
Si une grandeur est soustraite d'une grandeur, celle-ci est homogène à celle-là, et au reste.
Si une grandeur est multipliée par une grandeur, ce qui est produit est hétérogène à celle-ci et à celle-là.
Si une grandeur est appliquée à une grandeur, celle-ci est hétérogène à celle-là.
La cause de l'obscurité des Analytiques des Anciens est qu'ils n'ont aucunement pris garde à ces genres et n'ont entendu ces choses. »

---

48. Colerus, *De Pythagore à Hilbert*, 1943, p. 134.
49. *Algèbre*, 1930.

Ce principe, bien qu'appliqué depuis l'époque classique grecque, n'avait jamais été aussi explicitement énoncé.

Rappelons pour mémoire une démonstration que l'on donne actuellement de la loi d'homogénéité :

> « Les mesures des grandeurs, d'espèces différentes, qui peuvent entrer dans une même équation, dépendent des unités auxquelles ces grandeurs peuvent être rapportées, et ces unités ayant été laissées arbitraires, l'équation doit présenter, dans sa forme, un caractère tel que les mesures de toutes les grandeurs d'une même espèce puissent y varier proportionnellement, sans que les deux membres cessent d'être égaux. »[50]

Viète poursuit son exposé sur les genres et les degrés des « grandeurs composées ».

> « Les grandeurs, lesquelles de leur propre puissance montent ou descendent proportionnellement du genre au genre, sont appelées scalaires.
> 1. - le côté ou racine
> 2. - Q ce qui s'explique Quarré
> 3. - C ce qui s'explique Cube
> 4. - QQ ce qui s'explique quarré x quarré
> 5. - QC ce qui s'explique quarré x cube
> 6. - CC ce qui s'explique cube x cube
> 7. - QQC ce qui s'explique quarré x quarré x cube
> 8. - QCC ce qui s'explique quarré x cube x cube
> 9. - CCC ce qui s'explique cube x cube x cube
>
> Et ainsi du reste selon l'ordre et méthode de dénommer.
> Les genres des grandeurs comparées énoncés de l'ordre et usage des scalaires, sont :
>
> 1 - longueur ou largeur
> 2 - P Plan
> 3 - S Solide
> 4 - PP Plan-Plan
> 5 - PS Plan-Solide
> 6 - SS Solide-Solide
> 7 - PPS Plan-Plan-Solide
> 8 - PSS Plan-Solide-Solide
> 9 - SSS Solide-Solide-Solide
>
> Et ainsi des autres, observant l'ordre et méthode de dénommer. Le degré supérieur et plus haut selon l'ordre de l'échelle, auquel consiste la grandeur comparée, extraite ou produite du côté, est appelé puissance, les degrés inférieurs restans sont les degrés parodiques d'icelle puissance. La valeur de ACC sera aussi donnée, la valeur d'A étant connue, car si A est 3 son cube serait 27, qui multipliez par eux mêmes serait 729, pour

---

50. Marie, M., *Histoire des sciences mathématiques et physiques* (1883-88), t. III, p. 10.

la valeur ACC (i.e. A = 3, AC = 27, ACC = 27 x 27 = 729). Les degrés parodiques sont tous les degrés inférieurs en *genre* à la puissance, par le moyen desquels elle est produite du côté : la puissance étant QQ, les degrés parodiques à celle-ci sont C, Q, le côté ; si QC les parodiques seront QQ, C, Q et le côté. La puissance est pure, lorsqu'il est exemple d'affection affecté, quand à icelle est meslé l'homogène fait soubs le degré parodique à icelle est une grandeur adsutice coeficiente. »

Notons que Viète utilise des signes figuratifs d'éléments à caractère spatial, mais il ne les rapporte nullement à l'expérience concrète de dimensions ni aux concepts euclidiens[51].

Viète propose dans les calculs les lettres majuscules pour représenter les « grandeurs » : les *inconnues* étant désignées par des voyelles et les *données* par des consonnes[52]. Nous pouvons, grâce aux exemples suivants dus à Cajori, observer leurs usages respectifs ; diverses notations apparaîtront dont nous préciserons la signification :

Viète F., *Zeteticorum*. Tours, 1593

Lib. V, Fol. 3 : « $\frac{B\text{in}A}{D} + \left\{ \begin{matrix} B\text{in}A \\ -\frac{B\text{in}H}{F} \end{matrix} \right\}$ aequabuntur B » $\frac{Bx}{D} + \frac{Bx - B \cdot H}{F} = B$

Lib. II, Fol. 10 : « $l\frac{25}{3} - l\frac{5}{3}$ » $\sqrt{\frac{25}{3}} - \sqrt{\frac{5}{3}}$

Nous constatons qu'il utilise, comme nous l'avons vu avant, les mêmes signes que les nôtres pour l'addition et la soustraction, la barre de fraction avec son sens actuel, mais qu'il utilise le signe « *l* », qui lui est propre, pour l'extraction des racines[53].

Lib. IV. Fol. 10 : « $B$ in $\left\{ \begin{matrix} D \text{ quadatum} \\ + B \text{ in } D \text{ »} \end{matrix} \right\}$ $B(D^2 + BD)$.

Il existe de notables différences dans l'édition que fit Van Schooten en 1646 du livre de Viète. Le symbole « *l* » laisse place à notre symbole « √ » et les parenthèses ont fait place à une barre horizontale, comme nous le montre l'exemple suivant :

p.70 : « $B\text{in}\overline{D\text{quad} + B\text{in}D}$ »

que l'on peut comparer à l'exemple précédent.

51. Bosmans, H., *Mathesis* (1926).

52. « Quod opus, ut arte aliqua juvetur, symbolo constanti et perpetuo ac bene conspicuo date magnitudines ab quaesititiis distinguantur, ut pote magnitudines quaesititias elemento A aliave litera vocali, E, I, O, V, Y datas elementis B, G, D, aliisve consonis designando. » *Francisci Vietae Opera mathematica (éd. Fr. Schooten ; Lvgdv Batavorvm*, 1646, p. 8).

53. Notons l'importance de la parenthèse dans la formule ci-dessous.

L'emploi qu'il fait des lettres dans son calcul n'était pas une chose nouvelle et d'autres l'avaient fait avant lui, mais « il donna une extension à cette idée... »[54].

Viète fit remarquer dans son *Supplementum geometricae* (1590) que le cas *irréductible* de l'équation du troisième degré se résout par la trisection de l'arc. Transcrite en symboles modernes, la solution donnée par lui de l'équation $x^3 - 3b^2x = b^2d$ où $2b > d > 0$, équivaut à $x = 2b\cos\left(\frac{1}{3}arc\cos\frac{d}{2b}\right)$.

> « Nous pouvons donc assurer en toute tranquillité que Viète est bien le premier à avoir traduit en " formules" des complexes mathématiques et à les avoir réuni par des symboles d'opérations. Le monument mathématique nouveau dont il est l'architecte, comporte bien encore de légers défauts, tels que la désignation des puissances par des mots, mais tout cela n'altère pas la solidité de l'ensemble. Il n'est donc pas étonnant, dans ces conditions, qu'il ait fallu moins de 150 ans pour arriver à la sténographie et l'espéranto mathématiques qu'est notre notation moderne. »[54]

Éloge mérité d'un succès d'autant plus étonnant que Viète, exprimant si bien et si généralement les rapports existant entre les « coefficients » et les racines d'une équation algébrique, est entièrement resté sous l'influence de Diophante pour refuser les nombres négatifs ! Viète, parlant de la racine négative, utilise l'expression « *vitium negationis* ».

Par sa *Pratique de l'art analytique*, Thomas Harriot[55], professeur à Oxford, peut être considéré comme le promoteur, après Viète, de l'analyse. On lui est redevable de l'importante découverte de la nature et de la formation des équations, encore que cette attribution soit obscure et nous verrons pourquoi. Bien qu'il fût un grand mathématicien, nous ne nous joindrons pas à Wallis pour affirmer que Descartes n'est qu'un plagiaire pour avoir fait siennes les découvertes de Harriot. Certes, dans le livre de ce dernier, on trouve toutes ces fameuses inventions algébriques, cependant il manquait l'œil inquisiteur de Cajori pour « rendre à César ce qui appartient à César ».

Harriot s'illustre, principalement aux yeux de Wallis, en transformant la manière traditionnelle de traiter les équations non sans quelque timidité encore, puisqu'il s'agit d'une procédure intermédiaire et ramenant à l'ancienne forme canonique. Au cours d'une première phase, il transporte tous les termes du second membre d'une équation en les

54. Cajori, *op. cit.*, p. 182.
55. *Artis analyticae praxis*, London, 1631.

affectant d'un signe contraire, obtenant ainsi une expression égalant zéro. Cette pratique peut sembler naturelle au lecteur moderne, surtout s'il a en mémoire ce qu'on savait déjà à l'époque des nombres négatifs. Encore ne faut-il pas oublier les difficultés qu'il eut à surmonter dans sa prime jeunesse pour comprendre la signification de l'égalité et la barrière psychologique qu'il a vaincue pour en généraliser l'interprétation. Égaler un « objet » à zéro était l'égaler à rien. Élie Cartan, dit-on, eut recours à l'image de la balance pour faire comprendre à ses élèves le sens de l'égalité ; cette image ne donne que l'idée d'équilibre inscrite dans une équation, mais laisse sous silence la possibilité de rendre un terme nul, c'est-à-dire de vider un des plateaux.

Harriot pose d'abord son équation, comme avaient coutume de le faire ses contemporains (deux membres non nuls) puis, au cours du calcul, il égale le second membre à zéro en procédant comme nous l'avons dit avant de revenir à la première forme ; « comme si cette autre (l'intermédiaire) faisait en quelque sorte violence à la nature »[56].

L'écriture symbolique qu'utilise Harriot constitue aussi une innovation commode : il emploie des lettres minuscules pour les nombres qui apparaissent dans l'équation en leur donnant la signification que Viète attribuait à ses lettres majuscules. Mais, par ailleurs et comme ce dernier, il exprime par une consonne une quantité positive connue, un nombre négatif étant alors précédé d'un signe. Dans son livre d'algèbre, considéré par Cajori comme « less rhetorical and more symbolic than perhaps any other algebra that has ever been written »[57], on trouve :

« "addenda $a + b$" yield "summa $a + b - d$" »[58].
$-d$

Mais la disposition des deux niveaux de la soustraction est conservée par Harriot.

La nouveauté de Harriot n'est pas d'écrire « $-d$ » (Viète le faisait déjà) mais de ne pas faire précéder une telle expression d'un avertissement (jugé nécessaire par Viète) indiquant qu'il s'agit d'une soustraction. Toutefois la suppression d'un mot comme soustraction n'est pas due à ce que Harriot traite l'expression « $-d$ » comme celle d'un nombre négatif, mais bien comme le résultat d'une opération. Autrement dit, le style d'écriture se débarrasse de mots usuels, mais les conceptions exprimées n'en sont pas fondamentalement transformées.

---

56. Montucla, *Histoire des Mathématiques*, 1968, t. 2, p. 102.
57. Cajori, « Revaluation of Harriot's *Artis Analyticae Praxis* » (1920), p. 37.
58. *Ibid.*, p. 7.

Il n'explique pas l'ambiguïté du signe « – », qui, dans l'exemple précédent, peut signifier soit soustraction, soit aussi bien addition d'un nombre négatif.

Il est étonnant de constater qu'il n'utilise jamais de mots pour qualifier les nombres complexes, bien qu'une fois, cependant, lorsqu'il se trouve face à l'équation « $eee = ccc + \sqrt{-dddddd}$ », il la connote d'un *impossibilem reducere*[59], et déclare que « $\sqrt{-dddddd}$ » est *inexplicable*.

La seconde remarque ne manquera pas de surprendre : Harriot refuse les racines négatives d'une équation ; tout comme Viète, il leur trouve un défaut.

Ainsi, ceux qui comme Wallis, Aepimus, Montucla, etc. ont considéré Harriot comme le premier à avoir reconnu et utilisé les racines négatives au même titre que les racines positives se sont trompés. Cette erreur est imputable au formalisme, cette fois novateur, que développe Harriot quand il construit ses équations « canoniques »[60] à partir des produits de facteurs binominaux suivants[61] :

$$\left.\begin{array}{l} a-b \\ \underline{a-c} \end{array}\right| \begin{array}{l} = aa - ba \\ \qquad - ca + bc \end{array} \qquad (x-b)(x-c) = x^2 - bx - cx + bc$$

$$\left.\begin{array}{l} a+b \\ \underline{a+c} \end{array}\right| \begin{array}{l} = aa + ba \\ \qquad + ca + bc \end{array} \qquad (x+b)(x+c) = x^2 + bx + cx + bc$$

$$\left.\begin{array}{l} a-b \\ \underline{a+c} \end{array}\right| \begin{array}{l} = aa - ba \\ \qquad + ca - bc \end{array} \qquad (x-b)(x+c) = x^2 - bx + cx - bc$$

On serait tenté de penser que Harriot interprète l'équation (sous forme moderne) $x^2 - (b - c)x - bc = 0$ par une autre (i.e., $aa$- $(b - c)a - bc = 0$), le produit $(x - b)(x + c)$ (i.e. $(a - b)(a + c)$), dont les racines seraient $b$ et $- c$ : l'inférence est fausse ; Harriot rejette le résultat - $c$.

En effet, lorsqu'il considère l'expression (équation) $a = b$ et la remplace par $a - b = 0$ (i.e. $x - b = 0$), puis qu'il multiplie les deux membres de cette équation par $a + c$, obtenant ainsi $aa - ba + ca - bc = 0$ (i.e. $x^2 - bc + cx - bc = 0$) et qu'il écrit finalement $aa - ba + ca = bc$, Cajori conclut à bon droit :

---

59. *Ibid.*, p. 99.

60. Le terme est de lui.

61. Comme précédemment, dans la colonne de gauche sont utilisées les notations de l'époque et dans celle de droite des notations qui nous sont plus familières aujourd'hui.

« Therefore the proposed canonical equation obtained from the previous multiplication is here deduced by placing *a* equal *b*. »[62]

Harriot ne reconnaissant pas – *c* comme racine de son équation, il s'interdit de faire le même calcul en partant de $a = -c$, ce qui serait pourtant pour un moderne la même équation. Dans son livre, une seule fois (p. 55) face à une équation du troisième degré de la forme $(a - b)(a - c)(a - d) = 0$, il reconnaît qu'elle a les trois « racines » *b*, *c*, *d*. Mais dans le cas de l'équation « $(a + b)(a - c)(a - d) = 0$ », il dit qu'elle admet *c* et *d* pour « racines » et qu'il était prouvé qu'il n'y en avait pas d'autres (p. 54).

Nous devons néanmoins considérer ici Harriot comme un mathématicien particulièrement important, bien qu'il n'ait pas reconnu les racines négatives d'une équation et qu'il ait déclaré impossible l'existence des quantités négatives et donc, *a fortiori*, des quantités imaginaires. Ses équations « canoniques » lui ont effectivement servi de modèles pour déterminer dans les cas particuliers où toutes sont strictement positives le nombre de « racines » des équations du troisième et du quatrième degré[63].

Harriot inventa les signes « > » et « < », qui signifient respectivement « supérieur à » et « inférieur à ». Il améliora le procédé de Viète pour l'approximation des racines d'une équation numérique, préparant d'autres perfectionnements dus ensuite, et d'abord, à Newton et Raphson[64]. Harriot sait passer d'une équation à une autre en multipliant, divisant, augmentant ou diminuant les racines sans les connaître, et il sait faire disparaître le terme du second degré, les fractions et les irrationalités de l'équation, procédés déjà connus de Viète. Notons également l'avantage qu'à la notation de Harriot sur celle de Viète : le second note les puissances par des abréviations de mots latins, alors que le premier leur préfère une notation multiplicative telle que

$$a.\ a,\ a.\ a.\ a,\ a.\ a.\ a.\ a,\ \ldots,$$

qui, beaucoup plus que la précédente, donne un statut mathématique aux puissances.

Ajoutons enfin l'importance du rôle joué par le terme « inexplicable »[65] qui apparaît à la fois chez Harriot[66], Girard, Descartes et

---

62. Cajori, « Revaluation of Harriot's *Artis Analyticae Praxis* » (1920), p. 37.

63. On peut signaler ici la préfiguration de la règle de Descartes que l'on trouve chez Harriot ; partant de ces équations canoniques, il compare les autres à celles-ci, il compare les relations existant entre les coefficients. C'est, pratiquement, la même chose que la règle de Descartes.

64. Pour donner la méthode d'approximation dite de « Newton-Raphson ».

65. Voir en particulier l'article de P. Costabel : « Les *Regulae* et l'actualité scientifique de leur temps », *Les Etud. Philos.*, 5 (1976), pp. 415-423.

66. *Op. cit.*, p. 29.

d'autres ; cela est un fait significatif : les nombres précédemment dits « impossibles » dans le cadre des spéculations arithmétiques reçoivent entre 1620 et 1630 une autre dénomination en raison même de l'élargissement des perspectives provoqué par la résolution des équations cubiques. Les difficultés des formules de Cardan pour l'équation du troisième degré sont précisément reprises à ce moment, de telle sorte que l'*inexplicable* caractérise un moment historique lourd des conséquences de l'évolution au cours du XVIIe siècle. Bien que notre chapitre présent et le suivant ne s'articulent pas autour de cette notion fondamentale, il était convenable de nous y référer.

### *3 - Comment le problème ressurgit grâce à la théorie des équations*

Harriot, avec son contemporain Albert Girard, posent le problème de l'exclusive originalité de Descartes. Girard dépasse certaines de ses limitations.

#### *L'*Invention nouvelle en l'algèbre *d'Albert Girard*

Dans l'ouvrage d'Albert Girard, *Invention nouvelle en l'algèbre*, publié[67] à Amsterdam en 1629, on trouve de nombreux résultats admettant des racines négatives aux équations ; il est là plus audacieux que Harriot.

La première partie de son livre reprend les connaissances de ses contemporains sous le titre « Des caractères de conjonctions et disjonctions, appelez signes » ; Girard précise que

« Le signe + s'appelle le "plus", vaut autant à dire que &, ou bien *encore* mais – ou ÷ signifie "moins" , en telle sorte qu'on dit 3 francs moins 5 sous, davantage = signifie différence entre les quantitez où il se trouve ».

Plus loin (fol. B verso), il introduit deux nouveaux signes

« qui sont nécessaires & viendront doresnavant en usage, assavoir

ff | plus que
§ | moins que. »[68]

Il est à remarquer que ces symboles sont moins avantageux que ceux donnés par Harriot et qui redeviendront les nôtres (> et <).

Méconnaissant aussi le recours de Harriot à des minuscules, Girard utilise comme Viète des lettres majuscules pour représenter les grandeurs, et leur donne la même signification. Notons toutefois qu'il

67. Réimpression par Dr. D. Bierens de Haan, Leiden, 1884.

68. Itard, J., *Matériaux pour l'histoire des nombres complexes* (1969), p. 12 ; F. Cajori, *ibid.*, vol. I, p. 158.

emploie deux notations différentes pour la soustraction de deux grandeurs A et B. En effet, leur différence est A = B dans le cas général, mais si A est plus grand que B, il écrit alors[69] A – B.

Notons encore que ce souci de différencier ainsi une même opération traduit chez Girard une certaine aversion envers les *quantités* négatives. Précisons que cette attitude est dictée par le soin qu'il a de rendre son livre très pédagogique, et il ne saurait être question de *quantités* moindres que rien. Après une courte exposition des différentes règles concernant les signes dans les opérations, il ajoute :

> « Quant à l'extraction de la racine quarrée, on ne l'extrait que du + : exemple, soit + 9, sa racine est + 3 ou bien – 3 : mais la racine de - 9 est *indicible*, et n'est ny + ny - en sa racine et de la racine cubicque alors + prend +, et – prend – : car la racine cubicque de + 27 est + 3 : mais de – 27 est – 3 : la raison se voit en la génération des quarrez et cubes, etc. »[70]

Cubes et racines négatives réapparaissent ici pour la première fois depuis Chuquet.

On prend ainsi une vue particulière du problème global posé : la somme totale des connaissances disponibles à une époque n'est pas utilisée d'une façon exhaustive par chaque auteur ; chacun y choisit ce qui peut correspondre à un tempérament et une intention particulière et omet de retenir le reste.

Poursuivant ses explications et précisant ses notations, Girard est ainsi amené à résoudre l'équation du second degré « (2) esgale à 6 (1) – 25 », c'est-à-dire $x^2 = 6x - 25$, qu'il commente de la manière suivante :

> « Quand quelques (2) sont esgales à (1) - (0) il se peut faire que l'équation seroit impossible, comme si 1 (2) estoit esgale à 6 (1) – 25, alors la valeur de 1 (1) seroit inexplicable, assavoir $3 + \sqrt{-16}$ ou $3 - \sqrt{-16}$, ce qui peut arriver seulement aux équations là où le (0) est –, et qui sont ambiguës, c'est-à-dire qui reçoivent plus d'une solution par + : et ainsi s'entendra des autres équations… »[71]

C'est à la page 53 qu'apparaît le fameux théorème qui relie les racines d'une équation à son degré le plus élevé :

---

69. « Touchant les lettres de l'alphabet au lieu des nombres : soit A & aussi B deux grandeurs : la somme est A+B, leur différence est A=B (ou bien si A est majeur on dira que c'est A-B) leur produit est AB, mais divisant A par B viendra $\frac{A}{B}$ comme és fractions… » (*ibid*,, fol. B).

70. Itard, J., *op. cit.*, p. 12.

71. Girard, A., *Invention nouvelle en l'algèbre* (1629), fol. B verso (note Itard).

« Toutes les équations d'algèbre reçoivent autant de solutions que la dénomination de la plus haute quantité le demonstre, excepté les incomplettes : et la première faction des solutions est esgale au nombre du premier meslé, la seconde faction des mesmes, est esgale au nombre du deuxième meslé ; la troisiesme au troisiesme, et toujours ainsi, tellement que la derniere faction est esgale à la fermeture, et ce selon les signes qui se peuvent remarquer en l'ordre alternatif. »

Il ajoute sous le titre :

« Explication :

Soit une équation complette 1 (4) esgale à 4 (3) + 7 (2) – 34 (1) – 24 : alors le dénominateur de la plus haute quantité est (4), qui signifie qu'il y a quatre certaines solutions, & non plus ny moins, comme 1, 2, – 3, 4 : tellement que le nombre du premier meslé 4, est la première faction des solutions, le nombre du deuxiesme meslé 7, & toujours ainsi ; mais pour voir la chose en sa perfection, il faut prendre les signes qui se remarquent en l'ordre alternatif, comme 1 (4) – 7 (2) – 24 (0) esgale à 4 (3) – 34 (1) : alors les nombres avec leurs signes (selon l'ordre des quantitez) seront 4, – 7, – 34, – 24 qui sont les quatre factions des quatre solutions.

Soit autrefois 1 (4) esgale à 4 (3) – 6 (2) + 4 (1) – 1, & en ordre alterne 1 (4) + 6 (2) + 1 esgale à 4 (3) + 4 (1) ; dont les nombres avec les signes, selon l'ordre des quantitez sont 4, 6, 4, 1, qui sont factions des quatre solutions 1, 1, 1, 1, & ainsi des autres...

Touchant les équations incomplettes, elles n'ont pas tousjours tant de solutions, neantmoins on ne laisse pas d'expliquer les solutions qui sont impossibles d'exister, et monstrer ou gist l'impossibilité à cause de la defectuosité & incomplexion de l'équation, comme 1 (3) esgale à 7 (1) – 6, alors les trois solutions y sont encore, assavoir 1, 2, – 3 ; & toutes les incomplettes comme celle-cy se peuvent mettre en forme de complettes ainsi, 1 (3) esgale à 0 (2) + 7 (1) – 6, afin de trouver toutes les solutions ;... »[72]

Dans le folio suivant, nous trouvons un exemple d'équation mettant bien en évidence que Girard contrairement à Viète et Harriot admet les quantités imaginaires dont parla Bombelli.

« Si 1 (4) est esgale à 4 (1) – 3, alors les quatre factions seront 0, 0, 4, 3, & partant les quatre solutions seront :

1

1

$-1 + \sqrt{-2}$

$-1 - \sqrt{-2}$

(Notez que le produit des deux derniers est 3). »

72. Itard, J., *op. cit.*, p. 14.

Et il précise :

> « Donc il faut se resouvenir d'observer tousjours cela : on pourroit dire à quoy sert ces solutions qui sont impossibles, je respond pour trois choses, pour la certitude de la reigle generale, & qu'il ny a point d'autres solutions, & pour son utilité... »[73]

Et encore :

> « Ainsi qu'on peut donner trois noms aux solutions, veu qu'il y en a qui sont plus que rien ; d'autres moins que rien ; & d'autres enveloppées, comme celles qui ont des $\sqrt{-}$, comme des $\sqrt{-3}$, ou autres nombres semblables... »[74]

Girard est sans doute le premier à avoir une idée précise sur la représentation des nombres négatifs, lorsqu'il nous dit :

> « La solution par moins s'explique en Géométrie en retrogradant et le moins recule, là où le + avance. »[75]

Remarque dont on sait l'importance dans l'œuvre de Descartes, pourtant moins péremptoire face aux racines ou nombres négatifs.

Girard semble avoir été fortement influencé par plusieurs auteurs différemment inspirés. Il reprend une partie des notations de Stevin, qui lui-même avait subi l'influence de Chuquet, Stifel et Bombelli. Cette reprise peut s'observer dans la manière qu'il a de noter les puissances de l'inconnue laissées inexprimées. Le texte que nous venons de citer donne pour exprimer la racine un symbole resté le nôtre. Admirateur passionné de Viète et de Stevin, dont il fit une publication, Girard sut les dépasser et accepter dans ses calculs des quantités négatives et imaginaires. Il reprend les relations entre les coefficients et les racines d'une équation que Viète avait formulées et que Harriot avait mieux mis en évidence par l'emploi de lettres minuscules, et leur donne une plus grande généralité.

Donnant un sens plus large à la notion de nombre imaginaire, il parvint à énoncer le théorème fondamental de l'algèbre affirmé sans précision ni commentaire par P. Rothe en 1608. Ce théorème, dont l'énoncé est très sommaire et non « démontré », sera abordé successivement par Descartes (1627, 1637), Newton (1685), Euler (1742), d'Alembert (1746), puis de nouveau par Euler en 1751 pour obtenir enfin une preuve rigoureuse en 1799 par Gauss[76].

---

73. Girard, A., *Invention nouvelle en l'algèbre* (1629), fol. F, recto.

74. *Ibid.*, fol. F, verso.

75. *Ibid.*, fol. $F_3$, verso.

76. Bien sûr, le problème considéré évolue et se transforme au cours de ces différentes reconsidérations ; l'énoncé du « théorème fondamental de l'algèbre » n'est plus le même d'un auteur à l'autre : ainsi, il s'est complètement transformé de Descartes à Euler, nous avons affaire à un autre théorème ; la même situation se reproduit de Euler à Gauss.

## *La* Géométrie *de René Descartes*

Nous ne parlerons pas du philosophe, ni du mécanicien, mais de l'auteur de *La Géométrie* qui, publiée en 1637, fût et restera l'une des pièces les plus fondamentales de la mathématique du XVIIe siècle.

Ses idées sont les mêmes que celles de Harriot et de Girard ; il est difficile de faire la part de ce qu'il a pu leur emprunter puisqu'il est incontestable que la clarté et la richesse d'exposition de son livre sont révélatrices d'un esprit qui a pu évoluer indépendamment de certaines influences extérieures pourtant largement effectives[77]. Toutes ses remarques sont le fruit d'un travail personnel. Elles sont issues d'un esprit où la théorie et la rigueur se veulent l'expression d'un monde sensible.

C'est cette vision du « Monde » qui certainement, le pousse à qualifier d'« imaginaires » les racines de nombres négatifs avec ce double sens qu'elles ne sont pas « réelles » mais que l'on peut les imaginer[78].

Bien que n'apparaissent jamais explicitement les coordonnées qui portent son nom et sans lesquelles la compréhension de son ouvrage serait obscure, nous trouvons dans les premières pages de sa géométrie l'explication révélatrice suivante :

> « Tous les problèmes de Géométrie se peuvent facilement réduire à tels termes, qu'il n'est besoin par après que de connoitre la longueur de quelques lignes droites, pour les construire.
> Et comme toute l'Arithmétique n'est composée que de quatre ou cinq opérations, et qui sont l'Addition, la Soustraction, la Multiplication, la Division et l'Extraction des racines qu'on peut prendre pour une espèce Division ; ainsi n'a-t-on autre chose à faire en Géométrie, touchant les lignes qu'on cherche, pour les préparer à estre connües, que de leur en ajouter d'autres, ou en oster ; ou bien en ayant une, que ie nommeray l'*unité* pour la rapporter d'autant mieux aux nombres, et qui peut ordinairement estre prise a discretion, puis en ayant encore deux autres, en trouver une quatrième, qui soit à l'une de ces deux, comme l'autre est à l'*unité,* ce qui est le mesme que la Multiplication, ou bien en trouver une quatrième, qui soit à l'une de ces deux, comme l'unité est à d'autre, ce qui est le mesme que la Division ; ou enfin trouver une, ou deux, ou plusieurs moyennes proportionnelles entre l'unité et quelque autre ligne ; ce qui est le mesme que tirer la racine quarrée, ou cubique, etc. Et

---

77. Il est invraisemblable que Descartes ait été influencé par Harriot, dont il semble ignorer le travail pourtant antérieur à sa *Géométrie*. Il est vrai que le travail de Descartes remonte à la fin des années 1620, mais on constate cependant que le style et l'esprit sont très différents de ceux de Harriot.

78. Cette remarque fut faite par S. Bachelard lors de sa conférence au Palais de la Découverte (1966).

je ne craindray pas d'introduire ces termes d'Arithmétique en la Géométrie, afin de me rendre plus intelligible. »[79]

Après cette brillante exposition, Descartes propose en application la multiplication et l'extraction de la racine carrée par l'intermédiaire de figures géométriques, mais précise alors :

> « ... souvent on n'a pas besoin de tracer ainsi ces lignes sur le papier, et il suffit de les désigner par quelques lettres, chacune par une seule. Comme pour ajouter la ligne BD à GH, ie nomme l'une *a* et l'autre *b*, et escris $a + b$ ; Et $a - b$ pour soustraire *b* de *a* ; et *ab*, pour les multiplier l'une par l'autre ; Et $\frac{a}{b}$, pour diviser *a* par *b* ; Et *aa*, ou $a^2$, pour multiplier a par soy mesme ; Et $a^3$, pour le multiplier encore une fois par a, et ainsi à l'infini ; Et $\sqrt{a^2 + b^2}$, pour tirer la racine quarrée d'$a^2 + b^2$ ; et $\sqrt{C \cdot a^3 - b^3 + abb}$, pour tirer la racine cubique d'$a^3 - b^3 + abb$, et ainsi des autres »[80].

Il est à noter ici que Descartes emploie comme Harriot des minuscules et (outre le radical exprimé comme Stevin et repris par Girard) une expression plus difficile pour écrire une racine cubique, qui peut entraîner des erreurs de calcul. Le risque est minime dans la mesure où toutes ces expressions sont homogènes, mais plus grand dans les autres cas (qu'une notation à la Stifel rendait plus sûr). À cela près, Descartes est lumineux quand il explique :

> « Comment il faut venir aux Équations qui servent à résoudre les problèmes.
> Ainsi voulant résoudre quelque problème, on doit d'abord le considérer comme déjà fait, et donner des noms à toutes les lignes, qui semblent nécessaires pour les construire, aussi bien à celles qui sont inconnües, qu'aux autres. Puis sans considérer aucune différence entre ces lignes connües et inconnües, on doit parcourir la difficulté, selon l'ordre qui monstre le plus naturellement de tous en qu'elle sorte elles dépendent mutuellement les unes des autres, jusques à ce qu'on ait trouvé moyen d'exprimer une mesme quantité en deux façons : ce qui se nomme une Équation ; car les termes de l'une de ces deux façons sont égaux à ceux de l'autre. »[81]

---

79. Descartes, R., *La Géométrie* (Rééd., 1664), pp. 3-4.

80. Descartes, R., *ibid.*, p. 5.

81. Descartes, R., *ibid.*, p. 6. Cette définition est similaire à celle que donne d'Alembert dans son *Encyclopédie*.

Plus loin, il introduit l'écriture symbolique d'équations qui sont celles que nous utilisons actuellement, sauf quand il emploie le signe « ∞ » pour traduire l'égalité.

« $z \propto b$
$z^2 \propto - az + bb$
$z^3 \propto + az^2 + bbz - c^3$
$z^4 \propto az^3 - c^3z + d^4$, etc. »

C'est-à-dire, $z$, que je prends pour la quantité inconnue, est égale à $b$ ; ou le quarré de $z$ est égal au quarré de $b$ moins $a$ multiplié par $z$ ; etc. »[82]

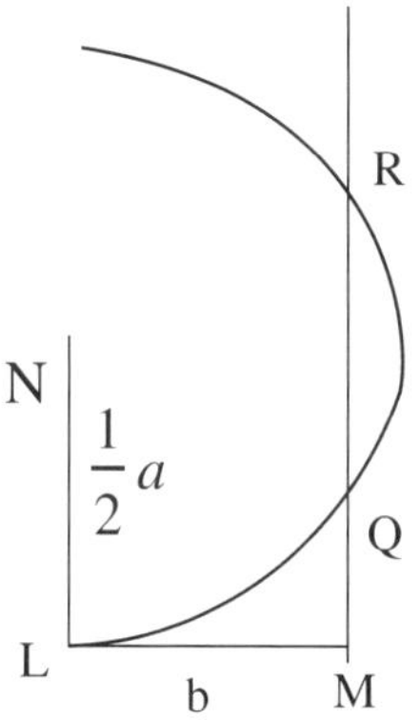


« Si i' ay $z^2 \propto az - bb$ : ie fais NL égale à $\frac{1}{2}a$, et LM égale à $b$ comme devant ; puis, au lieu de ioindre les points MN, i.e. tire MQR parallèle à LN, et du centre N par L ayant décrit un cercle qui la couppe aux poins Q et E, la ligne cherchée $z$ est MQ , ou bien MR ; car en ce cas elle s'exprime en deux façons, à sçavoir :

$$z \propto \frac{1}{2}a + \sqrt{\frac{1}{4}aa - bb} \quad \text{et } z \propto \frac{1}{2}a - \sqrt{\frac{1}{4}aa - bb}$$

Et si le cercle, qui ayant son centre au point N, passe par le point L, ne couppe ny ne touche la ligne droite MQR, il n'y a aucune racine en l'Équation, de façon qu'on peut asseurer que la construction du problème proposé est impossible. »[83]

Il est clair qu'en traduisant ainsi une équation par une figure euclidienne et en rapportant à des lieux géométriques les valeurs des racines, Descartes ne saurait faire exister des racines « imaginaires ». Quand le cercle ne coupe ni ne touche la droite MQR, il traduit un supposé algébrique problématique en un interdit géométrique évident.

Le « livre premier » poursuit sur le fameux problème de Pappus, puis le « livre second » traite de la nature des lignes courbes, montrant lesquelles sont recevables en géométrie, et s'interrogeant sur celles que les Anciens appelaient « mécaniques ».

---

82. Il est curieux de constater que Descartes dans les écritures symboliques ci-dessus ne semble pas encore fixé sur l'écriture à adopter ; en effet, dans la deuxième expression, il écrit « $bb$ » au lieu de « $b^2$ » et dans la troisième il écrit « $bb$ » et « $c^3$ ». Descartes ne confond en rien ces écritures, mais semble les employer dans le cas de la deuxième équation pour mieux traduire visuellement le principe d'homogénéité et dans la troisième pour éviter une expression trop lourde. Il serait intéressant de faire une étude sur ce problème, car on peut observer le même scrupule (soit pour simplifier soit plutôt pour souligner une homogénéité) chez beaucoup d'autres mathématiciens jusqu'à la fin du XVIIIe siècle.

83. Descartes, R., *ibid.*, p. 9.

Exposant alors la façon de distinguer leurs genres et de connaître le rapport qu'ont leurs points avec ceux des lignes droites, Descartes traite d'une façon systématique les lieux plans et solides et indique comment les trouver.

Après avoir expliqué la méthode générale pour trouver des lignes droites qui, coupant des courbes données à angles droits et avoir pris pour exemple la conchoïde, il achève son « livre second » sur des considérations relatives à l'optique et à la construction des lentilles.

Son « livre troisième » pourrait ouvrir d'autres voies à partir des connaissances acquises sur la nature des équations :

> « ... Il faut que je dise quelque chose en général de la nature des Équations ; c'est-à-dire des sommes composées de plusieurs termes partie connus, et partie inconnus, dont les uns sont égaux aux autres, ou plûtost qui considerez tous ensemble sont égaux à rien. Car ce sera souvent le meilleur de les considérer en cette sorte. »

Descartes donne alors à l'interrogation *Combien il peut y avoir de racines en chaque Équation ?* la réponse suivante :

> « Sçachez donc qu'en chaque Équation, autant que la quantité inconnüe à de dimensions, autant peut il y avoir diverses racines, c'est-à-dire de valeurs de cette quantités. Car par exemple si on suppose x égale à 2 ; ou bien x – 2 égale à rien ; et derechef $x \propto 3$ ; ou bien $x - 3 \propto 0$, l'une par l'autre, on aura $xx - 5x + \propto 0$, ou bien xx $\propto 5x - 6$, qui est une Équation en laquelle la quantité $x$ vaut 2 et tout ensemble vaut 3... »

Il est donc amené à envisager *Quelles sont les fausses racines* et poursuit :

> « Mais souvent il arrive que quelques-unes de ces racines sont fausses, ou moindres que rien. Comme si on suppose que $x$ désigne aussi le défaut d'une quantité, qui soit 5, on a $x + 5 \propto 0$ , qui estent multipliée par
>
> $$x^3 - 9xx + 26x - 24 \propto 0$$
>
> fait
>
> $$x^4 - 4x^3 - 19xx + 106x - 120 \propto 0.$$ »[84]

Les pages suivantes s'attachent à montrer :

> « Comment on peut diminuer le nombre des dimensions d'une Équation lors qu'on connoist quelqu'une de ces racines. »[85]

et donc la division par un binôme.

---

84. Descartes, R., *ibid.*, pp. 77 et 78.

85. Descartes, R., *ibid.*, p. 78

« Comment on peut examiner si quelque quantité donnée est la valeur d'une racine. »[86]

Enfin :

« Combien il peut y avoir de vrayes racines en chaque Équation »,

ce qui conduit Descartes à écrire :

« On connoist aussi... combien il peut y avoir de vrayes racines et combien de fausses en chaque Équation. À sçavoir il y en peu avoir autant de vrayes, que le signes + et – s'y trouvent de fois estre changez : et antant de fausses qu'il s'y trouve de fois deux signes +, ou deux signes – qui s'entresuivent. Comme en la dernière ( $x^4 - 4x^3 - 19xx + 106x - 120 \propto 0$), à cause qu'après $+ x^4$ il y a $- 4x^3$, qui est un changement de signe + et –, et après $- 19xx$ il y a $+ 106\,x$, et après $+ 106\,x$ il y a $- 120$ qui sont encore deux autres changemens, on connoist qu'il y a trois vrayes racines ; et une fausse, à cause que les deux signes – de $4x^3$ et $19xx$, s'entresuivent (les racines + 2, + 3, + 4 et – 5). »[86]

De là, quatre nouveaux problèmes :

« Comment on fait que les fausses racines d'une Équation deviennent vrayes, et les vrayes fausses. »[86]
« Comment on peut diminuer ou augmenter les racines d'une Équation sans les connoistre. »[87]
« Qu'en augmentent les vrayes racines on diminüent les fausses, et au contraire. »[88]
« Comment on peut oster le second terme d'une Équation. »[88]

Cette fois, la réponse devient :

« On peut toujours oster le second terme de l'Équation qu'on examine, à sçavoir en diminuant les vrayes racines de la quantité connüe de ce second terme divisée par le nombre des dimensions du premier, si l'un de ces deux termes estant marqué du signe +, l'autre est marqué du signe –, ou bien en l'augmentant de la même quantité, s'ils ont tous deux le signe +, ou tous deux le signe –. Comme pour oster le second terme de la dernière Équation qui est : $y^4 + 16y^3 + 71yy - 4y - 420 \propto 0$ ayant divisé 16 par 4, à cause des 4 dimensions du terme $y^4$, il vient derechef 4, c'est pourquoi je fais $z - 4 \propto y$, et i'écris

86. Descartes, R., *ibid.*, p. 79.
87. Descartes, R., *ibid.*, p. 80.
88. Descartes, R., *ibid.*, p. 81.

$$\begin{array}{r} z^4 - 16z^3 + 96zz - 256z + 256 \\ + 16z^3 - 192zz + 768z - 1024 \\ + 71zz - 568z + 1136 \\ - 4z + 16 \\ - 420 \\ \hline z^4 - 25zz - 60zz - 36 \propto 0 \end{array}$$

ou la vraye racine qui estait 2, est 6, à cause qu'elle est augmentée de 4 ; et les fausses qui estaient 5, 6, et 7, ne sont plus que 1, 2, et 3, à cause qu'elles sont diminuées, chacune de 4. »[89]

Reste alors à examiner :

« Comment on peut faire que toutes les fausses racines d'une équation deviennent vrayes, sans que les vrayes deviennent fausses. »[90]

C'est alors à la page 86 du « troisième livre », que nous trouvons sa première allusion effective aux quantités qu'il qualifie d'« imaginaires » :

« Au reste tant les vrayes racines que les fausses ne sont pas toujours réelles ; mais quelquefois seulement imaginaires ; c'est-à-dire qu'on peut bien toujours en imaginer autant que i'ay dit en chaque Équation ; mais qu'il n'y a quelquefois aucune quantité, qui corresponde à celles qu'on imagine. Comme encore qu'on en puisse imaginer trois en celle-cy $x^3 - 6xx + 13x - 10 \propto 0$ ; il n'y en a toutefois qu'une réelle, qui est 2, et pour les deux autres, quoy qu'on les augmente, ou diminüe, ou multiplie..., on ne sçaurait les rendre autres qu'imaginaires. »

En trois ou quatre autres endroits, il emploie le mot « imaginaire » pour traduire l'impossibilité d'une représentation géométrique pour l'équation. À la fin de son ouvrage, il traite les « problèmes solides » et donne une manière géométrique pour diviser un angle en trois parties égales, en ajoutant que cette trisection correspond à la résolution d'une équation du troisième degré et que toute équation (se rapportant au cas irréductible) de ce degré peut se ramener à cette opération. Parlant de la formule de Cardan, il précise :

« Au reste il est à remarquer que cette façon d'exprimer la valeur des racines par le rapport qu'elles ont au costés de certains cubes dont il n'y a que le contenu qu'on connoise, n'est en rien plus intelligible, n'y plus simple, que de les exprimer par le rapport qu'elles ont aux subtenduës de certains arcs ou portions de cercles, dont le triple est donné. En sorte que toutes celles des Équations cubiques qui ne peuvent estre exprimées par les règles de Cardan, le peuvent estre autant ou plus clairement par la

89. Descartes, R., *ibid.*, p. 82.
90. Descartes, R., *ibid.*, p. 83.

façon icy proposée. Car si par exemple, on pense connoistre la racine de cette Équation, $z^3 \infty - qz + p$ à cause qu'on sçait qu'elle est composée de deux lignes, dont l'une est le costé d'un cube, duquel le contenu est $\frac{1}{2}q$, ajoûté au costé d'un quarré, duquel derechef le contenu est $\frac{1}{4}qq - \frac{1}{27}p^3$[91] ; et l'autre est le costé d'un autre cube, dont le contenu est la différence, qui est entre $\frac{1}{2}q$, & le costé de ce quarré dont le contenu est $\frac{1}{4}qq - \frac{1}{27}p^3$[92], qui est tout ce qu'on en apprent par la règle de Cardan. Il n'y a point de doute qu'on ne connoisse autant ou plus distinctement la racine de celle-cy, $z^3 \infty + qz - p$, en la considérant inscrite dans un cercle, dont le diamètre est $\sqrt{\frac{1}{3}p}$, & sçachant qu'elle y est subtendüe d'un arc dont le triple a pour sa subtendüe $\frac{3q}{p}$. Mesmes ces termes sont beaucoup moins embarassez que les autres, et ils se trouveront beaucoup cours si on veut user de quelque chiffre particulier pour exprimer ces subtendües, ainsi qu'on fait du chiffre $\sqrt{C}$. pour exprimer le costé des cubes... Car enfin, la nature de ces racines ne permet pas qu'on les exprime en termes plus simples, ny qu'on les détermine par aucune construction qui soit ensemble plus générale & plus facile. »[93]

Dans ce XVII^e^ siècle dont on a dit qu'il escomptait de la « nature » qu'elle soit « écrite en langage mathématique »[94], et où la science se détourne du passé pour se tourner vers l'étude de phénomènes mesurables, on pourra trouver étonnant que nous ayons fait un exposé, même partiel, sur la *Géométrie* de Descartes alors que cet auteur est peu marquant dans l'histoire des nombres complexes. Mais Descartes et sa position philosophique sont situés à une charnière entre un XVI^e^ siècle qui se débat dans des recherches de vocabulaire pour traduire et résoudre des problèmes mathématiques et qui tente de fixer ses notations tout en mettant un point d'honneur à cultiver l'art des Anciens, et un XVII^e^ siècle où est née l'algèbre spécieuse, l'écriture symbolique, où l'algèbre appliquera son raisonnement à la géométrie pour faire naître

---

91. $\sqrt[3]{\frac{1}{2}q + \sqrt{\frac{1}{4}q^3 - \frac{1}{27}p^3}}$

92. $\sqrt[3]{\frac{1}{2}q - \sqrt{\frac{1}{4}q^3 - \frac{1}{27}p^3}}$

93. Descartes, R. *ibid.*, pp. 106-107.

94. Expression issue du « Saggiatore » de Galilée (1623).

une géométrie algébrique et l'analyse. Il faut donc bien comprendre les progrès accomplis par l'algèbre. La *Géométrie* de Descartes est un ouvrage qui, bien que très court dans son exposition, exprime d'une manière concise les aboutissements de longues et inégales recherches sur la « théorie » des équations. Tous les principaux résultats ainsi que leurs techniques de résolution s'y trouvent énoncés dans une écriture symbolique qu'il est très aisé de comprendre tant elle s'apparente à la nôtre.

L'influence de Descartes sur ses contemporains a été considérable surtout en France où elle provoque une certaine méconnaissance à l'égard des résultats acquis en d'autres pays, au point qu'on a pu attribuer au cartésianisme les difficultés que firent les Français pour reconnaître et accepter les travaux de Newton. Or cette attitude, bien que généralement dommageable, a été salutaire dans le cas particulier des *nombres* « imaginaires » ainsi nommés par Descartes et imposés par lui à toute étude de l'algèbre et de l'analyse.

Naturellement, ces *nombres* n'en sont pas moins considérés avec réticence. Nous voyons que Descartes, par la dénomination qu'il leur donne, cultive en quelque sorte le doute et le communique à ses successeurs. Certes, on est « convaincu » ou on « admet » leur utilité, mais on n'arrive pas à les définir ou à les représenter.

### B - De la pratique à la théorie

Le XVII^e^ siècle est le théâtre d'une véritable explosion mathématique : l'étude de la géométrie pure, impropre à expliquer totalement ce « monde indéfini », fait de la place à l'étude d'autres géométries qui s'avèrent traduire mieux ce que l'œil perçoit. L'arithmétique s'enrichit de nombreux résultats et sa transition à l'algèbre, facilitée par des constructions de formules valides pour des nombres arbitraires et par la recherche de solutions générales, donne lieu à un symbolisme littéral ; la façon que l'on a de traiter les équations en faisant varier les inconnues ou les autres termes de leurs membres et la manière de les représenter par des figures, mettent en évidence des correspondances quotidiennes entre objets et concepts divers, donnant naissance à la notion de Fonction (nom introduit par Leibniz). On étudie avec plus de succès les séries, le calcul intégral, etc.

C'est dans ce siècle, riche de ces découvertes qui reposaient plus sur l'intuition que sur des démonstrations rigoureuses, et dans le suivant, où l'on tenta de prouver toutes ces affirmations ou inférences, que les imaginaires se sont fait une place.

Notons que ces quantités imaginaires et leurs applications ne correspondent le plus souvent qu'à des à-côtés de la production mathématique des auteurs dont nous parlerons.

Trois champs de recherche nous semblent intéressants pour obtenir, sinon tout ce qui concerne les nombres imaginaires, du moins une image précise de leur insertion dans les calculs et les progrès qu'ils permirent de réaliser. Précisons que les trois études qui vont suivre ne se rapportent pas à des domaines sans articulation commune, mais soulignent avec plus de clarté des difficultés sous-jacentes à tous, tout en étant particulières à chacun d'eux.

### *1 - Tentatives pour bannir l'« imaginaire » des résultats*

$$\sqrt[n]{a+\sqrt{-b}}+\sqrt[n]{a-\sqrt{-b}}$$

Ces expressions ne sont pas nouvelles ; déjà les Italiens du XVIe siècle s'essayaient à les calculer dans le cas où $n = 3$. Bombelli paraît être le premier à en avoir donné une formulation, résultat d'une longue et laborieuse recherche par tâtonnements.

C'est en effet à travers la résolution d'une équation de troisième degré, qui aboutissait au cas « irréductible » de Cardan, qu'il fut amené à donner :

$$\sqrt[3]{2+\sqrt{-121}}+\sqrt[3]{2-\sqrt{-121}} = 4\,.$$

Or il semble difficile de croire, tenant compte du mode de résolution des équations qui était utilisé à cette époque, qu'il parvint à une telle expression sans avoir au préalable la certitude que 4 était une racine de l'équation proposée.

Une étude plus systématique de ces formules fut entreprise par Leibniz qui, en 1675, dans une lettre adressée à Huygens, lui fait part de ses recherches et de la « curieuse » relation :

$$\sqrt{1+\sqrt{-3}}+\sqrt{1-\sqrt{-3}} = \sqrt{6}\,.$$

Huygens, dans sa réponse, fait preuve d'une familiarité assez avancée avec ces problèmes, mais n'en montre pas moins une certaine aversion à l'égard des nombres imaginaires, et précise sur la formule que lui montra son élève et ami « qu'il y a quelque chose de caché là-dedans qui nous reste incompréhensible ». Leibniz ne se montre guère plus enthousiaste lorsqu'il qualifie les nombres imaginaires d'*analyseos miraculum, idealis mundi monstrum, pene inter Ens et non-Ens amphibium.*

Leibniz ne rejette pas les nombres imaginaires en tant que tels et les expressions précédentes sont là pour le confirmer, mais on dirait qu'il souhaite retirer à des « nombres » ininterprétables le droit de figurer dans une algèbre synonyme de rigueur et de clarté et fondement d'un langage et d'une compréhension universels.

C'est sans doute ce désir d'épuration qui le poussa à entreprendre des recherches sur les expressions générales

$$\sqrt[n]{a+\sqrt{-b}}+\sqrt[n]{a-\sqrt{-b}}$$

dans les lettres qu'il écrivit à H. Oldenbourg au cours des années 1675, 1676, 1677[95]. Il explique qu'il est parvenu à débarrasser ces expressions réelles de leur caractère d'irréalité en employant une méthode fondée sur les développements en série.

Nous n'expliquerons pas la méthode de Leibniz, celle donnée par F. Nicole et dont nous ferons l'exposition plus loin est calquée sur la sienne, tout en étant plus révélatrice.

### *Abraham de Moivre et sa « formule »*

C'est A. de Moivre qui joua certainement le rôle le plus important dans l'étude de ces expressions. Ayant quitté la France à la révocation de l'Édit de Nantes, il trouva refuge en Angleterre, à Londres. On lui doit une formule où

> « Les nombres imaginaires jouent un rôle d'antagoniste et qui permet de résoudre avec une pleine généralité et une parfaite élégance une question fondamentale à la théorie des fonctions trigonométriques, c'est-à-dire le problème de la multiplication des arcs circulaires. »[96]

Dès 1706, il réussissait à établir un lien entre les expressions générales, qui font notre propos, et le partage d'un arc de cercle ; il démontre que celles-ci se ramènent à la division d'un arc de cercle en $n$ parties égales.

Nous avons pu retrouver trace de ces calculs dans les « Transactions philosophiques » de la Royal Academy de Londres.

« Soit $n$ un nombre quelconque, y une quantité inconnue, ou, en d'autres termes, la racine recherchée de l'Équation, et soit a une quantité quelconque (indifférente) mais bien connue, ou, en d'autres termes, ce que l'on appelle *l'homogène de comparaison*, et que la relation de ces termes entre eux soit exprimée par l'Équation :

$$ny+\frac{nn-1}{2\times 3}ny^3+\frac{nn-1}{2\times 3}\times\frac{nn-9}{4\times 5}ny^5+\frac{nn-1}{2\times 3}\times\frac{nn-9}{4\times 5}\times\frac{nn-25}{6\times 7}ny^7,\text{ etc.}=0$$

À cause de la nature de cette série, il est évident que si l'on additionne un nombre impair quelconque $n$ (entier naturellement, qu'il soit positif ou négatif, peu importe) alors la série s'achèvera d'elle-même et l'Équation étant unique, déterminée comme ci-dessus, sa racine est :

95. Voir notamment les lettres du 12 juillet 1675, du 27 août 1676 et 21 juin 1677.

96. Loria, G., *Scientia*, 21 (1917), p. 48.

(I) $v = \frac{1}{2}\sqrt[n]{\sqrt{1+aa}+a} - \frac{\frac{1}{2}}{\sqrt[n]{\sqrt{1+aa}+a}}$

(ou exclusif)

(II) $y = \frac{1}{2}\sqrt[n]{\sqrt{1+aa}+a} - \frac{1}{2}\sqrt[n]{\sqrt{1+aa}-a}$

(ou exclusif)

(III) $y = \frac{\frac{1}{2}}{\sqrt[n]{\sqrt{1+aa}-a}} - \frac{1}{2}\sqrt[n]{\sqrt{1+aa}-a}$

(ou exclusif)

(IV) $y = \frac{\frac{1}{2}}{\sqrt[n]{\sqrt{1+aa}+a}} - \frac{\frac{1}{2}}{\sqrt[n]{\sqrt{1+aa}-a}}$.

Par exemple, soit à trouver la racine de cette équation à la cinquième puissance : $5y + 20y^3\ 16y^2 = 4$, en ce cas, $n = 5$ et $a = 4$ : la racine d'après la première forme (I) sera :

$$y = \frac{1}{2}\sqrt[5]{\sqrt{17}+4} - \frac{\frac{1}{2}}{\sqrt[5]{\sqrt{17}+4}},$$

elle peut être développée rapidement en nombres ordinaires de cette façon. Soit $\sqrt{17} + 4 = 8.1231$, dont le logarithme est : 0,9097164, et dont la cinquième partie 0,1819433, le nombre correspondant dans ce cas est : $\sqrt[5]{\sqrt{17}+4}$, le nombre exactement 0,1819433 le complément arithmétique est 9,8180567, auquel correspond le nombre $1/\sqrt[5]{\sqrt{17}+4}$. Donc, la demi-différence de ces nombres est : 0,4313 = $y$. On doit observer qu'à la place de la Racine générale, on peut sans inconvénient additionner : $y = \frac{1}{2}\sqrt[n]{2a} - \frac{\frac{1}{2}}{\sqrt[n]{2a}}$, à condition que le nombre a au regard de l'unité soit assez grand pour que, si l'équation était $5y + 20y^3 + 16y^5 = 682$, le logarithme de $2a$ serait = 3,1348143, dont la cinquième partie serait 0,6269628, et à ceci correspond le nombre 4,236. Or, le nombre complément arithmétique 9,3730371 est 0,236 et la demi-différence de ces nombres est 2 = $y$.

En outre, si dans l'équation précédente, les signes sont alternativement affirmatifs et négatifs, ou bien, ce qui revient au même, si la série se présente selonle mode suivant :

$$ny+\frac{1-nn}{2\times 3}ny^3+\frac{1-nn}{2\times 3}\times\frac{9-nn}{4\times 5}ny^5+\frac{1-nn}{2\times 3}\times\frac{9-nn}{4\times 5}\times\frac{25-nn}{6\times 7}ny^7\text{, etc.}=0$$

la racine résultera de quatre formules chacune exclusive des autres et séparée en latin par *vel* :

(I) $$y=\frac{1}{2}\sqrt[n]{a+\sqrt{aa-1}}+\frac{\frac{1}{2}}{\sqrt[n]{a-\sqrt{aa-1}}}$$

(II) $$y=\frac{1}{2}\sqrt[n]{a-\sqrt{aa-1}}+\frac{1}{2}\sqrt[n]{a-\sqrt{aa-1}}$$

(III) $$y=\frac{\frac{1}{2}}{\sqrt[n]{a-\sqrt{aa-1}}}+\frac{1}{2}\sqrt[n]{a-\sqrt{aa-1}}$$

(IV) $$y=\frac{\frac{1}{2}}{\sqrt[n]{a-\sqrt{aa-1}}}+\frac{\frac{1}{2}}{\sqrt[n]{a+\sqrt{aa-1}}}$$

On doit souligner que si un nombre impair dépasse $\frac{n-1}{2}$, le signe de la racine trouvée peut être changé en son contraire. Soit l'équation $5y\ -20y^3+16y^5=6$, où $n=5$ et $a=6$, la racine sera $=\frac{1}{2}\sqrt[5]{6+\sqrt{35}}+\frac{\frac{1}{2}}{\sqrt[5]{6+\sqrt{35}}}$ ou bien, puisque $6+\sqrt{35}=11,919$ , dont le logarithme est 1,0761304 et la cinquième partie 0,2152561, le complément arithmétique sera 9,7847439, les nombres de ces logarithmes sont 1,6415 et 0,6091 respectivement, dont la demi-somme de 1,1253 = $y$ ; mais s'il arrive que $a$ soit plus petit que l'unité, alors la deuxième forme de la Racine, comme elle est plus compatible avec la proposition, on doit la séparer du reste.

Ainsi, si l'équation avait été : $5y - 20y^3 + 6y^5 = \frac{61}{64}$, $y$ aurait été

$$=\frac{1}{2}\sqrt[5]{\frac{61}{64}+\sqrt{\frac{-375}{4096}}}+\frac{1}{2}\sqrt[5]{\frac{61}{64}-\sqrt{\frac{-375}{4096}}}$$

Et alors si on veut extraire la racine cinquième des binômes comme convenu, la racine sera bonne et possible et pourra exister, même si l'expression elle-même rappelle l'impossibilité. Quant au binôme $\frac{61}{64}+\sqrt{\frac{-375}{4096}}$ la racine cinquième est $\frac{1}{4}+\frac{1}{4}\sqrt{-15}$ et le binôme $\frac{61}{64}-\sqrt{\frac{-375}{4096}}$ la racine cinquième est $\frac{1}{4}-\frac{1}{4}\sqrt{-15}$ la demi-somme de ces binômes est $=\frac{1}{4}=y$.

Or si cette extraction ne peut être poursuivie ou encore si elle semble plus difficile, on peut entièrement achever la question par la table des sinus naturels selon la méthode suivante.

Soit au rayon 1, $a=\frac{61}{64}=0,95112$ le sinus de l'arc correspondant qui sera 72° : 23' dont la cinquième partie (c'est-à-dire n = 5) est 14° : 28' ; dont le sinus $0,24981=\frac{1}{4}$ approximativement. On ne doit pas procéder autrement dans les équations de degrés supérieurs. »

Il est juste de rétablir que cette idée d'une telle relation n'est pas une création due seulement à A. de Moivre. À cet effet, nous pouvons remarquer que F. Viète, dans son *Supplementum geometricae*, publié en 1590, avait déjà noté que le « cas irréductible » de l'équation du troisième degré se ramenait à la trisection de l'arc et que toutes les solutions de cette équation furent données par A. Girard dans son « Invention »[97]. Précisons également que Viète avait déjà obtenu précisément les formules de multiplication par $n$ pour les règles trigonométriques; nous verrons plus bas que Moivre suit le processus exactement inverse.

En 1730, les recherches de Moivre eurent un premier aboutissement qui lui permit de ne pas sombrer définitivement dans l'oubli :

$$\cos B = \frac{1}{2}\sqrt[n]{cos\cdot\ nB+\sqrt{-1}sin\cdot\ nB}+\frac{1}{2}\sqrt[n]{cos\cdot\ nB-\sqrt{-1}sin\cdot\ nB}.$$

Bien sûr, une telle formule n'est pas celle qu'on lui attribue généralement et que nous devons à L. Euler (1748), mais elle signifie exactement la même chose.

Un second aboutissement, dû à une étude plus approfondie des expressions $\sqrt[n]{a+\sqrt{-b}}$, lui permit d'énoncer un résultat plus intéressant : il déclare, en 1738, dans une lettre adressée à W. Jones[98], que ces expressions admettent $n$ valeurs, toutes de la forme $p+q\sqrt{-1}$, où $p$ et $q$ sont des nombres réels. Cet énoncé s'appuie sur la démonstration de l'expression particulière $\sqrt[n]{\cos\cdot\ a+\sqrt{-1}\sin\cdot\ a}$ où les $n$ valeurs

97. Girard, A., *op. cit.*, D2 recto et D3 recto.

98. Voir *Philos. Trans.*, London, 40 (1737/38), p. 463 (n° 451).

sont obtenues en divisant l'arc $a$ et les arcs $a + kC$ (i.e. les arcs qui en diffèrent par un multiple de la circonférence $C$). Notons là encore l'importance de la démonstration d'un résultat qui n'existe encore qu'à l'état d'inférence dans la deuxième moitié du XVIIe siècle. Des mathématiciens comme Rolle[99], Prestet[100], Colson[101], n'ignoraient pas le fait « naturel » qu'un nombre réel a $n$ racines énièmes dont deux au plus sont réelles.

*L'approche de F. Nicole*

Ainsi que nous l'avions déjà annoncé, la méthode de Leibniz, reprise aussi en 1738 par F. Nicole[102], fait disparaître les nombres imaginaires des expressions générales

$$\sqrt[n]{a + \sqrt{-b}} + \sqrt[n]{a - \sqrt{-b}}.$$

« Sur le cas irréductible du troisième degré », parlant des solutions données par Cardan, Nicole ajoute :

> « Il avait toujours paru fort surprenant qu'une grandeur qui doit être réelle fût exprimée par un composé de quantités réelles et de quantités imaginaires ; on sentait bien qu'il fallait que les quantités imaginaires se détruisent mutuellement, mais personne, que je sache, n'avait montré la manière de faire évanouir ces quantités imaginaires.
> J'ai cherché à faire cet évanouissement par le moyen des suites, et j'ai trouvé pour l'expression de la racine cherchée, une Formule Algébrique qui ne contient plus, à la vérité, des quantités imaginaires ; mais il entre dans cette Formule une suite composée d'une infinité de termes dont je n'ai pu trouver la somme par aucune des méthodes connues.
> Je réduis donc dans ce mémoire la question du cas irréductible, à trouver la somme d'une suite composée d'une infinité de termes.
> Soit l'Équation $x^3 - px + q = 0$.
> Cette Équation contient trois racines commensurables ou incommensurables, dont deux sont positives, et la troisième négative, égale aux deux positives. »

On peut noter dans ce texte que, à propos des mots utilisés pour qualifier les racines, les mots « fausses » et « vraies » ont cédé la place aux mots « négatives » et « positives ».

---

99. Rolle, M., *Algèbre* (1690), p. 230.
100. Prestet, J., *Nouveaux élémens de mathématiques* (1689), pp. 371 - 72.
101. Colson, J., *Philos. Trans.*, London, 25 (1706-7), p. 2353 (n° 309).
102. Nicole, F., *Mémoire de l'Histoire de l'Académie des Sciences de Paris* (1738), p. 97 sq.

Laissons la parole à Nicole exposant « sa » méthode avec toute la suite de résultats, de corollaires et de remarques :

« $x + \sqrt[3]{\left[\frac{1}{2}q + \sqrt{\left(\frac{1}{4}qq - \frac{1}{27}p^3\right)}\right]} + \sqrt[3]{\left[\frac{1}{2}q - \sqrt{\left(\frac{1}{4}qq - \frac{1}{27}p^3\right)}\right]} = 0,$

$$x + \frac{1}{2}x\sqrt[3]{\left[\frac{1}{2}q + \sqrt{\left(\frac{1}{4}qq - \frac{1}{27}p^3\right)}\right]} - \frac{1}{2}x\sqrt[3]{\left[\frac{1}{2}q - \sqrt{\left(\frac{1}{4}qq - \frac{1}{27}p^3\right)}\right]}$$

$$-\sqrt{p - \frac{3}{4}x\ \sqrt[3]{\left[\frac{1}{2}q + \sqrt{\left(\frac{1}{4}qq - \frac{1}{27}p^3\right)}\right]} + \sqrt[3]{\left[\frac{1}{2}q - \sqrt{\left(\frac{1}{4}qq - \frac{1}{27}p^3\right)}\right]}^2} = 0,$$

$$x - \frac{1}{2}x\sqrt[3]{\left[\frac{1}{2}q + \sqrt{\left(\frac{1}{4}qq - \frac{1}{27}p^3\right)}\right]} - \frac{1}{2}x\sqrt[3]{\left[\frac{1}{2}q - \sqrt{\left(\frac{1}{4}qq - \frac{1}{27}p^3\right)}\right]}$$

$$+\sqrt{p - \frac{3}{4}x\ \sqrt[3]{\left[\frac{1}{2}q + \sqrt{\left(\frac{1}{4}qq - \frac{1}{27}p^3\right)}\right]} + \sqrt[3]{\left[\frac{1}{2}q - \sqrt{\left(\frac{1}{4}qq - \frac{1}{27}p^3\right)}\right]}^2}$$

Ce qui se voit en multipliant ces trois équations l'une par l'autre, elles reproduisent l'Équation $x^3 - px + q = 0$.

Ces trois racines expriment donc les trois Racines de l'Équation composée $x^3 - px + q = 0$.

<u>Corollaire I</u>

Lorsque $\frac{1}{27}p^3 = \frac{1}{4}qq$ , ces trois équations deviennent :

$$x + 2\sqrt[3]{\left(\frac{1}{2}q\right)} = 0$$

$$x - \sqrt[3]{\left(\frac{1}{2}q\right)} - \sqrt{p - \frac{3}{4}x\left[2\sqrt[3]{\left(\frac{1}{2}q\right)}\right]^2} = 0$$

$$x - \sqrt[3]{\left(\frac{1}{2}q\right)} + \sqrt{p - \frac{3}{4}x\left[2\sqrt[3]{\left(\frac{1}{2}q\right)}\right]^2}$$

Cette équation se décompose dans les trois suivantes :

ou $x + 2\sqrt[3]{\left(\frac{1}{2}q\right)}$ , $x - \sqrt[3]{\left(\frac{1}{2}q\right)} - \sqrt{\left[p - 3\sqrt[3]{\left(\frac{1}{4}qq\right)}\right]}$,

$x - \sqrt[3]{\left(\frac{1}{2}q\right)} + \sqrt{\left[p - 3\sqrt[3]{\left(\frac{1}{4}qq\right)}\right]}$,

ou $x + 2\sqrt[3]{\left(\frac{1}{2}q\right)}$ , $x - \sqrt[3]{\left(\frac{1}{2}q\right)}$ , $x - \sqrt[3]{\left(\frac{1}{2}q\right)}$

parce que $\frac{1}{27}p^3 = \frac{1}{4}qq$, donne $p = 3\sqrt[3]{\left(\frac{1}{4}qq\right)}$.

Dans ce cas l'Équation renferme donc deux Racines égales.

Corollaire II

Lorsque $\frac{1}{27}p^3$ est plus petit que $\frac{1}{4}qq$, la quantité

$$\sqrt{p - \frac{3}{4}\text{x}\overline{\sqrt[3]{\left[\frac{1}{2}q + \sqrt{\left(\frac{1}{4}qq - \frac{1}{27}p^3\right)}\right]} + \sqrt[3]{\left[\frac{1}{2}q + \sqrt{\left(\frac{1}{4}qq - \frac{1}{27}p^3\right)}\right]}}^2}$$

devient imaginaire, à cause que dans ce cas

$$\frac{3}{4}\text{x}\overline{\sqrt[3]{\left[\frac{1}{2}q + \sqrt{\left(\frac{1}{4}qq - \frac{1}{27}p^3\right)}\right]} + \sqrt[3]{\left[\frac{1}{2}q - \sqrt{\left(\frac{1}{4}qq - \frac{1}{27}p^3\right)}\right]}}^2$$

est plus grand que *p*, puisque l'on a vu que cette quantité est égale à *p* lorsque $\frac{1}{27}p^3 = \frac{1}{4}qq$.

Ainsi, dans ce cas, l'Équation générale $x^3 + px + q = 0$ contient deux racines imaginaires.

Corollaire III

Donc, lorsque $\frac{1}{27}p^3$ est plus grand que $\frac{1}{4}qq$, la quantité :

$$p - \frac{3}{4}\text{x}\overline{\sqrt[3]{\left[\frac{1}{2}q + \sqrt{\left(\frac{1}{4}qq - \frac{1}{27}p^3\right)}\right]} + \sqrt[3]{\left[\frac{1}{2}q + \sqrt{\left(\frac{1}{4}qq - \frac{1}{27}p^3\right)}\right]}}^2$$

est plus petite que *p*, et par conséquent :

$$\sqrt{p - \frac{3}{4}\text{x}\overline{\sqrt[3]{\left[\frac{1}{2}q + \sqrt{\left(\frac{1}{4}qq - \frac{1}{27}p^3\right)}\right]} + \sqrt[3]{\left[\frac{1}{2}q - \sqrt{\left(\frac{1}{4}qq - \frac{1}{27}p^3\right)}\right]}}^2}$$

est une grandeur réelle. Dans ce cas, les trois racines renfermées dans l'Équation générale $x^3 - px + q = 0$ sont donc toutes les trois réelles et inégales.

Remarque

Mais dans ce dernier cas, quoi qu'il soit évident que ces trois Racines soient réelles, elles paraissent cependant sous une forme imaginaire, à cause de $\sqrt{\left(\frac{1}{4}qq - \frac{1}{27}p^3\right)}$ qui est imaginaire.

Ce qui semble être une contradiction. Voici la manière de faire disparaître cette contradiction.

Les deux membres :

$$\sqrt[3]{\left[\frac{1}{2}q+\sqrt{\left(\frac{1}{4}qq-\frac{1}{27}p^3\right)}\right]}$$

et

$$\sqrt[3]{\left[\frac{1}{2}q-\sqrt{\left(\frac{1}{4}qq-\frac{1}{27}p^3\right)}\right]}$$

qui entrent tous deux dans l'expression des trois Racines fournissent chacun des grandeurs imaginaires.

Or la somme de ces deux membres étant réelle, il faut que les quantités imaginaires fournies par : $\sqrt[3]{\left[\frac{1}{2}q+\sqrt{\left(\frac{1}{4}qq-\frac{1}{27}p^3\right)}\right]}$ soient exactement les mêmes que celles fournies par le second membre $\sqrt[3]{\left[\frac{1}{2}q-\sqrt{\left(\frac{1}{4}qq-\frac{1}{27}p^3\right)}\right]}$ et que les premières étant affectées du signe positif +, les secondes soient affectées du signe négatif –, et alors la somme des deux membres sera toute réelle.

Pour réduire donc chacun de ces membres à des expressions de cette nature, il faut d'abord les réduire à ces deux formes :

$$\sqrt[3]{\left[\frac{1}{2}q+\sqrt{\left(\frac{1}{4}qq-\frac{1}{27}p^3\right)}\right]}=$$

$$\sqrt[6]{\left(\frac{1}{27}p^3-\frac{1}{4}qq\right)}\,x\left(\frac{q}{2\sqrt{\left(\frac{1}{27}p^3-\frac{1}{4}qq\right)}}+\sqrt{-1}\right)$$

$$\sqrt[3]{\left[\frac{1}{2}q-\sqrt{\left(\frac{1}{4}qq-\frac{1}{27}p^3\right)}\right]}=$$

$$\sqrt[6]{\left(\frac{1}{27}p^3-\frac{1}{4}qq\right)}\,x\left(\frac{q}{2\sqrt{\left(\frac{1}{27}p^3-\frac{1}{4}qq\right)}}+\sqrt{-1}\right)$$

c'est-à-dire que la première racine sera :

$$\sqrt[6]{\left(\frac{1}{27}p^3-\frac{1}{4}qq\right)}\,x\sqrt[3]{\left(\frac{q}{2\sqrt{\left(\frac{1}{27}p^3-\frac{1}{4}qq\right)}}+\sqrt{-1}\right)}$$

$$+\sqrt[3]{\left(\frac{q}{2\sqrt{\left(\frac{1}{27}p^3-\frac{1}{4}qq\right)}}+\sqrt{-1}\right)}$$

et au lieu de ces quantités composées soient considérées celles-ci, qui sont plus simples et de même nature :

$$\left(\frac{a}{b} + \sqrt{-1}\right)^n + \left(\frac{a}{b} - \sqrt{-1}\right)^n$$

En élevant ces quantités à l'exposant *n*, la première devient :

$$\left(\frac{a}{b}\right)^n + \frac{n}{1} \text{x} \left(\frac{a}{b}\right)^{n-1} \text{x} \sqrt{-1} + \frac{nxn-1}{1 \cdot 2} \text{x} \left(\frac{a}{b}\right)^{n-2} \text{x} -1$$

$$+ \frac{nx(n-1xn-2)}{1 \cdot 2 \cdot 3} \text{x} \left(\frac{a}{b}\right)^{n-3} \text{x} -1\sqrt{-1}$$

$$+ \frac{n \times n-1 \times n-2 \times n-3}{1 \cdot 2 \cdot 3 \quad 4} \text{x} \left(\frac{a}{b}\right)^{n-4} \text{x} +1$$

.....................................................................

$$\frac{n \times n-1 \times n-2 \times \ldots xn-7}{1 \cdot 2 \cdot 3 \quad 4 \cdot 5 \cdot 6 \cdot 7 \quad 8} \text{x} \left(\frac{a}{b}\right)^{n-8} \text{x} +1 + \text{etc.}$$

Et la seconde $\left[\left(\frac{a}{b}\right) - \sqrt{-1}\right]^n$ devient

$$\left(\frac{a}{b}\right)^n - \frac{n}{1} x \left(\frac{a}{b}\right)^{n-1} \text{x} \sqrt{-1} + \frac{n \times n-1}{1 \cdot 2} \text{x} \left(\frac{a}{b}\right)^{n-2} \text{x} -1$$

$$- \frac{n \times n-1 \times n-2}{1 \cdot 2 \cdot 3} \text{x} \left(\frac{a}{b}\right)^{n-3} \text{x} -1 \sqrt{-1}$$

$$+ \frac{n \times n-1 \times n-2 \times n-3}{1 \cdot 2 \cdot 3 \quad 4} \text{x} \left(\frac{a}{b}\right)^{n-4} \text{x} +1$$

$$- \frac{n \times n-1 \times n-2 \times n-3 \times n-4}{1 \cdot 2 \cdot 3 \quad 4 \quad 5} \text{x} \left(\frac{a}{b}\right)^{n-5} \text{x} \sqrt{-1} + \text{etc.}$$

Si l'on prend la somme de ces deux suites, on trouvera :

$$2\left(\left(\frac{a}{b}\right)^n - \frac{n \times n-1}{1 \cdot 2} \text{x} \left(\frac{a}{b}\right)^{n-2} + \frac{n \times n-1 \times n-2 \times n-3}{1 \cdot 2 \cdot 3 \quad 4} \text{x} \left(\frac{a}{b}\right)^{n-4} - \frac{n \times n-1 \times n-2 \times n-3 \times n-4 \times n-5}{1 \cdot 2 \ldots 6} \text{x} \left(\frac{a}{b}\right)^{n-6} + \frac{n \times n-1 \times \ldots \times -7}{1 \cdot 2 \cdot 3 \ldots 8} \text{x} \left(\frac{a}{b}\right)^{n-8} - \frac{n \times n-1 \times \ldots \times n-9}{1 \cdot 2 \ldots 9 \cdot 10} \text{x} \left(\frac{a}{b}\right)^{n-10} + \text{etc} \cdot\right)$$

qui forme une suite composée d'une infinité de termes, dont aucun n'est affecté de quantités imaginaires.

Corollaire I

Il est donc évident que la quantité $\left(\frac{a}{b}+\sqrt{-1}\right)^n+\left(\frac{a}{b}-\sqrt{-1}\right)^n$

qui renferme des imaginaires, quelle que soit la valeur de l'exposant $n$ est toujours réelle, soit que cet exposant soit un nombre entier, ou un nombre rompu, et qu'il soit positif ou négatif.

Corollaire II

Mais quand l'exposant n est un nombre entier positif, la suite finit en quelque endroit... (après avoir donné un exemple où $n = 9$)... Il en sera de même de tout autre nombre entier positif.

Corollaire III

Quand l'exposant n est un nombre entier négatif, la suite est composée d'une infinité de termes.

Si par exemple, n = -3, cette suite devient :

$$2\text{x}\left[\left(\frac{a}{b}\right)^{-3}-6\text{x}\left(\frac{a}{b}\right)^{-5}+15\text{x}\left(\frac{a}{b}\right)^{-7}-28\text{x}\left(\frac{a}{b}\right)^{-9}+45\text{x}\left(\frac{a}{b}\right)^{-11}-\text{etc.}\right]$$

dont la somme est $2\text{x}\dfrac{\left[\left(\frac{a}{b}\right)^{2}-3\left(\frac{a}{b}\right)\right]}{\left[\left(\frac{a}{b}\right)^{2}-1\right]^{3}}$ parce que

$$\left[\left(\frac{a}{b}\right)+\sqrt{-1}\right]^{-3}+\left[\left(\frac{a}{b}\right)-\sqrt{-1}\right]^{-3}=\frac{1}{\left[\left(\frac{a}{b}\right)+\sqrt{-1}\right]^{3}}+\frac{1}{\left[\left(\frac{a}{b}\right)-\sqrt{-1}\right]^{3}}$$

$$=\frac{\left(\frac{a}{b}+\sqrt{-1}\right)^{3}+\left(\frac{a}{b}-\sqrt{-1}\right)^{3}}{\left(\frac{a}{b}+\sqrt{-1}\right)^{3}\times\left(\frac{a}{b}-\sqrt{-1}\right)^{3}}$$

et, en élevant chaque binôme à la troisième puissance, il viendra (...)

$$=\frac{2\text{x}\left[\left(\frac{a}{b}\right)^{3}-3\frac{a}{b}\right]}{\left[\left(\frac{a}{b}\right)^{2}+1\right]^{3}}$$

Il en sera de même de tout autre nombre entier négatif. Cette suite, quoique composée d'une infinité de termes sera toujours sommable.

Mais quand l'exposant $n$ est une fraction, par exemple :

$$n=\frac{1}{3},\ \sqrt[3]{\left(\frac{a}{b}+\sqrt{-1}\right)}+\sqrt[3]{\left(\frac{a}{b}-\sqrt{-1}\right)}$$

devient :

$$2\times\left\{\begin{array}{l} \left(\frac{a}{b}\right)^{1/3} + \frac{1\times 2}{1\cdot 2x(3)^2}\left(\frac{a}{b}\right)^{-5/3} - \frac{1\cdot 2\cdot 5\cdot 8}{1\cdot 2\cdot 3\cdot 4\, x(3)^4}\times\left(\frac{a}{b}\right)^{-11/3} \\ \frac{1\cdot 2\cdot 5\cdot 8\cdot 11\cdot 14}{1\cdot 2\cdot 3\cdot 4\cdot 5\cdot 6x(3)^6}\times\left(\frac{a}{b}\right)^{-17/3} - \frac{1\cdot 2\cdot 5\cdot 8\ldots 20}{1\cdot 2\cdot 3\ldots 8x(3)^8}\times\left(\frac{a}{b}\right)^{-23/3} \\ \frac{1\cdot 2\cdot 5\ldots\ldots 26}{1\cdot 2\cdot 3\ldots\ldots 10x(3)^{10}}\times\left(\frac{a}{b}\right)^{-29/3} - \frac{1\cdot 2\cdot 5\ldots\ldots 32}{1\cdot 2\cdot 3\ldots 12x(3)^{12}}\times\left(\frac{a}{b}\right)^{-35/3} \\ +\ \text{etc} \end{array}\right.$$

qui est une suite composée d'une infinité de termes dont par aucune des méthodes connues on ne peut trouver la somme autrement que par cette expression :

$$\sqrt[3]{\left(\frac{a}{b}+\sqrt{-1}\right)}+\sqrt[3]{\left(\frac{a}{b}-\sqrt{-1}\right)}$$

Si donc on met dans cette suite pour $\frac{a}{b}$ valeur $\dfrac{q}{2\sqrt{\left(\frac{1}{27}p^3-\frac{1}{4}qq\right)}}$ on aura...

l'expression de la Racine qu'on cherche, etc. »

Nous arrêterons ici cette longue et intéressante citation qui nous permet de voir certains aspects révélateurs de l'état des mathématiques au XVIIIe siècle, où subsiste une certaine confusion entre explication et démonstration. Ces aspects sont de deux ordres et concernent l'écriture symbolique et le mode de raisonnement.

- a - Écriture symbolique

Elle est en substance peu différente de celle de Descartes, mais présente certaines particularités :

1. Le signe d'égalité « æ » (ou ∞) a fait place au signe « = ». Cependant, ce changement est loin d'être universellement adopté et, comme on l'a précédemment annoncé, cela explique peut-être que l'on trouve encore de nos jours le premier symbole dans certains livres de mécanique.

2. Le signe qui traduit l'extraction d'une racine, dans le sens où l'on peut constater l'emploi de plusieurs symboles, n'est pas clairement défini. Par exemple, ces diverses manifestations se remarquent dans les expressions suivantes :

$$(\mathrm{I})\ \sqrt{p-\frac{3}{4}\mathrm{x}\ \overline{\sqrt[3]{\left[\frac{1}{2}q+\sqrt{\left(\frac{1}{4}qq-\frac{1}{27}p^{3}\right)}\right]}+\sqrt[3]{\left[\frac{1}{2}q-\sqrt{\left(\frac{1}{4}qq-\frac{1}{27}p^{3}\right)}\right]}}^{\,2}}$$

Descartes, par exemple, utilisait le même symbole que le nôtre pour traduire l'extraction d'une racine carrée. L'écriture employée par Nicole pour l'extraction d'une racine cubique, $\sqrt[3]{a}$ par exemple, est moins ambiguë que celle de Descartes, $\sqrt{C\cdot\ a}$.

3. L'expression précédente (I) nous permet deux autres observations :

$$\overline{\sqrt[3]{\left[\frac{1}{2}q+\sqrt{\left(\frac{1}{4}qq-\frac{1}{27}p^{3}\right)}\right]}+\sqrt[3]{\left[\frac{1}{2}q-\sqrt{\left(\frac{1}{4}qq-\frac{1}{27}p^{3}\right)}\right]}}^{\,2}$$

correspond en langage moderne à :

$$\left(\sqrt[3]{\frac{1}{2}q+\sqrt{\frac{1}{4}q^{2}-\frac{1}{27}p^{3}}}+\sqrt[3]{\frac{1}{2}q-\sqrt{\frac{1}{4}q^{2}-\frac{1}{27}p^{3}}}\right)^{2}$$

La ligne horizontale suivie du nombre 2 au-dessus de l'expression signifie que nous devons prendre le carré de celle-ci.

4. L'emploi de « qq » au lieu de « $q^2$ » s'ajoute à la remarque que nous avons faite sur Descartes et Euler.

5. $\frac{n \times n-1 \times n-2}{1\cdot 2\cdot 3}$ nous laisse observer l'emploi de deux notations différentes pour la multiplication : 1.2.3 = 6, mais $n\mathrm{x}n-1\mathrm{x}n-2$ qui devrait, selon l'auteur, exprimer le produit des trois nombres consécutifs $n$, $n-1$, $n-2$, rend possible une erreur de calcul ; l'absence de parenthèses peut entraîner l'erreur suivante : là ou l'auteur veut signifier que le calcul $n\mathrm{x}n-1$ donne $n^2-n$ on peut lire $n^2-1$.

Une précision, malgré tout, s'impose. De nos jours, nous faisons le même abus de notation pour éviter une lourdeur superflue au calcul. Nous écrivons, par exemple : $n! = 1.2.3 \ldots\ldots n-1.n$. Dans ce cas ! signifiant factoriel laisse $n-1$ sans parenthèses, alors que nous écririons pour le cas précédent $n(n-1)(n-2)$.

- b - Mode de raisonnement

Notre époque ne considérerait plus les « explications » de F. Nicole comme une démonstration valable. En effet, celui-ci manie dangereusement la notion tout à fait subjective d'« évidence ». Après avoir déclaré, dans sa remarque, l'« évidence » de la réalité des trois racines de l'équation du troisième degré, il affirme « évident » que la quantité $\left(\frac{a}{b}+\sqrt{-1}\right)^n+\left(\frac{a}{b}-\sqrt{-1}\right)^n$ est toujours réelle. Cette seconde affirmation s'appuie sur la généralisation de l'absence de quantités imaginaires dans les premiers termes d'une série. Dans le corollaire II qui suit sa remarque, on peut faire le même type de constat lorsqu'il affirme que la suite, ayant pour exposant un entier positif « finit en quelque endroit ». Cette attitude se confirme lorsqu'il conclut que sa suite est toujours « sommable ».

Trois années plus tard, Nicole[103], dans un mémoire à l'Académie de Paris, démontre la formule : $\sqrt[3]{1+\sqrt{-1}}+\sqrt[3]{1-\sqrt{-1}}=\sqrt[3]{4}$

Comme nous avons déjà fait allusion à Euler à deux reprises, nous pensons qu'il est nécessaire de rappeler certains de ses résultats ayant un rapport direct avec notre premier problème, celui des expressions générales de la somme de deux radicaux particuliers.

Dans les notes 132 et 133 de son « Introduction à l'analyse infinitésimale », Euler fait état d'un calcul qui, bien que directement lié à la formule de Moivre[104], éclaire l'utilisation des quantités imaginaires.

(note 132) « Puisque $(\sin. z)^2 + (\cos. z)^2 = 1$, en décomposant en facteurs, on aura :

$$(\cos. z + \sqrt{-1}\sin. z)(\cos. z - \sqrt{-1}\sin. z) = 1.$$

Ces facteurs, quoique imaginaires, sont d'un grand usage dans la combinaison et la multiplication des arcs. En effet, cherchons le produit de ces facteurs :

$$(\cos. z + \sqrt{-1}\sin. z)(\cos. y + \sqrt{-1}\sin. y),$$

nous trouverons :

$$\cos. y. \cos. z - \sin. y. \sin. z + (\cos. y. \sin. z + \sin. y. \cos. z)\sqrt{-1}$$

mais comme : $\cos. y. \cos. z - \sin. y \sin. z = \cos. (y+z)$

et $\cos. y. \sin. z + \sin. y \cos. z = \sin. (y+z)$

nous obtiendrons ce produit :

$$(\cos. y + \sqrt{-1}\sin. y)(\cos. z - \sqrt{-1}\sin. z)$$
$$= \cos. (y+z) + \sqrt{-1}\sin. (y+z)$$

semblablement

$$\cos. y - \sqrt{-1}\sin. y)(\cos. z - \sqrt{-1}\sin. z)$$
$$= \cos. (y+z) - \sqrt{-1}\sin. (y+z).$$

De même

$$(\cos. x \pm \sqrt{-1}\sin. x)(\cos. y \pm \sqrt{-1}\sin. y)(\cos. z \pm \sqrt{-1}\sin. z)$$
$$= \cos.(x+y+z) \pm \sqrt{-1}\sin.(x+y+z). »$$

103. Nicole, F., *Mémoire de l'Histoire de l'Académie des Sciences de Paris* (1741), p. 25.

104. Formule qui porte le nom de Moivre et qui fut publiée par Euler en 1748 ; mais on peut aussi rappeler que la rédaction de ce texte était complètement achevée dès 1744.

(Note 133) « Il suit de là que :

$$(\cos.\ z \pm \sqrt{}-1\ \sin.\ z)^2 = \cos.\ 2z \pm \sqrt{}-1\ \sin.\ 2z,$$

et

$$(\cos.\ z \pm \sqrt{}-1\ \sin.\ z)^3 = \cos.\ 3z \pm \sqrt{}-1\ \sin.\ 3z$$

et qu'en général

$$(\cos.\ z \pm \sqrt{}-1\ \sin.\ z)^n = \cos.\ nz \pm \sqrt{}-1\ \sin.\ nz$$

d'où nous tirerons à cause du double signe,

$$\cos \cdot nz = \frac{(\cos \cdot z + \sqrt{-1}\sin \cdot z)^n + (\cos \cdot z + -\sqrt{-1}\sin \cdot z)^n}{2}$$

$$\sin \cdot nz = \frac{(\cos \cdot z + \sqrt{-1}\sin \cdot z)^n - (\cos \cdot z + -\sqrt{-1}\sin \cdot z)^n}{\sqrt{-1}}$$

Donc en développant ces binômes en séries, nous aurons :

$$\cos \cdot nz = (\cos \cdot z)^n - \frac{n(n-1)}{1-2}(\cos \cdot z)^{n-2}(\sin \cdot z)^2 +$$

$$\frac{n(n-1)(n-2)(n-3)}{1 \cdot 2 \cdot 3\ \ 4}(\cos \cdot z)^{n-4}(\sin \cdot z)^4 + \text{etc.}$$

et

$$\sin \cdot nz = \frac{n}{1}(\cos \cdot z)^{n-1}\sin \cdot z - \frac{n(n-1)(n-2)}{1 \cdot 2 \cdot 3}(\cos \cdot z)^{n-3}(\sin \cdot z)^3 +$$

etc. »

L. Euler énonce plus qu'il ne démontre sa formule, mais il est remarquable de voir combien la clarté de son exposition est supérieure à celle de F. Nicole[105].

Après un tel développement, bien que d'une amplitude restreinte, on peut constater que le lien entre les extractions de racines de quantités imaginaires et les arcs de cercle est parfaitement mis en lumière. Bien sûr, de nouveaux apports viendront s'ajouter aux découvertes précédentes, mais ne changeront pas les résultats obtenus. Souvent même ils n'en conserveront que la forme (plus loin, nous évoquerons rapidement la contribution significative de R. Cotes). Seul le XIX^e^ siècle apportera un renouveau en s'interrogeant sur les fondements mêmes des mathématiques. Cette réflexion sera capitale et, en ce qui concerne le problème que nous avons évoqué, il recevra sa justification mathématique grâce, entre autres, à Abel frappé par la faible rigueur de ses prédécesseurs et notamment du peu de cas qu'ils firent de la convergence des séries.

---

105. Remarquons que L. Euler ne commet pas l'abus de notations de F. Nicole.

La découverte faite vers 1702 par Leibniz[106] et Jean Bernoulli[107] de l'intégration des fonctions rationnelles en décomposant celles-ci en éléments simples fut l'amorce d'une étude sur deux nouveaux problèmes. En effet, J. Leibniz et J. Bernoulli avaient étendu tout naturellement aux quantités imaginaires les règles du calcul intégral démontrées pour les nombres réels ; une telle démarche devait tout aussi naturellement les conduire à la décomposition d'une fonction rationnelle entière de variable $x$ en produit de facteurs du premier degré de la forme $x - a$ ou $x - a - b\sqrt{-1}$ et aux logarithmes des nombres imaginaires.

Prenons un exemple mettant en évidence l'expression suivante :

$$\text{I} \quad \frac{1}{x^2 + 1}$$

Nous sommes alors amenés, dans une première étape, à la décomposition :

$$\text{II} \quad \frac{1}{2i} Log\left(\frac{1}{x - i} + \frac{1}{x + i}\right)$$

Laquelle aura comme primitive *arctg. x* ou dans un calcul formel :

$$\text{III} \quad \frac{1}{2i} Log\frac{x - i}{x + i} \quad \text{(à une constante près).}$$

Loin d'être aussi évidents que l'on serait tenté de le croire, ces problèmes soulevaient des difficultés presque insurmontables ; prenons à cet effet deux exemples de nature différente, qui illustrent très clairement l'état sommaire dans lequel se trouvait le calcul des imaginaires :

H. Leibniz, confronté à l'expression $x^4 + 1$, raisonne comme s'il était impossible de la décomposer en deux facteurs réels du second degré. Euler, lui, semble vouloir débarrasser la théorie des équations algébriques des quantités imaginaires[108]. En effet, reprenant en quelque sorte le résultat obtenu par Mac Laurin – qui observa que les racines imaginaires des équations algébriques vont par couples[109] – Euler affirma que le premier membre d'une telle équation peut

---

106. « Specimen novum analyseo pro scientia infiniti circa summas et quadraturas », *Acta eruditorum* (mai 1702) 210-219 [cf. *Leibnizens Mathematische Schriften* (7 vol., C. I. Gerhardt éd., 1849-1863), vol. V, pp. 350-361.Voir également la traduction française de M. Parmentier dans *Leibniz : La naissance du calcul différentiel*, 387-401, Paris, Vrin, 1989.

107. « Solution d'un problème concernant le calcul intégral » (1702) [cf. *Opera Omnia* (4 vol., Lausanne et Genève, 1742) ; vol. I, pp. 393-400].

108. Bourbaki, N., *Éléments d'Histoire des Mathématiques*, Paris (1974), p. 99.

109. Bombelli l'avait déjà remarqué.

toujours être considéré comme le produit de facteurs de la forme $a + bx$ ou $px^2 + qr + r$. Supposer un tel résultat implique la possibilité de pouvoir toujours dissocier le premier membre ; or il reviendra à l'Italien G. Loria d'imager « catholiquement » au XXe siècle sa juste remarque à propos des couples de racines imaginaires :

> « C'est précisément l'inséparabilité de deux éléments d'un même couple qui les fait considérer comme un symbole de l'indissolubilité du lien matrimonial et leur a valu la dénomination de quantités conjugées. »[110]

Cette idée de séparer le premier membre d'une équation algébrique est la première démarche du point de vue moderne pour démontrer le théorème fondamental de l'algèbre.

## *2 - Tentatives pour décomposer toute fraction en éléments simples*

Les mathématiciens grecs ne semblent pas s'être préoccupés de ce problème. Seuls les Arabes[111] et les Hindous[112] nous paraissent avoir eu plus qu'une simple curiosité et leur connaissance, bien que sommaire, du rapport entre le degré d'une équation et son nombre de racines, nous en donne une preuve[113]. Les premières études présentant un réel intérêt apparaissent dans le XVIe siècle italien : pour Cardan les équations du troisième degré peuvent avoir trois racines, dans certains cas son élève Ferrari étend cette observation au quatrième degré et, finalement, Bombelli, avec les racines « sophistiques » qu'il vient d'inventer, donne une base plus solide aux constatations de ses deux contemporains. Viète parvint à construire une équation du cinquième degré ayant cinq racines : il y avait là quelque hardiesse à braver le « dogme » qui considérait les opérations de ce genre – au delà du solide (troisième degré) – comme « non naturelles », et donc absurdes. L'entreprise est cependant limitée : elle ne prend en considération que les racines positives.

Nous avons déjà connaissance des équations « canoniques » d'Harriot : elles sont obtenues à partir de produits de facteurs du premier degré (linéaires) de la forme $(a - b)$ voulant dire $(x - b)$. Parfois, ce mode de construction pouvait faire reconnaître qu'une équation du troisième ou du quatrième degré a trois ou quatre racines ; mais

110. Loria, G., *Scientia,* 21 (1917), p. 49.

111. Rosen, F. *The Algebra of Mohamed ben Musa (al-Khwārizmī)*, 1831.

112. Colebrooke, H.T., *Algebra, with Arithmetic and Mensuration from the Sanscrit of Brameguрta and Bháscara*. London, 1817.

113. Ils utilisaient des équations du second degré ayant deux racines positives reconnues.

encore fallut-il nous convaincre que Harriot refusa les racines négatives. En 1629, Girard[114] est plus audacieux quand il énonce, après l'introduction de nombres « irrépéribles », qu'une équation de degré *n* a *n* racines. Lorsqu'une équation présentait un nombre de racines inférieur à son degré, soit il répétait les racines déjà trouvées (définissant ainsi leur multiplicité), soit il rajoutait autant de racines « impossibles » pour conserver ainsi la généralité son énoncé. À la fin du XVII^e^ siècle, nous retrouvons des idées similaires dans l'*Algèbre*[115] *de Michel Rolle et dans les Nouveaux élémens de mathématiques*[116] de Jean Prestet.

Descartes n'allait guère au-delà de la constatation de Peter Rothe, qui affirmait en 1608 qu'une équation de degré *n* ne pouvait avoir plus de *n* racines. Nous lui devons cependant un théorème qui permet de connaître le nombre de racines d'une équation à la seule vue de ses signes ; le point faible de ce théorème est son manque de généralité ; il ne vaut pas pour les équations dont les racines sont imaginaires.

Bien qu'Isaac Newton se montre fort ingénieux en ébauchant une méthode d'approximation des racines d'une équation, son attitude est la même que celle de Descartes[117]. D'autres[118] iront plus avant dans leurs recherches, mais prétendront à tort avoir démontré le théorème ; une faille importante permet d'affirmer, comme l'avait déjà sous-entendu Harriot, que toute équation pourrait s'écrire comme produit de facteurs du premier degré et donc de conclure que, selon un avis reçu à l'époque :

> « Toute fonction rationnelle entière du n énième degré peut être conçue comme le produit de n facteurs linéaires. »

Jean-Paul Gua de Malves pense en 1741[119] avoir démontré qu'une équation algébrique a autant de racines que son degré ; son erreur réside dans une hypothèse abusive, très largement partagée, supposant que toute équation algébrique puisse être résolue d'une manière formelle par radicaux. Abel montra qu'une telle résolution générale n'excédait pas le quatrième degré.

L'année suivante, Nicolas Bernoulli refuse d'*admettre* qu'une fonction rationnelle entière, dont les coefficients sont réels, puisse nécessairement être la représentation du produit de facteurs du premier et du second degré à coefficients réels. Ce refus, qu'il exprime dans une lettre à Euler, provoqua une étude plus sérieuse de la part de ce

---

114. *Op. cit.*, sign. $E_4$ recto et $F_1$ verso.

115. Rolle, M., *Traité d'algèbre* (1690), p. 124.

116. Prestet, J., *Nouveaux élémens de mathématiques* (1689, 2 vol. Paris) ; cf. t. II, pp. 353-354.

117. Newton, I., *Arith. Univ.* (1732), p. 181.

118. J. Ozanam, Ch. R. Reyneau, etc.

119. Cité par Netto, E., « Le théorème fondamental », *Encyclopédie des Sciences Mathématiques*, t. I, vol. 2, fasc. 1, (1907).

dernier, mais ne lui permit que d'*affirmer* que ce théorème était démontrable.

Une première démonstration (complète)[120], œuvre des plus marquantes de Jean le Rond d'Alembert, parut si rigoureuse à l'époque que le « théorème fondamental de l'algèbre » reçut l'appellation de « théorème de d'Alembert », dénomination qui subsiste encore en France de nos jours. Cette démonstration *arithmétique* reposait sur un défaut que Gauss mit en pleine lumière. Il observa que la preuve de d'Alembert

> « repose sur l'inversion de la relation :
> $$y = f(x) = a_0x^n + a_1x^{n-1} + \ldots + a_{n-1}x + a_n\ ;$$
> or, pour d'Alembert, la possibilité de cette inversion résulte elle-même de considérations ayant un caractère essentiellement *géométrique* ; au point de vue arithmétique, la démonstration de d'Alembert est donc insuffisante. »[121]

En d'autres termes, d'Alembert accepte comme triviale la proposition de l'analyse énonçant qu'une fonction continue, définie sur un ensemble de points « fermés » et « bornés », atteint un minimum en un de ces points. Cette proposition est exacte mais devait être démontrée. Une telle acceptation, moins risquée que celles que nous avons déjà évoquées, est cependant importante et nous révèle que certaines pratiques analytiques sont loin d'avoir obtenu toute la clarté voulue. Notons que Gauss dit que l'on pourrait justifier d'une manière rigoureuse l'inversion de d'Alembert, mais il ne le fait pas[122]. En 1748, dans son *Introduction à l'analyse des infinis*, présentée comme un traité d'« algèbre » préliminaire au calcul différentiel et intégral, Euler donna[123] une explication légèrement différente de celle de d'Alembert, mettant en valeur un autre aspect du problème et qui s'apparente à celui que nous avons déjà abordé.

Dans l'ouvrage déjà cité d'Euler[124], nous avons une explication relativement claire :

> « 143. (...) soit proposée la fonction entière $\alpha + \beta z + \gamma z^2 + \delta z^3 + \varepsilon z^4 +$ &c, & cherchons-en les facteurs simples de la forme $p - qz$, il est évident que si $p - qz$

120. D'Alembert (Jean le Rond), « Recherches sur le calcul intégral : de l'intégration des fonctions rationnelles », *Mémoire de H.A.R.S.B.L.* de Berlin (1746), p. 183.

121. *Op. cit.*, E. Netto, p. 192.

122. Dans son traité de *Calcul intégral*, Bougainville, un élève de d'Alembert, développe la démonstration de d'Alembert plus à fond. Il explique comment en utilisant la méthode du polygone de Newton on peut construire les séries qui inversent la relation.

123. P. 106 sq.

124. Trad. J. Labey, 1796.

est un facteur de la fonction : $\alpha + \beta z + \gamma z^2 + \delta z^3$ + &c, en faisant $z = \frac{p}{q}$, qui est le cas où $p - qz = 0$, la fonction proposée doit ainsi devenir égale à zéro ; d'où il suit que si $p - qz$ est un facteur ou un diviseur de la fonction, $\alpha + \beta z + \gamma z^2 + \delta z^3 + \varepsilon z^4$ + &c, cette expression

$$\alpha + \beta\frac{p}{q} + \gamma\frac{p^2}{q^2} + \delta\frac{p^3}{q^3} + \varepsilon\frac{p^4}{q^4} + \&c \cdot = 0$$

Donc, réciproquement, si l'on tire toutes les racines $\frac{p}{q}$ de cette équation, elles donneront chacune autant de facteurs simples de la fonction entière proposée :

$$\alpha + \beta z + \gamma z^2 + \delta z^3 + \&c,$$

savoir $p - qz$. Or, *il est visible* en même temps que le nombre de ces facteurs s'estime par la plus grande puissance de $z$. »

La nouveauté réside dans ce qui suit, où nous soulignons certaines expressions ambiguës.

« 144. Il y a souvent de la *difficulté* à trouver de cette manière les facteurs imaginaires ; c'est pourquoi je vais donner dans ce chapitre [*De la recherche des Facteurs trinômes*] une méthode particulière, au moyen de laquelle on pourra trouver *dans bien des cas* les facteurs simples imaginaires. Or la nature des facteurs simples imaginaires étant telle, que le produit de deux d'entre eux soit réel, nous les trouverons *tous*, en cherchant les facteurs doubles, ou de la forme $p - qz + rzz$, qui soient réels, mais dont les facteurs simples soient imaginaires ; car il est *clair* que, connaissant une fois tous les facteurs doubles trinômes de la forme $p - qz + rzz$, que renferme la fonction $\alpha + \beta z + \gamma z^2 + \delta z^3 + \varepsilon z^4$ + &c ; on aura en même-temps tous les facteurs imaginaires. »

« 145. Or le trinôme $p - qz + rzz$ aura des facteurs simples imaginaires si $4pr > qq$, ou $\frac{q}{2\sqrt{pr}} < 1$. Mais comme les *sinus* & les *cosinus* des angles sont plus petits que l'unité, la formule $p - qz + rzz$ aura des facteurs simples imaginaires si $\frac{q}{2\sqrt{pr}}$ = au sinus ou au cosinus d'un angle quelconque. Soit donc $\frac{q}{2\sqrt{pr}} = \cos. A\varphi$, ou $q = 2\sqrt{pr}.\cos.\varphi$ & le trinôme $p - qz + rzz$ renfermera des facteurs simples imaginaires ; mais pour n'être gêné par aucun signe radical, je choisis cette forme $pp - 2pqz.\cos.\varphi + qqzz$ dont les facteurs imaginaires simples seront ceux-ci :

$$qz - p(\cos.\varphi + \sqrt{-1}\sin.\varphi) \quad \& \quad qz - p(\cos.\varphi - \sqrt{-1}\sin.\varphi).$$

On voit par là que si cos. $\varphi = \pm 1$, les deux facteurs, à cause de sin. $\varphi = 0$, deviennent égaux & réels. »

« 146. Étant donc proposée la fonction entière $\alpha + \beta z + \gamma z^2 + \delta z^3$ + &c, on en connaîtra les facteurs simples imaginaires, si on détermine les lettres $p$ & $q$ avec l'angle $\varphi$, de manière que ce trinôme $pp - 2qpz.\cos.\,\varphi + qqzz$ soit le facteur de la fonction. Car alors on aura pour ces facteurs simples imaginaires :

$$qz - p(\cos.\,\varphi + \sqrt{-1}\sin.\,\varphi), \;\&\; qz - p(\cos.\,\varphi - \sqrt{-1}\sin.\,\varphi)$$

Par conséquent la fonction proposée se réduira à zéro, en faisant :

$$z = \frac{p}{q}(\cos.\,\varphi + \sqrt{-1}\,\sin.\,\varphi), \;\&\; z = \frac{p}{q}(\cos.\,\varphi - \sqrt{-1}\,\sin.\,\varphi)$$

Cette double substitution donnera donc deux équations, au moyen desquelles on pourra déterminer, & la fraction $\frac{p}{q}$ & l'arc $\varphi$. »

« 147. Mais, quoique ces substitutions, qu'on doit faire à la place de $z$ paraissent difficiles de prime-abord… on pourra les effectuer assez promptement ; car ayant fait voir que

$$(\cos.\,\varphi \pm \sqrt{-1}\,\sin.\,\varphi)^n = \cos.\,n\,\varphi \pm \sqrt{-1}\,\sin.\,n\,\varphi,$$

il n'y aura plus qu'à écrire les formules suivantes au lieu des différentes puissances de $z$ :

| Pour le premier facteur | Pour le second facteur |
|---|---|
| $z = \frac{p}{q}(\cos.\,\varphi + \sqrt{-1}\,\sin.\,\varphi)$ | $z = \frac{p}{q}(\cos.\,\varphi - \sqrt{-1}\,\sin.\,\varphi)$ |
| $z^2 = \frac{p^2}{q^2}(\cos.\,2\varphi + \sqrt{-1}\,\sin.\,2\varphi)$ | $z^2 = \frac{p^2}{q^2}(\cos.\,2\varphi - \sqrt{-1}\,\sin.\,2\varphi)$ |
| $z^3 = \frac{p^3}{q^3}(\cos.\,3\varphi + \sqrt{-1}\,\sin.\,3\varphi)$ | $z^3 = \frac{p^3}{q^3}(\cos.\,3\varphi - \sqrt{-1}\,\sin.\,3\varphi)$ |
| &c. | &c. |

Faisons, pour abréger, $\frac{p}{q} = r$, nous aurons, après la substitution faite, les deux équations suivantes :

$$0 = \left\{ \begin{array}{l} \alpha + \beta r.\cos.\varphi + \gamma r^2.\cos.2\varphi + \delta r^3.\cos.3\varphi + \text{etc} \\ +\beta r\sqrt{-1}\sin.\varphi + \gamma r^2\sqrt{-1}\,\sin.2\varphi + \delta r^3\sqrt{-1}\,\sin.3\varphi + \text{etc.} \end{array} \right\}$$

$$0 = \left\{ \begin{array}{l} \alpha + \beta r.\cos.\varphi + \gamma r^2.\cos.2\varphi + \delta r^3.\cos.3\varphi + \text{etc} \\ -\beta r\sqrt{-1}\sin.\varphi + \gamma r^2\sqrt{-1}\,\sin.2\varphi + \delta r^3\sqrt{-1}\,\sin.3\varphi + \text{etc.} \end{array} \right\}$$

« 148. Si on ajoute ces deux équations, ou si on les retranche l'une de l'autre, & que dans le dernier cas on divise par $2\sqrt{-1}$, on obtiendra ces deux équations réelles :

$$0 = \alpha + \beta r.\cos.\varphi + \gamma r^2.\cos.2\varphi + \delta r^3.\cos.3\varphi + \&c$$
$$0 = \beta r.\sin.\varphi + \gamma r^2.\sin.2\varphi + \delta r^3.\sin.3\varphi + \&c$$

lesquelles peuvent se déduire immédiatement de la fonction proposée $\alpha + \beta z + \gamma z^2 + \delta z^3 + \varepsilon z^4 + \&c$, en faisant d'abord pour chaque puissance de $z$, $z^n = r^n \cos.\ n\,\varphi$, & ensuite $z^n = r^n \sin.\ n\,\varphi$. »

L'année suivante, Euler[125] donnera deux démonstrations du théorème de d'Alembert vu sous deux angles différents. La première est, en substance, celle dont nous avons eu une ébauche précédemment et que nous rapporte E. Netto :

« Si l'on envisage la fonction rationnelle entière :

$$z = z^{2m} + c_2 z^{2m-2} + \ldots + c_{2m-1} z + c_{2m}$$

à coefficients réels $c_2, c_3, \ldots c_{2m-1}, c_{2m}$, on peut toujours la décomposer en un produit de deux fonctions rationnelles entières à coefficients réels :

$$z^m - uz^{m-1} + a_2 z^{m-2} + a_3 z^{m-3} + \ldots + a_{m-1} z + a_m$$

et

$$z^m + uz^{m-1} + b_2 z^{m-2} + b_3 z^{m-3} + \ldots + b_{m-1} z + b_m$$

Pour qu'il en soit ainsi, il suffit que les $2m - 1$ coefficients $u, a_2, a_3, \ldots a_{m-1}, a_m, b_2, b_3, \ldots b_{m-1}, b_m$ de ces deux fonctions rationnelles entières vérifient $2m - 1$, relations qu'il est aisé de former.

Euler essaie de démontrer que l'on peut attribuer à $u, a_2, a_3, \ldots a_{m-1}, a_m, b_2, b_3, \ldots b_{m-1}, b_m$, des valeurs satisfaisant à ces $2m - 1$, relations dans lesquelles $c_2, c_3, \ldots c_{2m-1}, c_{2m}$ sont supposés avoir des valeurs réelles quelconques déterminées ».

Cette méthode sera critiquée par Gauss qui ne manquera pas de s'attaquer à l'hypothèse que faisait Euler en admettant que l'équation $Z = 0$ avait $2m$ racines dont la somme est nulle parce que $Z$ est un polynôme de degré $2m$ sans second terme.

L'autre démonstration, sur laquelle nous n'insisterons pas, est beaucoup moins évidente et repose sur une hypothèse plus formelle : Euler considéra que les racines des équations algébriques n'étaient formées qu'au moyen des opérations usuelles et d'extraction de racines[126]. Cette démonstration ne succomba pas aux coups de Gauss,

---

125. « Recherches sur les racines imaginaires des équations », *Mémoire de H.A.R.S.B.L.* de Berlin (1749), p. 223 sq.

126. Peu avant, Gua fait exactement le même raisonnement dans son article de 1741.

mais à ceux d'Abel qui mit un coup d'arrêt définitif aux nombreuses tentatives de résolution des équations par radicaux au-delà du quatrième degré.

D'autres démonstrations furent données par la suite au cours des XIXe et XXe siècles[127].

*Forme générique de l'imaginaire : $a + b\sqrt{-1}$*

On ne saurait ignorer l'intense activité portant sur la *forme* de l'*imaginaire* au cours du XVIIIe siècle ; elle est intimement liée à ce qui précède. Nous nous en tiendrons ici à l'évocation de quelques-uns des aspects et des articulations les plus significatifs et révélateurs.

Avec Christian Gilain, reprenons ce que nous évoquions précédemment à propos de Leibniz (p. 52). Ce dernier pose la question suivante :

> « (...) toutes les quadratures rationnelles peuvent-elles se ramener à celle de l'hyperbole et du cercle, question qui dans l'analyse que je suis en train de mener, peut se formuler ainsi : toute équation algébrique, autrement dit, toute expression réelle entière, rationnelle par rapport à l'indéterminée, peut-elle se décomposer en diviseurs réels, simples ou plans ? »[128]

Puis, considérant la décomposition suivante du polynôme $x^4 + a^4$ :

$$(x + a\sqrt{\sqrt{-1}})(x - a\sqrt{\sqrt{-1}})(x + a\sqrt{(-\sqrt{-1})})(x - a\sqrt{(-\sqrt{-1})})$$

Leibniz « affirme que, de quelque façon que l'on combine deux de ces quatre facteurs, il n'est pas possible de faire que leur produit donne un trinôme réel »[129]. Ce faisant, on constate que tout en nous donnant une des formulations générales les plus correctes du théorème fondamental de l'algèbre, Leibniz répond par la négative à sa question et avance le cas précédent comme « contre-exemple ». Il admet, ainsi que ses prédécesseurs du XVIIe siècle, la factorisation linéaire comme un « principe indiscuté »[129], mais refuse le théorème fondamental de l'algèbre. Un refus qui, selon Gilain, est directement imputable

---

127. À propos du « théorème fondamental de l'algèbre », nous renvoyons le lecteur à la magistrale étude de Christian Gilain : « Sur l'histoire du théorème fondamental de l'algèbre : théorie des équations et calcul intégral » (*Archive for History of Exact Sciences*, **42** (1991), 91-136). Le fait d'introduire, tout en insistant sur leur différence, le *Théorème Fondamental de l'Algèbre* (TFA) [« Théorème de d'Alembert » ou de « d'Alembert-Gauss »] et le *Théorème de Factorisation Linéaire* (TFL) [« Théorème de Kronecker »], constitue une approche originale de la question, qui permet à l'auteur de rendre plus justement compte de ce développement historique dont il résout plusieurs obscurités.

128. Ch. Gilain, *op. cit.*, p. 123.

129. Ch. Gilain, *op. cit.*, p. 100.

« à une conception des imaginaires considérés comme classables en diverses espèces, irréductibles les unes aux autres. Ainsi, son erreur sur l'exemple $x^4 + a^4$, provient bien sûr de ce qu'il ne voit pas que les racines quatrièmes de $-1$ peuvent s'exprimer sous la forme $a + b\sqrt{-1}$ avec $a$ et $b$ réels »[129].

À l'heure où Leibniz et d'autres ouvrent la voie de la *Géométrie de l'infini* (qui « est proprement la nouvelle Géométrie des infiniment petits, contenant les règles du calcul différentiel & intégral »[130]), et développent cette nouvelle analyse qui réanime l'intérêt porté à l'algèbre[131], les « racines non-réelles » des équations ne sont toujours pas généralement caractérisées sous leur forme générique $a + b\sqrt{-1}$ (où a et b sont réels) ; l'*imaginaire* est multiforme[132].

On trouve une première démonstration de ce résultat, jusqu'à présent admis[133] ou supposé démontrable[134], en 1746, chez d'Alembert, dans l'article 79 de sa dissertation sur les vents :

---

130. Encyclopédie *Méthodique*. Mathématiques, *Par MM. D'ALEMBERT, l'Abbé BOSSUT, DE LA LANDE, le Marquis de CONDORCET, CHARLES*, &c. Tome second, A Paris, Chez PANCKOUCKE, Liège, 1785. Article « *Infini* » (de d'Alembert), p. 207.

131. N. Bourbaki, *Éléments d'histoire des mathématiques*, Paris, Hermann, 1960, p. 98 (Réf. Gilain)

132. On sait alors dire d'une expression si elle est réelle ou non ; mais il n'est pas encore généralement question de réduire toute expression « non-réelle », « imaginaire », à la forme $a + b\sqrt{-1}$ ; ni même de dire que la quantité réelle $a$ résulte de la quantité $a + b\sqrt{-1}$ dans laquelle $b = 0$. Même lorsque d'Alembert écrit en ouverture de son article « imaginaire » (cf. Encyclopédie *Méthodique*. Mathématiques, *Par MM. D'ALEMBERT, l'Abbé BOSSUT, DE LA LANDE, le Marquis de CONDORCET, CHARLES*, &c. Tome second, A Paris, Chez PANCKOUCKE, Liège, 1785. Article « *Imaginaire* », p. 196.) : « On appelle ainsi, en *Algèbre*, les racines paires de quantités négatives » et qu'il qualifie d'*imaginaire* $\sqrt[2]{-aa}$, $b + \sqrt[2]{-aa}$ ... de *mixtes imaginaires* les quantités « composées de réel & d'*imaginaire* » et de *simples imaginaires* les autres, on n'a pas encore le résultat attendu dans toute sa généralité.

133. Nicolas Bernoulli, Lettre à Euler du 6 avril 1843 (Réf. Gilain, *op. cit.*, p. 108)

134. L. Euler, Lettres à N. Bernoulli du 14 mai 1743 et du 4 février 1744 (réf. Gilain, *op. cit.*, p. 108 et p. 125 (note 53)).

# REFLEXIONS
SUR
LA CAUSE GENERALE
DES VENTS.

Piéce qui a remporté le Prix proposé par l'Académie Royale des Sciences de Berlin, pour l'année 1746.

*Par M. D'ALEMBERT, des Académies Royales des Sciences de Paris & de Berlin.*

A PARIS,

Chez [illegible] l'aîné, Libraire, rue Saint Jacques, à la Plume d'or.

MDCCXLVII.

« Scolie II.

79. (...) Il est certain qu'une quantité algébrique quelconque, composée de tant d'imaginaires qu'on voudra, put toujours se réduire à $A + B\ \sqrt{-1}$, $A$ & $B$ étant des quantités réelles ; d'où il s'ensuit, que si la quantité proposée doit être réelle, on aura $B = 0$.

(*) Pour démontrer cette vérité, il faut remarquer,

1°. Que $\frac{a + b\sqrt{-1}}{g + h\sqrt{-1}} = A + B\sqrt{-1}$ ; puisque $a = gA - hB$ ; $b = Ah + gB$ ; d'où l'on tire

$$A = \frac{bh + ag}{hh + gg}\ ;\ \&\ B = \frac{bg - ah}{hh + gg}.$$

2°. Que $[a + b\sqrt{-1}]^{g + h\sqrt{-1}} = A + B\sqrt{-1}$.

Car faisant varier $A$ & $B$, aussi bien que $a$ & $b$, & prenant les différentielles Logarithmiques, on a

$$(g + h\sqrt{-1}) \times \frac{da + db\sqrt{-1}}{a + b\sqrt{-1}} = \frac{dA + dB\sqrt{-1}}{A + B\sqrt{-1}}$$ c'est-à-dire (*n.*1. *art. pres.*)

$$\frac{AdA + BdB + (AdB - BdA)\sqrt{-1}}{AA + BB} =$$

$$\frac{gada + gbdb - ahdb + bhda}{aa + bb} + \frac{(hada + hbdb + gadb - gbda) \mathrm{x} \sqrt{-1}}{aa + bb}$$

donc

$$AA + BB = [aa + bb]^{g} \mathrm{x} c^{-h\int \frac{adb - bda}{aa + bb}}$$

$$\&\ \int \frac{ADB - BDA}{AA + BB} = h \log \sqrt{[aa + bb]} + g\int \frac{adb - bda}{aa + bb}.$$

Or $\int \frac{adb - bda}{aa + bb}$, & $\int \frac{AdB - BdA}{AA + BB}$ sont des expressions des angles dont les tangentes sont $\frac{b}{a}$ et $\frac{B}{A}$ : donc $B$ & $A$ sont les Sinus & Cosinus d'un angle dont le rayon est

$$\sqrt{\left[\overline{aa + bb}^{g} \mathrm{x} e^{-h\int \frac{adb - bda}{aa + bb}}\right]},$$

& dont la valeur est $h \log . \sqrt{[aa + bb]} + g\int \frac{adb - bda}{aa + bb}$

3°. Il est évident, que $a + b\sqrt{-1} \pm (g + h\sqrt{-1}) = A + B\sqrt{-1}$ ; & que $(a + b\sqrt{-1}) \times (g + h\sqrt{-1}) = A + B\sqrt{-1}$.

4°. Par le moyen de ces trois propositions, il sera facile de réduire toujours à la forme $A + B\sqrt{-1}$, une quantitée composée de tant & de telles sortes d'imaginaires qu'on voudra. Car en allant de la droite vers la gauche, on fera évanouir l'une après l'autre toutes les quantités imaginaires, excepté une seule : la quantité proposée se réduira donc à $A + B\sqrt{-1}$ ; & si elle doit être une quantité réelle, $B$ sera nécessairement = 0. »

(*Ibid.*, pp. 141-143)

Euler revient sur cette démonstration dans ses *Recherches sur les racines imaginaires des équations*[135] :

« §5. Quoiqu'il semble que la connaissance des racines imaginaires d'une équation ne puisse avoir aucune utilité, vu qu'elles ne fournissent point de solutions en quelque problème que ce soit : néanmoins il est fort important dans toute l'analyse de se rendre familier le calcul des quantités imaginaires. Car non seulement nous en acquerrons une connaissance plus parfaite de la nature des équations : mais l'Analyse des infinis en tire des secours très considérables. Car toutes les fois qu'il se présente à intégrer une fraction, il en faut résoudre le dénominateur dans tous ses facteurs simples soit réels ou imaginaires, et de là on tire enfin l'intégrale, qui quoiqu'elle renferme des logarithmes imaginaires, on a des moyens de les réduire à des arcs de cercle réels. Outre cela, il arrive souvent qu'une expression, qui renferme les quantités imaginaires, soit néanmoins réelle, et dans ces cas le calcul des imaginaires est absolument nécessaire. »

(p. 224)

« Théorème XI
§60 Si une équation algébrique, de quelque degré qu'elle soit, a des racines imaginaires, chacune sera comprise dans cette formule générale : $M+N\sqrt{-1}$, les lettres M et N marquant des quantités réelles.
Démonstration
Soit l'équation proposée quelconque de degré $n$ :

$$x^n + Ax^{n-1} + Bx^{n-2} + Cx^{n-3} + \text{etc.} = 0$$

de sorte que le nombre de toutes ses racines soit = $n$. Qu'on décompose cette équation dans tous ses facteurs réels, qui seront ou simples de la forme $x - p = 0$, ou du second degré de la forme $xx - 2px + q = 0$ ; et toutes les racines se trouveront par la résolution des égalités, que ces facteurs,

135. « Recherches sur les racines imaginaires des équations » (1749), *Mémoire de H.A.R.S.B.L.* de Berlin (1751) 222-288.

étant posés = 0, fournissent. Or chaque facteur simple de l'équation $x - p = 0$ donne une racine réelle $x = p$ ; et chaque facteur double de l'équation $xx - 2px + q = 0$ renferme deux racines

$$x = p + \sqrt{(pp - q)} \text{ et } x = p - \sqrt{(pp - q)}$$

qui seront aussi réelles si $pp > q$. Mais si $pp < q$, soit $q = pp + rr$, et il sera $\sqrt{(pp - q)} = \sqrt{-rr} = r\sqrt{-1}$ ; donc ces deux racines seront imaginaires, savoir :

$$x = p + r\sqrt{-1}, \text{ et } x = p - r\sqrt{-1}.$$

Ayant donc démontré qu'il est toujours possible de résoudre toute équation en facteurs, ou simples, ou doubles réels, toutes les racines seront aussi, ou réelles, ou imaginaires de la forme $M+N\sqrt{-1}$, où M et N sont des quantités réelles, de sorte l'imaginaire, qui y entre, n'est contenu que dans la forme $\sqrt{-1}$. C.Q.F.D. »

(p. 255)

« Il paraît très vraisemblable que toute racine imaginaire, quelque compliquée qu'elle soit, est toujours réductible à la forme $M+N\sqrt{-1}$, et Mr. D'Alembert a prouvé cela (...) d'une telle manière qu'il n'y reste plus le moindre doute. Cependant comme il emploie dans sa démonstration des quantités infiniment petites, quoique cette considération n'en puisse pas diminuer la force, je tâcherai de tirer aussi de cette source une démonstration rigoureuse du théorème général, auquel cette pièce est destinée, sans avoir recours à des quantités infiniment petites. Or pour cet effet j'aurai besoin de quelques théorèmes préliminaires.

Théorème XII

Toute fraction qui est formée, ou par addition, ou par soustraction, ou par multiplication, ou par division d'autant de formules imaginaires de cette forme $M+N\sqrt{-1}$, que ce soit, sera toujours comprise dans la même forme $M+N\sqrt{-1}$, les lettres M et N marquant des quantités réelles.

Corollaire I

De là il est aussi évident que toutes les puissances, dont l'exposant est un nombre entier positif, d'une formule imaginaire $A+B\sqrt{-1}$, auront toujours la même forme $M+N\sqrt{-1}$ ; puisque ces puissances se forment par la multiplication.

Corollaire II

$$(A + B\sqrt{-1})^n \text{ s'écrit } M + N\sqrt{-1}$$

$$(A + B\sqrt{-1})^{-n} \text{ s'écrit } \frac{1}{M + N\sqrt{-1}}$$

Corollaire III

§ 68 La forme générale $M+N\sqrt{-1}$, comprend aussi toutes les quantités réelles lorsqu'on pose N = 0. Donc joignant ensemble par les 4 opérations mentionnées, non seulement des formules imaginaires de la forme $M+N\sqrt{-1}$, mais aussi des réelles, le produit sera toujours compris dans la forme $M+N\sqrt{-1}$.

Corollaire IV

§ 69 Il peut arriver que ce produit, quoiqu'il soit formé des formules imaginaires, devient réel, les imaginaires se détruisant mutuellement, ou rendant N = 0. Ainsi le produit $\alpha + \beta\sqrt{-1}$ par $\alpha - \beta\sqrt{-1}$ est réel ; et on sait que $(-1 + \sqrt{-3})^3 = 8$.

Théorème XIII

§ 70 De quelque puissance qu'on extraye la racine, ou d'une quantité réelle, ou d'une imaginaire de la forme $M+N\sqrt{-1}$, les racines seront toujours, ou réelles, ou imaginaires de la même forme $M+N\sqrt{-1}$.

Démonstration

Soit *n* l'exposant de la puissance dont il faut extraire la racine, de sorte qu'on ait à considérer les valeurs, ou de $\sqrt[n]{a}$ ou de $\sqrt[n]{(a + b\sqrt{-1})}$. Or puisque celle-cy se change en celle-là, si $b = 0$, il suffit de prouver que $\sqrt[n]{(a + b\sqrt{-1})}$ ou $(a + b\sqrt{-1})^{\frac{1}{n}}$ est contenu dans la forme $M+N\sqrt{-1}$, quelque grand que soit le nombre *n*.

Pour prouver cela, qu'on cherche un angle j tel que sa tangente soit $= \frac{b}{a}$, ou posant $\sqrt{(aa + bb)} = c$, qu'on prenne l'angle $\varphi$ tel, que son sinus soit $= \frac{b}{c}$ et le cosinus $= \frac{a}{c}$ : on aura donc $a + b\sqrt{-1} = c(cos.\varphi + \sqrt{-1}.sin.\varphi)$ puisque $cos.\varphi = \frac{a}{c}$ et $sin.\varphi = \frac{b}{c}$. Or il est démontré qu'une puissance quelconque d'une telle forme, comme $(cos.\varphi + \sqrt{-1}\ sin.\varphi)^m$ est $= cos.m\varphi + \sqrt{-1}\ sin.m\varphi$ quelque nombre qu'on signifie par la lettre *m*, soit qu'il soit affirmatif, ou négatif, ou entier, ou rompu, ou même irrationnel. Cela posé on aura

$$(a + b + \sqrt{-1})^{\frac{1}{n}} = \sqrt[n]{(a + b + \sqrt{-1})} = c^{\frac{1}{n}}(cos \cdot \varphi + 1 sin \cdot \varphi)^{\frac{1}{n}}$$

$$= \left(cos \cdot \frac{1}{n}\varphi + \sqrt{-1} sin \cdot \frac{1}{n}\varphi\right)^{n}\sqrt{c}.$$

Donc puisque $c = \sqrt{(aa + bb)}$ est une quantité réelle et positive, et l'angle $\varphi$ et partant aussi sa partie $\frac{1}{n}\varphi$ avec son sinus et cosinus aussi des quantités réelles : il est évident que $\sqrt[n]{(aa + bb)}$ ou $\left(cos \cdot \frac{1}{n}\varphi + \sqrt{-1} - sin \cdot \frac{1}{n}\varphi\right)\sqrt[n]{c}$. appartient à la forme $M+N\sqrt{-1}$. Donc toutes les racines d'une quantité réelle ou imaginaire de cette forme M+N√–1, sont toujours comprises dans la formule générale M+N√–1. C.Q.F.D.

Corollaire I

§ 71 Comme on sait que toute quantité a deux racines carrées, trois racines cubiques, quatre racines quarré-quarrées et ainsi de suite, on trouve par cette méthode toutes les racines, dont le nombre = $n$, puisque $\frac{1}{n}\varphi$ a autant de valeurs différentes.

Théorème XIV

§ 76 De quelque degré que soit une équation algébrique, toutes les racines imaginaires qu'elle peut avoir, sont toujours comprises dans cette forme générale M+N√–1 ; de sorte que M et N sont des quantités réelles.

Démonstration

Soit en général l'équation proposée :

$$x^{n} + Ax^{n-1} + Bx^{n-2} + Cx^{n-3} + Dx^{n-4} + etc. = 0$$

et quoique nous ne soyons pas en état d'assigner la formule générale, qui en contient les racines, comme nous le sommes pour les équations du 2$^{nd}$, troisième et quatrième degré, il est pourtant certain, que cette formule sera composée de plusieurs signes radicaux, dont les quantités connues $A$, $B$, $C$, $D$, $E$, etc. seront compliquées. On peut aussi remarquer que cette expression analytique d'une racine quelconque renfermera plusieurs nombres, dont chacun sera la racine d'un certain degré d'une quantité, qui renferme encore des signes radicaux, et que ceux-cy auront après eux encore d'autres, et ainsi de suite, jusqu'à ce qu'on parvienne en chaque membre au dernier signe radical, qui affecte plus que des quantités réelles. Remontons de ces derniers signes successivement, et il est évident que la quantité marquée par le dernier signe sera, ou réelle, ou imaginaire de la forme . Ensuite devant cette quantité, jointe avec quelque valeur, ou réelle, ou imaginaire aussi de la forme M+N√–1, se trouvera un nouveau signe radical, qui se réduira donc à $\sqrt[n]{(M + N\sqrt{-1})}$ dont la valeur est encore de la forme M+N√–1 ; et si nous remontons de cette manière jusqu'aux premiers signes radicaux, qui distinguent les membres, nous verrons, qu'aucune opération ne nous saurait écarter de cette forme, et que par conséquent chaque membre aura enfin la même forme, quelque grand que soit le nombre des signes radicaux qu'y sont développés. D'où il s'ensuit que l'expression générale, qui renferme toutes les racines de l'équation proposée, se réduira nécessairement à la forme M+N√–1, de sorte que toutes les racines imaginaires ne sauraient avoir d'autre forme que celle-cy. C.Q.F.D.

Scholie I

§ 77. Voilà une nouvelle démonstration du Théorème général, que je me suis proposé de prouver ici, et contre laquelle on ne saurait rien projeter, si ce n'est, que nous ne savons pas, comment les racines des équations des plus hauts degrés après le quatrième soit compliquées. Or cette objection n'aura aucune force, pourvu qu'on m'accorde que les expressions pour les racines ne contiennent point d'autres opérations, que l'extraction des racines, outre les quatre opérations vulgaires : et *l'on ne saurait soutenir que des opérations transcendantes s'y mêlassent*[136]. Mais si la conjecture, que j'ai autrefois avancée sur la forme des racines des équations d'un ordre quelconque, est fondée, la démonstration que je viens de donner ici, aura toute la force, qu'on peut souhaiter. (...) »

D'Alembert revient à plusieurs reprises dans l'*Encyclopédie* sur la priorité de son propre travail ; ainsi il écrit dans l'article « *Équation* » :

> « J'ai démontré le premier, *Mém. De l'ac. De Berlin, 1746*, qu'il y avoir toujours en effet une telle quantité, laquelle sera ou réelle, ou égale à $m + n \sqrt{-1}$, $m$ et $n$ étant réelles, & $m$ pouvant être = 0. Cette proposition fondamentale de l'Algèbre et même du calcul intégral (...) n'avoit été démontrée par personne avant moi : j'y renvoye le lecteur, il la trouvera encore plus développée, & mise à la portée des commençans dans le Traité de calcul intégral de M. de Bougainville première partie. »[137]

et dans l'article « *Imaginaire* » :

> « J'ai démontré le premier, dans les Mémoires de l'Académie de Berlin, pour l'année 1746, & même dans un ouvrage antérieur, envoyé à l'Académie de Berlin au commencement de 1746, que toute quantité *imaginaire* donnée à volonté, & de telle forme qu'on voudra, peut toujours se réduire à $e + f\sqrt{-1}$, $e$ & $f$ étant des quantités réelles. M. Euler a démontré depuis cette même proposition, dans les Mémoires de l'Académie de Berlin 1749 ; mais il est aisé de voir que sa démonstration ne diffère en aucune façon de la mienne. Pour s'en convaincre, on peut comparer la page 273 des Mémoires de Berlin de 1749, avec l'article 79 de ma Dissertation sur les vents.
> J'ai démontré de plus, dans les mêmes Mémoires de 1746, que toute racine *imaginaire* d'une équation quelconque pouvoir se réduire à $e + f\sqrt{-1}$, $e$ & $f$ étant des quantités réelles. M. Euler a donné, de son côté, dans les Mémoires de 1749, une démonstration de cette proposition, qui diffère entièrement de la mienne, & qui ne me paraît aussi

136. C'est nous qui soulignons.

137. Encyclopédie *Méthodique*. Mathématiques, *Par MM. D'ALEMBERT, l'Abbé BOSSUT, DE LA LANDE, le Marquis de CONDORCET*, &c. Tome premier, A Paris, Chez PANCKOUCKE, Liège, 1784. Article « *Équation* », p. 651.

simple. On peut voir les démonstrations des deux propositions dont je viens de parler, dans le Traité de M. de Bougainville, sur le calcul intégral. »[138]

Cependant, après ces réalisations de d'Alembert et d'Euler, tout ne sera pas encore réglé. Par exemple, Joseph-Louis de Lagrange y reviendra à plusieurs reprises, notamment dans son article » Sur la forme des racines imaginaires des équations » (1772)[139] où selon lui :

> « Il semble que les Analystes ayent toujours regardé comme vraie cette proposition, que toutes les racines imaginaires des équations peuvent se réduire à la forme $A+B\sqrt{-1}$ », $A$ & $B$ étant des quantités réelles ; mais ce n'est que dans ces derniers tems qu'on est parvenu à la démontrer d'une manière rigoureuse & générale.
> La première démonstration qu'on ait donnée de ce beau théorème est celle qui se trouve dans les Mémoires de cette Académie pour l'année 1746, & qui est due à Mr. d'Alembert ; cette démonstration est très ingénieuse, & ne laisse, ce me semble, rien à désirer du côté de l'exactitude ; mais elle est indirecte, étant tirée de la considération des courbes & des suites infinies ; & elle porte naturellement à croire qu'on peut arriver au même but par une analyse plus simple, fondée uniquement sur la théorie des équations. »[140]

En dépit de tous ces efforts de clarification, auxquels se sont joints ceux de Gauss, plusieurs difficultés subsisteront, d'une nature différente. Ainsi, on peut inscrire dans cette réflexion sur la forme $M + N\sqrt{-1}$ les réticences de Jean-Robert Argand, sur lesquelles nous reviendrons plus loin (cf. pp. 418 et 419), concernant la forme $a + b\sqrt{-1} + c\sqrt{-1}^{\sqrt{-1}}$ (qu'il veut conserver pour désigner une droite orientée dans l'espace à trois dimensions, alors que cette dernière est réductible à la forme générique $M + N\sqrt{-1}$ ), de même que celles de François-Joseph Servois exprimées dans sa lettre du 23 novembre 1813 ou celles, plus difficilement tolérables de M. F. Vallès[141] développées longuement dans un ouvrage publié

---

138. Encyclopédie *Méthodique*. Mathématiques, *Par MM. D'Alembert, l'Abbé Bossut, De La Lande, le Marquis de Condorcet, Charles*, &c. Tome second, À Paris, Chez Panckoucke, Liège, 1785. Article « *Imaginaire* », p. 196.

139. *Mémoire de H.A.R.S.B.L.* de Berlin (1772) 222-258.

140. *Ibid.*, p. 222.

141. *Des formes imaginaires en Algèbre. Leur interprétation en abstrait et en concret.* Trois parties en deux volumes. Gauthier-Villars, Paris, 1869-1876, cf. en particulier la *Troisième partie : Représentation algébrique à l'aide de ces formes des directions dans l'espace* (1876).

bien après tous ces travaux et dans sa *Théoria residuorum biquadraticorum*[142] :

> « Campus numerorum complexorum $a+bi$ continet
> I. numeros reales, ubi $b = 0$, et, inter hos, pro indole ipsius $a$
> 1) cifram
> 2) numeros positivos
> 3) numeros negativos
> II. numeros imaginarios, ubi $b$ cifrae inaequalis. Hinc iterum distinguuntur
> 1) numeri imaginarii absque parte reali, i.e. ubi $a = 0$
> 2) numeri imaginarii cum parte reali, ubi neque $b$ neque $a = 0$.
> Priores si placet numeri imaginarii puri, posteriores numeri imaginarii mixti vocari possunt. »

### *3 - Tentatives pour généraliser les logarithmes*

Neper s'est intéressé aux nombres imaginaires et, à ce propos, on peut citer un fragment posthume de son *De arte logistica* :

> « Cumque ita radicatum uninomium sit vel abundantis vel defectivi numeri radix, ejusque index vel par vel impar, quadrifario hoc casu sequetur, quaedam uninomia esse abundantia, quaedam defectiva, quaedam et abundantia et defectiva, quae gemina dicimus ; quaedam tandem nec sunt abundantia nec defectiva, quae nugacia vocamus. Hujus arcani magni algebraici fundamentum superius Lib. I. cap. 6, jacimus : quod (quamvis a nemine quad sciam revelatum sit) quantum tamen emolumenti adferat huic arti, et caeteris postea mathematicis patebit. »[143]

Gino Loria regrette que Neper ait interrompu l'exposé commencé et qu'il n'ait pu tenir sa promesse.

> « Il a ainsi emporté avec lui dans la tombe le secret des conclusions auxquelles il était arrivé en réfléchissant sur les nouvelles entités, dont il a subi le charme mystérieux et dont il a sans doute mesuré la grande valeur. »[144]

Il serait compréhensible que Neper ait rencontré le problème des nombres imaginaires en s'interrogeant sur les logarithmes de nombres

142. C. F. Gauss, *Theoria residuorum biquadaticorum. Commentatio secunda* (15.04.1831). [*Werke* 2, Göttingue Acad. (1876), p. 95. *Werke 2*, Göttingue Acad. (1876) 169-178.]

143. Neper, J., *De Arte logistica joannis Naperi Merchistonii Baroni Libri qui supersunt*, Edinburgh, 1839.

144. Loria, G., « L'enigma dei numeri imaginari attraverso i secoli », *Scientia*, 21 (1917), p. 46.

négatifs. Mais le texte auquel renvoie Loria nous semble trop obscur pour qu'on puisse y discerner une direction de pensée conduisant effectiviment à une interprétation correcte des nombres imaginaires.

C'est dans une lettre adressée à Jean I^er^ Bernoulli et datée du 24 juin 1702 que Leibniz fait le premier une allusion explicite aux logarithmes d'un nombre imaginaire. Nous avons déjà expliqué pourquoi. Précisons qu'en 1676, Leibniz, dans une lettre à H. Oldenbourg[145], semble avoir indiqué, en reprenant les expressions de l'époque, que les nombres imaginaires introduisent une relation entre la quadrature du cercle et celle de l'hyperbole et de leurs parties respectives.

Ouvrons une parenthèse pour ajouter que l'Académie des Sciences de Paris refusa, dès 1775, tous les documents concernant la quadrature du cercle (ainsi que la duplication du cube ($x^3 = 2$) et la trisection de l'angle) bien que l'impossibilité de celle-ci n'ait été démontrée qu'en 1882 par Lindemann.

En 1702, Jean Bernoulli fait remarquer, dans une lettre à Pierre Varignon, une formule qui relie les arcs de cercle et les logarithmes des nombres imaginaires, dont l'Histoire de l'Académie des Sciences de Paris se fit l'écho.

Dix ans plus tard, ses déductions l'amenèrent à donner l'expression de la tangente d'un multiple d'un arc au moyen de la tangente de cet arc.

En 1714, le mathématicien anglais Roger Cotes met en évidence l'égalité

$$x\sqrt{-1} = Log.(cos.x + sin.x\sqrt{-1}).$$

Une si rapide succession de découvertes semblait promettre une édification non moins rapide de la théorie des logarithmes des nombres complexes ; mais ce ne fut pas le cas. Il fallut plus d'un tiers de siècle pour que celle-ci reposât sur des bases solides, œuvre de « l'analyse incarnée »[146] que fut Euler.

Les difficultés que comportait cette théorie furent mises en évidence par une célèbre controverse, dont nous allons relater quelques détails marquants.

Le calcul que nous avons effectué précédemment (p. 62) nous a amené à donner la primitive (à une constante près) de la fraction

---

145. 27 août 1676.

146. C'est ainsi que l'appelait ses contemporains (note E. T. Bell). Sur l'histoire des logarithmes de nombres complexes, nous renvoyons le lecteur à l'article de J. L. Verley : « La controverse des logarithmes de nombres négatifs et imaginaires », *Chantiers de Pédagogie Mathématique*, A.P.M.E.P., n° 34 (septembre 1975) ; voir également les *Fragments d'histoire des mathématiques*, brochure A.P.M.E.P., n° 41 (1981) 121-140.

$\frac{1}{x^2+1}$ soit $\frac{1}{2i} Log \frac{x-i}{x+i}$ dans le calcul formel, ou *Arctg x ;* si l'on effectue les deux changements de variable :

$$Arctgx = \frac{y}{2} \text{ et } tg\frac{y}{2} = t$$

nous aurons : $\frac{y}{2} = \frac{1}{2i} Log \frac{t-i}{t+i}$ ou $yi = Log \frac{t+i}{t+i}$

soit encore : $yi = Log \frac{t^2 - 2it - 1}{t^2 + 1}$

ce qui donne finalement : $xi = Log[-(cos.\ x + i\ sin.\ x]$.

Le signe – de la quantité entre crochets du logarithme est la première difficulté qui amorça la divergence entre Leibniz et Bernoulli dès 1728[147].

Bernoulli admettait que tout nombre réel ou positif avait un unique logarithme. Le fait que $Log(+1) = 0$ le conduisit aux calculs suivants : $Log(1) = Log(-1)^2 = 2Log(-1) = 0$ d'où $Log(-1) = 0$

et $Log(\sqrt{-1}) = Log(-1)^{1/2} = \frac{1}{2} Log(-1) = 0$ d'où $Log(\sqrt{-1}) = 0$.

Ceux-ci lui permirent d'énoncer que tout nombre négatif à un logarithme réel : celui de sa valeur absolue. Un tel énoncé ne pouvait être considéré comme une absurdité, ni même comme une erreur dont l'origine soit facilement décelable. Il présentait un avantage non négligeable en conservant au logarithme son caractère univoque.

Study[148] va même jusqu'à préciser que, si ce raisonnement avait été poussé plus loin, un nombre de la forme $a + b\sqrt{-1}$ aurait eu un logarithme réel égal à celui de $\sqrt{a^2 + b^2}$. Tout eut été pour le mieux si, malheureusement, ne s'étaient présentées plusieurs contradictions qui remettaient en question une formulation si « pratique ». Un exemple suffira pour donner la mesure du problème.

Nous laisserons Montucla[149] l'introduire dans le langage qui lui est propre :

> « Quand on considère qu'une différence d'aire circulaire ne diffère que du signe sous le radical, d'avec celle d'une aire hyperbolique qui peut s'exprimer par un logarithme, on ne sera pas étonné que cette symboli-

---

147. Constat dû à J. Itard, *Matériaux pour l'Histoire des nombres complexes* (1969), p. 7.

148. Study, E., « Les nombres complexes » ; *Encyclopédie des Sciences Mathématiques*, t. I, vol. 1, fasc. 3 (1908), p. 335.

149. Montucla, *op. cit.*, t. III, pp. 283, 284 et 285.

sation ait donné lieu de l'approfondir... Il doit paroître d'abord bien singulier que les quantités imaginaires étant précisément des expressions qui annoncent une impossibilité, elles ayent pu être l'objet d'un calcul, et d'un calcul propre à faire découvrir de nouvelles vérités. Peut-être même douterait-on de ces vérités, si plusieurs d'entr'elles n'eussent déjà été établies d'une autre manière. Aussi a-t-on vu quelques géomètres d'un rang distingué ne point goûter ce genre de calcul, non qu'ils doutassent de la justesse de son résultat, mais parce qu'il paraissoit y avoir une sorte d'inconvenance à employer des expressions de ce genre, qui n'ont jamais servi qu'à annoncer une absurdité dans l'énoncé d'un problème...
Nous avons dit qu'il y a une analogie singulière entre les espaces circulaires et les espaces hyperboliques ; en effet, l'espace circulaire étant, par exemple, $Sdx\sqrt{aa-xx}$ , l'abscisse à compter du centre, l'espace hyperbolique pris dans l'hyperbole équilatère, l'abscisse $x$ comptée du centre sur l'axe transverse, est $Sdx\sqrt{xx-aa}$ , qui ne diffère du premier que par le signe sous le radical, en sorte que le *multipliant par* $\sqrt{-1}$ on auroit $Sdx\sqrt{aa-xx}$ . Or l'espace hyperbolique ci-dessus se réduit à un logarithme, en sorte que l'on peut dire, par une sorte d'abus de langage, qu'un espace circulaire n'est autre chose qu'un logarithme imaginaire, et vice-versa. »

Or, c'est à la suite de ces observations dues à Euler que Bernoulli en personne donna l'égalité remarquable : $\frac{\pi}{2} = \frac{\log\sqrt{-1}}{\sqrt{-1}}$ .

Euler, dans une lettre à ce dernier datée du 10 décembre 1728, lui fit remarquer cette évidente contradiction et suggéra qu'il fallait abandonner le caractère univoque du logarithme. Cette suggestion, bien que non formulée explicitement, était sous-jacente à l'hypothèse qu'il énonça et qui consistait à admettre une infinité de logarithmes pour tout nombre, contrairement à Bernoulli. Ajoutons, pour accentuer la différence qui les séparait, le contenu d'une lettre[150] adressée précédemment à Euler par Bernoulli.

S'interrogeant sur la valeur de la formule $y = (-1)^x$, il procéda de la manière suivante :

I - $y = (-n)^x$

II - $\log. y = x\log.(-n)$

et dérivant :

III - $\frac{dy}{y} = dx.\log.(-n)$

il posa :

150. 9 janvier 1728.

IV- en [log.(–*n*) = log.(+*n*)]
s'appuyant pour cela sur le calcul suivant :

$$\mathrm{d\,Log}(-z) = \frac{-dz}{-z} = \frac{+\,dz}{z} = d\,\mathrm{Log}(z), \text{ soit } \mathrm{Log}(-z) = \mathrm{Log}(z).$$

Une fois ce résultat acquis, il remplaça, dans la relation III, log.(–*n*) par log.(*n*), et, après intégration, il parvint à l'égalité : log. $y = x$log. $n$, d'où $y = n^x$ qui, dans le cas où $n$ ±1, lui donne $1^x = 1$, et lui permit de conclure : $y = 1$.

Précisons à juste titre que l'énoncé d'Euler n'aura sa démonstration définitive que vers 1744 et qu'il parviendra à ce résultat en ramenant les logarithmes aux fonctions circulaires et aux fonctions exponentielles. Il est donc intéressant d'avoir une idée des résultats obtenus par Euler vers les années 1740.

La controverse ainsi amorcée – en premier lieu entre Leibniz et Bernoulli vers 1712 et 1713[151], puis entre Bernoulli et Euler et enfin, entre Euler et d'Alembert – devait développer l'étude des nombres imaginaires. Elle attira naturellement l'attention sur d'autres fonctions.

> « L'étude de la fonction logarithmique subit par ailleurs une transformation capitale. Trois méthodes étaient jusqu'alors utilisées, la méthode ancienne de comparaison des progressions arithmétiques et géométriques, l'emploi des développements en série et la définition comme primitive.
> L'étude de la fonction exponentielle par Wallis, Newton et J. Bernoulli montra que la fonction logarithmique est l'inverse de cette nouvelle fonction dont les propriétés étaient particulièrement simples. »[152]

En 1740, Euler utilise les exponentielles en les appliquant aux nombres imaginaires :

(Note 138)
« Supposons encore dans les formules précédentes (voir note 133, p. 51) l'arc *z* infiniment petit, et *n* un nombre infiniment grand *i*, afin d'obtenir pour *iz* une valeur finie $\upsilon$ ; nous aurons donc $iz = \upsilon$ et $z = \frac{\upsilon}{i}$, et par conséquent et $z = \frac{\upsilon}{i}$ et cos.$z = 1$ ; ces substitutions faites donneront

$$\cos.\,\upsilon = \frac{\left(1 + \frac{\upsilon\sqrt{-1}}{i}\right)^i + \left(1 - \frac{\upsilon\sqrt{-1}}{i}\right)^i}{2}$$

151. Leibniz, G.W. *Werke* (ed. C.I. Gerhardt, *Math. Schr.* 3, Halle 1855/6, pp. 881-915) (Note Study).

152. Taton, R., *Histoire Générale des Sciences,* t. II, p. 450.

et

$$\sin.\ \upsilon = \frac{\left(1 + \frac{\upsilon\sqrt{-1}}{i}\right)^i + \left(1 - \frac{\upsilon\sqrt{-1}}{i}\right)^i}{2\sqrt{-1}}$$

Faisant remarquer la démonstration de $\left(1 + \frac{z}{i}\right)^i = e^z$, il poursuit :

« Ayant donc écrit pour υ, d'une part + υ √–1 et d'une autre part – υ √–1, on aura :

$$cos.\ \upsilon = \frac{e^{+\upsilon\sqrt{-1}} + e^{-\upsilon\sqrt{-1}}}{2} \text{ et } sin.\ \upsilon\ \frac{e^{+\upsilon\sqrt{-1}} - e^{-\upsilon\sqrt{-1}}}{2\sqrt{-1}}$$

On comprend par là comment les quantités exponentielles imaginaires se ramènent à des sinus et à des cosinus d'arcs réels. On aura aussi :

$$e^{+\upsilon\sqrt{-1}} = \cos.\ \upsilon + \sqrt{-1}\ \sin.\ \upsilon \text{ et } e^{-\upsilon\sqrt{-1}} = \cos.\ \upsilon - \sqrt{-1}\ \sin.\ \upsilon. \text{ »}$$

Nicolas Bernoulli, selon ses dires[153], avait déjà trouvé, dès 1728, la relation :

$$\sin.s = \lim_{n = +\infty} \frac{\left(1 + \frac{s\sqrt{-1}}{n}\right)^n - \left(1 - \frac{s\sqrt{-1}}{n}\right)^n}{2\sqrt{-1}}.$$

(Note 139)

« Supposons à présent dans les mêmes formules (note 133) $n$ un nombre infiniment petit, ou $n = \frac{1}{i}$, $i$ étant un nombre infiniment grand, nous aurons :

$\cos.nz = \cos.\frac{z}{i} = 1$ et $\sin.nz = \sin.\frac{z}{i} = \frac{z}{i}$ ; car le sinus d'un arc $\frac{z}{i}$, qui s'évanouit, est égal à cet arc, et son cosinus = 1. Cela posé, nous aurons

$$1 = \frac{(cos \cdot z + \sqrt{-1} sin \cdot z)^{1/i} + (cos \cdot z - \sqrt{-1} sin \cdot z)^{1/i}}{2}$$

et

$$\frac{z}{i} = \frac{(cos \cdot z + \sqrt{-1} sin \cdot z)^{1/i} + (cos \cdot z - \sqrt{-1} sin \cdot z)^{1/i}}{2\sqrt{-1}}.$$

Or, en prenant les logarithmes hyperboliques, nous avons fait voir (art. 125) que

$l.(1 + x) = i((1 + x)^{1/i} - 1)$ ou $y^{1/i} = 1 + \frac{1}{i}\, l.\, y$ ($l.$ = log)

153. Lettre du 13 août 1742 (note Study).

en mettant y à la place de 1 + *x*. Donc, si nous écrivons à présent au lieu de *y*, d'une part *cos.z* + √–1 *sin.z*, et de l'autre *cos.z* – √–1 *sin.z*, nous trouverons :

$$1 = \frac{1 + \frac{1}{i}\, l\cdot(\cos\cdot z + \sqrt{-1}\sin\cdot z) + 1 + \frac{1}{i}\, l\cdot(\cos\cdot z - \sqrt{-1}\sin\cdot z)}{2}$$

à cause des logarithmes imaginaires qui deviennent nuls[154] de sorte que nous n'en pouvons rien conclure ; mais l'autre équation relative au sinus donne :

$$\frac{z}{i} = \frac{\frac{1}{i}\, l\cdot(\cos\cdot z + \sqrt{-1}\sin\cdot z) - \frac{1}{i}\, l\cdot(\cos\cdot z - \sqrt{-1}\sin\cdot z)}{2\sqrt{-1}}$$

et, par conséquent :

$$z = \frac{1}{2\sqrt{-1}}\, l\cdot\left(\frac{\cos\cdot z + \sqrt{-1}\sin\cdot z}{\cos\cdot z - \sqrt{-1}\sin\cdot z}\right)$$

On voit d'après cela comment les logarithmes imaginaires se ramènent aux arcs circulaires. »

(Note 140)

« A cause de $\frac{\sin\cdot z}{\cos\cdot z} = tang.z$, on aura l'expression d'un arc *z* par sa tangente de cette manière :

$$z = \frac{1}{2\sqrt{-1}}\, l\cdot\frac{1 + \sqrt{-1}\,tang\cdot z}{1 - \sqrt{-1}\,tang\cdot z}$$

Or nous avons vu ci-dessus (art. 128) que :

$$l\frac{1+x}{1-x} = \frac{2x}{1} + \frac{2x^3}{3} + \frac{2x^5}{5} + \frac{2x^7}{7} + \text{etc. ;}$$

donc en supposant x = √–1 *tang.z*, nous aurons

$$z = \frac{tang\cdot z}{1} - \frac{(tang\cdot z)^3}{3} + \frac{(tang\cdot z)^5}{5} - \frac{(tang\cdot z)^7}{7} + etc.$$

Faisons donc *tang.z* = *t*, de sorte que *z* soit l'arc dont la tangente est *t*, et que nous désignerons ainsi :

*Atang.t* (i.e. Arctg.*t*), ce qui donne *z* = *Atang.t*. La tangente *t* étant connue, l'arc correspondant sera :

$$z = \frac{t}{1} - \frac{t^3}{3} + \frac{t^5}{5} - \frac{t^7}{7} + \frac{t^9}{9} - \text{etc.}$$

154. En effet Euler suppose le calcul suivant :
$l.(\cos. z + \sqrt{-1}\sin. z) + l.(\cos.z - \sqrt{-1}\sin.z) = l.(\cos^2 z + \sin^2 z) = l.1 = 0$

Puis donc qu'en supposant que la tangente *t* égale au rayon 1, l'arc *z* devient = à l'arc de 45°ou $z = \frac{\pi}{4}$, nous trouverons :

$$\frac{\pi}{4} = 1 - \frac{1}{3} + \frac{1}{5} - \frac{1}{7} + \text{etc.} ;$$

série que Leibniz a donné le premier pour exprimer la valeur de la circonférence du cercle. »

(Note 157)

$$« \frac{e^x + e^{-x}}{2} = 1 + \frac{x \cdot x}{1 \cdot 2} + \frac{x^4}{1 \cdot 2 \cdot 3 \quad 4} + \frac{x^6}{1 \cdot 2 \cdot 3 \quad 4 \cdot 5 \quad 6} + \text{etc.}$$

$$= \left(1 + \frac{4xx}{\pi \cdot \pi}\right)\left(1 + \frac{4xx}{9\pi \cdot \pi}\right)\left(1 + \frac{4xx}{25\pi \cdot \pi}\right) \text{etc. »}$$

(Note 158)

« Soit $x = z\sqrt{-1}$, on aura :

$$\frac{e^{z\sqrt{-1}} - e^{-z\sqrt{-1}}}{2\sqrt{-1}} = sin \cdot z = z - \frac{z^3}{1 \cdot 2 \cdot 3} + \frac{z^5}{1 \cdot 2 \cdot 3 \quad 4 \quad 5} + \text{etc.}$$

ou bien : $sin.z = z\left(1 - \frac{z}{\pi}\right)\left(1 + \frac{z}{\pi}\right)\left(1 - \frac{z}{2\pi}\right)\left(1 + \frac{z}{2\pi}\right)$ etc.

Ainsi toutes les fois qu'un arc est tel qu'un des facteurs s'évanouisse ; ce qui arrive, lorsque $z = 0$, $z = \pm\pi$, $z = \pm 2\pi$ et, en général, lorsque $z = \pm k\pi$, *k* désignant un nombre entier quelconque, le sinus de ce même arc doit être en même temps = 0 ; ce qui est si évident qu'on aurait pu déduire indirectement ces facteurs de cette considération. »

Nous devons aussi à Euler les formules :

$$\sqrt{-1}^{\sqrt{-1}} = 2^{\sqrt{-1}\lambda\pi - \frac{1}{2}} \text{ et } e^{\sqrt{-1}\pi} = -1 ,$$

ainsi que les expressions de :

$$sin.(a + b\sqrt{-1}), cos(a + b\sqrt{-1}), tg(a + b\sqrt{-1}),$$
$$arc\,sin(a + b\sqrt{-1}), arc\,cos(a + b\sqrt{-1}), arc\,tg(a + b\sqrt{-1}),$$

sous la forme $p + q\sqrt{-1}$

« donc en somme les expressions sous la même forme de toutes les fonctions élémentaires connues à l'époque »[155].

155. Study, *ibid.*, p. 335.

D'autres formules qui faisaient l'emploi de nombres imaginaires furent entre-temps et par la suite données ; nous n'en voulons pour preuve que les suivantes :

$$\frac{c}{4} = 2log \cdot \left(\frac{1-\sqrt{-1}}{1+\sqrt{-1}}\right)^{\frac{1}{2}\sqrt{-1}}$$ (J. C. Fagnano, père ; 1719)

c = ciconférence du cercle.

$\frac{c}{4} = \sqrt{log \cdot -\sqrt{-1}}$ (J. F. Fagnano, fils ; tirée de l'expression précédente).

$$\frac{c}{d} = \frac{log \pm 1}{+\sqrt{-1}}$$ (père et fils, 1761)

$$\frac{c^2}{d} = log \cdot +1 x log \cdot -1$$ (père et fils ; d = diamètre)

### *À propos de la controverse ; le logarithme perd son caractère uniforme*

Revenons à la controverse et plus particulièrement à l'époque où elle opposait un Euler qui, après Leibniz, soutenait que les nombres négatifs n'ont pas de logarithmes réels, à un d'Alembert qui, à l'égal de Bernoulli, prétendait le contraire.

Lettre de Euler à d'Alembert du 15 avril 1747

« ...Il me semble que ma théorie [sur la véracité des logarithmes des nombres négatifs] ne manque pas de preuves positives ; mais avant que de les étaler il faut répondre à votre objection, fondée sur l'équation $y = e^x$, où vous pensés (sic) que le nombre e puisse avoir également une valeur *affirmative* et *négative*. Je conviens même que sa valeur est tout à fait arbitraire, car si vous mettés $e = 10$ l'exposant $x$ sera le logarithme commun ou tabulaire du nombre $y$ et si $e = 2{,}7190...$ etc., ou $e = 1 + \frac{1}{1} + \frac{1}{1 \cdot 2} + \frac{1}{1 \cdot 2 \cdot 3} +$ etc., $y$ sera le logarithme hyperbolique du nombre $y$. Mais dès qu'on assigne au nombre $e$ une valeur déterminée, le système entier des logarithmes de tous les nombres sera déterminé, aussi bien que la courbe, dont l'équation $y = e^x$ et comme $e$ est quasi son paramètre, on ne pourra pas lui donner en même temps deux valeurs différentes que la courbe ne devienne composée de deux courbes différentes. De même que l'équation parabolique $yy = ax$, si l'on donnait à $a$ une double valeur, par exemple : $a = +1$ et $-1$, on aurait deux courbes différentes, qui ne seroient pas jointes par le lien de la continuité. Cela posé, il me semble fort clair que posant $e = 1 + \frac{1}{1} + \frac{1}{1 \cdot 2} + \frac{1}{1 \cdot 2 \cdot 3} +$ etc., les logarithmes des nombres négatifs doivent être impossibles, vu qu'il est impossible de trouver une telle valeur de $x$, que $e^x$ ou $e = 1 + \frac{x}{1} + \frac{xx}{1 \cdot 2} + \frac{x^3}{1 \cdot 2 \cdot 3} + \ldots$etc. produise une valeur négative. »

On notera ici que la qualification d'« impossibles » que donne Euler aux logarithmes des nombres négatifs répond à la dénomination encore utilisée des nombres imaginaires ; l'« impossibilité » de donner une valeur à $x$ doit s'entendre comme étant la non-possibilité d'attribuer à $x$ une « réalité concrète ». Cette remarque s'avère être justifiée par les notes 143, 151 et 230 des *Éléments d'Algèbre*.[156]

(Note 143)
« Or puisque tous les nombres qu'il est possible de s'imaginer sont ou plus grands ou plus petits que 0, ou sont 0 même, il est clair qu'on ne peut pas même compter la racine quarrée d'un nombre négatif parmi les nombres possibles, et il faut donc dire que c'est une quantité impossible. C'est de cette façon que nous sommes conduits à l'idée de nombres qui par leur nature sont impossibles. On nomme ordinairement ces nombres des quantités imaginaires, parce qu'elles existent purement dans l'imagination. »
(Note 151)
« Il nous reste enfin à lever le doute qu'on pourroit avoir sur l'utilité des nombres dont nous venons de parler ; car, en effet, ces nombres étant impossibles, il ne serait pas étonnant qu'on les crût tout à fait inutiles et l'objet seulement d'une vaine spéculation. On se tromperait cependant, le calcul des imaginaires est de la plus grande importance ; souvent il se présente des questions, desquelles on ne sauroit dire sur-le-champ si elles renferment quelque chose de réel et de possible ou non. Or quand la solution d'une pareille question nous conduit à des nombres imaginaires, nous sommes certains que ce qu'on demande est impossible. »
(Note 230)
« ... Les nombres 1, 2, 3, 4, 5, 6, etc., c'est-à-dire tous les nombres positifs, sont des logarithmes de la racine $a$ ( entier naturel $\geq 1$) et de ses puissances, et pour conséquent des logarithmes de nombres

156. An. III.

plus grands que l'unité. Et au *contraire* que les nombres négatifs, comme –1, –2, etc. sont les logarithmes des fractions $\frac{1}{a}$, $\frac{1}{aa}$, etc. qui sont plus petites que l'unité, mais cependant encore plus grande que rien.
Il suit de là que si le logarithme est positif, le nombre est toujours plus grand que l'unité ; mais que si le logarithme est négatif, le nombre est toujours plus petit que 1, et pourtant plus grand que zéro. *Par conséquent*, on ne saurait indiquer des logarithmes de nombres négatifs, et il faut en *conclure* que les logarithmes des nombres négatifs sont impossibles, et qu'ils appartiennent à la classe des quantités imaginaires. »

Il serait intéressant de comparer les idées de Euler sur le caractère « imaginaire » des nombres ainsi dénommés avec celles de Descartes, auteur de cette dénomination.

Euler poursuit dans sa lettre à d'Alembert :

« Il vous paroit paradoxe que les différentiels des l.y et l. -y soient les mêmes (voir à ce sujet le contenu de la lettre de Bernoulli, p. 62) ; mais vous m'acorderés pourtant cette égalité dans un sens plus général, c'est-à-dire que $d.ly = d.l.\alpha y (i.e. \frac{d}{dy}(log.y) = \frac{d}{dy}(log.\alpha y))$ quelque nombre constant que soit $\alpha$, d'où je ne vois la moindre difficulté pourquoi on le pourrait nier dans le cas $\alpha = 1$. Par le raisonnement que vous prouvés que $l.{-1} = 0$, vous prouverés également que $l.\sqrt{-1} = 0$, car puisque $\sqrt{-1}.\sqrt{-1} = -1$ vous aurés $l.\sqrt{-1} + l.\sqrt{-1} = l.{-1}$ c'est-à-dire $2l.\sqrt{-1} = l.{-1} = \frac{1}{2}\ l.+1$ et partant $l.\sqrt{-1} = \frac{1}{4}\ l.-1 = 0$ et si vous n'aprouvés pas ce raisonnement, vous m'accorderé que le premier n'est plus convainquant. Or, vous serés au moins d'accord que les logarithmes des nombres imaginaires ne sont pas réels, sans cela cette expression $l.\sqrt{-1}\ /\ \sqrt{-1}$ ne sauroit exprimer la quadrature du cercle, soit $l.\sqrt{-1}\ /\ \sqrt{-1} = \alpha$ et vous aurés $l.\sqrt{-1} = \alpha\sqrt{-1}$ c'est-à-dire à une quantité imaginaire. Si donc $l.\sqrt{-1}$ est imaginaire, pourquoi ne le serait pas $2l.\sqrt{-1} = l.{-1}$ ? ensuite, comme $\left(\frac{-1+\sqrt{-3}}{2}\right)^3 = 1$ suivant votre raisonnement, vous auriés $3l.\frac{-1+\sqrt{-3}}{2} = l.1$ et le logarithme de $\frac{-1+\sqrt{-3}}{2}$ seroit aussi bien = 0 que $l.+1$ et $l.-1$ et $l.\sqrt{-1}$ etc., ce qui n'est pas soutenable. Mais vous m'opposerés que même l. + 1 devrait être imaginaire étant $= 2l.{-1} = 4l.\sqrt{-1} = 3l.\frac{-1+\sqrt{-3}}{2}$ etc. Or, c'est justement ce que je veux, car je dis que *l.* +1 a une infinité de valeurs différentes parmi lesquelles il y en a une = 0 et toutes les autres sont imaginaires. Pour mieux expliquer cela soient $o$, $\alpha$, $\beta$, $\gamma$, $\delta$, $\varepsilon$, $\xi$, $\eta$, $\theta$, $\chi$, etc. les logarithmes de l'unité et je dis que les valeurs de *l.* –1 seront $\frac{\alpha}{2}$ ; $\frac{\gamma}{2}$ ; $\frac{\varepsilon}{2}$ ; $\frac{\eta}{2}$ etc. toutes imaginaires, de sorte pourtant que le double de chacune se trouve parmi les logarithmes de + 1 ; mais il ne n'ensuit pas que la moitié de chacune des valeurs de *l.* + 1 se trouve parmi les *l.* –1, *puisque –1 n'est qu'une valeur de* $\sqrt{+1}$, *l'autre étant* +1, dont les logarithmes sont $\frac{\alpha}{2}, \frac{\beta}{2}, \frac{\delta}{2}, \frac{\varepsilon}{2}$ qui sont justement les mêmes que $o$, $\alpha$, $\beta$, $\gamma$, $\delta$, $\varepsilon$, $\xi$, etc. car $\frac{\beta}{2} = \alpha$, $\frac{\delta}{2} = \beta$, $\frac{\zeta}{2} = \gamma$, $\frac{\theta}{2} = \delta$ etc. Pareillement comme les trois racines cubiques de 1 sont 1, $\frac{-1+\sqrt{-3}}{2}$, $\frac{-1-\sqrt{-3}}{2}$ les logarithmes de ces trois racines seront : $l.1 = \frac{o}{3} \cdot \frac{\gamma}{3} \cdot \frac{\zeta}{3} \cdot \frac{\iota}{3} \cdot \frac{\mu}{3}$ · etc. les mêmes que $o$, $\alpha$, $\beta$, $\gamma$, $\delta$, $\varepsilon$, etc.

$$l.\frac{-1+\sqrt{-3}}{2} = \frac{\alpha}{3} \cdot \frac{\delta}{3} \cdot \frac{\eta}{3} \cdot \frac{\chi}{3} \cdot \frac{\nu}{3} \cdot \text{etc.}$$

$$l.\frac{-1-\sqrt{-3}}{2} = \frac{\beta}{3} \cdot \frac{\varepsilon}{3} \cdot \frac{\theta}{3} \cdot \frac{\lambda}{3} \cdot \frac{\zeta}{3} \cdot \text{etc.}$$

et ces lettres $\alpha$, $\beta$, $\gamma$, $\delta$, $\varepsilon$, etc. ne sont pas fondées sur une pure conjecture ; j'ai eu l'honneur même de vous en marquer les véritables valeurs. Car, soit $\pi$ la circonférence d'un cercle, dont le rayon est = 1 et les valeurs du *l.* + 1 sont

$\pm\pi\sqrt{-1}$ ; $2\pi\sqrt{-1}$ ; $3\pi\sqrt{-1}$ ; $4\pi\sqrt{-1}$ ; $5\pi\sqrt{-1}$ ; etc.

de *l.* –1 sont $\pm\frac{1}{2}\pi\sqrt{-1}$ ; $\pm\frac{3}{2}\pi\sqrt{-1}$ ; $\pm\frac{5}{2}\pi\sqrt{-1}$ ; etc.

Et en général, j'ai trouvé

$l.1^p = \pi(mp+n)\sqrt{-1}$, $l.(-1)^p = \pi(\frac{1}{2}p + mp + n)\sqrt{-1}$,

où $m$ et $n$ marquent des nombres entiers tant affirmatifs que négatifs quelconques. Par ce moien toutes les difficultés disparoissent tout à fait qu'on ne sauroit lever en aucune manière si l'on voulait réaliser les logarithmes des nombres négatifs, se fondant que 2*l.* – 1 = *l.* +1 = 0 puisque par le même raisonnement on seroit obligé de dire que $l.\sqrt{-1} = 0$ et $l.\frac{-1-\sqrt{-3}}{2} = 0$.

Vous dites encore, Monsieur, que puisque $e^x = y$, si $x = \frac{1}{2}$ le nombre y peut être tant affirmatif que négatif ; mais parce que $e^x$ marque ici la valeur de cette série $1 + \frac{x}{1} + \frac{x^2}{1 \cdot 2} + \frac{x^3}{1 \cdot 2 \cdot 3}$ + etc., je crois d'y répondre très solidement que $e^x$ ne signifie jamais plus qu'une valeur, et cela l'affirmative, quand même *x* seroit une fraction où l'extraction de racine semble rendre la formule $e^x$ équivoque… »

## Lettre de Euler à d'Alembert du 19 août 1747

« … Pour notre controverse touchant les logarithmes des nombres négatifs et imaginaires, j'espère qu'elle sera bientôt terminée. Dans votre pièce sur les intégrales, qui vient d'être imprimée dans le second volume de nos mémoires, j'ai, suivant vos ordres, rayé l'article où vous parliés du log. –1 et je crois que vous serés en peu de tems entièrement d'accord avec moi sur ce sujet. *J'avoûe que la formule $e^x$ doit avoir deux valeurs dans le cas* $x = \frac{1}{2}$. *Mais vous m'accorderés aussi que dans les autres cas la valeur de $e^x$ ne peut pas être négative et comme il s'agit principalement du log. –1, vous ne prétendrés pas que $e^x$ puisse devenir = –1, en supposant x = 0, ainsi cet argument ne prouve au moins rien pour vous*[157].

Quand vous dites qu'on pourroit résoudre *l.* –x dans une suite dont la valeur fût réelle, je n'en comprends rien, si ce n'est que les termes de la suite soient réels ; mais on pourra de même $\sqrt{-x}$ résoudre dans une telle suite. Au reste, je veux bien que ce que j'ai dit dans ma première lettre de la suite $e^x = 1 + x + \frac{x^2}{2}$ + etc. ne prouve rien pour moi, de même que l'ambiguïté de $e^x$ dans certains cas ne prouve rien contre moi, puisqu'on devroit aussi accorder trois valeurs quand $x = \frac{1}{2}$, quatre quand $x = \frac{1}{4}$, etc. mais cela mèneroit trop loin.

Quand vous dites que la quantité *e* ne doit pas être considérée comme le paramètre de la logarithmique, mais comme l'ordonnée qui répond à l'abscisse x = 1 et qu'à cause de cela elle puisse être tant affirmative que négative, je pourrois dire avec autant de droit que la logarithmique a non seulement deux rames égaux et semblables selon les deux formules $x = l. + y$ et $x = l. - y$ mais aussi autant qu'on voudra $x = l. + y$, $x = l.my$, $x = l.ny$, etc. puisque toutes ces formules ont la même différentielle $dx = \frac{dy}{y}$. Pour ce qui regarde votre transformation de $e^x$ en $\frac{e^{\frac{x}{g}}}{e^{\frac{x}{g}-1}}$ ou x : g comme un nombre

157. Les passages mis en italique dans le texte de Euler le sont par nous, ici comme dans les pages suivantes.

impair à un pair, mais on se pourroit avec autant de droit imaginer cette formule que x : g = pair : impair ou impair: impair et alors vous ne trouverés pas votre conte. Il me semble donc que toutes ces raisons ne sont pas assez fortes pour prouver que $l. + x = l. -x$.

Ensuite vous doutés si la formule tirée des sinus donne tous les logarithmes de –1 ; mais je ne sais pas si un doute simple destitué de démonstration puisse renverser ce que j'avance et pour la formule $\frac{l\cdot\sqrt{-1}}{\sqrt{-1}}$ je soutiens qu'elle ne renferme que les valeurs $\pm\frac{(4n+1)\pi}{2}$, $n$ marquant un nombre entier quelconque et π la circonférence d'un cercle dont le diamètre = 1, de sorte que cette formule ne puisse jamais devenir = 0. Il est vrai que mon sentiment est appuyé sur la formule tirée des sinus, mais je ne voi aucune raison pourquoi cette formule ne donneroit tous les logarithmes de $\sqrt{-1}$ et je crois toujours que les raisons *pour* sont plus fortes que celles *contre*.

Enfin dans la formule des arcs de cercles $s = \sqrt{-1}.l.(x + \sqrt{(xx-1)})$ si $x$ marque les cosinus de l'arc s, je ne vois aucune raison de douter, que si x >1, l'arc $s$ ne soit une *imaginaire simple* $b\sqrt{-1}$, de sorte que $l.(x + \sqrt{(xx-1)}) = b$ ; et je ne croi pas que vous prouverés le contraire… »

« P.S. Vous m'accorderés que

$$l. + 1 = \pm 2\pi\sqrt{-1} \text{ et que } l.-1 = \pm(2n-1)\pi\sqrt{-1}$$

mais vous dites, Monsieur, que parmi les logg : –1 se trouve aussi 0 : donc, puisque deux logarithmes de –1 ajoutés ensemble donnent $l. + 1$, les logg. de +1 seront, non seulement $\pm 2n\pi\sqrt{-1}$ mais aussi $\pm(2n-1)\pi\sqrt{-1}$.

De plus vous m'accorderés que

$$l.\sqrt{-1} = \pm\frac{(4n\pm 1)}{2}\pi\sqrt{-1} \text{ et que } l.-\sqrt{-1} = \pm\frac{(4n\mp 1)}{2}\pi\sqrt{-1},$$

mais que ces formules ne contiennent pas tous les logg. de $+\sqrt{-1}$ et de $-\sqrt{-1}$, et qu'il s'y trouve aussi 0, donc puisque $l. + \sqrt{-1} - l. -\sqrt{-1} = l. + 1$ le log. +1 comprendra encore ces formules $\pm\frac{(4n\pm 1)}{2}\pi\sqrt{-1}$. De même, si vous dites que zéro est aussi le logarithme des plus hautes racines imaginaire de 1, vous serés enfin obligé de dire que tous les logarithmes de +1 sont contenus dans cette formule $\frac{m}{n}\pi\sqrt{-1}$ ou $a\sqrt{-1}$, quelque quantité qu'on prenne pour $a$ : de sorte que $l. + 1$ deviendroit tout à fait indéterminé, conséquence qui me paroit suffisante pour détruire votre objection. Or, suivant mon sentiment, quand je dis que :

$$l. + 1 = 0\ ;\ \pm 2\pi\sqrt{-1}\ ;\ \pm 4\pi\sqrt{-1}\ ;\ \pm 6\pi\sqrt{-1}\ ;\text{etc.}$$

$$1. + \sqrt{-1} = +\frac{1}{2}\pi\sqrt{-1}\ ;+\frac{5}{2}\pi\sqrt{-1}\ ;+\frac{9}{2}\pi\sqrt{-1}\ ;\text{etc.}$$

$$-\frac{3}{2}\pi\sqrt{-1}\ ;-\frac{7}{2}\pi\sqrt{-1}\ ;-\frac{11}{2}\pi\sqrt{-1}\ ;\text{etc.}$$

$$l.\,-1 = \pm\pi\sqrt{-1}\ ;\ \pm3\pi\sqrt{-1}\ ;\ \pm5\pi\sqrt{-1}\ ;\ \pm7\pi\sqrt{-1}\ ;\ \text{etc.}$$

$$l.\,\sqrt{-1} = +\frac{3}{2}\pi\sqrt{-1}\ ;\ +\frac{7}{2}\pi\sqrt{-1}\ ;\ +\frac{11}{2}\pi\sqrt{-1}\ ;\ \text{etc.}$$

$$-\frac{1}{2}\pi\sqrt{-1}\ ;\ -\frac{5}{2}\pi\sqrt{-1}\ ;\ -\frac{9}{2}\pi\sqrt{-1}\ ;\ \text{etc.}$$

Vous trouverés la plus belle harmonie ; car deux logg. : quelconques de $-1$ ajoutés ensemble produiront toujours un $l. + 1$ ; deux logg ; de $+\sqrt{-1}$ ajoutés ensemble donneront toujours un $l. - 1$; de même que deux logg : de $-\sqrt{-1}$ ; et un $l. + \sqrt{-1}$ + un $l. - \sqrt{-1}$ donnera toujours un $l. + 1$. Cette remarque seule me paroît suffisante pour vous convaincre de la vérité de mon sentiment, au lieu que si vous faites le moindre changement dans mes formules, vous serés obligé de rendre les logarithmes de $+1$ tout à fait indéterminés ; et je vous prie de peser bien cet argument. »

Lettre de Euler à d'Alembert du 30 décembre 1747

« Je ne veux pas vous... troubler par des réflexions sur les logarithmes imaginaires, quoique je ne saurois presque rien ajouter sur cette matière, que je ne vous aye déjà marqué et je doute fort, si ma pièce (mémoire à l'Académie de Berlin) sur cette matière sera capable de lever tous les doutes, que vous vous êtes donné la peine de me proposer. Mais après que vous m'avés accordé autant, ces doutes favorisent pas trop votre sentiment, et il n'y a personne qui les sauroit mieux résoudre que vous même. »

Lettre de Euler à d'Alembert du 28 septembre 1748

« La matière des logarithmes imaginaires ne n'est plus si familière que je puisse solidement répondre aux nouvelles remarques que vous me faites sur ce sujet et je me vois obligé d'attendre jusqu'à ce que je pourrai reprendre l'examen de cette matière. »[158]

L'année suivante (1749), Euler, dans un mémoire à l'Académie de Berlin, exposa d'une manière définitive la théorie des logarithmes, pratiquement telle que nous la connaissons de nos jours. Exposé qui, on eut pu le croire, aurait mis fin à la controverse, mais en 1761, d'Alembert était encore partisan de Bernoulli ; son *Opuscule mathématique*[159] et l'article » logarithme » de l'*Encyclopédie* en sont une preuve suffisamment convaincante.

---

158. Faut-il remarquer que, dans des lettres d'environ même longueur, les passages de Euler relatifs aux nombres imaginaires sont de longueur décroissante avant que n'intervienne la solution finale ? Une indifférence feinte ou réelle précède le coup de théâtre. Il peut s'agir là d'un phénomène relatif aux cheminements de l'invention tels qu'en a parlé Hadamard.

159. Study E., *ibid.*, p. 335.

### *4 - Nécessité réelle du nombre imaginaire*

Les trois études auxquelles nous venons de procéder étaient, malgré leur longueur et la multiplicité de leurs références mathématiques, indispensables pour obtenir une conclusion générale : le cas traité montre que si chaque « génie » apporte à sa manière une contribution à la solution d'un problème majeur, ce problème lui-même et les moyens de le résoudre relèvent d'un ensemble de connaissances ayant un caractère collectif tant par les aides qu'il fournit à chaque innovateur que par les difficultés auxquelles il les confronte tous.

Dès lors, il est aussi injustifié d'attribuer à un auteur donné la responsabilité d'erreurs généralement issues d'un usage trop précipité de préconceptions dont les développements ultérieurs (collectifs, eux aussi) démontreront l'inexactitude, que le mérite entier de ses apports positifs. En outre, si trois voies – au moins trois – rapprochent chacune à sa manière d'une solution plus générale comme celle proposée par Gauss, on ne saurait parler de progrès « linéaire », mais plutôt d'un progrès présentant l'image d'un faisceau entre des points de convergence dont d'ailleurs les apparences syncrétiques ne sauraient faire méconnaître qu'elles impliquent la rencontre consciente de plusieurs champs de réflexions conduites indépendamment les unes des autres par le raisonnement clair et clairement énoncé, bien qu'elles soient dépendantes entre elles dans ce que faute d'expression plus commode on désignera sous le nom de « milieu » conceptuel inconscient.

Reconsidérons selon cette vue telle « erreur » commise par une célébrité : si, par exemple, Bernoulli écrit Log. $-1 = 0$, rien dans la théorie des logarithmes exprimée en son temps ne l'empêche d'écrire cette égalité pourtant « fausse » au regard de l'ensemble conceptuel rassemblant dans un même « milieu » – du fait des définitions et des propriétés des logarithmes – la relation appelée à retenir plus tard l'attention. Quand ce sera fait, l'erreur de Bernoulli ne sera plus possible : la nature du logarithme des nombres négatifs n'en aura pas été changée, seule la théorie constituée l'aura été.

De ce point de vue, les « erreurs » apportent une contribution nécessaire à l'innovation parce que des expressions effectives de conséquences erronées tirées d'une théorie donnée signalent par leurs contradictions que la théorie doit être réformée. C'est de la même manière que Cauchy se révélera fécond puisque c'est encore grâce à de telles erreurs qu'il découvrira les conditions de convergence d'une série.

L'exposition que nous avons ainsi détaillée participe à la compréhension d'une certaine évolution, jugée à partir des nombres imaginaires, de la pensée mathématique au XVII^e siècle et surtout au XVIII^e siècle. Les découvertes au cours de ces deux siècles sont particulièrement nombreuses. Le XVIII^e siècle enrichit ainsi un réservoir de connaissances sans y procéder à des tris systématiques ; il se sert des quantités imaginaires comme d'outils pratiques réducteurs de longs calculs ou pour exprimer une impossibilité, du moins quand on ne tombe pas dans la résignation bien pire de ceux qui refusent les logarithmes de nombres négatifs, voire même qui rejettent purement et simplement les nombres négatifs. Encore ajoutera-t-on qu'à tout prendre, s'intéresser à ces derniers seulement en tant qu'objets de réflexion philosophique, c'est déjà féconder ou du moins remuer le « milieu » inconscient en voie d'élucidation progressive.

On appuiera cette suite d'affirmations en citant les propos suivants :

> « They talk of two roots to every equation of the second order, and the learner is to try which will succeed in a given equation ; they talk of solving an equation which requires two impossible roots to make it soluble ; they can find out some impossible numbers which being multiplied together produce unity. This is all jargon, at which common sense recoilts ; but from its having been adopted, like many others figments, it finds the most strenuous supporters among those who love to take things upon trust and hate the colour of a serious thought. »[160]
> « Newton's dereliction of the principles of reasoning cannot establish the fallacious notion, that every equation has as many roots as it has dimensions. »[161]
> « This notion of Newton and others is founded on precipitation. Instead of a patient examination of the subject, an hypothesis which accounts for many appearances is formed ; where it fails, unintelligible terms are used ; in those terms indolence acquieses ; much time is wasted on a jargon which has the appearance of science, and real knowledge is retarded. Those volumes upon volumes have been written on the stupid dreams of Athanasius, and on the impossible roots of an equation of *n* dimensions. »[161]

Nous aurons plus avant maintes occasions de voir et d'apprécier dans toute leur étendue les différentes positions qu'eurent tout à tour Gauss, Cauchy et autres mathématiciens prestigieux, aussi nous paraît-il plus opportun de les laisser et d'aborder dès à présent l'étude des représentations géométriques à laquelle est consacrée la seconde partie de cet ouvrage.

---

160. Frend, W. *The Principles of Algebra* (1796), préface.

161. Frend, W. *The True Theory of Equations established on Mathematical Demonstration...* (1799), préface.

*Chapitre 2*

# Contributions de quelques marginaux

## La représentation des nombres complexes

La recherche d'une représentation géométrique signale un des tournants les plus décisifs dans l'histoire des *quantités* qu'on appelait *impossibles* ou *imaginaires* et qui deviendront les *nombres complexes*. Du moins peut-on en mesurer l'importance aux difficultés que soulève l'analyse historique des tentatives ayant connu des succès très divers, s'étant non sans erreurs ni retours approchées du but, et l'ayant finalement atteint au moment où il était en train de l'être ou l'avait été par un autre chemin, plus strictement algébrique et discursif.

Le problème ainsi posé est celui des rapports de l'algèbre avec la géométrie. Nous avons précédemment montré à propos de Viète et du courant d'innovations auquel il participe, comment se posait la question de savoir s'il était licite de représenter les grandeurs géométriques et les grandeurs arithmétiques exactement de la même manière. Viète lui-même ne le pense pas et, au XVIII^e^ siècle encore, on distingue deux signes différents pour marquer des égalités entre rapports : on désigne par notre signe « = » l'égalité entre nombres ou quantités arithmétiques et on désigne par « :: » l'égalité entre proportions géométriques. À cet égard donc, Descartes et ses émules n'ont pas mis fin à un débat : en étendant le recours des équations à la démonstration de problèmes géométriques, ils signalent une nouvelle manière d'utiliser l'algèbre plutôt qu'ils ne transforment radicalement cette dernière. Et l'ambiguïté entre les deux procédures – l'une plus traditionnelle, l'autre plutôt cartésienne – subsiste encore chez d'Alembert utilisant les mêmes qualificatifs que Viète pour distinguer l'algèbre numérale de l'algèbre spécieuse. Cette même distinction a sans doute paru superflue à Euler qui semble désigner par le mot d'algèbre la théorie des équations. Cette identification durera jusqu'au XIX^e^ siècle, bien qu'elle y soit destinée à paraître trop restrictive.

C'est donc dans un ensemble de processus mentaux, de recherches logiques et de préoccupations lexicales très divers que se situa la question de savoir si les nombres « imaginaires » relèvent d'une représentation géométrique.

La recherche et la découverte d'une représentation géométrique des nombres imaginaires contribueront à rendre homogène l'algèbre, c'est-à-dire à unifier, sinon les définitions continuant à donner lieu à débat, du moins l'idée que l'on s'en fait en étendant le plus possible une même légitimité aux plus grands nombres de domaines de la mathématique. La réussite acquise de nos jours est due à des symboles vidés de leur contenu concret et ne se référant plus à quelque « réalité » ou à quelque « nature propre » susceptibles d'en troubler l'emploi en les spécifiant sans nécessité. Il s'agit là d'un achèvement dont les origines très anciennes seront dues à une succession d'efforts plus ou moins réussis des prédécesseurs italiens et des successeurs de Descartes pour affranchir la symbolisation des contraintes du langage ordinaire afin qu'elle gagne en efficacité et en universalité.

La *Géométrie* de Descartes présente une nouveauté capitale : l'ancienne géométrie euclidienne devient analytique en multipliant les recours aux équations tant pour refaire d'anciennes démonstrations que pour en découvrir de nouvelles. C'est précisément la systématisation de cette manière de procéder qui est nouvelle. Descartes introduit l'utilisation d'une classe très générale de courbes, les courbes algébriques ; avant lui, on avait plutôt tendance à considérer des courbes particulières, chaque fois adaptées à un problème particulier. Dès lors, et bien qu'il soit plus aisé de représenter toute équation déjà connue ou connaissable que de trouver à n'importe quelle courbe l'équation qui la traduise exactement, on est en mesure d'espérer que l'identification se généralisera entre courbe et équation. Toute « construction » géométrique pouvant se traduire en formules, l'ancien fossé entre géométrie, algèbre ou arithmétique se trouvera comblé ; on ne parlera plus à leur sujet d'opposition irréductible.

Pour prometteuse que soit cette symbiose, elle se heurte pourtant à des paradoxes, faisant douter que cette harmonie si parfaite puisse être indéfiniment conquérante. Non seulement n'importe quelle courbe n'est pas également transcriptible en une équation algébrique (on la qualifiera de transcendante), mais il faut se résoudre à admettre que, dans la résolution d'équations, certaines racines doivent être considérées comme exactes bien qu'on les qualifie encore de « fausses », « impossibles », « irréductibles » et qu'elles ne soient pas représentables par un dessin. C'est dans ces circonstances, et donc dans un milieu intellectuel s'interrogeant sur la solidité des bases de l'édifice mathématique, qu'apparaissent simultanément les premières représentations géométriques des nombres « imaginaires ». Mais alors constate-t-on aussi que même quand sont tenues pour « vraies » des représentations encore, en fait, inadéquates, cette « vérité » ne satisfait plus le mathématicien (appelé encore « Géomètre » bien qu'il fût de plus en plus un « Analyste » ), qui a entre-temps déplacé les exigences de ses critères de certitude. Il découvre la nécessité de ces nouvelles exigences au sein de ses raisonnements propres, même quand ils sont purement discursifs, et donc n'attache plus l'importance d'autrefois à ce qui faisait mesurer l'« existence » de symbolisations abstraites à leur identification à des « réalisations » concrètes de la géométrie. S'ouvre alors une période de recherches austères voulant élucider les paradoxes qu'une pratique souvent mal contrôlée de formalisations de toutes sortes, notamment de sériations hâtives, ne cessait de multiplier. Quand s'achève le XVIIIe siècle, les meilleurs esprits s'imposent comme première obligation de préférer la rigueur et le bien-fondé de propositions formalisées plutôt que de trouver des figures susceptibles d'en donner des images.

Bien sûr, un tel surcroît d'obligations n'est pas encore la règle d'or de tous. Nombreux sont ceux qui se contentent de formules paraissant suffisamment pertinentes pour expliquer les phénomènes physiques ou mécaniques. Dans ce cas, on ne cherchera pas à fonder les raisons de cette efficacité dans les formulations elles-mêmes, mais seulement à en mesurer le caractère satisfaisant à l'ampleur de champs d'action. C'est ainsi que l'on ne se demandera pas à quelles conditions une série converge, dès lors que seuls ses premiers termes importent dans les applications pratiques. Pour ce genre de mathématicien, les préoccupations du côté de l'infini ne sont pas plus de mise que pour l'expérimentateur condamné aux approximations de ses appareillages. C'est précisément à la conjonction de deux comportements rationnels si différents – recherche de rigueur d'un côté et recours aux pratiques de l'autre – que se situeront les inventions de constructions géométriques susceptibles de rendre réelles les « quantités imaginaires » : elle sont dues à des praticiens. Face à ces derniers, plus mêlés aux activités de leur temps, les théoriciens cherchant dans les propriétés des symbolisations la validité des formulations symboliques sont alors plutôt des marginaux. Pour sortir de cet isolement, ils doivent prouver leur talent ou leur génie dans des recherches secondaires par rapport à ce qu'ils jugent essentiel et qui en définitive fera leur gloire. C'est ainsi que, sur le moment, la renommée de Gauss doit bien davantage au calcul de la trajectoire de Cérès qu'à son étude des nombres complexes, de leur représentation et redéfinition. Même si, comme on le verra, le jeune Gauss doit quelque chose de ses innovations dans ce domaine aux travaux nourriciers qu'il dut faire comme cartographe, il conserva par-devers lui et pendant plus de trente ans certains des résultats qu'il avait aussitôt atteints.

Pourquoi, dans sa dissertation inaugurale de 1799, ne fait-il pas état de la représentation géométrique des nombres complexes alors qu'elle y est implicite ? Pourquoi intitule-t-il sa thèse : « Nouvelle démonstration, que toute fonction rationnelle entière d'une variable peut être décomposée en facteurs réels du premier ou du second degré », s'interdisant ainsi de parler explicitement des « nombres imaginaires » ? Pourquoi Cauchy considère pendant si longtemps les « nombres imaginaires » comme de simples « expressions symboliques » ? Autant de questions soulignant combien les idées que l'on a pu se faire à l'époque des « nombres imaginaires » sont d'une analyse difficile. Nul doute que l'on attende une preuve de leur réalité avant d'y croire, nul doute aussi que l'on hésite à faire cas des preuves que l'on ne peut découvrir.

Vers la fin du XVIIIe siècle et au début du XIXe s'engagèrent des réflexions dont le dynamisme devait déboucher sur une profonde réforme des mathématiques. En d'autres termes, le raisonnement s'applique bien sur un même objet mais aussi vu autrement. Par exemple, une formule ne sera plus uniquement regardée comme une machine dont l'efficacité est ou sera prouvée, mais comme un mécanisme, un ensemble de symboles et de signes présentant une structure particulière dont l'étude est susceptible d'apporter une refonte des acquis.

Les principes mêmes de la théorie deviennent des « objets » privilégiés auxquels s'applique la critique du raisonnement. L'étude, en se portant sur la légitimité des résultats qui en découlent, donne ainsi naissance à une logique symbolique. Le « calcul » purement symbolique s'installe au détriment d'un calcul qui trouvait ou cherchait sa justification dans l'espace euclidien. Ce dernier deviendra un simple cas particulier d'hyperespaces devenus parfaitement concevables. On ne cherchera plus la « preuve de formulations abstraites dans l'expérience quotidienne ou dans la logique du « sens commun » : on se fiera à la « vérité » donnée par une logique ne s'exerçant que sur des symboles « inexpressifs ».

Un tel développement propre au XIXe siècle ne peut cependant nous empêcher de parler des diverses transformations qui se produisirent dans des époques antérieures et qui aboutiront en donnant naissance aux représentations géométriques des nombres « imaginaires ». On ne saurait réduire à néant le rôle fondamental qu'elles jouèrent pour faire accepter enfin ces « nombres ». On verra qu'elles permettront aussi l'élaboration de nouvelles notions fondamentales pour la création de l'« analyse vectorielle » et qu'elles auront une place centrale pour l'explication de nombreux problèmes ou théorèmes directement rattachés aux fonctions de variables complexes.

### *1 - De Wallis à Kühn : le recours à l'image*

Déjà au XVIIe siècle, Wallis avait donné plusieurs représentations géométriques des nombres « imaginaires ». Toutes, plus ou moins, présentaient des défauts : soit que $\sqrt{-1}$ fût irreprésentable, soit que des quantités conjuguées furent représentées par des lignes de longueurs inégales. Les chapitres LXVI et LXIX de son « Traité d'Algèbre », publié en 1685, sont riches en exemples. Il explique tout d'abord ce qu'il faut entendre par « quantité moindre que rien » en utilisant des arguments qu'il tire du déplacement en arrière ou en avant sur une droite. Figuration peu nouvelle : on savait bien avant lui que « le plus avance là où le moins recule ». Mais, et c'est là où il va beaucoup plus loin que ses prédécesseurs, il dit : « Maintenant ce qui est admis pour les lignes doit, pour la même raison, l'être aussi pour les plans. »[1]

> « Par exemple, supposant qu'en un lieu, on gagne sur la mer 30 acres, mais que l'on perde dans un autre lieu, 20 acres : si l'on demande maintenant combien d'acres on a gagné sur le tout : la réponse est 10 acres, ou + 10 (car 30 - 20 = 10). »

Si ensuite on perd encore 20 acres, le lecteur comprendra tout de suite comment on peut se faire de la sorte l'idée d'un plan négatif.

> « Mais maintenant (en supposant cette surface négative de –1600 perches en forme de carré) ne faut-il pas que ce carré supposé ait un côté ? Et s'il en est ainsi, quel sera ce côté ? On ne peut pas dire que c'est 40, ni dire que c'est – 40 (car l'un et l'autre multiplié par lui-même fera + 1600 ; non – 1600).
> Mais on peut plutôt dire que c'est $\sqrt{-1600}$ (la racine supposée d'un carré négatif) ; ou (ce qui est aussi équivalent) $10\sqrt{-16}$, ou $20\sqrt{-4}$, ou $40\sqrt{-1}$. Le $\sqrt{\ }$ indique une moyenne proportionnelle entre la quantité positive et la quantité négative. Or il est clair que $\sqrt{bc}$ indique une moyenne entre + b et + c ; ou entre – b et – c. Ainsi $\sqrt{-bc}$ représente une moyenne proportionnelle entre + b et – c, ou entre – b et + c ... c'est la vraie notion d'une telle racine imaginaire, $\sqrt{-bc}$. »

Une fois cette clarification donnée, Wallis, dans le chapitre LXVV, essaie de représenter géométriquement une telle moyenne proportionnelle : considérant que ce qu'il a expliqué pour $\sqrt{-bc}$ en algèbre peut être justifié en géométrie par des exemples, il s'attache alors à en donner de nombreux. À titre d'échantillon, nous avons choisi le suivant :

> « If (for instance) Forward from A, I take AB = + b ; and Forward from thence, BC = + c, (making AC = + AB + BC = + b + c, the Diameter of the circle) : Then is the Sine, or Mean Proportional BP = $\sqrt{+bc}$.
> But if Backward from A, I take AB = – b, and then Forward from that B, BC = + c ; (making AC = – AB + BC = – b + c, the Diameter of the Circle) : Then is the Tangent of Mean Proportional BP = $\sqrt{-bc}$.

1. J. Wallis, *A Treatise of Algebra...*, London (1685), p. 265.

So that where √+bc signifies a sine, √–bc shall signify a Tangent, to the same Arch (of the same Circle) AP, from the same Point P, to the same Diameter AC. »[2]

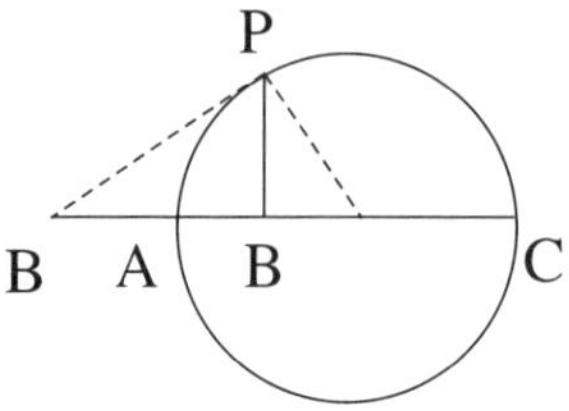


Nous ne ferons pas état des nombreuses autres représentations qu'il donna dans son *Algèbre*, car elles sont très bien connues et ont été si souvent commentées qu'il serait illusoire de notre part de vouloir faire un nouvel apport dans ce sens. Néanmoins la représentation[3] faisant intervenir le cercle et l'hyperbole est beaucoup moins connue.

Dans cette dernière, Wallis représente $\sqrt{1-x^2}$ comme l'ordonnée du cercle $x^2 + y^2 = 1$ quand $x < 1$ et comme l'ordonnée de l'hyperbole $x^2 - y^2 = 1$ quand $x > 1$. Nous ne parlerons que d'une construction légèrement différente de celle de son *Algèbre* suggérée par lui dans une lettre datée du 6 mai 1673 qu'il adressa à Collins :

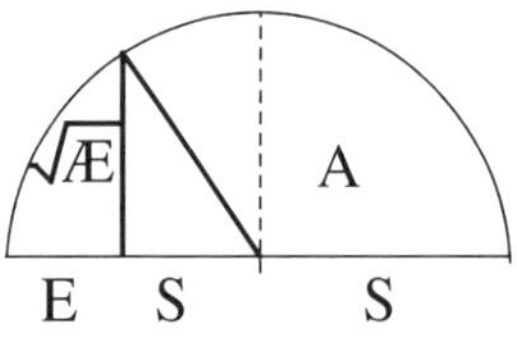


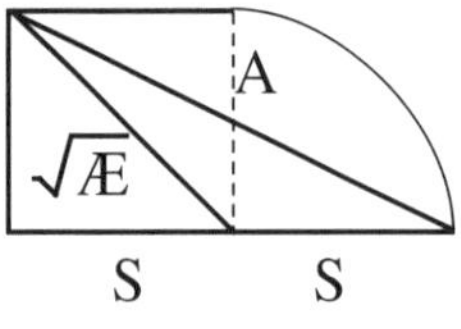


« This imaginable root of a quadratic equation I have had thoughts long since of designing geometrically, and have had several projects to that purpose. One of them was this : Supposing a quadratic equation $2SA - A^2 = Æ$ or (which is equivalent) $A^2 - 2SA + Æ = 0$.

If $S\left(= \dfrac{A+E}{2}\right)$ be bigger than $\sqrt{(Æ)}$ ;

that is $S^2 > Æ$,

the roots are $S \pm \sqrt{(S^2 - Æ)} = \begin{cases} A \\ E \end{cases}$ putting…

$S = \frac{1}{2}Z = \dfrac{A+E}{2}$ and… $V = \frac{1}{2}X = \dfrac{A-E}{2}$,

2. *Op. cit.*, pp. 265-266.

3. *Ibid.*, p. 271.

where $V$ [= $\sqrt{(S^2 - Æ)}$], added to and taken from $S$, yields $S+V=A$, $S-V=E$, that is [the roots are] $S \pm \sqrt{(+V^2)}$. But if $Æ$ be bigger than $S^2$, the roots are $S \pm \sqrt{(S^2 - Æ)}$ [= $S \pm \sqrt{(-V^2)}$]where $\sqrt{(Æ)}$, which was the sine, now becomes the secant, and $V$, that was the cosine, is now the tangent. For $S^2 \backsim Æ = V^2$, the difference of planes $S^2$ and $Æ$, the greater is to be expressed by the hypotenuse, and the less by the perpendicular. »

Cajori, à qui nous devons cette lettre, précise que :

« Evidently, $S$ and $Æ$ are here always positive, hence this is not a general construction of the roots of the quadratic equation.
In both figures the lines $E$ and $A$ represent the roots of the quadratic. In both, the line $E$ extends from the left end of the diameter to the terminal of the line $V$ ; the line $A$ begins where $E$ ended and extends to the right end of the diameter. Thus the analogy in the construction of real roots in the first figure and of complex roots in the second figure is complete. Moreover there is an attempt to secure *vector addition.*
We have $E + A = 2S$, also $a + ib + a + ib = 2a + 2ib$ ; but we do not have $a + ib + c + id = (a + c) + i(b + d)$. (...) Eneström has shown that some of Wallis's geometric notions permit the vector standing for a complex root to take any one of an indefinite number of different directions. » (p. 167)[4]

Cette dernière construction présente les deux défauts dont nous avons parlé précédemment.

Nous quitterons Wallis sur une intéressante remarque qu'il adressa à Collins :

« I was of opinion from the first, that a negative plane may as well be admitted in algebra as a negative length, both being in nature equally impossible ; for there can no more be a line less than nothing than a plane less than nothing, both being but imaginable ; and if we suppose such a negative square, we may as well suppose it to have a side, not indeed an affirmative, or a negative length, but a supposed mean proportional between a negative and a positive thus designable, $\sqrt{-n}$, or rather $\sqrt{-n^2}$ that is, $\sqrt{(+n \times -n)}$ a mean proportional between + n and – n ».

Après ces diverses tentatives défaillantes de Wallis, qui ont cependant l'intérêt de mettre en premier plan les difficultés qu'auront à affronter les mathématiciens pour pouvoir venir à bout du mystère qui entoure ces quantités « imaginaires », plus de soixante ans s'écouleront sans vraiment apporter de nouveaux éclaircissements.

---

4. Cajori, F., « Historical Note on the Graphic Representation of Imaginaries before the Time of Wessel », *Amer. Math. Monthly*, 19 (1912) 167-171. La référence à Eneström est *Bibliotheca Mathematica*, 3rd S., vol. 7, pp. 263-269.

Déjà en 1736, Heinrich Kühn faisait entendre dans le *Commercio Mathematico Petropolitano* ses préoccupations à l'égard des quantités « imaginaires ». Ses propos n'étaient guère novateurs, mais ils mettaient l'accent sur l'urgence d'une « réalisation » de ces nombres.

Néanmoins, ce n'est qu'en 1750 dans un mémoire de Saint-Pétersbourg, intitulé *Meditationes de quantitatibus imaginariis construendis et radicibus imaginariis exhibendis*, qu'il s'essaya à la représentation géométrique de ceux-ci. Il serait vain de dire, comme Montucla, que les idées de Kühn sont « très fausses et fondées sur un déraisonnement analytique. Car il en résulterait que $\sqrt{-1}$ est la même chose que $-\sqrt{-1}$ » ou de faire l'inventaire des erreurs qui apparaissent dans son mémoire. Nous constaterons simplement que Kühn tente de suggérer ce que serait un plan négatif. Contrairement à ce qu'eut pu laisser présager le titre de son ouvrage, Kühn ne cherche pas à donner une représentation explicite du nombre imaginaire ; tout au plus il tente de l'évoquer.

J. Houël, dans *Théorie élémentaire des quantités complexes*[5], s'inspira de l'étude faite par W. Matzka[6] pour analyser les bases sur lesquelles reposaient les explications de Kühn. Nous allons voir qu'il confirme pleinement la mise au point précédente :

> « Étant donné deux axes rectangulaires, portons, à partir de leur intersection mutuelle, et de part et d'autre de cette intersection, sur l'un d'eux, des longueurs égales à $a$, et sur l'autre des longueurs égales à $b$. En donnant des signes à ces longueurs, d'après la convention établie par Descartes, les segments pris sur le premier axe seront $+ a$ et $- a$ ; les segments pris sur le second axe seront $+ b$ et $- b$.

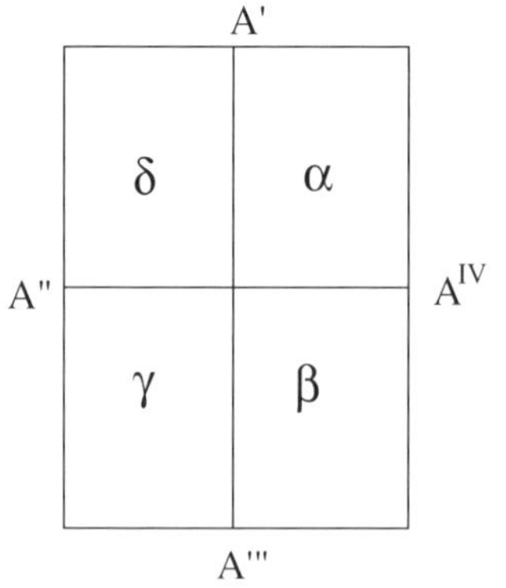


Construisons les quatre rectangles qui ont ces segments pour côté, et donnons aux aires de ces rectangles les signes qui résultent de la multiplication de leurs dimensions en grandeur et en signe. Les aires de ces quatre rectangles seront alors :

$$\alpha = +a \,.\, +b = +ab$$
$$\beta = -b \,.\, +a = -ba$$
$$\gamma = -b \,.\, -a = +ba$$
$$\delta = -a \,.\, +b = -ab$$

---

5. J. Houël, Première partie (1871), pp. 4-8.

6. W. Matzka, *Versuch eine richtigen Lehre von der REALITÄT der vergeblisch imaginären Grössen der Algebra...*, Prague (1850), pp. 737-39.

Supposons maintenant $b = a$, et désignons par le signe $\sqrt{\ }$ le côté de chacun des carrés en résultant. On aura, d'après Kühn :

$$\sqrt{\alpha} = \sqrt{+a\,.+a} = \sqrt{+a^2} = +a$$
$$\sqrt{\beta} = \sqrt{-a\,.+a} = \sqrt{-a^2} = +\sqrt{-a^2}$$
$$\sqrt{\gamma} = \sqrt{-a\,.-a} = \sqrt{+a^2} = -a$$
$$\sqrt{\delta} = \sqrt{-a\,.+a} = \sqrt{-a^2} = -\sqrt{-a^2}.$$

Avant de laisser Houël poursuivre son explication, précisons que nous avons préféré reprendre les notations que propose Matzka car son souci est de conserver le plus possible l'écriture employée par Kühn. Houël ne s'embarrasse pas d'une telle considération et traduit tout dans une écriture qui lui est familière. Les dernières relations dont on a fait mention sont également absentes de son exposé, leurs expressions ont dû lui paraître gênantes. À titre d'exemple, prenons la dernière d'entre elles. L'égalité : $\sqrt{-a^2} = -\sqrt{-a^2}$ présente une apparente difficulté ; pour qu'un tel résultat soit vrai, il faudrait que a prit la valeur nulle. Mais, en fait, il suffit de voir les premiers termes de ces égalités comme les expressions d'opérations non encore effectuées et dont les seconds membres constituent les résultats ; aux membres « opérationnels » correspondent des nombres « affectés » (i.e. où apparaissent explicitement leurs signes).

> « L'imaginaire $\pm\sqrt{-a^2}$, qui exprime l'une ou l'autre des racines de l'équation $x^2 + a^2 = 0$ est définie par Kühn comme le côté de l'un des *carrés négatifs* β ou δ. Mais l'auteur n'indique pas lequel des côtés du carré il faut prendre pour représenter l'imaginaire, et faute d'avoir fait entrer dans cette représentation la notion de direction, il lui devient impossible de définir ce qu'il faut entendre par la somme d'une quantité réelle et d'une quantité imaginaire, telle qu'on la rencontre dans la solution de l'équation complète du second degré $(x - g)^2 + h^2 = 0$. Il dit bien que cette équation est vérifiée en prenant pour $x - g$ le côté d'un carré négatif ; mais il n'indique nullement quel sens il faut attacher à la racine elle-même $x = g \pm \sqrt{-h^2}$. »

On peut pour l'instant, avec les indications que nous donne Houël, constater que Kühn fut devancé par Wallis. Cependant, il a le mérite de rendre le problème plus aigu en reprenant partiellement et indépendamment les vues de son illustre prédécesseur. Il est important de souligner que ses efforts ne se limitèrent pas uniquement au plan ; il essaiera d'étendre au cube les résultats obtenus avec le carré, mais il n'obtiendra pas de succès significatifs. Le défaut que nous avons signalé pour le carré rendra illusoire toute sa tentative à l'espace et n'aura aucun écho chez ses contemporains[7].

L'étude fondamentale développée au cours du XVIII^e^ siècle concernant la division des arcs de cercle, étude à laquelle participèrent Jean Bernoulli, Cotes, Moivre et Euler, et le lien que l'on établit entre les logarithmes et les fonctions trigonométriques laissent suggérer que la représentation de Wessel-Argand était dans les esprits. Pendant cette période, on relève assez fréquemment des commentaires (voir Montucla, par exemple) sur le fait que des arcs de cercle réels (resp. imaginaires) sont des arcs d'hyperbole imaginaires (resp. réels). On peut trouver ces idées dans l'ouvrage *Abhandlung von den Logarithmen verneinter Grössen* de G. Karsten publié en 1768, où il fait remarquer que toutes les ordonnées du cercle $x^2 + z^2 = 1$ sont des ordonnées imaginaires de l'hyperbole $x^2 - z^2 = 1$, où $y = \sqrt{(-1)}z$, donc que le cercle peut être vu comme une partie imaginaire de l'hyperbole et réciproquement.

Comme il ne nous a pas été permis au cours de nos recherches de rencontrer l'ouvrage auquel Cajori fait allusion et qu'il nous a paru indispensable d'en faire mention, nous laisserons celui-ci exposer son analyse de la représentation donnée par Karsten (la traduction présente est libre) :

> « Considérons chacun des quatre arcs provenant de $A$, ou de $B$, comme le prolongement de chacun des trois autres arcs. Un arc $AG$ du cercle peut être considéré comme un arc imaginaire de l'hyperbole. Entre deux points quelconques $M$ et $G$, il existe une infinité d'arcs distincts, $MAG$, $MAGEBFG$, ou plus généralement, $MAG + 2\lambda\pi$, et aussi $MAHBG + 2\lambda\pi$, où $\lambda = 1, 2, 3...$ Ceci est vrai même si $M$, ou $G$, ou les deux à la fois, coïncident avec $A$. À chaque abscisse $x$ il y a non seulement une infinité d'arcs, mais aussi une infinité de secteurs correspondants. Par le calcul, le double de l'aire d'un secteur hyperbolique correspondant à l'abscisse $x$ est $= log(x + y) = \sqrt{(-1)}.arc.cos\, x$, le secteur étant supposé nul quand $x = 1$. Si $x > 1$, posons $x = CP$, alors $log(x + y)$ donne le double des aires des secteurs correspondant aux arcs $AM \pm \lambda\ (AGBFA)$, c'est-à-dire, $AM \pm 2\lambda\pi\sqrt{(-1)}$. Seul le secteur $ACM$ est réel. Si $x < 1$, alors $x + y$ est imaginaire. Soit $x = CQ$, alors $log(x + y)$ est égal au double des aires des secteurs correspondants aux arcs $AG \pm 2\lambda\pi\sqrt{(-1)}$, ou $AFBG \pm 2\lambda\pi\sqrt{(-1)}$). Tous ces arcs et secteurs sont imaginaires. De là, on voit que $log(-1)$ est représenté en doublant les aires des secteurs appartenant aux arcs $AEB + \lambda(BFAEB)$, ou aussi $AFB + \lambda(BEAFB)$.

7. Cf. Matzka, *ibid.*, p. 139.

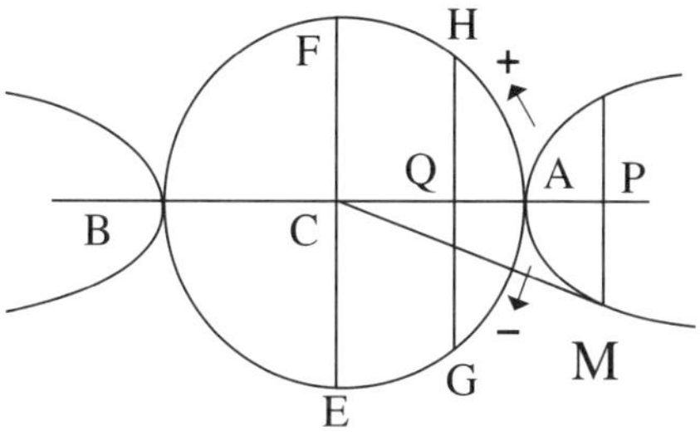


Ce graphe est en accord avec la formule d'Euler log. (–1) = (2λ + 1)π √ (–1). Quand x = 0 et λ = 0, on obtient le logarithme particulier de log. √ (–1) qui est représenté par le double de ACE. Ici, alors, Karsten donne une représentation graphique de l'expression bien connue de Bernoulli-Euler :

$$\log. \sqrt{-1} = \frac{\pi}{2}\sqrt{-1}\ (...).$$

Le diagramme de Karsten donne une image géométrique des logarithmes naturels de n'importe quel nombre, réel ou imaginaire. »[8]

Nous nous joignons à Cajori pour préciser que :

> « Nulle part, chez les auteurs des XVIII$^e$ et XIX$^e$ siècles, nous n'avons pu trouver une référence à la construction géométrique des logarithmes imaginaires de Karsten. »

Le fait que vers l'année 1786, Dominique Truel, un « savant modeste », soit l'auteur d'une représentation géométrique des quantités imaginaires (aux dires de Cauchy) sur un axe perpendiculaire à l'axe des quantités réelles, permet tout simplement de confirmer l'hypothèse que les interprétations de Wessel et Argand étaient déjà dans les esprits de nombreux mathématiciens. Une autre hypothèse plus intéressante est qu'il semble qu'Euler et Walmesley aient eu à l'esprit la représentation de Gauss.

Euler, dans son article sur la controverse entre Leibniz et Bernoulli à propos des logarithmes des nombres imaginaires, se pose le problème suivant :

> « Un logarithme quelconque étant proposé, trouver le nombre qui lui répond. »

et en donne la solution :

> « Posons premièrement que le logarithme proposé soit une quantité réelle $= f$, et on sait que posant le nombre $= e$, dont le logarithme réel = 1, le nombre qui répond au logarithme de $f$ sera $= e^f$.
>
> En second lieu, soit le logarithme proposé $= g\sqrt{-1}$ ou simplement imaginaire, et soit $x$ le nombre qui lui répond. Puisque $g$ est un nombre réel, qu'on le compare avec $\pi$, et qu'il soit $g = m\pi$, et il est clair, si $m$ est un nombre entier pair ou impair, que le nombre $x$ sera ou + 1 ou – 1.

8. F. Cajori, *ibid.*, p. 170.

Mais pour tout autre cas quelconque, le nombre $x$ sera imaginaire, et *pour le trouver on n'a qu'à prendre un arc de cercle = g, le rayon étant = 1, et ayant cherché son sinus et cosinus, le nombre cherché sera* $x = \cos. g + \sqrt{-1} \sin.g$.
En troisième lieu, soit le logarithme proposé d'une quantité imaginaire quelconque $= f + g\sqrt{-1}$, puisqu'on sait que toute quantité imaginaire se peut réduire à cette forme $f + g\sqrt{-1}$ en sorte que $f$ et $g$ soient des nombres réels. Cela posé, il est clair que le nombre cherché $x$ sera le produit de deux nombres, dont l'un aura pour logarithme $f$ et l'autre $g\sqrt{-1}$. Par conséquent le nombre qui répond au logarithme $f + g\sqrt{-1}$ sera $= e^f(\cos. g + \sqrt{-1} \sin. g)$. C.Q.F.T. »

Dans un autre mémoire de l'Académie de Berlin et pour la même année (1749), nous trouvons également ce problème (p. 278, § 106) :

« Un *angle*, un *arc de cercle imaginaire* quelconque, étant proposé, trouver son *sinus et cosinus, et tangente.* »

dont la solution est la suivante :

« Soit $a + b\sqrt{-1}$ *l'angle proposé*, qui étant composé de deux parties, l'une réelle a , et l'autre imaginaire $b\sqrt{-1}$, nous n'avons qu'à chercher le *sinus et le cosinus* de cet arc imaginaire. Or les séries connues nous donnent : $\cos. b\sqrt{-1}$

$$= 1 + \frac{bb}{1 \cdot 2} + \frac{b^4}{1 \cdot 2 \cdot 3 \cdot 4} + \text{etc} = \frac{e^b + e^{-b}}{2}.$$

$$\sin.b\sqrt{-1} = b\sqrt{-1} + \frac{b^3\sqrt{-1}}{1 \cdot 2 \cdot 3} + \frac{b^5\sqrt{-1}}{1 \cdot 2 \cdot 3 \cdot 4 \cdot 5} + \text{etc.} = \frac{e^b - e^{-b}}{2}\sqrt{-1}$$

et de là, nous tirerons :

$$\sin.(a + b\sqrt{-1}) = \frac{1}{2}(e^b + e^{-b})\sin.a + \frac{\sqrt{-1}}{2}(e^b - e^{-b})\cos.a$$

$$\cos.(a + b\sqrt{-1}) = \frac{1}{2}(e^b + e^{-b})\cos.a + \frac{\sqrt{-1}}{2}(e^b - e^{-b})\sin.a$$

donc la tangente sera :

$$\tan g.(a + b\sqrt{-1}) = \frac{(e^b + e^{-b})\,tang.a + (e^b + e^{-b})\sqrt{-1}}{(e^b + e^{-b}) - tang.a\sqrt{-1}}$$

ou bien

$$\tan g.(a + b\sqrt{-1}) = \frac{(e^{2b} + 1)\,tang.a + (e^{2b} - 1)\sqrt{-1}}{e^{2b} - 1 - (e^{2b} - 1)\,tang.a\sqrt{-1}} (\ldots). »$$

Le vocabulaire employé par Euler (dont nous avons relevé certaines propositions en les mettant en italique) semble aller dans le sens de l'hypothèse formulée, mais nous ne voulons pas faire dire à Euler ce qu'il n'a jamais dit, d'après les documents que nous connaissons de lui, et nous ne souhaitons pas lui prêter une représentation qu'il n'a jamais réalisée. Notons néanmoins qu'aux dires de Müller, Euler est l'auteur d'une représentation géométrique des imaginaires utilisant un cercle ; cette dernière fut expliquée par Eneström, qui considéra qu'elle n'était que l'une de celles données par Wallis cent ans plus tôt et, de ce fait, qu'elle était triviale. Il ne serait pas étonnant que Gauss, qui a étudié de très près les documents d'Euler, ait été directement influencé par les propos de ce dernier, et que la représentation que nous lui connaissons, lui fut suggérée par cette lecture. En effet, dans un mémoire écrit en 1777, intitulé : *De projectione geographica superficiei sphaericae*[9], Euler utilise une transformation (que l'on appellera plus tard « conforme » ) lui permettant de ramasser en une seule formule, où intervient l'imaginaire, deux égalités réelles. La projection stéréographique ne l'amena pas à établir un lien privilégié entre les points d'un plan et les nombres complexes, lien qui n'échappera pas à Gauss.

Ce n'est que vers la fin du XVIII^e^ siècle qu'apparut la première représentation « exacte » des nombres imaginaires.

Que cette découverte soit le fruit d'un mathématicien de « second plan », comme aurait pu dire Cauchy, met l'accent sur la marginalité de cette nouveauté. On ne saurait adhérer qu'avec une certaine réticence aux vues de G. Loria qui considère que Wessel, l'auteur de cette remarquable découverte,

> « parvint à donner aux nombres imaginaires un contenu réel, à bannir les opérations en apparence impossibles et à expliquer le paradoxe logique en vertu duquel l'imaginaire constitue très souvent la voie la plus sûre pour arriver à un résultat réel ».[10]

Les grands foyers où se font les mathématiques, nous l'avons à plusieurs reprises précisé, ne sauraient se suffire d'une telle preuve tirant ses arguments de la géométrie pour expliquer des concepts algébriques. D'autre part, cet ouvrage ne fut connu du public érudit que cent ans plus tard ; il est difficile de croire qu'un tel sort lui ait été fatalement réservé du fait qu'il était écrit par un inconnu et que seuls les livres écrits par de grands mathématiciens pouvaient être publiés.

---

9. L. Euler, *Opera Omnia* (1re Série), vol. XXVIII, p. 276.

10. G. Loria, « L'énigme des nombres imaginaires à travers les siècles ». *Scientia*, t. 21 (1917), p. 51.

On pourrait, en effet, s'en tenir à cette trop facile réponse ; mais nous sommes tentés de croire que, si cet ouvrage avait vraiment constitué la réponse à une question vainement cherchée, il aurait forcément connu une plus grande diffusion. Un exemple assez clair d'une telle situation nous est donné par le manuscrit de N. Chuquet qui, bien que publié au XIX^e^ siècle alors qu'il fut conçu au XV^e^ siècle, ne manqua pas d'influencer son époque. Un autre argument en faveur de cette hypothèse est qu'au XVIII^e^ siècle on écrit beaucoup d'ouvrages et de manuels dont le but est de faire comprendre et de répandre les mathématiques utilisées. De ce fait, on assiste à un accroissement de l'auditoire scientifique ; les petits groupes d'érudits possédant la science font place à un public mieux informé.

### *2 – Wessel, un méconnu : analyse de la direction*

De trop nombreux historiens présentent Wessel[11] comme un « obscur » arpenteur ayant, après de très brèves études universitaires, proposé ses services à l'Académie des Sciences du Danemark. Il s'y employa à dresser des cartes, établir des relevés topographiques, délimiter des frontières géographiques (par exemple, celles du Slesvig et du Holstein que lui demandait la France). On nous présente donc un personnage placé dans un milieu modestement informé, éloigné des grands foyers où règne une intense activité scientifique et dont le métier fait fi des théories mathématiques alors en vogue. Puis, soudain, à l'âge de 52 ans (1797), il présente un mémoire à l'Académie des Sciences ; le seul document mathématique que l'Histoire retiendra de lui (il ne semble pas en exister d'autres). Ainsi, ce modeste arpenteur étonne : en effet, c'est la première fois que l'Académie retient un mémoire qui n'ait pas été rédigé par l'un de ses membres ! L'ouvrage, nous l'avons dit, est l'unique contribution mathématique de Wessel.

Une telle présentation ne peut que surprendre et laisser croire que Wessel fut un « génie » ignoré de son temps. Pour accentuer ce point de vue surprenant, le premier préfacier de l'« Essai »[12] de Wessel, H. Valentiner, va même jusqu'à préciser que dans l'*Histoire de*

---

11. On pourra avoir une idée assez précise de la vie de Wessel en consultant la biographie faite par *Ph.S. Jones* (Article : « Wessel, Caspar », *Dictionnary of Scientific Biography*, par Ch. Coulston Gillipsie. Princeton University Press (N. Y., 1970-1978)). Voir aussi l'article de *Viggo Brun* intitulé : « Caspar Wessel et l'introduction géométrique des nombres complexes » (*Rev. Hist. Scie.*, 1959, vol. 12, p. 19-24).

12. C. Wessel, « Om Direktionens analytiske betegning, et Forsög anvendt fornemmelig til plane og sphaeriske Polygoners Oplösning » (*Nye Samling af det Kongelige Danske Videnskabernes Selskabs Skrifter*, Femte Del., Kjöbenhavn, 1799). « Essai sur la représentation analytique de la direction » par Caspar Wessel, trad. par H. G. Zeuthen avec préfaces de MM. H. Valentiner et T.N. Thiele, Köbenhavn, Andr.-Fred Höst og sön Kgl Hof-Boghandel, 1897.

*l'Académie des Sciences*, publiée à Copenhague en 1843 par Molbech, « on ne fait aucune allusion au mémoire de Wessel ».

La situation ainsi développée repose sur au moins deux erreurs d'appréciations. L'idée que l'on se fait du mot « métier » est trop moderne. On oublie qu'au XVIII^e siècle et encore assez longtemps au XIX^e siècle, le métier de scientifique n'existe pas au sens strict ; cette activité restait très souvent marginale, une occupation non lucrative. La seconde erreur de perspective est de croire que la recherche et la découverte d'une représentation géométrique des *quantités imaginaires* étaient « le » problème majeur des mathématiciens de cette époque révolutionnaire. Nous avons pu percevoir qu'une transformation dans les préoccupations des mathématiciens s'opère à la fin du XVIIII^e siècle ; elle ira en se précisant au cours du XIX^e siècle. La *représentation géométrique* constitua longtemps le *critère d'existence* des concepts algébriques. Mais les nombreux paradoxes auxquels ont conduit les calculs formels sur les expressions mathématiques menèrent à une interrogation et à une remise en forme des bases de l'édifice arithmético-algébrique.

Ce retour sur elles-mêmes des mathématiques conduisit à définir plus rigoureusement les objets de la géométrie, de l'algèbre et de l'arithmétique. Il permit aussi de préciser de façon plus stricte les champs respectifs de ces différentes disciplines. Une fois élaborée cette nécessaire restructuration, on s'autorisera à reconnaître les chemins qui réunissent ces domaines qu'on a voulus autonomes pour des raisons de méthodologie. L'algèbre se défendra d'utiliser les « images causales » tirées de la Géométrie qui lui auraient servi de « critères de vérité ». On se révoltera pendant un certain temps contre ce « principe de continuité » qui sent trop l'Analyse pour être digne de figurer légitimement en Géométrie. Même l'Analyse, dans la première moitié du XIX^e siècle, marquera une notable réticence à l'emploi de la représentation « géométrique » des nombres complexes ; elle octroiera longtemps à ces derniers le statut de purs symboles, propres à simplifier les calculs mais indignes de figurer en tant que nombres. Nous verrons plus avant que les attitudes de Gauss et de Cauchy illustrent bien cet état d'esprit peu durable mais significatif, s'inscrivant également dans une tendance où la *réalisation* géométrique n'est plus de mise et a cédé la place à une plus modeste *représentation* géométrique.

Afin de clore cette parenthèse et revenir à Wessel, citons l'exemple de L. Carnot, grand savant que nul ne saurait ignorer et qui contribua parallèlement à Monge au progrès de la géométrie synthétique : il se refusait à considérer dans les résultats les nombres négatifs !

En « Historien impartial » désireux de rétablir les mérites de Wessel, H. Valentiner ne semble pas avoir accordé à l'*Essai* de son auteur toute l'attention voulue. Comment comprendre ce qu'il entend par les mots :

« Il (*L'Essai*) a aussi sur celui d'Argand l'avantage de renfermer une théorie des opérations algébriques faites avec des lignes dans l'espace, ce qui fait qu'à peu près cinquante ans avant les théories de Hamilton, il donne la première application des quaternions. » ?[13]

L'affirmation est erronée ; Wessel ne cherche pas les quaternions, ni ne les trouve. Seule la poursuite d'un calcul développé aux paragraphes 24 à 35 de son étude peut conduire aux quaternions. Cette « extension » suppose l'existence de nombreuses difficultés d'interprétation que Wessel n'aborde pas car il n'en a pas besoin. Nous reviendrons plus en détail sur ces points capitaux. Une telle correspondance appartient au courant mathématique qui donnera une pleine légitimité à l'emploi d'opérations, alors propres aux nombres, appliquées à des objets d'une autre « nature ».

Peu à peu ira en se précisant l'« objet » de la mathématique : la *structure*. Les notions de *loi de composition*, c'est-à-dire une relation entre trois éléments déterminant le troisième de façon univoque en fonction des deux autres, et d'*isomorphisme*, permettront ce dénouement actuel et momentané de « la » mathématique. Les *axiomes*, ces « vérités premières », évidentes et indémontrables, deviendront des règles ou des définitions, les conditions que doivent vérifier certaines relations entre certains êtres abstraits pour appartenir à une structure donnée. Comme le précise Bourbaki :

« Faire la théorie axiomatique d'une structure donnée, c'est déduire les conséquences logiques des axiomes de la structure, en s'interdisant toute hypothèse sur les éléments considérés (en particulier, toute hypothèse sur leur » nature » propre.) »[14]

Mais si cette tendance encore très vivace essaie d'écarter l'*intuition sensible vulgaire* au profit d'une intuition plus professionnelle, elle n'isole en rien la (ou les) mathématique(s) du contexte social et mental qui l'entoure comme nous le confirme incidemment Bourbaki lui-même :

« Dans la conception axiomatique, la mathématique apparaît en somme comme un réservoir de formes abstraites – les structures mathématiques ; et il se trouve – sans qu'on sache très bien pourquoi – que certains aspects de la réalité expérimentale viennent se mouler en certaines de ces formes, comme par une sorte de préadaptation. »[15]

---

13. C. Wessel, *ibid.*, préface de H. Valentiner (p. III).

14. N. Bourbaki, « L'architecture des mathématiques » (p. 41), *Les grands courants de la pensée mathématique* (pp. 35-47), présentés par François le Lyonnais (1962).

15. N. Bourbaki, *op. cit.*, pp. 46-47.

Pour clore cette petite digression qui nous a écarté de Wessel, citons Émile Borel :

> « Il faudrait toutefois ajouter, pour ne pas risquer de confondre les mathématiques, ni avec la logique, ni avec des jeux tels que le jeu d'échecs, que ces définitions (au sens précédent) arbitraires ont été tout d'abord suggérées par des analogies avec des objets réels ; tel est le cas pour la ligne droite, pour le cercle, pour le corps solide de la mécanique rationnelle, etc., mais les nombres imaginaires, les nombres transfinis, bien d'autres êtres mathématiques, sont de pures créations de l'esprit humain. Elles sont justifiées par le fait qu'elles ont permis de résoudre plus facilement des problèmes que se posaient les mathématiciens et les physiciens, et d'éclaircir les difficultés qu'ils avaient rencontrées. »[16]

L'ouvrage de Wessel sera oublié pendant un siècle. Il reviendra à la connaissance des mathématiciens et surtout à la mémoire des historiens grâce à la thèse de M.S.A. Christensen[17] (qui en fera une courte mention) et au mathématicien danois C. Juel qui en fera un compte rendu[18] en 1895. Cet Essai n'a donc eu, semble-t-il, aucune influence directe sur l'évolution des mathématiques au cours du XIXe siècle. Cependant, il constitue un bon témoignage historique d'une réflexion mathématique née dans un pays qui, sur les mêmes lieux, donnera quelques décennies plus tard naissance à un Niels. H. Abel. Cette pièce marquante de l'histoire des nombres complexes a été souvent nommée, mais ne fut jamais vraiment étudiée.

### *2-1 Le Strecke, objet de « longueur » et de « direction »*

Le propos de Wessel est clairement exprimé dès le départ :

> « Savoir comment la direction doit être représentée analytiquement, c'est-à-dire comment on devrait exprimer les segments de droite, si on voulait, au moyen d'une équation unique entre un seul segment inconnu et d'autres donnés, trouver une expression représentant à la fois la longueur et la direction du segment inconnu. »[19]

Une telle traduction non littérale suscite une remarque immédiate à propos du vocabulaire employé : le traducteur fait usage du mot « segment » en lui donnant le sens du mot « strecke » ; ce dernier

16. E. Borel, « La définition en mathématiques » (p. 24), *Les grands courants de la pensée mathématique* (pp. 24-34), présentés par François le Lyonnais.

17. S. A. Christensen, « Mathematikens udvikling in Danmark og Norge i del 18 aarh », Odense, 1895 (réf. V. Brun).

18. C. Juel, « Redegjorelse for Afhandling af Landmaaler Caspar Wessel. Fra 1799 » *(Nyt Tidsskrift for Mathematik,* 6e. année, Copenhague, 1895). (Réf. V. Brun).

19. C. Wessel, *ibid.*, p. 1.

signifie « vecteur ». Wessel, quant à lui, employait l'expression « ligne droite » (ou simplement « ligne » ) en lui conférant les conditions propres aux dénominations précédentes.

Afin d'atteindre son but, il s'appuiera sur deux considérations lui paraissant évidentes :

> 1. « La variation de la direction qu'on peut produire par des opérations algébriques doit être représentée aussi par leur symbole. »[19]
>
> et
>
> 2. « On ne peut soumettre la direction à l'algèbre qu'en faisant dépendre ses variations d'opérations algébriques. »[19]

D'entrée, on constate que Wessel ne cherchait pas, contrairement à ce qui se fera au XIX^e siècle, à isoler l'algèbre de la géométrie. Son attitude est cependant plus moderne, même si elle reste en grande partie fidèle à l'esprit cartésien dans la mesure où, pour lui, la « géométrie analytique » est encore cette « application de l'algèbre à la géométrie », c'est-à-dire :

> « une technique de structure algébrique, adaptée à la résolution de problèmes d'essence géométrique qui n'entrent pas dans le champ normal d'application des propriétés classiques tirées des Éléments d'Euclide »[20].

En effet, Wessel fait observer que jusqu'à présent les définitions permettant l'usage d'opérations algébriques en géométrie n'ont pu expliquer que la direction positive et son opposée, la négative.

### *Définir les « directions impossibles »*

Ainsi une infinité de cas particuliers, les directions intermédiaires, se trouvent privés d'interprétation du fait que les opérations définies les rendent impossibles. Aucune formule algébrique dans l'état présent de la théorie ne pourra exprimer une direction quelconque :

> « C'est probablement pour cette raison que personne ne s'est occupé de cette matière. Sans doute, on ne s'est pas cru permis de rien changer à la définition une fois adoptée des opérations. »[21]

---

20. R. Taton, *Histoire générale des sciences*, vol. 2 (« La science moderne » ), Paris, 1958, p. 460.

21. C. Wessel, *ibid.*, p. 3.

Dès lors, *l'équation unique* cherchée par Wessel ne pourra exister que si l'on étend la définition des opérations. Si l'on interdit de toucher ou de modifier les définitions existantes :

> « à cela il n'y a rien à objecter, tant que la définition est appliquée à des quantités ordinaires ; mais il existe des cas spéciaux où la nature propre des quantités semble nous inviter à donner aux opérations des définitions particulières ».[22]

Celles-ci, s'empresse de dire l'auteur, sont fort bien adaptées pour expliquer les directions « impossibles » ; il ne faut donc pas les rejeter. Plutôt doit-on essayer de montrer qu'elles constituent une vraie extension de celles que l'on utilise ordinairement, dans la mesure où elles

> « s'appliquent, non seulement aux mêmes cas qu'auparavant, mais encore à une infinité d'autres cas ».[22]

Le passage de l'arithmétique à l'analyse géométrique, c'est-à-dire des opérations relatives à des nombres abstraits aux opérations sur des segments de droite nous conduira à prendre en considération des quantités dont la « nature » nous permettra à la fois de conserver les « relations » qu'ont les nombres ordinaires entre eux et d'en acquérir « un grand nombre » de nouvelles. Cette extension légitime caractérise un esprit moderne et montre combien les préoccupations de Wessel s'apparentent aux nôtres.

> « Si en même temps qu'on prend cette liberté (de généraliser la signification des opérations) on respecte les règles ordinaires des opérations, on ne tombe pas en contradiction avec l'ancienne théorie des nombres, mais on la développe seulement, on s'accommode à la nature des quantités et on observe la règle générale qui commande de rendre, petit à petit, plus aisée à comprendre, une théorie difficile. »[22]

Les opérations plus générales que Wessel propose de caractériser permettront de représenter les « quantités imaginaires » par des « vecteurs » et

> « par là on réussit, non seulement à éviter toutes les opérations impossibles et à expliquer ce paradoxe qu'il faut quelquefois avoir recours à l'impossible pour chercher le possible, mais encore on parvient à exprimer la direction de toutes les lignes du même plan d'une manière aussi analytique que leur longueur sans que la mémoire soit embarrassée de nouveaux symboles ou de nouvelles règles. »[22]

Le respect de la « structure » propre à des nombres arithmétiques dans un premier temps, puis étendue à des « segments », nous autorise

---

22. C.Wessel, *ibid.*, p. 4.

donc à appeler « somme » ou « multiplication » des opérations s'effectuant sur des objets géométriques.

À la vue de telles considérations on peut s'accorder avec H. Valentiner pour dire que Wessel expose une théorie « plus correcte » que celle d'Argand.

La théorie de Wessel n'a rien d'abstrait, c'est un outil que se forge l'« arpenteur » pour simplifier sa tâche (en particulier la triangulation). La géométrie par cet apport algébrique accroît son domaine et gagne en facilité, elle s'affranchit encore plus qu'auparavant des limites contraignantes des *Élémens* d'Euclide. Elle se trouve simplifiée par l'apport de cette vision dynamique qui ramasse en une figure unique les nombreuses constructions n'exprimant que des cas particuliers. On s'affranchit de l'errance d'avant en arrière auquel nous condamnait la droite pour aborder le plan en toute sécurité. La « Géométrie de position » gagnera ainsi un nouveau degré de liberté :

> « Je cherchais une méthode qui permît d'éviter les opérations impossibles : l'ayant découverte, je l'ai employée pour me convaincre de la généralité de certaines formules connues. »[23]

Venons-en maintenant au contenu de son « Essai sur la représentation analytique de la direction » (présenté le 10 mars 1797) en nous arrêtant un instant sur les propos introductifs du premier chapitre :

> « Sur une méthode servant à obtenir, par des opérations algébriques, des segments de droite au moyen d'autres segments, et en particulier sur la direction qu'il faut leur attribuer et le symbole propre à les désigner. »[24]

La conception dynamique qu'introduit Wessel dans ses considérations géométriques ne manque pas d'apparaître dès les premières lignes :

> « Il existe des grandeurs homogènes qui, lorsqu'elles s'appliquent au même sujet, ne produisent les unes sur les autres d'autres modifications que de simples augmentations ou diminutions...
> Il y en a d'autres qui, dans le même cas, peuvent se modifier les unes les autres d'une infinité d'autres manières. Les segments de droite appartiennent à la dernière classe. »[24]

L'exemple qu'il donne pour faire comprendre ce qu'il entend repose sur des notions accessibles à tous : la distance d'un point à un plan fixe peut être modifiée d'une infinité de manières « en faisant parcourir au point une droite plus ou moins inclinée sur le plan ». Nous

23. C. Wessel, *ibid.*, p. 5.
24. C. Wessel, *ibid.*, p. 6.

résumerons ces diverses possibilités par quelques figures commentées en utilisant le vocabulaire de Wessel.

Trois situations distinctes sont envisageables : la droite (Δ) que décrit le point (a) peut être :

1. Perpendiculaire à la normale (N) ; dans ce cas, le point (*a*) n'altère nullement la distance au plan lors de son déplacement.

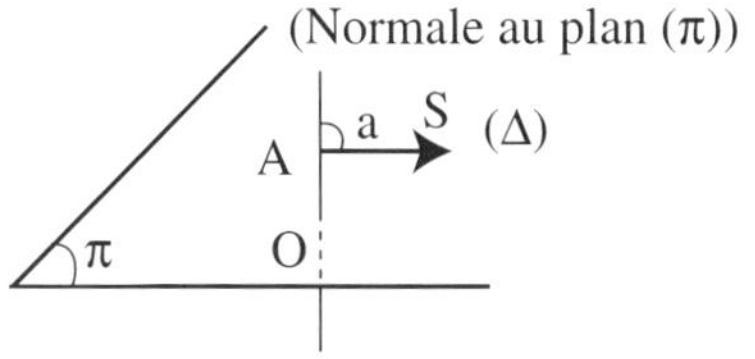


(Δ) est perpendiculaire à la normale N
– (α) –

2. « Indirecte », c'est-à-dire qu'elle fait un angle aigu ou obtus avec la normale ; la distance au plan se trouve alors modifiée par le chemin parcouru : elle augmentera (cas (a)) ou diminuera (cas (b)) d'une longueur plus petite que celle parcourue par le point (a).

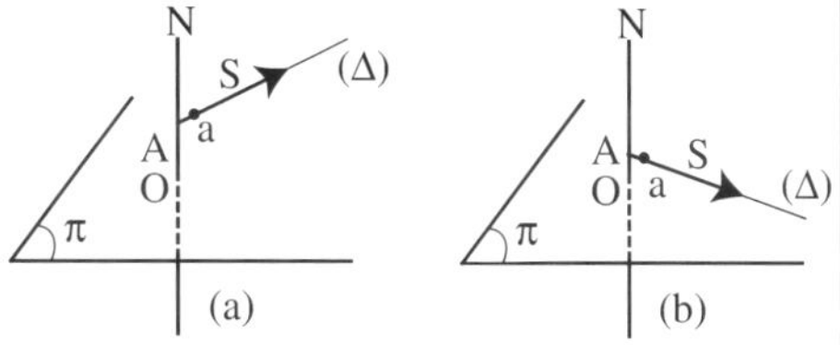


(Δ) est « indirecte »
– (β) –

3. « Directe », c'est-à-dire que la droite (Δ) a la même direction que la normale (N) au plan fixe. De nouveau, deux situations existent ((c ) et (d)) : le point (a) se déplace d'une longueur que l'on retranchera ou ajoutera à la distance initiale au plan fixe, suivant que ce point va vers ce plan ou s'en éloigne. On dira alors dans le premier cas que la longueur du « segment » (S) est négative et dans le second qu'elle est positive. Ainsi, lorsque la distance au plan (OA) diminuera, on dira que la quantité ajoutée est négative, positive dans le cas contraire.

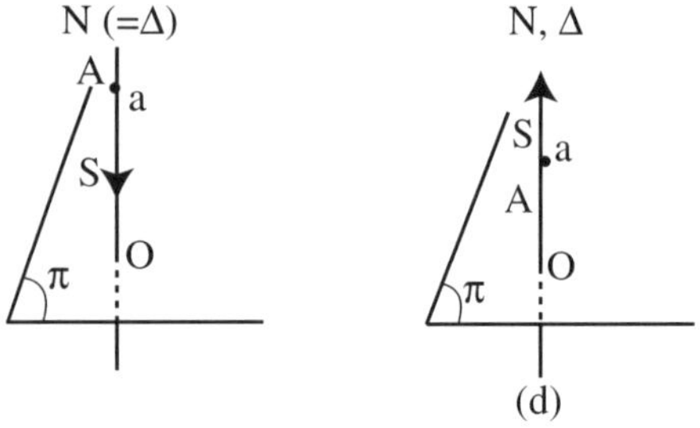


(Δ) est « directe »
(pour simplifier nous avons fait coïncider Δ avec N)
– (γ) –

> « Tous les segments de droites qui peuvent être décrits par un point mobile sont donc, eu égard à leur effet sur la distance donnée du point à un plan fixe, soit directs, soit indirects, soit perpendiculaires suivant qu'ils ajoutent ou retranchent à la distance une quantité égale à toute la longueur du segment donné, à une partie de ce segment, ou à 0. »[25]

Bien que ces précisions soient amplement suffisantes, la schématisation supplémentaire présentée dans l'encadré suivant nous permettra de parfaire notre compréhension : bien sûr, pour saisir cette représentation dynamique conçue par l'auteur, nous avons été contraints de représenter par plusieurs figures distinctes les différentes situations existantes ; de plus, le plan fixe (Π) que nous utilisions précédemment est considéré comme étant perpendiculaire à celui de notre page.

La modification de la longueur du « segment absolu » s'appelle « l'effet du segment relatif ». Cet « effet » est la valeur de A'C dans les cas (α), (β), (γ), (δ) et 0 dans le cas (ε).

Wessel constate, bien qu'il ne dise rien à ce sujet, qu' :

> « il y a d'autres quantités que les segments, qui sont susceptibles des relations que je viens d'indiquer. Il ne serait pas inutile d'expliquer ces relations d'une manière générale et d'en faire entrer la notion générale dans la définition des opérations. Mais puisque l'avis des connaisseurs d'une part, de l'autre le cadre du présent mémoire, et enfin la clarté de l'exposition, exigent qu'on n'embarrasse pas le lecteur de notions si abstraites, je me placerai seulement au point de vue géométrique »[26].

La dernière expression est surprenante ; elle laisse croire que Wessel aurait certainement pu expliquer de nombreuses conceptions mathématiques qui ne virent le jour que longtemps après sa mort (en

25. C. Wessel, *ibid.*, pp. 6-7.
26. C. Wessel, *ibid.*, p. 7.

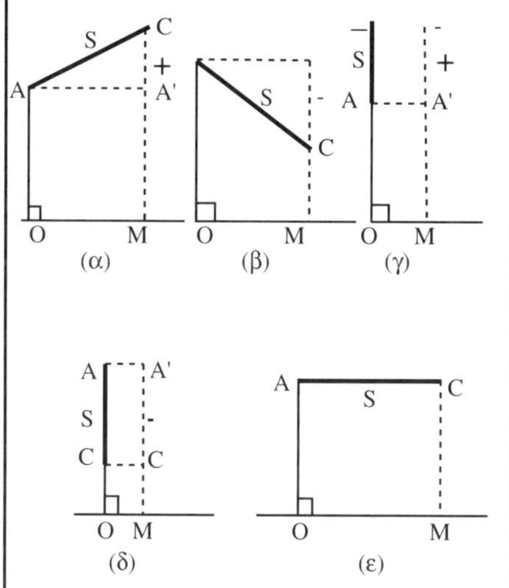


OA : « segment absolu »
AC : « segment relatif »

| | |
|---|---|
| (α) et (β) : | S : segment indirect |
| (γ) et (δ) : | S : segment direct |
| (ε) : | S : segment perpendiculaire |
| CM : | distance au plan après que le point ait parcouru le « segment relatif » S |
| + | distance positive<br>A'C > O dans (α) et (γ) |
| - | distance négative<br>A'C < O dans (β) et (ε) |

1818). Comment ne pas être étonné qu'une Académie des Sciences, lieu où il présente son mémoire, puisse imposer une quelconque restriction sur le contenu d'une théorie ? Où se trouvait donc cet endroit capable de pouvoir accueillir des considérations « abstraites » qui ne gêneraient pas leurs auditeurs ? On ne peut qu'être surpris par une telle déclaration qui affirme que l'auteur a mutilé volontairement son exposé. Cette mutilation laisse supposer à nos yeux qu'une fantastique extension du « calcul » proposé par Wessel, en fait ce qui aurait constitué la plus grande originalité du texte, s'est vue privée d'existence. On soupçonne une vision très moderne de la « structure » mathématique ; en effet, dans une déclaration telle que la suivante : « Il y a d'autres quantités que les segments, qui sont susceptibles des relations que je viens d'indiquer. », on conçoit que l'objet du calcul n'a plus la même place qu'il occupait alors, car d'autres objets obéissent au même calcul ; il semble que ce sont les « relations », les « règles » ou les « axiomes » qui deviennent à leur tour objets. Cette situation montre à quel point le rôle d'une Académie des Sciences était alors différent de celui qu'elle a de nos jours. Nous renvoyons le lecteur à la déclaration que fit à ce sujet Leibniz lorsqu'il fonda l'Académie des Sciences de Berlin[27].

Le souci de faire et d'exposer une théorie pratique peut à lui seul justifier ce refus d'une abstraction plus poussée. D'ailleurs il l'annonce lui-même dans ses premières pages. Il vise une extension des définitions propres aux nombres ordinaires dans le but de pouvoir ainsi justifier l'emploi quotidien qu'il fait des nombres « impossibles ». Par là, il montre que les opérations « impossibles » ne sont en fait que des opérations mal comprises et que l'« impossible » est en fait un « possible » mal défini.

Fidèle à ce qu'il propose dans son introduction – et ceci est un point capital – il n'abordera pas immédiatement les nombres imaginaires en leur donnant des règles d'utilisation en géométrie. Il commencera donc par introduire ses « segments de droite » en caractérisant leurs opérations et en définissant ce que nous devrons entendre par les mots « somme » et « multiplication » lorsqu'il s'agit de « segments ». Nous verrons qu'ainsi les nombres imaginaires deviendront parfaitement explicites et « dignes » d'emploi ; leur « mystère » se dissipera.

Nous conserverons la terminologie employée par Wessel afin de ne pas travestir sa pensée et éviter que sa théorie soit mal comprise. À titre d'exemple, expliquons notre attachement au mot « segment ». Pour l'auteur, ce mot représente « une ligne dont on connaît la direction, le sens et la grandeur ». Nous voyons donc à quel point il serait fâcheux de lui substituer le mot « vecteur ». En effet, si l'image que s'en fait le lecteur non mathématicien se résume au dessin d'une « flèche » dans un plan à deux dimensions, ou éventuellement dans un espace à trois dimensions, il ne pourra en aucune façon saisir ce que peut être un vecteur dans un espace de dimension supérieure, faute de pouvoir s'en faire une représentation graphique. À l'opposé, un lecteur mathématicien ne pourra manquer de s'enthousiasmer. Pour lui, un « vecteur » est un élément d'un « espace vectoriel », donc, s'il n'est pas doublé d'un historien, il s'imaginera que Wessel était en possession des concepts fondamentaux nécessaires à l'explication formelle de cette notion abstraite ; il s'imaginera, entre autres, que Wessel possédait les notions de « structure mathématique », « loi de composition », « congruence », « relation d'équivalence » et enfin de

27. « Cette institution doit songer à la fois à la science et à l'application, en imaginant des objets qui puissent tout ensemble honorer son illustre fondateur et profiter au monde. Qu'elle allie la pratique à la théorie... » (réf. R. Taton, *op. cit.*, note (10), p. 593).

« classe d'équivalence » ; or, ces dernières seront élaborées à la fin du XIX<sup>e</sup> siècle et au début du XX<sup>e</sup>, grâce en particulier à la théorie des groupes et à l'algèbre linéaire[28].

*« Addition de segments »*

Partant de deux « segments »,

> « on les combine en faisant partir l'un du point où l'autre se termine ; on joint par un nouveau segment les deux bouts de la ligne brisée ainsi obtenue ; ce nouveau segment s'appelle alors la somme des segments donnés »[29].

Ce que nous pouvons visualiser par les figures suivantes :

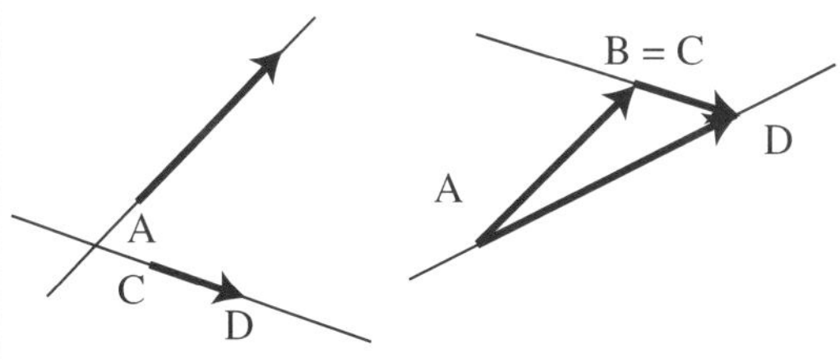


– 1 – (Avant) – 2 – (Après)

Cette définition nous fait comprendre ce qu'est la somme entre deux « segments », mais sous-entend les notions d'« invariance par translation » et d'« équipollence » de « segments », alors que celles-ci ne sont pas vraiment clairement exprimées. En effet, l'auteur n'exprime pas son « geste » : il part d'une situation donnée « deux segments » (1) et arrive à leur « somme » (2), mais le passage de l'une à l'autre de ces figures est mathématiquement non défini.

Pour appuyer cette définition, il donne deux exemples :

1. « Si un point avance de trois pieds, puis recule de deux pieds, la somme des deux chemins ne s'obtiendra pas en ajoutant aux trois

28. On reconnaîtra néanmoins que Wessel a une intuition extrêmement précise de la notion de « vecteur », même si l'opposition entre espace affine et espace vectoriel associé n'est pas clairement mise en lumière.

29. C. Wessel, *ibid.*, p. 7.

premiers pieds les deux derniers ; elle sera égale à un pied en avant, puisque ce dernier chemin parcouru par le point a le même effet que l'ensemble des deux autres chemins. »

Cet exemple n'ajoute rien, comparé à ce qui existait déjà avant Wessel (*Cf.* Descartes). De plus, il ne confirme que très partiellement sa définition de l'addition car, si l'on peut s'exprimer ainsi, les « segments » sont déjà aboutés.

> 2. « De même, quand l'un des côtés d'un triangle va de *a* à *b* le second de *b* à *c*, on doit appeler le troisième, qui va de *a* à *c*, la somme des deux autres, et le désigner par $ab + bc$, en sorte que *ac* et $ab + bc$ ont la même signification, ou que $ac = ab + bc = - ba + bc$, si *ba* signifie le segment opposé à *ab*. »[30]

Ce second exemple est plus important que le précédent, bien qu'il souffre de la même restriction déjà signalée : la situation finale nous est donnée comme achevée sans que nous ayons pu assister à sa construction. Wessel s'interroge ici sur un donné géométrique, le triangle, qu'il interprète comme une ligne brisée fermée faite de trois « segments indirects », dont l'un est la somme des deux autres. Cet exemple lui permet d'introduire un symbolisme donnant accès à la notation de l'opération inverse de l'addition. Il ne fait aucune mention spéciale à ce qu'aurait pu lui suggérer l'exemple suivant :

(I) $ab + bc + ca = aa = 0$.

Ce dernier l'aurait conduit à la possibilité d'introduire le « segment » nul ; mais on peut être sûr que cette notion était connue de lui, car il parle de sommes nulles de « segments » et l'écriture de l'équation précédente est de lui. Bien sûr, cette équation suppose une extension de la « somme » à plus de deux « segments » ; il ne manque pas alors de préciser :

> « Pour ajouter plus de deux segments, on suit la même règle : on les combine de façon que l'extrémité du premier coïncide avec le premier point du second, l'extrémité de celui-ci avec le premier point du troisième, etc. ; on joint par un segment le point où le premier segment commence au point où le dernier se termine, et on appelle ce dernier segment la somme de tous les segments donnés. »[31]

Les « axiomes » fondamentaux de l'addition sont mis en relief immédiatement après :

> « Peu importe quel segment on prend pour le premier, quel pour le second, le troisième, etc. car si un point décrit un segment de droite, ce segment aura le même effet sur les distances du point à trois plans

30. C. Wessel, *ibid.*, pp. 7-8.

31. C. Wessel, *ibid.*, p. 8.

perpendiculaires entre eux, quelle que soit sa situation par rapport aux plans ; par conséquent, lorsqu'on ajoute plusieurs segments, la contribution de l'un d'eux à la détermination de la position de l'extrémité de la somme reste la même, que ce segment soit le premier, qu'il soit le dernier, ou qu'il occupe un autre rang quelconque. Par conséquent, dans l'addition de segments, l'ordre des termes est arbitraire et la somme reste toujours la même parce que, supposé donné son premier point, le dernier aura toujours la même position. »[31]

Ainsi : $ab + bc = bc + ab$, $(ab + bc) + cd = ab + (bc + cd)$ ; et ces relations se généralisent à plus de deux « segments ».

Avant de faire un premier bilan sur l'addition, précisons ce que notre auteur entend représenter par le signe « + ».

« La signification que j'ai attribuée au symbole + n'a rien non plus d'extraordinaire ; par exemple, dans l'expression $ab + \frac{ba}{2} = \frac{1}{2}ba$, le terme $\frac{ba}{2}$ ne fait pas partie de la somme. Il est donc permis aussi de poser $ab + bc = ac$ sans qu il soit nécessaire de se figurer $bc$ comme une partie de $ac$ ; $ab + bc$ est seulement le symbole par lequel on désigne $ac$. »[31]

Symbole qui montre comment la somme a été effectuée. L'expression précédente soulignée par Wessel nous laisse supposer qu'il avait déjà une vision relativement précise de ce que l'on appelle « opération extérieure », c'est-à-dire de l'action d'un élément du corps de base sur les éléments de l'ensemble explicitement considéré. Sinon, comment devons-nous comprendre la différence scripturale qu'il marque entre « $\frac{ba}{2}$ » et « $\frac{1}{2}ab$ » ? Le premier est en quelque sorte, bien que la « nature » de l'objet entre alors en compte, un « segment » deux fois moindre que le « segment ba », tandis que le second exprime l'action (ou la mise en relief du bilan de celle-ci) d'un « scalaire » (le mot n'est pas de lui) sur le « segment ab ». Le premier n'exige aucunement l'apport d'une nouvelle notion, sinon celle de pouvoir comparer des « segments » entre eux ; le second implique de définir préalablement une nouvelle opération nous permettant d'affirmer qu'un « segment » multiplié par un « scalaire » reste toujours un « segment ». On laissera cette hypothèse car, nous l'avons déjà dit, Wessel limite volontairement la portée de son mémoire et ne fait aucune allusion supplémentaire qui eut permis d'en dire plus en la matière. Venons-en au premier bilan :

Wessel nous montre qu'à deux « segments », on peut en associer un troisième, unique, appelé « somme » des deux premiers (loi de composition) ; que la « somme » ne dépend pas de l'ordre dans lequel on prend les « segments » (associativité, commutativité) ; qu'à un « segment » donné, on peut en associer un autre qui lui est opposé (existence de l'élément symétrique) et que leur « somme » est nulle (existence de l'élément neutre ; « segment » n'ayant aucun « effet » sur la « somme » ). Précisons que cette structure de « groupe abélien » ainsi obtenue et les « axiomes » mis entre parenthèses ne sont pas nommés par l'auteur. Il montre tout simplement que les « quantités » utilisées vérifient les mêmes « relations » que celles des nombres « ordinaires » dans le cas de l'addition. Le caractère objectuel de ces « relations » n'est souligné à aucun moment ; nous savons qu'il aurait pu en être tout autrement.

*« Multiplication de segments »*

L'opération que l'on s'accorde à appeler « multiplication » a toujours constitué un problème délicat.

La règle pour multiplier deux « segments de droite » n'est pas compliquée lorsque l'on considère des « segments » non « qualifiés », c'est-à-dire des « segments » qui ne représentent pas des grandeurs « positives » ou « négatives » (Wessel les appelle des « segments absolus » ). Il suffit pour cela de se reporter à Descartes :

La multiplication[32] :

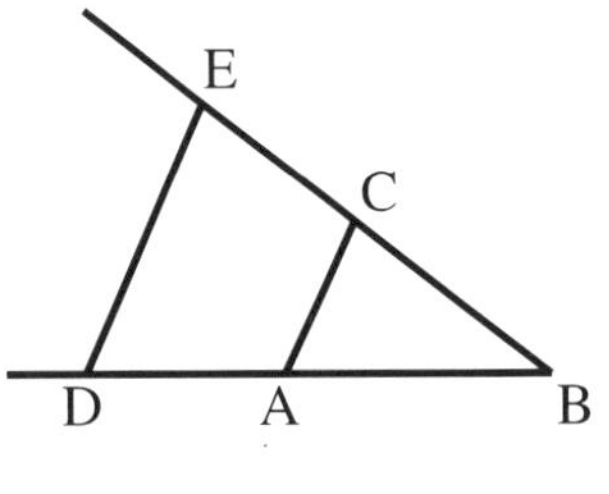


Soit, par exemple AB l'unité, et qu'il faille multiplier BD par BC ; je n'ay qu'à joindre les points A et C, puis tirer DE parallèle à CA, et BE est le produit de cette multiplication.[32]

Mais, si l'on sait faire un tel produit, comment rendre « intuitif » le produit (–1).(–1) = 1, par exemple ?

« § 4

Produit de deux segments

Le produit de deux segments de droite doit, sous tous les rapports, être formé avec l'un des facteurs de la même manière que l'autre facteur est

32. R. Descartes, *La Géométrie*, Paris, 1664, p. 4.

formé avec le segment positif ou absolu qu'on a pris égal à 1 ; c'est-à-dire que :
1°) les facteurs doivent avoir une direction telle qu'ils puissent être placés dans le même plan que l'unité positive ;
2°) quant à la longueur, le produit doit être à l'un des facteurs comme l'autre est à l'unité ;
3°) en ce qui concerne la direction du produit, si l'on fait partir de la même origine l'unité positive, les facteurs et le produit, celui-ci doit être dans le plan de l'unité et des facteurs, et doit dévier de l'un des facteurs d'autant de degrés et dans le même sens que l'autre facteur dévie de l'unité, en sorte que l'angle de direction du produit ou sa déviation par rapport à l'unité positive soit égale à la somme des angles de direction des facteurs. »[33]

Ainsi, si OA et OB sont deux « segments » donnés, leur produit OC sera représenté facilement par la figure suivante :

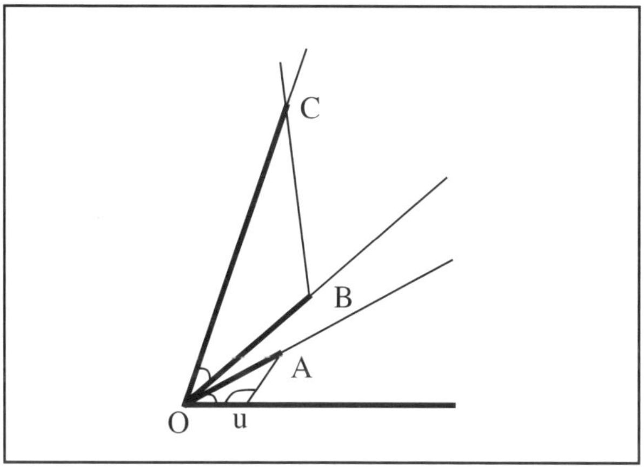


La multiplication, pour être parfaitement définie, impose le choix d'une « unité absolue », c'est-à-dire le choix d'un « segment absolu » égal à 1. Une fois précisé ce point fondamental, le produit des « segments » OA et OC se construit simplement en ne faisant appel qu'à des notions de la géométrie des … « Éléments ». On construit sur OB un triangle OBC directement semblable au triangle OUA. On serait arrivé au même résultat en construisant sur OA un triangle OAC directement semblable au triangle OUB. Ces deux possibilités ramènent à écrire que : OC = OA.OB = OB.OA, or ceci est vrai quels que soient les « segments » choisis. La « multiplication » ainsi caractérisée est donc une opération commutative. Ce que Wessel résume en disant

33. C. Wessel, *ibid.*, p. 9.

que la « multiplication de deux segments » ne dépend pas de l'ordre dans lequel on les prend.

De la construction précédente, on peut alors tirer le point (3°) de Wessel. On constate *de visu* que le « segment » OC est déterminé de la façon suivante :

1°) la mesure de sa longueur est le produit des mesures correspondantes aux longueurs des « segments » OA et OB ;

2°) sa direction s'obtient en faisant tourner, autour du point O et dans le sens trigonométrique, la demi-droite Ou d'un angle égal à la somme des angles dont il faudrait faire tourner (toujours dans le même sens) la demi-droite Ou pour l'amener respectivement en coïncidence avec les demi-droites OA et OB.

Cette construction est plus facile à utiliser de nos jours que la précédente, mais nous voyons bien qu'elle ne pouvait pas être conçue indépendamment de la première et ne peut être appréhendée qu'après de nombreuses observations faites à partir de celle-ci.

Cette remarque nous conduit elle aussi à un nouveau constat. Si les géomètres grecs surent construire sans difficulté des triangles semblables (théorème de Thalès par exemple), ils ne pouvaient en aucune manière faire l'interprétation précédente. Il faudra attendre, en particulier, les conceptions cartésiennes pour pouvoir y parvenir. Il faut, en effet, tenir compte que pratiquement jusqu'à Descartes un tel produit ne pouvait engendrer qu'une surface. Plusieurs étapes nous conduiront à la conception de Wessel.

Le « nombre » représenta une « grandeur » géométrique, mais se plia aux contraintes de la géométrie. Prenons à titre d'exemple la figure suivante :

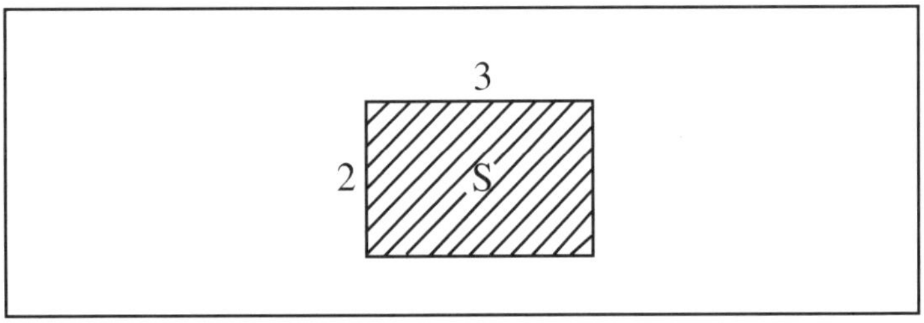


Le produit 2 x 3 = 6 nous donne la surface hachurée. Une première généralisation nous permettra d'écrire les « nombres » 2 et 3 au moyen de symboles $a$ et $b$. Le produit $a.b$ continuera pendant une période, cette fois plus courte, à représenter une surface $S$ (Viète), ici en l'occurrence celle d'un rectangle de côtés $a$ et $b$. Ces symboles deviendront à leur tour capables de représenter n'importe quel « nombre », ainsi par exemple $a.b$, suivant les valeurs que l'on donnera aux symboles $a$ et $b$, représentera la surface d'un carré ou d'un rectangle (i.e., $a = b$ ou $a \neq b$). On est amené à comparer des symboles représentant des « nombres », non les « nombres » eux-mêmes. Une nouvelle conception viendra à son tour accentuer la généralisation ainsi élaborée :

> « Et comme toute l'arithmétique n'est composée que de quatre ou cinq opérations, qui sont l'addition, la soustraction, la multiplication, la division et l'extraction de racines, qu'on peut prendre pour une espèce de division ; ainsi n'a-t-on d'autre chose à faire en géométrie, touchant les lignes qu'on cherche, pour les préparer à être connues, que de leur en ajouter d'autres, ou en ôter ; ou bien en ayant une, que je nommerais l'unité pour la rapporter d'autant mieux aux nombres, et qui peut ordinairement être prise à discrétion, puis en ayant encore deux autres, en trouver une quatrième, qui soit à l'une de ces deux, comme l'unité est à l'autre, ce qui est le même que la division ; ou enfin trouver une ou deux, ou plusieurs moyennes proportionnelles entre l'unité, et quelque autre ligne ; ce qui est le même que tirer la racine carrée ou cubique, etc. Et je ne craindrais pas d'introduire ces termes d'arithmétique en la géométrie afin de me rendre plus intelligible. »[34]

On pourra, compte tenu de ces prolégomènes, écrire : (I) $ab = c$ (cette transformation n'est pas encore très nette chez Descartes : on constate encore dans son symbolisme mathématique une fidélité scripturale aux « principes d'Homogénéité » de Viète). Cette égalité se distingue fondamentalement de celle qu'aurait pu donner Viète : (II) $ab = C$ ; dans cette dernière, on voit une différence d'écriture entre les deux membres, le second ($C$) représente un nombre qui ne peut être conçu que comme le produit de deux nombres (on reste profondément attaché à l'univers géométrique, le produit des deux « côtés » d'un rectangle correspond à sa « surface ») ; dans la première égalité les symboles ne se distinguent pas ; ils représentent des « objets » de même « nature ».

Ce détachement de l'univers géométrique ne va pas sans heurt. Rappelons-nous que ces symboles, alors originellement attachés à des « nombres », plongeront de nombreux mathématiciens dans des abîmes de perplexité quand il s'agira, par un juste retour, de représenter géométriquement $a^2 = -1$. Comment un carré peut-il avoir une « surface » négative ? Comment la longueur du côté peut-elle être égale à $\sqrt{-1}$ ? L'égalité (I) conduira alors à « constater » que le produit d'une droite par une autre est encore une droite. Il serait intéressant de pouvoir souligner l'influence du milieu social sur cette découverte. Le XVIII^e^ siècle ne cesse de parler de « forces » s'exerçant sur un corps, il compose leurs actions, se réfère explicitement à la géométrie en utilisant, par exemple, le « parallélogramme des forces » ; la dynamique et la mécanique conduisent presque naturellement à cette conception.

---

34. R. Descartes, *op. cit.*, pp. 3-4.

*« √–1 » identifié à « ε »*

« § 5

Désignons par + 1 l'unité positive, par + ε une autre unité perpendiculaire à la première et ayant la même origine : alors l'angle de direction de + 1 sera égal à 0°, celui de –1 à 180°, celui de + ε à 90° et celui de – ε à – 90° ou à 270°. »[35]

Nous pouvons alors établir la figure suivante :

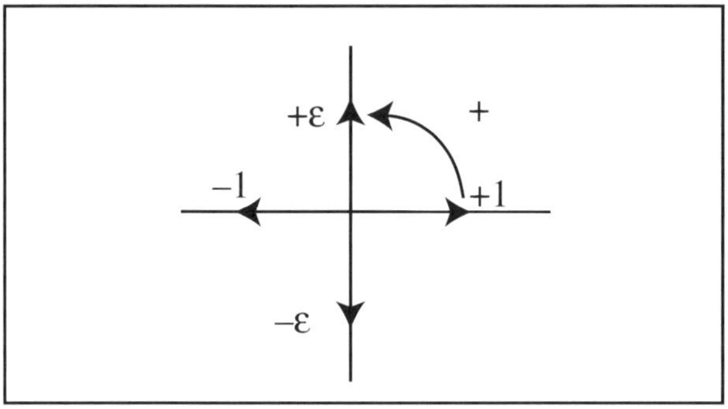


Ainsi toutes les égalités suivantes se trouvent parfaitement justifiées grâce à ce qui a été défini précédemment :

| | |
|---|---|
| (+1) . (+1) = +1 | la somme des angles est nulle<br>le produit des longueurs est égall à 1 |
| (+1) . (–1) = –1 | la somme angulaire 0° + 180° = 180°<br>le produit des longueurs : 1 x 1 = 1 |
| (–1) . (–1) = +1 | la somme angulaire – 180° + 180° – 360° = 0°<br>le produit des longueurs = 1 x 1 = 1 |
| (+1) . (+ ε) = + ε | 0° + 90° = 90°<br>1 x 1 = 1 |
| (+1) . (– ε) = – ε | 0° + 270° = 270°<br>1 x 1 = 1 |
| (–1) . (+ ε) = – ε | 180° + 90° = 270°<br>1 x 1 = 1 |
| (–1) . (– ε) = + ε | 180° + 270° = 360° + 90° = 90°<br>1 x 1 = 1 |
| (+ε) . (+ ε) = –1 | 90° + 90° = 180°<br>1 x 1 = 1 |
| (+ε) . (– ε) = +1 | 90° + 270° = 360° = 0°<br>1 x 1 = 1 |
| (–ε) . (– ε) = –1 | 270° + 270° = 360° + 180° = 180°<br>1 x 1 = 1 |

35. C. Wessel, *ibid.*, p. 9.

Wessel en déduisit alors que $\varepsilon = \sqrt{-1}$, conséquence facile de la comparaison entre les deux expressions $(\pm \sqrt{-1})^2 = -1$ et $(\pm \varepsilon)^2 = -1$.

> « § 6
>
> Le cosinus d'un arc de cercle ayant pour origine l'extrémité de son rayon + 1 est le segment de ce rayon ou du rayon diamétralement opposé qui commence au centre et se termine à la projection orthogonale de l'autre bout de l'arc. Le sinus du même arc est mené perpendiculairement de l'extrémité du cosinus à l'extrémité de l'arc. »[36]

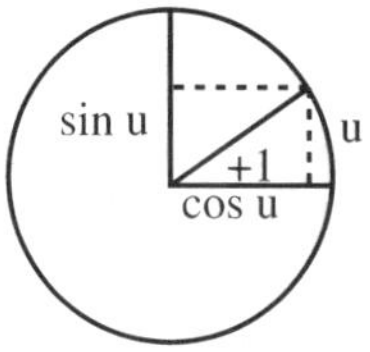


fig. – a –

Notons qu'à l'époque de Wessel et encore dans une grande partie du XIX^e siècle, on continue à ne pas faire de distinction entre « arc de cercle » et « angle » pour les fonctions trigonométriques. C'est ce qui explique que l'on puisse parler de sinus ou de cosinus d'un arc de cercle.

Unc fois ce rappel fait, Wessel montre alors que, d'après les paramètres précédents, on est conduit sans aucune incohérence à poser :

> « D'après le § 5, le sinus d'un angle droit est donc égal à $\sqrt{-1}$. Posons $\sqrt{-1} = \varepsilon$ ; désignons par v un angle quelconque et par sin v un segment de la même longueur que le sinus de l'angle, mais positif lorsque l'arc qui mesure l'angle se termine sur la première demi-circonférence, négatif lorsqu'il se termine sur la dernière demi-circonférence. Alors d'après les § 3 et 4, sin v exprimera le sinus de l'angle v en direction et en grandeur. »[37]

Ne manquons pas d'observer que si Wessel nous a montré que « $\varepsilon$ » est en fait « $\sqrt{-1}$ » il s'empresse de retourner à la première expression comme s'il ressentait une certaine gêne visuelle à utiliser la

36. C. Wessel, *ibid.*, p. 10.

37. On peut aussi faire une autre observation, celle-là beaucoup plus moderne : il semble que si Wessel choisit cette notation plutôt que $\sqrt{-1}$, c'est qu'effectivement $\sqrt{-1}$ serait traité comme un nombre, alors que $\varepsilon$ est un vecteur unité.

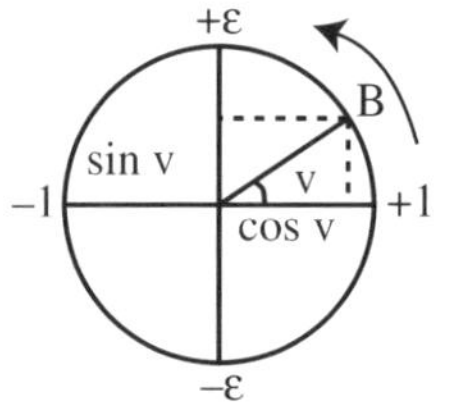


fig. – b –

dernière ; symbole beaucoup trop évocateur du résultat « impossible » d'une opération hâtivement généralisée.[27]

Si l'on tient compte de ce que Wessel nous a appris dans les précédents paragraphes, on déduit à partir de la figure (b) :

$OB = OA + AB - cos\ \nu + \varepsilon\ sin\ \nu$ ;

ainsi, un « segment indirect » unitaire *u* faisant un angle *v* avec l'unité positive ou « absolue » s'exprime tout simplement par une formule qui, pour nous, est devenue classique et intuitive (au symbole « ε » près que nous écrivons « *i* » ). Nous avons vu que le produit de deux « segments » s'exprimait très simplement. Le produit de deux « segments indirects » unitaires, dont l'un fait un angle *u* et l'autre *v* avec l'« unité absolue », s'écrira donc :

$$cos(u + v) + \varepsilon\ sin(u + v)$$

d'où la formule classique :

$$(cos\ u + \varepsilon\ sin\ u)(cos\ v + \varepsilon\ sin\ v) = cos(u + v) + \varepsilon\ sin(u + v).$$

L'auteur constate que cette dernière égalité peut aussi s'écrire :

$$(cos\ u + \varepsilon\ sin\ u)(cos\ v + \varepsilon\ sin\ v)$$
$$= cos\ u\ cos\ v - sin\ u\ sin\ v + \varepsilon(cos\ u\ sin\ v + sin\ u\ cos\ v)$$

grâce aux formules trigonométriques :

$$cos(u + v) = cos\ u\ cos\ v - sin\ u\ sin\ v,$$
$$sin(u + v) = cos\ u\ sin\ v + sin\ u\ cos\ v.$$

> « On peut, dit-il, et sans aucune difficulté, démontrer ces formules dans tous les cas, que les deux angles ou seulement l'un d'eux soient positifs ou négatifs, plus grands ou plus petits qu'un angle droit. Donc les théorèmes qu'on en peut déduire sont exacts dans toute leur généralité. »[38]

Jusqu'à présent, nous avons eu affaire à des « segments indirects unités ». Wessel étend donc les remarques qu'il vient de faire à des « segments » quelconques :

38. C. Wessel, *ibid.*, pp. 10-11.

« § 9

Le segment de droite représenté par $cosv + \varepsilon\, sinv$ est un rayon de cercle dont la longueur est égale à 1 et dont la déviation par rapport à cos 0° est égal à l'angle *v*. Il s'ensuit que $r.\ cosv + r\ .\ \varepsilon\, sinv$ désigne un segment de droite dont la longueur est égale à *r* et dont l'angle de direction est *v*. »[39]

En effet, dit-il, il nous suffit d'observer que si l'on s'arrange pour rendre *r* fois plus grands les côtés de l'angle droit d'un triangle rectangle, l'hypoténuse sera elle aussi *r* fois plus grande et ce sans que les angles du triangle en soient modifiés. Cette affirmation est parfaitement légitime puisqu'elle découle directement de la définition qu'il a donnée au § 1 de la somme de deux « segments indirects ». L'hypoténuse d'un triangle est égale à la somme des deux autres côtés. Donc on conclut sans rien introduire de nouveau que :

$$r.cos\ \mathrm{v} + r.\varepsilon\ sin\ \mathrm{v} = r(cos\ \mathrm{v} + \varepsilon\ sin\ \mathrm{v})$$

« Voilà l'expression générale d'un segment de droite quelconque, qui est situé dans le plan de cos 0° et de ε sin 90°, qui dévie de *v* degrés par rapport à cos 0° et dont la longueur est *r*. »[39]

Observons par cette ultime déclaration que le propos de Wessel est déjà atteint : il justifie l'emploi de « nombres imaginaires » dans le calcul et y parvient en leur donnant droit de cité dans la géométrie par l'intermédiaire de « segments indirects », ces derniers renfermant comme cas particuliers les « segments directs ».

Mais tout n'est pas dit ; il reste à montrer que ce calcul répond bien à certaines sollicitations géométriques et à préciser l'opération inverse de la multiplication entre des « segments indirects ».

« §10

Si nous désignons par *a, b, c, d*, des segments de droite directs (c'est-à-dire que leurs "longueurs" contribuent entièrement à la diminution ou à l'augmentation de la distance "absolue" d'un point à un plan fixe) d'une longueur quelconque, positifs ou négatifs, et que les deux segments indirects $a + \varepsilon b$ et $c + \varepsilon d$ se trouvent dans le même plan que l'unité absolue, on pourra trouver leur produit même dans le cas où leurs déviations par rapport à l'unité absolue sont inconnues. »[39]

Il suffit pour cela que l'égalité :

$$(a + \varepsilon b)(c + \varepsilon d) = ac - bd + \varepsilon(ad + bc)$$

soit toujours vraie.

« Démonstration :

Soit *A* la longueur du segment $a + \varepsilon b$ et *v* degrés sa déviation par rapport à l'unité absolue ; soit *C* la longueur du segment $c + \varepsilon d$ et *u* sa déviation ; alors, d'après le § 9, on aura :

39. C. Wessel, *ibid.*, p. 11.

$$a + \varepsilon b = A.\cos v + A.\varepsilon \sin v$$
$$c + \varepsilon b = C.\cos u + C.\varepsilon \sin u$$

et par conséquent :

$$\begin{aligned} a &= A.\cos v \\ b &= A.\sin v \\ c &= C.\cos u \\ d &= C.\sin u \end{aligned} \qquad (\S 3)$$

Or, d'après le § 4, on aura :

$$(a + \varepsilon b)(c + \varepsilon d) = A.C.[\cos(v + u) + \varepsilon \sin(v + u)]$$
$$= A.C.(\cos v \cos u - \sin v \sin u + \varepsilon(\cos v \sin u + \cos u \sin v)).$$

Donc, en remplaçant $A.C.\ \cos v \cos u$ par $ac$ et $A.C.\sin v \sin u$ par $bd$, etc., on obtiendra les résultats qu'il fallait démontrer. »[40]

Dans ce qui précède, plusieurs points attirent l'attention : Wessel impose comme condition de départ que les « segments indirects » soient dans le même plan ; il souligne donc d'une part que la théorie qu'il élabore est propre au plan et d'autre part qu'il s'est posé le problème de son extension à l'espace. À la page suivante, il précise de plus :

> « Mais si l'on avait à multiplier des segments de droite qui ne se trouvent pas tous les deux dans un plan passant par l'unité absolue, on ne pourrait appliquer la règle précédente. C'est pour cette raison que je ne m'occupe pas de la multiplication de tels segments. »[41]

Il accentue dans sa démonstration le caractère fondamental de l'égalité entre deux « segments indirects » :

$$a + \varepsilon b = c + \varepsilon d \Rightarrow a = c \text{ et } b = d,$$

qu'il tire du § 3. En effet, il dit dans ce dernier :

> « Si la somme de plusieurs longueurs, largeurs et hauteurs, est égale à zéro, la somme des longueurs, celle des largeurs et celle des hauteurs, prises séparément, seront aussi égales à zéro. »[42]

Il serait ici intéressant de mettre en relief un point soulevé par W. F. Floyd[43]. Ce dernier fait remarquer que l'écriture utilisée pour le « segment indirect » est incorrecte. Il considère que la forme $a + \varepsilon\, b$ est inconsistante dans son symbolisme. Ce point de vue est parfaitement légitime mais repose néanmoins sur une connaissance approfondie du calcul vectoriel même si l'écriture qu'il propose à la place $a.1 + b.\varepsilon$ peut sembler plus « intuitive ». Le caractère dynamique que l'on

40. C. Wessel, *ibid.*, pp. 11-12.
41. C. Wessel, *ibid.*, p. 12.
42. C. Wessel, *ibid.*, p. 9.
43. W. F. Floyd, « Graphical representation of compex numbers », *Nature* (August 10, 1935), p. 224.

trouve dans le travail de Wessel corrobore la remarque de Floyd, mais dans le cas présent, le reproche n'a pas lieu d'être. En effet, si l'on considère un élément d'un espace vectoriel de dimension 2 et que nous prenions comme base les « vecteurs » 1 et ε, cet élément s'écrira sous la forme unique : $a.1 + b.\varepsilon$, où *a* et *b* sont des « scalaires » (c'est-à-dire des éléments du corps de base) ; or, dans l'expression $a + \varepsilon b$, *a* et *b* sont aussi des « segments », Wessel prend soin de dire en énonçant son problème : « Si nous désignons par *a, b, c, d* des segments de droite... ». On peut donc aisément comprendre qu'il écrive $a.(+1) = a$, comme le résultat d'une opération interne, non externe, telle que l'a cru Floyd.

*« Division » et « racines » de « segments »*

Les paragraphes 11 à 15 exposent la division et l'extraction des racines.

« § 11

Le quotient multiplié par le diviseur doit reproduire le dividende. Il n'est donc pas nécessaire de démontrer que les trois segments doivent se trouver dans un plan passant par l'unité absolue, car cela résulte immédiatement de la définition donnée § 4. »[44]

Ainsi, si l'on se propose de diviser

$A(cos\ v + \varepsilon\ sin\ v)$ par $B(cos\ u + \varepsilon\ sin\ u)$

le quotient sera égal à : $\frac{A}{B}[cos(v-u) + \varepsilon\, sin(v-u)]$ ; c'est-à-dire qu'il correspondra à un « segment indirect » faisant un angle $v - u$ avec l'unité absolue et dont la longueur est égale à $\frac{A}{B}$. En effet, $\frac{A}{B}[cos(v-u) + \varepsilon\, sin(v-u)]\,.\,B(cos\ u + \varepsilon\ sin\ u)$ correspond, d'après § 7 à : $\frac{A}{B} \cdot B[cos(v-u+u) + \varepsilon\, sin(v-u+u)]$

d'où le résultat : $A(cos\ v + \varepsilon sin\ v)$.

« §12

Si *a, b, c, d* sont des segments directs et que $a + \varepsilon b$ et $c + \varepsilon d$ se trouvent dans un même plan passant par l'unité absolue, on aura :

$$\frac{1}{c+\varepsilon d} = \frac{c-\varepsilon d}{c^2+d^2}$$

44. C. Wessel, *ibid.*, p. 12.

et le quotient sera égal à :

$$\frac{a+\varepsilon b}{c+\varepsilon d} = (a+\varepsilon b)\cdot\frac{1}{c+\varepsilon d} = (a+\varepsilon b)\cdot\frac{c-\varepsilon d}{c^2+d^2}$$

$$= [ac+bd+\varepsilon(bc-ad)] \div (c^2+d^2).$$ »

La démonstration se déduit des paragraphes précédents sans faire appel à de nouvelles notions :

$a + \varepsilon b = A(cos\ v + \varepsilon\ sin\ v)$ et $c + \varepsilon d = C(cos\ u + \varepsilon\ sin\ u)$ (§ 9)

d'où : $c - \varepsilon d = C(cos\ u - \varepsilon\ sin\ u)$. (§ 3)

On a : $(c + \varepsilon d)(c - \varepsilon d) = c^2 + d^2 = C^2$ ; (§ 10)

d'où : $\frac{c-\varepsilon d}{c^2+d^2} = \frac{1}{C}(cos u - \varepsilon sin u)$ ;

soit encore :

$$\frac{c-\varepsilon d}{c^2+d^2} = \frac{1}{C}[cos(-u)+\varepsilon sin(-u)] = \frac{1}{C(cos u+\varepsilon sin u)} = \frac{1}{c+\varepsilon d} \quad (§\ 11)$$

et finalement :

$$\frac{c-\varepsilon d}{c^2+d^2}\cdot(a+\varepsilon b) = \frac{A}{B}[cos(v-u)+\varepsilon sin(v-u)] = \frac{a+\varepsilon b}{c+\varepsilon d}. \quad (§\ 11)$$

« Les quantités indirectes de cette nature partagent donc avec les quantités directes la propriété que, si le dividende est une somme, on obtient, en divisant chaque terme de cette somme par le diviseur, plusieurs quotients dont la somme est le quotient cherché. »[45]

Le rapport de deux « segments indirects » est encore un « segment indirect » ; le produit de deux « segments » $a + \varepsilon b$ et $a - \varepsilon b$ nous montre que leur « longueur » commune $A$ est égale à $\sqrt{a^2+b^2}$. Remarquons au passage que la substitution de "segments indirects" par « grandeurs indirectes » met l'accent sur le souci qu'a l'auteur d'identifier des objets géométriques à des objets algébriques, justifiant de cette manière la légitimité de l'emploi de « nombres impossibles ».

Les précédents calculs et ceux des § 13 à 16 ne sont pas nouveaux, ils présentent plutôt un certain recul par rapport à ceux obtenus par ses proches prédécesseurs. Très tôt, la résolution de l'équation du troisième degré et, plus généralement, l'étude des expressions de la forme

$$\sqrt[n]{a+\sqrt{-1}b}+\sqrt[n]{a-\sqrt{-1}b}$$

firent appel à l'utilisation de ces formules mises définitivement en forme par Euler et Moivre (en particulier). L'intérêt de l'apport de

45. C. Wessel, *ibid.*, p. 13.

Wessel est fondamental et original dans la mesure où toutes ces relations trigonométriques s'inscriront dans une figure géométrique. Ainsi, par exemple, « $\sqrt[3]{4\sqrt{3}+4\sqrt{-1}}$ » se représentera par un « segment indirect » de « longueur 2 », faisant avec l'« unité absolue » un angle de 10°. Il suffit pour cela de faire le calcul suivant :

$$\sqrt[3]{4\sqrt{3}+4\sqrt{-1}} = \sqrt[3]{8\left(\frac{\sqrt{3}}{2}+\frac{1}{2}\sqrt{-1}\right)} = \sqrt[3]{8(\cos 30^\circ + \sqrt{-1}\sin 30^\circ)}$$

$$2(\cos 30^\circ + \sqrt{-1}\sin 30^\circ)^{\frac{1}{3}} = 2(\cos 10^\circ + \sqrt{-1}\sin 10^\circ .$$

Le lecteur pourra constater que l'on n'a pas fait usage de « π » pour rendre le calcul précédent plus « esthétique ». L'emploi de cette lettre nous eut conduit à expliquer que Wessel lui octroie la valeur de 360°. Une précision a été apportée précédemment quant à l'usage indistinct que lui et beaucoup de ses contemporains ont fait des notions d'*arc de cercle* et d'*angle*. On comprend mieux dès lors pourquoi l'abréviation « π » du mot grec « περιφερια », qui veut dire : « périmètre d'une circonférence », puisse être amenée à représenter 360 degrés.

Si la découverte de Wessel est fondamentale du fait qu'elle rendra de nombreux services en analyse, elle peut être vue comme la cause d'une certaine perte d'intérêt des mathématiciens à l'égard de la géométrie « classique ». En s'offrant à la traduction algébrique, la construction géométrique, qui nous affranchissait alors du calcul arithmétique, se trouvera à son tour, à cause de son incapacité à traduire le mouvement, délaissée au profit de l'algèbre – « sorte de mécanique qui, après avoir été pensée, inventée par la raison, dispense ensuite de raisonner » – qui nous épargnera de la « nécessité de construire »[46].

Plutôt que de nous intéresser aux deux seuls exemples que donne Wessel, nous enseignant ainsi l'efficacité de sa théorie, nous porterons nos réflexions sur quelques points caractéristiques de son symbolisme mathématique et sur la troisième partie de son essai.

### « *Sur la représentation de la direction d'un rayon dans une sphère*[47] »

À propos des côtés d'un polygone plan, Wessel introduit les notations suivantes :

---

46. A. Rey, *L'Apogée de la science technique grecque : L'essor de la Mathématique* (Paris, 1948), p. IX.

47. C. Wessel, *ibid.*, p. 23.

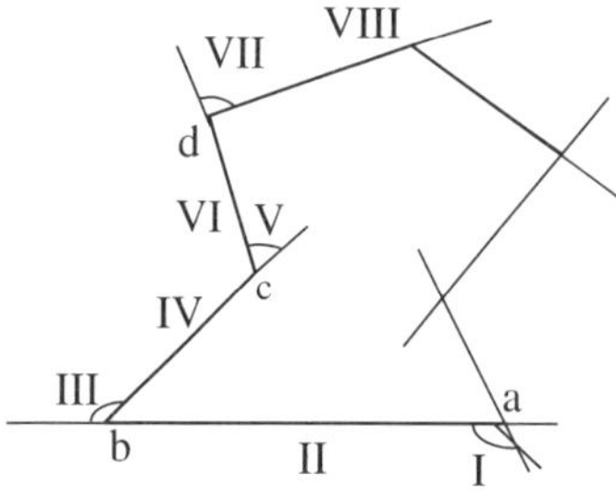


1. Leurs « longueurs » sont désignées par les nombres pairs II, IV, VI, VIII, etc... ;

2. leurs déviations (en degrés), relativement au côté précédent qu'on aura prolongé, seront notées par les nombres impairs I, III, V, VII, etc... ;

3. I', III', V', VII', etc... sont les expressions :

cos*I* + εsin*I*, cos*III* + εsin*III*, cos*V*, εsin*V*, etc... :

4. $I^{-1}$, $III^{-1}$, $V^{-1}$, etc... représentant respectivement :

cos(*–I*) + εsin(*–I*), cos*III* – εsin*III*, cos*V* – εsin*V*, etc... :

La dernière notation (4) se retient assez facilement en observant que :

$$\frac{1}{I'} = \frac{1}{cos\,I + \varepsilon\, sin\,I} = cos\,I - \varepsilon\, sin\,I = I^{-'} \;;$$

$I^{-1}$ s'appelle la « quantité réciproque » de I'. Les déviations (2.) sont positives ou négatives « suivant qu'elles ont le même sens que le mouvement diurne du soleil ou le sens inverse ».

Si l'on prend maintenant comme polygone plan particulier un quadrilatère *abcd* :

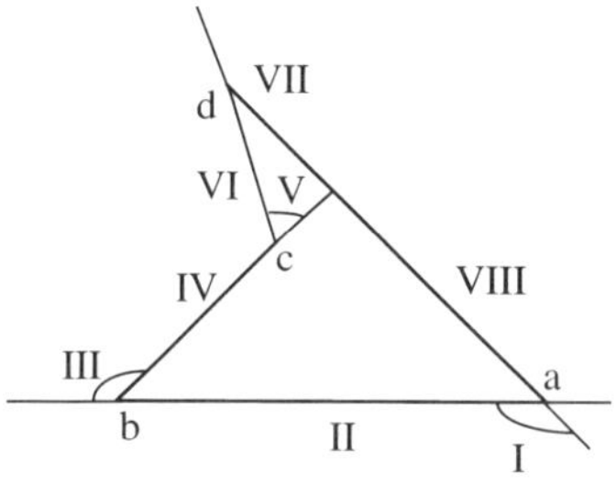


compte tenu des notations (1 à 4) et de l'égalité ab + bc + cd + da = 0, il vient :

II + IV.III' + VI.III'.V' + VII.III'.V'.VII' = 0

(la somme des « angles » du polygone est nulle ou égale à un nombre entier de révolutions).

*Du plan à l'espace*

Sa méthode, « qui n'est pas algébrique », pour déterminer « la direction des segments situés dans des plans différents » n'est pas une « extension » de la théorie qu'il développe dans le plan. Pour nous convaincre, il suffirait de dire que Wessel, implicitement et explicitement, nous met constamment en garde dans les vingt premières pages de son « Essai » contre l'affirmation contraire ; l'occasion nous sera donnée plus tard de revenir sur ce point.

Laissons-le tout d'abord s'exprimer de façon à avoir un échantillon significatif du « style » qui le caractérise :

> « § 24
>
> Supposons que dans une sphère deux rayons horizontaux fassent des angles droits et que tous deux soient perpendiculaires à un troisième rayon. Supposons encore que l'un des rayons horizontaux aille du centre à gauche et soit égal à $r$, que l'autre aille du centre en avant et soit égal à $\varepsilon r$, que le rayon vertical aille du centre en haut et soit égal à $\eta r$, et que les rayons diamétralement opposés soient $-r$, $-\varepsilon r$, $-\eta r$. La lettre $r$ désigne la longueur du rayon ; les unités $\varepsilon$ et $\eta$ sont toutes deux perpendiculaires au rayon + 1 et, par rapport à celui-ci $\eta^2$ et $\varepsilon^2$ seront toutes deux égales à -1 (§ 5). »[37]

> « § 25
>
> Le plan déterminé par les quatre rayons $r$, $-r$, $\eta r$, $-\eta r$ et le plan déterminé par $r$, $-r$, $\varepsilon r$, $-\varepsilon r$, font un angle droit et coupent la sphère suivant deux grands cercles dont j'appelle celui qui passe par $r$ et $\eta r$ le cercle vertical et celui qui passe par les rayons horizontaux $r$ et $\varepsilon r$ l'horizon. Nous compterons les arcs du cercle vertical et ceux de ses parallèles à partir du point d'intersection à gauche avec l'horizon, positifs en haut, négatifs en bas. Les arcs horizontaux seront comptés à partir du cercle vertical, positifs dans le sens du mouvement du soleil et négatifs dans le sens inverse. Désignons par exemple l'horizon (fig. 3) par *owγhpi*, un cercle parallèle par *kfs*β, le cercle vertical par okπqnv, les pôles de l'horizon par π et *n*, et ceux du cercle vertical par *p* et γ (...). »[48]

$$co = r,\ ct = -r,\ c\gamma = \varepsilon r,\ cp = -\varepsilon r,\ c\pi = \eta r$$

$$cn = -\eta r,\ o\gamma = 90°,\ op = -90°,\ o\pi = +90°\ ;\ on = -90°;$$

> « Les arcs du cercle parallèle doivent être comptés à partir de $k$, positifs à gauche et négatifs à droite. »[49]

> « § 26
>
> Menons un segment de droite $cd$ du centre $c$ de la sphère (fig. 3) à un point $d$ du rayon commun aux plans de l'horizon et du cercle vertical ; menons un autre segment de droite $de$ du point extrême de $cd$ parallèlement à l'axe $\pi n$ de l'horizon, et enfin de l'extrémité de $de$ un troisième segment de droite $ef$ parallèle à l'axe $p\gamma$ du cercle vertical. Ces trois segments seront les coordonnées du point $f$ où se termine ce dernier segment $ef$. Le premier $cd$ est l'abscisse du point $f$ et sera désigné par $x$ ; il a même direction soit que le rayon $+r$, soit que le rayon $-r$. Le second

48. C. Wessel, *ibid.*, pp. 23-24.
49. C. Wessel, *ibid.*, p. 24.

*Fig. 3*

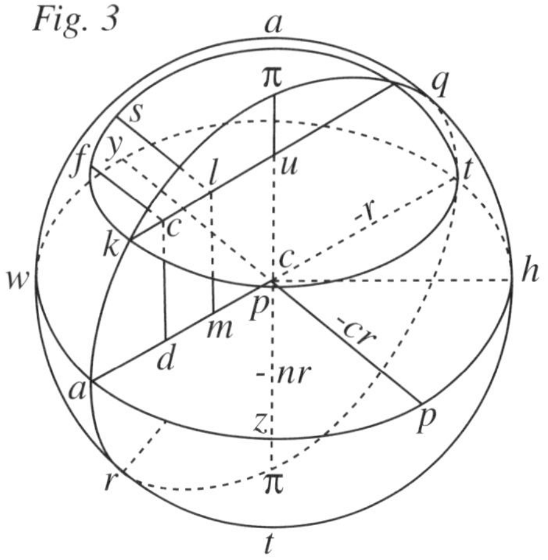


et le troisième segment, *de* et *ef*, seront les coordonnées du point *f*. Le second *de* représente la distance du point *f* au plan de l'horizon; il sera désigné par $\eta y$, parce qu'il est parallèle au rayon $\varepsilon r$ ou à - $\varepsilon r$. Le troisième *ef* est la distance du point *f* au plan du cercle vertical et nous le désignerons par $\varepsilon z$, parce qu'il est parallèle au rayon $\varepsilon r$ ou à -$\varepsilon r$. Le troisième *ef* (= $\varepsilon z$) fait un angle droit avec le second *de* (= $\eta y$) et celui-ci, $\eta z$, un angle droit avec le premier *cd* (= $x$). »[49]

On est donc conduit à poser tout naturellement qu'un point ayant pour « coordonnées $x$, $\eta y$ et $\varepsilon z$ » est le « point extrême » d'un rayon que l'on écrira, conformément à la théorie faite dans le plan, $x + \eta y + \varepsilon z$. Bien sûr, l'auteur ne marque aucun temps d'arrêt en écrivant que $\varepsilon^2 = \eta^2 = -1$. Pourquoi le ferait-il ? Le « théorème fondamental de l'Algèbre », qui assure qu'une équation a autant de racines que l'indique son degré, n'est pas vérifié ; en effet, une simple équation comme $x^2 + 1 = 0$ devrait avoir deux racines ; or, ici, elle en admet quatre : $+\varepsilon$, $-\varepsilon$, $-\eta$ et $+\eta$ ! Wessel ne se serait-il pas rendu compte d'une telle évidence ruinant sa méthode ? Une telle question ne peut être posée; elle n'a pas lieu d'être. L'avertissement de Wessel est on ne peut plus clair : sa méthode « géométrique » n'a rien à voir avec « l'algèbre ».

Prétendre qu'il ignorait le « théorème de d'Alembert » reviendrait à affirmer qu'il n'avait aucune compétence en matière d'algèbre ; son mémoire nous prouve amplement le contraire.

Le point devenant alors mobile amène l'auteur à décomposer une rotation sur la sphère en rotations verticales et horizontales dont les axes respectifs sont ceux portant les « unités absolues » $\varepsilon$ et $\eta$.

Une rotation d'un angle I autour de l'axe vertical aura pour effet de laisser invariante la composante « $\eta y$ » du rayon $x + \eta y + \varepsilon z$, car la distance d'un point décrivant un cercle parallèle au grand cercle horizontal restera inchangée. Le raisonnement est le même pour une rotation d'un angle II autour de l'axe portant « l'unité absolue ε », mais cette fois, c'est la composante « ε*z* » qui n'est pas modifiée.

De telles rotations sont représentées par l'unique symbole « ,, ». Ainsi, les deux opérations effectuées précédemment s'écriront :

-1- $(x + \eta\, y + \varepsilon\, z)$,,$(\cos \mathrm{I} + \varepsilon \sin \mathrm{I})$ (rotation horizontale)

-2- $(x + \eta\, y + \varepsilon\, z)$,, $(\cos \mathrm{II} + \eta \sin \mathrm{II})$ (rotation verticale).

Après avoir remarqué que : $\eta y$,,$(\cos \mathrm{I} + \varepsilon \sin \mathrm{I}) = \eta y$,
$\varepsilon z$,,$(\cos \mathrm{II} + \eta \sin \mathrm{II}) = \varepsilon z$,

et que les opérations : $(x + \varepsilon z)$,,$(\cos \mathrm{I} + \varepsilon \sin \mathrm{I})$
$(x + \eta y)$,,$(\cos \mathrm{II} + \eta \sin \mathrm{II})$

se comportent comme les multiplications définies dans sa théorie du plan, c'est-à-dire qu'elles s'écrivent respectivement :

$$(x + \varepsilon z)\,(\cos \mathrm{I} + \varepsilon \sin \mathrm{I})$$

et

$$(x + \eta y)\,(\cos \mathrm{II} + \eta \sin \mathrm{II}),$$

Wessel en vient ensuite à poser, comte tenu de la distributivité (qu'il ne nomme pas) de l'opérations (,,) :

$(x+\eta y+\varepsilon z)$,,$(\cos \mathrm{I} +\varepsilon \sin \mathrm{I}\,)$

- 1' - $= (x+\varepsilon z)$,,$(\cos \mathrm{I} +\varepsilon \sin \mathrm{I}\,) + \eta y$,,$(\cos \mathrm{I} +\varepsilon \sin \mathrm{I}\,)$

$= (x+\varepsilon z)$,,$(\cos \mathrm{I} + \varepsilon \sin \mathrm{I}\,) + \eta y.$

$= (x \cos \mathrm{I} - z \sin \mathrm{I}\,) + \eta y + \varepsilon\,(x \sin \mathrm{I} + z \cos \mathrm{I}\,)$

$(x+\eta y+\varepsilon z)$,,$(\cos \mathrm{II} + \eta \sin \mathrm{II})$

- 2' - $= (x \cos \mathrm{II} - y \sin \mathrm{II}\,) + \eta\,(x \sin \mathrm{II} + y \cos \mathrm{II}\,) + \varepsilon z.$

Les coordonnées initiales, *x, y, z*, du point mobile deviennent alors, une fois le déplacement effectué, dans le premier cas :

$$\begin{cases} x' = x \cos \mathrm{I} - z \sin \mathrm{I} \\ y' = y \\ z' = z \sin \mathrm{I} + z \cos \mathrm{I} \end{cases}$$

et dans le second :

$$\begin{cases} x'' = x \cos \mathrm{II} - z \sin \mathrm{II} \\ y'' = x \sin \mathrm{II} + y \cos \mathrm{II} \\ z'' = z \end{cases}$$

Wessel connaît la notation exponentielle mais n'en fait pas usage dans cette méthode. Il aurait pu utiliser, par exemple, $e^{+\varepsilon \mathrm{I}}$ au lieu de cos I + ε *sin* I. Nous avons respecté cette notation malgré sa lourdeur car elle appartient à son style. D'autre part, il se peut fort bien que ce refus de simplification soit directement lié à son souci d'exposer une méthode qui se veut géométrique (néanmoins, il utilise $e^{a+\sqrt{-1}b}$ au § 16).

Deux rotations successives autour d'un même axe se composent très simplement : si la première correspond à un déplacement le long d'un « arc de cercle » de I degrés et la seconde de III degrés, leur composition correspondra à une rotation de I + III degrés (rappelons que ces angles peuvent être indépendamment positifs, négatifs ou nuls) ; d'où :

$(x + \eta y + \varepsilon z),,(\cos \mathrm{I} + \varepsilon \sin \mathrm{I}),,(\cos \mathrm{III} + \varepsilon \sin \mathrm{III})$
$= (x + \eta y + \varepsilon z),,(\cos(\mathrm{I} + \mathrm{III}) + \varepsilon \sin (\mathrm{I} + \mathrm{III}))$.

L'exemple considéré ici correspond à des rotations autour de l'axe vertical porteur de l'*unité absolue* η ; deux rotations successives de II degrés et IV degrés autour de l'axe horizontal correspondant à l' *unité absolue* ε, conduiraient au même constat, soit :

$(x + \eta y + \varepsilon z),,(\cos \mathrm{II} + \eta \sin \mathrm{II}),,(\cos \mathrm{IV} + \eta \sin \mathrm{IV})$
$= (x + \eta y + \varepsilon z),, (\cos (\mathrm{II} + \mathrm{IV}) + \eta \sin (\mathrm{II} + \mathrm{IV}))$.

Ces résultats généraux nous permettent de prendre en considération les deux résultats significatifs (particuliers) suivants :

$(x + \eta y + \varepsilon z)= (x + \eta y + \varepsilon z),, (\cos \mathrm{I} + \varepsilon \sin \mathrm{I}),,(\cos \mathrm{I} - \varepsilon \sin \mathrm{I})$
" $= (x + \eta y + \varepsilon z),, (\cos \mathrm{II} + \eta \sin \mathrm{II}),,(\cos \mathrm{II} - \eta \sin \mathrm{II})$

Sachant comment se déplace un point sur des cercles verticaux et horizontaux, il nous reste à savoir comment ce même point se déplace d'une manière générale sur une sphère. Pour cela, il suffira de combiner alternativement les déplacements qui viennent d'être caractérisés :

> « Déplaçons un même point sur les parallèles à l'horizon et sur les parallèles au cercle vertical, en lui faisant décrire alternativement un arc horizontal et un arc vertical, et désignons les arcs décrits par I, II, III, IV, V, VI, dans l'ordre où ils se suivent ; représentons encore par *s* le rayon qui va du centre de la sphère à l'origine du premier arc (fig. 4) et par *S* le rayon qui va du centre à l'extrémité du dernier arc ; (...) »[50]

Les arcs de cercle horizontaux sont donc représentés par les chiffres romains impairs ; les verticaux par les pairs. En réutilisant le symbolisme qui lui est cher et ce pour éviter un calcul trop développé, Wessel exprime tout simplement le résultat de ce déplacement par l'équation :

$$S = S,, \mathrm{I'},, \mathrm{II'},, \mathrm{III'},, \mathrm{IV'},, \mathrm{V'},, \mathrm{VI'}.$$

Cette dernière peut être modifiée, mais en ne perdant pas de vue que cette fois l'ordre n'est plus quelconque, pour aboutir aux suivantes :

---

50. C. Wessel, *ibid.*, p. 26.

*Fig. 4*

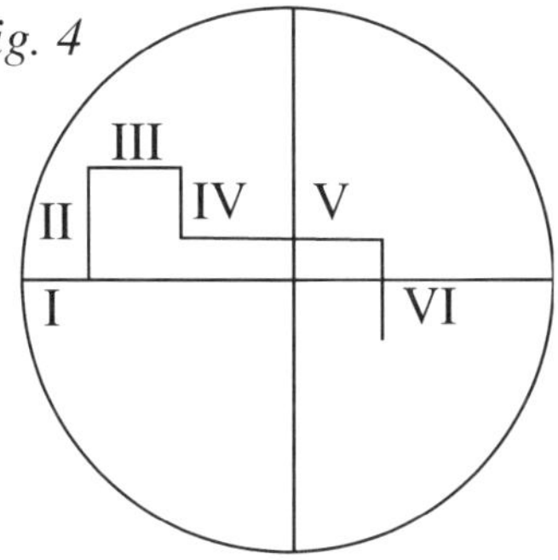


$$S,, Z,, VI^{-'},, V^{-'},, IV^{-'} = S,, I',, II',, III',$$
$$S,, I',, II' = \mathsf{S},, VI^{-'},, V^{-'},, IV^{-'},, III^{-'}, \text{etc.},$$

D'où :

« en supposant $S = \mathcal{S}$ et $S = \eta r$, on aura $S,, I' = \eta n$.

1° $S,, I',, II'' = r\,(\eta \cos II - \sin II) = \mathcal{S},, II^{-'},, V^{-'},, II^{-'},, III^{-'}$

2° $S,, I',, II', III' = r\,(\eta.CII - SII.CIII - \varepsilon.SII.SIII) = \mathcal{S},, VI^{-'},, V^{-'},, IV^{-'}$

$$= r \begin{Bmatrix} CIV.CV.SVI - \varepsilon.SV.SVI + \eta.CIV.CVI \\ + SIV.CVI \qquad - \eta.SVI.CV.SVI \end{Bmatrix}$$

3° $S,, I',, II', III', IV'$

$$= r \begin{Bmatrix} \eta.CII.CV & - CII.SIV - \varepsilon.SII.SIII \\ - \eta.SII.CII.SIV & - SII.CIII.CIV \end{Bmatrix}$$

$$= \mathcal{S}, VI^{-'},, V^{-'} = r.(CV.SVI - \varepsilon.SV.SVI + \eta.CVI).$$

4° $S,, I',, II',, III',, IV'$

$$= r \begin{Bmatrix} \eta.CII.CIV & - CII.SIV.CV & - \varepsilon.CII.SIV.SV \\ - \eta.SII.CII.SIV & - SII.CIII.CIV.CV & - \varepsilon.SII.CIII.CIV.SV \\ & + S.II.SII.SV & - \varepsilon.SII.SIII.CV \end{Bmatrix}$$

$= \mathcal{S},, VI^{-'} = r\,(\eta.CVI + SVI\,)$. »[51]

et,

« en posant $S = \mathcal{S} = \varepsilon r$, on aura les équations suivantes :

1° $S,, I' = r\,(\varepsilon.CI - SI) = \mathcal{S},, VI^{-'},, V^{-'},, IV^{-'},, III^{-'},, II^{-'}$

$$= r \begin{Bmatrix} \varepsilon.CIII.CV & + CII.SII.CV & - \eta.SII.SII.CV \\ - \varepsilon.SIII.CIV.SV & + CII.CII.CIV.CV & - \eta.SII.CIII.CIV.SV \\ & + S.II.SII.SV & - \eta.CII.SIV.SV \end{Bmatrix}$$

51. C. Wessel, *ibid.*, p. 24 (§. 34) où « c » et « s » sont les abréviations de « cosinus » et « sinus ».

$$2^\circ \quad \mathrm{S},,\ \mathrm{I'},,\ \mathrm{II'} = r\,(-\mathrm{SI.CII} - \eta.\mathrm{SI.SII} + \varepsilon.\mathrm{CI})$$

$$= \mathcal{S},,\ \mathrm{VI}^{-'},,\ \mathrm{V}^{-'},,\ \mathrm{IV}^{-'},,\ \mathrm{III}^{-'}$$

$$= r \left\{ \begin{array}{lll} \varepsilon.\mathrm{CII.CV} & -\eta.\mathrm{SIV.SV} & +\varepsilon.\mathrm{SII.SIII} \\ -\varepsilon.\mathrm{SIII.CIV.SV} & & +\mathrm{CIII.CIV.SV} \end{array} \right\}$$

$$3^\circ \quad \mathrm{S},,\ \mathrm{I'},,\ \mathrm{II'}\ ,,\ \mathrm{III'}$$

$$= r \left\{ \begin{array}{lll} -\mathrm{SI.CII.CIII} & -\varepsilon.\mathrm{SI.CII.SIII} & -\eta.\mathrm{SI.SII} \\ -\mathrm{CI.SIII} & +\varepsilon.\mathrm{CI.CIII} & \end{array} \right\}$$

$$= \mathcal{S},,\ \mathrm{VI}^{-'},,\ \mathrm{V}^{-'},,\ \mathrm{IV}^{-'} = r\,(\varepsilon.\mathrm{CV} + \mathrm{CIV.SV} - \eta.\mathrm{SIV.SV}).$$

$$4^\circ \quad \mathrm{S},,\ \mathrm{I'},,\ \mathrm{II'}\ ,,\ \mathrm{III'}\ ,,\ \mathrm{IV'}$$

$$= r \left\{ \begin{array}{ll} \varepsilon.\mathrm{CI.CIII} - \mathrm{SI.CII.CIII.CIV} & -\eta.\mathrm{SI.SII.CIV} \\ -\varepsilon.\mathrm{SI.CII.SIII} & -\mathrm{CI.SIII.CIV}\ - \\ \eta.\mathrm{SI.CII.CIII.SIV} & \end{array} \right\}$$

$$+\ \mathrm{SI.SII.SIV} - \eta.\mathrm{CII.SII.SIV}$$

$$= \mathcal{S},,\mathrm{VI}^{-'},,\mathrm{V}^{-'} = r\,(\varepsilon.\mathrm{CV}+\mathrm{SV}).$$ »[52]

C'est avec ces calculs que Wessel termine l'exposition de sa méthode « sur la représentation de la direction d'un rayon dans une sphère ». Son mémoire s'achève sur les « polygones sphériques » et sur une étude longuement développée des « propriétés principales des triangles sphériques ».

*Wessel : un devancier de Hamilton ?*

Nous n'avons pas voulu traiter de façon exhaustive ces deux dernières parties du mémoire de Wessel, de peur de trop déborder du cadre de la présente étude et de lui accorder une place dont l'importance historique serait démesurée face à celles d'Argand, Gauss, Cauchy, etc.

Il est impossible de nier qu'il existe dans le travail de Wessel de nombreux éléments, « des conditions toutes spéciales », qui lui auraient permis de faire certaines découvertes que Gauss et Hamilton, par exemple, feront après lui. Mais à quoi nous conduit un tel constat ? Peut-on pour cela conclure que Wessel les a devancés sur la voie de leurs découvertes ? Ce jugement ne peut être donné à la simple vue de son unique travail connu. Voyons de plus près pourquoi.

52. C. Wessel, *ibid.*, p. 28 (§. 35).

Wessel ne considère, on l'a remarqué, que des rotations autour des axes perpendiculaires porteurs des « unités absolues » ε et η. Il ne s'interroge pas explicitement sur ce que serait la rotation autour de l'axe réel. Or ce calcul eut été primordial : une rotation autour de l'axe « réel » d'un point mobile le long d'un « arc de cercle » de II degrés doit transformer le rayon $x + \eta y + \varepsilon z$ dont il est le « point extrême », de la façon suivante :

On a vu qu'une rotation autour de l'axe « η » de I degrés s'écrivait :

-1- $(x + \eta y + \varepsilon z),,(\cos \text{I} + \varepsilon \sin \text{I})$

et qu'une rotation autour de l'axe horizontal "ε" de II degrés s'écrivait :

-2- $(x + \eta y + \varepsilon z),,(\cos \text{II} + \eta \sin \text{II})$.

Nous pouvons supposer que les termes opérant sur le rayon $x + \eta y + \varepsilon z$ s'écrivent :

-a- $1.\cos \text{I} + \varepsilon.\sin \text{I}$

-b- $1.\cos \text{II} + \eta.\sin \text{II}$.

On met ainsi en relief une remarque précise : une rotation autour de l'axe « η » est l'action d'un « opérateur » exprimé comme « combinaison linéaire » des deux autres unités 1 et ε ; une rotation autour de l'axe « ε » est l'action d'un « opérateur » exprimé comme "combinaison linéaire" des deux autres unités 1 et η.

On peut donc se demander si une rotation autour de l'axe « 1 », de IV degrés, s'exprimera par l'action d'un « opérateur » de la forme :

- 3- $\varepsilon.\cos \text{IV} + \eta.\sin \text{IV}$

ou

- 4- $\varepsilon.\sin \text{IV} + \eta.\cos \text{IV}$,

c'est-à-dire que la rotation s'écrirait :

- 3'- $(x + \eta y + \varepsilon z),,(\varepsilon.\cos \text{IV} + \eta.\sin \text{IV})$

ou

- 4'- $(x + \eta y + \varepsilon z),,(\varepsilon.\sin \text{IV} + \eta.\cos \text{IV})$ ;

d'où

-3"- $= x + (\eta y + \varepsilon z)(\varepsilon.\cos \text{IV} + \eta.\sin \text{IV})$

$= x - y \sin \text{IV} - z \cos \text{IV} + \eta\varepsilon.y \cos \text{IV} + \varepsilon\eta.z \sin \text{IV}$.

Un problème crucial se pose alors : comment s'expriment ηε et εη ?

Plusieurs choix sont possibles :

1. On suppose que ηε = εη (c'est la plus naturelle) ; on a alors dans l'égalité précédent le résultat intermédiaire suivant :

$$x - y \sin \text{IV} - z \cos \text{IV} \pm \varepsilon\eta\,(y \cos \text{IV} + z \sin \text{IV}).$$

Les solutions ηε = ± ε ou ηε = ± η ne peuvent être retenues car alors les résultats :

$$x - y \textit{ sin } \mathrm{IV} - z \textit{ cos } \mathrm{IV} \pm \varepsilon\ (y \textit{ cos } \mathrm{IV} + z \textit{ sin } \mathrm{IV})$$

ou

$$x - y \textit{ sin } \mathrm{IV} - z \textit{ cos } \mathrm{IV} \pm \eta\ (y \textit{ cos } \mathrm{IV} + z \textit{ sin } \mathrm{IV})$$

font disparaître d'une part la composante, respectivement, en η et en ε et d'autre part, la composante dite « réelle » a varié.

2. $\eta\varepsilon = - \varepsilon\eta$, conduit à la même impasse.

Le bilan de ce calcul montre que l'on ne peut pas tenir compte du raisonnement précédent, c'est-à-dire que l'« opérateur » agissant sur le rayon $x + \eta y + \varepsilon z$ ne peut s'écrire comme « combinaison linéaire » des *unités absolues* ε et η.

Autre raisonnement :

On veut que le résultat de la rotation s'exprime en conservant la forme générale adoptée et qu'il laisse la coordonnée *réelle x* inchangée. Conformément aux résultats obtenus pour les rotations - 1 - et - 2 - autour des axes η et ε, le résultat d'une rotation de IV degrés autour de l'axe « réel » aura pour effet de transformer $x + \eta y + \varepsilon z$ en :

3. $- x + \eta\ (y \textit{ cos } \mathrm{IV} - z \textit{ sin } \mathrm{IV}) + \varepsilon\ (y \textit{ sin } \mathrm{IV} + z \textit{ cos } \mathrm{IV})$.

Celui-ci peut être considéré suivant l'opération (,,) de Wessel ; c'est-à-dire :

$$(x + \eta y + \varepsilon z),,(\textit{cos } \mathrm{IV} + \zeta \textit{ sin } \mathrm{IV}) = x+(\eta y+ \varepsilon z)(\textit{cos } \mathrm{IV}+ \zeta \textit{ sin } \mathrm{IV})$$

ou encore, du fait de l'unicité du résultat :

$$x + \eta\ (y \textit{ cos } \mathrm{IV} - z \textit{ sin } \mathrm{IV}\ ) + \varepsilon\ (y \textit{ sin } \mathrm{IV} + z \textit{ cos } \mathrm{IV}\ )$$
$$= x+(\eta y+\varepsilon z)(\textit{cos } \mathrm{IV}+\zeta \textit{ sin } \mathrm{IV}\ )$$
$$= x + \eta y \textit{ cos } \mathrm{IV}+\varepsilon z \textit{ cos } \mathrm{IV} + \eta\zeta\ y \textit{ sin } \mathrm{IV} + \varepsilon\zeta\ z \textit{ sin } \mathrm{IV}$$

d'où : $- \eta z \textit{ sin } \mathrm{IV} + \varepsilon y \textit{ sin } \mathrm{IV} = \eta\zeta y \textit{ sin } \mathrm{IV} + \varepsilon\zeta\ z \textit{ sin } \mathrm{IV}$

soit encore : $- \eta z + \varepsilon\ y = (\eta\zeta)\ y + (\varepsilon\zeta)\ z.$

Enfin : $- \eta = \varepsilon\zeta$ ;

et : $\varepsilon = \eta\zeta$.

Multipliant la première expression par ε et la seconde par η et se rappelant que $\varepsilon^2 = \eta^2 = -1$, on obtient : $- \varepsilon\eta = - \zeta$ et $\eta\varepsilon = - \zeta$ , d'où finalement $\varepsilon\eta = - \eta\varepsilon$.

On voit ici l'importance du résultat quand on pense à Hamilton, mais on ne peut que s'associer au désarroi qu'a dû ressentir Wessel après cette tentative malheureuse pour lui. Les paragraphes suivants nous montrent qu'il a tenté l'expérience :

> (§ 10) « ... Si l'on avait à multiplier des segments de droite qui ne se trouvent pas tous les deux dans un plan passant par l'unité absolue, on ne pourrait appliquer la règle précédente (c'est-à-dire $(a + \varepsilon b)\ (c + \varepsilon d) = ac - bd + \varepsilon(ad + bc)$). C'est pour cette raison que je ne m'occupe pas de la multiplication de tels segments. »[53]

53. C. Wessel, *ibid.*, p. 12.

(§ 37) « ...b/ Le point fixe O (fig. 6) a décrit un autre polygone, dont les angles sont égaux soit à – 90°, soit à + 90° ; les côtés I, II, III, IV, …, N, et l'équation du polygone est :
*s*,, I',, (-ε),, II',, ε,, III',, (-ε),, IV',, ε,, ...,, (-ε),, N',, ε = *s*.
Ceci suffira, puisque nous ne nous servirons pas de cette équation dans ce qui suit. »[54]

*Fig. 6*

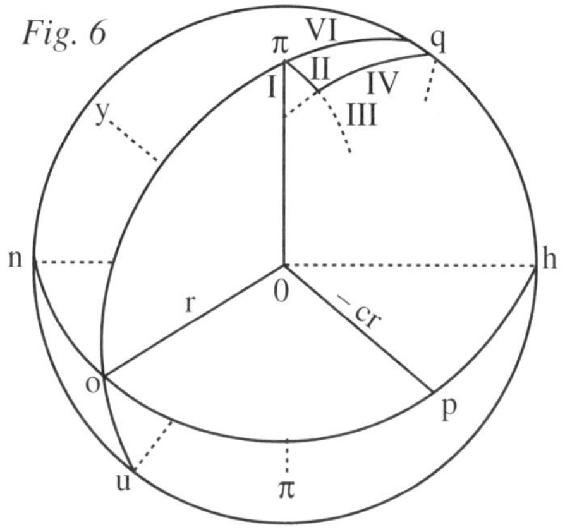


Ce dernier paragraphe est important. La sphère étant en mouvement, le point O décrit le polygone précédent. Or, ce point appartient à l'axe réel ; on voit par là qu'il connaissait certaines propriétés caractéristiques de la rotation autour de celui-ci.

(§ 71)« ... Le signe ,, n'a qu'imparfaitement la signification d'un signe de multiplication, car l'opération représentée par ce signe laisse inaltérée celui des segments figurant dans le multiplicande qui est au dehors du plan correspondant à la rotation indiquée par le multiplicateur. Considérons par exemple les trois segments 2, 3ε et 4η ; alors :
(2 + 3ε + 4η),, II' signifie 3ε + (2 + 4η).(*cos* II + η.*sin* II).
De même : (2 + 3ε + 4η),, I' signifie : 4η + (2 + 3ε).(*cos* I + ε.*sin* I).
Il faut observer que l'opération se fait dans l'ordre où les facteurs se suivent de gauche à droite. Par exemple, si l'on veut trouver la valeur de (2 + 3ε + 4η),, I' ,, II', il faut commencer par trouver celle de (2 + 3ε + 4η),, I', qui est (4η + 2 cos I + 2 ε. *sin* I – 3 *sin* I + 3 ε *cos* I),, II'. »[55]

Dans ce paragraphe, les deux difficultés qui gênent Wessel sont présentes : l'ordre des exposants n'est pas quelconque, donc on perd la commutativité de l'opération « ,, » ; le dernier résultat ne pourra être obtenu que si l'on peut exprimer la signification du produit εη.

54. C. Wessel, *ibid.*, p. 31.
55. C. Wessel, *ibid.*, p. 58.

On comprend pourquoi Wessel n'a pas été plus loin dans sa méthode. De telles difficultés auraient plongé ses auditeurs dans la plus profonde perplexité. Il voulait exposer une théorie peu « abstraite », de peur de gêner les académiciens, et pratique. Il a parfaitement atteint son but par une méthode exacte qui rend enfin "possibles" des opérations dites « impossibles » et qui donne la liberté d'utiliser les nombres « imaginaires » en toute sérénité.

Il est difficile de croire qu'une telle découverte soit restée inconnue de tous. N'a-t-elle pas eu une influence secrète sur Gauss et qui sera peut-être révélée un jour ? Cette hypothèse est séduisante, mais il ne nous a pas été encore permis de voir si elle était fondée[56].

### *3 - Buée : l'idée d'une « Algèbre-langue »*

Si nous avions voulu nous restreindre au tableau d'une histoire sans heurt de la représentation géométrique des nombres complexes, donnant lieu alors à une ligne sans cesse ascensionnelle où en dernier lieu viendrait culminer l'image vectorielle pour nous devenue si familière, le *Mémoire sur les quantités imaginaires* de Adrien Quentin Buée, communiqué par William Morgan à la Société Royale de Londres (le 20 juin 1805), n'occuperait pas ici la place que nous lui avons retenue. Nous aurions repris à notre compte la facile, mais plus convaincante, transition qui amène à faire succéder Argand à Wessel. Ce passage, plus conforme à l'idée que l'on a sur l'histoire de cette représentation, a pour conséquence immédiate la suppression des hésitations et des problèmes parasites, mais souvent plus révélateurs, qui forment la cadre naturel de cette « réalisation » géométrique, bien que n'étant pas eux-mêmes d'ordre strictement mathématique. On se trouve par conséquent privé d'une nouvelle possibilité visant le *pourquoi* de telles considérations, qualifiées aujourd'hui de marginales, alors qu'elles surent en leur temps féconder de nouveaux concepts une mathématique qui se figeait[57].

---

56. On peut cependant légitimement émettre quelques réserves à ce propos. Ainsi que nous le verrons plus tard dans la partie consacrée à Gauss, plusieurs documents prouvent qu'il a une approche différente de celle de Wessel. Nous reviendrons sur une lettre de Gauss de 1811, mais précisons dès maintenant que dans des travaux de 1805 publiés dans le tome 8 de ses œuvres, il y a un très intéressant diagramme qui représente le domaine fondamental de la fonction modulaire elliptique comme un domaine dans le plan de la variable complexe.

57. Ne voyons-nous pas, par exemple, Lagrange prédire que les chaires universitaires de mathématiques se feraient aussi rares que celles de langue arabe !

*L'originalité de Buée*

C'est parce que Buée s'encombre volontairement d'arguments propres au langage, afin de justifier la présence d'*éléments imaginaires* en Géométrie, qu'il présente au moins à nos yeux un intérêt tout particulier et privilégié. C'est sans nul doute pour la même raison qu'il rebute ses lecteurs les plus avertis, indispose les esprits imbus d'une rigueur aveugle et que l'on a eu tendance jusqu'à nos jours à écarter son témoignage des « histoires des mathématiques ».

L'auteur donne une représentation géométrique du « signe » $\sqrt{-1}$ et cherche à la légitimer, mieux à la « populariser ». Une telle exigence l'oblige à dénoncer la trop grande rigidité du carcan de l'algèbre ordinaire (i.e. l'*Arithmétique universelle*). Il bâtit une « langue mathématique » susceptible de recevoir et d'asseoir les nombres négatifs et, *a fortiori*, les « nombres imaginaires », sur une base moins contestable que l'existante. C'est en quelque sorte l'histoire de cette double recherche semée d'embûches et d'erreurs que raconte son *Mémoire*.

Ce double objectif, souhaité mais non réalisé, nous porte à le faire côtoyer deux courants apparemment sans lien. Le premier cherche une *réalisation* géométrique commode à ces quantités que l'on nomme avec réserve « imaginaires » ; il forge un instrument qui s'avérera indispensable à la suprématie de l'Analyse. Une telle recherche ne visant que la découverte d'une *image* souffre d'un défaut très grave : elle suppose tacitement dans ses prémisses que le *calcul* avec des « quantités imaginaires » est légitime. Cette limitation est parfaitement observable dans les travaux de Wallis, Kühn et Euler, parmi d'autres. Ce n'est que par la suite qu'un tel problème sera dénoncé et progressivement résolu par Wessel (nous l'avons vu), Argand, Mourey, Warren, Gauss, Hamilton et Cauchy.

Le second courant se pose le problème des opérations ; son premier objectif déclaré est la précision du discours mathématique. Il cherche à énoncer, plutôt à faire l'inventaire, des conditions permettant l'accès d'un nouvel *objet* dans une théorie. La rigueur de l'enchaînement des propositions, abstraction faite de leurs contenus, est aussi de son ressort. Enfin, il participe à l'établissement d'utiles délimitations entre les différents domaines formant par union ce que nous appelons *les* mathématiques.

Bien sûr, on ne saurait affirmer que la recherche d'une « langue mathématique » est une chose nouvelle en soi ; Buée est, sans aucun doute possible, très largement devancé par les découvertes antérieures de Leibniz. Il n'apporte également rien de bien nouveau dans le domaine attaché à la stricte *réalisation* géométrique des « quantités imaginaires 7 ; son idée est très fortement anticipée par d'autres. On ajoutera à ce tableau que l'auteur n'était qu'un mathématicien de second plan – son *Mémoire* n'était qu'une des deux rares échappées qu'il fit hors de ses coutumières publications politico-religieuses critiques – par conséquent peu au fait des récentes découvertes mathématiques et qu'il allait par l'obscurité de son travail à l'encontre d'une des premières exigences de son temps. On comprend dès lors mieux pourquoi il ne saura pas retenir toute l'attention de l'historien des sciences et qu'il s'attirera les jugements les plus sévères[58].

Pourtant Buée ne passe pas inaperçu de ses contemporains : Peacock[59], Hamilton[60] et Cauchy[61], bien qu'unanimes dans leurs critiques du style de Buée, reconnaissent néanmoins à ce dernier une véritable valeur.

L'étude de Buée est un témoignage de première importance pour mesurer l'évolution d'une science qui n'a pas encore unifié son discours. Elle met crûment en relief que les mathématiques sont encore baignées d'un réalisme puisé dans le quotidien de leurs bâtisseurs, que ces derniers cherchent encore dans leur entourage, tant matériel que social, les inspirations ou les éléments propres à soutenir leurs exposés théoriques. On reste encore loin d'une *intuition professionnelle* qui tire sa substance de symboles décharnés.

Les premières lectures du long *Mémoire* de Buée (soixante-cinq pages surchargées de nuances linguistiques) nous obligent à constater que l'auteur n'a pas su atteindre une pleine maîtrise de son sujet : son exposé est alourdi par de trop nombreuses redites inutiles et manque de clarté aux moments les moins propices. À trop vouloir convaincre, en faisant appel à des notions extérieures aux mathématiques, il sème le

58. G. Loria, « L'énigme des nombres imaginaires à travers les siècles », *Scientia*, 21 (1917), p. 54.

« (...) Celui-ci s'exprimait d'une façon tellement confuse, se servant d'un style extrêmement embrouillé, qu'il n'a certainement pas fait avancer d'un pas la solution d'un problème difficile qui, à ce moment-là, était à l'ordre du jour ; et la prétendue équation $(-1)n = (-1^n)$ qu'il croyait avoir découverte, forme sur son nom une tache indélébile. »

59. I. G. Peacock, *Report on the recent progress and present state of certain branches of analysis*, 1834, London, p. 228.

« L'interprétation géométrique du signe $\sqrt{-}1$, lorsqu'il est appliqué à des symboles représentant des lignes (...) a été formellement réalisée pour la première fois par Buée... »

Plus loin, il ajoute :

« Ce travail contient des vues originales, bien que très imparfaitement développées... »

60. W. R. Hamilton, *Lectures on Quaternions*, 1853, Dublin ; Préface : notes pp. 31-34.

61. A.L. Cauchy, *Œuvres* (2e série), vol. XIV, p. 175. Il laisse Buée sur un plan d'égalité avec Argand :

« Dès l'année 1806, M. L'abbé Buée et M. Argand, en partant de cette idée que _ - 1 est signe de perpendicularité, avaient donné des expressions imaginaires une interprétation géométrique, contre laquelle des objections spécieuses ont été proposées. »

Non seulement Cauchy accorde une importance à Buée, mais il épouse certaines de ses idées : il considère comme lui que « les signes + et - placés devant les nombres peuvent être comparés (...) à des adjectifs placés auprès de leurs substantifs » (note de Peacock, *op. cit.*, p. 193).

doute. Plus maladroit que Wessel, parce que plus abstrait, plus vague parce que trop globaliste, il s'expose aux critiques les plus vives de l'*Edinburgh Review*[62]. L'existence même de celles-ci est, contrairement aux propos de Gino Loria (*Cf.* note (58) précédente), un facteur de progrès : elles rendent publique la persistance et l'urgence d'un problème délicat et conduisent à l'affrontement d'idées à défendre. Combien de mathématiciens s'illustrèrent en marquant l'évolution de leur science par des *erreurs* qui s'avérèrent fécondes après coup !

Par la tentative qu'il ébauche, Buée se situe à l'une des origines du mouvement qui aboutira, en particulier entre les mains de l'*École Anglaise*, à la création de la logique symbolique et à la conception de l'*algèbre abstraite*. Aussi confuse soit-elle, l'œuvre de Buée témoigne bien de la richesse imaginative de ce XIXe siècle naissant et offre, malgré ses maladresses, une nouvelle mise en valeur de l'extrême difficulté qu'il y avait alors à extraire ces notions devenues pour nous si *évidentes* d'une mathématique à la recherche de l'universalité de son discours. C'est aussi par son souci de vouloir faire de l'algèbre une langue que Buée occupe une position radicale par rapport au mouvement se proposant de libérer les mathématiques de la pesante tutelle purement géométrique.

### *L'algèbre : une « langue mathématique »*

Bien que le présent chapitre s'organise autour de l'aspect géométrique du nombre complexe, il nous semble indispensable de faire ici quelques allusions aux avancées *mathématico-linguistiques* introduites par Buée.

Dès les premières pages, l'auteur essaie d'établir une frontière entre l'« arithmétique » et la « géométrie », distinction que Peacock aura soin de perfectionner tout en la critiquant. Parlant des signes « + » et « – », il souligne leurs rôles respectifs : comme signes d'opérations arithmétiques, le premier indique l'addition, le second, la soustraction ; en géométrie, ils dénotent simplement des directions opposées. L'exemple qui suit cette mise au point permet d'envisager ce que seront pour Buée les *objets* auxquels s'appliqueront ces opérations et présente l'avantage supplémentaire d'introduire une nouvelle notion :

> « (...) Lorsqu'on décrit une ligne d'une longueur déterminée, on fait deux choses : 1°) on donne à cette ligne sa longueur ; 2°) on lui donne sa direction. La première de ces opérations est purement *arithmétique*. La seconde est purement *géométrique* (...). Lors donc qu'on réunit ces deux

62. G. Loria, *ibid.*, p. 54.

opérations, on fait réellement une opération *arithmético-géométrique.* »[63]

Ainsi, trois types d'opérations sont distingués ; le premier prend en compte les longueurs des lignes et s'affranchit de leurs directions respectives ; le second opère exactement de façon opposée et le troisième considère à la fois les longueurs et les directions des lignes. Il est donc clair que, fort des renseignements que nous a légués Wessel, la représentation géométrique des « quantités imaginaires » ne saurait appartenir exclusivement à la « Géométrie » ; elle a besoin pour exister d'un ingrédient « arithmétique » indispensable (aux dires de Buée).

Ce premier essai de l'auteur pour établir une séparation entre les « objets » de l'« Arithmétique » et ceux de la « Géométrie » est donc bien clair : c'est une porte ouverte pour chasser l'« impossible ». En effet, il a pour but de montrer que l'impossibilité de conclure un problème posé, à cause de la présence de « quantités imaginaires », est souvent imputable non à ces éléments eux-mêmes mais à l'introduction incontrôlée, lors de la « traduction géométrique » initiale, de notions « arithmétiques » ; et réciproquement. C'est de ce mélange « disparate » que résulte l'*impossible.*

### *Allier la quantité à la qualité*

Mais les signes « + » et « – » ne se réduisent pas uniquement à jouer ces rôles. La *langue arithmétique* que cherche à introduire Buée leur réserve une plus grande destinée. Pour atteindre ce but il faudra allier la *quantité* à la *qualité* :

> « En général, lorsque + et – ne signifient pas simplement l'un l'addition et l'autre la soustraction, pour savoir ce que signifie – devant une lettre, il faut savoir ce que signifierait + devant cette même lettre, et prendre pour - la signification opposée (...). Chacun des signes + et – a deux significations tout à fait différentes : 1°) mis devant une quantité q, ils peuvent désigner *deux opérations arithmétiques opposées*, dont cette quantité est sujet ; 2°) devant cette même quantité, ils peuvent désigner *deux qualités opposées* ayant pour sujet les *unités* dont cette quantité est composée. »[64]

Le *sujet* change et, par conséquent, *justifie* cette apparition de la *qualité*, cependant les signes « + » et « – » restent toujours soumis à certaines restrictions :

---

63. Buée, *ibid.*, p. 23. Tout ce qui est en italique l'est par l'auteur, sauf mention expresse de notre part.

64. Buée, *ibid.*, pp. 23-24.

« Dans l'algèbre ordinaire, c'est-à-dire dans l'algèbre considérée comme *arithmétique universelle*, où l'on fait abstraction de toute espèce de qualité, les signes + et - ne peuvent avoir que la première de ces significations. Par conséquent, dans cette algèbre où tout est abstrait, une quantité isolée peut bien porter le signe + qui, dans ce cas, n'ajoute rien à l'idée de cette quantité ; mais elle ne peut pas porter le signe –. En effet, cette quantité étant supposée isolée, si on l'ajoute, ce ne peut être qu'à zéro ; si on la soustrait, ce ne peut être que de zéro. Le premier est possible, mais le second est absurde. »[65]

Si l'on s'en tient strictement aux précisions de Buée, une lettre *a* précédée du signe « – » ne peut exister isolément tandis que la même lettre précédée du signe « + » est parfaitement acceptable. On découvre aussi que la première peut être parfois envisagée si la seconde a été préalablement définie. Comme il le dit lui-même[9], *si* « +t » est un « temps passé », *alors* « –t » est un « temps futur » égal ; *si* « +p » est une « propriété », *alors* « –p » est une « dette » d'égale valeur. Le quatrième paragraphe de son *Mémoire* interdit tout possible renversement de cette proposition logique : concevoir une totale autonomie à une lettre précédée du signe « – » est complètement exclu. Se référant aux différentes positions, « +1 » qu'occupe une ligne lorsqu'elle est soumise à une opération « arithmético-géométrique », il précise :

« Il ne suffit pas, pour connaître la situation désignée par – 1, de connaître une de celles qu'on désigne par + 1, il faut encore savoir à laquelle chaque – 1 est opposée. »[64]

Ainsi que les déclarations précédentes le prouvent, Buée accorde une importance et un privilège exceptionnels au signe « + » ; il érige en « règle » la simple habitude d'écriture qui ramassait en une simple lettre « a » l'expression symbolique « + a » (une telle réduction subsiste de nos jours, mais la lettre « a » n'est condamnée à ne représenter que des nombres « abstraits »). Cette pratique commode le conduit arbitrairement à tolérer « + a » dans l'*algèbre ordinaire*, car celle-ci est vue comme l'expression simplifiée de la « somme 0 + a » ; « – a » n'a évidemment pas de sens, puisqu'elle correspond à la forme réduite de la « différence absurde 0 – a ». Par ce parti-pris, on constate déjà que Buée va à l'encontre de ses définitions précédentes (1° et 2°) ; dans la pratique courante des mathématiques les signes « + » et « – » ne sauraient se prévaloir de la sorte. On comprend qu'une simple exception de cette nature souligne le caractère particulier des « nombres négatifs » par rapport aux nombres « naturels » et contribue à freiner leur accession à la place qu'ils occupent aujourd'hui. Inutile

65. Buée, *ibid.*, p. 24.

de préciser que les nombres « imaginaires » se trouvent dans une situation encore plus précaire. Bien sûr, l'attitude de Buée n'est pas le radicalisme de Frend ni le refus plus motivé de L. Carnot, mais l'introduction des nombres négatifs dans le « calcul » doit être justifiée par l'apport d'une nouvelle conception :

> « (...) Toutes les fois qu'on a pour résultat d'une opération une quantité précédée du signe -, il faut, pour que ce résultat ait un sens, y considérer quelque qualité. Alors l'algèbre ne doit plus être regardée simplement comme une *arithmétique universelle,* mais comme une *langue mathématique* (...). »[66]

Tout devient alors clair pour lui ; l'emploi de « – a » ne doit plus choquer l'esprit, si l'on se réfère à sa seconde définition (2°) ; on n'utilisera plus l'absurde expression « soit la quantité moindre que rien – a », on devra avoir en vue la *qualité* traduite par le signe « – » ou,

> « ce n'est pas la *quantité* qui est plus petite que zéro, c'est la *qualité* qui est inférieure à la *nullité* »[66].

*Aperçu de la grammaire de la « langue mathématique »*

Non content d'avoir introduit la notion trop riche de « qualité » en cette science qui se débat avec celle de « quantité », Buée pousse très loin son idée de « langue mathématique » et va jusqu'à en considérer la grammaire :

> « Selon la seconde signification (2°) donnée aux signes + et –, ils désignent deux *qualités* opposées ayant pour sujets les *unités* dont une quantité est composée. Or comme une qualité ne peut être séparée de son sujet, les signes + et – ne peuvent être séparés de leurs unités. Dans la langue algébrique, ces unités sont les *substantifs*, et les signes + et –, des adjectifs. »[66]

Donc, lorsque l'on trouve dans un calcul les expressions « + q » ou « – q » (quoique le cas de « + q » soit plus fortement indéterminé, comme nous l'avons vu), il faudra cette fois avoir présent à l'esprit que celles-ci sont en fait les expressions condensées non pas de « 0 + q » ou de « 0 – q », mais de « + 1.q » ou « –1.q », respectivement. La lettre q est alors le "nombre de fois" qu'est prise l'unité + 1 ou – 1 (ayant une qualité quelconque)[66], elle correspond par conséquent à un nombre dit « abstrait ».

À la suite d'une si rapide entrée en matière, propre à nous plonger immédiatement dans la mouvance de la grammaire, surtout lorsqu'elle

66. Buée, *ibid.*, p. 25.

vient enrichir les mathématiques de nouvelles difficultés, Buée a le champ libre pour nous apporter des précisions sur ce qu'il faut entendre par « quantités imaginaires ».

> « Du signe $\sqrt{-1}$.
>
> Je mets au titre *Du signe* $\sqrt{-1}$ et non *De la quantité ou de l'unité imaginaire* $\sqrt{-1}$ ; parce que $\sqrt{-1}$ est un signe particulier joint à l'unité réelle 1, et non une quantité particulière. C'est un nouvel adjectif joint au substantif ordinaire 1, et non un nouveau substantif. »[67]

Buée, par une telle précision ne peut être vu que postérieur à Euler, bien qu'il fasse toujours usage de « $\sqrt{-1}$ » au lieu de « i ». La mise en garde précédente le met à l'abri du risque de s'aventurer dans l'impasse à laquelle conduisit le caractère trop évocateur du symbole « $\sqrt{-1}$ ». Pour lui, ce dernier, pris seul, ne signifie rien ; aucun caractère opérationnel ne peut lui être attribué. En revanche, c'est lui qui introduira l'*action* en qualifiant l'unité ; dans ce dernier cas, ce n'est plus de « $\sqrt{-1}$ » dont on parle, mais de « $\sqrt{-1}.1$ ». On comprend que Buée nous assaille de mots. Son symbolisme est à la merci d'une simple réduction scripturale *naturelle* qui n'eut pas été préalablement introduite par la métalangue ; trop de références tacitement incluses rendent malaisé l'emploi de son symbolisme. Comment comprendre ce nouveau « signe » et le caractériser de façon telle qu'il ne vienne pas choquer l'esprit ? Buée maintient son lecteur un moment en haleine :

> « Mais que veut dire ce signe ? Il n'indique ni une addition, ni une soustraction, ni une suppression, ni une opposition par rapport aux signes + et –. Une quantité accompagnée de $\sqrt{-1}$ n'est opposée ni à celle qu'indique +, ni à celle qui est désignée par –. Qu'est-elle donc ? »[68]

Pour expliquer ce signe qui, en première approximation, heurte, car il ne s'oppose pas clairement aux signes + et –, l'auteur, en mal de procédés tirés de l'arithmétique ou de l'algèbre, fait appel à la géométrie. Ici encore, l'affaire ne fut pas sans difficultés : les nombres « réels » avaient, avec le temps, su trouver comme lieu « naturel » la droite. Cette linéarité vite acquise devint caractéristique du *nombre*. Cette image cartésienne commode fut aussi le premier obstacle qui se dressa devant les « quantités imaginaires ». L'image mentale qui ressortait d'une si riche correspondance « arithmético-géométrique » était celle d'une droite achevée, donc impropre à recevoir de nouveaux

---

67. Buée, *ibid.*, p. 27.
68. Buée, *ibid.*, pp. 27-28.

« nombres ». Une alternative s'offrait alors pour échapper à cette contrainte. Une approche, plus spéculative et en quelque sorte métaphysique, qui se heurte au dogme euclidien en attribuant une épaisseur au point et à la droite. Le point correspondant au nombre « 0 » sur une droite orientée partage celle-ci de sorte que les nombres positifs se situent d'un côté du point « 0 » et les nombres négatifs de l'autre. Il devient alors impossible de placer les « imaginaires » de part et d'autre d'un tel point. L'épaisseur du point « O » s'offrait alors comme possible réceptacle propre à recevoir ces quantités énigmatiques. Si une telle considération gênait, on se limitait à rejeter ces nombres à l'infini des extrémités de la droite réelle. L'autre approche, celle qui nous est plus familière, permet d'échapper à cet univers unidimensionnel en recourant au plan. Paradoxalement, Buée opte à la fois pour ces deux possibilités.

Pour découvrir l'« énigme » qui entoure le signe « $\sqrt{-1}$ », il nous invite à supposer « trois lignes égales AB, AC, AD, qui partent toutes du point A ».[68] On pourrait déjà se demander ce qu'il entend par « égales » lorsqu'il se réfère à des « lignes » ; ici, *a priori*, il semble que l'auteur tient uniquement compte de leur longueur, faisant abstraction de leurs directions respectives. Néanmoins, il poursuit en disant :

> « Si je désigne la ligne AB par + 1, la ligne AC sera – 1, et la ligne AD, qui est une moyenne proportionnelle entre AB et AC, sera nécessairement $\sqrt{-1^2}$ ou plus simplement $\sqrt{-1}$ ».

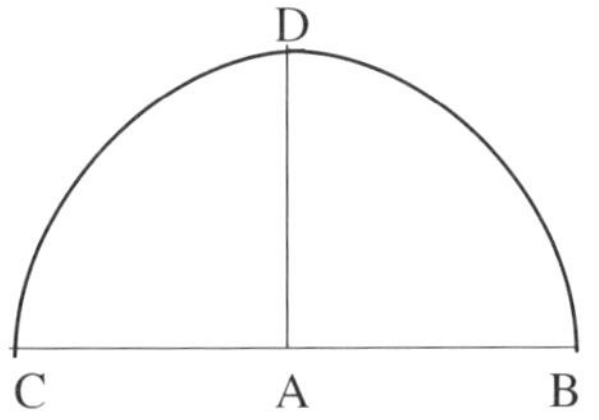


Nous allons donner un exemple qui conduit à un tel résultat. Soit la figure suivante :

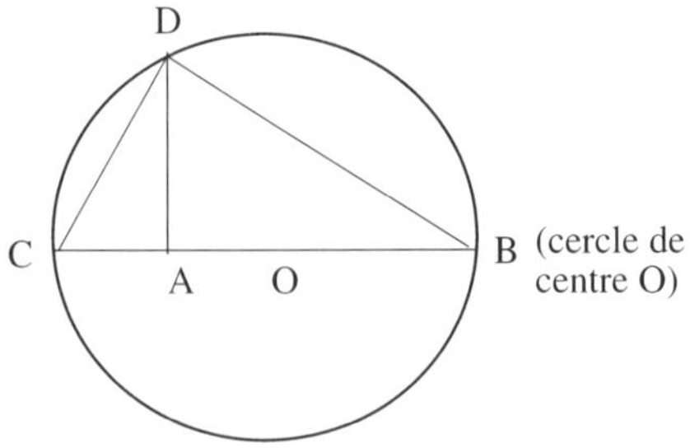

où AB = $y$, AC = $x$, AD = $z$, BD = $a$ et CD = $b$ (I).

Les triangles CBD, CAD, ABD sont rectangles. Au moyen du théorème de Pythagore, on déduit respectivement de ces derniers les trois relations suivantes :

i) $(x + y)^2 = a^2 + b^2$

ii) $x^2 + z^2 = b^2$

iii) $y^2 + z^2 = a^2$.

On tire aisément de celles-ci, en remplaçant dans i) $a^2$ et $b^2$ par leurs expressions données en ii) et iii), l'égalité :

iv) $y^2 + z^2 = a^2$ .

Partant d'une telle relation et compte tenu de (I), on trouve alors :

$$\mathrm{AD} = \sqrt{\mathrm{AB} \cdot \mathrm{AC}}\,.$$

Si nous choisissons, à la manière de Buée, les valeurs AB=+1 et AC=-1, il s'ensuit le résultat suivant :

$$\mathrm{AD} = \sqrt{(+\ 1) \cdot (-1)} = \sqrt{-1^2} = \sqrt{-1}.$$

Celui-ci, bien que s'avérant exact (se référant pour cela à une autre théorie), est obtenu d'une façon qui n'est pas correcte. En effet, la relation iv) est atteinte par un calcul géométrique effectué sur des grandeurs « absolues » (c'est-à-dire, avec des segments de droite dont on a fait abstraction des orientations respectives ; ce ne sont pas des « vecteurs » : on ne considère pas, par exemple, une relation du type AC = – CA !).

Or, ici, nous avons fait un choix qui implique une orientation préalable de la figure géométrique initiale et, par conséquent, fausse la pertinence du théorème de Pythagore, car le « produit » et la « somme » considérés *a posteriori* ne sont plus les mêmes opérations qui nous permirent d'aboutir à la relation (iv).

Pour clore cette remarque en mettant l'accent sur ce type de difficultés, nous allons souligner l'erreur inhérente à un tel mélange de notions. Soit la figure ci-dessous :

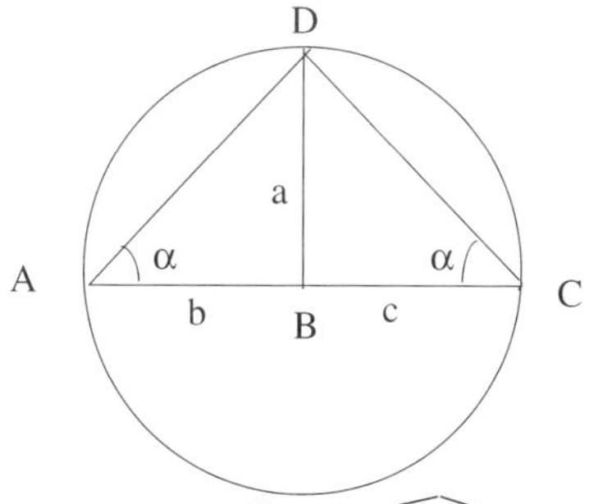


où AB = $b$, BC = $c$, DB = $a$ et $\widehat{\mathrm{BAD}} = \widehat{\mathrm{BCD}} = \alpha$. Il est immédiat, en considérant les tangentes des deux angles $\widehat{\mathrm{BAD}}$ et $\widehat{\mathrm{BCD}}$ que :

(1) $\frac{a}{b} = \frac{a}{c}$ d'où $b = c$ ($a$, $b$, $c$ étant non nuls).

Oublions un moment ce dernier résultat et posons :

(2) $b = -1$ et $c = +1$.

La relation (1) n'est alors plus possible car elle conduit à l'égalité fausse $-1 = +1$. Cette simple illustration laisse soupçonner qu'il ne suffit pas de dire que « $\sqrt{-1}$ est la moyenne proportionnelle entre $-1$ et $+1$ » pour avoir trouvé la représentation géométrique des nombres « imaginaires ». Une telle expression maintient dans l'obscurité le sens qu'il faut attribuer à la « somme » (par exemple) $a + b\sqrt{-1}$. Retournons aux propos de notre auteur.

« $\sqrt{-1}$ », « signe de perpendicularité ».

Buée tire comme conclusion que :

> « (...) $\sqrt{-1}$ est le signe de PERPENDICULARITÉ, dont la propriété caractéristique est *que tous les points de la perpendiculaire sont également éloignés de points placés à égales distances de part et d'autre de son pied.* Le signe $\sqrt{-1}$ exprime tout cela et il est le seul qui l'exprime. Ce signe mis devant $a$ ($a$ signifiant une ligne ou une surface) veut donc dire qu'il faut donner à $a$ une situation perpendiculaire à celle qu'on lui donnerait, si l'on avait simplement $+a$ ou $-a$. »[69]

Buée donne une autre explication géométrique (en grande partie celle de Kühn améliorée), mais nous l'avons déjà constaté auparavant, elle s'appuie également sur une extension mal justifiée du calcul algébrique. Cette représentation est obtenue en faisant des rotations d'un quart de tour autour d'un sommet pris comme centre, d'un des carrés de la figure de Kühn.

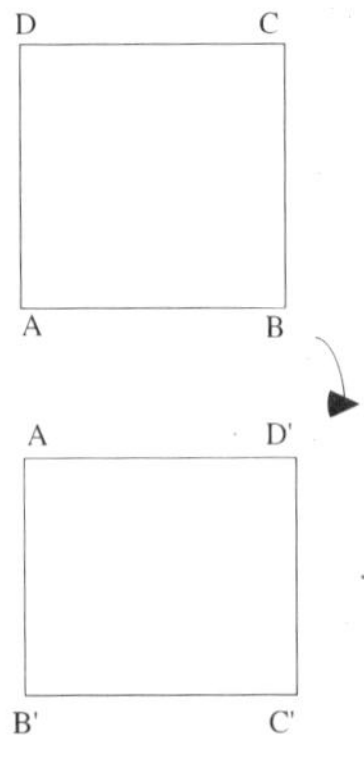


« Supposons AB = ± 1, et par conséquent AD = ± 1 et mettons en A le point de départ de la description des lignes AB et AD, en sorte que AB et AD portent le même signe, + ou –, et que le carré ABCD soit positif. Maintenant faisons faire à ce carré un quart de révolution autour du point A pris comme centre. Après ce mouvement, le point B sera en B', le point C en C', et le point D en D'. Chacune des lignes AB, BC, CD, DA prendra une situation perpendiculaire à celle qu'elle avait et, au lieu du carré ABCD, on aura le carré AB'C'D'. Or A étant le point de départ, il est clair que, si le carré ABCD est positif, le carré A'B'C'D' doit être négatif, et *vice-versa.*

69. Buée, *ibid.*, p. 28.

Par conséquent, si ABCD = + $1^2$, dont le côté AB ou CD ou DA est = ± 1, on aura AB'C'D' = – $1^2$, dont le côté AB' perpendiculaire à AB, ou BC' perpendiculaire à BC, ou C'D' perpendiculaire à CD, ou D'A perpendiculaire à DA et = ± $\sqrt{-1}$ . On voit donc que, si l'on donne à tous les côtés d'un carré des positions perpendiculaires à celles qu'ils ont, *sans cependant changer leurs positions respectives et faisant le plus petit mouvement possible* (c'est-à-dire, en n'ajoutant pas le mouvement de translation à celui de rotation), on obtient le même résultat qu'en joignant le signe $\sqrt{-1}$ au signe de ces côtés. »[70]

Ainsi, si nous prenons le carré ABCD, dont les côtés AB et AD représentent, par exemple, « + 1 », après chaque quart de révolution, il occupe les différentes positions suivantes (où A est pris comme centre de révolution) :

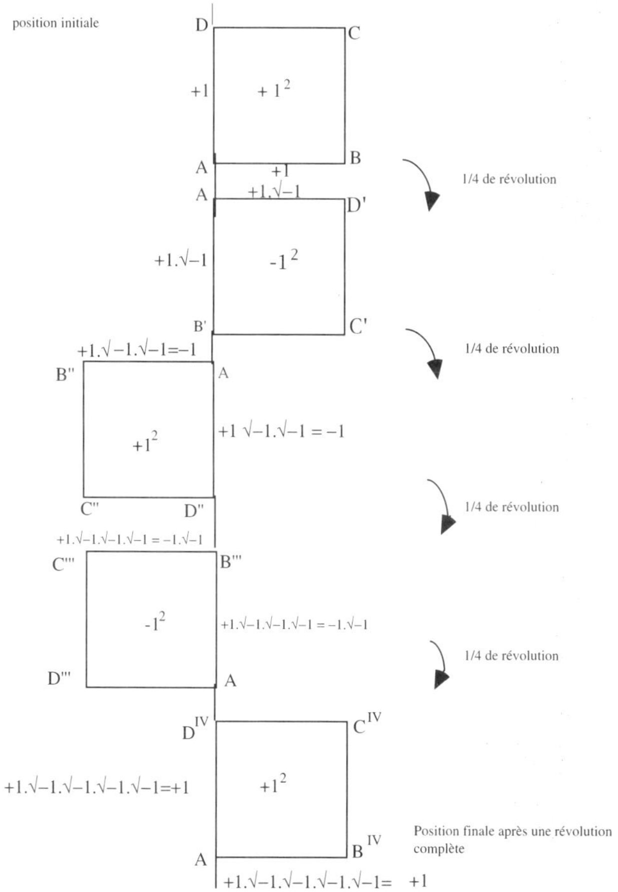


70. *Ibid.*, pp. 28-29.

Plusieurs remarques s'imposent ici. La définition que donne Buée du « signe $\sqrt{-1}$ » ne peut être pleinement interprétée sans introduire une notion de mouvement. En effet, lorsqu'il considère le carré ABCD (que nous prendrons de côté $a$), les côtés AB et AD représentent tous les deux la grandeur $a$ ; à aucun moment, il ne suppose que ceux-ci puissent représenter respectivement $a$ et $a\sqrt{-1}$, et ce, simultanément. En revanche, c'est l'action du « signe $\sqrt{-1}$ » sur la grandeur $a$ qui conduit celle-ci à prendre une position perpendiculaire à celle qu'elle occupait précédemment. C'est ce *diachronisme* qui permet de donner un sens à l'expression symbolique « $\pm\sqrt{-1}$ » ; le « substantif » 1 est déterminé successivement par les « adjectifs » + (ou –) et $\sqrt{-1}$. Buée n'essaie pas de poser dès le départ un carré dont les côtés seraient porteurs du « signe $\sqrt{-1}$ ». En aucun cas, une telle figure ne peut prendre la première place dans la description d'un mouvement, ni donc être prise isolément. C'est sa propre définition qui implique cette contrainte, contrainte qui ôte tout caractère primitif à la « quantité imaginaire ».

### « $\sqrt{-1}$ », *« signe purement descriptif »*

Buée précise plus loin que « $\sqrt{-1}$ » n'est pas le

> « signe d'une *opération arithmétique*, ni d'une opération *arithmético-géométrique*, mais d'une opération purement géométrique. C'est un signe *purement descriptif.* J'appelle signe purement descriptif un signe qui indique la *direction* d'une ligne, abstraction faite de sa *longueur* »[71].

Cette dernière précision met en relief la difficulté qu'il y a à lire et comprendre Buée. Précédemment, nous avons vu que la « quantité imaginaire » ne pouvait être exclusivement du ressort de la « géométrie » et que seule l'« arithmético-géométrie » offrait la voie la plus adéquate pour sa légitimation. L'auteur paraît faire ici un retour sur ses précédentes affirmations et semble découvrir au fil de son explication les faiblesses de sa théorie. On se trouve, en fait, face à une interférence entre la « langue mathématique » qu'il suggère et la « géométrie » telle qu'on la comprenait et qu'on la comprend. C'est l'emploi de deux mots distincts (« géométrie » et « descriptif ») qui nous amène à formuler cette hypothèse. Si ces deux expressions verbales étaient équivalentes, sa propre phrase nous les montrent ainsi, l'une d'entre elles serait de trop et surchargerait inutilement son

71. Buée, *ibid.*, pp. 30-31.

« stock » de définitions. L'auteur marque une différence entre l'objet *idéal* que la *géométrie* définit et l'image suggestive que l'on élabore pour la représenter (du ressort de la « qualité »).

On peut regretter que Buée ait voulu à tout prix *naturaliser* le symbole « $\sqrt{-1}$ » au moyen d'exemples rendant illusoire le progrès qu'il venait de réaliser :

> « Quoique la *perpendicularité* soit *proprement* la seule qualité indiquée par le signe $\sqrt{-1}$ , on peut lui faire signifier, *au figuré*, une qualité toute différente, pourvu qu'on puisse raisonner sur cette qualité, comme on raisonnerait sur la perpendicularité même. Par exemple, si + s représente une somme *possédée*, et - s la même somme due, je dis que s$\sqrt{-1}$ peut représenter la même somme *ni possédée ni due* (...). »[29]

La tâche des comptables se complique fâcheusement et les concepts mathématiques déjà embarrassés par la *qualité* voient leur interprétation suspendue à l'aléa temporel. Buée s'enfonce plus avant dans cette voie en voulant montrer à quel point l'emploi de « $\sqrt{-1}$ » est pertinent pour résoudre certains problèmes posés par la vie quotidienne, tel celui de l'homme qui s'interroge sur la quantité d'argent qu'il a entre les mains : cette somme est-elle une « dette », un « gain » ou « ni possédée ni due » ? On laissera au lecteur le soin de juger l'ampleur de cette difficulté, mais en précisant néanmoins que la résolution de ce problème conduit l'auteur à définir le « produit » d'une dette par une dette et à donner une *signification opérationnelle* à l'expression symbolique « $\sqrt{-1}$ x $-\sqrt{-1}$ ». Après avoir enrichi de nouveaux mots (ou maux) les mathématiques, Buée cherche à préciser le sens de « t $\sqrt{-1}$ » lorsque la lettre t représente le « temps » ; il le trouve en attribuant au « présent », cet « indivisible » non situable entre un « passé » et un « futur » sans cesse changeants, une élasticité tirée d'expressions appartenant au « langage vulgaire » (comme ce *jour-ci*, le *mois présent*, la *présente année*...)[72].

Il n'est pas nécessaire de pousser plus avant dans l'« Algèbre-langue » de Buée pour se rendre compte qu'une telle nouveauté devait choquer ses contemporains. Néanmoins, c'est par ce biais original qu'il reste fidèle à l'énoncé du « théorème fondamental de l'Algèbre », contrairement à Carnot qui s'en tenait à l'« arithmétique universelle » et qui, par conséquent, rejetait les racines négatives ou « imaginaires » d'une équation, ou à Foncenex[73] qui, dans ses *Réflexions sur les Quan-*

---

72. Buée, *ibid.*, p. 35.
73. *Ibid.*, p. 84.

*tités imaginaires*, nous confirme qu'il connaît la représentation géométrique de $\sqrt{-1}$ (il la doit certainement à Wallis), mais précise que « si cette construction ne nous induit pas en erreur, elle ne nous fait absolument rien connaître (...) » et conclut en ajoutant :

> « On devrait par conséquent s'attacher à les écarter [les quantités imaginaires] autant qu'il est possible des équations finales, puisque, prises dans quelque sens que ce soit, elles ne peuvent pas résoudre la question, comme les racines négatives dont toute la contradiction consiste dans leur manière d'être à l'égard des positives. »

Parfois Buée met en relief certaines difficultés inhérentes aux « quantités imaginaires », mais son explication n'est ni satisfaisante, ni pertinente, car elle s'écarte trop du raisonnement mathématique. Il fait remarquer, par exemple, partant d'un triangle rectangle ABD dont l'hypoténuse est désignée par BD et les côtés par AB = 1 et AD = $\sqrt{-1}$ (il envisage ici un cas qui n'avait pas été traité avec le carré ABCD précédent), que le théorème de Pythagore conduit à écrire : $\overline{BD}^2 = \overline{AB}^2 + \overline{AD}^2 = 1^2 + (\sqrt{-1})^2$. Une telle égalité nous amène à poser, après simplification : $BD^2 = 0$. Buée explique le paradoxe de cette dernière en disant qu'elle est « absurde » :

> « C'est que le premier membre $1^2 + (\sqrt{-1})^2$ ou $\overline{AB}^2 + \overline{AD}^2$ représente une *figure* formée de deux carrés égaux tels que les côtés de l'un sont *perpendiculaires* aux côtés correspondants de l'autre ; tandis que le second + 1 – 1 ou 0 signifie la *différence* de deux unités abstraites égales. Ainsi l'équation $\overline{BD}^2 = 0$ peut être traduite par cette proposition : la *figure* $\overline{BD}^2$ est égale à la *différence de deux unités abstraites*. Cette proposition ne renferme point de contradiction, mais elle ne présente aucun sens. Les idées qu'elle allie ne sont point opposées, mais disparates. »[74]

Ainsi l'auteur a bien remarqué ce qui précède, mais ne cherche pas à voir d'où vient la difficulté. Il se contente de la rejeter après l'avoir jugée sans intérêt.

Au trente-cinquième paragraphe de son *Mémoire*, Buée apporte des résultats plus conformes à nos vues actuelles. Partant d'un carré ABCD de côté égal à 1, il constate que le carré $\overline{BD}^2$ de la diagonale BD s'écrit $\overline{BD}^2 = 1^2 + 1^2$, mais que celui-ci peut aussi s'exprimer sous la forme $\overline{BD}^2 = (1 + \sqrt{-1})^2 (1 - \sqrt{-1})^2$. C'est de ces deux égalités

74. Buée, *ibid.*, p. 39.

qu'il déduit la proportion suivante : $(1+\sqrt{-1})^2 : 2 :: 2 : (1-\sqrt{-1})^2$. Elle est, dit-il, « absurde » si 2 est pris avec une *signification arithmétique*.

C'est en voulant rétablir cette proportion *géométrique* et lui donner un sens correct, voulant éviter le mélange se trouvant dans la proportion précédente entre expressions *purement descriptives* et *arithmétiques* qu'il marque un net progrès.

> « Si $\sqrt{2}$ représente $\overline{BD}^2$, il représente une ligne dont la direction, par rapport à $\overline{BA}$, peut être représentée de la manière suivante : soit $\sqrt{-1} = 1 \mathrm{x} e^{\frac{\pi}{2}\sqrt{-1}}$ (*e* étant la base des logarithmes hyperboliques et $\pi$ la demi-circonférence d'un cercle dont le rayon est 1) ; $1 \mathrm{x} e^{\frac{\pi}{2}\sqrt{-1}}$ signifie la ligne $\overline{AD}$ dont la direction est $e^{\frac{\pi}{2}\sqrt{-1}}$. De même, $\sqrt{2 \mathrm{x} e^{\frac{\pi}{4}\sqrt{-1}}}$ signifiera la ligne $\overline{BD}$ dont la direction est $e^{\frac{\pi}{4}\sqrt{-1}}$, c'est-à-dire, demi-perpendiculaire. »[75]

Peut de choses manquent à l'auteur pour atteindre la représentation géométrique qui fait usage de « segments de droite orientés ». C'est lui-même, à propos d'un problème de L. Carnot[76], qui limite sa découverte et s'interdit ainsi la possibilité de donner la « réalisation » géométrique précédente des « quantités imaginaires ». En effet :

> "Ce n'est pas le produit des *lignes* $\overline{AE}, \overline{BE}$, mais le produit de leurs *valeurs arithmétiques* qui résout la question ; car un produit de *lignes*, c'est-à-dire un résultat de *lignes multipliées par des lignes* ne signifie rien. On ne demande pas une *figure géométrique*, mais un nombre. Or, pour avoir les valeurs arithmétiques de $\overline{AE}, \overline{BE}$, il faut écarter de leurs expressions les signes qui n'ont trait qu'à leurs positions. Sans cette précaution, on confondrait les *signes des valeurs numériques* avec des *signes de position* ou des signes purement descriptifs. »[77]

Ainsi, bien que proche à maints égards de la représentation géométrique, Buée n'atteint pas son but. C'est paradoxalement cette même *langue algébrique* qui, propice à soulever le voile qui cachait certaines difficultés intrinsèquement liées à l'usage irraisonné de

75. *Ibid.*, pp. 40-41.
76. L. Carnot, *La Géométrie de Position*, Paris, 1803, n° 58 (note Buée).
77. *Ibid.*, p. 47.

symboles trop *réalistes*, empêche Buée d'être créateur dans le domaine exclusivement rattaché au problème de la représentation géométrique du nombre complexe. C'est le manque d'attention qu'il manifeste envers la nécessité de légitimer les opérations « algébriques » sur les « quantités imaginaires » qui rend dès le départ son travail trop partiel et vain. C'est le même manque de précision, malgré l'introduction de son opération « arithmético-géométrique », qui l'empêche de concevoir un nouvel objet, auquel s'appliquerait le *calcul*, tel que le « segment orienté » de Wessel ou, nous le verrons, la « ligne dirigée » d'Argand.

On pourrait encore trouver dans le *Mémoire* de Buée une nouvelle illustration des « quantités imaginaires ». Cette fois-ci, il ne s'agit plus de rendre un service inappréciable au comptable, mais d'aider le marbrier dans sa tâche quotidienne. Le signe $\sqrt{-1}$ intervient pour expliquer la présence d'un « vide » dans le carré de marbre (ce dernier devient donc un « cadre ») ou justifier l'adjonction de « faux » marbre à du « vrai » ou, enfin, représenter la « largeur » d'une ligne et l'« épaisseur » d'une surface (!).

Nous ne prolongerons pas fastidieusement la lecture de telles explications d'où le raisonnement mathématique s'évade trop souvent pour laisser place à de nombreuses justifications peu rigoureuses ; mais un tel texte révèle clairement un nouvel état d'esprit. Si de telles explications peuvent sembler déplacées ici, il convenait pourtant de les consigner pour au moins deux raisons que nous rappellerons : la première est l'originalité de ce travail ; la seconde vient du fait, qui peut surprendre, que ce document d'une valeur mathématique très inférieure à celle de l'écrit de Wessel, fut comparé à l'*Essai* d'Argand ; on ira même jusqu'à prétendre que cet *Essai*, dont la clarté surpasse de très loin celle du *Mémoire* de Buée, n'était que le fruit d'un plagiat.

### *4 - Argand, un reconnu : symbolisation des déplacements*

Avec Buée, nous avons eu tout le loisir de voir évoluer une mathématique « qualitative » et d'assister à son incroyable, quoique contestable, facilité d'adaptation. Nous avons également pu apprécier le cheminement d'une pensée tournée vers une « mathématique-langue » dont les applications, si elles semblèrent peu orthodoxes, avaient le mérite de mettre en évidence certaines des difficultés qu'il fallait vaincre pour prétendre à une définition plus précise de la quantité dite « impossible ».

#### *L'homme*

Le Suisse Jean-Robert Argand (1768-1822), dans sa recherche d'une « réalisation géométrique » aux « objets » contestés, procède d'une manière qui s'apparente à celle de Wessel. On pourrait aller bien au-delà de cette simple apparence, ce que nous ferons et dire que leurs travaux, en se complétant, résument totalement une unique et même théorie.

Argand est sans aucun doute celui qui marqua le plus clairement l'histoire, maintenant classique, de la représentation géométrique des nombres complexes. Toutes ses biographies, malgré leur commune brièveté, s'accordent pour nous dire que ce « modeste chercheur[78] », « teneur de livres » à Paris et sans attache connue avec le milieu scientifique de son époque, est l'auteur d'une des plus grandes découvertes du XIXe siècle. Paradoxalement, son œuvre, qui ne couvre guère plus de cent pages, le place au rang des plus grands géomètres. De nos jours encore, certaines expressions, telles que « la représentation d'Argand » ou « le plan (ou "diagramme")[79] d'Argand », nous rappellent son existence.

De l'Angleterre[80] à l'Allemagne[81], en passant par la France[82], il est reconnu comme le « véritable » artisan de cette si riche et retentissante découverte. Précisons cependant que, si cette déclaration est unanime, elle se fait tardivement. Les mathématiciens qui firent ce jugement ont pu voir et apprécier l'ampleur des nombreuses transformations auxquelles conduisit, tant dans l'algèbre des « structures » que dans les géométries, cette « réalisation » géométrique. Il faut tenir compte aussi du fait que ce retard est dû au silence des plus grands. Ce n'est qu'en 1831 qu'un Gauss se fait publiquement partisan d'un tel point de vue. Cauchy, lui, attendra 1847, pour en être le plus grand défenseur. Parfois cette reconnaissance est exagérée : ainsi par exemple, Hankel (*cf.* note 81) qui, bien que connaissant parfaitement les mérites de Gauss, n'hésite pas à attribuer la « représentation ponctuelle du nombre complexe » de Gauss à Argand (« plan de Gauss »),

---

78. N. Bourbaki, *Éléments d'Histoire des Mathématiques*, 1974, Hermann, p. 202.

79. M. Kline, *Mathematical Thought from Ancient to Modern Times* (1972). Oxford Univ. press, N. Y., p. 631.

80. W. R. Hamilton, *Lectures on Quaternions*, 1853, Dublin, préface, p. 31 (note *),

« ... if *multiplication* (as well as *addition*) of directed lines in one plane be regarded (as I think it ought to be) as an *essential element* thereof, I venture here to state the impression on my own mind, that the true inventor, or at least *the first definite promulgator* of that method, will be found to have been Argand, in 1806... »

81. H. Hankel, *Vorlesungen über die complexen Zahlen und ihre Functionen*, Leipzig, 1867, p. 62.

« Le premier qui ait enseigné la représentation géométrique des nombres imaginaires $a+bi$ au moyen des points d'un plan et qui ait donné les règles de l'addition et de la multiplication géométrique de ces nombres, c'est Argand (...). La théorie est traitée d'une manière si complète, que l'on n'a trouvé, depuis, rien de nouveau à y ajouter. »

82. J. Houël, « Avertissement de l'Éditeur » à l'*Essai* d'Argand, éd. 1874, p. IX.

« Le livre du modeste savant genevois contient le germe de plusieurs suites de recherches dont les unes ont éclairé d'un jour inattendu les mystères qui régnaient depuis si longtemps sur la véritable nature des quantités imaginaires... »

alors que ce dernier s'en est tenu à la « représentation vectorielle de la quantité imaginaire ». Hankel ne semble pas vouloir admettre que, conceptuellement, un abîme sépare ces deux notions. Il ne faut pas non plus perdre de vue qu'à l'heure de l'établissement du travail d'Argand, les mathématiques changent de cap ; une profonde agitation les secoue de part en part, ce qui rend momentanément illusoire le *progrès* d'Argand. Pour A. M. Legendre, il ne s'agit que d'un « objet de pure curiosité[83]. »

*Les préalables*

Ce n'est pas en 1806 qu'Argand attire l'attention sur lui, car son « Essai » est publié en un très petit nombre d'exemplaires (à usage privé) et ne porte même pas le nom de l'auteur. Il eut certainement connu le même sort que Wessel si un heureux hasard ne s'était présenté. Avant de publier son ouvrage, Argand le propose à la critique de Legendre ; bien que ce dernier ne semblât pas en faire grand cas, il fit part de ses réflexions dans une lettre adressée au frère de Français. En retrouvant cette lettre dans les papiers de son frère défunt, celui-ci trouva la matière suffisante pour commencer une recherche personnelle qui se conclut par la parution d'un article : « Nouveaux principes de Géométrie de Position et interprétation géométrique des symboles imaginaires », en 1813, dans les *Annales de Mathématiques de Gergonne*[84]. C'est à la fin de cet écrit qu'il fait remarquer que le « fond » des idées nouvelles exposées n'était pas sien et il formula le souhait suivant : « Je désire que la publicité que je donne aux résultats auxquels je suis parvenu puisse déterminer le premier auteur de ces idées à se faire connaître et à mettre au jour le travail qu'il a fait lui-même sur ce sujet. »[85] Cette déclaration de priorité permit à Argand de sortir de l'oubli et de l'anonymat. Il publia, dans le même volume des *Annales de Gergonne* (tome IV) et à la suite du travail de Français, un résumé de son « Essai » qui prouva amplement qu'il en était le « premier auteur ».

De telles publications, suivies par la suite de nombreuses autres, dans une des revues de mathématiques les plus connues du XIXe siècle, devaient à la fois ouvrir ces recherches à un public érudit plus large et les sortir de l'ombre et de l'exclusivité des mathématiciens isolés de « second plan ». Bien sûr, une telle affirmation reste en grande partie optimiste : l'introduction de cette théorie en voie d'achèvement se fera

83. J. F. Français, *ibid.*, p. 70.

84. *Annales de Mathématiques de Gergonne*, tome IV (1813-1814), pp. 61-71.

85. J. F. Français, *ibid.*, p. 70.

lentement et non sans heurt ; lorsque l'information scientifique n'est pas issue des Académies ou autres lieux saints de la Science, elle reste longtemps confinée et sans recours à la périphérie de recherches institutionnalisées. C'est une telle considération qui permet de comprendre qu'un Mourey ou un Warren réinventent en 1828 la représentation géométrique de « Wessel-Argand », ou qu'un Matzka ignore tout simplement, en 1850, alors qu'il fait l'historique[86] de ce sujet, l'existence d'Argand.

*La brochure de 1806*

L'étude abordée ici s'attarde longuement sur le premier écrit d'Argand (1806) et ce, tout en sachant pertinemment que celui-ci n'eut, dans l'immédiat et dans les années qui suivirent, aucune importance ou incidence notoires sur le développement des mathématiques. Faire une analyse détaillée de ce document n'a rien de vraiment paradoxal. Elle est dictée par les deux raisons suivantes au moins : d'une part, cet « Essai » est à l'origine du remarquable travail de Français et, d'autre part, il fait état de nouveautés conceptuelles fondamentales, jugées telles dans la seconde moitié du XIXe siècle, qui, pour la plupart, ne se retrouveront plus dans les écrits postérieurs d'Argand (1813-1814). À ce titre, on observera qu'Argand renonce à une écriture symbolique qui, à bien des égards, le plaçait à l'avant-garde de certaines découvertes plus abstraites de W. R. Hamilton. Cet abandon en partie justifié se fera au profit du symbolisme en vigueur et ce, bien que celui-ci soit, au dire d'Argand lui-même, un des principaux facteurs responsables de l'obscurité qui règne autour des *quantités* dites « imaginaires ».

L'*Essai* s'ouvre sur une sorte de récapitulation des idées qu'ont ses contemporains à l'égard des « quantités négatives ». Les refuser purement et simplement, dit-il, ne saurait être la façon correcte de participer à l'établissement et à l'évolution des mathématiques, surtout si on a présent à l'esprit l'immense progrès que permirent d'accomplir ces *quantités*. De nombreux exemples mettant en jeu ces entités devraient suffire à les bannir des raisonnements d'une science où prime la rigueur ; mais d'autres exemples, non moins nombreux, montrent que ces « quantités négatives » sont tout à fait « réelles ». Dès lors, quelle attitude doit être adoptée pour éviter cet impossible choix ? On ne peut refuser les « quantités négatives » car de trop nombreux résultats acquis seraient remis en question ; on ne peut les

86. W. Matzka, *Versuch einer richtigen Lehre von der REALITÄET der vorgeblich imaginären Grossen der Algebra...*, Prague, 1850.

accepter telles quelles sans une préalable remise en question des principes. C'est ce dilemme que tranche Argand en optant pour la seconde possibilité. La théorie qu'il esquisse parvient à atteindre ce but, grâce aux concepts et au degré d'abstraction acquis en ce début du XIXe siècle.

Le point de départ de la théorie d'Argand s'amorce sur une tentative d'évaluation des différentes situations qui, dans les problèmes, conduisent au rejet ou à l'acceptation des « quantités négatives ». Partant, par exemple, de la suite de « grandeurs » :

$$a, 2a, 3a, 4a, \ldots$$

rien ne nous empêche de continuer à écrire les termes manquants, qui sont suggérés par les points de suspension. L'opération qui consiste à ajouter la « grandeur *a* » au dernier terme pour avoir son successeur n'a aucune raison d'être interrompue à partir d'un certain rang. En revanche, partant de la suite

$$\ldots, 4a, 3a, 2a, a,$$

on sent que l'opération qui consiste à retrancher successivement la « grandeur *a* 7 à chaque terme, ne peut être poursuivie sans difficulté : comment doit-on interpréter le terme - *a* ? Quel sens faut-il donner à la soustraction 0 - *a* ? En posant ces questions, Argand résume assez fidèlement la situation qui a motivé le refus d'un grand nombre de mathématiciens. Sa démarche s'écarte du point de vue alors consacré et devient novatrice lorsqu'il propose une autre expérience tout aussi acceptable que la première mais qui, cette fois, va contrebalancer le jugement précédent en soulignant le caractère naturel de ces *quantités*.

### *Des exemples démonstratifs ; le secours du réel détourné*

Argand, contrairement à Buée, est beaucoup plus convaincant, car l'exemple qui va servir son propos reste d'une très grande simplicité. Soit *a* un « point matériel, comme le gramme[87] » ; la suite..., 4*a*, 3*a*, 2*a*, *a*, 0, ne peut avoir de termes supplémentaires, sinon que faudrait-il entendre par l'expression : « poids matériel négatif » ?

> « Ainsi les termes qui devraient suivre 0 ne peuvent avoir d'existence que dans l'imagination ; ils peuvent par cela même être appelés *imaginaires.* »[87]

Cet usage particulier du mot *imaginaire*, qui renvoie au sens donné par Euler, n'est pas nouveau. On le retrouve par exemple souvent sous la plume de L. Carnot. Si maintenant nous considérons une balance ayant deux plateaux, *A* et *B*, et que nous lui adjoignions un dispositif constitué

87. *Ibid.*, p. 2.

par un ressort, lequel aura pour rôle de rendre le mouvement des bras de la balance proportionnel aux poids déposés sur les plateaux, et qu'au lieu de tenir compte des « poids matériels », nous considérions simplement les déviations qu'ils occasionnent, par exemple, à l'extrémité du bras *A*, nous aurions alors affaire à une expérience cruciale rendant *possibles* les « quantités négatives ». En effet, à un poids *n* placé dans le bassin *A*, correspondra une variation *n'* de l'extrémité du bras *A* ; ajoutant successivement un poids *n* dans ce même plateau, on construit ainsi la suite des variations 2*n'*, 3*n'*, 4*n'*, ... Si, au lieu d'ajouter, nous retranchons le poids *n* d'une quantité donnée et fixe, 3*n* par exemple, on obtiendra alors la suite 2*n'*, *n'*, 0 (la variation 0 est celle qui correspond à l'égalité des charges placées dans les plateaux *A* et *B*). Or, s'il semble au premier abord que cette suite ne peut pas avoir de termes supplémentaires, conclusion tirée de la remarque précédente qui veut que la soustraction répétée d'un « poids *n* » devienne impossible à poursuivre à partir d'un certain rang, on constate en se reportant au plateau *B* qu'il n'en est rien. Retrancher des poids *n* du plateau *A* revient à ajouter les mêmes poids dans le plateau *B* ; la première opération est finie, la seconde « peut être répétée indéfiniment[88] ». On a alors de nouveaux

> « degrés de pesanteur exprimés par -*n'*, -2*n'*, -3*n'*, ... et ces termes, appelés *négatifs*, exprimeront des quantités aussi réelles que les termes positifs[88] ».

Un autre exemple tout aussi trivial est obtenu à partir de la *monnaie*. Si l'on prend pour « unité le *franc* matériel » et que l'on retranche d'une somme donnée un « certain nombre de francs[88] », il se produira la même situation que précédemment, la soustraction ne pourra plus se poursuivre faute de francs ;

> « ... Par conséquent, –1 francs, –2 francs,... sont des quantités imaginaires. »

Pour balayer cet obstacle, il suffit d'introduire le

> « franc de compte pour unité à dessein d'évaluer la fortune d'un individu, laquelle se compose de valeurs actives et de valeurs passives ».

Ainsi, les « quantités négatives » retrouvent leur « réalité » ; ce qui s'ajoutera au passif reviendra à ce qui se retranchera de l'actif ;

> « –100 francs, –200 francs,... Ces expressions signifieront que le nombre de francs des valeurs passives, considéré abstraitement, est plus grand de 100, de 200, ... que celui des valeurs actives »[89].

---

88. *Ibid.*, p. 3.
89. *Ibid.*, p. 4.

Ces exemples très simples à première vue auront de quoi surprendre un lecteur qui ne s'attend pas à trouver de tels arguments dans une science qui, pour prétendre à la rigueur, doit, selon lui, s'extraire et s'écarter de simples représentations tirées du quotidien ambiant tant mental que matériel du savant. La deuxième partie de la précédente observation repose sur une erreur de jugement : l'idée contemporaine que l'on a sur la science et le discours que nous lui avons choisi ne sauraient être ceux alors en vigueur au début du XIX^e^ siècle. La science de nos jours, et plus particulièrement les mathématiques, a tendance à privilégier un discours exprimé dans un *langage* qui à lui seul exige de nombreuses années d'études, au détriment de la propre langue du scientifique, qui peu à peu va disparaissant. La première partie de l'observation, celle qui conclut à la simplicité des exemples donnés par Argand, est tout simplement due au fait que les notions utilisées sont devenues pour nous très familières, d'autant plus familières qu'elles font souvent partie de notre cadre social habituel ; ainsi, le sont par exemple celles de capital, bilan, crédit, degrés de température, etc. On éprouve, par conséquent, l'esprit ainsi encombré par ces références, une difficulté quasi insurmontable pour comprendre *pourquoi*, pendant de si nombreux siècles, les nombres négatifs furent refusés ou ignorés. Il ne suffit pas de dire, à l'instar de N. Chuquet, que « le plus avance là où le moins recule », ni de croire que la simple présence du zéro sur une ligne implique l'existence du *nombre négatif*, pour avoir effectivement défini l'entité correspondante. Le « nombre négatif » exige plus qu'une simple opposition au « nombre positif » pour être conceptuellement et formellement admis. Un lecteur mathématicien de notre époque ne pourra tolérer le rôle que l'on prétend faire jouer aux exemples précédents. Il ne saurait se contenter de ceux-ci pour conclure que les « quantités négatives » sont aussi *réelles* que les « quantités positives », c'est-à-dire pour les accepter comme de nouvelles *entités mathématiques*. Son refus s'oppose en fait, non seulement aux exemples démonstratifs ainsi offerts, mais aussi à ce *réalisme* du début du XIX^e^ siècle ; son esprit piégé par l'exigence de la *structure* se heurte aux réalisations *géométrico-sociales* servant de preuves d'existence ; une « dette », « –200 francs (de compte) », une « pesanteur $-n'$ » ne sauraient remplacer l'entité désignée par l'expression « nombre négatif ».

Les exemples sur lesquels s'appuie Argand impliquent, pour le premier, la modification d'une balance ordinaire qui, si elle était restée telle, se serait révélée impropre au bon fonctionnement de son expérience, car une fois un des plateaux $A$ vide, ajouter de nouveaux poids dans l'autre plateau $B$ ne nous permet pas de donner une interprétation de la « quantité négative ». Le plateau $B$ ne cesse de reposer sur le socle de la balance pour l'usage qui lui avait été destiné à l'origine ; on ne peut donc tenir compte de cet instrument comme générateur potentiel et concret de l'idée de « quantité négative ». Le second exemple le contraint à faire appel à un niveau d'abstraction éloigné de la simple perception du jeu « dette-avoir » appartenant au quotidien de ce XIX$^{e}$ siècle naissant. Ainsi, ces deux exemples, bien que très proches par leur façon d'illustrer la « quantité négative », mettent au premier plan deux aspects fondamentalement distincts de ce que l'on entend par influence du social existant sur le développement des mathématiques. Si la balance ordinaire à double plateau ne peut que rester dans la pensée où « le plus avance là où le moins recule » et, par conséquent, ne visualiser que l'opposition entre addition et soustraction, elle suggère néanmoins par l'existence même du butoir où va se heurter le plateau chargé *B*, butoir qui rend impossible l'expérience directe d'Argand, qu'il suffirait d'aller à l'encontre d'un tel frein pour commencer à appréhender le *négatif*. À l'opposé de cette suggestive destruction matérielle, se trouve une destruction gestuelle concrète. Dans la pratique quotidienne courante (nous sommes toujours au début du XIX$^{e}$ siècle, mais cet exemple pourrait encore être donné à notre époque), l'idée représentée par la dette ne se superpose pas à celle de « quantité négative ». Il suffit, pour s'en convaincre, d'observer deux personnes qui se doivent mutuellement de l'argent (situation déjà paradoxale), l'une rend à l'autre ce qu'elle lui doit, et réciproquement. Bien sûr, cette position est extrême, car elle va même jusqu'à nier la soustraction, mais on nous accordera qu'elle n'a rien d'extraordinaire. Une première abstraction rendra la situation précédente unilatérale, mais sera toujours du simple ressort de la soustraction. Enfin, ultime abstraction *sociale*, le *capital* devient, en alliant aux idées de passif et d'actif celle de firme, le représentant le plus clair de la « quantité négative » vu dans toute son autonomie. On voit par là, à la suite de ces progressives rationalisations, comment s'est opérée la destruction du *geste* correspondant à l'échange initial de « dettes ».

### *La* direction *au secours du* négatif *; comment chasser l'*imaginaire

C'est à la page 4 de son *Essai* qu'Argand définit ce qui a été le propos de son introduction :

> « On a eu simplement pour but de faire deux remarques sur les quantités négatives. La première est que, selon l'espèce de grandeurs à laquelle on applique la numération, la quantité négative est réelle ou imaginaire. La seconde est que, deux quantités d'une espèce susceptible de fournir des valeurs négatives étant comparées entre elles, l'idée de leur rapport est complexe. Elle comprend :

1°) l'idée du rapport numérique dépendant de leurs grandeurs respectives considérées *absolument*[90] ;
2°) l'idée du rapport des *directions* ou *sens* auxquels elles appartiennent, rapport qui est l'identité ou l'opposition. »

Après avoir mis en évidence de la sorte les deux notions intervenant pour considérer les « quantités négatives » et ainsi souligner leur caractère *complexe*, Argand, laissant de côté pour un temps ce qui se rattache à l'idée de « grandeurs absolues », énumère les différentes possibilités existantes dans le rapport de direction. Celles-ci peuvent se réduire alors aux deux suivantes :

$$+1 : +1 :: -1 : -1$$
$$+1 : -1 :: +1 : +1$$

sachant que $-1{:}-1{::}+1{:}+1$ se réduit à la première et que $-1{:}+1{::}+1{:}-1$ se ramène à la seconde (il suffit pour cela d'échanger l'ordre de leurs membres respectifs). Un tel inventaire permet à Argand de poser un premier problème :

> « ... déterminer la moyenne proportionnelle géométrique entre deux quantités de signes différents, c'est-à-dire la quantité $x$ qui satisfait à la proportion
>
> $$+1{:}+x {::} +x {:} -1$$ »[91]. (I)

Une telle proportion offre cependant une difficulté du même ordre que les précédentes : la quantité $x$ ne peut être positive ni négative. Or, remarque-t-il, on a réussi à donner une *réalité* à la *quantité* dite « négative » en faisant cohabiter deux concepts distincts ; c'est par la combinaison « grandeur absolue-direction » que l'*imaginaire* du « négatif » a été chassé :

> « Ne serait-il pas possible d'obtenir le même succès relativement à la quantité dont il s'agit, quantité réputée imaginaire par l'impossibilité où l'on est de lui assigner une place dans l'échelle des quantités positives ou négatives ?[92] »

Donc, pour résumer, la « quantité négative » ne peut être qu'*imaginaire* si l'on n'introduit pas dans l'interprétation une idée de *direction* ; mais cette quantité n'exige relativement aux « quantités positives » qu'une simple opposition pour être *réalisée*. C'est en se basant sur cette constatation, d'où émergent au premier plan les idées de « grandeur absolue » et de « direction », qu'Argand va être conduit par analogie à la découverte de l'interprétation géométrique de la

---

90. Ce mot a exactement le même sens que celui que nous donnons de nos jours au mot *absolu* lorsque nous parlons de la *valeur absolue* d'un nombre négatif, positif ou complexe.

91. *Ibid.*, pp. 5-6.

92. *Ibid.*, p. 6.

« quantité imaginaire $a + b\sqrt{-1}$ ». Cette fois, la simple opposition ne peut suffire pour venir à bout de ce nouveau problème, car la proportion (I) impose à la quantité « + 1 » d'être à « + $x$ » ce que cette dernière est à « –1 ».

*L'imaginaire trouve sa place*

> « En y réfléchissant, il a paru qu'on parviendrait à ce but, si l'on pouvait trouver un genre de grandeurs auquel pût s'allier l'idée de direction, de manière que, étant adoptées deux directions opposées, l'une pour les valeurs positives, l'autre pour les valeurs négatives, il en existât une troisième telle, que la direction positive fût à celle dont il s'agit comme celle-ci est à la direction négative. »[92]

Après avoir accentué de la sorte l'utilité d'une troisième direction, il ne reste plus dès lors à Argand, au moyen d'une notation symbolique particulièrement bien choisie (où, par exemple, une expression telle que « $\overline{AB}$ » représente une « ligne dirigée » de A vers B de grandeur « absolue AB »), qu'à commenter la figure suivante :

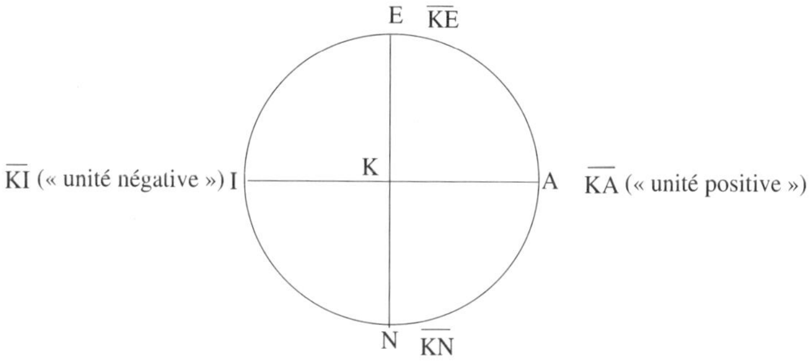


> « ... La condition à laquelle il s'agit de satisfaire sera remplie par la ligne KE, perpendiculaire aux précédentes et considérée comme ayant sa direction de K en E, et qu'on exprimera également par $\overline{KE}$. En effet, la direction de $\overline{KA}$ est, à l'égard de celle de $\overline{KE}$, ce que cette dernière est à l'égard de la direction de $\overline{KI}$. De plus, on voit que cette même condition est aussi bien remplie par $\overline{KN}$ que par $\overline{KE}$, ces deux dernières quantités étant entre elles comme + 1 et –1, ainsi que cela doit être. Elles sont donc ce qu'on exprime ordinaire par $+\sqrt{-1}$, $-\sqrt{-1}$ »[93]

93. *Ibid.*, pp. 6-7.

Ce résultat coïncida avec celui de Buée et autorisa injustement pendant un moment à parler de *plagiat*. L'Histoire a su rétablir la part de découverte que l'on doit à ces deux auteurs et n'omit pas de souligner que la *réalisation géométrique* à laquelle ils contribuèrent était « peu originale » (on pourrait la faire remonter à Wallis ou, d'après Cauchy[94], l 'attribuer à H. D. Truel). La suite de cette étude nous donnera de nombreux éléments pour conclure à l'évidente supériorité, dans ce champ précis, d'Argand sur Buée.

Bien qu'Argand ne nous explique pas comment il a élaboré la construction géométrique qui lui permet de représenter « $+\sqrt{-1}$ » et « $-\sqrt{-1}$ », cela ne l'empêche pas, en poursuivant ce raisonnement, d'insérer d'autres moyennes proportionnelles entre les « quantités $\overline{KA}$, $\overline{KE}$, $\overline{KI}$ et $\overline{KN}$ ». Ainsi, pour construire la moyenne entre $\overline{KA}$ et $\overline{KE}$, il se contente de dire :

> « Il faudra tirer la ligne CKL qui divise l'angle AKE en deux parties égales et la moyenne recherchée sera $\overline{KC}$ ou $\overline{KI}$. »[95]

On fera de même pour deux *quantités* quelconques. Là encore, Argand ne nous dit pas comment il a pu obtenir cette généralisation (le calcul développé aux pp. 155 et 156 précédentes ne nous sert pas pour ces cas précis – à l'exception du premier). Les opérations successives mentionnées précédement aboutissent à la figure suivante :

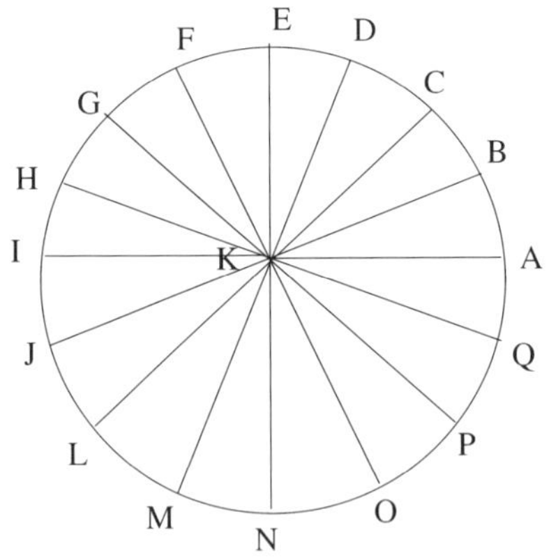


94. Cauchy, A. L., *Œuvres complètes*, vol. XIV, p. 175, note 1.
95. *Ibid.*, p. 7.

qui représente les « quantités $\overline{KB}, \overline{KD}, \overline{KF}, \overline{KH}, \overline{KJ}, \overline{KM}, \overline{KO}, \overline{KQ}$ »[96], moyennes entre $\overline{KA}$ et $\overline{KC}$, $\overline{KC}$ et $\overline{KE}$,... et ainsi de suite.

> « On pourra pareillement insérer un plus grand nombre de moyennes proportionnelles entre deux quantités données ... le nombre de constructions qui pourront résoudre la question sera égal au nombre des rapports que présente la progression cherchée. S'il s'agit, par exemple, de construire deux moyennes, $\overline{KP}$, $\overline{KQ}$, entre $\overline{KA}$ et $\overline{KB}$, ce qui doit donner lieu aux trois rapports KA : KF :: KP : KQ :: KQ : KB, il faut qu'on ait
>
> $$\text{angle } \overline{AKP} = \text{angle } \overline{PKQ} = \text{angle } \overline{QKB},$$
>
> le trait supérieur indiquant que ces angles sont en position homologue sur les bases AK, PK, QK. Or on peut y parvenir de trois manières, savoir : en divisant en trois parties égales :
> 1°) l'angle AKB ; 2°) l'angle AKB, plus une circonférence ; 3°) l'angle AKB, plus deux circonférences, ce qui donnera les trois constructions représentées par les fig. 2, 2 bis, 2 ter :

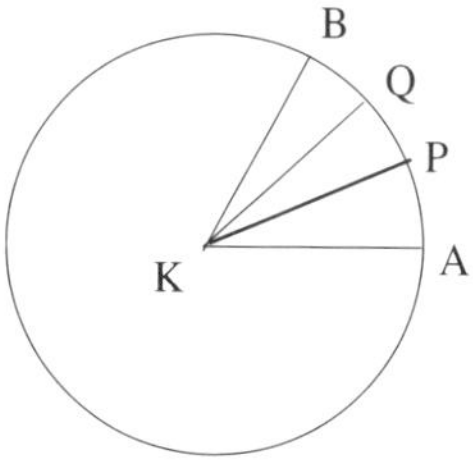

fig. 2

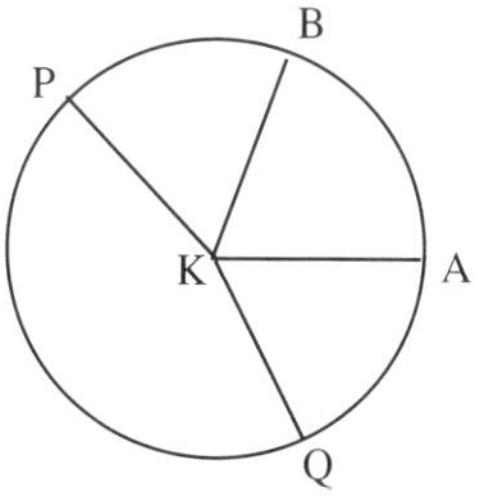

fig. 2 bis

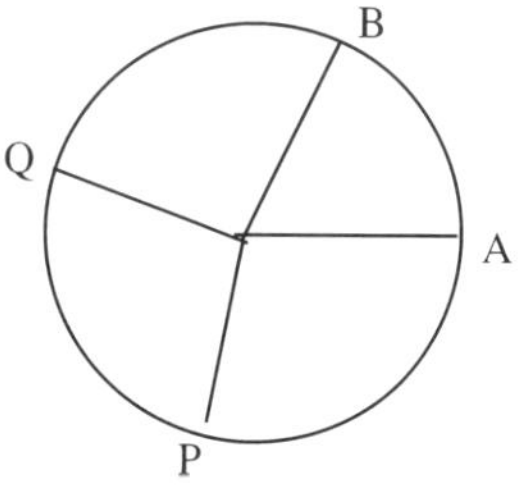

fig. 2 ter »

Si ces trois constructions souffrent encore quant à leur élaboration du même défaut que précédemment, elles présentent néanmoins l'avantage de contraindre Argand à faire une note explicative très importante pour au moins deux raisons : la première est qu'elle donne un indice sur la façon de procéder géométriquement pour parvenir à ces différentes figures ; elle jette un peu de lumière sur la méthode qu'a utilisée Argand pour y parvenir. La seconde, plus importante, nous montre comment se situe l'auteur vis-à-vis de la validité de sa propre théorie :

> « Le principe sur lequel se fondent ces constructions, énoncé d'une manière générale, consiste en ce que le rapport de deux rayons $\overline{KP}$ et $\overline{KQ}$, faisant entre eux un angle QKP, dépend de cet angle, lorsque l'on

96. *Ibid.*, pp. 8-9.

considère ces rayons tirés dans une certaine direction, et que ce rapport est le même que celui de deux autres rayons $\overline{KR}$, $\overline{KS}$ faisant entre eux le même angle ; mais, quoique ce principe soit, en quelque manière, une extension de celui sur lequel on établit le rapport géométrique entre une ligne positive et une ligne négative, on ne le présente ici que comme une hypothèse, dont il restera à établir la légitimité, et dont, jusque-là, les conséquences devront être confirmées par une autre voie. »[97]

*Les « lignes dirigées » gagnent leur liberté ;*
*naissance d'une nouvelle théorie*

Toujours à la page 9 de son « Essai », Argand introduit une remarque que l'on doit considérer comme l'expression d'une nouvelle conception, conception qui faisait défaut à Wessel. Il attire l'attention du lecteur sur le fait que toutes les relations précédentes entre les proportions avaient été construites en prenant comme donnée de départ un point fixe K. Or, dit-il,

> « ... Il n'est pas nécessaire que le départ de la direction, qui constitue une partie de l'essence de ces quantités, soit fixé à un point unique K. »[97]

De prime abord, une telle précision ne semble pas avoir un grand intérêt. On pourrait aller même jusqu'à ajouter qu'il était inutile de la formuler tant elle était présente dans tous les esprits mécaniciens et tant le milieu dans lequel elle est exprimée est riche en situations la rendant triviale. Cependant, Argand a le mérite de l'écrire et c'est en soulignant ce point de détail d'apparence anodine qu'il participe, à l'instar de Viète, à la création d'une nouvelle théorie mathématique. Ce n'est plus un objet inhérent à un lieu précis du plan cartésien qui est pris en considération, car on peut choisir, par exemple, à la place de $\overline{KA}$, indifféremment $\overline{K'A'}$, $\overline{K''A''}$, etc., à condition que KA = K'A' ; KA = K"A", etc., et que la direction reste la même. Cette notion d'équipollence, encore larvaire, permet de libérer l'objet considéré en lui octroyant une multitude de représentants et légitime avec un nouveau degré de rigueur le « geste » de Wessel qui consistait à abouter des « segments ».

Dans le plan de Descartes, on détermine l'objet par le lieu géométrique occupé ; sa caractérisation repose sur un choix arbitraire d'*unités*, ce qui privilégie l'aspect numérique des objets localisés. Si nous considérons par exemple la figure :

97. *Ibid.*, pp. 8-9, note.

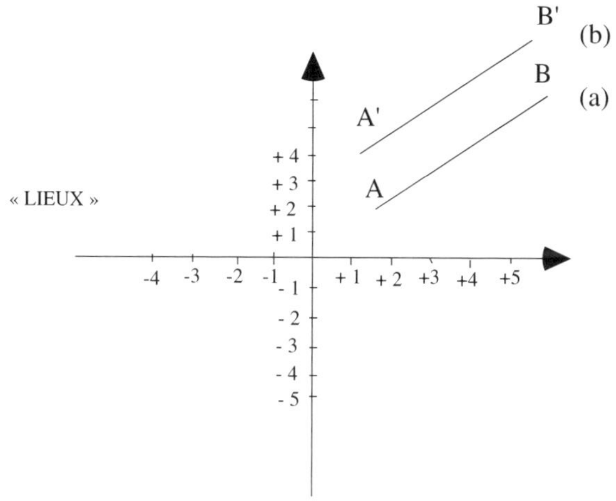


les « objets (a) et (b) sont distincts » car ils occupent des lieux différents (et ce, bien que leurs longueurs soient égales et que leurs directions soient les mêmes). On peut résumer cette situation en disant que nous avons affaire ici à une mathématique des *lieux*. En revanche, avec Argand, les objets $\overline{AB}$ et $\overline{A'B'}$ sont égaux. En d'autre mots, $\overline{AB}$ et $\overline{A'B'}$ sont deux *représentants* d'un même *objet-classe*. On est alors en présence d'une mathématique des *formes*.

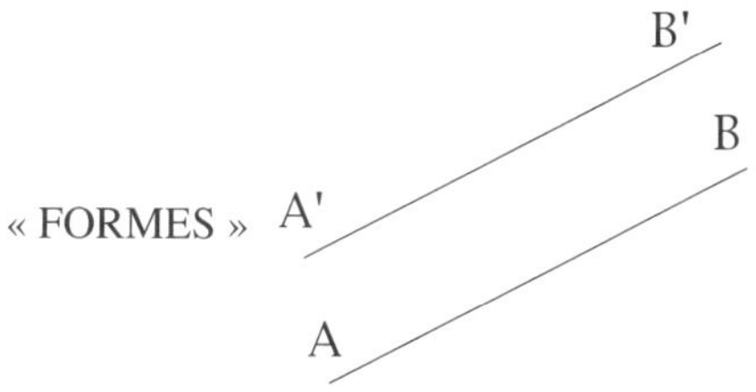


Dans cette seconde mathématique, on manipule les représentants d'un objet idéal qui, lui, n'est vraiment connu que par l'épuisement des premiers. À titre d'exemple, et bien qu'il s'agisse ici d'une interprétation *a posteriori* offerte uniquement comme illustration, on peut se reporter au *Traité de l'homme*[98] de Hobbes. Au chapitre III, intitulé « du lieu apparent de l'objet », Hobbes se réfère aux visions, EF et GH, qu'ont deux observateurs, A et B, d'un même objet, CD. Il a une prescience de la théorie d'Argand lorsqu'il dit en substance que les deux

98. Hobbes, *Traité de l'homme* (1670), trad. française, 1974.

images correspondant aux visions des deux observateurs sont identiques, mieux on a affaire à la même image. Il parvient à ce résultat en s'appuyant sur la construction géométrique suivante :

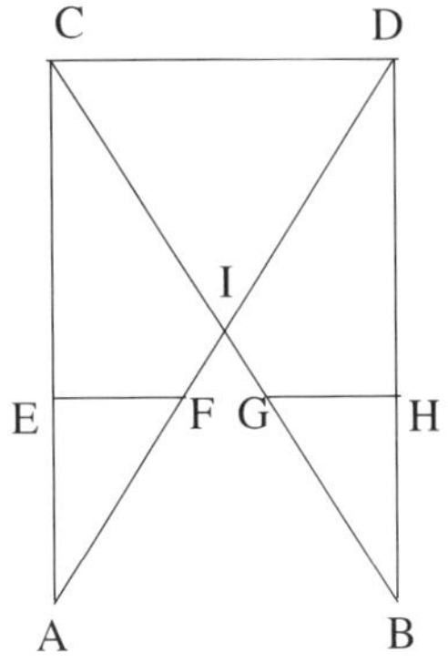


(23)

> « En conséquence de ces réflexions, poursuit Argand, on pourra généraliser le sens des expressions de la forme $\overline{AB}, \overline{CD}, \overline{KP}$ , ... , et toute expression pareille désignera, par la suite, une ligne d'une certaine longueur, parallèle à une certaine direction, prise dans un sens déterminé entre les deux sens opposés que présente cette direction, et dont l'origine est à un point quelconque, ces lignes pouvant elles-mêmes être l'expression de grandeurs d'une autre espèce. »

On crée ainsi un nouvel objet qu'on appellera « ligne considérée comme appartenant à une certaine direction[99] » ou, plus brièvement, « ligne dirigée ». Son utilité est immédiate, car elle peut représenter les « quantités imaginaires » ou les « forces ». Dans cet ultime type d'application, les « lignes dirigées » sont particulièrement bien adaptées pour la recherche d'une résultante aux forces extérieures s'exerçant sur un corps solide : grâce à elles, l'opération consistant à faire *glisser* les forces pour les amener au centre de gravité du corps devient mathématiquement plus acceptable (une fois cette opération effectuée, il ne reste plus qu'à appliquer autant de fois qu'il sera nécessaire la règle dite du *parallélogramme* pour parvenir au résultat cherché). Ajoutons pour conclure cette remarque que la découverte d'Argand n'est pas sans lien avec l'optique[100] et la mécanique[101].

Poursuivant son étude, Argand met à l'épreuve sa propre théorie en la confrontant à l'existante. Si l'on choisit une « unité primitive »

99. Argand, *ibid.*, p. 11.
100. *Ibid.*, pp. 4-5, note.
101. *Ibid.*, p. 10.

$\overline{KA}$, toute « ligne dirigée » qui lui est parallèle sera alors identifiée à un « nombre réel » ; celles qui lui seront perpendiculaires s'exprimeront comme des « nombres imaginaires » de la forme « $\pm a\sqrt{-1}$ »[102]. Toutes les autres « lignes dirigées » restantes représenteront des nombres de la « forme $\pm a \pm b\sqrt{-1}$, qui se compose d'une partie réelle et d'une partie imaginaire »[103]. On aura pu voir que l'*unité primitive* $\overline{KA}$ n'occupe pas obligatoirement une direction horizontale.

L'introduction de ce nouveau concept, dont nous connaissons l'importance, pousse l'auteur à dénoncer un vocabulaire qu'il juge peu orthodoxe en mathématique :

> « ... Ces lignes sont des quantités tout aussi réelles que l'unité primitive ; elles en dérivent par la combinaison de l'idée de la direction avec l'idée de la grandeur, et elles sont à cet égard, ce qu'est la ligne négative, qui n'est nullement regardée comme imaginaire. Les noms de *réel* et *imaginaire* ne s'accordent donc pas avec les notions qui viennent d'être exposées. Il est superflu d'observer que ceux *impossible* et d'*absurde* qu'on rencontre quelquefois, y sont encore plus contraires. On peut d'ailleurs s'étonner de voir ces termes employés dans les sciences exactes autrement que pour qualifier ce qui est contraire à la vérité. »[103]

À ce vocabulaire tiré du langage *vulgaire*, reflet de difficultés passées, que les mathématiciens ont codifié en lui prêtant un signifiant théorique sans commune parenté avec celui qu'il possède ordinairement – ce qui a pour effet d'induire un lecteur peu initié dans une interprétation surchargée d'un *réalisme* sans lien avec ce qui est expliqué – , Argand propose d'autres mots moins ambigus (c'est le même souci qui amène Gauss à préférer le mot « complexe » à celui d'*imaginaire*). « Si on admet pour le moment, dit-il, que l'infinité d'espèces différentes de lignes dérivées de l'unité primitive » peut se réduire, « dans la pratique du calcul », « aux espèces $\overline{KA}$, $\overline{KC}$, $\overline{KB}$, $\overline{KD}$ » où $\overline{KA}$ est l'unité primitive ou positive ; $\overline{KC}$ est l'unité négative ; $\overline{KB}$ et $\overline{KD}$ sont les unités moyennes (fig. 4),

---

102. *Ibid.*, p.12.

103. *Ibid.*, p.13. La réforme de vocabulaire que propose Argand n'a guère infléchi l'élan des habitudes ; les autres tentatives qui succédèrent furent aussi vaines. E. T. Bell, dans son ouvrage *Les Grands Mathématiciens* (Paris, 1950), résume bien la situation, lorsqu'il écrit: « Le mot imaginaire est la grande calamité de l'Algèbre, mais il est trop ancré dans le langage pour qu'on puisse l'en déraciner. » ( p. 254).

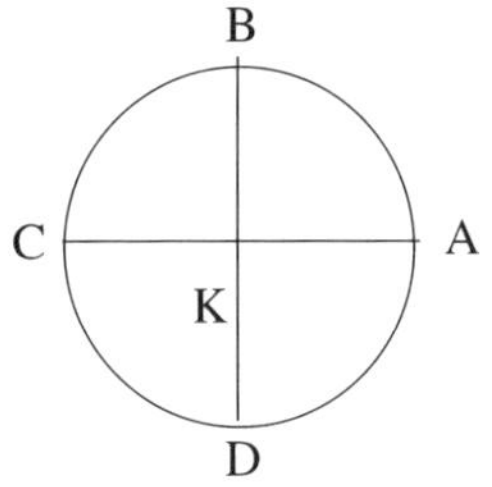


fig. 4

> « alors, on peut embrasser sous un même nom les espèces opposées, positives et négatives réciproques. La réunion de deux espèces ainsi relatives formera un *ordre* »[104].

Ainsi : « l'espèce primitive $\overline{KA}$ » et sa « négative $\overline{KC}$ » formeront l'« ordre prime » ; l'« ordre médiane » sera constitué par les « espèces moyennes $\overline{KB}$ et $\overline{KD}$ ». Par conséquent, une quantité sera dite « prime » ou « médiane » selon l'ordre auquel elle appartient. Comme toute autre quantité est, d'après l'hypothèse précédente, engendrée à partir de celles qui précèdent, on l'appellera « intermédiane » bien qu'en fait il ne soit pas *nécessaire* de la désigner expressément.

*Nouvelle théorie, nouveau vocabulaire, nouveau symbolisme*

Toujours avec le souci de ne pas manquer de préciser que sa théorie repose sur des hypothèses qu'il faudra confirmer, Argand va beaucoup plus loin en insistant sur le fait qu'il reste

> « fort éloigné de prétendre que les dénominations proposées dans cet article soient propres à remplacer celles que l'usage a consacrées »[105].

Cependant, une mise en garde n'est pas de trop :

> « Il convient d'éviter de se servir de termes dont la signification propre soit contradictoire avec les idées qu'on veut exprimer, même lorsqu'il s'agit de suppositions. »[106]

Non seulement Argand offre une nouvelle théorie et suggère un vocabulaire plus conforme à une science « exacte », il préconise dans le même temps un nouveau symbolisme. Il cherche à « donner plus de

---

104. *Ibid.*, pp. 13-14.
105. *Ibid.*, p. 14, note.
106. *Ibid.*, p. 15.

simplicité à cette partie de la notation » qui désigne la quantité dite « imaginaire »[106].

Cette fois, c'est l'aspect scriptural ambigu de l'expression symbolique « $a + b\sqrt{-1}$ » qui conduit Argand vers un constat d'où surgiront de nouveaux symboles dont l'apparente simplicité fera disparaître le trop évocateur « $\sqrt{-1}$ ». Cette tentative doit se rapprocher de celles de Bombelli et Euler qui, respectivement, par leurs « p.dm » et « *i* » firent disparaître du visuel le *sophistique* ou l'*impossible*.

Buée insistait pour que l'on écrive « + 1.$a$ » et « –1.$a$ » au lieu de « + $a$ » et « – $a$ » afin de pouvoir dissocier l'*Arithmétique universelle* de l'*Algèbre-langue*. Argand procède exactement à l'opposé : pour lui, c'est précisément parce que l'on ne fait pas cette distinction qu'il serait bon de l'éviter pour les expressions « $a \cdot \sqrt{-1}$ » et « $-a \cdot \sqrt{-1}$ ». Lorsqu'on les écrit ainsi :

> « On indique explicitement la génération de la quantité $\sqrt{-1}$, ce qui peut être bon dans certains cas ; mais, pour l'ordinaire, on fait abstraction de cette génération, et $\sqrt{-1}$ n'est autre chose que l'espèce particulière d'unité à laquelle s'applique le nombre $a$. Il n'est donc pas essentiellement nécessaire de rappeler aux lecteurs cette génération. »

On ramassera donc « $+\sqrt{-1 \cdot a}$ » et « $-\sqrt{-1 \cdot a}$ », à l'instar de « +1.$a$ » et « –1.$a$ » », en deux expressions très simples : « ~$a$ » pour la première et « ⨤$a$ » pour la seconde. Les signes « ~ » et « ⨤ » représentent respectivement « $+\sqrt{-1}$ » et « $-\sqrt{-1}$ ». Leur table de multiplication est tout aussi simple :

~.~ = –
⨤. ⨤ = – (I)
~.⨤ = +
⨤.~ = +

On voit cependant que, si ce tableau est aussi aisément perçu que celui de la multiplication des signes « + » et « – », les mettre en rapport soulève une difficulté imprévue et peu facile à surmonter. En effet, si l'on ne voulait que s'en tenir aux signes d'opérations, le tableau suivant :

$+\sqrt{-}.\ .+\sqrt{-}. = -$
$-\sqrt{-}.\ .-\sqrt{-}. = -$ (II)
$+\sqrt{-}.\ .-\sqrt{-}. = +$
$-\sqrt{-}.\ .+\sqrt{-}. = +$

devrait être préféré à tout autre, car il ne fait pas intervenir le nombre « 1 ». Or, ce dernier ne peut convenir aux choix qu'a fait Argand des signes « ~ » et « ⨤ ». Mais, en même temps, si l'on observe que ceux-ci représentent respectivement « $+\sqrt{-1}$ » et « $-\sqrt{-1}$ », le tableau (I) nous condamne à une impossible identification entre, d'une part « – » et « –1 » et, d'autre part, « + » et « + 1 ». Comment résoudre ce délicat problème qui ne semble pas posséder de solution viable d'un côté ou de l'autre ? Il suffit, paradoxalement, de ne pas le poser. C'est un excès d'information qui nous jette dans un tel tourment. Les signes « ~ » et « ∔ » ont été élaborés sous nos yeux ; de ce fait, nous avons pu constater que leur simplicité n'était qu'apparente et qu'ils dissimulaient au regard des expressions symboliques très complexes. Or, on oublie que ces symboles ont été conçus pour nous débarrasser de ces dernières et ainsi faciliter notre tâche. La permanence du souvenir vient interférer avec les nouveaux signes et poser le problème de traduction lié à l'élaboration que nous avons soulevé précédemment ; problème qui ne doit pas être. Les nouveaux signes sont pris et définis comme des objets primitifs. On doit donc s'en tenir à ceux-ci, à ce nouveau niveau opératoire, pour commencer le calcul. Un exemple plus simple qui nous servira pour résumer cette situation nous est fourni lorsque l'on écrit $\sqrt{-1} = i$. Cette « égalité » visualise le passage opérationnel et univoque d'un niveau de complexité à un niveau de « simplicité » plus fortement structuré que le précédent. Le seul lien de parenté existant alors entre le symbole « $i$ » et l'opération impossible « $\sqrt{-1}$ » est d'avoir leur carré égal à –1. Il nous paraît de première importance de souligner cet aspect, directement relié aux préoccupations d'Argand, car il révèle assez clairement une des caractéristiques du cheminement de la pensée mathématique. Le symbolisme d'Argand ramasse une expression complexe telle que « $+\sqrt{-1}$ » en posant « ~ ». On a ici, quoique analogiquement, un moyen pour observer le comment de l'évolution de la mathématique qui, pour aller plus loin dans la perception du monde sensible, choisit pour bases des notions de plus en plus élaborées dont l'apparence symbolique très fortement dépouillée n'encombre pas l'esprit du mathématicien. On peut, pour clore cette parenthèse, suggérer que c'est en quelque sorte ainsi que la mathématique se libère d'une mémoire qui paralyserait sa marche discursive (Parfois la forme du calcul a subsisté après une telle transformation symbolique ; elle nous procure alors la possibilité de saisir, sinon de soupçonner l'incroyable complexité de l'objet que le calcul est autorisé à prendre comme simple sujet. De nos jours, la « structure » joue ce rôle pour de nombreux mathématiciens.)

*Effets des symboles sur le développement mathématique*

Retournant à l'*Essai* d'Argand, on constate que son curieux symbolisme lui permet, grâce à une ingénieuse association, de reconnaître la périodicité des puissances de l'*unité imaginaire*. Ce résultat s'obtient en considérant les traits qui forment les signes d'opération : ceux qui sont courbés (i.e., ~ et ⌣) prendront la valeur numérique 1 ; ceux qui sont droits auront 2 pour valeur (i.e., | et —). Dès lors, sachant que la valeur d'un signe est donnée par la somme des valeurs des traits le constituant, on a :

~ = 1
– = 2
† = 2 + 1 = 3
+ = 2 + 2 = 4

Il ne reste ensuite qu'à définir la « règle unique » pour tous les signes, règle qui « s'étend à un nombre quelconque de facteurs »[107]. Pour une multiplication :

> « On prendra la somme de la valeur de tous les facteurs ; et l'on retranchera autant de fois 4 qu'il sera nécessaire pour que le reste soit un des nombres 1, 2, 3, 4 ; ce reste sera la valeur du signe du produit ; et, pareillement, pour la division, on retranchera la somme des traits du diviseur de celle des traits du dividende, à laquelle on aura ajouté, s'il le faut, un multiple de 4 et le reste indiquera le signe du quotient. »[107]

Ainsi, grâce à ce calcul « modulo 4 », la table de multiplication de ces signes se construit facilement :

~.~ = 1 + 1 = 2 = –
†.† = 3 + 3 = 6 – 4 = 2 = – (III)
~.† = 1 + 3 = 4 = +
†.~ = 3 + 1 = 4 = +

Les rapports s'obtiennent aussi simplement.

La périodicité des puissances du signe ~ (par exemple) s'observe directement :

$\sim^{1}$ = ~
$\sim^{2}$ = ~.~ = –
$\sim^{3}$ = $\sim^{2}$.~ = –.~ = 2 + 1 = 3 = †
$\sim^{4}$ = $\sim^{3}$.~ = †.~ = +
$\sim^{5}$ = $\sim^{4}$.~ = +.~ = ~
$\sim^{6}$ = $\sim^{5}$.~ = ~.~ = –
$\sim^{7}$ = $\sim^{6}$.~ = – . ~ = †
$\sim^{8}$ = $\sim^{7}$.~ = †.~ = +

... etc. ; résultats correspondant aux suivants, mieux connus :

107. *Ibid.*, p. 16.

$i^1 = i$
$i^2 = -1$
$i^3 = -i$
$i^4 = +1$
$i^5 = i^4 . i = +i$
$i^6 = i^5 . i = -1$
$i^7 = i^6 . i = -i$
$i^8 = i^7 . i = +1$
... etc.

Une telle écriture symbolique présente un double intérêt ; d'une part elle montre le choix foncièrement géométrique que fait Argand au détriment de l'arithmétique, d'autre part elle nous conduit à souligner la différence conceptuelle qui sépare les approches d'Argand et de Hamilton. Faire disparaître de l'expression complexe « $a + b\sqrt{-1}$ » l'« unité imaginaire $\sqrt{-1}$ » en introduisant pour ce faire le nouveau symbole « ~ », revient à créer un nouvel « objet » : la « quantité intermédiane $a \sim b$ ». On se prive, dans une telle formulation, à l'avantage du futur « vecteur », de l'approche arithmétique qui viserait à donner un statut de « nombre » à « $a + b\sqrt{-1}$ »[108] . Si la notation d'Argand, a ~ $b$, se prête à une comparaison avec celle de Hamilton ($a, b$), il ne faut pas pour autant en déduire que les idées de l'un se confondent avec celles de l'autre. Le couple hamiltonien de réels établit une nette distinction entre les nombres $a$ et $b$ en leur faisant occuper des places distinctes. De plus, Hamilton, après avoir introduit les couples, précisera la façon de les utiliser en définissant les opérations qui leur sont appliquées. Argand opère distinctement, car il introduit dans l'expression même de « $a + b\sqrt{-1}$ » une opération ~ entre les nombres $a$ et $b$. On n'a donc pas en première approximation l'impression d'avoir affaire à un unique "objet complexe", impression qui est parfaitement donnée par le couple ($a, b$). Contrairement à ce que souhaite l'auteur, $a \sim b$ nous paraît être une relation opérationnelle entre $a$ et $b$. Même si l'on impose dès le départ, ce que ne fait pas Argand, une convention qui permettrait de maintenir l'ordre des nombres $a$ et $b$ dans l'expression $a \sim b$, on ne pourrait s'empêcher, dans le calcul, de s'interroger sur les propriétés de l'opération ~ ; de vérifier si, par exemple, elle est commutative (i.e., si on a, quels que soient les nombres $a$ et $b$, $a \sim b = b \sim a$ ; question qui n'est pas suggérée par le couple de Hamilton). Cette apparente hétérogénéité de $a \sim b$, due à la présence du signe *opérationnel*

108. À l'opposé d'Argand, J. Bolyai aborde le problème arithmétiquement. Il utilise certes comme lui quatre signes d'opération, mais leur fait jouer des rôles différents. Par exemple, le signe « + » représente une opération qui fait passer d'un objet à un autre d'espèce différente. Chez Argand, le signe correspondant imprime une rotation de 90° à un même objet.

« ~ », véhicule une difficulté occasionnée par le conflit ayant lieu entre les opérations qui agissent sur l'*objet* « $a \sim b$ » et l'opération relationnelle interne « ~ ». Il est important de préciser que ces symbolismes, malgré leur similitude, interviennent à des niveaux complètement différents dans une légitimation des « quantités imaginaires » ; celui d'Argand ne saurait alors prétendre à la simplicité offerte par celui de Hamilton. À titre d'exemple, nous prendrons leurs multiplications respectives :

*Hamilton* :

Soient $a + b\sqrt{-1}$ et $a' + b'\sqrt{-1}$ deux nombres « imaginaires »,

on pose : $a + b\sqrt{-1} = (a,b)$

et : $a' + b'\sqrt{-1} = (a',b')$ ;

la multiplication de ces couples conduit au résultat suivant :

$$(a, b)(a', b') = (aa'-bb',ab'+a'b) = aa'-bb'+(ab'+a'b)\sqrt{-1} \qquad \text{(IV)}$$

*Argand*

On pose : $a + b\sqrt{-1} = a \sim b$

et : $a' + b'\sqrt{-1} = a' \sim b'$

la multiplication s'écrit alors

$$(a\sim b)(a'\sim b') = aa'\sim ab'\sim ba'\sim.\sim bb' = aa'\sim ab'\sim a'b - bb', \qquad \text{(V)}$$

mais rien ne nous oblige à écrire l'égalité finale suivante :

$$= (aa' - bb') \sim (a'b + ab') ; \qquad \text{(V bis)}$$

on escomptait ce résultat à cause de la suite d'égalités suivantes :

$$(a\sim b)(a'\sim b') = (a + b\sqrt{-1})(a' + b'\sqrt{-1})$$

$$= aa' - bb' + (ab' + a'b)\sqrt{-1} \qquad \text{(VI)}$$

$$= (aa' - bb') \sim (a'b + ab') \text{ (par définition)} \qquad \text{(VI bis)}$$

À aucun moment[109], Argand ne nous apprend à faire un tel produit. Il semble que l'on soit tenu de traduire ses nouvelles expressions dans l'ancien formalisme, puis une fois le calcul effectué avec celles-ci, exprimer le résultat obtenu dans le nouveau (voir (VI) et (VI bis)). On peut aussi balayer cette hypothèse en disant qu'une égalité de la forme (V bis) s'obtient directement, compte tenu de la table de multiplication (III), en posant :

$$\sim (a'b + ab') = \sim a'b + \sim ab' = \sim a'b \sim ab' \qquad \text{(VII)}$$

(sachant que $+ \sim = \sim$ ) ; mais poser l'égalité (VII) revient à supposer une tacite distributivité qui n'a pas été formellement définie.

---

109. Dans une note (**), p. 16, Argand nous montre comment s'effectue un produit ; mais celui-ci ne tient compte que des « imaginaires purs » : $\sim m\sqrt{c} \,.\, + n\sqrt{cd} = +mnc\sqrt{d}$ .

Argand traduit donc dans un nouveau symbolisme des expressions déjà existantes dans le double but d'alléger l'écriture et de faire disparaître le symbole gênant « $\sqrt{-1}$ ». Bien qu'une telle traduction soit propice à engendrer de nouveaux paradigmes, elle condamne par avance toute possible justification algébrique de l'*existence* des « quantités médianes ou intermédianes », celles-ci étant incluses dans les principes mêmes de la nouvelle théorie. Bien que nous ayons tout le loisir de revenir en détail sur la théorie des couples algébriques, précisons néanmoins que la façon de Hamilton pour justifier l'existence des « quantités imaginaires » est radicalement opposée à celle d'Argand : un produit tel que celui décrit en (IV) ne fait aucunement appel à une préconnaissance du produit effectué avec des « quantités imaginaires ». Argand, lui, semble en avoir besoin. Il renoncera finalement à ce symbolisme lors de la rédaction du résumé de son *Essai* qu'il fera parvenir aux *Annales de Gergonne* en 1813.

*Caractérisations et pertinence de la nouvelle théorie*

Proposer un nouveau concept, celui de « ligne dirigée », n'est pas suffisant. Il faut encore montrer comment l'utiliser en définissant les opérations que l'on appellera par extension « multiplication », « addition », « examiner les différentes manières dont les lignes dirigées se combinent entre elles par additions et multiplication, et déterminer les constructions qui en résultent »[110]. Argand commence par la plus simple des situations : faire l'addition de deux « lignes primes positives » $\overline{KP}$ et $\overline{KQ}$ ;

(fig. 1)

Contrairement à Wessel, la situation décrite par la figure 1 est générale, car elle ne montre pas deux « lignes dirigées » préalablement aboutées. Les « lignes » $\overline{KP}$ et $\overline{KQ}$ s'ajoutent comme les « lignes absolues » KP et KQ ; sommer revient « à prendre sur le prolongement de KP la longueur PR = KQ, et la somme cherchée sera KR[114] » (fig. 1). Cette procédure est autorisée grâce à la définition même de la « ligne dirigée » qui inclut la possibilité d'opérer un glissement, ou un aboutage, qui amènera les deux lignes bout à bout, i. e., on est en droit

110. *Ibid.*, p. 17.

de choisir les représentants des termes qui interviennent dans l'addition ; choix qui ne modifie en rien le résultat de l'opération. Ainsi, on pourra écrire (cf. fig. 1) :

(I) $\overline{KP} + \overline{KQ} = \overline{KP} + \overline{PR} = \overline{KR}$

Construire la somme de deux « lignes primes négatives » revient à utiliser le procédé précédent. S'il s'agit d'ajouter par exemple les « lignes primes négatives $\overline{PK}$ et $\overline{QK}$ », la somme correspondante est celle donnée par (I) en ayant pris soin de modifier l'ordre des lettres de toutes les « lignes dirigées » ; soit :

(I bis) $\overline{PK} + \overline{QK} = \overline{PK} + \overline{RP} = \overline{RK}$

> « En général, s'il s'agit d'ajouter deux lignes de la même espèce $\overline{AB}$, $\overline{AC}$, on prendra, dans la direction qui appartient à cette espèce, PQ = AB, QR = AC, et on aura :
>
> $\overline{AB} + \overline{AC} = \overline{PQ} + \overline{QR} = \overline{PR}$. »

Si l'on veut ajouter, par exemple, la « ligne positive $\overline{KP}$ » à la « ligne négative $\overline{QK}$ », on choisira KQ = PS, d'où (fig 1) :

$\overline{KP} + \overline{QK} = \overline{KP} + \overline{PS} = \overline{KS} = \overline{QP}$, et il en serait « de même pour un ordre quelconque ».

Argand résume facilement la règle générale en disant que :

> « Le principe de ces constructions est de regarder le point d'arrivée P de la ligne $\overline{KP}$ comme le point de départ de la ligne à ajouter, et de prendre respectivement, pour points de départ et d'arrivée de la somme, le point de départ de $\overline{KP}$ et le point d'arrivée de la ligne à ajouter. En appliquant ce même principe aux lignes des autres ordres, on conclura que les points K, P, R étant quelconques, on a toujours :
>
> $\overline{KP} + \overline{PR} = \overline{KR}$. »[111] (II)

On conclura facilement, dit-il[112], qu'une telle « somme » peut être étendue à un nombre quelconque de termes en précisant simplement qu'à l'inverse du raisonnement qui a conduit à l'égalité (II), on peut toujours trouver un point P tel que la « ligne dirigée $\overline{KR}$ » puisse s'exprimer comme la « somme » de deux autres « lignes dirigées » $\overline{KP}$ et $\overline{PR}$. De plus, suivant le même raisonnement, on extrait deux

111. *Ibid.*, p. 18.
112. *Ibid.*, p. 10.

points A et B tels que $\overline{KP}$ et $\overline{PQ}$ puissent s'écrire respectivement $\overline{KA}$ + $\overline{AP}$ et $\overline{PB}$ + $\overline{BR}$ ; d'où : $\overline{KR} = \overline{KA} + \overline{AP} + \overline{PB} + \overline{BR}$. Poursuivant ainsi, on arrive à la conclusion que

« A, B, M, N, … , R, S, T étant des points quelconques, on a AB ≠ $\overline{AM} + \overline{MN} + \overline{NO} + \overline{O\ldots} + \overline{\ldots\ldots} + \overline{\ldots R} + \overline{RS} + \overline{ST} + \overline{TB}$. Les points A, B, M, … peuvent coïncider, ou être tellement placés que les lignes $\overline{AM}$, $\overline{MN}$, … passent plusieurs fois par la même trace, se croisent entre elles, etc. Toutes ces circonstances sont indifférentes »[112].

Argand, fidèle à son propos, ne manque pas de préciser en note qu'une telle règle « est conclue par voie d'induction » et par conséquent qu'il faudra la confirmer « par une autre voie »[113].

Si l'exemple suivant n'est pas le meilleur qu'aurait pu choisir Argand pour montrer que « toute ligne en direction peut être décomposée d'une infinité de manières »[114], il a au moins l'avantage d'introduire une remarque fondamentale.

« Veut-on décomposer la ligne $\overline{KP}$ en deux parties, l'une de l'ordre $\overline{KA}$, l'autre de l'ordre $\overline{KB}$ : on tirera sur KA, PN parallèle à BK, et on aura : $\overline{KP} = \overline{KN} + \overline{NP}$.

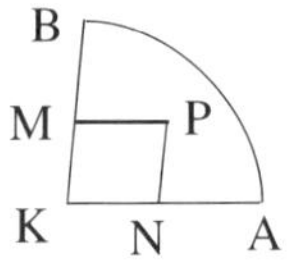


On aurait pu également tirer PM parallèle à KA, et on aurait eu : $\overline{KP} = \overline{KM} + \overline{MP}$ ; mais ces deux expressions sont identiques. »[115]

Car il découle de sa théorie que $\overline{KM} = \overline{NP}$ et $\overline{KN} = \overline{MP}$.

« Ainsi, comme il n'y a que ces deux manières d'opérer la décomposition proposée, on en conclut que, si A et A' sont de l'ordre *a*, B et B' de l'ordre *b*, *a* étant différent de *b*, et que l'on ait l'équation A + B = A' + B', il en résulte les deux équations A = A', B = B'. »[116]

C'est cette dernière précision, mise à part la façon de l'obtenir, qui est importante. Elle enseigne, plutôt implique, d'une part que l'égalité $a + b\sqrt{-1} = a' + b'\sqrt{-1}$ se ramène à deux égalités entre parties « réelles » et parties « imaginaires » ; soient :

$$a = a' \text{ et } b = b' ;$$

113. *Ibid.*, p. 9.
114. *Ibid.*, p. 19.
115. *Ibid.*, p. 20.
116. *Ibid.*, p. 21.

et d'autre part qu'une équation où intervient la quantité *imaginaire* est l'expression simplifiée d'un couple d'équations ; résultat qui a été exprimé par Euler longtemps auparavant.

*« Multiplier » les « lignes dirigées »*

Il ne reste plus maintenant qu'à définir la multiplication entre « lignes dirigées ». Cette fois, Argand, contrairement au cas de l'addition, commence par un exemple non trivial : « construire le produit $\overline{KB} \times \overline{KC}$, $\overline{KB}$ et $\overline{KC}$ étant des unités non primes ».

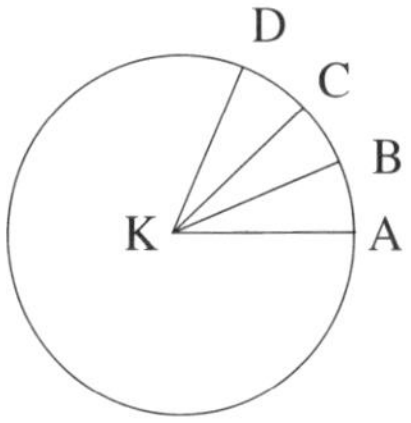

(fig. 2).

« Soit pris angle $\overline{CKD}$ = angle $\overline{AKB}$ ». Argand écrit, toujours en insistant sur le côté hypothétique qui le conduit au principe sur lequel repose son rapport géométrique, la proportion géométrique suivante (fig. 2) :

$$\overline{KA} : \overline{KB} = \overline{KC} : \overline{KD} ;$$

de laquelle on extrait :

$$\overline{KA} \times \overline{KD} = \overline{KB} \times \overline{KC} .$$

Si maintenant, on remarque l'égalité $\overline{KA} = +1$, on obtient alors :

$$\overline{KB} \times \overline{KC} = \overline{KD} \qquad \text{(III)}$$

Il ne reste plus qu'à interpréter la figure 3, compte tenu de l'égalité (III) pour énoncer la règle cherchée :

> « Pour construire le produit de deux rayons dirigés, il faut prendre, à partir de l'origine des arcs, la somme des deux arcs qui appartiennent à ces rayons, et l'extrémité de l'arc somme déterminera la position du rayon-produit. »[116]

Une telle multiplication doit s'étendre, pour être générale, à des « lignes dirigées » quelconques. On a vu comment un tel produit s'effectuait avec des « unités ». Il faut donc mettre en évidence deux propriétés fondamentales non encore exprimées pour aller plus loin : la première est de poser par définition qu'une « ligne dirigée » correspond à un certain nombre de fois une « unité », « prime », « médiane » ou « intermédiane ». La seconde est d'énoncer que la longueur

« absolue » du produit de deux « lignes dirigées » est égale au produit des longueurs « absolues » de ces deux lignes. Argand résume ces deux propriétés en disant simplement :

> « Si les facteurs ne sont pas des unités, on pourra les mettre sous la forme *m*. $\overline{\mathrm{KB}}$, *n*. $\overline{\mathrm{KC}}$, ... , *m*, *n* étant des coefficients ou des lignes primes positives ; et le produit sera (*mn*...) ($\overline{\mathrm{KB}}$.$\overline{\mathrm{KC}}$...) = (*mn*...). $\overline{\mathrm{KP}}$. Or le produit de la ligne prime positive (*mn*...) par le rayon $\overline{\mathrm{KP}}$ n'est autre chose que cette même ligne tirée dans la direction de ce rayon. »[117]

On aura saisi au passage qu'Argand, grâce à la définition même de « ligne dirigée », évite d'introduire une nouvelle définition, celle qu'exigerait le produit d'un *nombre* par une *ligne dirigée*. Les nombres qu'il utilise ici ne sont en fait que des « lignes primes positives » (on a encore affaire, dans ce cas, à l'identification formelle abusive, parce que non définie, entre nombre « naturel » et nombre « positif »). Par conséquent, ce produit a lieu entre deux « lignes dirigées » et reste parfaitement défini d'après ce qui précède. On voit également qu'Argand a déjà généralisé son produit à plus de deux facteurs. Précédemment, il accorde une grande importance à l'établissement d'une extension légitime de l'addition mais, ici, il considère

> « qu'il n'est pas nécessaire de montrer que cette règle a lieu pour un nombre quelconque de facteurs »[117].

Dès lors, on sait ajouter, retrancher et multiplier les « lignes dirigées » entre elles ; la division « qu'il serait superflu de détailler[117] » s'obtient en inversant la marche du produit.

> « Avec ces règles, on opérera une construction quelconque des lignes dirigées, comme on pratique celles des lignes absolues. »[118]

C'est sur ces mots qu'Argand achève la partie théorique de son *Essai*. Le reste de son ouvrage est consacré à l'exposition de nombreux exemples venant suppléer certaines imprécisions de la première partie.

## *La « formule de Moivre »*

La première application[42] est importante, car elle conduit à la relation dite « de Moivre ».

Soit la figure suivante :

117. *Ibid.*, pp. 21-22.
118. *Ibid.*, p. 25.

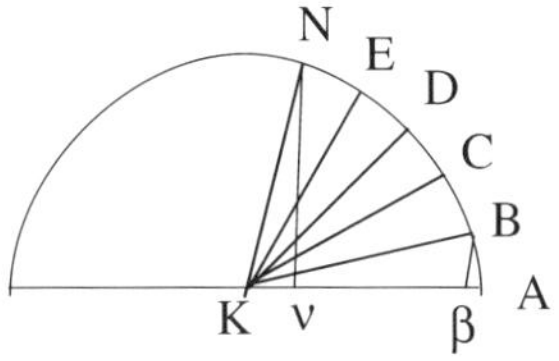


(fig. 3)

où AB, BC, CD, ..., EN sont *n* arcs égaux. D'après la règle de multiplication des "rayons dirigés" unitaires, on obtient l'égalité :

(a) $\overline{\mathrm{KN}} = \overline{\mathrm{KB}}^{n}$ ;

si l'on projette maintenant $\overline{\mathrm{KN}}$ et $\overline{\mathrm{KB}}$ sur les axes porteurs des « quantités primes » et des « quantités médianes », on a, grâce à la règle d'addition (fig. 3) :

$$\overline{KN} = \overline{\mathrm{K}\nu} + \overline{\nu\mathrm{N}} \text{ et } \overline{\mathrm{KB}} = \overline{\mathrm{K}\beta} + \overline{\beta\mathrm{B}}$$

d'où, en substituant ces relations dans l'égalité (a), le résultat :

$$\overline{\mathrm{K}\nu} + \overline{\nu\mathrm{N}} = (\overline{\mathrm{K}\beta} + \overline{\beta\mathrm{B}})^{n} \qquad \text{(b).}$$

« Faisons l'arc AB = *a* et, par conséquent AN = *na* »[119] ; si nous n'oublions pas qu'encore à cette époque les fonctions trigonométriques (ou circulaires) s'appliquent indifféremment aux arcs ou aux angles correspondants, on a alors :

$$\overline{\mathrm{K}\beta} = cos.a \quad \overline{\mathrm{K}\nu} = cos.na$$

$$\overline{\beta\mathrm{B}} = \sim sin.a \quad \overline{\nu\mathrm{N}} = \sim sin.na \text{ ;}$$

ct (b) devient :

$$cos.na \sim sin.na = (cos.a \sim sin.a)^{n} \qquad \text{(c) ;}$$

soit, en revenant aux notations plus connues :

$$cos.na + \sqrt{-1}\, sin.na = \left(cos.a + \sqrt{-1}\, sin.a\right)^{n} \qquad \text{(c').}$$

Ce résultat n'est pas nouveau ; on le retrouve très bien analysé dans l'œuvre d'Euler. On trouve également dans cette œuvre les nombreuses applications qui en résultent, Argand les rappellent aussi (développements en série des fonctions *cos.x* ou *sin.x*, etc.). Une grande partie de la trigonométrie est ainsi abordée par cette nouvelle méthode ; pour en finir avec celle-ci, on a par exemple (p. 28) les relations :

$$cos(a + b) = cos.acos.b - sin.a\, sin.b$$
$$sin(a + b) = sin.acos.b + sin.b\, cos.a \qquad \text{(d)}$$

qui ont été déduites de la figure suivante :

119. *Ibid.*, p. 26.

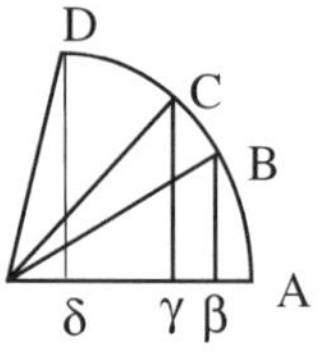


(fig. 4)

où les arcs AB et AC sont respectivement égaux à *a* et *b*. On procède comme suit :

Posant « AB = CD » (égalité entre arcs) on a, d'après ce qui a été vu (cf. p. 187), le produit :

$\overline{KD} = \overline{KB} \times \overline{KC}$. (e)

Or, fig. 4 :

$\overline{KD} = \overline{K\delta} + \overline{\delta D} = cos\,(a + b) \sim sin\,(a + b)$

$\overline{KB} = \overline{K\beta} + \overline{\beta B} = cos.a \sim sin.a$

$\overline{KC} = \overline{K\gamma} + \overline{\gamma C} = cos.b \sim sin.b$ ;

d'où, après substitution de ces égalités dans (e) :

$cos\,(a + b) \sim sin\,(a + b) = (cos.a \sim sin.a)\,(cos.b \sim sin.b)$ (f)

Le second membre de cette ultime égalité se développe facilement, si on tient compte de la règle des signes d'Argand (*cf.* (III)) et de la formule de distributivité (*cf.* (VII)), pour donner :

$(cos.a \sim sin.a)\,(cos.b \sim sin.b) = cos.a\,cos.b \sim sin.b\,cos.a \sim sin.a\,cos.b \sim \sim sin.a\,sin.b = cos.a\,cos.b - sin.a\,sin.b \sim (sin.b\,cos.\,a + sin.a\,cos.b)$. (g).

Une fois égalé (f) et (g) et séparé les « ordres »[120] compte tenu de la relation de la page 187, on trouve finalement les expressions cherchées.

*Comparer et confronter les méthodes*

La méthode s'applique également à la *Géométrie élémentaire* et à l'*Algèbre*. Ainsi, si l'on trace, par exemple, la figure :

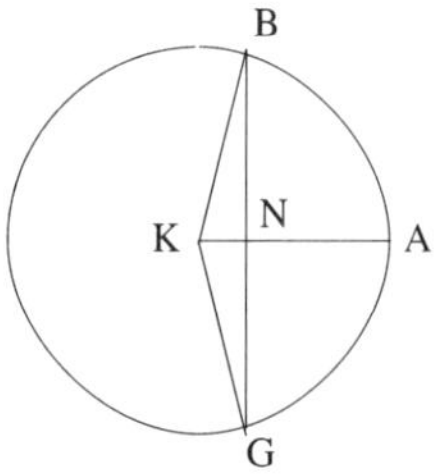


(fig. 5)

120. *Ibid.*, p. 28.

on a alors, d'après ce qui précède sur la multiplication et l'addition des « lignes dirigées »[121] :

« $\overline{KB} \times \overline{KG} = \overline{KA}^2$ (1)

$\overline{KB} = \overline{KN} + \overline{NB}$ (2)

et

$\overline{KG} = \overline{KN} + \overline{NG}$ ».

Si nous remplaçons $\overline{KB}$ et $\overline{KG}$, par leurs expressions données en (2), on a d'après (1) :

$\overline{KA}^2 = (\overline{KN} + \overline{NB})(\overline{KN} + \overline{NG})$ (3)

et, posant « KA = $h$, KN = $a$, NB = NG = $b$ », il résulte que :

« $h^2 = (a \sim b)(a + b) = a^2 + b^2$ ». (4)

Nous avons volontairement choisi cet exemple parmi ceux donnés par Argand, car sa simplicité nous permet de confronter sa méthode à l'ancienne. Si nous regardons le produit (1) et en se reportant à la figure 5, nous constatons qu'un tel produit s'effectue entre des « rayons orientés », $\overline{KB}$ et $\overline{KG}$, dont la longueur « absolue » commune, KG = KB, est égale à 1. Une telle conclusion ne saurait être mise en doute après avoir remarqué que les points extrémités des facteurs et de la « ligne dirigée produit » sont placés sur la même circonférence. D'autre part, on sait, par hypothèse, que les « lignes dirigées » $\overline{KG}$ et $\overline{KB}$ occupent une position symétrique de part et d'autre de la « ligne prime positive ». Leur produit se trouvera donc situé sur cette même ligne, car les « arcs » correspondant aux facteurs étant orientés et l'origine de ceux-ci étant supposée appartenir à la « ligne prime positive » leur « somme » sera nulle. On a par conséquent h = 1.

Si on veut, cependant, trouver la relation (4), il suffit d'utiliser le théorème de Pythagore dans le triangle rectangle KNB pour avoir l'égalité

$$KB^2 = KN^2 + NB^2 = a^2 + b^2.$$

On sait également que

$$KB = KA = h \text{ donc que } h^2 = a^2 + b^2.$$

*Des exemples significatifs*

Les deux autres applications géométriques qu'Argand propose sont beaucoup plus pertinentes car elles mettent en action les « quantités » dites « intermédianes » et elles apportent des remarques

121. *Ibid.*, p. 53.

supplémentaires sur sa méthode (On apprend explicitement que les propriétés « $\overline{MN} = -\overline{NM}$ » et « $\overline{PS}.\overline{PR} = \overline{PS}(\overline{PQ} + \overline{QR}) = \overline{PS}.\overline{PQ} + \overline{PS}.\overline{QR}$ » sont générales. La première application apporte une précision importante de l'auteur à l'égard de son symbolisme[122].)

Le procédé de construction géométrique ainsi élaboré par Argand nous offre aussi la possibilité de contrôler si les solutions "réelles" ou "imaginaires", trouvées lors de la résolution d'une équation de degré quelconque, sont bien les racines de celle-ci. Soit l'équation $y = x^2 - 4x + 5$ ; ses racines sont $x_1 = 2 + \sqrt{-1}$ et $x_2 = 2 - \sqrt{-1}$ ; une simple substitution nous montre immédiatement que :

$$x_1^2 - 4x_1 + 5 = 0$$

$$x_2^2 - 4x_2 + 5 = 0$$

donc que $x_1$ et $x_2$ sont bien les racines cherchées. Mais si l'on veut s'en tenir strictement au côté géométrique, il faut se souvenir que ce ne sont plus des nombres qui vont intervenir mais des « lignes dirigées primes », « médianes » ou « intermédianes ». La racine sera donc la « ligne dirigée » qui, substituée dans l'équation, la fera être égale à une « ligne dirigée » nulle, c'est-à-dire à une « ligne dirigée » dont les extrémités coïncident. Si nous reprenons l'exemple précédent, on obtient les deux figures suivantes :

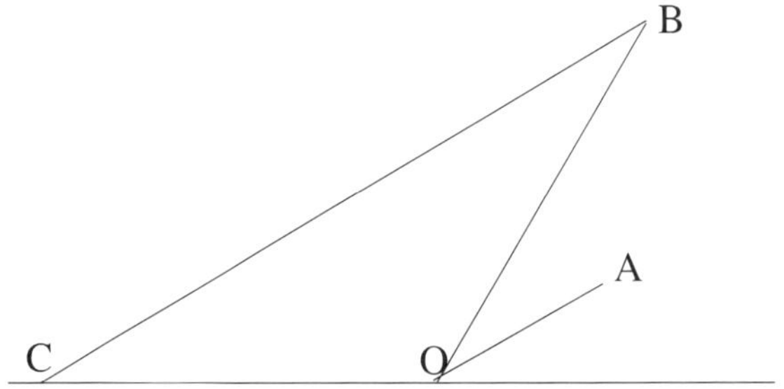


122. Une telle précision prend une importance de tout premier plan dans la mesure où grâce à elle, on peut à la fois comprendre que l'élaboration d'un symbole n'est pas arbitraire ou aisée et saisir un aspect particulier de l'échange qui s'établit entre l'Algèbre et la Géométrie. Le symbole choisi, abstraction faite de ses successives transformations, doit être suggestif et ne pas nuire, à cause d'une éventuelle complexité d'ordre typographique, au développement du calcul. Le va-et-vient d'information entre l'Algèbre et la Géométrie est aussi indirectement mis en valeur. On peut, par exemple, moyennant une certaine convention, inscrire sur une circonférence un arc de cercle « AP + $2n\pi$ », (où $n \in \mathbb{Z}$) qui lui soit supérieur ; on a alors une image représentative donnée. Inversement, partant d'une telle figure que l'on sait être la représentation géométrique d'un calcul algébrique inconnu, l'arc dessiné sur la circonférence sera « AP » ou, si l'on sait qu'un nombre de rotations peut avoir eu lieu, de la forme « AP + 2 $u\pi$ » ($u \in \mathbb{Z}$). Cependant, rien ne nous autorise à écrire $u = n$. En d'autres mots, l'information retirée de la traduction algébrique de l'image donnée contient celle qui l'a occasionnée mais on ne peut avec certitude la désigner.

$$x_1 = \overline{OA}\,,\ x_1^2 = \overline{OB}\ ,\ -4x_1 = 4\overline{AO} = \overline{BC}\,,\ 5 = \overline{CO}$$

$$(E)\ :\ \overline{OA}^2 + 4\overline{AO} + 5 = \overline{OB} + \overline{BC} + \overline{CO} = \overline{OO}$$

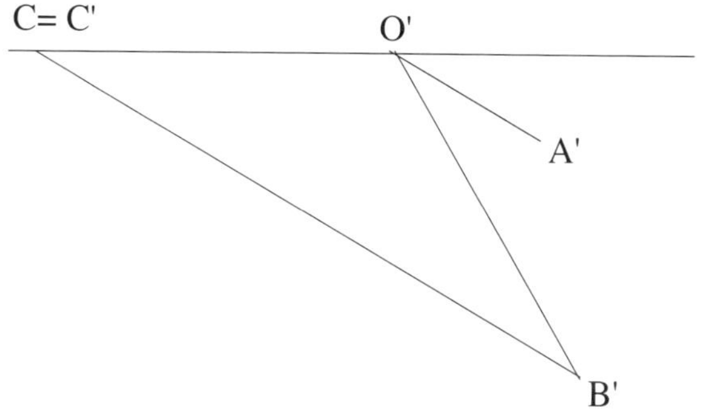


$$x_2 = \overline{OA'}\ ,\ \ x_2^2 = \overline{OB'}\ ,\ -4x_2 = \overline{B'C'}\ ,\ \ 5 = \overline{CO} = \overline{C'O}$$

$$(E) :\ \overline{OA'}^2 + 4\overline{A'O} + 5 = \overline{OB'} + \overline{B'C'} + \overline{C'O} = \overline{OO}$$

On trouve également dans son ouvrage une remarquable application de sa méthode à l'algèbre. Le *théorème fondamental* y est démontré très originalement. Après une telle multitude d'applications tant géométriques qu'arithmétiques ou algébriques, l'auteur achève ce premier écrit en insistant une nouvelle fois sur la valeur qu'il faut accorder à son étude.

*Une observation ; premier bilan*

Ce n'est pas un excès de modestie qui pousse Argand à écrire au-dessus du titre de son opuscule le mot *Essai*. Il est parfaitement conscient de la fragilité des principes sur lesquels s'érige sa théorie (ses maintes mises en garde le prouvent suffisamment). Il propose, plutôt qu'impose, l'esquisse d'une nouvelle méthode et l'offre sans fard aux critiques des mathématiciens, qui sauront, par des « raisonnements plus rigoureux », dire si elle doit être admise ou rejetée.

La méthode repose « sur deux principes, l'un pour la multiplication, l'autre pour l'addition des lignes dirigées ; et il a été observé que les principes résultant d'inductions qui ne possèdent pas un degré suffisant d'évidence, ils ne pouvaient, quant à présent, être admis que comme des hypothèses (...) »[123]. Mais, malgré ce défaut de rigueur, on peut toujours conserver cette méthode car elle constitue

123. *Ibid.*, p. 60.

« *un moyen de recherches*, qui, dans certains cas, peut être utilement employé, à cause de l'avantage qu'ont les constructions géométriques de présenter aux yeux un tableau propre à faciliter quelquefois les opérations intellectuelles »[47].

À la lumière de ce qui précède on constate qu'Argand n'est pas aussi proche de nous que Wessel. Certes ce qu'il propose est d'une très grande richesse conceptuelle et rend d'innombrables services en simplifiant la résolution de nombreux problèmes, mais un tel critère ne saurait suffire pour emporter l'adhésion de tous. Il ne cesse de dénoncer tout ce qu'il y a de précaire dans sa théorie. Il va même jusqu'à remplacer le mot « principes » par le mot « hypothèses », mais ne cherche aucunement à définir les opérations qui agissent sur les « lignes dirigées » au moyen de « conventions convenables »[124]. Le caractère conventionnel des règles de calcul est délaissé au profit d'applications immédiates. Seul donc semble se détacher au premier plan de son travail le point de vue consistant à « réaliser » géométriquement les « quantités imaginaires », au détriment d'une nécessaire « justification » du calcul « algébrique » avec des symboles « imaginaires ».

Ainsi, malgré l'importance de cet écrit d'Argand, on reste contraint de voir les « quantités imaginaires » non pas tels des *nombres* dignes de figurer dans une science de *rigueur*, mais comme, dans le meilleur des cas, d'utiles « expressions symboliques » propres à faciliter le *calcul* ! Mais *indignes* de figurer dans les résultats.

Bien qu'Argand apporte une notion fondamentale manquante à la théorie de Wessel, celle qui autorise le déplacement de la « ligne dirigée », ce dernier reste plus moderne que lui. Contrairement à Argand, il prend un soin extrême à justifier l'extension qu'il propose aux opérations portant sur des nombres. Extension qui ne doit pas, dit-il, enfreindre les « règles ordinaires ». Cette façon de procéder lui permit alors de constater que l'*impossible* n'était qu'un *possible* mal défini. Son étude, à l'opposé d'Argand, ne s'appuyait pas sur la théorie des *quantités imaginaires*. Elle s'attachait d'abord à définir de nouveaux *objets*, les « segments », qui, par la suite, en viendraient à représenter les dites quantités. Les opérations qu'il appelle *somme* et *multiplication*, lorsqu'il s'agit de « segments », sont rigoureusement définies (moyennant la réserve de la nouveauté susdite apportée par Argand). La *multiplication* de deux « lignes dirigées » souffre de la fragilité inhérente à la généralisation par analogie de la « proportion géométrique » et du fait qu'elle tire sa substance de la description d'une figure géométrique particulièrement pertinente. Wessel, lui,

124. Study, E. « Nombres Complexes », *Encyclopédie Mathématique*, Paris, (1908), note 58, p. 341 ; ou Cartan, É. *Œuvres complètes*, partie 11, vol. 1, pp. 107-247, (1953).

obtenait sa *multiplication* des « segments » en ne faisant appel qu'à des notions classiques de géométrie élémentaire. Et c'est à partir de la construction obtenue qu'il déduisait, comme une simple remarque, le résultat qui fit pendant longtemps le succès d'Argand[125].

Un autre trait, celui-ci moins important, sépare Wessel et Argand ; si le dernier développait peu la théorie de sa méthode à l'avantage des applications, le premier exposait sur plus des trois quarts de son ouvrage sa théorie au détriment d'exemples illustratifs. Ne tenant pas compte de l'histoire et s'arrêtant sur les dates des parutions des travaux d'Argand et de Wessel, on constate que ces deux auteurs résument à eux seuls la totalité, à l'exception de quelques détails issus d'une nouvelle exigence des mathématiciens, du point de vue géométrique vectoriel des *quantités imaginaires* de la première moitié du XIXe siècle. On doit cependant renoncer à cette synthèse : l'*Essai* de Wessel n'est mentionné nulle part dans les œuvres historico-mathématiques du XIXe siècle. En cette année de 1806, il nous faut également tenir compte du peu d'écho que reçu l'opuscule d'Argand (pour les raisons qui ont été dégagées précédemment). Supposant néanmoins, et pour un instant, que ce dernier écrit eu été reconnu à la date de sa publication, le problème soulevé par la justification des *quantités imaginaires* serait resté pratiquement non résolu. En effet, bien qu'Argand fasse disparaître du visible l'*imaginaire*, en prônant un nouveau symbolisme qui évacue « $\sqrt{-1}$ » du langage, en lui substituant le mot générique « ordre », l'image qu'il propose ne suffit pas à convaincre une partie de ses contemporains pour qui l'exigence d'un raisonnement rigoureux passe au premier plan de même que le souci de ne pas tirer partie d'arguments géométriques en algèbre, et réciproquement. Nous avons émis dans la phrase précédente une certaine réserve en précisant que ce n'était qu'une partie des mathématiciens qui s'opposait à la « réalisation » géométrique d'Argand, car il nous semble que ce refus n'est pas le fait des « Analystes » (à quelques exceptions près). J. Fourier, dont il est inutile de faire la présentation, écrit dans sa *Théorie analytique de la chaleur* (1822) :

> « Rien ne nous a paru plus propre que les constructions géométriques à démontrer la vérité de ces nouveaux résultats, et à rendre sensibles les formes que l'analyse emploie pour les exprimer. »[126]

---

125. Il est bien entendu qu'un tel résultat est celui que l'on a maintenant retenu, car il présente l'avantage indéniable de s'énoncer simplement et n'oblige pas, dans les cas particuliers, à construire une figure géométrique pour être déduit. Il était néanmoins précieux de consulter le caractère incident de cette seconde interprétation, car elle nous procure un élément de plus pour confirmer la supériorité, tant dans la rigueur que dans la présentation, de Wessel sur Argand.

*Le rôle et la contribution de J. F. Français*

L'article intitulé « Nouveaux principes de Géométrie de position et interprétation géométrique des symboles imaginaires », que publie en 1813 J. F. Français dans les *Annales de Mathématiques*[127], apporte une évidente amélioration théorique à l'*Essai* d'Argand. En effet, tout ce qui faisait la faiblesse des principes de la théorie des « lignes dirigées », faiblesse parce que ceux-ci n'étaient pas rigoureusement définis, se trouve palliée par des définitions précises au caractère conventionnel bien net. Le *réalisme* qui servait de support de vérité aux règles d'Argand laisse place à des « raisonnements plus rigoureux » imposés par une *saine logique*. Bien sûr, une telle opposition n'est pas aussi nette. Lorsque Français esquisse sa théorie, il prend soin d'abord de montrer qu'elle n'est ni indépendante de la pratique ni le fruit artificiel d'un esprit noyé dans l'abstrait :

> « Il est si naturel, dit-il, de considérer à la fois la grandeur et la position des lignes, que, dès qu'on a commencé à cultiver cette science, on a dû avoir besoin d'exprimer des rapports de grandeur et des rapports de position entre les différentes lignes composant une figure quelconque. J'ose dire qu'il est surprenant, d'après cela, que les premiers principes de la *Géométrie de position* ne soient pas encore complètement établis. »[128]

Ainsi, non seulement sa théorie est triviale car elle aurait pu être exposée par n'importe quel géomètre, mais elle offre l'avantage d'asseoir sur des bases plus solides une science déjà très développée. Une telle introduction peut choquer car elle accuse ouvertement les géomètres de laxisme envers la rigueur, indispensable à une science qui se veut « exacte ». En fait, il ne faut voir dans ses mots qu'un simple effet de style pour attiser l'intérêt ; un intérêt qui se redouble lorsque Français ajoute :

> « Cette assertion elle-même pourra, au premier abord, sembler exagérée et paradoxale ; mais j'espère que sa vérité sera mise hors de doute par les détails qui vont suivre. »[51]

Tout d'abord, suivant les règles de l'Art, pour qu'une théorie s'entende, il faut d'une part donner le sens de la notation utilisée et d'autre part définir les concepts qui l'articulent.

---

126. P. 588 (éd. Jacques Gabay, 1988). M. Kline, *Op. Cit.*, p. 677. On pourrait bien sûr rétorquer que Fourier est une exception : ses pairs Lagrange, Laplace et Legendre le condamnèrent pour manque de rigueur et refusèrent en 1807 (puis acceptèrent avec réticence) un travail sur la conduction de la chaleur présenté à l'Académie des Sciences de Paris.

127. Tome IV, (1813-1814), pp. 61-71.

128. *Essai*, 1971, p. 63.

Notation

« La grandeur absolue d'une droite » est désignée par une lettre minuscule quelconque de notre alphabet, soit *a, b, c, ... , x, y*, ou *z* ; les angles que feront les droites avec une "droite fixe et indéfinie", que Français choisit être l'« axe des abscisses positives » pour la suite de son exposé, seront quant à eux désignés par une lettre grecque ; soit $\alpha, \beta, \ldots, \xi, \nu$, etc. Dès lors, une « grandeur absolue » donnée « de position » sera représentée par le symbole « $a_\alpha$ » (où « $a$ » est la « grandeur absolue » de la droite considérée et « $\alpha$ » l'angle qu'elle fait avec l'axe des abscisses positives). Cette dernière notation est particulièrement utile, car elle distingue une « grandeur absolue » d'une « grandeur donnée de position », c'est-à-dire qu'elle évitera que l'on confonde « une idée composée avec une idée simple »[129] .

> « Définition 1. Nous appelons *rapport de grandeur* le rapport numérique entre les grandeurs de deux droites, et *rapport de position* l'inclinaison de deux droites l'une vers l'autre, ou l'angle qu'elles font entre elles (...).
> Définition 2. Nous dirons que quatre droites sont en *proportion de grandeur et de position*, lorsque entre les deux dernières il y aura même *rapport de grandeur* et même *rapport de position* qu'entre les deux premières. »[129]

Cette dernière définition tire toute sa clarté et son intérêt opératoire de l'exemple générique suivant :

Pour avoir la « proportion de grandeur et de position »

$$a_\alpha : b_\beta :: c_\gamma : d_\delta$$

il faut, et il suffit, que l'on ait à la fois

$$\frac{b}{a} = \frac{d}{c}, \text{ et } \beta - \alpha = \delta - \gamma$$

(où les « angles » (Argand aurait dit les « arcs ») $\alpha$, $\beta$, $\gamma$, $\delta$ ont tous été calculés à partir d'une même et unique « droite » fixe, ici l'axe des abscisses positives).

Il peut paraître au prime abord paradoxal que Français dans le cours de son explication, ne fasse à aucun moment appel à des figures géométriques, alors qu'il s'agit ici d'une théorie géométrique. Il nous semble que cela est volontaire dans la mesure où l'auteur a fait un choix précis : montrer que l'*imaginaire*, avec le sens habituel qu'on lui donne dans le langage ordinaire, se résorbe de lui-même lorsque l'on sait proposer un formalisme qui dispose au départ de principes répondant à des conventions ; c'est-à-dire à des données arbitraires dont seule une pratique théorique permet de juger la pertinence ou simple-

---

129. *Ibid.*, p. 64.

ment l'utilité. Il ne s'agit pas de chercher une simple *réalisation* géométrique qui ne satisferait que les yeux, il faut élaborer une théorie géométrique dont les moindres résultats se déduisent rigoureusement des principes hypothétiques de base. L'attitude de Français s'inscrit dans cette optique, car il sait parfaitement que cette *image* vectorielle existe et que le défaut de la théorie de l'auteur qu'il convie à s'exprimer réside dans la différence constante à des analogies. Ce « très curieux mémoire »[130] aux dires de G. Peacock, ne parviendra pas à résoudre le problème malgré sa tournure et ses visées modernes.

Les corollaires qui font suite à cet exemple ne méritent pas une mention spéciale car ils ne font que reprendre certains des résultats ébauchés par Argand et qui ont été ensuite très bien explicités dans de nombreuses applications. En revanche, en introduisant une nouvelle définition pour une forme particulière de « moyenne proportionnelle », il parvient à caractériser formellement ce qui chez Argand constituait l'un des principes fondamentaux :

> « Définition 3. Lorsque, dans une proportion de grandeur et de position, le conséquent du premier rapport devient en même temps l'antécédent du second, la *proportion de grandeur et de position* est dite *continue.* »[131]

Le choix d'un tel mot s'explique facilement lorsque l'on sait que dans ce cas les deux angles, ou les deux arcs, se trouvent à la suite l'un de l'autre. Ainsi, compte tenu de ce qui précède, si l'on veut obtenir la « proportion continue de grandeur et de position »

$$a_\alpha : b_\beta :: b_\beta : c_\gamma,$$

il faut que l'on ait à la fois[132]

$$\text{(I)} \quad \frac{b}{a} = \frac{c}{b}, \text{ et } \beta - \alpha = \gamma - \beta.$$

On voit immédiatement que de la dernière égalité on déduit :

$$\beta = \frac{\alpha + \gamma}{2} ;$$

« en sorte que $b_\beta$ partage en deux parties égales l'angle formé par les droites $a_\alpha$ et $c_\gamma$ »[132].

Le principe d'Argand, clarifié par Legendre au moyen d'une nouvelle conception, se trouve parfaitement défini entre les mains de Français. Après avoir souligné la généralité de son ultime définition et

130. *Op. cit.*, p. 228.

131. *Essai*, p. 65. Cette définition tire une partie de sa spécificité d'une définition plus classique qu'É. Littré résume en écrivant (article *continu*) « Proportion continue, celle où le conséquent du premier rapport est l'antécédent du second, par ex. 5 : 15 :: 15 : 45 » (*Petit Littré*, p. 425).

132. *Ibid.*, p. 65.

son rattachement à la « Géométrie ordinaire », Français ne cherche pas à montrer comment elle peut être étendue à plus de quatre « droites ». Il dit simplement que pour avoir la « progression de grandeur et de position :: $a_\alpha : b_\beta : c_\gamma : ... : l_\lambda : m_\mu$, il faut qu'on ait à la fois

$$\frac{a}{b} = \frac{c}{b} = ...= \frac{m}{l}, \text{ et } \beta - \alpha = \gamma - \beta = ... = \mu - \lambda$$ »[133].

Observer que, dans une « progression » ainsi étendue, les « grandeurs absolues des droites sont en progression géométrique, tandis que les angles qu'elles font avec l'axe des abscisses positives croissent en progression arithmétique », n'est pas une remarque originale. Argand tirait de cette observation des considérations sur les logarithmes.

## *Les « symboles imaginaires »*

L'auteur aborde ensuite une nouvelle caractérisation de son écriture symbolique qui le conduira à envisager sans difficulté l'interprétation géométrique des « symboles imaginaires » (Français n'emploie pas encore l'expression « quantité imaginaire »). L'identification qu'il propose dès le début ne tire sa justification que d'une simplification que font très fréquemment les mathématiciens depuis longtemps, mais ne s'appuie pas sur une démonstration rigoureuse. Celle-ci exigerait des principes nouveaux qui ne verront le jour que dans la seconde moitié du XIXe siècle. En effet, il pose, en partant de sa notation « $a_\alpha$ », les deux « égalités » suivantes :

(II) $a_0 = a$ et $1_0 = 1$

(celle-ci est un cas particulier de celle-là). Or, la première revient à dire que $a_0$ est une « grandeur absolue » alors qu'il s'agit en fait d'une « grandeur de position » nulle. Nous sommes par conséquent encore ici dans le cas où « + *a* » se réduit à « *a* », c'est-à-dire, où un « nombre qualifié » positivement est identifié à un « nombre abstrait ». Mis à part cette remarque de détail, mais qui cependant s'accorde totalement avec les recherches de Wessel, Argand ou Buée, on parvient, grâce à la « définition 2 », à mettre en valeur un symbole géométrique. On sait, d'après celle-ci, qu'une proportion telle que

(III) $a_\alpha : b_\beta :: c_\gamma : d_\delta$

est obtenue si et seulement si on a à la fois

(IV) $\frac{a}{b} = \frac{d}{c}$ et $\beta - \alpha = \delta - \gamma$ ;

en faisant le choix particulier :

---

133. *Ibid.*, p. 66.

$a = b = 1$
$c = d = e$

et (les égalités (IV) sont vérifiées)

$\alpha = \gamma = o$
$\beta = \delta = \theta$

on déduit la « proportion de grandeur et de position »

$1_o{:}1_\theta{::}e_o{:}e_\theta$.

D'où, compte tenu de (II) :

$1{:}1_\theta{::}e{:}e_\theta$,

soit finalement :

$e_\theta = e.\ 1_\theta$.

On sépare ainsi, « dans la notation, ce qui est relatif à la grandeur absolue d'une droite de ce qui est relatif à sa position »[133] ; on dira que « $1_\theta$ » est le « signe de position ».[133]

Une droite sera dite « positive » si, parallèle à l'axe des abscisses, elle est dirigée de gauche à droite ; « négative » si, toujours parallèle à l'axe des abscisses, elle est orientée inversement. De même, un angle sera dit, prenant pour référence l'axe des abscisses positives :

- « positif » s'il est calculé en « montant » (sens trigonométrique)
- « négatif » s'il l'est en « descendant ».

C'est en reliant toutes ces notions « ordinaires » avec les définitions précédentes que « nous allons en déduire une manière simple, uniforme et féconde de représenter les lignes de grandeur et de position »[133]. On extrait de cette première confrontation les identifications, cette fois plus légitimes, suivantes :

(V) $+1 = 1_o$ et $-1 = 1_{\pm\pi}$.

La deuxième égalité est plus gênante car elle fait correspondre deux « signes de positions », $1_{-\pi}$ et $1_{+\pi}$, qui se confondent dans les faits mais pas dans l'écriture symbolique adoptée pour une même « droite négative » $-1$. On peut sans aucune difficulté réduire cet inconvénient mineur en prouvant que le signe de position « $1_\theta$ » indique la même « position » que le signe $1_{\theta-2\pi}$. Si dans le premier cas on « monte » pour atteindre la position correspondant à l'angle θ, dans le second cas, on atteint la même « position » en « descendant ». Si donc $\theta = +\pi$, on a l'égalité $1_{+\pi} = 1_{-\pi}$ et d'autre part, comme on sait aussi que $1_{+\pi} = -1$ et $1_{-\pi} = -1$, on comprend mieux que Français puisse écrire « $-1 = 1_{\pm\pi}$ ». On ne peut cependant lui accorder tout le bénéfice de cette ultime remarque car il ne pose pas, en plus de l'égalité « $+1 = 1_o$ », la relation $+1 = 1_{2\pi}$. Cette réserve se clarifiera d'elle-même dans ce qui suit.

À l'instar de Buée, mais avec un but plus rigoureusement défini, Français a montré comment les « nombres qualifiés » sont engendrés à partir d'unités relatives. Ainsi,

$+a = a \times (+1)$ et $-a = a \times (-1)$

vont nous permettre grâce aux relations (V) d'écrire :

(VI) $+a = a.1_0$ et $-a = a.1_{\pm\pi}$.

Or, d'un autre côté, on a les égalités mieux connues, bien que contestées, suivantes :

(VII) $+a = a\text{x}(+1) = a\,.\,e^{0\pi\sqrt{-1}}$

et

$-a = a\text{x}(-1) = a\,.\,e^{\pm\pi\sqrt{-1}}$.

Avant de poursuivre, achevons la remarque précédente. Au dire de l'auteur, on a plus généralement :

« $+1 = e^{\pm 2n\pi}$ et $-1 = 1 = e^{\pm(2n+2)\pi\sqrt{-1}}$ », où $n$ est un entier quelconque, mais « dans la géométrie de position, on n'a besoin que d'un seul tour de circonférence pour déterminer la position d'une droite, ce qui suppose $n = 0$, et réduit ainsi les expressions de $+1$ et $-1$ à celles »[133] données en (VII) ; ainsi, les deux expressions « $1_0$ » et « $1_{2\pi}$ » ne peuvent être toutes les deux acceptées. La première est beaucoup plus « naturelle » en première observation (en langage moderne, cela revient à dire qu'une circonférence est décrite lorsque l'angle $\theta$ prend toutes les valeurs de l'intervalle semi-ouvert $[0, 2\pi[$). Observons au passage que l'auteur, par une telle restriction, se condamne, alors qu'il s'y réfère explicitement, à la « détermination principale » du logarithme d'un nombre négatif, à rester en marge des travaux exemplaires d'Euler dans ce domaine précis.

Après avoir mis en place à la fois les conceptions, les définitions et l'écriture symbolique de sa méthode, Français a le champ libre pour entrer dans le vif du sujet :

> « Théorème 1er. Les quantités imaginaires de la forme $\pm a\sqrt{-1}$ représentent, en géométrie de position, des perpendiculaires à l'axe des abscisses ; et réciproquement, les perpendiculaires à l'axe des abscisses sont des imaginaires de la même forme. »[134]

Nous n'aborderons pas ici la démonstration triviale de ce théorème. Précisons néanmoins qu'elle s'articule autour des symboles « $\pm a\sqrt{-1}$ » et « $a_{\pm\alpha}$ » et s'achève sur deux égalités importantes :

(VIII) $+a\sqrt{-1} = a_{+\frac{\pi}{2}}$ et $-a\sqrt{-1} = a_{-\frac{\pi}{2}}$.

Les trois corollaires qui suivent ce théorème résument les conséquences les plus évidentes de l'identification « algébrico-géométrique » (VIII) :

134. *Ibid.*, p. 68.

– Le « signe de position » $\pm\sqrt{-1}$ est « identique » au « signe $1_{\pm\frac{\pi}{2}}$

– De $-1 = 1_{\pm\pi} = e^{\pm\pi\sqrt{-1}}$ on tire « $\pm\sqrt{-1} = 1_{\pm\frac{\pi}{2}} = e^{\pm\frac{\pi}{2}\sqrt{-1}}$ »

et enfin :

> « *Corollaire 3.* Les quantités dites *imaginaires* sont donc tout aussi réelles que les quantités positives et les quantités négatives, et n'en diffèrent que par leur position, qui est perpendiculaire à celles de ces dernières. »[134]

La « remarque générale » de Français est particulièrement utile pour appréhender ce que peut exiger un mathématicien au début du XIXe siècle, « of no considerable eminence »[135], professeur de surcroît, pour considérer qu'une théorie est rigoureuse. Elle met en lumière une exigence qui, si elle était souvent verbalement déclarée, n'était jamais mise en pratique. Les conséquences fâcheuses de principes mal posés étaient trop souvent simplement ignorées ; avec Français, si de telles conséquences existent et si l'enchaînement des propositions est sans faille, ce qu'il faudra changer en revanche, ce sont les principes mêmes ; en trouver d'autres qui soient mieux définis, en règle avec de solides références et qui intègrent les résultats existants tout en laissant le chemin ouvert à une éventuelle extension :

> « Cette théorie des signes de position est une conséquence nécessaire et irrécusable des premiers principes ; elle est plus conforme aux règles d'une saine logique que la théorie ordinaire, où l'on admet, un peu gratuitement ou du moins sans nécessité, deux espèces de quantités négatives (les abscisses et les ordonnées) ; car, dès qu'on admet la définition 4e[136] des quantités positives et des quantités négatives, il n'est plus permis d'en introduire d'autres qui ne soient pas comprises dans cette définition, et l'on est obligé forcément d'admettre toutes les conséquences que cette même définition entraîne. Ces conséquences heurtent, à la vérité, les idées reçues ; mais c'est que ces idées sont fondées sur un défaut de dialectique, qui consiste à admettre deux principes, là où un seul serait suffisant. »[137]

L'auteur suggère donc de rejeter les deux principes que prône la théorie consacrée par tous les mathématiciens et d'adopter celui qu'il propose. On se libère, en faisant ce dernier choix, d'un plan cartésien statique qui impose deux droites perpendiculaires entre elles dont le point d'intersection, en plus d'être désigné sous le nom d'*origine*,

135. Peacock, *op. cit.*, p. 228.

136. Celle qui précise ce qu'il faut entendre par « droite négative », « droite positive », etc.

137. *Ibid.*, p. 68.

partage sur chacune d'elles, les *grandeurs* négatives des *grandeurs* positives. Ces deux apparentes espèces de négatif ou de positif, apparentes car en fait on a affaire à une seule conception (on ne saurait dire, par exemple, à la simple vue d'une « grandeur négative » si celle-ci est une abscisse ou une ordonnée ; question qui ne se formula jamais), empêchent, en régissant tout le plan, d'envisager une représentation géométrique pour des *quantités* qu'il faudra se résoudre, en conséquence, à qualifier d'« imaginaires »[138]. Si donc nous rejetons, toujours d'après l'auteur, ces deux principes artificiels et antagonistes, car ils sont loin d'une simple pratique non professionnelle – le repérage sur un plan ne nous oblige pas à les utiliser – ce rejet se fera au profit de celui de la « droite de grandeur et de position » qui, malgré son apparente complexité, reste proche de la perception immédiate. Grâce à cette nouvelle conception, on résout simplement les difficultés, en grande partie résorbées, qui venaient « heurter » nos *idées reçues*.

On peut faire appel à l'espace, pour achever de rendre plus évident le caractère *naturel* du principe de Français. Un observateur désignant un objet distant ne dira pas que celui-ci est situé en un point de coordonnées $x$, $y$ et $z$. La distance qui les sépare et l'angle formé par leurs deux plans respectifs sont des données plus aisément et concrètement perçues. L'espace est naturellement appréhendé par les faits et gestes de l'observateur. En revanche, en se soumettant à la mathématisation, l'espace nous confronte à des difficultés d'interprétation inextricables dues en grande partie à l'interaction du sujet pensant qui, en prenant pour objet d'étude le lien de ses déplacements, doit s'extraire de son cadre naturel. D'autre part, le mouvement naturel, réducteur par nécessité, offre à son tour la difficulté inhérente à une décomposition abstraite pour être théoriquement et globalement interprété.

Tous les autres résultats théoriques qui font suite à cette « remarque générale » parachèvent la théorie de Français en apportant les ultimes identifications avec l'ancienne théorie. Ainsi, le « Théorème II » énonce simplement que le « signe de position » $1_\alpha$ a pour valeur $e^{\alpha\sqrt{-1}}$, c'est-à-dire que $1_\alpha = e^{\alpha\sqrt{-1}}$.[139]

Une conséquence presque immédiate de ce théorème est obtenue en prenant les logarithmes « naturels » des membres de l'égalité précédente :

$$\mathrm{Log}(1_\alpha = e^{\alpha\sqrt{-1}})$$

---

138. Ajoutons que ce mot a été introduit par Descartes lui-même. La seule attitude viable préconisée, vu l'impossibilité de représenter ces « objets » géométriquement, était de dire que ceux-ci étaient du ressort de l'imagination.

139. *Ibid.*, p. 68.

on aura

(IX) $\alpha\sqrt{-1} = \mathrm{Log}(1_\alpha)$.

Cette nouvelle expression permet d'énoncer « qu'en géométrie de position les arcs de cercle sont les logarithmes des rayons correspondants » (résultat peu nouveau en soi, nous le retrouvons sous la plume de nombreux mathématiciens antérieurs à Français). C'est en voulant clarifier, plutôt apporter une nouvelle justification, de l'égalité (IX) que l'auteur nous rappelle, à bien des égards, certains des arguments de Buée :

> « les arcs de cercle sont, comme on le voit, affectés du signe de position $\sqrt{-1}$, ce qui paraît très naturel, puisque leur direction est dans un sens perpendiculaire à l'axe des abscisses »[140].

L'égalité (IX) a un autre avantage indéniable, en s'alliant au « corollaire 1er » du « théorème 1er » elle conduit à donner « un sens raisonnable et intelligible à l'équation symbolique et mystérieuse $\frac{\pi}{2}\sqrt{-1} = \mathrm{Log}(\sqrt{-1})$ ». On pourrait croire, à la suite de cette remarque, que l'auteur ignorait les travaux d'Euler dans ce domaine précis. Mais, il ne faut voir là qu'un nouvel essai de style. Français emploie sciemment ce vocabulaire encore de son époque pour montrer combien sa théorie est claire et qu'elle n'oblige pas à chercher refuge dans l'imaginaire ou l'occulte. Enfin, pour achever ce survol rapide des principaux résultats de Français, on trouve encore une égalité fondamentale qui a l'intérêt de rendre pratique, et visuelle, la marche théorique de sa méthode. En rassemblant les résultats suivants :

$a_\alpha = a \cdot 1_\alpha$ et $a_\alpha = a \cdot e^{\alpha\sqrt{-1}}$ (« théorème II »)

et compte tenu de l'égalité

$$e^{\alpha\sqrt{-1}} = cos\alpha + sin\alpha\sqrt{-1},$$

on obtient facilement :

$$a_\alpha = acos\alpha + asin\alpha\sqrt{-1} \;;$$

ce qui peut s'énoncer de la manière suivante :

> « *Pour exprimer une droite de grandeur et de position, il faut prendre la somme de ses projections sur deux axes de coordonnées rectangulaires.* Bien entendu qu'on prendra chaque projection avec son signe de position. »[141]

140. *Ibid.*, p. 69.

141. *Ibid.*, p. 70. C'est lui qui souligne ; mise à part l'introduction de son vocabulaire, c'est la seule remarque, ou conséquence de sa théorie qui est ainsi accentuée.

Nous ne reviendrons pas sur l'importance capitale de cette ultime constatation, car on a pu, à maintes reprises dans les travaux des auteurs précédents, en juger toute la portée. En revanche, il nous paraît utile de mentionner que Français, sans faire appel à une *algèbre-langue* ou à une *algèbre symbolique*, parvient à régler la difficulté inhérente à l'interprétation géométrique des signes arithmétiques que Buée a soulevée pour justifier toute une partie de son *Mémoire*. En effet, dit-il,

> « on voit par cette théorie des signes de position, qu'à la rigueur on pourrait se passer, en Géométrie, des signes +, – et $\pm\sqrt{-1}$, comme signes de position ; et que nos signes $1_0$, $1_{\pm\pi}$, $\pm 1_{\pm\frac{\pi}{2}}$ les remplacent avec avantage en conservant la liaison de ces signes avec le signe général de position $1_{\pm\alpha}$. Il en résulterait encore cet autre avantage, que les signes + et – ne serviraient plus désormais qu'à indiquer l'addition et la soustraction, de sorte que ces signes n'auraient jamais qu'une même signification ; ce qui éviterait bien des embarras, et serait en même temps beaucoup plus conforme aux règles d'une saine logique. »[142]

Français, comme Argand, achève la partie théorique de son étude en faisant, d'une part, constat d'éventuelles applications mécaniques, mettant directement en jeu des forces, qui, à elles seules, constitueraient un argument suffisant pour valider sa théorie si celle-ci « ne se justifiait pas d'elle-même »[143]. D'autre part, il extrait de l'algèbre un exemple qui achève, toutes mesures gardées, de montrer que sa méthode est générale :

> « Théorème IV. Toutes les racines d'une équation de degré quelconque sont *réelles*, et peuvent être représentées par des droites données de grandeur et de position. »[144]

Disons tout de suite que l'auteur suppose connu, dans sa démonstration, le *théorème fondamental de l'algèbre*, il ne lui reste, par conséquent, plus grand chose à ajouter pour conclure. Mais, l'intérêt qui nous a poussé à restituer l'énoncé du théorème précédent, réside surtout dans sa formulation : celle-ci nous apporte un élément supplémentaire pour nous assurer que l'auteur est convaincu que sa théorie l'emporte en clarté, en bien-fondé ainsi qu'en efficacité, sur l'existante.

---

142. *Ibid.*, p. 73.
143. *Ibid.*, p. 72.
144. *Ibid.*, p. 73.

*Toujours les « imaginaires »*

Français conclura son étude, dans un style qui ne saurait nous rappeler, tant le contraste est grand, la réserve et la modestie d'Argand, en disant :

> « Telle est l'esquisse, très abrégée, des nouveaux principes sur lesquels il me paraît convenable et même nécessaire de fonder la *Géométrie de Position*, et que je soumets au jugement des Géomètres. Les principes étant en opposition formelle avec les idées admises jusqu'ici sur la nature des quantités dites *imaginaires*, je dois m'attendre à des objections nombreuses ; mais j'ose croire qu'un examen approfondir de ces mêmes principes les fera trouver exacts, et que les conséquences que j'en ai déduites, quelque étranges qu'elles puissent paraître d'ailleurs au premier abord, seront néanmoins jugées conformes aux règles de la dialectique la plus rigoureuse. »[145]

*Intervention de J. D. Gergonne*

En 1811 dans une lettre qu'il adressa à « M. de Maizière » J. D. Gergonne lui faisait remarquer qu'il serait peut être préférable de substituer à l'idée d'une « simple série »[146], celle qui consiste à envisager « une table à double entrée » qui, bornée aux seuls nombres entiers, pourrait être figurée comme suit[147] :

..............................................

$$\ldots, -2+2\sqrt{-1}, \quad -1+2\sqrt{-1}, \quad +2\sqrt{-1}, \quad +1+2\sqrt{-1}, \quad +2+2\sqrt{-1}, \ldots$$

$$\ldots, -2+\sqrt{-1}, \quad -1+\sqrt{-1}, \quad +\sqrt{-1}, \quad +1+\sqrt{-1}, \quad +2+\sqrt{-1}, \ldots$$

$$\ldots, -2, \quad -1, \quad 0, \quad +1, \quad +2, \ldots$$

$$\ldots, -2-1\sqrt{-1}, \quad -1-\sqrt{-1}, \quad -\sqrt{-1}, \quad +1-\sqrt{-1}, \quad +2-\sqrt{-1}, \ldots$$

$$\ldots, -2-2\sqrt{-1}, \quad -1-2\sqrt{-1}, \quad -2\sqrt{-1}, \quad +1-2\sqrt{-1}, \quad +2-2\sqrt{-1}, \ldots$$

..............................................

Gergonne plaça à la suite de l'article de Français ce qui précède sous la forme d'une remarque afin de montrer à ce dernier que les idées qu'il venait de développer « ne sont point tellement étranges que le fond n'en ait pu germer dans plusieurs têtes à la fois ». Il ne manquera pas de lui faire constater, et ce fort justement, que la « table à double entrée » constituait une preuve qu'il plaçait les nombres de la forme $n\sqrt{-1}$ sur une ligne perpendiculaire à celle où sont situés les nombres

145. *Ibid.*, p. 74.

146. *Ibid.*, p. 74. (dans les *Annales*, pp. 71-73).

147. Notons au passage comment le caractère indifférent de « 0 » est souligné.

*n* et qu'il représentait « les nombres étrangers à ces deux lignes par la somme de leurs projections sur l'une et sur l'autre »[148].

De telles précisions nous autorisent cette fois à aller dans le sens de l'affirmation de H. Hankel (cf. note 81 précédente, p. 163) en faisant remarquer cependant qu'il serait abusif d'attribuer à Argand tous les mérites de cette découverte. Français a su, à partir des maigres indices contenus dans une lettre, extraire et bâtir une théorie qui clarifie et précise celle d'Argand. Gergonne, lui, a pu tirer parti de l'esquisse de Français pour déduire de sa « table à double entrée » des conséquences fort justes mais qui semblaient lui avoir *a priori* échappées.

Bien que nous ayons dans les lignes précédentes matière suffisante pour conclure à une totale anticipation du travail de Gauss dans ce domaine, il nous paraît cependant opportun d'en souligner le caractère apparent et trompeur. La « table » de Gergonne suggère sans nul doute, lorsqu'on la plaque sur le plan, le quadrillage de Gauss. Mais, contrairement à Gauss qui, lui, désigne les *nœuds* de ce quadrillage, Gergonne et *a fortiori* Français (quoique moins clairement pour ce dernier) ne s'intéressent qu'aux *mailles* de celui-ci. Dans les deux cas, l'image résultante reste la même, mais les deux discours qui y conduisent sont distincts. Nous dirons simplement, car nous aurons l'occasion d'y revenir, que Gauss est le premier, à l'exception de l'ébauche de Wallis, à établir explicitement une correspondance biunivoque entre les « quantités imaginaires »[149] et les *points du plan*. Ainsi, Gergonne, bien que très proche de Gauss, reste dans le courant « vectoriel » de la représentation géométrique des « quantités imaginaires ». Son « nombre étranger » aux deux lignes caractérisant le plan, lorsqu'il vient à être représenté géométriquement, reste apparenté au « segment » de Wessel, à la « ligne dirigée » d'Argand ou à la « droite de grandeur et de position » de Français. Là encore, pour s'en convaincre, il suffit de se reporter à son ultime déclaration.

Malgré l'apport considérable de Français à la méthode d'Argand, Gergonne reste parfaitement conscient que beaucoup reste encore à faire pour en finir avec ces « imaginaires » :

> « Il faudra sans doute faire beaucoup encore pour parer à toutes les objections, pour éclaircir toutes les difficultés, pour dissiper tous les nuages, pour étendre et perfectionner la nouvelle théorie, et en rendre bien évidents, l'esprit, le but et les avantages ; mais on ne peut espérer ces résultats que du temps et des efforts réunis de tous ceux qui voudront

148. *Ibid.*, p. 75.

149. Nous croyons encore utile d'utiliser cette expression plutôt que celle de « nombres complexes », due à Gauss, car cette dernière correspond dans l'esprit de son créateur à une extension au sens propre de la notion de nombre – les nombres complexes regroupent sous leur dénomination les nombres réels ; il suffit pour s'en convaincre d'annuler leur partie imaginaire – extension qui n'a jamais été vraiment explicitée par les auteurs précédemment cités.

bien ne pas rejeter cette théorie avec dédain, sans l'avoir sérieusement examinée. »[150]

On peut regretter néanmoins que Gergonne, après avoir ainsi pris parti pour cette jeune et encore fragile théorie, ne trouve pour résumer l'esquisse de Français que la simple phrase suivante :

« Lorsque cherchant, sur une droite indéfinie, une longueur déterminée, mais inconnue, qu'on croît être d'un certain côté d'un point fixe pris sur cette droite, il arrive que cette longueur est réellement du côté opposé de ce point fixe, on trouve, pour la longueur cherchée, une expression négative ; et si cette longueur n'est pas même située sur la droite donnée, son expression se présente alors sous une forme imaginaire. »[151]

Cette phrase aurait été trop faible pour résumer le travail de Wallis.

Français assure les bases de cette théorie en faisant état de définitions précises à partir desquelles son raisonnement déductif suit une « saine logique ». Bien sûr, aux yeux d'un mathématicien qui nous serait contemporain, les démonstrations qu'il propose pour ses théorèmes avancés, manquent encore de rigueur ; elles correspondent néanmoins à un modèle du genre propre à ce début du XIXe siècle. Il apporte également une écriture symbolique plus maniable que celle d'Argand et plus en accord, si cela doit être un critère, avec la nôtre. Elle laisse le champ libre pour une éventuelle extension de la notion de nombre. En précisant que le « symbole $\sqrt{-1}$ » permet d'établir une nette distinction, dans la « somme $a + b\sqrt{-1}$ », entre ce qui appartient à l'axe des abscisses et à l'axe des ordonnées, Français va beaucoup plus loin qu'il n'y paraît, il laisse penser à une *indépendance linéaire*. En effet, en ajoutant, nous l'avons précédemment vu : « Bien entendu qu'on prendra chaque projection avec son signe de position »[152], il nous dit simplement que « $a + b\sqrt{-1}$ », doit être conçue (la « somme ») comme « $a \cdot 1_0 + b \cdot 1_{\frac{\pi}{2}}$ ». Précision qui augure une des principales notions qui permettra de parvenir à la conception actuelle d'*espace vectoriel*.

150. *Ibid.*, pp. 75-76.
151. *Ibid.*, p. 76.
152. *Ibid.*, p. 70.

*L'Essai de 1813*

L'extrait qu'Argand fera parvenir de son *Essai* en 1813 aux *Annales de Mathématiques*[153] pour répondre à la demande de Français, reprendra sous une forme à la fois plus légère et condensée la plupart des résultats de son écrit de 1806. Les interventions de Legendre et de Français seront bénéfiques pour lui, car elles lui permettront de renoncer aux nouveaux signes qu'il avait créés (~ et +), abandon que peut regretter un lecteur du XX^e siècle et qui, bien que faisant disparaître le signe « $\sqrt{-1}$ », apportaient de nouvelles difficultés qui n'étaient pas particulièrement bienvenues, vu l'état précoce de la théorie. Il reprendra, en faisant quelques modifications légères, la notation de Français mais conservera celle qui lui permit de représenter par « $\overline{AB}$ » une « ligne dirigée » d'extrémités A, B et orientée de A vers B. (de nos jours, on trouve pour symbole équivalent « $\overrightarrow{AB}$ » ; celui qui s'écrit « $\overline{AB}$ » désigne tout simplement la « valeur algébrique » du segment AB).

Argand, malgré ces modifications, reste encore très attaché à la forme de son premier écrit : il décrit plus qu'il ne définit sa méthode. Par exemple, le « principe fondamental » de sa théorie,

> « Si ang. AKB = ang. A'K'B' (fig. 2)
> on a, abstraction faite des grandeurs absolues,
> KA : KB :: K'A' : K'B'

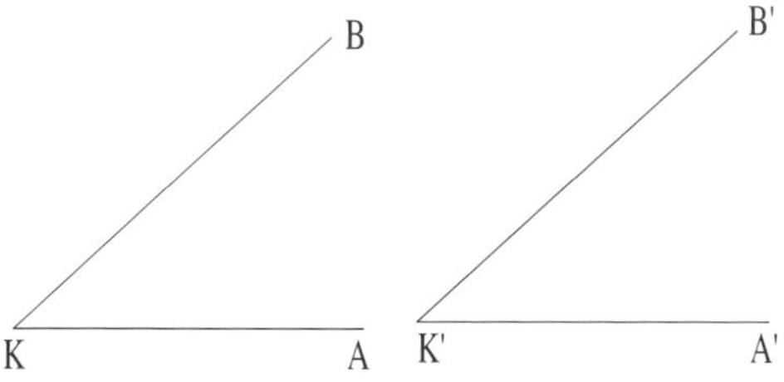

»[154] (« fig. 2 »),

153. *Annales de Mathématiques*, Gergonne, tome IV, pp. 133-147 et Houël, *op. cit.* pp. 76-96.

154. Houël, *op. cit.*, pp. 80-81 ou *Annales. Op. cit.*, pp. 136-137.

est vu comme une conséquence générale tirée de la figure suivante

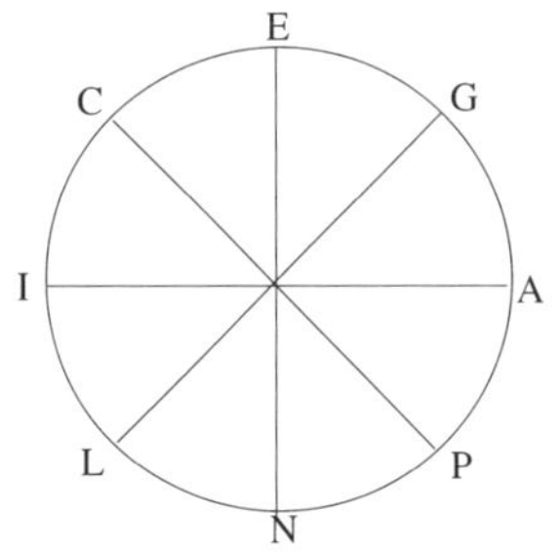


(« fig. 1 »)

après, dit-il, avoir fait "une suite de raisonnements que nous supprimons »[155]. C'est par ce second écrit qu'Argand sera à la fois reconnu par Peacock et Hamilton. Ce dernier insistera longuement, dans la préface à ses *Lectures on Quaternions* (1853), sur les mérites qu'il faut attribuer à Argand :

> « Nothing more lucid than Argand's own statements as regards the *fundamental principles* of the theory of the *addition* and *multiplication* of coplanar lines, has since (so far as I know) appeared ; not even in the writings of Professor De Morgan on Double Algebra... »[156]

*Influence de Français sur Argand*

Dès la troisième page de son article, Argand montre qu'il tire parti de la notation de Français : la quantité $x$ qui satisfait à la proportion $+1:1_d::1_d:-1$ quantité qui ne saurait être positive ni négative, sera une unité dont la direction *d'* sera à la direction négative, ce que la direction positive est à elle-même. Il pose alors la proportion :

$$\text{« (B)} \quad +1:1_d::1_d:-1 \text{ »}$$

celle-ci présente :

> « 1°. une proportion purement mécanique 1:1::1:1 ;
> 2°. une proportion ou similitude de rapports de direction ; analogue à celle de la proportion (A) (i.e. + 1 : – 1 :: – 1 : + 1) ; et, puisqu'on admet la vérité de cette dernière, on ne saurait se refuser à reconnaître également la légitimité de la proportion (B). »[157]

155. Houël, p. 80 ou *Annales. Op. cit.*, p. 136.

156. *Lectures on Quaternions*, 1853, préface p. 56, note *. L'« Algèbre double » est une algèbre portant sur les « quantités imaginaires ».

157. *Ibid.*, p. 79.

De même, à la page suivante, la « ligne dirigée $\overline{\text{KE}}$ » (voir fig. 1) résoudra la proportion (B), où + 1 = KA et - 1 = KI, « en prenant pour *d* la direction de KE, et on aura $1_d$ = DE ».[158]

*Rendre public le passage à l'espace des résultats confinés au plan*

L'auteur ne fait plus mention de la notation judicieuse qui l'avait conduit à reconnaître la périodicité des puissances de l'*unité imaginaire* et omet toutes les modifications de vocabulaire qu'il proposait dans son « Essai » de 1806. Mais l'avantage que présente ce nouvel écrit vient de l'introduction d'un nouveau concept. Argand propose d'étendre à l'espace ce qu'il vient de définir pour le plan. Là encore, il est très largement devancé par Wessel, mais, contrairement à ce dernier, une telle extension portée aux yeux du public engagera une polémique qui posera les premiers jalons d'une recherche qui s'achèvera par la découverte des quaternions de Hamilton. Résumons brièvement les prolégomènes de l'ébauche d'Argand ; et pour ce faire on utilisera la figure qu'il donne :

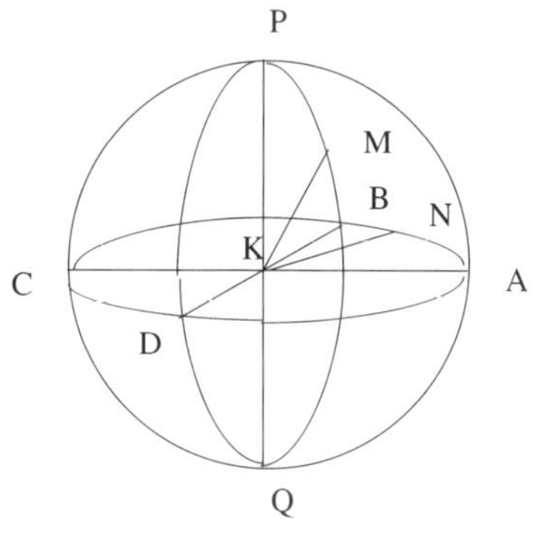


(fig. 10)

De cette sphère on tire :

$$\overline{\text{KA}} = +\,1,\ \overline{\text{KC}} = -\,1,\ \overline{\text{KB}} = +\sqrt{-1}\,,\ \overline{\text{KD}} = -\sqrt{-1}$$

et, « tout autre rayon $\overline{\text{KN}}$, mené dans le plan de ceux-là, sera de la forme $p + q\sqrt{-1}$ ; et réciproquement, toute expression de cette forme sera celle d'une ligne dirigée dans ce plan »[159].

Argand élève ensuite une perpendiculaire KP = KA à ce plan. Les questions naturelles posées sont alors les suivantes :

158. *Ibid.*, pp. 79-80.
159. *Ibid.*, p. 92.

« Que sera cette ligne dirigée $\overline{\mathrm{KP}}$ relativement aux précédentes ? Leur sera-t-elle tout à fait hétérogène, ou bien peut-on la rapporter analytiquement à l'unité primitive $\overline{\mathrm{KA}}$, et assigner son expression algébrique, comme celle de $\overline{\mathrm{KB}}$, $\overline{\mathrm{KC}}$, ... ? »[159]

L'auteur, se laissant « guider par l'analogie » et utilisant explicitement de nouveau la notation de Français[160] ($1\alpha$), pose alors :

$$\overline{\mathrm{KA}} = 1_0,\ \overline{\mathrm{KB}} = 1_{\frac{1}{4}},\ \overline{\mathrm{KC}} = 1_{\frac{1}{2}},\ \overline{\mathrm{KD}} = 1_{\frac{3}{4}}\ ;$$

ici *A* est donc pris comme origine sur la circonférence *ABCD* et met en jeu des angles positifs ou négatifs, suivant le sens de déplacement.

« Or, dit-il, si nous appliquons aux mêmes angles les mêmes considérations qu'aux lignes, nous serons conduits à prendre les angles imaginaires dans une direction perpendiculaire à celle qui appartient aux angles réels. Supposons que le demi-cercle *ABC* tourne autour de *AC*, le point *B* décrivant le cercle *BPDQ* ; puisqu'on a déjà

$$\text{angle } \overline{\mathrm{AKB}} = +\frac{1}{4} = \frac{1}{4}\,(+1)$$

$$\text{angle } \overline{\mathrm{AKD}} = -\frac{1}{4} = \frac{1}{4}\,(-1)$$

on pourra dire que

$$\text{angle } \overline{\mathrm{AKP}} = \frac{1}{4}\sqrt{-1} = \frac{1}{4}\cdot 1_{\frac{1}{4}}$$

d'où l'on conclura

$$\overline{\mathrm{KP}} = 1_{\frac{1}{4}}\cdot 1_{\frac{1}{4}} = 1_{\frac{1}{4}\sqrt{-1}} = 1^{\frac{1}{4}\sqrt{-1}}$$

$$= \left(1^{\frac{1}{4}}\right)^{\sqrt{-1}} = (\sqrt{-1})^{\sqrt{-1}}$$

Telle paraît devoir être l'expression analytique demandée. »[161]

160. La notation est légèrement différente dans la mesure où, pour Argand, $\alpha$ ne désigne pas explicitement un angle, mais une partie entière ou fractionnaire de circonférence.

161. *Ibid.*, p. 93. Le lecteur n'aura pas manqué la simplicité du raisonnement.

Si l'on prend un point quelconque M sur le cercle BPDQ, tel que l'angle BKM soit égal à μ, on trouve « $\overline{KM} = (\sqrt{-1})$. Les angles s'expriment tout aussi simplement ; à titre d'exemples on a les suivants :

« angle $\overline{AKP} = \frac{1}{4}\sqrt{-1}$

angle $\overline{BKP} = \frac{1}{4}\sqrt{-1}^{\sqrt{-1}}$ »

Le problème se présentera lorsque Argand rajoutera, à la suite des précédentes propositions, que « $\overline{KP} = (\sqrt{-1})^{\sqrt{-1}}$ » offre l'exemple le plus simple d'une quantité non réductible à la forme $p + q\sqrt{-1}$. Il n'ignore pas que de nombreux mathématiciens ont montré le contraire, mais considère que leurs démonstrations ne sont pas concluantes dans la mesure où elles font usage de développements en séries ou des logarithmes. Les premières sont rejetées car il faut prouver que p et q ont des valeurs finies. Or,

> « il arrive souvent, en effet, dans l'Analyse, qu'une série qui, par sa nature, ne peut exprimer que des quantités réelles, prend une valeur, ou plutôt une forme infinie, lorsqu'elle doit représenter une quantité imaginaire »[162].

Les secondes démonstrations subissent le même sort, car

> « elles laissent aussi, ce me semble, quelques nuages dans l'esprit, en ce qu'on n'a pas encore des notions bien précises sur les logarithmes imaginaires »[162].

Dans une lettre qu'il adressa à Gergonne le 8 novembre 1813, intitulée « Sur la théorie des quantités imaginaires »[163], Français partage une partie des vues d'Argand sur l'extension de la notion de « ligne dirigée » ou de « droite de grandeur et de position » à l'espace. D'une part il dit :

> « Je suis persuadé que le vrai moyen d'étendre notre théorie des imaginaires à la Géométrie à trois dimensions réside dans la considération des angles imaginaires. »[164]

---

162. *Ibid.*, p. 95.

163. Lettre insérée dans la réédition de J. Houël de l'*Essai* d'Argand, *Annales de Math.*, t. IV, pp. 222-235.

164. *Ibid.*, p. 98. Français reviendra sur cette déclaration, car la considération d'angles imaginaires le conduisait à des résultats peu convainquants (d'après W.W. Beman, *Ens. Math.* (1899), p. 175, trad. Berdellé).

mais d'autre part il s'oppose à la conclusion d'Argand :

> « J'aurais peine à passer à cet estimable géomètre son assertion sur la non-réductibilité de $(c\sqrt{-1})^{d\sqrt{-1}}$ à la forme $A + B\sqrt{-1}$.
>
> On a, en effet,
>
> $$c\sqrt{-1} = e^{log(c\sqrt{-1})} = e^{log c + log\sqrt{-1}}$$
> $$= e^{log c + \frac{1}{2}\pi\sqrt{-1}}$$
> $$= e^{log c} e^{\frac{1}{2}\pi\sqrt{-1}} ;$$
>
> (Français utilise pour cette seconde égalité le résultat $\log\sqrt{-1} = \frac{1}{2}\pi\sqrt{-1}$, « démontré » dans son précédent mémoire)
>
> donc
>
> $$(c\sqrt{-1})^{d\sqrt{-1}} = e^{(dlog c)\sqrt{-1}} e^{-\frac{1}{2}d\pi}$$
> $$= e^{-\frac{1}{2}d\pi}(cos(dlog c) + \sqrt{-1}\,sin(dlog c)),$$
>
> qui est bien de la forme $A + B\sqrt{-1}$. Je crois donc être fondé à ne regarder la forme $(c\sqrt{-1})^{d\sqrt{-1}}$, qu'il assigne à la troisième coordonnée, que comme une simple conjecture, sujette à une sérieuse contestation. »

*Les critiques de F.-J. Servois*

La lettre de Servois qui fait suite à celle de Français dans les « Annales de Mathématiques » de Gergonne (écrite le 23 novembre 1813) n'a pas la modération de celle de Français. La critique est sévère et prend à partie indifféremment nos deux auteurs, mais elle ne s'oppose pas à la marche de cette nouvelle théorie ; elle s'attache plutôt à en souligner les défauts et à dénoncer l'emploi d'analogies et la croyance que de nombreuses applications suffisent à confirmer une nouvelle méthode. Méthode dont la notation semble à Servois n'être « qu'un masque géométrique appliqué sur des formes analytiques dont l'usage immédiat (est) plus simple et plus expéditif. »[165]

Gergonne dans plusieurs notes à cette lettre s'opposera généreusement au style agressif de Servois. Ainsi, à titre d'échantillon, on a la remarque suivante (p. 103) :

165. *Ibid.*, p. 103.

« Il serait sans doute fort à désirer que l'esprit humain procédât constamment comme on le fait dans les Traités *ex professo* et sur les bancs des écoles[166], mais malheureusement cela n'arrive presque jamais. M. Servois (...) a-t-il donc oublié que ce n'est qu'après plus d'un siècle de méditations et d'essais infructueux qu'on est enfin parvenu à asseoir le calcul dit *infinitésimal* sur des bases solides ? ... Où en serions-nous pourtant si l'on avait exigé des premiers inventeurs de ce calcul qu'ils démontrassent rigoureusement leurs méthodes avant d'en faire des applications ? Il en a été exactement de même à l'égard des quantités négatives isolées, et il en sera toujours ainsi de toutes les théories ; l'homme les aperçoit par une sorte d'instinct, bien longtemps avant d'être en état de les démontrer en rigueur. »

Servois ne manquera pas de reprocher à Argand sa méconnaissance de la formule $(\sqrt{-1})^{\sqrt{-1}} = e^{-\frac{1}{2}\pi}$ démontrée par Euler. Gergonne nous indique comment une telle relation s'obtient simplement : il suffit, partant de la formule de R. Cotes (1714)

$$x\sqrt{-1} = Log(cos x + \sqrt{-1}\, sin x),$$

de procéder comme suit :

soit $e^{x\sqrt{-1}} = cos x + \sqrt{-1}\, sin x$,

de cette égalité découle immédiatement la suivante

$$e^{-x} = (cos x + \sqrt{-1}\, sin x)^{\sqrt{-1}} ;$$

posant alors $x = \frac{1}{2}\pi$ on obtient :

$$e^{-\frac{1}{2}\pi} = (\sqrt{-1})^{\sqrt{-1}}.$$

Malgré la simplicité de cette démonstration, apparemment « évidente », Gergonne ne manque pas de se rallier au « doute » d'Argand quant à la réduction de $(c\sqrt{-1})^{d\sqrt{-1}}$ sous la forme $p + q\sqrt{-1}$ [167]. Sa position s'entend clairement dans la mesure où, toujours d'après lui, la théorie existante sur les formes algébriques n'est pas claire ; tant qu'il en est ainsi,

« il sera tout au moins permis de regarder comme précaires les démonstrations fondées sur l'usage de ces mêmes formes »[168].

166. Francois-Joseph Servois était professeur aux Écoles d'Artillerie.

167. Rappelons, à titre d'exemple, que d'Alembert avait déjà démontré d'une manière générale dans ses « Réflexions sur la cause générale des vents » qu'un nombre $(u + v\sqrt{-1})^{a + b\sqrt{-1}}$ s'exprime à nouveau sous la forme $g + h\sqrt{-1}$.

168. *Ibid.*, p. 105.

Une telle observation, et ce malgré les découvertes d'Euler sur les logarithmes des nombres négatifs et imaginaires et plus généralement sur les « quantités » qu'il qualifiait encore d'*impossibles*, montre que Gergonne est parfaitement conscient de l'immense labeur de clarification et de rigueur que devront faire les mathématiciens du XIXe siècle pour pouvoir pleinement utiliser les innombrables résultats qu'ont légués pêle-mêle leurs prédécesseurs du XVIIIe siècle.

Malgré ces petits griefs qui ont été faits à Servois, il faut lui reconnaître une juste compétence mathématique qui va au-delà de la simple pratique fournie par son enseignement. Il reprend la « table à double entrée » de Gergonne en précisant :

> « La table à double argument que vous proposez, étant appliquée sur un plan conçu divisé par points ou carreaux *infinitésimes*, de manière qu'à chaque carreau correspondit un nombre qui en serait l'*indice* ou la *cote*, serait très propre à indiquer la grandeur et la position des rayons vecteurs qu'on ferait tourner autour du point ou carreau central portant ± 0 ; et il est bien remarquable qu'en désignant alors par $a$ la longueur d'un rayon vecteur, par $\alpha$ l'angle qu'il ferait avec la ligne réelle
>
> $$..., -1, \pm 0, +1, ......,$$
>
> par $x$, $y$ les coordonnées rectangles du *point extrême opposé à l'origine*, rapporté à cette ligne réelle comme axe des $x$, la cote de ce point serait exprimée par $x + y\sqrt{-1}$, et par conséquent, à cause de $x = a \cos a$, $y = a \sin \alpha$, par $a \cdot e^{\alpha\sqrt{-1}}$, qui vaut bien, à mon avis, celle de MM. Argand et Français ; mais, certes, on n'en conclura pas que ce soit un nouveau moyen de construire *géométriquement* les quantités imaginaires, car les *cotes* ou *indices* dont il s'agit impliquent déjà l'imaginaire. »

Les éléments dont fait part Servois dans ce passage, ne sont guère nouveaux mais ont le mérite de tirer parti de la table de Gergonne en extrayant des idées qui sont très proches de celles de Gauss. Il est en revanche sans aucun doute très novateur lorsqu'il propose à son tour d'étendre ses remarques à l'espace. Pour ce faire, il part de nouveau de l'« ingénieuse disposition tabulaire »[169] de Gergonne et suggère qu'elle peut être vue comme une « tranche centrale d'une table à triple argument qui remplirait l'espace suivant ses trois dimensions, et pourrait servir à fixer, de grandeur et de position, les droites dans l'espace ». Chaque terme de cette table serait de forme *trinomiale*, l'*analogie* laisse penser que celle-ci s'écrive

> « $p \cos \alpha + q \cos \beta + r \cos \gamma$,
> $\alpha$, $\beta$, $\gamma$ étant les angles d'une droite avec trois axes rectangulaires »[169].

---

169. *Ibid.*, p. 108.

Il faudrait aussi, toujours pour rester en accord avec ce qui a été démontré dans le plan, que l'on ait :

« $(p \cos \alpha + q \cos \beta + r \cos \gamma)\ (p' \cos \alpha + q' \cos \beta + r' \cos \gamma)$
$= \cos^2 \alpha + \cos^2 \beta + \cos^2 \gamma = 1.$ »

Mais, conclut Servois,

« Les valeurs de *p. q. r. p', q', r'* qui satisferaient à cette condition seraient *absurdes* ; mais seraient-elles imaginaires, réductibles à la forme générale

$$A + B\sqrt{-1}\ ?$$ »

Les dernières suppositions de Servois seront considérées par Hamilton comme

« the *nearest approach* to an *anticipation of the quaternions*, or at least to an *anticipation of triplets* ».[170]

Les six symboles de la théorie des quaternions, $+i$, $+j$, $+k$, $-i$, $-j$, $-k$, répondent de façon satisfaisante à la question de Servois (rappelons pour mémoire que $i^2 = j^2 = k^2 = -1$, $ij = k$, $jk = i$, $ki = j$, $ijk = -1$ et enfin $xy = -yx$, $\forall x, y \in \{i, j, k\}$ avec $x \neq y$).

*Quelques points de vocabulaire et de notation*

Dans un dernier mémoire concernant[171] ce sujet et qui sera publié dans le tome V des *Annales de Mathématiques* (1814, pp. 197-209), Argand reprendra la plupart des critiques que lui firent ses deux contemporains, Français et Servois. Son exposé est très clair et montre que le problème des *quantités imaginaires* ne saurait être dit enfin résolu. Les seules informations qui nous paraissent avoir une importance historique sont sa nouvelle démonstration du « théorème fondamental de l'Algèbre » et le point de vocabulaire suivant, longtemps attribué à Cauchy :

« $\sqrt{a^2 + b^2}$ pourrait être appelé le module de $a + b\sqrt{-1}$, et représenterait la grandeur absolue de la ligne $a + b\sqrt{-1}$ »[172].

Le nouveau mot que nous connaissons tous s'accompagnera de deux propriétés importantes :

170. W. R. Hamilton, *op. cit.*, p. 57, note *, c'est lui qui souligne.
171. « Réflexions sur la nouvelle théorie des imaginaires ».
172. *Ibid.*, p. 122.

« 1°. Le module de la somme de plusieurs quantités n'est pas plus grand que la somme des modules de ces quantités ; (...)
2°. Le module du produit de plusieurs quantités est égal au produit des modules de ces quantités. »

De nos jours ces différentes notions et propriétés sont introduites de la manière suivante :

Soit $z = a + bi$ un nombre complexe. On pose

$$|z| = \sqrt{z\bar{z}} = \sqrt{a^2 + b^2}$$

le nombre positif s'appelle *le module* de $z$ ; $\bar{z}$ est dit le conjugué de $z$ et représente $a - bi$. Soient $z_1, ..., z_{n+1}$, $n+1$ nombres complexes.

Les deux propriétés d'Argand se ramènent donc à prouver les deux relations suivantes :

1° $|z_1 + \ldots + z_{n+1}| \leq |z_1| + \ldots + |z_{n+1}|$

2° $|z_1 . z_{n+1}| = |z_1| . \ldots . |z_{n+1}|$

On peut les résoudre comme suit :

1° Soient $z_1 = a + bi$ et $z_2 = \alpha + \beta i$

montrons que

(I) $|z_1 + z_2|^2 \leq (|z_1| + |z_2|)^2$

on en déduira alors immédiatement que

$$|z_1 + z_2| \leq |z_1| + |z_2|$$

$$|z_1 + z_2|^2 = |a + \alpha + (b + \beta)i|^2$$
$$= (a + \alpha)^2 + (b + \beta)^2$$
$$= a^2 + b^2 + \alpha^2 + \beta^2 + 2(a\alpha + b\beta)$$

et

$$(|z_1| + |z_2|)^2 = (\sqrt{a^2 + b^2} + \sqrt{\alpha^2 + \beta^2})^2$$
$$= a^2 + b^2 + \alpha^2 + \beta^2 + 2\sqrt{a^2 + b^2}\sqrt{\alpha^2 + \beta^2} \;;$$

pour avoir l'inégalité (I), il suffit de prouver que

(II) $a\alpha + b\beta \leq \sqrt{a^2 + b^2} \;\sqrt{\alpha^2 + \beta^2}$ ;

comparons pour cela

$(a\alpha + b\beta)^2$ et $(\sqrt{a^2 + b^2} \cdot \sqrt{\alpha^2 + \beta^2})^2$.

Or,

$$(a\alpha + b\beta)^2 = a^2\alpha^2 + b^2\beta^2 + 2a\alpha b\beta$$

$$(\sqrt{a^2 + b^2} \cdot \sqrt{\alpha^2 + \beta^2})^2 = (a^2 + b^2)(\alpha^2 + \beta^2)$$
$$= a^2\alpha^2 + b^2\beta^2 + a^2\beta^2 + b^2\alpha^2 \;;$$

donc :

$$(\sqrt{a^2+b^2}\cdot\sqrt{\alpha^2+\beta^2})^2 = (a\alpha+b\beta)^2$$
$$= a^2\beta^2+b^2\alpha^2-2a\alpha b\beta$$
$$= (a\beta+b\alpha)^2 \geq 0$$

d'où (II) est prouvée et par conséquent (I) l'est aussi ; on a alors :

$$|z_1+z_2| \leq |z_1| + |z_2|$$

Soit maintenant $z_1, z_2, \dots, z_{n+1}$ des nombres complexes et supposons que :

$$|z_1+z_2+\dots+z_n| \leq |z_1| + |z_2|+\dots+|z_2| .$$

Il s'agit alors pour conclure que (1°) est vraie pour tout $n$ entier, de prouver que l'on a :

$$|z_1+z_2+\dots+z_n+z_{n+1}| \leq |z_1| + |z_2| + \dots + |z_n| + |z_{n+1}|$$

or,

$$|z_1+z_2+\dots+z_n+z_{n+1}| \leq |z_1+z_2+\dots+z_n| + |z_{n+1}|$$
$$\leq |z_1| + |z_2| + \dots + |z_n| + |z_{n+1}| .$$

C.Q.F.D.

2°.

$$|z_1z_2| = |(a+bi)(\alpha+\beta i)|$$
$$= |a\alpha-b\beta+(a\beta+b\alpha)i|$$
$$= \sqrt{(a\alpha-b\beta)^2+(a\beta+b\alpha)^2}$$
$$= \sqrt{a^2\alpha^2+b^2\beta^2+a^2\beta^2+b^2\alpha^2}$$

et

$$|z_1|\cdot|z_2| = \sqrt{a^2+b^2}\cdot\sqrt{\alpha^2+\beta^2} = \sqrt{(a^2+b^2)(\alpha^2+\beta^2)}$$
$$= \sqrt{a^2\alpha^2+b^2\beta^2+a^2\beta^2+b^2\alpha^2} ;$$

d'où

$$|z_1z_2| = |z_1|.|z_2| .$$

De même, on voit que :

$$|z_1z_2z_3| = |z_1z_2|\cdot|z_3| = |z_1|\cdot|z_2|\cdot|z_3|$$

Soit $z_1, z_2, \dots, z_n$, $n$ nombres complexes, et supposons que :

$$|z_1.....z_n| = |z_1. \dots .||z_n| ;$$

montrons donc, pour conclure que :

$$|z_1.....z_{n+1}| = |z_1| .....|z_{n+1}|.$$

On a :

$$|z_1.....z_n.z_{n+1}| = |z_1| .....|.|z_{n+1}|$$
$$= |z_1| ....|z_n| .|z_{n+1}|.$$

C.Q.F.D.

(Ces démonstrations supposent démontré que le produit ou la somme de nombres complexes est un nombre complexe et que tout nombre complexe $z$ s'écrit de manière unique sous la forme $a + bi$, où $a$ et $b$ sont des nombres réels). Argand n'aborde pas ces démonstrations, il dit simplement : « Je laisse (...) à des calculateurs plus habiles[172] le soin de les faire. »

Son refus est compréhensible, les calculs précédents font preuve d'une simplicité qui est due au principe de récurrence ; si l'on n'a pas connaissance de ce dernier, ils deviennent très rapidement difficiles et inextricables. La majorité des concepts qui ont été utilisés avant seront acquis avec, en particulier, Gauss, Cauchy et Hamilton. Nous ne ferons pas leur inventaire ici car ils sont tous du ressort de l'algèbre et ne concernent pas notre propos immédiat.

### *État des lieux vers 1814*

Si nous faisons un premier bilan des réalisations obtenues, jusqu'à présent dans le champ exclusif d'une recherche visant à interpréter géométriquement les nombres « imaginaires », on remarque assez curieusement que vers la fin de l'année 1814 la quasi-totalité des concepts ont été sinon tous définis du moins abordés ; et ce même en ne tenant pas compte du remarquable travail de Wessel. Houël[173] reconnaît en Argand, ce « modeste savant genevois »[174], le précurseur du « calcul des équipollences » de Bellavitis, le responsable du développement de la « Théorie des fonctions » et de nombreuses théories qui firent le succès de Möbius, Hamilton et Grassmann. H. Hankel retire à Gauss les mérites qui reviennent à Argand. Hamilton voit en lui et en Français, à des titres divers, les véritables introducteurs de l'« Algèbre double ». Servois lui aussi recevra une déclaration de priorité de la part de Hamilton. Cauchy s'attachera à son tour à faire connaître à la postérité les mérites oubliés d'Argand et Français. Le constat est curieux car, quoique le mathématicien polycéphale N. Bourbaki[175] déclare cette découverte d'une représentation géométrique comme aussi importante que l'introduction du vocabulaire géométrique dans l'étude de l'espace hilbertien, aucun bouleversement appréciable ne viendra troubler le développement des mathématiques dans ce premier tiers du XIXe siècle. Les travaux de ces mathématiciens étaient et restèrent méconnus, parfois volontairement pendant de nombreuses années. B. Gompertz[176], malgré ses deux écrits successifs (1817-1818) sur « les principes et applications des quantités

173. Dans son « Avertissement de l'Éditeur » à la 2e éd. de l'*Essai* d'Argand.
174. *Ibid.*, p. IX.
175. *Éléments d'Histoire des Mathématiques*, Nouv. édit. augmentée, Paris, 1974.
176. *The principles and applications of imaginary quantities*. (1817-1818), Londres.

imaginaires » publiés à Londres, n'attira pas l'attention de ses compatriotes, et ce alors qu'il reprenait à son compte une partie des idées de Buée et parvenait à retrouver indépendamment l'essentiel des conclusions de Français et Argand. Peacock[177] se souviendra de lui, mais quinze ans plus tard, et soulignera l'*adresse* et l'*ingéniosité* qu'il manifesta dans un « sujet aussi nouveau ». Savoir qu'en 1828, l'Anglais J. Warren[178] et le Français C. V. Mourey[179] redécouvraient indépendamment l'un de l'autre la théorie de Français-Argand, s'ajoute pour prouver que notre précédente assertion est fondée. Mais, tout aussi étonnant est le fait que ceux-ci ne parvinrent pas non plus à « fixer l'attention des géomètres »[180].

### *5 – Warren et Mourey : tentatives de synthèses*

J. Warren, *fellow* et *tutor* du *Jesus College* de l'Université de Cambridge, puis pasteur à Huntington, aura le privilège, après la tentative avortée de Buée, d'être considéré comme le principal introducteur en Angleterre des idées s'attachant à caractériser formellement les *quantités imaginaires* à la fois géométriquement et algébriquement. Ce mérite sera a jamais immortalisé par W. R. Hamilton, qui, dans la préface à ses *Lectures on Quaternions* (1853), mettra à maintes reprises[181] en valeur tout ce qu'il devait à Warren ; il souligna notamment les nombreuses suggestions que lui apporta son *Traité* et comment celui-ci l'introduisit à ses propres recherches, tant algébriques que géométriques, sur les *quantités imaginaires*. De Morgan adhéra pleinement à cette reconnaissance dc priorité.

Dans ce premier écrit, Warren se propose de donner une représentation géométrique à toute espèce de *quantité*. Les définitions qu'il pose en prémisses pour les opérations fondamentales, auxquelles il faut ajouter l'élévation à une puissance et l'extraction de racines, sont parfaitement « conformes au sens le plus large que l'interprétation

177. *Report...* 1833, note p. 235.

178. 1°) *Treatise on the geometrical interpretation of the square roots of negative quantities*, Cambridge, 1828, 154 p. 2°) « On the geometrical rep. of the powers quantities, whose indices involve the square roots of - quantities » (Lu le 4-6-1829), *Philos. Trans.* London, vol. 119, (1829) pp. 339-359.

179. *La vraie théorie des quantités négatives et des quantités prétendues imaginaires dédiée aux amis de l'évidence*, Paris, (1828) 2e éd., 1861, 106 p.

180. Houël, « Avertissement de l'éditeur », dans l'*Essai* d'Argand, 1874, p. VIII.

181. P. 31 et note. Dans une lettre adressée aux éditeurs du *Philosophical magazine* (vol. XXV (1844), p. 489 et suiv.), Hamilton dit plus explicitement : « Should you think proper to insert it [dans leur journal], a public acknowledgement (very pleasing to my own feelings) will have been rendered, on the one hand to the Rev. Mr. Warren, whose work on the geometrical representation of the square roots of Negative quantities (printed at Cambridge in 1828) long since attracted my attention and infuenced my thoughts... »

attribuait à ces opérations lorsqu'elles sont appliquées à des lignes de grandeur et de position »[182]. À l'instar de Wessel, il s'attache à montrer que ces définitions restent en plein accord avec les résultats classiques obtenus en ne mettant en jeu que des nombres réels. Pour mieux situer ce travail et montrer qu'il ne se détache pas de l'optique dégagée par les mathématiciens qui le précédèrent dans ce champ très particulier, laissons-le s'exprimer :

> « La somme de deux quantités est la diagonale du parallélogramme ayant ces quantités pour côtés. On dit que la première des quatre quantités est avec la seconde dans le même rapport que la troisième avec la quatrième, conformément à la définition d'Euclide, et quand encore l'angle d'inclinaison de la quatrième sur la troisième est égal à l'angle d'inclinaison de la seconde sur la première, ces inclinaisons étant mesurées dans le même sens. L'unité est une quantité positive prise arbitrairement pour déterminer par comparaison avec elle les valeurs d'autres quantités. Si de trois quantités l'unité est à la première, comme la seconde à la troisième, la troisième est appelée le produit de la seconde par la première ; la première est appelée le quotient de la seconde par la troisième. »[183]

Cette description résume assez clairement la découverte de Warren et se révèle être meilleure, au moins sur ce point précis, que celles qui ont été données par Argand et Français.

En 1897, W. W. Beman[184] écrivait dans un article à propos de ce *Traité* que « les lois de l'Algèbre qui gouvernent ces quantités sont établies dans la plus grande généralité avec une rigueur de raisonnement qui n'a probablement pas été surpassée. »[184]

Cette déclaration a une grande importance car Beman est depuis cette même année reconnu comme le principal commentateur et divulgateur du travail de Wessel[185].

### *Objections élevées contre la représentation géométrique de Warren*

Insister davantage sur l'étude entreprise par Warren ne présente pas un très grand intérêt. Même si son travail va beaucoup plus loin que ceux d'Argand et Français, surtout lorsque les *imaginaires* inter-

---

182. *Report...*, 1833, p. 229.

183. W. W. Beman, « A chapter in the History of Mathematics », *Proc. of the American Association for the Advancement of Science* ; n° 46, 1897. Traduction de M. Berdellé dans la revue *L'Enseignement Mathématique*, n° 1, 1899 ; « Un chapitre de l'histoire des mathématiques » (pp. 162-184). Voir en particulier p. 183.

184. W.W. Beman, *ibid.,* p. 183.

185. C'est en 1897 que l'Académie du Danemark publia une traduction française de l'œuvre de Wessel.

viennent dans des méthodes propres aux calculs différentiel et intégral, il nous semble beaucoup plus opportun de porter un regard sur les objections qui furent élevées contre sa représentation géométrique. Toutes peuvent se résumer dans les trois suivantes :

1° – Les « racines imaginaires » sont les signes révélateurs d'une impossibilité. Si, dans la solution d'un problème, on est amené à formuler une équation dont les racines sont *impossibles* la seule conclusion convenable énonce que le problème posé recèle une impossibilité ; impossibilité due au mathématicien ou simple irréductible. Ce point de vue, rappelons-le, était dénoncé chez L. Carnot par Buée ; point de vue qui fut celui de W. Frend et de Maseres, entre autres, à l'égard des *quantités négatives*. Si telle doit être la conclusion, il faut par conséquent rejeter les racines carrées des nombres négatifs, car elles sont « dénuées d'existence ». Il serait donc absurde de prendre en considération des *objets* dont la *nature* est incertaine et l'*existence* plus que douteuse.

2° – Il n'existe pas de lien *nécessaire* entre l'Algèbre et la Géométrie (on reconnaît là un des grands arguments fort débattu en Angleterre durant la première moitié du XIXe siècle). Par conséquent, les considérations d'ordre géométrique dans les problèmes exclusivement algébriques ne sont pas légitimes. La représentation géométrique, même si elle existe, ne peut être qu'analogique ; elle n'est donc pas une *vraie* représentation algébrique des « quantités possibles » ou « impossibles «.

La troisième objection est beaucoup plus radicale bien que moins fondée. Elle résume assez bien la conséquence d'un choix inconditionnel, donc partiel et aveugle :

3° – Même si la représentation géométrique est correcte, mieux, conforme, elle reste un simple objet de pure curiosité et ne saurait être utile aux mathématiciens.

Ces trois objections ainsi mises en relief par Warren feront l'objet d'une réponse globale de sa part, qui sera publiée en 1829 dans les *Transactions Philosophiques*[186] de la Société Royale de Londres. Warren se défait de ces objections en ayant recours à des arguments qui ne sont pas nouveaux pour le lecteur ; on les retrouve à maintes reprises dans les travaux de Wessel, Argand, Buée et Français. Une *quantité* est dite *impossible* lorsqu'elle ne s'accorde pas avec la nature du problème posé. Ainsi, une question qui ne met en jeu que des nombres entiers, déclarera *impossible* une réponse sous forme de fraction. Le raisonnement reste le même lorsqu'il s'agit de *quantités néga-*

---

186. J. Warren. « Consideration of the objections raised against the geometrical representation of the square roots of negative quantities » (Lu le 19 février 1829), *Philos. Trans. of the Royal Soc. of London*, 119 (1829), pp. 241-254.

*tives*. Or, dit l'auteur, pourquoi faire état de tels exemples pour exclure définitivement des mathématiques, en tant que *quantités*, les *imaginaires* ? Les fractions et les nombres négatifs souffrent des mêmes exceptions, mais restent cependant des *entités mathématiques* dignes d'être acceptées dans une science rigoureuse. Pourquoi dès lors, rejeter les « quantités impossibles » ? Si ces dernières doivent être exclues, le même sort doit être réservé aux premières. Si l'objection première se trouve ainsi en partie rejetée, observons néanmoins que la réticence des contemporains de Warren n'était pas uniquement dictée par cet aspect particulier de l'*impossible* ; il est un autre aspect beaucoup plus important et que nous verrons plus en détail, qui rend cet *impossible* presque insurmontable car il est dû à un défaut inhérent aux propres bases de l'édifice algébrique.

La seconde objection est contrecarrée tout aussi simplement : superficiellement peut-être, car Warren n'ose pas se lancer dans les difficultés extraordinairement complexes, parce que philosophiques, que véhiculent la décision d'un partage entre ce qui est, en mathématique, *nécessaire* d'une part, et *contingent* de l'autre. À partir du moment où il existe une relation entre les racines *impossible*s et les arcs de cercle,

> « which relation may be proved on principles purely algebraic, without the intervention of any geometric considerations »[187] ,

cela revient à dire que l'on a une relation entre l'Algèbre et la Géométrie. Par conséquent, dit-il, il n'est pas impropre d'introduire des considérations géométriques dans des questions qui n'engagent que l'Algèbre,

> « that it is to geometry we must look (and to geometry alone as far as we know at present), if we expect to arrive at a true theory respecting the square roots of negative quantities »[188].

Pour la seconde partie de cette objection, il se contente, après le très long calcul qu'exigea la première, de développer la réponse suivante :

> « The geometric representation of the square roots of negative quantities rests on the same foundation as the geometric of the negative quantities themselves. »[189]

Pour la troisième objection, il suffit de prendre à témoin ce qu'une telle représentation a déjà pu suggérer dans le passé, et plus

187. *Ibid.*, p. 245.
188. *Ibid.*, p. 248.
189. *Ibid.*, p. 249

particulièrement imaginer l'avantage considérable qu'elle peut procurer lorsqu'on l'applique en Mécanique. Ainsi,

> « one of the greatest importance, which arises from the definition of addition ; addition is performed in the same manner as composition of motion in dynamics, therefore any question in dynamics where the notion of the bodies is confined to one plane, becomes a mere question of algebra, the laws of motion being contained in the definitions of algebra »[190].

*De la difficulté de convaincre*

Malgré la richesse de ses articles, et la méticulosité de son *Traité*, Warren ne parviendra pas à convaincre ses contemporains. Peut-être faut-il observer, à la manière de G. Loria, que « ce but était impossible à atteindre »[191]. Warren lui-même semble partager cette conclusion lorsqu'on le voit ajouter que

> « l'obscurité qui enveloppe ces quantités est l'indice de quelque lacune existant toujours dans les principes de l'Algèbre et, pour combler cette lacune, on aurait besoin de définitions et de principes d'une nature plus ample que ceux adoptés dans l'Algèbre ordinaire, et non suggérés par des considérations de pertinence de la science de l'extension »[11].

Ce n'est pas la qualité de ce travail mathématique qui dicte le refus ; ni même l'emploi d'une notation symbolique « trop compliquée »[192] où, par exemple,

« $\begin{pmatrix}1\\1\end{pmatrix}^{\frac{1}{4}}$ » remplace « $\sqrt{-1}$ »

(*Remarque* : $\sqrt{-1} = \left(\cos\frac{\pi}{2} + \sin\frac{\pi}{2}\cdot\sqrt{-1}\right)$

$$= \cos\frac{2\pi}{4} + \sin\frac{2\pi}{4}\cdot\sqrt{-1} = \cos\frac{c}{4} + \sin\frac{c}{4}\cdot\sqrt{-1}$$

$$= (\cos c + \sin c\sqrt{-1})^{\frac{1}{4}} = \begin{pmatrix}1\\1\end{pmatrix}^{\frac{1}{4}} ;$$

où « $c$ » est la circonférence d'un cercle de rayon égal à 1) et, *si* $\rho$ est une « quantité quelconque », i.e., positive, négative ou « imaginaire », i.e., « possible » ou « impossible », une « ligne

190. *Ibid.*, p. 251.
191. « L'énigme des nombres imaginaires à travers les siècles », *Scientia*, 21 (1917), p. 56.
192. J. Houël, *Théorie élémentaire des quantités complexes*, 1874, p. 10.

dirigée » faisant un angle $\theta$ avec l'*unité*, i.e. de « longueur » $r$ ($r$ étant une « quantité positive d'égale longueur que $\rho$ »)

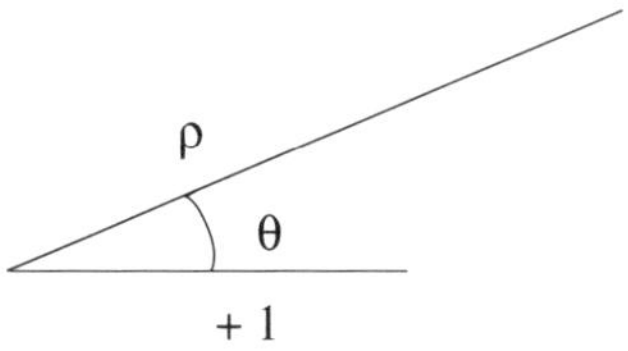


*si* de plus $v$ est le « possible hyperbolic logarithm » de $r$, i.e., $lg\,.r = v + \theta\sqrt{-1}$ et $\rho' = v + \theta\sqrt{-1}$ est le « general hyperbolic logarithm » de $\rho$, i.e.,

$$\rho' = log\ \rho = log\ r + \theta\sqrt{-1} \quad \text{(art. 4 et 5, p. 341 de son } \textit{Essai}\text{)}$$

et sachant encore que si on a « $\rho' = v + \theta\sqrt{-1}$ », on aura aussi « $\rho' = v + \overline{\theta + pc}\,.\sqrt{-1}$ ; où $p$ est un nombre entier, positif ou négatif » (art. 5, p. 341)

*alors*

« $\rho'_p = v + \overline{\theta + pc}\,.\sqrt{-1}$ » (art. 6, p. 341).

J. Houël, malgré la précédente réserve qu'il formule, s'empresse d'ajouter que

> « la théorie élémentaire de la représentation géométrique des imaginaires ou, si l'on veut, de la représentation par un symbole imaginaire, d'une droite quelconque tracée dans un plan »[12],

est complètement renfermée dans le Traité de Warren. Si donc la qualité du travail de Warren n'est pas mise en doute, si de nombreuses autorités reconnaissent le bien-fondé de ses recherches, quelle est par conséquent la raison suffisamment forte qui motive et légitime leur rejet ?

La réponse à cette question est simple, on la trouve presque entièrement exprimée dans le dernier propos de Warren, mais elle nous oblige à faire une petite mise au point. Warren sait déjà, à l'heure où il publie ses articles, qu'il ne pourra pas aller contre des objections plus graves et inévitables ; objections formulées pour la plupart d'entre elles par ses propres collègues de Cambridge.

Les influences conjuguées de R. Woodhouse[193], Buée et J. Playfair, le désir d'échapper au carcan stérile de la tradition newtonienne, la dure croisade de R. Simon, F. Maseres et W. Frend, et celle plus

193. « On the necessary truth of certains conclusions obtained by means of imaginary expressions », *Trans. Philos.*, 1802.

récente de L. Carnot, contre les nombres négatifs, poussèrent de jeunes mathématiciens ouverts à l'influence de la science européenne (C. Babbage, G. Peacock, J. Herschel, et d'autres) et inquiets du « Déclin de la science » anglaise, déjà regroupés dans « The Analytical Society » (1812), à adopter les concepts, mais surtout la symbolique, de la tradition leibnizienne.

Cette première ouverture d'envergure vers le continent leur permit, par la conjonction de leurs efforts, de comprendre et d'assurer la divulgation de nombreuses œuvres de grands savants, notamment celles des *Analystes* français et de Gauss. Leur principal objectif visait la revalorisation de la science anglaise, le désir (il s'agit ici plutôt d'une hypothèse que d'un fait dûment constaté) de la porter aussi loin et aussi haut que leur Économie régnant alors sur la plus grand partie du monde.

Cette ambition légitime et non démentie, stimula les recherches portant sur l'état et les perspectives de l'algèbre. Si les mathématiciens anglais tirèrent un grand parti de l'œuvre de Lacroix et de l'étude des travaux exemplaires de Gauss et s'ils organisèrent de larges réflexions sur les conditions de résolubilité des équations du cinquième degré, ils s'orientèrent cependant plus manifestement vers des études qui privilégièrent les questions touchant les aspects formels, symboliques et relationnels du langage algébrique.

### *La réticence de Peacock*

Dès lors, il est vrai qu'à l'heure où va en s'organisant cette si vaste et profonde restructuration mathématique (le *Rapport* que présenta Georges Peacock en 1833 devant la *British Association for the Advancement of the Science* constitua une des premières manifestations les plus remarquables de cette nouvelle orientation) d'où surgira naturellement une première formulation moderne de la *logique symbolique* (principalement due entre autres à De Morgan et à Boole), on peut mieux comprendre que l'étude de Warren ne soit reçue qu'avec une grande réticence. Réticence d'autant plus marquée de la part d'un *algébriste* tel que Peacock, et durable vu l'influence considérable qu'eut ce dernier sur l'*École Algébrique Anglaise*[194].

Le refus de Peacock est parfaitement explicable. Une première phase de son travail se résume à l'extraction de l'*Algèbre* hors de sa gangue géométrique « parasite », puis à la distinction dans cette « Science » des trois grandes parties qui la constituent : l'*Arithmétique*, l'*Algèbre arithmétique* et l'*Algèbre symbolique*.

---

194. Expression due à Lubos Novy.

Les deux premières, par leur union, restituent ce que l'on appelait alors l'*Arithmetica litteralis* ; la troisième est nouvelle : c'est

> « essentially a science of symbols and their combinations, constructed upon its owns rules, which may be applied to arithmetic and to all others sciences by interpretation »[195].

Ces trois parties ne sont pas conçues indépendamment les unes des autres, elles sont reliées entre elles par un « principe de permanence », lien qui, malgré ses imperfections, correspond à l'une des premières idées claires du concept mathématique d'*extension* :

> « Whatever form is algebraically equivalent to an another when expressed in general symbols, must continue to be equivalent, whatever those symbols denote ».[196]

(Nous reviendrons plus longuement sur ce *principe* dans la suite de cet ouvrage). L'étude de Peacock, et en particulier son *Rapport*, a été surtout envisagée (mise à part la réforme que nous avons citée précédemment) avec le but de permettre un plein et inconditionnel accès des nombres négatifs et *imaginaires* en *Algèbre*.

Pour que cette recherche puisse être menée à bien, elle doit se limiter au strict champ de l'Algèbre, car les *quantités* précédentes sont de son ressort. Par conséquent, toute tentative similaire à celle de Warren est condamnée par avance, car elle introduit des notions géométriques en Algèbre ; elle fait valoir, à l'instar des anciens, la géométrie comme test d'existence. Les *signes* qui font intervenir explicitement « $\sqrt{-1}$ » peuvent sans aucun doute admettre des représentations géométriques, celles-ci ajoutent « grandement à notre pouvoir de mettre à merci de l'Algèbre, la Géométrie et les autres sciences ».[197]

On a ici une raison supplémentaire du refus de Peacock : non seulement l'Algèbre doit être bien démarquée de la Géométrie, mais, de plus, cette dernière doit être soumise à la première.

Pour clore cette parenthèse sur les objections à l'encontre de la théorie de Warren, nous ferons une dernière constatation : Peacock considère que la plus « sérieuse erreur » que firent tous ceux qui se lancèrent dans les théories visant à justifier géométriquement l'*existence* des *quantités imaginaires*, a été « de supposer que de telles propriétés incidentes » (représentations géométriques, « $\sqrt{-1}$ » vu

---

195. *Report...*, 1834, pp. 194-195.

196. *Ibid.*, p. 198. Faisons malgré tout une mise en garde à propos de ce principe. Ce n'est pas du tout du principe d'« extension » au sens moderne dont il s'agit ici, au sens de structure d'extension de corps par exemple. Disons simplement, pour chercher un lien de parenté plus proche, que ce principe est voisin de ce qu'on appelerait le principe de Lefschetz (i.e., il suffit de vérifier des identités pour certains nombres, par exemple tous les nombres entiers).

197. *Ibid.*, p. 231.

comme signe de « perpendicularité », etc.) « constituent leur réelle essence ».

*La vraie théorie des quantités négatives et des quantités prétendues imaginaires*

L'opuscule de Mourey, *La vraie théorie des quantités négatives et des quantités prétendues imaginaires* (Paris, 1828) s'ouvre sur une préface qui ne peut qu'aviver le lecteur dans son intérêt pour comprendre le développement historico-conceptuel de la notion de nombre complexe. L'état d'esprit qui régnait encore, du moins parmi la plèbe mathématicienne, à la fin de ce premier tiers du XIX^e^ siècle en France est décrit d'un style alerte. Les *quantités imaginaires* sont encore des entités mystérieuses ; vouloir les utiliser, c'est accepter de faire sortir de la « région des chimères » des résultats « réels ». Le premier but déclaré de l'auteur ne peut que séduire ses lecteurs : il entreprend de « dévoiler les mystères » qui entourent ces *quantités* qu'un « esprit avide de clarté » ne peut supporter plus longtemps. Son action sera plus grande ; dans le même élan ; c'est l'algèbre entière que vise cette clarification :

> « mon esprit ne pouvait être satisfait de cette science, telle qu'elle a été présentée jusqu'à ce jour ».

L'ampleur de cette tâche délicate est importante, mais l'entreprise envisagée est *nécessaire* :

> « Le système que je propose est tout neuf ; il rencontrera des ennemis nombreux et puissants : des idées qui règnent depuis des siècles, des habitudes invétérées, des espèces de droits acquis (...). Sans doute, il finira tôt ou tard par triompher, comme doit le faire tout ce qui est bon et vrai ; mais est-il réservé à son auteur de jouir de ce triomphe ? »

Comment ne pas faire nôtre cet enthousiasme de Mourey ? Pourquoi ne pas se satisfaire de cette théorie qui, l'auteur le dit, repose sur « une évidence de premier ordre, sur des idées simples, palpables, comme celles des éléments de Géométrie » ? Mourey est encore dans ce courant de pensée, où les idées premières, celles qui servent à la construction d'une théorie, sont des « vérités incontestables » ; des vérités héritées du plus loin vécu pratique de l'humanité que l'homme ne saurait nier sans se renier ; des vérités immanentes, indestructibles du dehors. En cela, il s'oppose à l'*École Algébrique Anglaise* qui ne voit en ces dernières que de simples *hypothèses nécessaires* de travail ; les *axiomes* de notre mathématique contemporaine sont en rapport avec cette dernière conception. Ajoutons cependant à cela, pour plus de précision, que l'axiomatique contemporaine est principalement issue de Hilbert.

« Comment l'intuition peut-elle nous tromper à ce point ? » Cette phrase célèbre du mathématicien *réaliste* et philosophe Henri Poincaré[198] suffit à elle seule pour apprécier la différence qui sépare cette théorie de Mourey, qui veut rester en accord avec la perception des *sens*, et cette *mathématique nominaliste* de notre temps qui règle encore la pensée scientifique.

> « Tous les mathématiciens qui pensent, et qui sont de bonne foi, conviennent que la théorie des quantités négatives est loin d'être satisfaisante. Mais, s'il est ainsi des quantités simplement négatives, que doit-on dire des imaginaires ? Pour un esprit qui tient à voir clair, n'ont-elles pas quelque chose de repoussant ? »

Cette introduction de Mourey, qui n'est pas sans rappeler les fustigations verbales du *The Analyst...* de Berkeley, restera sans effets sensibles sur ses contemporains. Les « Amis de l'évidence » auxquels il dédiait son livre resteront muets. Malgré l'importance et l'originalité du travail de Mourey, un tel état de fait est dû en grande partie aux mêmes facteurs qui conduisirent à ne pas accorder d'importance immédiate aux travaux de même nature écrits par Argand, Français et Servois. Dans le cas plus particulier de notre auteur, un autre élément s'ajoute : la lecture du travail de Mourey est rendue souvent difficile à cause d'une surabondance, dans la plupart des cas inutile, de mots nouveaux ; il propose également une écriture symbolique dont la complexité n'est pas toujours pertinente ni justifiée.

Warren est sans doute le premier mathématicien qui attira l'attention sur l'opuscule de Mourey. Il reconnut dans son article, *Considerations of the objections raised against the geometrical representation of the square roots of negatives quantities* (lu le 19 février 1829), avoir pris connaissance de celui-ci en décembre 1828 et trouva que la méthode qu'utilise Mourey

> « is nearly the same as the method which I have adopted in my treatise »[199].

Cette précision est fondamentale si l'on se remémore que Peacock fait une analyse poussée du travail de Warren (mais ne semble pas faire un grand cas de Mourey) et que W. R. Hamilton vit en lui un de ses prédécesseurs les plus importants dans le sujet traité.

L. Cauchy dans son *Mémoire sur les quantités géométriques* (1847) reprendra et développera certaines des notions plus particulière-

198. *La valeur de la Science*, Paris, 1903, p. 19.

199. *Ibid.*, p. 254. Dans ce même article, il faisait état des travaux de Buée.

ment exprimées par Mourey tout en gardant une partie des notations s'y rattachant. W. Matzka dans son ouvrage, *Versuch einer richtigen Lehre von der REALITAET der Vorgeblich imaginären Grössen der Algebra oder einer GRUNDLEHRE von der Ablenkung algebraischer Grössenbeziehungen* (1850), alors qu'il n'attache pas d'intérêt à l'*Essai* d'Argand, fait une étude plus détaillée[200] du travail de Mourey que de celui de Gauss. L'influence directe de Mourey sur Hamilton doit être écartée. En effet, ce n'est qu'en 1852[201] qu'il prit connaissance de son opuscule. Le 15 janvier 1852, De Morgan se contenta de préciser à Hamilton que « Mourey is *nothing* else but *a part* of double algebra »[202]. On trouve encore des traces des commentaires sur Mourey dans de nombreux ouvrages ; plus particulièrement après 1861 date de la seconde édition de son ouvrage[203].

En 1868, A. Transon publia plusieurs articles sur le « Calcul directif » dans les *Nouvelles Annales de Mathématiques*. Ceux-ci accordaient une importance capitale, surtout pour les applications géométriques, aux « nombres directifs » de Mourey. C. A. Laisant, dans la traduction qu'il fit, en 1874, de l'*Exposition de la méthode des équipollences* de G. Bellavitis, à l'occasion de sa préface, convenait assez longuement à la priorité de Mourey sur Bellavitis, mais ajoutait :

> « On voit donc que, s'il faut attribuer à Mourey la priorité de l'idée d'appliquer à la géométrie les principes de l'algèbre directive, la part qui revient à M. Bellavitis n'en reste pas moins considérable. »

Pour clore cette liste des auteurs ayant reconnu quelques mérites à Mourey, on laissera la dernier mot au mathématicien français É. Cartan :

> « Chez Mourey, contrairement à Argand ou Français, la théorie est exposée dans toute sa rigueur ; il met bien en évidence la nécessité de *définir* les opérations sur les nouveaux objets qu'on veut introduire dans le calcul. »[204]

---

200. *Ibid.*, pp. 140-143.

201. Dans le *post-scriptum* d'une lettre adressée à De Morgan le 14 janvier 1852, il précisait : « The Mourey is arrived, and shall be taken every care of. »

202. R. P. Graves, *Life of sir W. R. Hamilton*, 3 vol. (1882-89).

203. Il est à remarquer que le livre de Mourey écrit en 1828 n'a jamais été entre nos mains (la Bibliothèque nationale ne possède aucun exemplaire de cette édition). Cependant nous avons pu observer, grâce aux études faites par Warren (1828) et Matzka (1850), que peu de modifications sont intervenues depuis.

204. E. Study, É. Cartan, « Les Nombres Complexes », *Encyclopédie des sciences mathématiques*, éd. française, Paris, 1908. (note 58, p. 341). Le même article est dans le vol. I, partie II, pp. 107-247 (1953) des *Œuvres complètes* de É. Cartan.

*La solution de Mourey*

Mourey précisait dans son opuscule :

> « Il reste une difficulté qui est grande pour tout esprit exact ; c'est qu'on applique à des figures qui n'expriment rien, des transformations, des règles et des équations qui n'ont été démontrées que pour les formules qui expriment des quantités. On n'a pas encore fait voir, par le raisonnement, que cette application soit légitime ».[205]

Il ajoute de plus que toutes les applications et les théories qui précédèrent n'ont rien trouvé qui puisse aller à l'encontre de cette extension des règles de calcul aux *quantités imaginaires*. Il ne s'agit là que d'une « forte présomption en sa faveur, mais ce n'est pas de l'évidence »[205]. Mourey croit avoir atteint ce but :

> « Non seulement j'ai atteint ce but, mais j'ai rencontré, en même temps, un autre résultat qui n'est peut être pas moins précieux ; avec un nouveau système d'Algèbre que je cherchais, j'ai trouvé un nouveau système de Géométrie, auquel je ne m'attendais pas. *Ce ne sont cependant pas deux sciences : ce n'est qu'une seule science, une seule théorie, laquelle a deux faces, l'une algébrique et l'autre géométrique.* C'est une Algèbre émanée de la Géométrie, c'est une Géométrie généralisée et rendue algébrique. »[206]

L'enthousiasme de Mourey vient d'une ingéniosité, en effet, féconde : il découvre, avec la notion de *chemin*, la possibilité de deux types de parcours soit en ligne droite soit circulaire, les premiers constituant les rayons des seconds.

> « L'idée fondamentale de cette théorie est celle du chemin, considéré comme conduisant en un seul sens. »[206]

Sur une ligne quelconque deux types de chemins s'offrent à nous : entre deux points *A* et *B* de cette ligne, il y a un chemin qui *conduit* de *A* vers *B*, et un autre, le chemin *opposé*, qui va de *B* vers *A*. L'*égalité* entre deux *chemins* oblige à ce que, non seulement, ils aient la même *longueur* mais aussi à ce qu'il soient de même *direction*.

> « De sorte que tous les rayons d'un même cercle considérés comme conduisant du centre à la circonférence, sont des chemins inégaux. »[207]

Si on ajoute de plus que tout chemin pourra être comparé à un autre grâce au choix d'un chemin quelconque pris pour *unité*, on voit alors,

205. Préface, p. VI.
206. Préface, p. VII.
207. Préface, p. VIII.

> « D'après ce système, que toutes les racines des équations sont des chemins réels, toutes les formules usitées en Algèbre expriment des réels situés sur un même plan ; toutes les racines de l'unité, en particulier, sont tous les rayons d'un cercle. »[207]

Grâce à cette préface on a encore un élément de plus qui nous permet de rendre compte de la difficile circulation de l'information scientifique pendant la première moitié du XIX<sup>e</sup> siècle. En effet, Mourey précise qu'avec sa méthode il pourra enfin démontrer le *Théorème fondamental de l'Algèbre*, « proposition » qui, dit-il, « était restée jusqu'ici sans démonstration, et qu'on était forcé d'admettre gratuitement dans les éléments d'Algèbre » : preuve suffisamment claire qu'il ignorait les travaux de d'Alembert, Gauss, Legendre ou Argand.

Plutôt que de faire une analyse détaillée de l'opuscule de Mourey, analyse qui nous amènerait à beaucoup de redites car peu d'éléments introduits par lui ont été ignorés par ses prédécesseurs, on extraira certains traits caractéristiques.

Pour lui, le signe « – », expression de la soustraction, ne peut être un signe algébrique :

> « Il est impossible d'exprimer la différence par le moyen du signe –, lorsque l'un des termes est inconnu ou arbitraire. »

Exemple : $a - x$ est *impossible* car on ne sait pas si $x \geq a$ ou $x \geq a$. Ce « doute » ne peut être admissible dans une théorie fondée sur l'*évidence*. Par conséquent,

> « l'Algèbre étant censée ne s'occuper que des quantités inconnues ou arbitraires, ne peut point admettre de soustraction ».

Pour suppléer à cet inconvénient majeur qui ne peut que heurter son lecteur, Mourey va faire appel à des notions simples ou *palpables* ; à la notion de *chemin* il va associer celle du « voyageur » :

> « Si un voyageur, ou un mobile quelconque, partant d'un point *A*, va d'abord au point *B* (fig. 1, 2, 3 et 4) et que du point *B* il aille ensuite en *C*, il sera aussi avancé que s'il fût allé directement de *A* en *C*, ni plus ni moins ; donc, voyage de *A* en *B* + voyage de *B* en *C* est équivalent à voyage de *A* en *C* ou, pour abréger,
>
> $$AB + BC = AC.$$ »

En fait, par cette manière de procéder, Mourey cherchait surtout à montrer que la *soustraction* pouvait, dans le cas de *voyages*, être absorbée par l'*addition*.

> « En général, au lieu de retrancher un voyage, on en ajoutera l'*inverse*. »[208]

---

208. *Ibid.*, § 2.

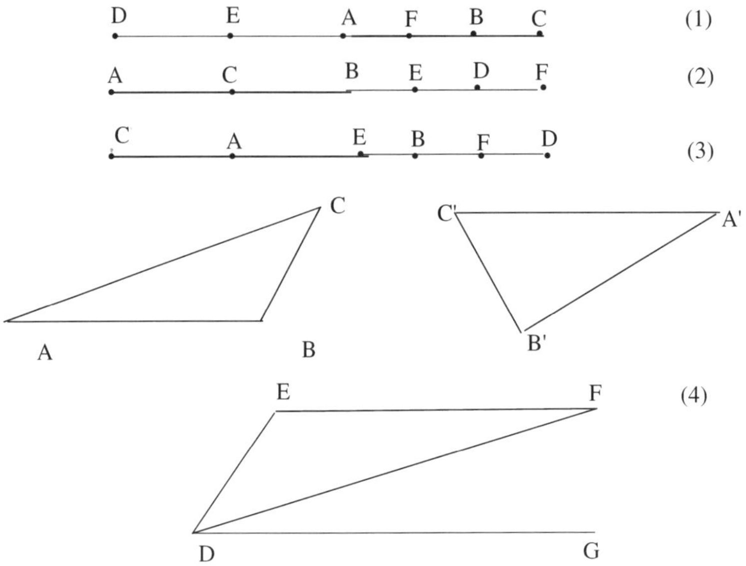


Dès lors, la différence entre deux *grandeurs* « inconnues » ou « arbitraires » ne présente plus de difficultés et peut être acceptée. Ainsi :

Soit $a$ et $b$ deux grandeurs *inconnues* ou *arbitraires* et soit $d$ leur différence ;

si $a > b$, « $a$ sud + $b$ nord = $d$ sud » ;

si $a < b$, « $a$ sud + $b$ nord = $d$ nord ».

L'auteur ramasse ces deux égalités en une seule, posant pour cela :

> « $a$ sud + $b$ nord = $d$ sud + $b$ nord = $d'$,
> $d'$ sera un voyage d'une longueur égale à $d$, c.à.d. égale à la différence entre $a$ et $b$ ; donc, la différence entre $a$ et $b$ peut toujours s'exprimer par une formule de la nature de :
>
> $a$ sud + $b$ nord.
>
> La difficulté que présentait la soustraction est donc vaincue, par rapport aux quantités linéaires »[208].

On retrouve ici une argumentation qui se distingue peu de celles de Buée et d'Argand ; un point cependant mérite d'attirer notre attention : l'auteur accentue peu-être plus que tout autre la notion d'*inverse* ; cette dernière est fondamentale pour atteindre la structure de groupe dit abélien ou additif.

On a affaire ici à une notion plus importante que celle de *nombre négatif* ; l'auteur parle non pas de « retrancher un voyage » mais d'*ajouter* l'*inverse* de ce voyage, celui-ci étant bien entendu lui-même un voyage. Cette dernière affirmation se déduit directement de la définition de « ligne directive ». Cette dernière est un *chemin*, c'est-à-dire, « une ligne considérée comme représentant un voyage », soit encore, « comme conduisant dans un seul sens ». Un chemin conduisant de *A* en *B* s'écrira *AB* ; on a cependant affaire à une même « ligne non directive ». Dans un chemin *AB*, *A* est l'« origine » et *B* le « terme ».

Après avoir dit que les quantités se répartissent en « directives » et « non directives », puis avoir divisé les mathématiques en « directives », i.e., celles qui traitent des « quantités directives », l'auteur limitera son ouvrage aux premières.

« Deux chemins sont de *suite* si l'extrémité de l'un est l'origine de l'autre », par exemple *AB* et *BC*. Le « principe fondamental » de l'addition s'exprime par « l'équation *AB* + *BC* ». Pour tirer court à de longues discussions sur celui-ci, « il faut la regarder comme une convention à admettre ». Deux chemins sont dits « concurrents » lorsqu'ils sont parallèles et de même sens. Par conséquent, deux chemins sont « égaux » lorsque « concurrents » ils ont la même longueur.

*Exemple* :

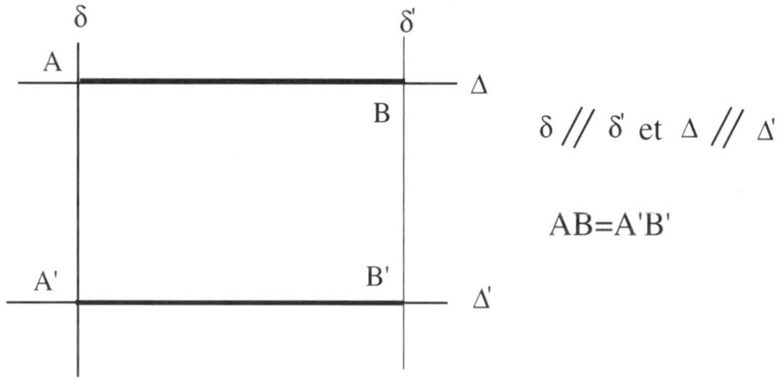


« Quand deux chemins ont des directions opposées », ils sont dits « opposés ». Il nous semble utile de faire état de cette définition pour éviter une confusion. Certains des auteurs que nous avons étudiés précédemment font emploi du terme « opposé » en lui donnant un sens privilégié. Ainsi, si nous parlons d'une « ligne dirigée » ou de « segment », le mot « opposé » implique automatiquement un singulier, i.e., on dit par exemple que l'« opposé » de « $\overline{AB}$ » est « $\overline{BA}$ ». En revanche, si cette notion implique uniquement une opposition de « *sens* », la longueur n'est pas mise en jeu.

*Exemple* :

En revanche, le mot *inverse* répond parfaitement au précédent *sens* de *opposé* ; l'*inverse* du *chemin AB* est, pour l'addition, le *chemin*

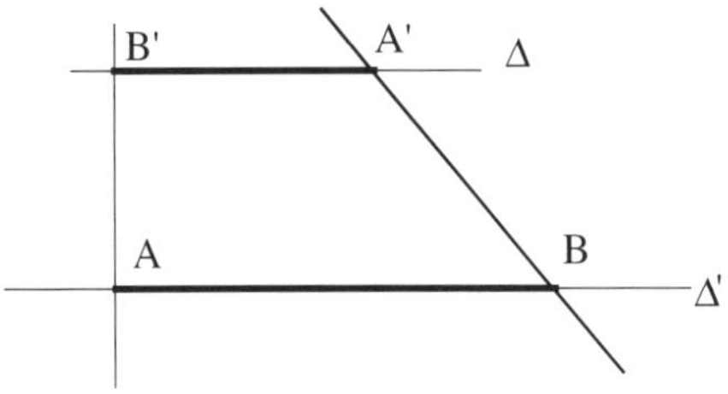


Δ // Δ'

AB et A'B' sont « opposés ».
AB est un « opposé » de A'B', et réciproquement.

*BA*. Laissons-là ces problèmes de mots et venons-en aux propriétés que donne Mourey dans le cas de l'addition de *chemins* :

- 1 - « $AB + DE = DE + AB$ »

- 2 - « $AB + BC + CD + DE = AB + (BC + CD + DE)$ »

« La somme de deux chemins inverses est 0. Car :

$AB + BA = AA$, or $AA$ = point ; c'est zéro de chemin ; donc,

- 3 - $AB + BA = 0$

d'où $AB$ + inverse $AB = 0$

d'où $AB$ + inverse $AB = AB - AB$ ; (1)

mais – n'est pas admis en Algèbre. »

Comme « – = + inverse » d'après l'égalité (1), et comme « + inverse » est admissible, on posera pour simplifier « – = inverse ».

On écrira par conséquent $AB + -AB = 0$.

L'auteur fait remarquer que l'« inverse de l'inverse de AB » redonne « AB » ; ce qui peut s'écrire de façon simplifiée (moyennant la convention précédente) :

$--AB = -BA = AB$ ;

« Ainsi la réunion de deux signes – est nulle, et doit être supprimée. »

En voulant introduire le concept de « nombre directif » Mourey explique assez longuement ce qu'il faut entendre par le mot *nombre* :

> « L'*unité absolue* est un objet simple et indivisible ; tel est le point mathématique. Le *nombre absolu* est un *collection* d'unités absolues, ou du moins une unité absolue ».

Par conséquent le « nombre absolu ne peut être ni fractionnaire ni directif ». Mais pour pouvoir introduire ces deux dernières espèces au rang des *nombres*, il a fallu étendre cette notion trop rigide :

> « Par abus on a appelé *nombres* les quantités, mesurées et exprimées en nombres ; et conséquemment on a appelé *unités* les quantités prises pour mesures, et qui se trouvent représentées par des unités absolues. La mesure peut donc s'appeler *unité relative*, et la quantité mesurée, *nombre relatif*. Lorsqu'il s'agit d'exprimer les chemins en nombres, c'est-à-dire de les rapporter à une mesure, il ne suffit pas de déterminer la longueur de cette mesure ou de cette unité, il faut aussi déterminer la direction. »

Après cette mise au point, le concept de « nombre directif » se déduit de ce qui précède.

Soit la figure

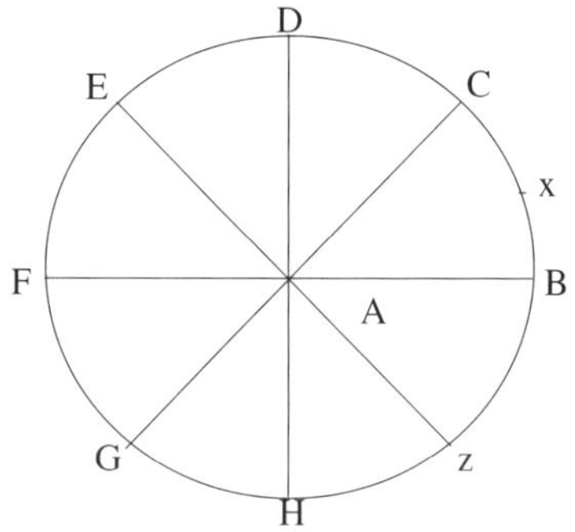


(fig. 5)

grâce à laquelle nous allons pouvoir introduire certains des concepts mis en valeur par Mourey :

Soit *r* l'angle $\widehat{BAC}$ ; le *chemin AB* devient le *chemin AC* si l'on « verse *AB* de *r* »[209], i.e., si l'on fait tourner *AB* autour de son origine *A* d'un angle *r* ; « *AB versé* par *r* = *AC* », ce qui symboliquement est représenté par :

« $AB_r = AC$ »[210].

*L'angle directif*

On dit alors que *r* est le « verseur »[210] de *AB* ou le « rapport directeur de *AC* à *AB* »[210]. L'angle *r* est une « espèce de chemin conduisant d'une direction à une autre ; en un mot, c'est un « *angle directif* ». « L'angle directif » doit être considéré « comme fluant de droite à gauche, ou de gauche à droite »[210]. « L'angle directif » *r* nous amène d'un de ses côtés à l'autre ; le premier est son « origine »[210]. Plus précisément, on dira que l'origine est le « côté dirigeant »[210], le terme est le « côté dirigé »[210].

L'impossibilité qu'il y a à distinguer les quatre « angles directifs » formés par deux chemins de même origine (on va de *AB* à *AC* en tournant dans le sens trigonométrique ou dans le sens des

209. *Ibid.*, p. 19.
210. *Ibid.*, p. 20.

aiguilles d'une montre ; il en est de même pour aller de *AC* à *AB*) oblige Mourey à poser une nouvelle définition.

> « Pour exprimer un angle directif, il faut au moins quatre lettres : la première est celle du sommet, la deuxième répond au côté dirigeant, la dernière répond au côté dirigé ; et entre la deuxième et la dernière, il faut placer une ou plusieurs lettres servant à indiquer dans quel sens l'angle tourne. »[211]

Ainsi, si nous reprenons notre exemple précédent, on a :

*ABCxC, ACxB, ABIHFDC, ACDFHB*

(on peut déjà apprécier la lourdeur d'un tel formalisme). L'auteur sera conduit à une règle plus simple en choisissant un sens de rotation, le sens trigonométrique ; dès lors *ABxC* ou *ACDEHB* se réduiront à *ABC* ou *ACB*. Les angles tournant dans le sens contraire auront en général plus de trois lettres.

Comme cela a été fait avec les chemins, ce qui donna naissance aux « nombres directifs », Mourey exprime les « angles directifs » en nombres. L'*unité* d'*angle directif* est conventionnellement choisie comme étant l'« angle droit fluant de droite à gauche »[212] .

Reprenant les notations précédentes on obtient, grâce à cette ultime convention, les résultats suivants :

$$ABD = 1 \quad \text{et} \quad AD = AB_1$$
$$ABF = 2 \quad \text{et} \quad AF = AB_2 \qquad \text{- I -}$$
$$ABH = 3 \quad \text{et} \quad AH = AB_3$$

ainsi que :

$$ABIH = -1 \quad \text{et} \quad AH = AB_{-1}$$
$$ABHF = -2 \quad \text{et} \quad AF = AB_{-2} \qquad \text{- II -}$$
$$ABHFD = -3 \quad \text{et} \quad AD = AB_{-3}$$

Après comparaison des égalités - I - et - II - et supposant certaines conventions tacitement acceptées, Mourey est conduit à de nouvelles relations :

« Ainsi,
$$AB_{-1} = AB_3 = -AB_1,$$
$$AB_{-3} = AB_1 = -AB_3, \qquad \text{- III -}$$
$$AB_{-2} = AB_2 = -AB.$$ »

La dernière égalité suppose que $AB = AB_0$, identification qui n'a pas été préalablement explicitée.

On peut également prendre en considération des « angles directifs » qui ne sont pas des multiples entiers d'angle droit. Ainsi on a :

211. *Ibid.*, p. 21.
212. *Ibid.*, p. 22.

$ABC = \frac{2}{3}$ (i.e., $\widehat{BAC} = 60°$)

de sorte que

$AC = AB_{\frac{2}{3}}$ ;

de même :

$ABE = 1\frac{1}{3}$ (*i.e.*, $\widehat{BAE} = 90° + 30° = 120°$)

de sorte que : $AE = AB_{1\frac{1}{3}}$.

L'auteur étend très rapidement ces résultats très limités à des égalités générales, en ayant pris soin néanmoins d'observer incidemment que

$AB_0 = AB_4 = AB_{-4}$. - IV -

Ainsi, si l'on a :

$AE = AC_s$ et $AC = AB_r$

il résulte après une première substitution que

$AE = (AB_r)_s$

et enfin que $AE = AB_{r+s}$ ; d'où, en général $(AB_r)_s = AB_{r+s}$ - V -

« car il est évident que

angle $ABC + ACE = ABE$

donc, si $ABC = r$, et $ACE = s$,

il suit $ABE = r + s$ ;

d'où, $AE = AB_{r+s}$ »[213].

De même, si

$AC = AI_{\frac{4}{3}}$ et $AI = AB_{3\frac{1}{3}}$

on trouve

$$AC = \left(AB_{3\frac{1}{3}}\right)_{\frac{4}{3}} = AB_{3\frac{1}{3}+\frac{4}{3}}$$

soit finalement :

« $AC = AB_{4+\frac{2}{3}}$. »[214] - VI -

Mais, avec les égalités - IV - et - V -, - VI - peut se réduire facilement de la manière suivante :

$AC = AB_{4+\frac{2}{3}} = (AB_4)_{\frac{2}{3}}$ d'après - V -

$= (AB_0)_{\frac{2}{3}}$ d'après - IV -

213. *Ibid.*, p. 23.

214. En effet : $AC = AB_{270°+30°+90°+30°} = AB_{360°+2.30°} = AB_{4+\frac{2}{3}}$.

$= AB_{0+\frac{2}{3}} = AB_{\frac{2}{3}}$ » - V -

En général

$AB_r = AB_{r+4} = AB_{r+8} = AB_{r+12} =$ etc.

Ainsi, l'angle directif est susceptible de croître à l'infini ; mais tout angle directeur qui n'est pas plus petit que 4 angles droits, peut être remplacé par son excédant sur le plus grand multiple de 4 angles droits qu'il contient.

On peut donc dire que deux angles sont égaux *en tant qu'angles directeurs*, si leur différence est exactement $4^q$ ou un multiple de $4^q$. J'exprimerai cette espèce d'« égalité par le signe $\acute{=}$ (...) Donc

$r \acute{=} r + 4 \acute{=} r + 8 \acute{=} r + 12 \acute{=} \ldots \acute{=} r + 4n$

($n$ étant un nombre entier) ».

Si cette façon de procéder n'est pas sans rappeler les observations faites par Argand dans son *Essai* de 1806, elle reste cependant moins élégante à cause d'un symbolisme peu facile à manier. Le « $4^q$ » auquel Mourey vient de faire référence pour introduire cette nouvelle notation n'est pas très clair. On voit très bien que celui-ci indique une circonférence, on sait d'autre part qu'une circonférence correspond à 4 angles droits, ce qui expliquerait la présence du 4. Reste donc à voir ce que signifie la lettre « $q$ ». La première idée qui vient à l'esprit est que celle-ci représente l'unité ; or l'unité choisie dans cette théorie est l'angle droit. Il semble donc que « $q$ » soit l'abréviation du mot « quarré » (ancienne orthographe de *carré* encore fort répandue au XIX^e siècle et qui tire son origine du mot latin *quadratus*).

L'introduction de ce nouveau concept a un autre avantage immédiat : on peut remplacer tout *angle négatif* par un *angle positif*. En effet, on a toujours

« $-r \acute{=} 4 - r.$ »

## *Les nombres directifs*

Venons-en maintenant aux « Nombres directifs » qui valurent à Mourey un succès plus durable après avoir été repris dans les multiples articles de A. Transon.

Si nous reprenons toutes les notations précédentes mais cette fois en posant que AB est l'*unité*, on aura (*Cf.* - I - et - II -) :

$AB = 1$

$AD = 1_1$

$AF = 1_2 = -1$

$AH = 1_3 = -1_1.$

De même :

$$AC = 1_{\frac{2}{3}},\ AE = 1_{\frac{4}{3}}$$

$$AG = 1_{2\frac{2}{3}},\ AI = 1_{3\frac{1}{3}}$$

On remarquera que tous ces *nombres* sont distincts car leurs *directions* sont différentes, mais que leur longueur commune est égale 1.

> « On peut diviser ces nombres en trois classes : *parallèles*, *perpendiculaires* et *obliques* ; c'est-à-dire, parallèles à l'unité, perpendiculaires à l'unité, et obliques par rapport à l'unité. Les parallèles se divisent en positifs et négatifs. Les perpendiculaires se divisent en dirigés par 1, et dirigés par 3. »[215]

Il peut arriver que les *chemins* pris en considération dans le calcul ne soient pas d'origine commune ; situation qui n'a pas encore été envisagée. Là encore, Mourey, à l'instar d'Argand, va plus loin que Wessel.

Soit la figure :

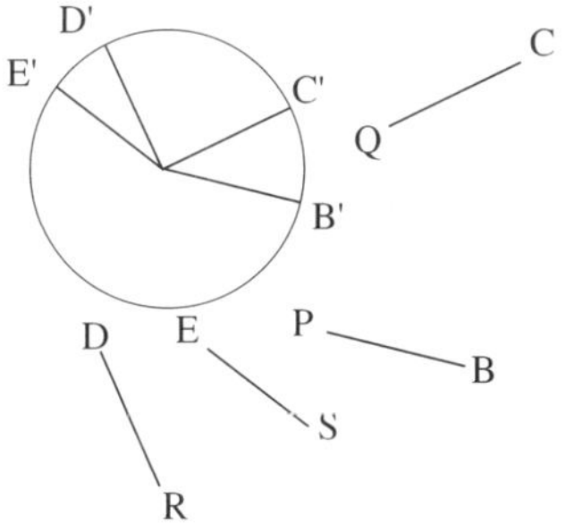


(fig. 6)

> « Si les deux chemins *QC* et *AC'* sont concurrents et ont même longueur, ils seront égaux ; donc si *AC'* est égal à $AB'_r$, *QC* sera pareillement égal à $AB'_r$. Donc *r*, c'est-à-dire l'angle AB'C', qui est le rapport directeur de *AC'* à *AB'*, est aussi le rapport directeur de *QC* à *AB'*. »[216]

## *Surabondance de mots*

Par conséquent, en se restreignant strictement au sens qu'attribue Mourey au mot *chemin*, un chemin reste identique à lui-même quel que soit le *lieu* qu'il occupe sur le plan, à condition bien sûr que sa *direction* et sa *longueur* restent inchangées. On peut donc, comme avec la

215. *Ibid.*, p. 25.
216. *Ibid.*, p. 26.

théorie d'Argand, comparer deux *chemins* quelconques en faisant glisser l'un d'entre eux de manière que son origine vienne coïncider avec celle de l'autre. La théorie de Mourey acquiert par cette nouvelle donnée un caractère aussi général que celle d'Argand. Mais, et c'est là qu'il s'offre aux critiques soulevées précédemment, Mourey va plus loin. Il crée sur cette nouvelle situation un nouveau vocabulaire et de nouveaux symboles, surcharge inutile pour une théorie suffisamment claire. Le « rapport directeur » qui dans le cas de deux chemins d'origine commune, *AB* et *AC*, se réduisait à l'angle *r* qu'ils délimitaient, viendra à s'écrire dans le cas de deux chemins quelconques, *AB'* et *QC* :

« *QC* ∵ *AB'* »[217] ; au « verseur »[218] des premiers correspondra le « recteur »[217] des seconds. « Il suit de là que

*AC'* ∵ *AB'=AB'C'* »[217] , car « *QC=AC'*. »

On peut observer que la nécessité de ce nouveau vocabulaire est une conséquence directe de la trop grande limitation faite pour l'ancien. L'auteur eut pu, par exemple, donner un sens général au mot « verseur » et s'éviter ainsi le besoin de créer le mot « recteur » ; on a en quelque sorte l'impression qu'il bâtit sous nos yeux cette théorie et qu'il la découvre en même temps que nous au fur et à mesure qu'elle s'élabore. Il dégage les différentes situations qui s'offrent à lui avec une remarquable précision et les découvre avec beaucoup de perspicacité, mais cette étonnante construction ne semble être encore qu'une simple épure.

Ce qui vient d'être dit pour les mots « verseur » et « recteur » pourrait aussi se dire des mots « digène » et « angle directif », mais, à la différence des deux premiers, Mourey se rend compte que l'un est un cas particulier de l'autre sans chercher cependant à faire une nécessaire économie de vocabulaire :

> « J'appelle *digène* la figure géométrique composée de deux chemins, que l'on compare pour trouver le rapport directeur de l'un à l'autre. Le digène, comme l'angle directif, se compose de deux côtés, dont l'un est l'origine ou le côté dirigeant, et l'autre le terme ou côté dirigé. Dans *QC* ∵ *AB'*, c'est *AB'* qui est le côté dirigeant, et *QC* le côté dirigé.
>
> L'angle directif n'est qu'un cas particulier du digène ; c'est un digène dont les côtés ont la même origine. »[219]

De multiples résultats se déduisent immédiatement de cette définition du « digène », ainsi :

217. *Ibid.*, p. 27.

218. *Ibid.*, p. 20.

219. *Ibid.*, p. 27. Le mot « digène » doit son origine à un mot grec signifiant « deux origines » (note de l'auteur).

« ...$a$ ∵ $b = 0$, fait voir que $a$ et $b$ sont concurrents.
...$a$ ∵ $b = 2$, " " opposés.
...$a$ ∵ $b = 0$ *ou* 2, " parallèles.
...$a$ ∵ $b = 1$ *ou* 3, " perpendiculaires »[220].

« *(SE ∵ RD) + (RD ∵ QC)* $\acute{=}$ *SE ∵ QC* »[221] (voir fig. 6).

« Dans l'équation, ou *équi-digène*
SE ∵ RD = QC ∵ PS
On peut changer de place les *moyens*, et déduire
*SE ∵ QC = RD ∵ PB* »[222].

*Multiplier par un nombre directif*

Mourey développe avec d'aussi nombreux détails la « multiplication » :

> « Pour multiplier une quantité par un nombre directif, il faut opérer sur le multiplicande, par multiplication proprement dite, par division proprement dite, et par version, de la même manière qu'il faudrait opérer sur l'unité pour composer le multiplicateur. »[223]

Conscient que cette définition reste assez obscure au lecteur, l'auteur l'accompagne immédiatement d'un exemple :

> « Ainsi, pour multiplier par $\left(\frac{9}{4}\right)_{\frac{2}{3}}$, par exemple, il faut multiplier par 9, diviser par 4, et verser par $\frac{2}{3}$. Cela se réduit à multiplier par $\frac{9}{4}$, et verser par $\frac{2}{3}$. »

En général, lorsqu'il s'agit de multiplier deux « nombres directifs » quelconques, $a_r$ et $b_s$, entre eux, la règle est la suivante :

> « $a_r \text{ x } b_s = (a_r \text{ x } b)_s = ((ab)_r)_s = ab_{r+s}$ »[224]

220. *Ibid.*, p. 28.
221. *Ibid.*, p. 29.
222. *Ibid.*, p. 31.
223. *Ibid.*, p. 30.
224. *Ibid.*, pp. 31-32.

Cette suite d'égalités résume toutes les manières possibles pour parvenir au résultat, soit, en utilisant le vocabulaire de Mourey, respectivement :

On peut multiplier *b* par *a* puis « verser » par *r* et enfin « verser » par *s* le produit obtenu ;

– multiplier *a* par *b*, « verser » par *r* leur produit et « verser » une nouvelle fois par *s* ;

– etc.

On a, par exemple, en reprenant les notations précédentes :

$$1_{\frac{1}{2}} \times 1_{\frac{1}{2}} = 1_{\frac{1}{2}+\frac{1}{2}} = 1_1$$

$$1_1 \times 1_1 = 1_{1+1} = 1_2 = -1 \quad (\text{car } 1_0 = 1)$$

$$1_2 \times 1_2 = 1_4 = 1 \quad (\text{car } 1_4 = 1_0 = 1)$$

etc.

Là encore, comme pour l'« addition », Mourey insiste sur le fait que la définition de la « multiplication » ne doit pas être regardée

> « comme une vérité à démontrer, mais comme une convention à admettre ». De plus, « On doit admettre cette convention si elle est utile ; or, elle est très utile, car il en résulte... que toutes les formules de l'Algèbre expriment des quantités réelles, et qu'elles s'appliquent très avantageusement à la Géométrie (et par conséquent à la Mécanique) »[223].

On voit par cette nouvelle précision combien l'attitude de Mourey est plus moderne que celle d'Argand sur ce point ; celui-ci parlait d'*hypothèses* dont il faudra montrer la pertinence par d'autres raisonnements, celui-là va beaucoup plus loin dans la mesure où ce sont des conventions qui permettront de *réaliser* des nombres dits *impossibles* ; les *raisonnements* permettront à leur tour de juger si ces conventions sont bien fondées pour parvenir à ce but.

Les règles que Mourey souligne expressément le font non seulement aller plus loin qu'Argand mais elles le rendent plus proche de nous que ne l'était Wessel :

> « Le produit de deux nombres directifs est le même dans quelque ordre qu'on en fasse la multiplication ;
>
> 4) $a_r \times b_s = b_s \times a_r$, (...)
>
> On démontrera facilement cette seconde proposition :
>
> 5) $a \times b \times c \times d \times ... = a \times (b \times c \times d \times ...)$
>
> (ces lettres *a, b, c,* ... représentent ici des nombres de directions quelconques). »[224]

En rassemblant ces deux précédentes propositions,

« l'on peut démontrer que le produit de plusieurs nombres est le même dans quelque ordre qu'on les range, et de quelque manière qu'on les groupe entre parenthèses »[225].

Mourey n'en reste pas à ce premier stade. Il explicite également avec beaucoup de précision, en utilisant dans une première étape ses notions de *chemins*, de *verseurs*, puis de *nombres directifs*, la relation dite de *distributivité* (mot qu'il ne semble pas connaître, tout comme ceux de *commutativité* et d'*associativité*).

« $(c + d) \times q = c \times q + d \times q$ »[226]

La « division » se déduit de la théorie de la multiplication. Ainsi, Mourey démontre facilement à partir du produit « $a_r \text{x} b_s = ab_{r+s}$ » la généralité de l'égalité

« $\dfrac{d_z}{a_r} = \left(\dfrac{d}{a}\right)_{z-r}$ »[227].

de nombreux exemples sont donnés par l'auteur pour illustrer cette dernière :

« $\dfrac{1_3}{1_1} = \left(\dfrac{1}{1}\right)_{3-1} = 1_2 = -1$

$\dfrac{1}{-1} = \dfrac{1_0}{1_2} = 1_{0-2} = 1_{4-2} = 1_2 = -1$

$\dfrac{1}{-1} = \dfrac{1_2}{1_2} = 1_{2-2} = 1_0 = 1$

$\dfrac{1_1}{1_3} = 1_{1-3} = 1_{-2} = 1_{-2+4} = 1_2 = -1$

La division conduit suivent à des verseurs négatifs, mais on les rend positifs, en y ajoutant $4^q$ »[228].

### *Une confrontation : Mourey, Argand et Wessel*

Les études directement rattachées aux *proportions* entre *nombres dirigés*, aux *polynômes* ou aux extractions de racines ne doivent leur originalité qu'à l'introduction des nouvelles notations ; sur le fond, elles restent semblables à celles de Wessel et d'Argand. Mourey achèvera son ouvrage sur une remise en forme de la trigonométrie ; branche

225. *Ibid.*, p. 32.
226. *Ibid.*, p. 34.
227. *Ibid.*, p. 35.
228. *Ibid.*, p. 47.

des mathématiques qui est certainement la plus touchée par l'invasion d'un grand nombre de nouveaux symboles. Nous ne chercherons pas à entrer dans ce nouveau domaine, tout au plus nous contenterons-nous de dire que la trigonométrie est complètement desservie par les innovations de Mourey qui ont pour unique conséquence de rendre cette science surchargée de difficultés d'interprétation inutiles.

*Retour aux « imaginaires »*

Pour clore ce court survol de l'opuscule de Mourey et revenir plus particulièrement aux *nombres imaginaires*, voyons deux derniers exemples fournis par lui :

1. « Quelle est la valeur de $\sqrt[n]{-1}$ ? »[229]

On a vu que, d'après ce qui précède, « – 1 » peut être indifféremment représenté par les « nombres directifs » suivants :

$1_2$, $1_6$, $1_{10}$ … ; soit plus généralement par :

$1_{2+\sigma}$ où « $\sigma$ » est un multiple de 4 angles droits, positif ou négatif[228].

Par conséquent, avec ces résultats, « $\sqrt[n]{-1}$ » doit être égale indifféremment, aux « nombres directifs » $1_{\frac{2}{n}}$, $1_{\frac{6}{n}}$, $1_{\frac{10}{n}}$, … ; soit plus généralement :

$$\sqrt[n]{-1} = 1_{\frac{2+\sigma}{n}}.$$

Mais, dit Mourey, « cela ne doit pas être admis ; il est indispensable de restreindre la formule $\sqrt[n]{-1}$ à une seule valeur, sans quoi elle serait à peu près inutile »[230].

Pour pallier cet inconvénient, il suffira de poser que « $\sqrt[n]{-1}$ n'aura que la seule valeur $1_{\frac{2}{n}}$ »[231] ; ainsi, le nombre « – 1 » pris sous le signe radical doit être uniquement égal à « $1_2$ », non à $1_{2+\sigma}$ ; de même – a correspondra à « $a_2$ » et « – $a_r$ » à « $a_{2+r}$ ».

Par conséquent, on est conduit aux résultats suivants :

$\sqrt{-1} = 1_1$, $\sqrt[3]{-1} = 1_{\frac{2}{3}}$, $\sqrt[4]{-1} = 1_{\frac{1}{2}}$ etc.

« Donc il ne faut pas faire

229. *Ibid.*, p. 52.
230. *Ibid.*, p. 52.
231. *Ibid.*, p. 53.

$\sqrt[3]{-1} = -1$, $\sqrt[5]{-1} = -1$, $\sqrt[7]{-1} = -1$, etc. comme on le pratique dans l'Algèbre ordinaire »[231].

2. Ce deuxième exemple est une conséquence du premier, mais il mérite un intérêt particulier car il montre les difficultés que peut véhiculer la théorie de Mourey et il conduit à l'apparition d'un symbole peu utile.

On sait, d'après l'exemple précédent, calculer les produits suivants :

« $\sqrt{-1} \times \sqrt{-1} = 1_1 \times 1_1 = 1_2 = -1$

$\sqrt{-a} \times \sqrt{-c} = (\sqrt{a})_1 \times (\sqrt{c})_1 = (\sqrt{ac})_2 = -\sqrt{ac}$ »

et plus généralement :

« $\sqrt[m]{-1} \times \sqrt[n]{-1} = 1_{\frac{2}{m}} \times 1_{\frac{2}{n}} = 1_{\frac{2}{m}+\frac{2}{n}}$ »[232].

Or, si l'on peut poser

« $\sqrt{-1} \times \sqrt{-1} = \sqrt{-1 \times -1}$ »[233], (1)

« comme fait $\sqrt{a} \times \sqrt{b} = \sqrt{ab}$ », on n'a pas le droit d'écrire

$\sqrt{-1 \times -1} = \sqrt{1}$ ; (2)

ce résultat étant bien sûr faux.

Cet interdit est justifié puisqu'il conduirait, s'il n'était pas respecté, à une égalité fausse, mais la relation (1) semble logiquement nous condamner à l'écrire. Pour comprendre cette situation, et ainsi mesurer à la fois la subtilité de la théorie et sa complexité relativement à celle communément utilisée, il faut s'en tenir aux conventions de calcul que Mourey a imposé dans l'exemple précédent :

Tout au long des pages qui précédèrent

$1 = 1_0 = 1_4 =$ etc. ; mais en dernière instance l'auteur imposa l'unicité des résultats obtenus. Ainsi, on peut écrire

$\sqrt{-1} \times \sqrt{-1} = \sqrt{-1 \times -1} = \sqrt{1_2 \times 1_2} = \sqrt{1_4}$ (3)

et en rester là ; c'est-à-dire, ne pas écrire que $\sqrt{1_4} = \sqrt{1_0}$.

Dès lors, on retrouve bien le résultat cherché car :

$\sqrt{1_4} = 1_2 = -1$.

« Les deux quantités $-1 \times -1$ et $+1$ sont égales hors du signe radical, mais elle ne sont pas égales sous le signe, pas plus que $1_4$ et $1_0$. » Ici, ce qui semble faire problème est le sens attribué au mot « égalité ». Mourey le résoud à sa manière en inventant la « superégalité $\dot{=}$ » : « on pourrait instituer un signe qui exprimât que deux quantité sont égales sous le signe radical ; nous dirons

$-1 \times -1 \;\dot{=}\; 1_4$, non $\dot{=}\; 1$

232. *Ibid.*, p. 54.

233. *Op. cit.* Préface, p. IX.

et alors nous verrons clairement que $\sqrt{-1 \times -1}$ est $=$ à $\sqrt{1_4} = 1_2$, et non $= \sqrt{1} = 1$. »

Mourey dit plusieurs fois dans son ouvrage que toutes les questions et tous les problèmes laissés de côté seront développés dans un important manuscrit qui devra être publié dans un avenir proche. Depuis 1828, plusieurs recherches furent entreprises pour retrouver ce document, toutes se soldèrent par un échec. Mais, précise Laisant,

> « il est permis de supposer qu'il ne satisfaisait pas aux exigences de la Géométrie d'une façon plus complète que (sa) brochure. »[233]

Aux yeux de ce dernier, qu'on puisse baptiser indistinctement « Géométrie directive »[234] ou « Algèbre directive » cette *science* dont parle Mourey, *science* où « les considérations algébriques sont mêlées complètement avec les considérations géométriques », ne peut être qu'une sérieuse *confusion*. On retrouve là ce jugement fait par ceux qui veulent distinguer formellement l'Algèbre de la Géométrie. De plus, comme pour dire qu'il ne fallait pas trop regretter le manuscrit disparu de Mourey, Laisant conclut en ajoutant :

> « Peut-être faut-il attribuer en partie (l') absence de résultats géométriques élégants à la complication un peu artificielle des notations adoptées par l'auteur. »

On peut néanmoins regretter que la première édition (1828) de l'ouvrage de Mourey nous soit momentanément inaccessible. Grâce à elle nous aurions pu mesurer l'ampleur des transformations qu'a dû faire l'auteur pour l'édition de 1862. Ainsi, l'inventaire non exhaustif que dresse Mourey des différents *axiomes* de l'addition et de la multiplication, par sa trop grande clarté, et compte tenu des différentes tentatives déficientes faites par M. Ohm (*System der Mathematik*, 1822), Servois (*Essai sur un nouveau mode d'exposition des principes de calcul différentiel,* 1814-15) et Peacock (*Treatise on Algebra*, 1830), nous paraît appartenir à l'édition de 1862.

---

234. *Ibid.*, p. 37 (Mourey).

*Chapitre 3*

# Deux apports magistraux

## *1 - Gauss : Le plan des « complexes »*

Gauss se qualifiait lui-même de « tout mathématicien ». Ce « prince des mathématiciens » a été aussi mécanicien, astronome, physicien et géodésien. En outre, cette fécondité n'exclut pas des méditations d'ordre universaliste sur la philosophie, la littérature, la société et la philologie. Cette dernière, où le jeune Gauss excella, l'eut certainement emporté sur les mathématiques si la découverte des conditions de constructibilité « à la règle et au compas » du polygone régulicr de 17 côtés[1] ne l'avait définitivement orienté vers les territoires en friche de la « reine des sciences ». Ses préférences avouées allèrent à l'*Arithmétique supérieure* (i.e., la théorie des nombres), branche difficile des mathématiques qu'il jugeait souveraine.

À ce calculateur, reconnu pour sa rapidité exceptionnelle, on a pu en outre attribuer des centaines d'innovations conceptuelles qu'il ne se soucia pas de publier la moitié de son vivant. Les plus grands mathématiciens du premier XIX^e^ siècle – Abel[2], Galois, Cauchy, Jacobi, Hamilton, etc. – eurent parfois à s'apercevoir après coup que ce qu'ils avaient découvert l'avait déjà été par Gauss. Cette discrétion qu'on a parfois reprochée à Gauss comme la cause d'efforts dont ses successeurs eussent pu faire l'économie a été expliquée, notamment par E. T. Bell, par la devise que cet esprit exigeant avait faite sienne : « *Pauca sed matura* »[3] ; le reste était confié à un journal[4] connu peu avant 1900.

---

1. Nous renvoyons pour plus de précisions sur ce point à la remarquable étude de J. Vuillemin : *La philosophie de l'algèbre*, t. I., PUF, Paris, 1962, pp. 123-206.

2. En 1828, après la publication des *Recherches sur les fonctions elliptiques* d'Abel, Gauss écrivait à Bessel : « En ce qui concerne mes recherches de 1798 sur les fonctions transcendantes, Monsieur Abel, à ce que je vois, m'a devancé et me dispense de la peine d'environ un tiers de ces choses, car il a tout développé avec élégance et concision. Il a pris précisément le même chemin que j'empruntais en 1798 et il n'y a pas à s'étonner du grand accord des résultats. À ma stupéfaction cela s'étend même à la forme et en partie au choix des notations, si bien que beaucoup de ses formules semblent être une transcription des miennes » (voir note 95 (octobre 1798) de son journal).

3. « Peu, mais mûrs », *in* E.T. Bell : *Les grands mathématiciens*, p. 251.

4. « Le journal mathématique de Gauss », *Revue d'histoire des sciences et leurs applications* ; Centre International de Synthèse, P.U.F., 1956, tome IX, n° 1, pp. 23-51.

Le chiffre de 155 communications publiées de son vivant peut paraître bien modeste si on le compare avec les abondances de Euler ou celles de Cauchy dont on reparlera. Tout cela est bien connu ; si pourtant nous croyons devoir le rappeler c'est qu'il faut signaler une contrepartie qui nous a fréquemment gêné dans notre travail.

Bjerknes[5] disait de Gauss qu'il était comme « le renard effaçant de sa queue les traces de ses pas » ; il ajoutait que, selon Abel, Crelle eut dit : que « tout ce qu'écrit Gauss n'est qu'abomination (*gräuel*), car c'est si obscur qu'il est presque impossible d'y rien comprendre ».

À cet égard, et pour revenir à proximité de notre sujet, on trouve dans une analyse rigoureuse du théorème sur la construction du polynôme de 17 côtés des éléments de raisonnement semblables à ceux que l'on déduira de la théorie de Galois ; et il semble bien que Gauss se soit fait sans le dire une idée de la théorie des équations dites « abéliennes ». Dans un document manuscrit (1799) initialement prévu pour être une partie de ses *Disquisitiones arithmeticas*[6] (1801), mais qui ne sera publié qu'à titre posthume[7], Gauss suggère la possibilité d'envisager des « racines imaginaires » aux « congruences *modulo* un nombre premier », et parvient à des résultats analogues à ceux que Galois définira trente ans plus tard pour amorcer sa théorie des corps finis[8] (nous ne reviendrons pas sur cette notion complexe de *congruence* qui a déjà été soulignée plus haut ; disons simplement que ce concept est parfaitement élucidé par Gauss dès 1798 et qu'on lui doit également le symbolisme actuellement en vigueur).

### *Un mathématicien proche de nous*

Dès 1792 Gauss s'intéresse au postulat sur les droites parallèles ; vers 1816 il est parvenu à se convaincre qu'un tel postulat ne pouvait être déduit des autres *axiomes* de la géométrie euclidienne. Cette *indémontrabilité* lui permettra d'envisager une géométrie (non euclidienne) que F. Klein baptisera « hyperbolique » (dont un des caractères *pathologiques* est que plusieurs droites parallèles à une même droite passent par un même point). Cette découverte, qui précède celle mieux connue

---

5. Bjerknes, *Niels Henrick Abel*, traduction française, Paris (1807).

6. *Recherches arithmétiques*, traduction française, Paris (1807).

7. *Œuvres*, tome II, pp. 212-240.

8. C'est lui qui introduira le concept de « racine imaginaire » ou, d'après N. Bourbaki, de « racine idéale ». On trouvera à ce sujet de nombreux renseignements utiles dans les références suivantes :

– N. Bourbaki, *Éléments d'histoire des mathématiques*, nouvelle édition augmentée, Hermann, Coll. Histoire de la pensée (vol. 4), 1974 (en particulier p. 109).

– J. Itard, *Histoire générale des sciences* (3) La science contemporaine (I), 1961, chap. II (« Les imaginaires de Galois »).

de Lobachevsky (1889), entraîne des conséquences qui s'avéreront capitales pour l'évolution future des mathématiques. Elle ramène à plus juste mesure la tendance des géomètres du XVIIIe siècle à surévaluer la géométrie euclidienne. Le rapport entre mathématiques et *réalité sensible* est mis sous un nouveau jour ; les axiomes, ces *vérités premières* dont il était vain de nier l'évidence, sont appelés à devenir de simples hypothèses dont il faudra vérifier cas par cas si elles sont pertinentes à la représentation mathématique de notre univers. Cette *révolution* conceptuelle deviendra le trait caractéristique du XIXe siècle finissant et le cadre naturel de la réflexion mathématique du XXe siècle. Ces hypothèses s'affineront au fil du temps, participant plutôt à l'édification d'une mathématique qui s'auto-analyse (réflexive) qu'à une mathématique délibérément tournée vers l'application ; cette dernière, pour un nombre croissant de mathématiciens, prend un caractère contingent.

À considérer l'évolution actuelle d'une grande partie de l'activité mathématique, l'effort principal semble se porter vers la classification de *structures* où règnent en maîtres les *morphismes* et vers les problèmes plus directement liés aux inter-traductions qu'impliquent des résultats en quête d'universalité. Ces traductions internes engendrent constamment des correspondances, entre des théories apparemment conçues pour ne pas être confrontées, à partir desquelles naîtront de nouveaux concepts unificateurs qui peu à peu rendent illusoires les divisions classiques élaborées entre « Algèbre », « Géométrie », « Théorie des nombres », etc. Les liens ainsi créés nous invitent à voir, au-delà d'apparentes dispersions ou atomisations étroitement spécialisées, des mathématiques visant à devenir « une ».

Pourtant, cette réunification en passe de réaliser le vieux rêve leibnizien, ne saurait être affirmée *a priori* de toutes les mathématiques. Des théories hétérodoxes sont aujourd'hui mieux reçues qu'à l'époque de H. Poincaré : elles redonnent un statut plus honorable au *qualitatif*, font une place de choix à l'*accident* ou à la *singularité* et t accordent un plus grand privilège au *discontinu* au détriment du *continu*.

À une mathématique « structuraliste » devenant une « combinatoire symbolique » mais perdant les raisons qui rendirent nécessaire sa création, s'oppose une rivale dont l'ouverture sur le monde extérieur s'oriente vers la *compréhension* plutôt que vers l'*action* trop souvent gratuite.

Ces réflexions d'ordre général ne sont pas étrangères à notre étude : Gauss est l'un des premiers à organiser l'évolution nouvelle des mathématiques. Il rompt avec le XVIIIe siècle en se faisant le champion de la rigueur ; il remet en cause le carcan de la géométrie euclidienne en inventant une nouvelle Géométrie ; il définit l'activité du mathématicien telle que nous la connaissons de nos jours : « Le mathématicien fait complètement abstraction de la nature des objets et de la signification de leurs relations : il n'a qu'à énumérer les relations et les comparer entre elles »[9] (rupture avec le passé d'autant plus marquante si l'on se remémore les raisons qui valurent, par exemple, aux nombres complexes ou négatifs d'être qualifiés de *sophistiques*, *absurdes*, *impossibles*, *faux*, *imaginaires*, etc.).

*L'expérience décisive pour le choix de la géométrie possible*

Cependant, même s'il inaugure la mathématique qui nous est contemporaine en ayant une prescience des « structures » profondément enfouies qui sous-tendent le discours mathématique ou en s'affranchissant de l'espace tridimensionnel qu'il jugeait, selon J. Dieudonné, « une infirmité de l'esprit humain »[10] ou, enfin, en prônant le retour à des démonstrations rigoureuses qui ne laisseraient pas le champ libre à des « intuitions » mal domptées (exigence qui ira en s'affermissant dans les travaux de ses successeurs immédiats Cauchy, Abel, Galois, etc.), Gauss reste en accord avec un certain « réalisme » propre à son temps. Ainsi, tout comme Lobachevsky et plus tard Riemann, Gauss croyait encore que l'expérience directe saurait trancher les différents débats qui s'organisèrent autour des géométries possibles et qu'elle permettrait d'élire celle qui représentera l'univers sensible. Même s'il reprend à son compte en les modifiant légèrement les deux vers suivants de Shakespeare :

> « Nature tu es ma déesse, à tes lois
> Mes services sont liés... »[11]

et s'il accorde une importance toute particulière à l'expérience, il n'en reste pas moins convaincu que les théorèmes d'une géométrie, dont aucune expérience concrète n'a pu encore rendre compte, n'en méritent pas moins le statut de *vérités mathématiques*. Dans cette ligne de pensée, N. Bourbaki[12], inscrit les réflexions de Poincaré en faveur de la géométrie euclidienne :

> « Que doit-on penser, dit-il, de cette question : la géométrie euclidienne est-elle vraie ? Elle n'a aucun sens (...). Une géométrie ne peut être plus vraie qu'une autre ; elle peut être *plus commode* :

---

9. Gauss, C. F., *Werke*, t. II, p. 176.

10. Dieudonné, J. *Encyclopédie Universalis* (vol. 7), art. « Gauss », p. 507, col. 2.

11. Shakespeare, *Le Roi Lear*, act. I, sc. 2, avec le changement important de « tes lois », par « ta loi » (note E.T. Bell).

12. Bourbaki, N., *op. cit.*, p. 27.

1°) Parce qu'elle est la plus simple ; et elle n'est pas telle seulement par suite de nos habitudes d'esprit ou de je ne sais quelle intuition directe que nous aurions de l'espace euclidien ; (...)

2°) Parce qu'elle s'accorde assez bien avec les propriétés des solides naturels, ces corps dont se rapprochent nos membres et notre œil et avec lesquels nous faisons nos instruments de mesure. »[13]

## *La trajectoire de Céres ; Gauss « astronome praticien »*

E. T. Bell[14], dans une analyse de la vie et de l'œuvre de Gauss, utilisa une périodisation commode bien qu'artificielle, qui nous enseigne que ce savant délaissa les problèmes plus proprement astronomiques pour se consacrer activement, dès 1820, à ceux plus spécifiques de la géodésie. L'astronomie, où nombre de ses contemporains s'illustrèrent, apporta à Gauss une très rapide notoriété auprès de la classe savante européenne du XIX$^{e}$ siècle. Sa renommée, qui déborda largement les cadres étroits des lieux où s'élaborait la science officielle, fut acquise à la suite de la détermination théorique qu'il fit de la trajectoire de Cérès, petite planète que Piazzi découvrit incidemment un an plus tôt (1801). Les succès qui devaient couronner l'artisan de cette redécouverte étaient facilement prévisibles et tiennent essentiellement à deux raisons précises. D'une part, cette recherche, pour être menée à son terme, ne disposait que d'un nombre extrêmement réduit d'observations, ce qui avait pour conséquence le recours à une multitude de calculs fastidieux, exigence qui découragea plus d'un audacieux. Outre sa prodigieuse habileté de calculateur, Gauss tenait à sa disposition une méthode, dite « des moindres carrés » qui s'avérera très bien adaptée pour venir à bout de cet obstacle. D'autre part, une telle re-découverte allait à l'encontre d'une conception philosophique tenace qui soutenait que le nombre des planètes existant ne saurait excéder le chiffre satisfaisant de sept. Bell[15], non sans une évidente pointe d'ironie, relève qu'à l'heure où la science parvenait à ses fins, la philosophie dénonçait par la voix de G. W. Hegel la *présomption* des astronomes à vouloir découvrir une hypothétique huitième planète, présomption d'autant plus déplacée qu'il suffisait de se reporter à un

13. Poincaré. H., *La Science et l'Hypothèse*, Paris, Flammarion, 1902, p. 76.

Les études visant l'élaboration d'un modèle cosmologique dynamique, modèle qui permettrait d'analyser l'évolution passée et à venir de notre univers, laissent encore « indécidable » la nature de ce dernier. Même si de fortes hypothèses simplificatrices sont formulées (par exemple, homogénéité de l'espace ; isotropie et symétrie « quasi-sphérique », etc.), il semble que l'on soit encore condamné à une longue attente pour savoir si l'univers ainsi appréhendé est euclidien, sphérique ou hyperbolique.

14. Bell, E. T., *Les Grands Mathématiciens*, Paris (1950), p. 286.

15. Bell, E. T., *ibid.*, p. 261.

quelconque manuel de philosophie pour y constater que l'on y « prouvait » l'impossibilité de parvenir à ce but.

À cet égard, il serait sans aucun doute particulièrement intéressant de voir si ces coups de boutoir portés par la science contre la croyance philosophique (le premier de ces *heurts* notables est, on l'a vu, une remise en question de la conception kantienne[16] de l'espace) ne sont pas directement responsables de l'altération progressive, déjà notable au XVIIIe siècle, du lien qui retenait celle-ci à celle-là et, plus précisément, du rapport entre mathématiques et philosophie. Cet antagonisme apparent n'est-il pas la raison de l'actuel fossé qui s'est profondément creusé entre une mathématique qui pour être universellement utilisable et applicable devient de plus en plus abstraite et, une philosophie qui, tout en cherchant encore à exhiber les connexions rattachant cette abstraction à la *réalité* idéalement ou non perçue, se détourne plus ou moins ouvertement vers des champs moins *dénaturés* de la pensée humaine ? La rupture, un peu emphatique, que des scientifiques de grande valeur paraissent remettre en question depuis quelques années car ils ne supportent plus ce *cruel* divorce, n'est-elle pas le lourd tribut de ces lointains discrédits ? Fermons cette parenthèse qui méritait une attention toute particulière.

De 1821 à 1848, Gauss sera le conseiller du Danemark et du Hanovre pour l'établissement géodésique du cadastre. Cette charge supplémentaire est pour lui, comme pour beaucoup d'autres savants de la même époque, la conséquence presque obligée d'une activité qui s'est longtemps exercée dans les champs plus complexes de l'astronomie. La géodésie, science qui a pour objet la détermination précise des formes du globe terrestre et de ses parties, de son champ de pesanteur dans le plus grand nombre de lieux possibles, etc., correspond, à bien des égards à une application de l'astronomie (elle met en œuvre une grande partie des techniques de calcul propres à cette dernière ; et, par exemple, le point de départ de toute triangulation nécessitait de faire appel à des mesures plus proprement du ressort de l'astronomie de position[17]), et à la partie mathématique commune au cadastre et à la cartographie.

Ces deux dernières réalisations *concrètes* mettent en jeu pour leur élaboration certaines contraintes ou exigences (tels l'arpentage et l'évaluation précise de la surface des propriétés imposables et, pour l'autre, la représentation sur un plan, le plus fidèlement possible, d'objets concrets ou abstraits généralement localisables dans l'espace ; une telle représentation, pour se faire, ne dispose encore que d'un

---

16. Voir à cet effet, Mansion, P., « Gauss contre Kant sur la géométrie non-euclidienne », *Mathesis*, 3e s., 8, sup. (Déc. 1908), pp. 1-16, et *Rev. néoscolastique*, 15 (1908), pp. 441-443.

17. Dupuy. M. et Dufour., *La Géodésie* (Coll. « Que sais-je ? ») (n° 1320)), P.U.F., 1969, p. 56.

système de projections qui ne peuvent à la fois conserver les angles et les surfaces) qui, entre les mains de Gauss, se révéleront un matériau de base très propice à un nouvel essor des mathématiques pures.

Au premier abord, il peut sembler paradoxal qu'un mathématicien de grande valeur consacre une partie considérable de ses efforts à une tâche fort peu à la hauteur de ses compétences et apparemment peu sujette à constituer la manne qui servira à alimenter son intense réflexion théorique ; Gauss lui-même confie dans une lettre à Olbers (juillet 1825) qu'une autre activité eut certainement été plus bénéfique.

Dans une lettre, cette fois adressée le 28 juin 1820 à Bessel, il précisait avec une certaine amertume ressentir les difficultés d'un « astronome praticien » isolé et démuni de toute aide tant financière que physique, et il ajoutait que le « pire de cela est que je peux difficilement faire un travail théorique » qui eut un rapport avec cette activité sur le terrain. Un tel choix surprend, surtout si comme le dit Gauss il n'apporte rien de vraiment conséquent, mais s'explique assez simplement lorsque l'on tient compte de la situation géopolitique que traverse cette époque, et des propres motivations qui poussèrent Gauss dans une telle entreprise.

### *L'essor de la cartographie ; le partage de la Terre*

À la fin du XVIII^e^ siècle au début du XIX^e^, les campagnes napoléoniennes firent une importante consommation de cartes géographiques. En 1801, Bacler d'Albe fit paraître la « carte du théâtre de la guerre d'Italie » ; les plans de campagne de Friedland, Arcole, Lodi, etc., virent le jour à la même époque ; Napoléon insista pour que l'on réalisât une carte de l'Europe au 1/100.000 ; mais une grande partie de la documentation fut détruite lors de la campagne de Russie. C'est vers 1808 qu'il chargea le chevalier de Bonne et les ingénieurs-géographes qui étaient sous ses ordres d'entreprendre les travaux permettant de dresser une carte qui remplacerait celle dite de « Cassini ». Cette « carte de l'état major » (au 1/80.000) qui exigea une très longue triangulation, ne vit le jour qu'en 1882 et comporta 283 feuilles (c'est cette même carte qui, agrandie par des procédés photographiques au 1/50.000, sera utilisée jusqu'en 1958).

Un autre facteur déterminant, quoique de façon moins évidente, pour l'essor de la cartographie est le congrès de Vienne (1814-1815). Il ressortira de ce dernier une profonde modification de la répartition de l'Europe entre les grandes puissances. Les extensions territoriales de plus d'un État se verront grandement affectées par cette décision politico-militaire. En 1814 le Danemark cède la Norvège à la Suède et acquiert la Holstein et le Lauenbourg. En juillet 1815, la France, contrainte de restituer le fruit de ses conquêtes, revient à ses frontières de 1792 ; l'Angleterre s'annexe le nouveau royaume de Hanovre tout en conservant le Héligoland. En juin 1815 est créée la Confédération germanique (1815-1866) ; elle est constituée d'États souverains, d'un empire (l'Autriche) et de royaumes (dont le Hanovre). Une telle transformation met l'accent sur le concept de « frontière » et suggère peu à peu que celui-ci doit être révisé. La frontière, cette zone floue (tampon de partage entre deux États), devient une ligne de séparation qu'une carte devra représenter avec une très grande minutie.

Enfin, dès le début du XVIII<sup>e</sup> siècle, on cherchera à éclaircir un point de mécanique théorique : trancher une bonne fois pour toutes entre deux hypothèses contradictoires qui se disputent la forme exacte de la Terre. La première, celle des « newtoniens », assurait que l'on avait affaire à un ellipsoïde de révolution aplati ; l'autre, celle des « cassiniens », voyait plutôt la terre sous la forme d'un ellipsoïde allongé aux pôles. Pour en finir avec cet impossible partage, l'Académie des sciences de Paris chargea plusieurs équipes de savants d'entreprendre une étude systématique de la variation de la courbure méridienne en fonction de la latitude. Ainsi, une mission s'occupera de la mesure d'un arc de méridien sur l'Équateur même, au sud de Quito. Les expéditions de P. L Maupertuis et Clairaut en Laponie (1736), de Godin, Bouguer et La Condamine au Pérou (entre 1735 et 1744) firent de même. Une fois les résultats dépouillés et confrontés, on déclara l'hypothèse « newtonienne » comme la seule légitime.

Ces recherches ainsi amorcées n'en restèrent pas là. Elles se reproduisirent et gagnèrent en intensité tout au long du XIX<sup>e</sup> siècle non seulement en France mais dans l'Europe entière. Leur but préalablement fixé se modifia, la principale motivation de cette fiévreuse activité devint la détermination précise d'une surface mathématique de référence susceptible de représenter aussi fidèlement que possible la surface réelle de la Terre (détermination du « Géoïde »), de telle manière que les triangulations puissent s'effectuer dans les conditions les plus favorables et que les résultats ainsi obtenus soient corrects.

Gauss, plongé dans ce milieu en pleine effervescence, est poussé dans cette voie pour plusieurs raisons : il s'offre une nouvelle possibilité, après sa redécouverte de Cérès, de mettre à l'épreuve son habileté de calculateur (on sait par exemple que la triangulation du Hanovre l'amena, alors qu'il se trouvait pratiquement seul, à manipuler plus d'un million de données numériques relevées sur le terrain) ; il asseoit encore plus fermement sa réputation d'astronome ; il entre en rivalité avec les efforts français pour le calcul précis de la « longueur du degré » d'arc méridien[18] ; il se donne l'occasion de faire quelque chose

18. Il cherchera à mesurer l'arc du méridien Göttingen-Altona.

de concret pour le royaume (Hanovre) qui l'a tant aidé à devenir ce qu'il était et, enfin, c'est là sans doute la raison la plus importante, il s'assure une source de revenu supplémentaire qui commençait à lui faire cruellement défaut.

Insister plus qu'il ne le faut sur cet aspect par trop particulier de l'activité de Gauss, aspect apparemment sans lien direct avec le propos présentement nôtre, répond au souci d'attirer l'attention sur une manière de concevoir l'interaction entre le développement des mathématiques et celui de la société dans laquelle elles se meuvent ou s'élaborent. Souvent on se limite à relever en la soulignant l'influence exercée par des paradigmes scientifiques sur une société dans des domaines aussi variés que ceux de l'art, la littérature, l'économie, la technique ou, action beaucoup plus subtile, de la structure « politique ».

Le développement précédent n'a qu'un seul objectif : essayer de montrer qu'il serait vain de prétendre que les mathématiques s'auto-organisent indépendamment de la mouvance sociale qui leur sert de contexte. Il s'agit également de mettre l'accent, quoique très modestement, sur le fait qu'une invention, aussi *abstraite* soit-elle, doit une part de son *existence* à une situation *extérieure* (que l'on dit *sociale*, en donnant à ce mot le sens le plus général) favorable dans la mesure où elle stimule directement un *stock* de connaissances parvenu à son ultime stade de maturation (dans le cas précis des mathématiques, de telles connaissances se trouvent à ce stade, dans une inconsciente *quête d'emploi*, c'est-à-dire complètement dégagées de leur référence *naturelle* d'origine et affranchies de toute spécificité qui nuirait à leur adaptation la plus globalement concevable)[19].

Paradoxalement, loin d'avoir été infructueuse et inutile, la période où s'exerce l'intérêt de Gauss pour la géodésie, sera une des plus riches en idées originales et fécondes. On n'essayera pas de dresser un bilan exhaustif des répercutions qu'eurent ces idées sur l'évolution de la science, on se limitera plutôt ici à en rappeler brièvement quelques-unes à titre d'exemples.

Les difficultés que supposait le relevé précis d'une portion assez étendue de la surface terrestre conduisent Gauss à se pencher sur les problèmes plus généraux ayant trait à la « théorie des surfaces courbes », théorie, non encore délimitée, où Euler, Laplace et Monge exercèrent leurs efforts sur des questions très particulières et limitées.

19. Les influences *extérieures* qui s'exercèrent pour mettre en œuvre l'apparition d'un concept mathématique, refléteront pour un temps la *nature* de l'objet abstrait conçu, puis elles s'effaceront pour laisser place à un nouveau stade d'abstraction. Sans cette nécessaire *mesure d'oubli*, l'objet resterait voué à n'être que le squelette décharné d'un unique objet *sensible* ; cette riche extraction, en étant condamnée au stérile et simple jeu du local et du biunivoque, deviendrait vaine et rendrait inutile tout effort de symbolisation et d'axiomatisation.

C'est en 1827 que paraîtront les « recherches sur la théorie générale des surfaces courbes » de Gauss. Cette étude, très originale à bien des égards, devait ouvrir de nouvelles voies à la Géométrie différentielle. Avant lui, on représentait le plus souvent l'équation d'une surface sous la forme $W(x,y,z) = 0$ (surface plongée dans l'espace $\mathbb{R}^3$ ; $x, y, z$ étant les coordonnées cartésiennes) ou, plus simplement, on se contentait de poser $z = f(x, y)$, i.e., équation donnant une des variables en fonction des deux autres. L'inconvénient majeur qui provient de ce type de représentation est dû au fait que les coordonnées $x, y$ liées à un point quelconque de la surface varient lorsque celle-ci se déforme. Il reviendra à Gauss de résoudre cette difficulté en substituant aux « coordonnées cartésiennes » des « coordonnées curvilignes » $p, q$ (qu'on appelle parfois « gaussiennes »), prises sur la surface elle-même et qui auront l'avantage immédiat de rester toujours liées au point qu'elles désignent lors d'une déformation de la surface étudiée. Les coordonnées spatiales du point, soit $x, y, z$, sont alors des fonctions des deux paramètres indépendants $p$ et $q$ (*i.e.* $x = f(p, q)$, $y = g(p, q)$, $z = h(p, q)$). En systématisant ce mode de représentation paramétrique, Gauss saura mettre en évidence les avantages que l'on peut attendre d'une telle « géométrie intrinsèque ».

On pourra trouver dans les articles[20] de P. Libermann, une remarquable analyse de l'émergence de nombreux concepts plus abstraits qui ont été façonnés par Gauss (la première et la seconde forme fondamentale ; la courbure totale et le théorème d'invariance[21] de Gauss qui lui est associé ; le dégagement de la notion capitale, pour la géométrie différentielle et la topologie contemporaines, de « carte locale » en un point d'une « multiplicité » (i.e. *variété*) ; l'« applicabilité » que Gauss exprimera dans son *Allgemeine Auflösung der Aufgabe die Theile einer gegebenen Fläche auf einer anderen gegebenen Fläche so auszubilden dass die Abbildung dem Abgebildeten in den kleinsten Theilen ähnlich wird* (1825), etc.).

On trouvera également dans de nombreux ouvrages, notamment ceux de N. Bourbaki[22], J. Dieudonné[23], et plus particulièrement dans les *Materialen für eine wissenschaftliche Biografie von Gauss* (Leipzig, 1911-1920, 8 vol.) de F. Klein, une mise en valeur très détaillée des différentes contributions de Gauss au développement de nombreuses théories (théorie de la *représentation conforme*, issue de simples problèmes de cartographie mais qui prendra une place fonda-

---

20. En particulier, P. Libermann : *Géométrie différentielle classique*, *Enc. Univ.* T. VII, 656-663 ; *Abrégé d'histoire des mathématiques 1700-1900* (s.d. Jean Dieudonné), t. II, chap. IX, 177-210.

21. Voir aussi E. G. Pozniak, *Great Societ Enc.* (vol. 7), Moscou, 1973, p. 240.

22. N. Bourbaki, *Éléments d'Histoire des mathématiques*, Paris, 1974.

23. J. Dieudonné, *op. cit.* ; « article » Gauss », *Enc. Univ.*, 506-508.

mentale dans la théorie des fonctions analytiques[24], théorie des fonctions elliptiques[25], théorie du potentiel (1839)), et le rôle important qu'il joua dans des domaines aussi variés que l'électromagnétisme (voir sa collaboration avec W. E. Weber), la Mécanique (où il développera, par exemple, le principe de la moindre contrainte (1829)), l'optique (avec ses *Dioptrische Untersuchungen* (1838-41)), l'Astronomie (*Theoria motus corporum caelestium* (1809)), la Géodésie (*Untersuchungen über gegenstände der höhern Geodäsie* (1844-47)) ; projection de « Gauss-Krüger »), la théorie des nombres algébriques, l'algèbre (où les découvertes sont très nombreuses ; notamment on retient qu'il avait une idée précise sur la *loi de composition* abstraite ; qu'il orienta les mathématiques de son époque vers l'étude des systèmes hypercomplexes et qu'il était convaincu qu'une *extension* des nombres complexes est impossible si l'on ne renonce pas à certains axiomes fondamentaux), la statistique (méthode des moindres carrés (voir *Mémoires sur la combinaison des observations*, trad. J. Bertrand (1855), Paris ; voir aussi « Gauss, Carl Friedrich », *Inter. Enc. of Social Sciences* (vol. 6), pp. 751-781, par C. Eisenhart, etc.), l'analyse (par exemple, *Disquisitiones generales circa seriem infinitam* (1813), études de la convergence et de la divergence de la série hypergéométrique

$$F(a\beta\gamma X) = \sum_{n=0}^{\infty} \frac{\alpha(\alpha-1)\ldots(\alpha+n-1)\beta(\beta+1)\ldots(\beta+n-1)}{1\cdot 2\cdot 3\ldots\ldots n(\gamma)(\gamma+1)\ldots(\gamma+n-1)} X^n,$$

de la fonction Γ, « théorème de Cauchy », etc.) et la « géométrie de position » (1841-1855) et son lien avec les fonctions d'une variable complexe.

Après ce rapide tour d'horizon qui nous a permis d'évaluer une faible partie de l'œuvre de Gauss – partie où s'exercent des conceptions liées ou issues de la « théorie » des *quantités imaginaires* – et de voir la place qu'elle occupait dans le cadre d'une époque agitée par une effervescence scientifique assujettie à un nouveau regain de rigueur, après ce modeste mais nécessaire survol, nécessaire car ce mathématicien universel a plus que tout autre marqué profondément l'essor des sciences qui sont devenues nôtres, il est temps de mesurer et d'apprécier la contribution originale et le rôle effectif qui sont dus à cet auteur dans l'histoire plus restreinte que nous avons retenue ici.

---

24. C. Houzel, « Fonctions analytiques-Représentation conforme », *Enc. Univ.*, 124-128.

25. C. Houzel, « Fonctions elliptiques et intégrales abéliennes », *Abrégé d'Histoire des Mathématiques 1700-1900*, t. II, 1-113.

*Gauss et les « imaginaires »*

Gauss est sans nul doute celui qui participa le plus efficacement à la *popularisation* des nombres imaginaires. Il contribua très largement, grâce à l'autorité mathématique sans pareille que lui confèrent ses contemporains, à vaincre les derniers obstacles que dressaient de trop nombreuses réticences encore existantes et à rendre ces *nombres* aussi acceptables que les *réels*.

Assez curieusement, comme pour fermer une large boucle, les premières traces significatives de son action nous obligent à retourner en 1797, date mémorable où Wessel donne dans son *Essai*[26] la première esquisse historiquement reconnue d'une représentation géométrique des *quantités imaginaires*. En effet, c'est en octobre 1797 que Gauss écrivit dans son *Journal* (note 80) : « J'ai démontré par une méthode naturelle que les équations ont des racines imaginaires. »

Cette sèche affirmation confiée au secret de son *Journal* sera brillamment confirmée lorsqu'il présentera, lors de la *Dissertation inaugurale* qui lui valut le titre de Docteur à la faculté de philosophie de l'Université de Helmstedt[27], sa *Démonstratio nova theorematis omnem functionem algebraïcam rationalem integram unius variabilis in factores reales primi vel secundi gradus resolvi posse*[28]. La démonstration du « théorème fondamental de l'Algèbre » qu'il proposa est la première qui soit reconnue comme *rigoureuse*. Elle tire parti d'une idée qu'émit d'Alembert lors d'une publication faite sur le même sujet en 1746, mais n'en reste pas moins totalement originale et, en alliant la clarté à la précision, constitue un remarquable progrès sur toutes les tentatives ou ébauches qui la précédèrent. La *méthod*e qu'utilise Gauss pour mener à bien son raisonnement, tire son caractère *naturel* d'une judicieuse mise en valeur des propriétés topologiques *intuitives* du plan, propriétés alors vues et communément perçues comme allant de soi. Ainsi, non seulement cette démonstration correspond à un nouvel apport de grande ampleur en mathématiques, mais elle constitue aussi un des premiers exemples d'utilisation des éléments d'une science que n'a pas encore forgé Riemann, l'*Analysis Situs*, dans un problème algébrique.

La publication de Gauss est significative pour la présente étude dans la mesure où elle nous confronte à plusieurs indices révélateurs.

---

26. Rappelons-le, ce mémoire oublié fut présenté devant l'Académie Royale des Sciences et des Lettres du Danemark le 10 mars 1797. Ce n'est qu'à l'occasion du centenaire de cet événement que l'Académie danoise se chargea de faire une publication en français sous le titre *Essai sur la représentation analytique de la direction* (Copenhague, 1897).

27. Cf. Gauss, *Werke*, III, p. 1.

28. I.e. « Une nouvelle démonstration que toute fonction algébrique rationnelle entière à une variable peut être décomposée en facteurs du premier ou du second degré. »

Le premier apparaît dans le titre même de son mémoire. Gauss, contrairement à la note précédente, omet de faire une référence explicite aux *quantités* que l'on se plaît encore à qualifier parfois d'*impossibles*. Il semble qu'il faille voir là l'expression même d'un refus délibéré à faire état d'entités dont l'existence n'a pas été clairement mise en évidence. Si cette attitude s'apparente dans son effet à celle que prônent ses contemporains, elle s'en distingue totalement par son origine. La réserve de Gauss, réserve qui se fera effective à maintes occasions tout au long de sa vie, ne doit pas être vue comme la manifestation extrême et intransigeante d'une fidélité à un courant de pensée dominant, à un refus de prendre acte d'idées qui par leur trop grande originalité le mettraient en marge de la classe savante. Il ne faut pas non plus la justifier ou l'expliquer en la mettant totalement au compte de sa devise *Pauca sed matura*. C'est une sorte d'équilibre, une synthèse entre ces deux positions extrêmes qui paraît mieux convenir. Gauss ne cherchera pas à atteindre le succès à tout prix, il chérit l'isolement et refuse en mathématiques, contrairement aux autres sciences qu'il abordera, toute collaboration étroite. Il s'attarde largement sur des problèmes touchant l'édification d'une géométrie non-euclidienne, mais n'en fera aucune publication et refusera d'appuyer officiellement les idées du jeune J. Bolyaï, alors que celles-ci s'apparentent aux siennes. Une telle prise de position eut accordé à Bolyaï un crédit considérable et lui eut certainement permis de ne pas renoncer à la poursuite de ses travaux. De même, Gauss ne fera aucun commentaire public sur les travaux de W. R. Hamilton et ce bien qu'il soit parvenu lui-même à des résultats analogues qui ne seront publiés qu'à titre posthume.

Si les publications de Gauss sont toutes d'une très grande rigueur et d'une identique sécheresse par leur achèvement, nombre d'entre elles mettent cependant en jeu des concepts et des notions qui échappent à cette *perfection classique* et qu'il est le premier à exposer. Il s'interdit de prendre parti pour un Bolyaï ou un Hamilton, mais il saura, malgré son caractère casanier et son conservatisme, aider une Sophie Germain.

Malgré sa légitime retenue, Gauss s'élèvera contre le mot *impossible*[29] attribué encore à ces *quantités* et précisera :

> « Par quantité imaginaire, j'entends toujours ici une quantité exprimée sous la forme $a + b\sqrt{-1}$ où $b$ n'est pas égal à 0. Si les quantités imaginaires sont à retenir en analyse (ce qui, pour bien des raisons, me semble préférable à les rejeter, pourvu qu'elles soient établies sur un fondement suffisamment solide), il faudrait qu'on puisse les considérer comme aussi possibles que les quantités réelles, et dans ces calculs je préfère

29. Gauss, *Werke*, III, p. 6, note n° 3 (Study, E.)

> renfermer les quantités réelles et imaginaires toutes les deux sous la dénomination commune de quantités possibles... Je remets pour une autre occasion la justification de ces quantités imaginaires sous forme d'une exposition plus fructueuse de toute matière »[30].

Gauss ne trouva cette occasion que trente-deux ans plus tard lors de la publication en 1831 de sa *Theoria residuorum biquadraticorum, commentatio secunda*, sur laquelle nous reviendrons.

Le troisième indice, celui-ci beaucoup moins explicite, se dégage d'une analyse de sa démonstration du « théorème fondamental de l'Algèbre ». Gauss ne cherche pas à définir une correspondance entre les points du plan et les « quantités imaginaires » mais lorsqu'on le voit constater, à la suite de raisonnements intuitifs portant sur les déformations des courbes, que les points du plan d'abscisse $a$ et d'ordonnée $b$, tels que $a + b\sqrt{-1}$ soit la racine d'un polynôme développé sous la forme complexe $P(x + iy) = X(x,y) + \sqrt{-1}\,Y(x,y)$ sont les intersections[31] des courbes $X(x,y) = 0$ et $Y(x,y) = 0$ on peut conclure à l'instar de Bourbaki que la « marche des idées de sa démonstration serait inintelligible si elle ne présupposait une identification pleinement consciente des points du plan et des nombres complexes »[32].

C'est en 1811, date à laquelle Gauss écrit une lettre à son ami F. W. Bessel, que l'on voit se confirmer cette ultime hypothèse. Il ne s'agit plus dans ce document de chercher à trouver entre les lignes une éventuelle anticipation de Gauss. Non seulement on trouve dans celui-ci plus que la confirmation de l'affirmation précédente mais aussi des idées déjà très précises sur ce qui deviendra, grâce à Cauchy, la théorie des fonctions de variable complexe. Son propos est remarquablement clair :

> « Que penser alors de $\int\varphi(x)dx$ lorsque $x = a + bi$ ? Si l'on veut partir de concepts clairs, on doit évidemment supposer que $x$ prend des accroissements uniformément petits (chacun de la forme $\alpha + \beta i$) depuis la valeur pour laquelle l'intégrale est nulle jusqu'à la valeur $a + bi$, puis sommer tous les $\varphi(x)dx$. Ainsi le sens sera parfaitement fixé. Mais le passage peut se faire d'une infinité de manières : de même qu'on peut se représenter tout le domaine des quantités réelles au moyen d'une ligne droite indéfinie, de même on peut se représenter le domaine complet de toutes les quantités, les réelles et les imaginaires, au moyen d'un plan indéfini, où chaque point, déterminé par son abscisse $a$ et son ordonnée $b$, représente en même temps la quantité $a + bi$. Le passage continu d'une valeur

30. W. W. Beman, (*Bull. Am. Maths. Soc.* 4 (1897/8)) p. 177.
31. Gauss, *Werke*, III ; en particulier p. 3.
32. N. Bourbaki, *ibid.*, p. 201.

$x$ à une autre se fait par conséquent le long d'une ligne, et peut donc s'effectuer d'une infinité de manières. J'affirme donc que l'intégrale $f\varphi(x)dx$ a une même valeur pour deux chemins différents quand la fonction ne prend jamais la valeur infinie à l'intérieur de la surface limitée par les lignes représentant les deux chemins... »[33]

On constate déjà à la lecture de ce passage que Gauss est parfaitement convaincu de l'utilité de la représentation géométrique des nombres imaginaires sinon comme outil essentiel de l'algèbre du moins comme conception fondamentale pour l'analyse et qu'il possède plus que les éléments de base sur l'intégrale curviligne et sur le théorème que l'histoire a retenu sous le nom de « théorème intégral de Cauchy ». Plusieurs notes manuscrites de 1810[34] attestent que Gauss connaissait déjà la signification géométrique des différentes opérations élémentaires du calcul sur les « quantités imaginaires », mais celle-ci ne sera vraiment utilisée par lui qu'en 1822 lors de la rédaction d'un *Mémoire* (publié en 1825) sur la représentation conforme[35].

*Gauss sort de sa réserve*

En 1831, Gauss se décidera enfin à rompre le silence en rendant publiques ses réflexions sur ce qu'il appelait la « métaphysique des grandeurs imaginaires »[36]. Sa *Theoria residuorum biquadraticorum commentatio secunda*, présentée le 15 avril 1831 devant l'Académie des Sciences de Göttinguen, et en particulier le compte rendu qu'il en fit le 23 Avril 1831 dans les *Annonces Savantes de Göttinguen*[37] constitueront la première des grandes étapes vers l'acceptation définitive des « quantités imaginaires » au rang d'*entités* mathématiques admises et reconnues. G. Loria commente cette tardive publication de Gauss en disant de lui qu'il « recourut comme s'il avait ressenti le besoin de réduire au silence les opposants qu'il entendait déjà aboyer à ses talons, à la représentation géométrique de ces nombres ».

Si l'on compare la contribution de Gauss à celle de Wessel ou d'Argand, on constate qu'elle apporte peu d'éléments nouveaux. De même, les concepts qu'on aurait pu lui reconnaître, s'ils ont échappé aux travaux des deux précédents auteurs, se trouvent réunis dans ceux de Warren et Mourey. Par conséquent, la première des questions qui vient immédiatement à l'esprit est de savoir pourquoi ces écrits appa-

33. Gauss, *Werke,* IV, 193-216.

34. Gauss, *Werke*, VIII, pp. 90-91. Voir aussi Verley, *op. cit.*, pp. 140-1 et N. Bourbaki, *op. cit.* p. 201.

35. Gauss, *Werke* IV, p. 396. et VIII, p. 307.

36. J. Vuillemin, *La philosophie de l'Algèbre*, p. 204 et Gauss, *Werke*, II, p. 175.

37. *Werke* II, pp. 169-178 (*Göttingische gelehrte Anzeigen*, 1831, April 23).

remment peu originaux de l'auteur eurent un impact aussi grand. Plusieurs raisons permettent d'expliquer ce succès décisif. La première, peut-être la plus évidente, est sans nul doute due à la place qu'occupait alors Gauss au sommet de la hiérarchie de la classe mathématicienne. L'influence de Gauss, contrairement à celle de ses prédécesseurs sur le chemin de la découverte, s'exerce partout dans le monde et domine sans rivale en Allemagne. D'autre part, il est le premier des grands savants de son temps à porter le regard favorable vers les *quantités* que l'on considérait encore improprement comme *imaginaires* ; il est aussi le premier à souligner et à accentuer leur indéniable utilité et à s'en faire le fervent défenseur. Cette prise de position eut certainement suffit à elle seule à vaincre les ultimes réticences qui portaient un grand nombre de mathématiciens à simplement tolérer des *entités* utiles. Mais, Gauss n'en reste pas là. La seconde raison qui fait de son effort plus qu'une simple contribution est que l'on a affaire à une véritable synthèse originale de tous les principes que surent élaborer indépendamment ses devanciers plus modestes. Contrairement à eux, Gauss, pour les besoins d'une importante théorie, introduit les *quantités imaginaires* en les définissant non pas comme des entités qu'il faudra réaliser, mais comme des *objets abstraits* susceptibles parfois d'applications. Ce renversement de l'axe de la certitude est loin d'être une vaine subtilité. En fait il s'agit là d'une distinction fondamentale soulignant combien Gauss est proche de notre façon de concevoir les mathématiques. En agissant tel qu'il le fait, Gauss tend à montrer que les *quantités imaginaires* doivent être conçues comme des *nombres* ayant leur place en *Arithmétique* et constituant l'extension maximale que l'on puisse retenir pour les nombres dits réels (il se contente de répondre par la négative à la question de savoir si une telle extension pouvait être profitablement menée à bien au-delà de plus de deux dimensions ; une telle inférence ne sera prouvée que beaucoup plus tard par Weierstrass)[38].

### *Des « nombres complexes »*

Dès lors, une fois que les *quantités imaginaires* sont conçues comme des *nombres* dits « complexes »[39] et considérés dignes

38. K. Weierstrass, *Mathematische Werke,* tome II, pp. 311-332. (Note Bourbaki, *op. cit.*, p. 85) et J. T. Merz, p. 726 (note 1).

39. Gauss, *Werke,* II, p. 102 (§ 30). Le mot « complexe » avait auparavant un sens tout autre (cf. *Enc. Math.* [Molk], I. 9, note n° 9 [Note 47, E. Study, p. 339]). On trouve, par exemple, dans l'*Abrégé des éléments de mathématiques* de M. Rivard (Paris, 1974), à la page lxxxxiv : « Lorsque plusieurs quantités algébriques sont jointes ensemble par les signe + et –, leur somme est appelée quantité composée, complexe ou polynôme. » Notons aussi que l'on appelle encore parfois « nombres complexes » les nombres en numération sexagésimale.

d'appartenir à l'*arithmétique générale*[40], il ne reste plus que, comme pour les autres nombres, à leur trouver une représentation géométrique commode ; c'est ce que Gauss se proposera de faire en second lieu. Mais, une transformation presqu'imperceptible est intervenue au cours de ses multiples recherches géométriques : la représentation géométrique devient un instrument d'une très grande valeur dans la mesure où elle permet de visualiser géométriquement les difficultés que présente un problème algébrique ou analytique et offre ainsi une possibilité de trouver un support à l'intuition à laquelle jusque-là *rapportaient des symboles dénaturés*. Elle reste cependant du ressort de la stimulation extérieure et, en aucun cas, ne saurait faire partie de l'exposition finale de la démonstration. En bref, à l'opposé des recherches qui caractérisèrent la fin du XVIII^e^ siècle et le début du XIX^e^, les entités algébriques mises en jeu s'accommodent pour leur *calcul* d'une figuration géométrique mais n'ont plus besoin d'être géométriquement représentables pour être acceptées. La géométrie a cessé d'être le garant de leur existence et le critère ultime de leur *réalité*. Cette manière nouvelle d'envisager le rapport entre la géométrie et l'algèbre s'inscrit dans une conception, qui ira en se précisant à la fin du XIX^e^ siècle et qui deviendra *naturelle* au XX^e^. J. Dieudonné la résume en disant : « Presqu'invariablement, le remplacement du langage algébrique par le langage géométrique apporte des simplifications considérables et fait apparaître des propriétés insoupçonnées lorsqu'elles sont enfouies sous un fatras de calculs[41]. »

### *Attribuer une « existence objective » aux « imaginaires »*

Avant de poursuivre, sans nous appesantir, l'exposition du mémoire de Gauss, développement qui sera succinct car les éléments nouveaux qu'apporte Gauss sont peu nombreux et en majeure partie peu essentiels pour la présente étude, il s'avère nécessaire de marquer ici une pause afin de pouvoir faire une remarque importante. L'auteur n'élabore pas un *statut algébrique* formel et précis à ces *quantités* qu'il baptise « nombres complexes » ; il est parfaitement conscient que celui-ci constitue un réel problème[42] et, semble-t-il, une importante lacune de son ouvrage. Certes, la théorie qu'il propose met principalement en jeu

---

40. Gauss, *Werke* II, p. 175. Cette « Arithmétique » est vue par lui comme une extension de la « Géométrie des anciens » et comme une « création des temps modernes ».

41. J. Dieudonné, « L'évolution des mathématiques de 1950 à 1980 » (manuscrit pour l'UNESCO, non publié), p. 8.

42. Voir à ce propos la précédente citation, p. 21.

le développement d'un *calcul*[43] sur les nombres entiers complexes, mais, pour que celui-ci ne pèche pas dans ses fondements de la même incertitude qui caractérise les travaux de ses prédécesseurs, une nette clarification s'impose immédiatement quant à l'attitude que l'on doit adopter à l'égard des *quantités imaginaires*. Par conséquent, Gauss cherchera à attribuer une « existence objective »[44] aux « valeurs imaginaires » et reportera à une date ultérieure la démonstration proprement dite de leur justification. Malheureusement, aucune publication ne viendra régler cette urgence de première heure et ce bien qu'il jugea que « la véritable nature métaphysique de $\sqrt{-1}$ nous échappe toujours »[45]. J. Bolyaï lui reprochera de croire qu'une simple représentation géométrique soit suffisante « pour admettre de tels nombres dans l'arithmétique »[46] et le critiquera d'avoir fait intervenir en algèbre des « notions géométriques tout à fait étrangères à la question »[47].

Une fois que l'on a saisi dans toute son amplitude les propos qui précèdent, il n'est plus possible de faire pleinement nôtre la conclusion suivante de J. Vuillemin : « Par conséquent, dit-il, non seulement la théorie gaussienne a besoin du support de l'espace pour devenir réelle, mais elle fournit, par contrecoup, une preuve de la réalité absolue de celui-ci »[48]. Une telle conclusion s'avérerait exacte si Gauss n'avait pas formulé le souhait de remettre à plus tard la démonstration de la justification des *imaginaires* ; précision qui montre combien le recours à l'espace était alors transitoire dans l'esprit de Gauss.

Cette partie algébrique du travail de Gauss, qui en maintes occasions souligne l'importance de la contribution des « grandeurs imaginaires » dans le strict domaine de la *théorie des nombres*, participe plus à l'amélioration de la théorie géométrique des nombres complexes, qu'à l'édification d'une théorie proprement algébrique. Seul W. R. Hamilton parviendra à échapper aux critiques de ses contemporains et aura raison de leurs derniers scrupules. Sa théorie « purement algébrique »[49] constituera, malgré les nombreuses références qu'elle extrait d'une algèbre du « temps pur » et après les

43. Pour le sens qu'il faut attribuer à ce mot et à celui de « nombre » (vu comme un objet soumis au « calcul ») se reporter aux œuvres complètes de E. Cartan (1953, partie II, vol. 1, § 13 ; pp. 369 - ).

44. Gauss, *Göttingische Gelehrte Anzeigen*, 1831, April 23, p. 175 ou W.W. Beman, *op. cit.*, p. 173, (Morceaux choisis, trad. française).

45. Muses, C., « Explorations en mathématiques », *Rev. Impact*, vol. 27, pp. 78 - .

46. Gauss, *Ibid.*, p. 177 : « Hier ist also die Nachweisbarkeit einer anschaulichen, Bedeutung von $\sqrt{-1}$ vollkommen gerechtfertigt, und mehr bedarf es nicht, um diese Grösse in das Gebiet der Gegenstände der Arithmetik zuzulassen. »

47. Study, E., *ibid.*, p. 349 (en particulier note 74).

48. Vuillemin, J., *La philosophie de l'algèbre*, p. 204.

49. Study, E., *ibid.*, p. 338.

efforts louables de Gauss, une étape fondamentale vers l'adoption enfin générale des nombres complexes à la place qui leur revient au sein des mathématiques les plus orthodoxes.

Si on se limite, ce que nous ferons ici pour l'essentiel, au « compte rendu » de Gauss sur sa « théorie des restes biquadratiques », la sentence précédente de J. Vuillemin prend une toute autre dimension en s'avérant être une des conclusions les plus pertinentes que l'on puisse formuler. Dans ce court écrit l'auteur, après avoir exposé en moins de trois pages les premiers éléments de sa théorie, montre comment on peut étendre cette dernière en introduisant les « nombres complexes entiers »[50]. Il écrit à l'article 30 de sa *Theoria residuorum biquadraticorum* :

> « Quemadmodum scilicet arithmetica sublimior in quaestionibus hactenus pertractatis inter solos numeros integros reales versatur, ita theoremata circa residua biquadratica tunc tantum in summa simplicitate ac genuina venustate resplendent, quando campus arithmeticae ad quantitates *imaginarias* extenditur, ita ut adsque restrictione ipsius obiectum constituant numeri formae $a + bi$, denotantibus i, pro more quantitatem imaginariam $\sqrt{-1}$, atque $a, b$ indefinite omnes numeros reales integros inter $-\infty$ et $+\infty$. Tales numeros vocabimus *numeros integros complexos*, it quidem, ut reales complexis, non opponantur sed tamquam species sub his contineri censeantur »[47].

Le paragraphe suivant expose brièvement la « doctrine élémentaire » des dits *nombres complexes*.

Mais, souligne-t-il ici, l'introduction de ces nombres n'est pas sans difficultés. On a plus d'une raison de s'étonner, dit-il[51] en substance, « que la théorie des restes biquadratiques fasse usage des nombres complexes, dont la nature paraît à beaucoup incertaine, flottante et étrangère, à notre faculté d'intuition... »[52]. Dans son compte rendu, afin que sa théorie puisse jouir d'une assise plus confortable, l'auteur se proposera donc de montrer qu'il est temps de cesser d'envisager les « quantités imaginaires » comme des êtres d'exception en marge du discours mathématique reconnu, « comme un vain jeu de symboles »[53] dont « on ne songe pourtant pas à déprécier la riche contribution », mais auquel on dénie « tout *substratum* imaginable »[54]. Or, remarque Vuillemin, pour Gauss « les propriétés de l'arithmétique et de l'analyse dépendent de libres créations de l'esprit humain, tandis que les propriétés de l'espace s'imposent à nous comme des objets

50. Gauss, *Werke*, II, p. 102.
51. Gauss, *Werke*, II, « Göttingische gelehrte Anzeigen. 1831 April 23 », p. 175.
52. Vuillemin, J. *ibid.*, p. 204.
53. Gauss, *Werke*, II, *op. cit.*, p. 175.
54. Vuillemin J., *ibid.*, p. 206 (Gauss, *Werke* ,VIII, pp. 177, 201, 224, 247).

entièrement indépendants de notre faculté d'intuition »[51]. Par conséquent, lorsque Gauss dit qu'« une existence objective peut être assignée aussi bien aux valeurs imaginaires qu'aux négatives »[55], il n'est plus permis de douter que Gauss, dans cet écrit destiné à un large public, confère à la représentation géométrique un plus grand rôle que celui attribué à une simple illustration. Grâce à elle, la *quantité imaginaire* devient « réelle ».

Avant d'exposer sa représentation géométrique, Gauss, comme ses prédécesseurs, quoique d'une manière plus abstraite, juge cependant opportun de réviser certains points relatifs aux autres nombres :

> « Les nombres positifs et négatifs, dit-il, ne peuvent trouver d'applications que lorsque les choses comptées sont d'espèces opposées de telle façon qu'une unité d'une espèce a pour effet de neutraliser une unité de l'autre espèce. À bien dire, cette supposition ne peut être faite que lorsque les objets comptés sont non pas des substances, des objets qu'on peut considérer comme existants par eux-mêmes, mais des relations entre de tels objets. Il est nécessaire que ces objets forment en quelque sorte une série telle que
>
> $$\ldots A, B, C, D \ldots$$
>
> et que la relation qui existe entre $A$ et $B$ puisse être regardée comme égale à celle entre $B$ et $C$, et ainsi de suite. Cette notion d'opposition implique encore l'échange possible entre les termes de la relation s'opérant de telle manière que si la relation (ou le passage) de $A$ et $B$ soit indiquée par + 1, celui de $B$ à $A$ par - 1. En tant qu'une telle série est illimitée des deux côtés, chaque nombre entier réel représentera la relation entre un terme pris arbitrairement comme origine, et un terme déterminé de la série. »[56]

La proposition de Gauss, sa manière d'envisager l'application des nombres réels, ne paraissent pas avoir de prime abord un intérêt particulier. Une première constatation s'impose pourtant d'elle-même : Gauss, contrairement à Wessel, Argand, Français ou Warren, ne cherchera pas à représenter les nombres négatifs et positifs comme des « objets existants par eux-mêmes ». Cette différence est capitale : Gauss nous dit en quelque sorte qu'il ne cherchera pas à inventer un nouvel *objet* tel que le « segment » de Wessel, la « ligne dirigée » de Argand ou la « ligne de grandeur et de position » de Français. Par conséquent, on peut d'avance dire qu'il ne forgera pas le concept de *vecteur* (vu à ce stade primitif de notre étude comme faisant partie de la géométrie).

On aura également pu observer dans les propos précédents de Gauss qu'il procède, pour atteindre son but, par abstractions succes-

55. Gauss, C.G., *Werke*, II, *op. cit.*, p. 175.

56. Gauss, C.F., *ibid.*, pp. 175-176 (Voir également W.W. Beman, pp. 178-179).

sives qui, de « choses comptées » d'« espèces opposées » le conduisent à une « sorte d'opposition ».

Les nombres réels, nous apprend l'auteur, peuvent former une série (on notera au passage qu'il ne s'agit pas ici d'une ligne dont les points seraient les représentants des dits nombres). Mais, il arrive parfois que la série ne suffise pas :

> « Si cependant, dit-il, les objets sont de telle nature qu'on ne peut les arranger en une seule série, mais bien en série de séries, ou sur deux dimensions ; si alors la même connexion existe dans le passage d'une série à l'autre, que dans le passage d'un terme à l'autre de la même série, on aura nécessairement besoin, outre du système d'unités primitives (« origin Einheiten ») + 1 et – 1 de deux nouvelles unités opposées entre elles, + *i* et – 1. Il faut alors établir préalablement que l'unité *i* doit toujours marquer le passage d'un terme donné d'une série à un terme défini de la série immédiatement adjacente. De cette manière le système peut être établi de double façon en série de séries »[57].

Même si cette façon qu'a Gauss de mathématiser le « passage » d'un terme d'une série à un autre de la même série ou d'une autre série « immédiatement adjacente » rappelle celle qu'utilise Mourey lorsqu'il parle de « voyage » ou de « chemin » et si les expressions « série » ou « série de séries » paraissent appartenir au vocabulaire de Gergonne, il n'en reste pas moins vrai que Gauss est beaucoup plus proche de notre actuelle conception lorsqu'il ajoute :

> « Les mathématiciens font entièrement abstraction de la nature des objets et ne s'occupent que de leurs relations. Ils n'ont à faire que l'énumération et la comparaison de leurs rapports, et la ressemblance qui existe entre les relations marquées par + 1 et – 1 peut être certainement étendue aux quatre éléments + 1, 1, + *i* et – *i*. »[58]

### *Une représentation géométrique ; le « plan de Gauss »*

Par conséquent, une fois que toutes ces précisions sont données, il ne reste plus à Gauss qu'à exposer sa représentation géométrique. On constatera qu'il se propose de représenter les « relations entre objets », mais qu'il souligne la correspondance entre les nombres complexes et les points du plan, ce qu'aucun de ses prédécesseurs n'a fait avec autant de force. On comprendra grâce à l'explication suivante pourquoi l'expression « plan de Gauss » s'avère historiquement plus pertinente que celle de « plan d'Argand » :

---

57. Gauss, *Werke*, II, p. 175.

58. Gauss, *Werke*, II, *ibid.*, p. 176 (trad. de W.W. Beman, *op. cit.*, p. 179).

« Ces relations, précise Gauss, ne peuvent être rendues intuitives que par une représentation géométrique, et pour le faire le plus simplement possible il n'y a pas de raison d'employer une autre manière que la manière carrée (le quadrillage), c'est-à-dire que, dans un plan illimité l'on trace des carrés au moyen d'un double système de lignes parallèles se coupant à angle droit, et on prend les points d'intersections comme symboles. Chacun de ces points est entouré de quatre points adjacents, et si l'on désigne le rapport du point $A$ à n'importe lequel des points voisins par + 1, le sens du symbole – 1 est déterminé par cela même ; après on peut prendre pour + $i$ celui qu'on voudra des deux autres points, c'est-à-dire qu'on peut marquer par + $i$ le passage au point de *droite* ou à celui de *gauche*. La distinction entre la droite et la gauche, dès que nous avons fixé à volonté ce que nous appellerons en avant et en arrière *dans* le plan, au-dessus et au-dessous par rapport aux deux côtés du plan, est complètement déterminée par *elle-même* ; bien que nous ne puissions pas faire partager à d'autres notre intuition qu'au moyen d'objets matériels réellement existants. Mais quand nous avons décidé de tout cela, nous verrons que nous aurons matière à choix pour savoir laquelle des deux séries qui se coupent en point doit être choisie pour avoir affaire aux nombres positifs. Nous voyons encore que si l'on veut mettre + 1 pour la relation exprimée auparavant par + $i$ nous devons nécessairement mettre + $i$ pour la relation exprimée avant par – 1. Dans le langage des mathématiciens cela veut dire que + $i$ est une moyenne proportionnelle ("mittlere Proportionalgrösse") entre + 1 et – 1, et correspond au symbole ("Zeichen") $\sqrt{-1}$ . Nous ne disons pas *la* moyenne proportionnelle parce que – $i$ à le même droit à cette dénomination. La démonstrabilité d'une signification intuitive de $\sqrt{-1}$ est donc pleinement justifiée, et nous n'avons plus besoin d'autre chose pour faire entrer les quantités imaginaires dans le domaine des objets réels de l'arithmétique »[59].

Donc, si l'on résume, les nombres complexes sont représentés par les points d'un plan formé par l'axe des nombres ordinaires (ou « axes des réels ») et l'axe des $i$ perpendiculaire à l'axe précédent. Ainsi, par exemple, les nombres 2 + $i$ et – 3 + 2$i$

59. Gauss, *Werke*, II, *ibid.*, pp. 176-177 (Trad. W.W. Beman, *op. cit.*, pp. 179/180). C'est Gauss qui souligne.

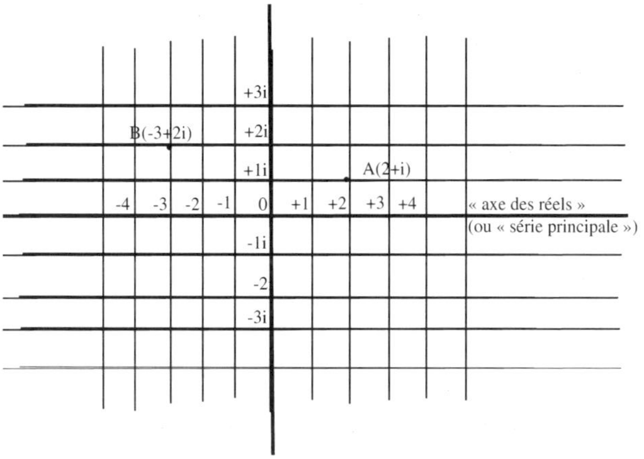


correspondent sur la figure ci-dessus respectivement aux points *A* et *B*.

Grâce à cette « brève exposition des principaux éléments d'une théorie nouvelle »[60] et la *réalisation* qui l'accompagne, conclut Gauss, il n'y a plus de raison de perpétuer une réticence envers l'emploi des nombres complexes ou envers ces *quantités* prétendues *imaginaires*[61] qu'un « *faux point de vue* »[61] plongeait dans une « mystérieuse obscurité »[61] les rendant par voie de conséquence douteuses ou *impossibles* aux yeux des « amis des mathématiques ». « Si, ajoute-t-il, au lieu de donner, à + 1, – 1, $\sqrt{-1}$ les noms d'unité positive, négative, imaginaire (ou impossible) on les avait nommés unité directe, inverse, latérale[62], une pareille obscurité aurait eu de la peine à s'introduire »[61].

Nous conclurons cette courte rétrospective, en bien des points incomplète, en rappelant que l'on doit à Gauss la systématisation de l'emploi du symbole « *i* »[63] (dont il fait usage dès 1801) ; l'utilisation de l'expression « unité imaginaire »[64] qu'il remplaçera ensuite par

60. Gauss, *ibid.*, p. 177.

61. Gauss, *ibid.*, p. 180.

62. Le lecteur reconnaîtra là une grande parenté avec le vocabulaire que proposait Argand.

63. Rappelons néanmoins que Cauchy n'utilisait *i* qu'à partir de 1847 (cf. *Œuvres complètes* (1re série), vol. X, pp. 313, 317, 318). A. de Morgan utilisait la lettre *k* pour représenter $\sqrt{-1}$ dans son « Differential and integral calculus » (1842, p. 118) et parle encore de « The unexplained symbol $\sqrt{-1}$ » (*ibid.*, p. 41). A. C. Dixon écrit $\iota$ pour $\sqrt{-1}$ dans son *Elliptic Functions* (1894, p. 5). Enfin, les physiciens utilisaient, et utilisent toujours, la lettre *j* pour représenter $\sqrt{-1}$ ; la lettre *i* est utilisée pour désigner une intensité de courant électrique.

64. Gauss, *Werke* II, p. 103. G. Bellavitis appelle *i* « ramuno », contraction de « radice di meno uno » (note de E. Study, p. 345).

celle d'« unité latérale »[65] ; la définition de la « norme »[66] d'un nombre complexe $z$ (= $a + bi$), souvent écrite N($z$) et qui correspond au carré, $a^2 + b^2$, du « module »[67] de $z$ (écrite par Gauss $aa + bb$)[68], il remarquera à ce sujet que la norme du produit de deux nombres complexes est égale au produit des normes des facteurs [$N(z_1z_2) = N(z_1)N(z_2)$][69] ; la dénomination de nombre complexe « conjugué »[70] (deux nombres complexes conjugués sont symétriques par rapport à l'axe des nombres réels). Une promesse capitale qui, malheureusement, ne sera pas tenue et montra combien il devança les travaux de W. R. Hamilton :

> « Ce sujet auquel, avec assez de raison, j'ai touché incidentellement dans le présent traité, l'auteur se réserve de le traiter plus tard d'une façon plus complète, et d'y montrer que, où les relations entre deux choses présentent une complication assez grande pour nécessiter plus de deux dimensions, il n'y a plus pour les exprimer, d'autres classes de grandeurs admissibles en arithmétique ».[71]

Les « partisans »[72] (*Anhänger*) ou les « imitateurs »[69] (*Nachahmer*) des préceptes gaussiens seront nombreux : de W. M. Drobisch (1834)[69], G.W. Müller[73] (1841), C. A. Bretschneider[74] (1844), T. Wittstein[75] (1845), L. Ballauf[76] (1844-1845), H. B. Lübsen[77] (1845),

---

65. Gauss, *ibid.*, p. 178.

66. Gauss, *ibid.*, p. 103 : « Productum numeri complexi per numerum ipsi coniunctum utriusque *normam* vocamus [i.e., si $z = a + bi$, son conjugué est $a - bi$ et leur produit donne $a^2 + b^2$ et s'appelle la « norme » de $z$].

67. K. Weierstrass (voir S. Pincherle, *Giorn. Mat.*, (1) 18 (1880), p. 211) préférait employer l'expression « valeur absolue » au lieu de « module », car cette dernière avait plusieurs sens distincts en mathématiques (cf. E. Study, note 66, p. 346) ; c'est aussi l'usage de Bourbaki et de bien des mathématiciens contemporains.

68. Gauss, *Werke*, II, p. 103 : « ... omniumque norma communis est aa + bb » et p. 172 : « Wird eine complexe ganze Zahl a + bi als Modulus angenommen, so lassen sich aa + bb unter sich nicht congruente... ».

69. Gauss, *Werke*, II, p. 103 : « norma producti e duobus numeris complexi aequalis est producto ex horum normis » et ajoute : « Hoc quoque theorema extenditur ad producta e quotumque factoribus et ad quotientes. »

70. Gauss, *ibid.*, p. 103 : « Contra numero complexo *coniunctum* vocamus eum, qui per permutationem ipsius i cum – i inde oritur. »

71. Gauss, *ibid.*, p. 178.

72. Matzka, W., *Versuch eine richtigen Lehre von der REALITÄT der vorgeblisch imaginären Grössen der Algebra.* Prague (1850), p. 150.

73. Muller, G.W., Grunert's *Archiv der Math. und Phys.*, I, Th. 4, Hft., 1841, S. 349-400. Crelle's *Journ. f. Math.* bd. 15, 3, Hft, « Lehre vom Zuge » (aufgestellte).

74. Bretschneider, C.A. *Lehgebäude der nied. Geom., 8, Jena, 1844, Fromann*, S. 299-308, § 526-535.

75. Wittstein, T. Grunert's *Archiv der Math. und Phys.* VI, Th. 1. 3. Hft. 1845, S. 226-235 ; VII. Th. 4. Hft, 1846, S. 402-430.

76. Ballauf, L. Grunert's *Archiv der Math. und Phys.* V., Th. 1.3. Hft., 1844, S. 280-286 ; VI. Th. 1 4, Hft, 1845, S. 409-414.

77. Lübsen, H.B. *Ausführl. Lehrbuch der Arithmetik und Algebra*, 2te Aufl. (1845), Oldenbourg, Schulze, gr. 8.

J. C. Ullherr[78] (1846), H. Scheffler[79], M. Franz[80] (1840) et J. Arenstein[81] (1847-1848). Aucun d'entre eux n'apportera de conceptions ou d'arguments essentiellement nouveaux à ajouter à l'œuvre de Gauss ou à celles de ses prédécesseurs Wessel, Argand, Buée, Français, Gergonne, Servois, Warren et Mourey. Cependant, leurs travaux permirent une diffusion beaucoup plus rapide et profonde des idées de ces derniers.

## *2 - Cauchy : de l'expression symbolique aux quantités géométriques*

Avant de poursuivre cette courte exposition sur les représentations géométriques des nombres complexes et de voir leurs incidences sur le développement des mathématiques, il peut être utile de souligner ici un point de vocabulaire. On aura pu noter que sont apparues tout à tour, au cours des pages précédentes, des expressions aussi diverses que les suivantes : *quantités sophistiques*, *impossibles*, *absurdes*, *imaginaires*, *quantités complexes* ou *nombres complexes*. En toute logique, alors que ces expressions paraissent désigner les mêmes objets, nous devrions privilégier la dernière due à Gauss et d'un usage très répandu aujourd'hui, en renonçant aux autres. Or, plusieurs raisons, soulignées précédemment, nous interdisent une si avantageuse et si commode simplification. Les deux plus évidentes se résument en disant, d'une part que nous souhaitons maintenir le caractère original des déclarations faites par les différents auteurs abordés et conserver le vocabulaire qui leur est propre ; ou en procédant ainsi, on souligne en historien que le progrès n'est pas en général réducteur. L'apparition d'un nouveau paradigme n'implique pas immédiatement la disparition de celui qui le précède ni le rejet de l'éventuel discours qui le caractérisait. Très souvent, et ce bien qu'ils soient parfois contradictoires, les paradigmes cohabitent ensemble pendant une période de temps qui peut s'avérer très longue. D'autre part, une « quantité imaginaire » n'est pas un « nombre imaginaire » ou « complexe ». Bien sûr, aujourd'hui encore, on utilise indistinctement ces mots pour se référer à un concept unique, mais il s'agit là d'une permanence du langage peu orthodoxe et qui ne porte plus à conséquence. En revanche, on commet une erreur en projetant dans la première moitié du XIX$^{e}$ siècle cette

78. Ullherr, J.C., Crelle's *Journ. für die Math.* 31. Bd. 3 Hft., 1846, Nr. 16, S. 231-234.

79. Scheffler, H., *Über das Verhältnis der Arithmetik zur Geometrie, insbes. über die Geometr. Bedeutung der imagin. Zahlen*, 8, 428, S., Braunschweig, 1846.

80. Franz, M., « Über die Anvendbarkeit der imaginären Zahlformen in der Geometrie », *Abhandlungen der K. Akademie d. Wissenschaften zu München für das Jahr 1840*.

81. Arenstein, J. « Was sind die imaginären Grössen und Welches ist ihr analytischer und geometischer Sinn », *Naturwissenschaften zu Wien*, Vienne (1847-1848), Braumüller.

toute relative liberté de vocabulaire, car cela revient à identifier deux concepts voulus, alors, distincts et différenciés. Au lieu de prolonger outre mesure cette explication, nous ferons appel à un exemple qui clarifiera cette différence conceptuelle d'alors, non vraiment explicitée ou exprimée ouvertement. Gauss développe une théorie sur les « nombres entiers complexes »[82]. Dans celle-ci, il marque implicitement une différence en faisant emploi de deux expressions. Il cherche à étendre l'arithmétique aux « quantités imaginaires ». Cela suppose par conséquent que ces dernières ne sont pas considérées comme des objets arithmétiques et donc qu'elles ne sont pas à proprement parler des *nombres*. Elles le deviendront lorsqu'elles pourront faire partie du « *Campus numerorum complexum* $a + bi$ »[83], lequel est constitué des :

> « I. numeros reales, ubi $b = 0$, et, inter hos, pro indole ipsius a
> 1) cifram
> 2) numeros positivos
> 3) numeros negativos
> II. numeros imaginarios, ubi $b$ cifrae inaequalis. Hic iterum distinguuntur
> 1) numeri imaginarii absque parte reali, *i.e.* ubi $a = 0$
> 2) numeri imaginarii cum parte reali, ubi neque $b$ neque $a = 0$
> Priores si placet numeri imaginarii puri, posteriores numeri imaginarii mixti vocari possunt. »

Gauss évite donc volontairement de confondre les mots « nombre » et « quantité » ; le premier désigne l'objet de l'*arithmétique*, mais qu'en est-il du second ? Cauchy donne une réponse possible à cette question en disant :

> « Nell'arithmetica si opera sempre sopra numeri di cui il valor particolare à conosciuto, e che sono per consequenza dati in cifre, mentre che nell'algebra, dove si considerano le proprietà generali dei numeri, si rappresentano ordinariamente questi stessi numeri per lettere : una quantità si trova allora expressa per una lettera preceduta dal segno + o – . »[84]

Bien que cette dernière phrase montre surtout la différence existant entre l'arithmétique ordinaire et l'algèbre, on appréciera néanmoins la nuance scripturale qui fait distinguer un *nombre* d'une *quantité*. On sait aussi qu'avec Cauchy, entre autres, le *nombre* exprimé par une simple lettre est un *objet arithmétique* ; mais il s'agit là d'une « arithmétique supérieure », mieux connue à notre époque sous le nom de *théorie des nombres*. On résumera la distinction précé-

82. « Numeros integros complexos ».

83. *Op. cit.*, p. 102.

84. A.L. Cauchy, *Œuvres complètes*, t. XV, « Sui metodi analitici », Milan (1830-1831), pp. 152-153.

dente entre les mots *nombre* et *quantité* en disant, au moyen d'un vocabulaire encore très répandu dans la première moitié du XIXe siècle : le « nombre non qualifié », ou *nombre abstrait*, est du ressort de l'*Arithmétique*, alors que le « nombre qualifié »[85], ou *quantité*, est du ressort de l'*Algèbre*.

Bien sûr, on ne saurait affirmer que la remarque précédente soit la plus conforme ; les exceptions ne manquent pas. Cauchy lui-même parle de « quantité arithmétique » ou de « quantité géométrique ». Mais, au lieu de remettre totalement en question le fait qu'une différence existe, ces exceptions nous enseignent plutôt que l'arithmétique classique, l'algèbre et la géométrie ne sont pas des champs clos aux limites facilement repérables ; elles nous montrent que l'on a affaire à des sciences en pleine mutation qui sont ouvertes à l'acquisition de nouveaux concepts.

### *L'entreprise Cauchy*

Notre exposé souffrirait d'une importante lacune et se révélerait rapidement déséquilibré si l'on n'y faisait pas figurer l'illustre A. L. Cauchy.

Enfant de la Révolution (il est né le 21 août 1789,) sa vie n'en fut pas pour autant révolutionnaire, bien qu'en plus d'une occasion il sût faire preuve d'un remarquable courage pour défendre ses convictions. Ainsi, alors que l'Église menacée dans les années 1830-1840 se tient dans un mutisme prudent et réservé, Cauchy au contraire, se fait le « don Quichotte obstiné du catholicisme français »[86]. N. H. Abel, bien que fils de pasteur, va même jusqu'à ajouter : « Cauchy est extrêmement catholique et bigot, chose bien étrange chez un mathématicien... ». On le voit aussi, légitimiste convaincu, refuser le serment d'allégeance qu'exige de lui Louis Philippe, et choisir l'exil volontaire, dès 1830, en laissant derrière lui son siège d'académicien et ses diverses fonctions d'enseignant à l'École polytechnique, au Collège de France et à la Sorbonne. Si les trois premières années d'exil lui permettent de poursuivre ses recherches en occupant une chaire de « physique sublime » (« physique-mathématique ») à Turin, sa trop grande fidélité au déchu Charles X le contraindra à se rendre à Prague pour se charger de l'éducation du duc de Bordeaux. De retour en

85. I.e., nombre précédé du signe « + » ou « – ».

86. Lettre à Holmboë (datée de nov. - déc. 1826) (Note A. Dahan, Thèse de 3e Cycle, *Les recherches algébriques de Cauchy*, 1979, p. 78). Pour de plus amples informations sur Cauchy, on peut consulter la Thèse de 3e Cycle de B. Belhoste, *A. L. Cauchy et la pratique des sciences exactes en France au XIXe siècle*. Paris I, 1982. Voir aussi, du même auteur, « Augustin-Louis CAUCHY », *Pour la Science*, 71 (sept. 1983).

France vers 1838, la situation de Cauchy s'améliore, mais elle reste cependant précaire jusqu'à l'avènement de la République en 1848. On fit savoir à Cauchy qu'il pouvait, enfin libre de tout engagement, se consacrer de nouveau à ses cours. Si la vie de ce savant n'exerce pas la même séduction que celle tragiquement écourtée d'Évariste Galois[87] son œuvre est en revanche à l'égal de son temps passionné.

La marque laissée par Cauchy sur les mathématiques est si grande que nul écolier n'ignore aujourd'hui son nom ; tous nos manuels mathématiques nous rappellent à des titres divers son existence. E. T. Bell[88] nous fait part de deux détails qui, bien qu'anecdotiques, illustrent l'activité de Cauchy en nous le montrant sous les traits du travailleur acharné et prolifique qu'il fut. Le premier mentionne qu'entre son retour en 1838 et sa mort le 23 mai 1857, Cauchy écrira plus de 500 *Mémoires*. Ce chiffre devient rapidement significatif lorsque l'on songe que les œuvres complètes de Gauss n'excèdent guère le quart de celles de Cauchy[89]. Le second nous apprend que l'interdiction faite par l'Académie des sciences de publier dans ses « *bulletins* » les articles de plus de quatre pages aurait été imposée à cause de la trop envahissante production de Cauchy, qui en était venue à monopoliser les publications et à polariser au-delà du tolérable les fonds accordés à cette institution.

*Des « expressions symboliques » aux « quantités géométriques »*

Cauchy écrit beaucoup sur les *quantités imaginaires* qui, au long de son œuvre, d'*expressions symboliques* deviendront des *quantités géométriques*. Nul autre ne les a tant utilisées ni a tant écrit à leur sujet. Mais, singulièrement, et nous revenons par cette remarque à notre point de départ où se dégageait une certaine réserve sur la valeur et le rôle de la contribution de Cauchy dans l'étude présente, il se détache des mathématiciens qui le précèdent en s'inscrivant apparemment à rebours de leurs efforts conjoints. Cauchy paraît refuser d'accorder aux *quantités imaginaires* le statut que ses prédécesseurs voulaient leur reconnaître. Son comportement est beaucoup moins réservé que celui de Gauss. On s'attendait, pour rester en accord avec l'image d'une constante progression vers la mise en valeur définitive des *imaginaires* qui allait en se dégageant de la présente analyse, à voir Cauchy tirer parti de cette tendance et l'appuyer de sa croissante autorité sur ses contemporains. Or, c'est la position contraire qui est de mise : aussi

87. L. Infeld. *Whom the gods love*, 1948.
88. E. T. Bell, *Les grands mathématiciens*, Paris (1950), p. 315.
89. A.L. Cauchy, *Œuvres complètes*, 28 tomes, 1882-1974.

paradoxale qu'elle semble être, elle se comprend bien et n'est pas aussi négative que l'on pourrait le croire ; nous verrons plus tard pourquoi.

Plusieurs points de vue ont été portés sur la vie et l'œuvre de Cauchy. Les premiers ressemblent aux précédents et si l'on rajoute, aux dires de Bell[90], qu'un grand nombre des collègues de Cauchy le jugeaient hâtivement « bourgeois hypocrite », on comprendra que ces écrits ne peuvent guère présenter d'intérêt ici. Les seconds, parmi lesquels nous en avons retenu trois, portent plus particulièrement sur le savant que fut Cauchy. Notre choix arbitraire est, bien entendu, d'une extrême partialité ; mais il suffira par sa diversité à donner une idée voisine de la réalité. Maurice d'Ocagne écrivait sur lui en 1930[91] :

> « Son nom est celui d'un des plus grands savants qui se soient jamais rencontrés en tous pays, dans tous les temps. »

Y. Chatelain ajoutait :

> « Son intelligence d'une fécondité extraordinaire a abordé les questions les plus élevées et les plus variées... »[92]

Le jugement de J. Dieudonné paraît le plus intéressant dans la mesure où, ne cherchant pas à user de superlatifs inutiles, il fait part d'une comparaison qui mérite toute notre attention :

> « Moins profond et moins universel que Gauss, Dirichlet, Abel ou Galois, Cauchy a cependant été le maître incontesté de l'Analyse dans la première moitié du XIXe siècle. »[92]

Cauchy, on l'a vu, se distingue par une production scientifique déconcertante. Sa rage à publier l'est souvent au détriment de la rigueur dont il se fait le défenseur :

> « La production de Cauchy a été considérable ; même ses contemporains lui reprochaient à juste titre sa hâte inconsidérée à livrer souvent à l'impression des ébauches indignes de son génie, et il y a évidemment un déchet non négligeable dans le demi-millier de notes qu'il a publié aux *Comptes Rendus* de l'Académie des Sciences »[92],

cependant

> « il n'en reste pas moins vrai que, même en faisant abstraction de ses travaux fondamentaux, il resterait assez de résultats frappants et originaux pour le rendre célèbre »[92].

---

90. *Ibid,* p. 297.

91. *Dictionnaire de Biographie Française* (tome VII, article « Cauchy », col. 1438-col. 1440).

92. *Encyclopædia Universalis*, article « Cauchy », pp. 1087-1088.

Si la précocité de Gauss dut son salut au premier professeur qui la remarqua et à la générosité d'un monarque éclairé, celle de Cauchy dut le sien à deux des plus grands savants que comptait la France, et qui étaient amis de sa famille : Lagrange et Laplace.

C'est en 1813 que Cauchy se consacre définitivement aux mathématiques, mais on peut faire remonter à trois ans plus tôt le choix de cette orientation effective. Dès sa brillante sortie de l'École nationale des ponts et chaussées en 1810, Cauchy déclare que son intention était de

> « revoir toutes les branches des mathématiques, en commençant par l'arithmétique et finissant par l'astronomie, éclaircissant les obscurités, appliquant (mes propres méthodes) à la simplification des démonstrations et à la découverte de nouvelles propositions. »[93]

Le 4 novembre 1811, dans un discours « Sur les limites des connaissances humaines », prononcé devant l'Académie des Sciences de Cherbourg, il montrait déjà que son programme était très avancé :

> « Que dirais-je des sciences exactes : la plupart paraissent parvenues à leur plus haute période. L'arithmétique, la géométrie, l'algèbre, les mathématiques transcendantes sont des sciences que l'on peut regarder comme terminées, et dont il ne reste plus à faire que d'utiles applications. »

En 1811-1812, il se faisait connaître aux mathématiciens de sa génération en présentant, devant l'Académie des Sciences de Paris, deux mémoires fondamentaux sur la théorie des polyèdres (février 1811 et janvier 1812)[94]. Les rapporteurs de ceux-ci eurent des avis très partagés : Legendre les trouva admirables et exhorta Cauchy à poursuivre dans cette voie toute tracée qui s'offrait si brillamment à lui ; Malus fut plus réticent et il trouva peu convaincant et peu assuré l'emploi du « raisonnement par l'absurde », d'après lui un « raisonnement direct » eut été préférable à ce dernier. La critique de Malus était pertinente, mais elle dut attendre plus d'un siècle avant d'être confirmée par Brouwer.

Après 1813, les *Mémoires* de Cauchy vont se succédant à un rythme qui ne fut égalé qu'en de rares occasions par Cayley.

On achèvera cette petite mise en valeur des premiers pas de Cauchy sur le chemin de la gloire en rappelant une ultime date : en 1816, alors qu'il n'a que 27 ans et qu'il professe déjà à l'École royale polytechnique, Cauchy est élu membre de l'Académie des Sciences de

93. Note de E.T. Bell, *ibid.*, p. 301.

94. Un des résultats les plus importants dû à Cauchy est certainement celui qui prouva que les angles dièdres d'un polygone convexe sont entièrement déterminés par ses faces (i.e. le polygone est dit « indéformable »).

Paris et occupe à cette occasion la place laissée vacante par Monge à la suite de son expulsion de cette institution renommée.

### *Les « imaginaires » chez Cauchy*

Venons-en maintenant à l'œuvre proprement dite de Cauchy. Il ne s'agira pas ici, comme pour Gauss, d'aborder une évaluation ou une esquisse des contributions qui lui sont redevables. On ne cherchera pas non plus à apprécier leurs diverses implications dans les sciences actuelles. De nombreux auteurs[95], parmi lesquels on reconnaît certains noms prestigieux de la science, ont consacré et consacrent encore leurs efforts à cette tâche difficile. Leurs analyses souvent poussées jusqu'au plus élémentaire détail restent volontairement limitées à des domaines étroits de la science.

Elles nous enseignent par leur minutie même que toute tentative qui viserait une étude globale des œuvres de Cauchy, ou une analyse portant uniquement sur la partie que l'on a convenu d'appeler *mathématiques pures*, est pratiquement vouée à l'échec. Elle oblige celui qui veut effectivement et raisonnablement mener à bien cette entreprise à vaincre deux obstacles difficilement surmontables : le premier est le temps que requiert le dépouillement et l'organisation de cette œuvre gigantesque ; le second est la large culture qu'elle exige dans les nombreux et divers domaines mathématiques abordés.

---

95. La présente liste n'est pas exhaustive ; les travaux signalés (cf. bibliographie) ne sont pas, pour la plupart des auteurs, les seuls qu'ils aient écrits. On a surtout retenu ceux qui montrent le mieux possible la diversité des domaines abordés par Cauchy (ces derniers sont mis entre parenthèses).

1. [Brill, A. et Noether, 1894], en particulier pp. 155-197, (fonctions complexes) ; 2. [Burkhardt, H. 1904-1908] (théorie des groupes) ; 3. [Carruccio, E. 1957] (fonctions complexes) ; 4. [Casorati, F. 1868] ; 5. [Courant, R. et Hilbert, D. 1962], voir plus particulièrement pp. 210-221 (équations différentielles) ; 6. [Dahan, A. 1979] ; 7. [Dieudonné, J. (s.d.) 1978] voir plus particulièrement ds. vol. I les chapitres IV (J.L. Verley) et VI (P. Dugac) ; 8. [Freudenthal, H.] ; 9. [Jourdain, P. 1905] ; 10. [Jourdain, P. 1913-1914] ; 11. [Loria, G. 1932] ; 12. [Love, A.E.H. 1927] en particulier l'introduction ; 13. [Miller, E.A. 1909] ; 14. [Staeckel, P. 1900] (fonctions complexes) ; 15. [Studnicka, 1876] ; 16. [Taton, R. 1964] ; 17. [Taton, R. 1971] ; 18. [Toupin, R. et Truesdell, C. 1960] ; 19. [Truesdell, C. 1960] (Théorie de l'elasticité) ; 20. [Valson, C.A. 1868] ; 21. [Verdet, E. 1869-1872] (optique) ; 22. [Whittaker, E.T. 1951] (optique).

Enfin, on peut utilement consulter :

– L' *Encyklopaedie der mathematischen wissenschaften*, (physique-mathém. et astronomie)

– *Encyclopaedia Universalis* qui, outre l'article de J. Dieudonné contient de nombreuses informations sur les travaux de Cauchy. (Voir surtout : « Analyse mathématique moderne », « Équations aux dérivées partielles », « Fonctions analytiques d'une variable complexe », « Séries et produits infinis » etc.

Notre tâche sera donc de nouveau très limitée ; elle consistera essentiellement à relever dans l'œuvre de Cauchy les concepts et parfois les théories qui engagent ou qui portent directement sur les *quantités imaginaires*. Ce dépouillement lui-même ne prétend nullement être exhaustif, il est plus volontiers conçu pour mieux aborder ce que l'on a convenu d'appeler le *ralliement* de Cauchy aux conceptions et à la représentation géométrique des *quantités imaginaires*. On cherchera également dans les pages suivantes à mettre l'accent sur les raisons qui font de Cauchy un mathématicien *moderne*. On portera donc une attention particulière au *style* de Cauchy en faisant appel à de nombreux morceaux choisis tirés de ses travaux.

*Un renouveau de rigueur ?*

Cauchy fait partie de ces trop rares savants qui abordent de nouveaux problèmes de rigueur, et veulent endiguer le flot impétueux des créations formelles léguées par un XVIIIe siècle qui, parce que trop délibérément versé dans l'immédiate efficacité de l'instrument mathématique, ne put favoriser l'indispensable recul qu'exigeait de lui un regard critique sur les fondements mêmes des mathématiques.

Ces hommes, bien qu'eux-mêmes portés vers les applications, sauront cependant s'atteler à la révision de la base sur laquelle reposent leurs sciences et à l'élaboration des définitions de notions qui jusque-là, parce que trop *intuitives*, n'avaient pas été soumises à un sérieux examen (ainsi en est-il, par exemple, des notions de *continuité*, *limite*, *convergence*, etc.).

Dans la première moitié du XIXe siècle, Cauchy est plus que tout autre vu comme l'introducteur de la rigueur, le « créateur de l'analyse moderne »[96] et son principal organisateur. Conscient de ce qui fait la force et la perfection de l'exposé de la géométrie euclidienne, rodé à sa technicité comme le prouvent ses premiers travaux, il cherche à mettre de l'ordre dans les pratiques dispersées et parfois déconcertantes de contradictions d'une algèbre en pleine mutation. C'est à cet esprit rénovateur, à ce *législateur*, qu'il faut attribuer les hésitations, le refus enfin, à tenir compte des *quantités imaginaires* autrement que sous la forme d'*expressions symboliques* ou, plus tard, de *quantités géométriques*.

On peut se demander avec raison pourquoi, alors que Gauss et B. Bolzano l'ont précédé dans cette voie, le mérite seul doit revenir à Cauchy. De nos jours, rares sont ceux qui ignorent les noms de Gauss et Bolzano, ce dernier figure souvent dans les théorèmes aux côtés du

96. E. Borel (note P. Dugac, *ibid.*, p. 341).

grand mathématicien K. Weierstrass. La réponse est simple. On sait que Gauss manqua d'empressement pour publier, de sorte que les principaux écrits qu'il rédigea sur le point précis que nous évoquons ne furent connus du public que plusieurs années après sa mort (1855). B. Bolzano passe pratiquement inaperçu aux yeux de ses contemporains : son influence restera presque sans effet eux. Ce n'est que vers 1870 qu'il fut redécouvert par H. Hankel[97] (soit plus de vingt ans après sa mort). Mais une autre raison plus importante nous permet d'expliquer l'influence manifeste de Cauchy sur ses contemporains : son poste de professeur à l'École royale polytechnique de Paris, ville alors considérée comme le foyer le plus vivant de la science mondiale, point où convergent tous les regards des mathématiciens de l'époque et duquel partiront certains des esprits les plus brillants de ce grand siècle scientifique.

Conscient de la tournure « révolutionnaire » qu'il amorce, Cauchy prend grand soin de définir sa position dans l'ouvrage qui réunit ses premiers efforts de synthèse didactique, l'*Analyse algébrique* (1821) :

> « Quant aux méthodes, j'ai donc cherché à leur donner toute la rigueur qu'on exige en Géométrie, de manière à ne jamais recourir aux raisons tirées de la généralité de l'algèbre. Les raisons de cette espèce, quoique assez communément admises, surtout dans le passage des séries convergentes aux séries divergentes, et des quantités réelles aux expressions imaginaires, ne peuvent être considérées, ce me semble, que comme des inductions propres à faire pressentir quelquefois la vérité, mais qui s'accordent peu avec l'exactitude si vantée des sciences mathématiques. On doit même observer qu'elles tendent à faire attribuer aux formules algébriques une étendue indéfinie, tandis que, dans la réalité, la plupart de ces formules subsistent uniquement sous certaines conditions, et pour certaines valeurs des quantités qu'elles renferment. En déterminant ces conditions et ces valeurs, et en fixant d'une manière précise le sens des notations dont je me sers, je fais disparaître toute incertitude (...). Ainsi, avant d'effectuer la sommation d'aucune série, j'ai dû examiner dans quels cas les séries peuvent être sommées, ou en d'autres termes, quelles sont les conditions de leur convergence ; et j'ai, à ce sujet, établi des règles générales qui me paraissent mériter quelque attention. »[98]

Si les premières lignes de Cauchy dénoncent une pratique abusive très répandue chez les algébristes du XVIIIe siècle et leurs successeurs immédiats du XIXe, elles exercent surtout un reproche aux travaux de Lagrange, et plus particulièrement à ceux qui font une référence expli-

97. Hankel, H., *Grenze, All. Encykl. der Wiss. und Künste*, erste Sect. Neuenzigster Theil, 185-211, (Leipzig, 1871), (note, P. Dugac, *op. cit.*).

98. A. L. Cauchy : *Cours d'analyse de l'École royale polytechnique : Analyse algébrique*, Deburs, Paris (1821). Introd., pp. II-V.

cite aux *expressions symboliques*, aux fonctions, aux séries ainsi qu'à leur combinaison : *Théorie des fonctions analytiques* (1797), *Leçons sur le calcul des fonctions* (1801), etc.

Le projet lagrangien, qui ne sera vraiment réalisé qu'avec K. Weierstrass, était de ramener l'étude des fonctions à une approche « purement algébrique ». Si l'ouvrage de Cauchy rappelle par son titre l'entreprise de Lagrange, il n'en reste pas moins vrai que la critique adressée à ce dernier est parfaitement fondée : Lagrange lorsqu'il développe en séries certaines fonctions, se contente du point de vue strictement formel de ses prédécesseurs et néglige la recherche de leur critères de *sommabilité*. Une anecdote contée par Bell[99] nous le dévoile fermant sa porte à ses amis, après avoir pris connaissance des susdits critères de convergence récemment mis au point par Cauchy, afin de vérifier si tous ses calculs étaient exacts. Bell ajoute qu'il ne s'en fallut cette fois que d'un cheveu pour que « le système du monde ne s'écroulât ».

Bien que le *Cours d'analyse* de Cauchy soit justement considéré par P. Dugac comme l'ouvrage « qui ouvre la voie à l'analyse moderne, autant par sa rigueur que par la clarté et l'élégance du style mathématique de son auteur »[100], Dieudonné juge nécessaire de rappeler qu'il ne faudrait pas pour autant confondre le style de Cauchy avec celui qui caractérise notre analyse actuelle : « On ne trouve guère, dans les écrits de Cauchy, les raisonnements "par $\varepsilon$ et $\eta$" qui nous sont devenus familiers, et son langage nous paraît souvent aussi vague que celui de ses contemporains Poisson ou Fourier, restés fondamentalement hommes du XVIIIe siècle. »[101] Mais Dieudonné ajoute aussitôt : « Il n'en reste pas moins que ses conceptions sont essentiellement correctes et apportent la clarté qui faisait si cruellement défaut jusqu'alors. »[102]

Avant de pousser plus loin l'appréciation du style de Cauchy, il nous paraît plus opportun de mentionner dès à présent l'écho que reçurent ses idées nouvelles chez les jeunes de son temps et quels furent les rapports qu'ils ont entretenus avec la science officielle et avec Cauchy en particulier. Ce point mineur dans la présente étude prendra tout son intérêt en permettant de situer une fois de plus l'œuvre de Cauchy dans la mouvance de son époque d'une part et d'autre part montrera si le besoin s'en faisait sentir que, si *géniale* ou fondamentale que soit une découverte mathématique, ou autre, elle doit souvent, pour s'imposer, vaincre des difficultés sans rapport immédiat avec la science.

---

99. *Les Grands Mathématiciens*, Paris, (1950), p. 298.

100. *Op. cit.*, p. 341.

101. Article « Cauchy », *Encyclopaedia Universalis*, p. 1087, col. 3.

102. Il rejoint par ces mots le point de vue plus largement développé de I. Lakatos : *Mathematics, Science and Epistemology*, (1978), trad. espagnole (1981), chap. 3.

Pour ce faire, on choisira deux de leurs plus grands représentants, N. H. Abel et É. Galois. Tous deux eurent leur vie tragiquement écourtée et laissèrent à la postérité une œuvre immortelle. Ils apprennent la rigueur dans les livres de Cauchy, mais ils doivent aussi à ce maître trop occupé et peu attentif d'être restés en grande partie méconnus de leurs contemporains. La critique suivante de Galois n'implique qu'indirectement Cauchy :

> « ... je dois dire comment les manuscrits s'égarent le plus souvent dans les cartons de MM. les membres de l'Institut quoiqu'en vérité je ne conçoive pas une pareille insouciance de la part des hommes qui ont sur la conscience la mort d'Abel. À moi qui ne veux pas me comparer à cet illustre géomètre, il suffira de dire que mon mémoire sur la théorie des équations a été déposé en substance à l'Académie des Sciences au mois de Février 1830, que des extraits en avaient été envoyés en 1829, qu'aucun rapport ne s'en est suivi et qu'il m'a été impossible de revoir les manuscrits. Il y a dans ce genre des anecdotes fort curieuses : mais j'aurais mauvaise grâce à les raconter parce qu'aucun accident semblable, sauf la perte de mes manuscrits, ne m'est arrivé. »[103]

en revanche, celle d'Abel est plus dirigée :

> « Cauchy est fou, et avec lui il n'y a pas moyen de s'entendre, bien que pour le moment il soit celui qui sait comment les mathématiques doivent être traitées. Ce qu'il fait est excellent mais très brouillé. D'abord je n'y compris presque rien ; maintenant j'y vois plus clair. Il fait publier une série de Mémoires sous titre d'Exercices de Mathématiques. Je les achète et les lis assidûment...
>
> Je viens de finir un grand traité sur une certaine classe de fonctions transcendantes pour le présenter à l'Institut, ce qui aura lieu lundi prochain. Je l'ai montré à M. Cauchy, mais il daigna à peine y jeter les yeux. Et j'ose dire, sans me vanter, que c'est un bon travail. »[104]

Ils expriment chacun à leur manière leur croissante amertume et leur profonde déception. Ainsi, le timide Abel disait :

> « Les mathématiques subissent un vilain recul en France. Les jésuites veulent gouverner et les journaux sont remplis de polémique à leur sujet, c'est une vermine du diable. »[105]

alors que le fougueux Galois se contentait de conclure avec fatalisme :

---

103. A. Dahan, *op. cit.*, pp. 81-82 ; L. Infeld : *El elegido de los dioses. La historia de Evariste Galois*, Buenos Aires, 1974, pp. 262-263. (*Whom the Gods love* ; McGraw-Hill book company (1948)).

104. Lettre à Holmboe (24 octobre 1826).

105. *Op. cit.*, p. 78.

> « Le génie est condamné par une mauvaise organisation sociale à un éternel déni de justice en faveur de la médiocrité servile. »[106]

Ne voulant pas trop étendre cette parenthèse qui, dans le cas contraire, nous eût conduit à aborder le style de Galois[107] à propos duquel en 1846 J. Liouville rappela, alors qu'il venait de préciser que tous les mémoires de Galois furent rejetés à cause de leur obscurité :

> « un désir exagéré de concision fut la cause de ce défaut que l'on doit surtout tâcher d'éviter en traitant les matières abstraites et mystérieuses de l'algèbre pure. »[108]

ou à préciser les rapports parfois étroits qu'eurent Cauchy et Galois, ce qui a déjà été brillamment mis en valeur par R. Taton et rappelé par A. Dahan[109]. On conclura donc par une déclaration d'Abel qui montre combien ce fragile mathématicien fut proche du courant réformateur de Cauchy :

> « La mathématique pure, au sens le plus strict, doit être à l'avenir mon étude exclusive. Je veux m'appliquer de toutes mes forces à apporter un peu de clarté dans cette prodigieuse obscurité que l'on rencontre aujourd'hui en Analyse. Elle manque à un tel point de plan et d'ensemble, qu'il est réellement merveilleux qu'elle puisse être étudiée par tant de gens, et le pire est qu'elle n'est pas traitée avec rigueur.
> Dans l'analyse supérieure peu de propositions sont démontrées avec une rigueur péremptoire. Partout on trouve la malheureuse méthode de raisonnement consistant à conclure du particulier au général, et c'est un miracle que malgré cela on ne tombe que rarement sur ce qu'on appelle des paradoxes. Il est vraiment intéressant d'en rechercher la raison. Cette raison, à mon avis, il faut la voir dans ce que les fonctions dont s'est jusqu'ici occupée l'analyse peuvent s'exprimer pour la plupart par des puissances. Lorsqu'il en intervient d'autres, ce qui, il est vrai, n'arrive pas souvent, alors plus rien ne va, et de conclusions fausses dérivent une quantité de propositions qui s'enchaînent. Quand on procède par une méthode générale, il n'est pas trop difficile "d'éviter des pièges" ; mais j'ai dû être extrêmement circonspect, car les propositions une fois admises sans démonstration rigoureuse (autrement dit sans preuve aucune), s'enracinent si profondément dans mon esprit que je suis exposé à chaque moment à me servir d'elles sans les considérer avec plus d'attention (...) »[110]

« Je veux que tout soit si simple », ajoute-t-il, « que l'on puisse le considérer comme sorti sans effort. »

---

106. E. T. Bell., *op. cit.*, p. 400.
107. J. Lorenzo, *Introduccion al estilo matemàtico*, Madrid, 1971, pp. 137-147.
108. *Ibid.*, p. 405.
109. *Op. cit.*, pp. 80-83.
110. J. Lorenzo, *ibid.*, p. 136.

Abel avait si bien réussi dans son effort qu'Émile Picard écrira en 1893 en parlant de l'un de ses théorèmes relatif aux intégrales dites « abéliennes » :

> « ... il n'y a pas, dans l'histoire de la science de propositions aussi importantes obtenues à l'aide de considérations aussi simples »[111].

Avant de poursuivre, signalons un point capital. Si l'on se reporte aux manuels mathématiques contemporains, on remarquera que de nombreuses définitions et conceptions semblent ne pas avoir subi de transformations notables depuis leur première formulation par Cauchy, ne serait-ce que par le simple vocabulaire qui les exprime. Mais un examen moins superficiel ne se limitant pas au seul vocabulaire conduit à un constat tout autre. En effet, en procédant de la sorte, on aura tout loisir de constater d'une part, l'ampleur du fossé nous séparant de l'originale mise au point de Cauchy et d'autre part, on se convaincra qu'il eut été, sans précaution, dangereux et abusif d'identifier le style de cet auteur à celui plus abstrait que le mathématicien de notre temps a fait sien. Plusieurs transformations capitales s'accompliront ; elles rendent d'une part relative la référence directe et exclusive à Cauchy en démontrant des résultats que ce dernier n'avait fait qu'entrevoir ou, au mieux, énoncer comme allant de soi. D'autre part, elles permettent de saisir la portée de certaines *erreurs* de Cauchy qui bien que jugées telles par ses contemporains (Abel et d'autres), sont restées dignes d'être des références de travail pendant de nombreuses années. Certaines de ces transformations méritent d'être rappelées : ainsi, l'abandon progressif du « continu leibnizien » à l'avantage du « continu weierstrassien »[112] ; l'évolution croissante et conquérante d'une logique symbolique et mathématique au détriment d'une syllogistique peu propice à faire sien l'infini (cette logique, en se fondant plus intimement à la trame du discours mathématique, permettra d'assurer plus durablement la véracité des résultats acquis) ; l'essor d'une *analysis situs* (i.e. topologie), ce pont jeté entre la réalité objective du discours quotidien et les mathématiques les plus élaborées, permettra, grâce à un vocabulaire proche de celui de la langue naturelle, de suppléer les difficultés que rencontre un esprit qui s'aventure dans les régions les moins offertes à l'intuition et à l'imaginaire ; enfin, outre la théorie des *structures* algébriques ou autres, la laborieuse édification d'une *théorie des ensembles*, en partie projetée pour la restructuration des fondements de toutes les mathématiques, qui permit de croire à une unification des mathématiques et qui apportera un regain de précision à leurs définitions.

---

111. J. Itard, *Histoire Générale des Sciences*, t. III, p. 59.
112. C'est ce que nous rappelle Imre Lakatos, *op. cit.*

Au mérite indiscutable de s'être rendu compte de l'importance que présentait le fait d'aborder rigoureusement le concept de *fonction*, Cauchy s'ajoute celui d'avoir mis à jour ceux de *continuité* et de *limite*. Le souci de Cauchy de vouloir définir strictement les concepts et notions mathématiques que l'on retrouve à l'état larvaire et sous de multiples formes dans les deux siècles qui le précédèrent, tire une grande partie de sa raison d'être d'un refus de tenir compte d'une intuition trop souvent véhiculée par les images géométriques. Il dénonce le danger de leur trop grande subjectivité et se fait le défenseur d'une procédure « strictement analytique ». Bien sûr, on ne saurait pour autant conclure qu'il y parvient totalement. Il reste encore attaché à cette ancienne façon de procéder. Ainsi, par exemple, le fait qu'une fonction continue sur un intervalle soit définie, croyait-il, par la condition d'avoir une *dérivée* pour toutes les valeurs de la « variable indépendante » prises dans le dit intervalle, montre qu'il gardait encore à l'esprit l'image intuitive d'une courbe représentative ayant en chacun de ses points une tangente. Déjà, à la même époque, Bolzano construisait un contre-exemple, en définissant des fonctions, dites plus tard « pathologiques », qui, malgré leur continuité en tout point de leur intervalle de définition, n'admettaient aucune dérivée finie en ces mêmes points. L'existence de tels « monstres » restera dans l'immédiat sans effet notable sur le cours des mathématiques. Ce n'est que vers la fin du XIXe siècle, après les travaux plus élaborés de Weierstrass, qu'elles auront une réelle importance.

À ces premières clarifications conceptuelles de Cauchy s'en ajoutent beaucoup d'autres d'un intérêt non moindre, telles que, par exemple, celles de *convergence d'une série*, *d'intégrale* d'une fonction continue, etc. La plupart d'entre elles, bien qu'abordées d'une manière originale, sont développées suivant des méthodes déjà existantes qui ont été notamment mises en forme par Newton, Leibniz, Bernoulli, Euler, Lagrange[113] et Laplace[114]. Le *Cours d'analyse* de Cauchy publié en 1821[115], sans doute un des ouvrages les plus didactiques de l'époque, rassemble la plupart des conceptions mentionnées jusqu'à présent.[116]

---

113. Il fera un usage systématique des *quantités imaginaires* en mécanique des fluides (voir ses *O. C.*, t. I, p. 498 (note Verley) ).

114. Consulter le tome VII de ses *Œuvres complètes* (note Verley).

115. La première partie de ce *Cours d'analyse* fut publiée en 1821 avec le titre *Analyse algébrique*. La seconde partie, longtemps restée inédite et méconnue, fut découverte à l'Institut par Ch. Gilain.

116. Un lecteur plus particulièrement intéressé par la mise en valeur des concepts susdits et des notions qui s'y rapportent pourra utilement se reporter aux ouvrages suivants :

– Dieudonné, J. (s.d.) *Abrégé d'histoire des Mathématiques* (voir en particulier les contributions, aux chapitres IV et VI, de J.L. Verley et de P. Dugac).

– Dahan, A. *Les recherches algébriques de Cauchy*, Thèse de 3e cycle, univ. Paris XIII (10 mai 1979).

*L'Analyse algébrique*

Dans son *Analyse algébrique* Cauchy exprime enfin plus ouvertement et de façon plus détaillée ce que sera son point de vue sur les *quantités imaginaires*[117]. Certes leur emploi ne saurait être remis en question, l'aide qu'elles ont apportée ne saurait être rejetée, mais il ne s'agira pas pour Cauchy de faire sien le parti pris de certains de ses prédécesseurs et contemporains à leur égard. Son exigence d'une rigueur mathématique accrue le convie à refuser de voir ces *quantités* sous la forme de « grandeurs dirigées ». Il va encore plus loin en leur refusant même le nom de *quantités* pour ne retenir que celui d'*expressions symboliques*. Ainsi, par exemple, il écrit à ce propos :

> « En analyse, on appelle *expression symbolique* ou *symbole* toute combinaison de signes algébriques qui ne signifie rien par elle-même, ou à laquelle on attribue une valeur différente de celle qu'elle doit naturellement avoir. On nomme de même *équations symboliques* toutes celles qui, prises à la lettre et interprétées d'après les conventions généralement établies, sont inexactes, ou n'ont pas de sens, mais desquelles on peut déduire des résultats exacts en modifiant et altérant, selon des règles fixes, ou ces équations elles-mêmes ou les symboles qu'elles renferment. L'emploi des expressions ou équations symboliques est souvent un moyen de simplifier les calculs et d'écrire sous une forme abrégée des résultats assez compliqués en apparence... Parmi les expressions ou équations symboliques dont la considération est de quelque importance en analyse, on doit surtout distinguer celles que l'on a nommées *imaginaires*. »[118]

Une telle déclaration qui n'a rien de fortuit ou d'accidentel – on la retrouve en plusieurs occasions[119] reproduite par Cauchy au cours des années suivantes – peut rappeler de prime abord les réserves assez vives qu'exprimèrent plusieurs de ses prédécesseurs, par exemple, Masères, Simon, Frend ou Carnot. En fait, contrairement à ces derniers, Cauchy continuera à faire usage des *imaginaires* pour la résolution et la simplification des résultats de problèmes. On observera

---

117. Ceci ne veut nullement dire que Cauchy n'ait pas eu auparavant à faire avec de telles entités. Ainsi, par exemple, il présentera à l'Académie des Sciences, le 22 décembre 1816, un « Mémoire sur les racines imaginaires des équations ». On peut cependant faire remarquer que cela ne l'empêchera pas quelques mois plus tard (13 octobre 1817) de présenter un autre *Mémoire* intitulé, à la manière de Gauss : « Sur la décomposition des polynômes en facteurs réels du deuxième degré ».

118. Il écrivait aussi que les *expressions* qui renferment $\sqrt{-1}$ , sont dites *imaginaires* parce qu'elles ne « représentent rien de réel ».

119. *Œuvres complètes* (2^e^ s.), t. X, « Des expression imaginaires et de leurs modules » (Turin, 1833), p. 116 ; *Œuvres complètes* (2^e^ s.), t. XV, « Sui metodi analitici » (Milan, 1830-1831), p. 149.

aussi que la démarche de Cauchy se distingue du courant plus exclusivement anglais qui vise l'élaboration d'une algèbre symbolique. Les travaux de Peacock (sur lesquels on aura l'occasion de revenir plus tard) qui illustrent le mieux cette voie sont, malgré leur commune référence aux symboles, très différents de ceux de Cauchy. Rien ne saurait limiter les opérations de l'*algèbre symbolique* de Peacock. Même si certaines d'entre elles n'ont pas encore la généralité et l'universalité que l'on est en droit d'attendre, un « principe de permanence », qui peu à peu s'érige en dogme algébrique, assure que cette situation est transitoire et garantit leur future existence. Cauchy n'a pas cette vision, qui peut faire penser aux conceptions purement formelles du XVIII^e^ siècle tant combattues par lui, ses *symboles* ou *expressions symboliques* ne signifient rien par eux-mêmes. Les *équations symboliques* en tant que telles sont « inexactes », il faut, pour obtenir des résultats « exacts », les « modifier » et les « altérer ». Enfin, un dernier point permettra d'opposer le point de vue de Cauchy à celui de Peacock : pour ce dernier, une équation de l'algèbre symbolique est toujours *vraie* ; pour Cauchy : « La plupart des formules algébriques subsistent uniquement sous certaines conditions et pour certaines valeurs des quantités qu'elles renferment. »

Ainsi, pour un lecteur moderne ayant déjà pris connaissance de la portée des études de Wessel, Argand, Warren ou Mourey, Cauchy paraît marquer un certain recul sur le chemin conduisant vers la *naturalisation*, pour reprendre un terme de Gauss, des *imaginaires*. C'est tout au moins ce que peut nous conduire à conclure une première et rapide prise de contact avec les premiers écrits de Cauchy. Mais une conclusion aussi catégorique et tranchée ne saurait être totalement pertinente ni pleinement justifiée. Bien sûr, dans les années 1821 et suivantes, Cauchy se gardera bien de faire une référence explicite au *nombre* ou à la *quantité* lorsqu'il parlera des imaginaires. Aucune allusion précise non plus à une éventuelle représentation géométrique ne sera faite dans son *Analyse algébrique*. Enfin, il conservera une conception de l'*imaginaire* qui reste très voisine de celle qu'exprimèrent diversement plusieurs grands mathématiciens des XVII^e^ et XVIII^e^ siècles, dont on peut d'ailleurs rappeler certaines déclarations.

Leibniz[120] appelait le nombre imaginaire « *idealis mundi monstrum* », « *pene inter-Ens et non-Ens amphibium* » et ajoutait :

> « Je n'admets pas plus de grandeurs infiniment petites que d'infiniment grandes. Je tiens les unes et les autres pour des manières abrégées de

120. Cf. Loria, G. « L'énigme des nombres imaginaires à travers les siècles », *Scientia*, 21 (1917), p. 47.

parler, dans l'intérêt des fictions de l'esprit qui servent au calcul, telles que sont les racines imaginaires en Algèbre. »[121]

Euler semble leur accorder le statut de nombre lorsqu'il écrit :

« On nomme ordinairement ces nombres des quantités imaginaires, parce qu'elles existent purement dans l'imagination. »

mais, comme le remarque fort à propos J.L. Verley[122], il se dégage de l'œuvre d'Euler une certaine réserve à leur égard qui est très proche de celle qu'exprimait Laplace, lequel, malgré l'emploi fréquent qu'il fit des quantités imaginaires dans les calculs d'intégrales définies, écrira :

« Ces passages du réel à l'imaginaire... m'ont conduit aux valeurs de plusieurs intégrales définies (...). On peut donc considérer ces passages comme des moyens de découverte, pareils à l'induction dont les géomètres font depuis longtemps usage. Mais ces moyens, quoique employés avec beaucoup de précautions et de réserve, laissent toujours à désirer des démonstrations de leurs résultats. »[123]

Enfin, L. Carnot s'attachera à écarter les quantités *négatives* et les *imaginaires* des résultats de ses calculs, car il ne cessera pas de les considérer comme des « quantités inintelligibles » résultant de « fausses suppositions » et indiquant qu'on s'est « trompé dans la mise en équation du problème ».

### *Des « expressions imaginaires » ou « symboliques »*

Mais si le point de vue de Cauchy reste pour une grande part en étroite filiation avec ceux de ses prédécesseurs susdits et nous invite à voir là le maintien d'une attitude pleine de retenues vis-à-vis des *quantités imaginaires*, on remarquera cependant qu'il éprouve le besoin de proposer une nouvelle dénomination pour remplacer celle de *quantité imaginaire*. Il utilise peut-être plus que tous ces savants les *quantités imaginaires*, mais loin d'avoir l'indifférence d'un d'Alembert ou d'un

121. On pourra comparer cette déclaration de Leibniz avec celle que fait E. Bréhier (*Histoire de la philosophie*, t. II, l. 940, p. 1069) en commentant l'ouvrage de M. H. Vaihinger (*Die Philosophie des Als Ob.*, 1911, 8e éd., 1922) : « ... la seule réalité c'est l'agrégat des sensations, mais la chose douée de propriétés, la causalité ne sont que des fictions : lorsqu'elles ne s'avouent pas comme telles, c'est dans leurs contradictions internes que M. Vaihinger cherche la preuve de leur caractère fictif : les concepts fondamentaux de la physique et des mathématiques sont contradictoires : un atome qui est étendu, un infiniment petit qu'on élimine comme zéro ; mais il y a des fictions avouées, comme, en mathématiques, la quantité négative, irrationnelle ou imaginaire ».

122. *Op. cit.*, p. 137.

123. Laplace, P.S., *Œuvres*, t. VII, p. 96 (cf. J.L. Verley).

Lagrange à l'égard de leur statut algébrique ou arithmétique, il fait appel à des *expressions symboliques* qui suffiront, ne serait-ce que par leur simple désignation moins évocatrice, à satisfaire pour un temps son esprit de rigueur et de législateur. On peut certes regretter son manque de considération pour les études déjà bien connues de Buée, Argand, Français et Servois, mais il est aisé aussi de comprendre la prudence et la sagesse de sa façon de procéder : Cauchy est conscient de l'état précaire et peu satisfaisant dans lequel se trouve tout l'édifice algébrique ; il doit craindre qu'en tolérant une référence géométrique en algèbre, on ne s'écarte à jamais de la remise en état de ses principes fondamentaux, qu'on la subordonne à la géométrie et que, ce faisant, s'ajoutent de nouveaux paradoxes à ceux déjà nombreux légués par le XVIIIe siècle qu'il essaie de réduire. On peut d'ailleurs rapprocher ce dernier point, d'une part, des préoccupations de ce qui deviendra l'*École algébrique anglaise* et plus particulièrement du refus qu'eut celle-ci de voir dans la représentation géométrique une preuve de l'existence d'un concept algébrique, et, d'autre part, du fait que Cauchy fut le premier, alors que cette notion semble pratiquement passée inaperçue aux yeux de ses prédécesseurs et de ses contemporains, à concevoir des *théorèmes d'existence*, notamment pour les équations différentielles, qui n'ont plus rien à voir avec cet appel délibéré au support intuitif de l'image géométrique.

Cauchy écrira dans son *Analyse algébrique* (préface) :

> « Je traite successivement des diverses espèces de fonctions réelles ou imaginaires, des séries convergentes ou divergentes, de la résolution des équations, et de la décomposition des tractions rationnelles (...). Quant aux méthodes, j'ai donc cherché à leur donner toute la rigueur qu'on exige en géométrie, de manière à ne jamais recourir aux raisons tirées de la généralité de l'algèbre. »

Et c'est au chapitre 7, limité de façon significative pour les raisons qui précèdent à l'intitulé : « Des expressions imaginaires et de leurs modules », que Cauchy fera son premier exposé systématique des *expressions imaginaires*. Toutes les relations et les théorèmes se rattachant aux modules y sont largement développés, sans apport vraiment nouveau aux résultats déjà acquis par les auteurs que l'on a étudiés dans les pages précédentes. On observera cependant qu'il ne fait aucune allusion aux relations correspondantes existant entre les « arguments »[124] et

124. Il introduira ce terme en 1838. Cela ne l'empêchera pas cependant d'appeler, lorsqu'une « expression imaginaire » est écrite sous la forme $r(\cos\alpha + \sqrt{-1}\sin\alpha)$, « valeur principale » la valeur $\alpha_1$ de l'arc $\alpha$ comprise dans l'intervalle $]-\pi, +\pi]$. (*Ibid.*, p. 320 ou *O.C.* (2e s.), t. III, p. 265) ; $r$ étant le module, il appellera alors $(\cos\alpha_1 + \sqrt{-1}\sin\alpha_1)$ l'« expression réduite » (*ibid.*, p.183 ou *O.C.* (2e s.), t. III, p. 161).

que, par conséquent, il ne s'attachera pas à mettre en valeur la correspondance entre les opérations sur les *expressions imaginaires* et les transformations géométriques sur le plan. Cela ne l'empêchera pas néanmoins de considérer des formules telles que la suivante :

$$(1)\cos(a+b)+\sqrt{-1}\sin(a+b) = (\cos a+\sqrt{-1}\sin a)(\cos b+\sqrt{-1}\sin b),$$

où $a + b$ est un *arc* formé par l'addition des deux *arcs* $a$ et $b$, qui, pour reprendre ses mots, « prise à la lettre », est « inexacte » et n'a « pas de sens », mais qui permet, si on considère $\sqrt{-1}$ « comme une quantité réelle » dont le carré est égal à – 1 et si l'on a défini l'égalité entre deux *expressions imaginaires*, $\alpha+\beta\sqrt{-1}$, et $\gamma+\delta\sqrt{-1}$, comme étant la « forme abrégée »[125] désignant les deux égalités réelles $\alpha=\gamma$ et $\beta=\delta$, d'obtenir, après avoir effectué le *produit*

$$(\cos a+\sqrt{-1}\sin a)(\cos b+\sqrt{-1}\sin b),$$

les résultats « exacts » suivants :

$$\cos(a+b) = \cos a\cos b - \sin a\sin b$$
$$\sin(a+b) = \sin a\cos b + \cos a\sin b.$$

Mais, ajoute Cauchy, il n'est pas utile de chercher à retenir de tels résultats car, comme on vient de le voir, il est très facile de les retrouver à partir de la formule (1).

Cauchy donnera d'autres exemples[126] de ce type d'utilisation des « imaginaires », mais, plutôt que d'en citer d'autres, il est sans doute plus opportun de voir dès à présent ce qui semble, bien qu'il ne soit pas nouveau (exception faite de la manière dont il est introduit), être le second point capital de cette contribution de Cauchy. Partant de l'« expression imaginaire » $\alpha+\beta\sqrt{-1}$, il fait observer que dans le cas où le « coefficient » $\beta$ de $\sqrt{-1}$ est nul, le terme $\beta\sqrt{-1}$ se réduit alors à zéro ; on « conviendra » que l'*expression* résultante sera égale à la quantité réelle $\alpha$, de la *convention*, ajoute-t-il, l'*expression imaginaire* se révèle ainsi renfermer comme *cas parti-*

125. Cauchy écrit à ce sujet que : « Toute équation imaginaire n'est que la représentation symbolique de deux équations entre quantités réelles. »

126. On peut signaler aussi l'utilisation que Cauchy fera des *imaginaires* dans la théorie des séries (séries entières) et la démonstration qu'il donnera, dans le chapitre X du même ouvrage, du « Théorème fondamental de l'Algèbre » qu'il énonçait de la manière suivante : « Quelles que soient les valeurs réelles ou imaginaires des constantes $a_0$, $a_1,\ldots$, $a_{n-1}$, $a_n$, l'équation $a_0x^n + a_1x^{n-1}+\ldots+a_{n-1}x + a_n = 0$, dans laquelle $n$ désigne un nombre entier égal ou supérieur à l'unité, a toujours des racines réelles ou imaginaires. » Enfin, ajoutons qu'il ne considère pas dans son *Analyse algébrique* les puissances dont l'exposant et la base sont tous les deux *imaginaires* et n'introduit pas les logarithmes de base négative ou *imaginaire*.

*culier* la quantité réelle. Par conséquent, compte tenu des précautions verbales qui accompagnent l'introduction de l'*expression imaginaire*, plus rien n'empêche Cauchy de conclure qu'il est très facile de bâtir la théorie des *imaginaires* en appliquant à ces dernières des « règles fixes » appartenant à la « généralité de l'algèbre ». Notre but étant de voir comment la position de Cauchy évoluera à l'égard des *imaginaires*, nous renvoyons le lecteur aux études plus étendues déjà mentionnées ci-dessus, et plus particulièrement à celles de Dahan, Dieudonné, Dugac et Verley. Ce faisant, il pourra ainsi apprécier l'ampleur des transformations capitales que feront subir aux mathématiques, surtout entre les mains de Cauchy, ces passages novateurs de la *quantité réelle* à l'*expression imaginaire* effectués dans des domaines qui jusque-là, à quelques exceptions près peu justifiées, étaient réservés exclusivement aux nombres réels. Il verra comment de tels passages suscitèrent l'apparition, ou l'amélioration, de théories et concepts nouveaux tels que, par exemple, ceux d'*intégrale curviligne*, de *calcul des résidus*, de *convergences* des séries entières et, plus généralement, outre ceux de la *théorie des fonctions analytiques*, ceux qui se rattachent à l'*Analyse*.

### *« Imaginaires » et points du plan*

De 1821 au début des années 1840, la position de Cauchy vis-à-vis du statut des *imaginaires* se modifiera peu et restera dans ses grandes lignes fidèle à l'esprit des premières déclarations de son *Analyse algébrique*, et ce malgré les obstacles et les limitations que dressera devant lui son refus de la représentation géométrique de l'*expression imaginaire*. On peut néanmoins retrouver au cours de cette longue période plusieurs traces qui peuvent parfois donner l'impression d'être les signes avant-coureurs d'une nouvelle prise de position ou, quoiqu'à un degré moindre, les manifestations d'un certain relâchement de l'intransigeance de Cauchy. Ainsi, dès 1825, dans un remarquable *Mémoire* intitulé : « Sur les intégrales définies, prises entre des limites imaginaires »[127], plusieurs passages nous laissent penser que Cauchy fait une correspondance entre ses *expressions imaginaires* et les points du plan ;

> « ... Si l'on désigne par $x$, $y$ deux variables réelles, par $z = x+y\sqrt{-1}$ une variable imaginaire... de plus si l'on suppose que les variables $x$, $y$,

127. *O.C.* (2), t. XV, p. 41-89.

représentent des coordonnées rectangulaires, et si, pour abréger, on indique un point à l'aide de son équation... »[128]
« ... si l'on suppose que $x$ et $y$ représentent des coordonnées rectangulaires, l'équation [$F(x,y) = 0$] représentera une courbe tracée dans le plan des $x$, $y$, entre les deux points $(x_0,y_0),(x,y)$. »[129]

« ... si la fonction $f(x+y\sqrt{-1})$[130] ne devient jamais infinie pour des valeurs des coordonnées $x$, $y$, relatives à des points situés sur les courbes que l'on considère, ou entre ces mêmes courbes. Si le contraire a lieu, s'il arrive, par exemple, que des points renfermés entre les deux courbes aient pour coordonnées les quantités réelles comprises dans quelques racines de l'équation $\left[\frac{1}{f(z)} = 0\right]$... » (p. 58)

« Si l'on voulait passer d'une courbe donnée à une autre qui n'en fût pas très voisine, il suffirait d'imaginer une troisième courbe mobile et variable de forme, que l'on ferait coïncider successivement et à deux époques différentes avec les deux courbes fixes. À l'aide de cette considération, on déterminerait la différence entre les valeurs de l'intégrale (4) $\left[\text{i.e.} \int_{x_0+y_0\sqrt{-1}}^{x+y\sqrt{-1}} f(z)dz\right]$ relatives aux deux courbes fixes, et l'on prouverait que cette *différence (quand elle conserve une valeur finie) est la somme des termes de la forme* $\pm 2\pi f\sqrt{-1}$, *qui correspondent à des points renfermés entre les deux courbes, et des termes de la forme* $\pm\pi f\sqrt{-1}$, *qui correspondent à des points situés sur l'une d'elles.* La proposition précédente s'étend au cas où chacune des courbes serait remplacée par un système de lignes droites ou courbes, formant un contour qui partirait du point $(x_0, y_0)$ pour aboutir au point $(x, y)$, et subsiste lors même que de pareils contours ne seraient pas renfermés dans le rectangle figuré par les droites (66) $\left[\text{i.e.} \begin{matrix} x = x_0, x = X \\ y = y_0, x = Y \end{matrix}\right]$ » (p. 59).

De même, dans un autre *Mémoire*, intitulé *Sur les rapports qui existent entre le calcul des résidus et le calcul des limites, et sur les avantages qu'offrent ces deux nouveaux calculs dans la résolution des équations algébriques ou transcendantes*, qui fut présenté le

128. Itard, J. « Analyse mathématique et Théorie des nombres », *Histoire générale des Sciences* (3), la Science contemporaine (vol. 1) : le XIX^e^ siècle » (s. d. Taton, 1961), chap. II, p. 55.

129. *Ibid.*, p. 56. Cauchy explique cette dernière notation en disant : « Pour abréger, nous indiquons les points à l'aide de leurs coordonnées renfermées entre parenthèses... »

130. Jusqu'en 1847, Cauchy développera l'étude d'une telle fonction en considérant séparément sa partie réelle et sa partie imaginaire afin de n'avoir affaire qu'à des fonctions réelles.

27 novembre 1831 à l'Académie des Sciences de Turin[131], on voit cette tendance se confirmer :

> « Soient *r*, *p* deux variables réelles, *x*, *y* deux fonctions réelles de *r* et *p*
> (1) $z = x + y\sqrt{-1}$
> une variable imaginaire, et f($z$) une fonction réelle ou imaginaire de $z$. On pourra considérer *x*, *y* comme représentant un système de coordonnées plan, que, pour fixer les idées, nous supposerons rectangulaires, et *r*, *p* comme représentant un système d'autres coordonnées, par exemple de coordonnées polaires (...) » ;
> « À chaque système de valeurs de *x*, *y* considérées comme des coordonnées correspondra un point déterminé dans un plan (...) » ;
> « ... Parmi les racines de l'équation [f($z$) = 0] celles... correspondant à des points renfermés dans le contour *00'0"*... sont désignées par $z_1$, $z_2 \ldots , z_m$, (...) » ;

131. A.L. Cauchy, *O.C.* (2), t. XV, p. 184-262. On peut ajouter que dans ces deux *Mémoires* Cauchy introduit les puissances d'exposant et de base *imaginaire* et le logarithme d'un « *imaginaire* ». Ainsi, on trouve pour le premier (p. 60) :

« $u + v\sqrt{-1} = e^{\mathrm{l}(u + v\sqrt{-1})}$ » où $u \in \mathbb{R}_+$ et $v \in \mathbb{R}$; (l est la notation désignant le logarithme)

« $(u + v\sqrt{-1})^{\lambda + \mu\sqrt{-1}} = e^{(\lambda + \mu\sqrt{-1})\mathrm{l}(u + v\sqrt{-1})}$ » où $\lambda, \mu \in \mathbb{R}$.

« $(v\sqrt{-1})^{\lambda + \mu\sqrt{-1}} = e^{\lambda\mathrm{l}(v) - \frac{\pi}{2}\mu}\left\{\cos\left[\frac{\pi}{2}\lambda + \mu\mathrm{l}(v)\right] + \sqrt{-1}\sin\left[\frac{\pi}{2}\lambda + \mu\mathrm{l}(v)\right]\right\}$, où $u=0$ et $u \in \mathbb{R}_+ - \{0\}$ ;

« $(v\sqrt{-1})^{\lambda + \mu\sqrt{-1}} = e^{\lambda\mathrm{l}(-\gamma) + \frac{\pi}{2}\mu}\left\{\cos\left[\frac{\pi}{2}\lambda - \mu\mathrm{l}(v)\right] - \sqrt{-1}\sin\left[\frac{\pi}{2}\lambda - \mu\mathrm{l}(-v)\right]\right\}$, où $u=0$ et $v \in \mathbb{R}_- - \{0\}$ ;

on peut voir que Cauchy évite ici de considérer le logarithme d'un nombre négatif. Les deux dernières formules sont obtenues par Cauchy en utilisant la suivante :

« $\mathrm{l}(u + v\sqrt{-1}) = \frac{1}{2}\mathrm{l}(u^2 + v^2) + \sqrt{-1}\,Arctg\frac{v}{u}$, ... la notation $Arctg\frac{v}{u}$ est toujours employée pour désigner le plus petit arc (abstraction faite du signe) dont la tangente soit égale à $\frac{u}{v}$ ... ».

Dans le second *Mémoire* Cauchy utilise souvent les logarithmes « imaginaires ». On ne retiendra que l'exemple suivant (p. 186) : « Or en exprimant l'intégrale

$$\int \left\{\frac{1}{\alpha - \rho(\cos\tau + \sqrt{-1}\sin\tau)} - \frac{1}{\alpha + \rho(\cos\tau + \sqrt{-1}\sin\tau)}\right\}\partial\alpha$$

à l'aide de logarithmes, on reconnaîtra immédiatement que, prise entre les limites $-\infty$, $+\infty$, cette intégrale se réduit à $2\{\mathrm{l}(\sqrt{-1}) - \mathrm{l}(-\sqrt{-1})\} = 2\pi\sqrt{-1}$, ou bien à $-2\{\mathrm{l}(\sqrt{-1}) - \mathrm{l}(-\sqrt{-1})\} = -2\pi\sqrt{-1}$, suivant que la quantité $\rho \sin \tau$, ou, ce qui revient au même, la quantité $\rho\sin\tau\left\{\left(\frac{\partial x}{\partial r}\right)^2 + \left(\frac{\partial y}{\partial r}\right)^2\right\} = \frac{\partial x}{\partial r} \cdot \frac{\partial \gamma}{\partial \rho} - \frac{\partial x}{\partial \rho} \cdot \frac{\partial y}{\partial r}$ est positive ou négative. »

« Concevons en premier lieu que le contour *0 0'0''*... se réduit au système de quatre droites représentées par leurs équations... Les valeurs des $z$ correspondant aux points situés sur ces quatre droites seront
$z = x + y_0\sqrt{-1}$, $z = X + y\sqrt{-1}$, $z = x + Y\sqrt{-1}$, $z = x_0 + y\sqrt{-1}$ (...) »[132] ; etc.

Mais, si la tendance à faire correspondre les *expressions imaginaires* et les points du plan ne cesse de s'accentuer dans ces deux écrits et dans ceux qui suivront, Cauchy ne cherchera pas pour autant à rendre plus explicite ce lien par une étude systématique. Son attitude restera, jusqu'en 1847, semblable à celle que Gauss décidera de rompre en 1831 par la publication de sa théorie des restes biquadratiques.

Ce sont des *nécessités topologiques*, comme le souligne S. Bachelard[133] et le rappelle Dahan[134], qui conduisent Cauchy et Gauss à associer un point du plan à une *expression imaginaire* (pas encore un *nombre*) ; de plus l'étude d'une fonction imaginaire impose la connaissance des propriétés topologiques du plan, propriétés qui seront, ou commenceront à être, mises en évidence par Riemann (1851).

---

132. *Ibid.*, p. 184, 193, 213. Il existe dans ce *Mémoire* un grand nombre de références similaires. Précisons que Cauchy développa et démontra neuf théorèmes qui lui permirent d'énoncer une règle générale servant à la détermination du nombre des racines réelles et imaginaires situées à l'intérieur d'un contour fermé. Cette règle générale est énoncée dans le théorème suivant :

« Soit f($z$) = 0 une équation algébrique à coefficients réels ou imaginaires, dans laquelle on attribue à la variable une valeur de la forme $x + y\sqrt{-1}$ ; le premier membre se présentera sous la forme $P + Q\sqrt{-1}$, $P$ et $Q$ désignant deux fonctions réelles et entières des variables $x$, $y$. À chaque système de valeurs de $x$, $y$ considérées comme des coordonnées correspondra un point déterminé dans un plan, et on tracera dans ce plan un contour fermé $S$ qui ne passe par aucun des points racines de l'équation. Le rapport $\frac{P}{Q}$ aura, en chaque point du contour, une valeur particulière ; mais l'on parcourt le contour en partant d'un certain point et en avançant toujours dans le même sens jusqu'à ce qu'on revienne au point de départ, ce rapport pourra devenir nul ou infini suivant que $P$ ou $Q$ seront nuls. Cela posé, soit $n$ le nombre de fois que le rapport $\frac{P}{Q}$ s'évanouit et change de signe en passant du négatif au positif, alors - $n > n'$

– la différence $n - n'$ est égale au double du nombre des racines égales ou inégales de l'équation, renfermées dans le contour proposé. »

Un résumé de ce *Mémoire* de Cauchy fut publié dans le *Bulletin des sciences mathématiques* (Férussac, t. 16 (1831), pp. 116-119 et pp. 119-130, (cf. O.C. (2e s.), t. II, pp. 169-172 et pp. 172-183).

133. « La représentation géométrique des quantités imaginaires au début du XIXe siècle », *Conférence Palais de la Découverte*, 1966.

134. *Op. cit.*, p. 204.

*La conception « géométrique » des « imaginaires » gagne du terrain*

Après les travaux d'Argand, Français, Gergonne, Servois et Mourey en France, de Buée et Warren en Angleterre, le point de vue géométrique des *imaginaires* se répandra peu à peu en Europe au cours des trente premières années du XIX^e siècle. Avec la reconnaissance et l'utilisation d'une représentation géométrique par Gauss en 1831 et l'autorité incontestable qu'il exerça sur la classe scientifique mondiale de son temps, ce point de vue aura raison du plus grand nombre de réticents et sera adopté, au cours des années 1840, par une majorité sans cesse croissante de mathématiciens. Dans son *Mémoire sur les fonctions de variables imaginaires* (1844)[53], Cauchy ne demeura pas insensible à cet engouement général. Les morceaux choisis qui suivent nous enseignent que Cauchy, outre la réserve que révèle la conservation de la dénomination *expression imaginaire* ou *symbolique* pour désigner des entités qui depuis 1831 sont appelées *nombres complexes*, commence à s'intéresser de façon plus probante et particulière à la conception géométrique de l'*imaginaire*.

Alors qu'en 1821 Cauchy se limitait à intituler le chapitre 7 de son *Analyse algébrique* : « Des expressions imaginaires et de leurs modules », on le voit cette fois ouvrir son nouveau *Mémoire* par un premier paragraphe qu'il intitule : « Des expressions imaginaires, de leurs arguments et de leurs modules. » Il réitère sans changement notable son exposé sur les *expressions imaginaires* en ajoutant toutefois que :

> « Le signe $\sqrt{-1}$ n'est en quelque sorte qu'un outil, un instrument de calcul, qui peut être employé avec succès, dans un grand nombre de cas, pour rendre beaucoup plus simples et plus concises, non seulement les formules analytiques, mais encore les méthodes à l'aide desquelles on parvient à les rétablir. »[135]

On peut, par conséquent, affirmer d'avance que Cauchy n'apportera pas un éclairage nouveau sur le statut des *imaginaires*. Même s'il accentue plus que cela ne l'a été jusqu'à présent l'importance et le rôle tenus par le signe $\sqrt{-1}$, ce dernier reste, et le restera encore ici, un outil ou un instrument de calcul qui doit son existence à une utilité qui n'est plus remise en question. Ce n'est donc pas encore dans le présent écrit que l'on pourra trouver, ou soupçonner d'emblée, l'ébauche d'un embryon de construction visant la caractérisation d'un objet mathématique nouveau.

---

135. *Ibid.*, p. 406.

« Toute expression imaginaire $\alpha+\beta\sqrt{-1}$, écrit-il, peut être présentée sous la forme $\rho(\cos\varpi+\sqrt{-1}\sin\varpi)$, $\rho$ désignant une quantité positive et $\varpi$ un arc réel.[136]

Effectivement, si l'on pose

$\alpha+\beta\sqrt{-1} = \rho(\cos\varpi+\sqrt{-1}\sin\varpi)$ [137], ou, ce qui revient au même,

(4) $\alpha=\rho\cos\varpi,\ \beta=\rho\sin\varpi,$

on tirera des équations (4), jointes à la formule (2)

[i.e., $\cos^2\varpi+\sin^2\varpi=1$ ],

(5) $\rho^2=\alpha^2+\beta^2$

puis, en supposant $\rho$ positif,

(6) $\rho=\sqrt{\alpha^2+\beta^2}$

(7) $\cos\varpi=\dfrac{\alpha}{\sqrt{\alpha^2+\beta^2}},\sin\varpi=\dfrac{\beta}{\sqrt{\alpha^2+\beta^2}}$ ;

et il est clair qu'on pourra satisfaire aux équations (7) par une valeur réelle, et même par une infinité de valeurs de l'arc $\varpi$. Le facteur $\rho$, dont la valeur unique se détermine par la formule (6), est ce qu'on appelle le *module* de l'expression imaginaire $\alpha+\beta\sqrt{-1}$ ; l'arc $\varpi$ est ce que je nommerai l'*argument* de cette expression. »[138]

Cette fois Cauchy ira plus loin en exposant non seulement les règles et les théorèmes sur les modules des imaginaires, mais aussi tous ceux qui se rapportent à leurs arguments. À titre d'exemples, on a l'énoncé suivant :

« Le produit de deux expressions imaginaires a pour module le produit de leurs modules, et pour argument la somme de leurs arguments »[139].

---

136. Précision qui laisse à supposer que Cauchy a déjà eu affaire à des arcs « imaginaires ».

137. Bien qu'il ne s'agisse que d'un détail de moindre importance, on pourra néanmoins noter que Cauchy, tout en ayant convenu que la forme de l'« expression imaginaire » est $\alpha+\beta\sqrt{-1}$, reste fidèle à une habitude scripturale héritée du XVIII$^e$ siècle qui veut que la forme de l' « expression réduite » de l'« imaginaire » soit « $\cos\varpi+\sqrt{-1}\sin\varpi$ ».

138. Cauchy reconnaît explicitement ici, par l'emploi qu'il fait des verbes « appeler » et « nommer », que si le mot « module » peut ne pas être de lui, il n'en est pas de même du mot « argument ».

139. *Ibid.*, p. 409.

ou encore cet autre :

> « Le rapport de deux expressions imaginaires a pour module le rapport de leurs modules, et pour argument la différence de leurs arguments. »[140]

On peut, puisque nous venons de faire référence, par les exemples choisis, à des opérations, ouvrir une parenthèse afin de voir comment Cauchy envisage dans le présent texte les opérations et leurs extensions aux variables imaginaires. On sait déjà, comment, après avoir « convenu » que $\sqrt{-1}$ devait être traitée « comme si » il s'agissait d'une quantité réelle dont le carré fut égal à $-1$, il faut entendre la multiplication et l'addition d'*expressions imaginaires*. L'expression imaginaire résultant de l'application de ces opérations à deux ou plusieurs expressions imaginaires :

> « sera ce qu'on appelle la *somme* ou le *produit* des expressions données. Il est d'ailleurs naturel d'indiquer cette somme ou ce produit à l'aide des notations adoptées pour représenter la somme ou le produit de quantités réelles. C'est ce que l'on fait toujours. »[141]

De là, poursuit Cauchy, il n'est pas difficile d'envisager des *fonctions* de variables imaginaires : une telle fonction

> « pourra être considérée comme complètement déterminée, quand elle résultera d'une ou plusieurs opérations dont chacune sera une addition, une multiplication ou l'élément d'une expression imaginaire variable à une puissance entière. En effet, pour obtenir la valeur d'une telle fonction, il suffira d'effectuer, l'une après l'autre, les opérations dont il s'agit. Les fonctions ainsi construites avec des variables imaginaires sont appelées *fonctions entières* de ces variables, c'est-à-dire qu'on leur donne le nom assigné aux fonctions de même nature, construites avec des variables réelles »[142].

Les fonctions ainsi construites avec des variables imaginaires vérifieront les mêmes propriétés que celles dont les variables sont réelles ; par exemple, dit Cauchy :

> « *la somme ou le produit de plusieurs variables imaginaires*, tout comme la somme ou le produit de plusieurs variables réelles, *offrira une valeur indépendante de l'ordre dans lequel les additions ou les multiplications seront effectuées.* »[143]

---

140. *Ibid.*, p. 414.
141. *Ibid.*, p. 406.
142. *Ibid.*, p. 412.
143. *Ibid.*, pp. 413-414.

Ces passages du *réel* à l'*imaginaire* dans les opérations amèneront Cauchy à faire quelques remarques, parmi lesquelles les suivantes nous paraissent intéressantes dans la mesure où, tout en apportant quelques nouveautés, par exemple celle de « rapport géométrique », elles restent dans le fond très voisines de celles que firent plusieurs de ses prédécesseurs :

> « Étant données deux variables réelles ou imaginaires $x$ et $y$, la *soustraction* ou l'opération inverse de l'addition consiste à trouver, par exemple, une nouvelle variable $z$ qui, ajoutée à la variable $x$, reproduise la variable $y$, et vérifie en conséquence la formule
> $$x + z = y.$$
> Le résultat de la soustraction s'appelle *différence*. Or, (...) pour tirer de l'équation la valeur de $z$, il suffira d'ajouter $-x$ aux deux membres, il est clair que la différence $z$ de $y$ à $x$ sera déterminée par la formule
> $$z = y - x,$$
> et représentée, pour des valeurs quelconques de $x$ et $y$, par la notation
> $$y - x.$$
> Ainsi la soustraction peut être réduite à l'addition ; et, pour soustraire la variable $x$ de la variable $y$, il suffira d'ajouter à cette dernière la variable $-x$.
> La *division* n'étant autre chose que l'opération inverse de la multiplication, pour diviser $y$ par $x$, il suffira de chercher la valeur de $z$ qui, multipliée par $x$, reproduit $y$, et vérifie en conséquence la formule
> $$xz = y.$$
> Le résultat de la division s'appelle *quotient* ou *rapport géométrique*. Le quotient de $y$ par $x$ s'indique, pour des valeurs quelconques réelles ou imaginaires de $x$, à l'aide de la notation $\frac{y}{x}$ en sorte que l'équation entraîne toujours (...) $z = \frac{y}{x}$. »

Fermons cette parenthèse pour revenir aux conceptions géométriques de Cauchy. Après avoir rappelé ce qu'il fallait entendre par « variable imaginaire » et décrit cette dernière sous les formes suivantes

$$(1) \qquad x = s + t\sqrt{-1}$$

et

$$(2) \qquad x = r(\cos\rho + \sqrt{-1}\sin\rho),$$

où $s$ et $t$ sont des quantités variables réelles et où $r$ et $\rho$ sont le module et l'argument de la *variable imaginaire* $x$[144], Cauchy dit alors :

---

144. On aura pu constater que Cauchy distingue une *expression imaginaire* d'une *variable imaginaire* en proposant, respectivement les deux écritures différentes « $\alpha + \beta\sqrt{-1}$ » et « $s + t\sqrt{-1}$ » ou

$$\rho(\cos\varpi + \sqrt{-1}\sin\varpi) \text{ et } r(\cos\rho + \sqrt{-1}\sin\rho).$$

« Rien n'empêche de considérer les quantités réelles *s, t* comme représentant les coordonnées rectilignes d'un point situé dans un plan donné. Alors les diverses valeurs de *x* que l'on déduira de la formule (1) en attribuant aux variables *s, t* divers systèmes de valeurs, correspondront aux diverses positions que pourra prendre un point mobile P dans le plan dont il s'agit. Si les coordonnées *s, t* sont non seulement rectilignes, mais rectangulaires, le module *r* et l'argument ρ, liés à *s* et *t* par les formules (3) [i.e. $s = r \cos\rho$, $t = r \sin\rho$], représenteront le rayon vecteur mené de l'origine de ce point, et l'*angle polaire* que décrira ce rayon vecteur en tournant autour de l'origine considérée comme pôle ; par conséquent, *r* et ρ seront ce qu'on appelle les *coordonnées polaires* du point P. »[145]

Cauchy en restera là. On aurait pu s'attendre, après une telle entrée en matière, à ce qu'il développe plus amplement cette correspondance et qu'il fasse référence aux représentations de Buée et Argand, c'est-à-dire qu'il souligne le lien précis qui amène à concevoir $\sqrt{-1}$ comme un *signe de perpendicularité* (Buée) ou un *opérateur de perpendicularité* (Argand). Il se limitera dans les deux tiers restants de son *Mémoire* à étudier les « fonctions algébriques et irrationnelles »[146], les « exponentielles trigonométriques »[147] et logarithmiques, les fonctions *sin x* et *cos x* ainsi que leurs fonctions inverses, *arc sin x* et *arc cos x*, lorsque la variable n'est plus réelle mais imaginaire. Étude qui est rendue possible, dit Cauchy, car :

« rien n'empêchera d'étendre les définitions et conventions admises dans le cas où la variable était réelle et positive, au cas où cette variable devient imaginaire »[148].

Ajoutons que, au cours de cette étude, Cauchy ne manquera pas de faire ressortir toutes les particularités spécifiques de cette *extension à l'imaginaire* et qu'il inventera pour ce faire de nouvelles notations et définitions.

### *Sortir de l'impasse ; échapper à la contradiction*

En guise de conclusion, disons que ce *Mémoire*, admirable à plus d'un titre, notamment pour la place qui est donnée à un large inventaire des formules algébriques connues de variables réelles et aux caractérisations envisagées pour chacune d'entre elles lorsqu'elles sont éten-

---

145. *Ibid.*, p. 410.

146. « On nomme *fonction algébrique irrationnelle* celle qui est le résultat de plusieurs opérations algébriques dont chacune se réduit à une addition, à une multiplication, à une division ou à la formation d'une puissance entière, fractionnaire ou irrationnelle » (*ibid.*, p. 422).

147. C'est-à-dire des exponentielles « dont les exposants n'offrent pas de parties réelles » (*ibid.*, p. 425).

148. *Ibid.*, pp. 421-422.

dues au domaine imaginaire, est sans doute de tous ceux qu'écrivit Cauchy celui qui traduit ou révèle le mieux une étape marquante de l'évolution de sa pensée à l'égard des imaginaires. Étape cruciale dans la mesure où il semble osciller, sans pouvoir se décider vraiment sur le parti à prendre, entre deux points de vue qu'il a toujours présentés comme incompatibles voire inconciliables ou conflictuels : le premier, « formaliste », qui le pousse à rebaptiser « expressions symboliques ou imaginaires »[149] des entités improprement nommées, selon lui, *quantités* ou *nombres imaginaires* ; le second, « géométrique », qui porte vers une complète adhésion de la représentation géométrique des *imaginaires*.[150] En fait, pour le dire autrement – et nous débarrasser des guillemets qui, tout en soulignant la nature des deux points de vue opposés, relèvent toute la part d'arbitraire d'un tel partage – Cauchy se trouve dans une position délicate l'obligeant à faire un choix apparemment impossible : poursuivre ses travaux avec des *expressions imaginaires* qui, prises à la lettre, n'ont « pas de sens » et sont déclarées « inexactes ». Mais c'est là une conduite difficile à soutenir quand on oppose toute la retenue qu'évoquent leurs caractérisations et l'ampleur de leurs contributions qui dépassent largement celles que pourrait fournir un simple *instrument de calcul*. Adhérer plus manifestement à la représentation géométrique des *imaginaires*, mais c'est là risquer d'aller au-devant d'un danger et déposséder l'algèbre d'une part de ses prérogatives en les mettant aux mains de la géométrie. De plus, y renoncer c'est accepter de se priver d'un outil analytique qui a déjà fait ses preuves. Par conséquent, pour sortir d'une telle contradiction qui menace de devenir une impasse, et ne pas renoncer aux acquis, il faudra revenir sur les premières conceptions qui servirent d'introduction aux *imaginaires* en se proposant cette fois de résoudre le problème posé par le *statut des imaginaires*.

C'est ce que Cauchy entreprendra dans les *Mémoires* qui suivront et, plus particulièrement, dans ceux qui, élaborés de 1847 à 1849, développeront les théories des « équivalences algébriques »[151] et des « quantités géométriques »[152]. Ces tentatives pour rompre la contradiction en donnant des exposés plus systématiques des *imaginaires*, ne resteront pas indifférentes aux influences des points de vue plus abstraits de Gauss, Hamilton, Grassmann et autres qui voient, peu à

---

149. Ce faisant, dira Cauchy (*O.C.* (2), t. XIV, pp. 93-94), « Il n'y avait plus nulle nécessité de se mettre l'esprit à la torture pour chercher à découvrir ce que pouvait représenter le signe symbolique $\sqrt{-1}$ . »

150. Ce « conflit » vécu par Cauchy a été particulièrement bien analysé par A. Dahan dans sa thèse (*op. cit.*, note (36)).

151. *O.C.* (2e s.), t. XIV, pp. 94-120.

152. *O.C.* (2e s.), t. XIV, pp. 175-202, 241-249, 251-263, 265-281, 283-291, 293-298, 299-305, 307-313.

peu, leurs idées adoptées, ou au moins plus connues, dans le monde entier. Sans doute faut-il voir dans la confirmation d'une émergence progressive, dans les travaux susdits de Cauchy, d'un point de vue plus abstrait et *plus algébrique* qui viendra de plus en plus manifestement s'opposer à la position antérieure en se référant aux *symboles*, la preuve la plus manifeste de l'action que cette convergence d'influence exerce sur Cauchy.

*« Algébrisation » des « imaginaires »*

C'est dans une note aux *Comptes Rendus*[153] présentée devant l'Académie le 28 juin 1847, intitulée *Mémoire sur une nouvelle théorie des imaginaires et sur les racines symboliques des équations et des équivalences*, que Cauchy exposera les premiers éléments de son *algébrisation* des imaginaires. Une telle introduction, on devait s'y attendre, en faisant figure de transition entre une conception des imaginaires et une autre, présente certes des notions nouvelles, mais encore accompagnées d'expressions ou de mots et de commentaires trahissant la survivance de l'esprit de 1821. Plusieurs exemples nous permettront de rendre plus évident ce constat. Le premier, et sans doute le plus manifeste, est l'emploi fréquent du mot « symbolique » que Cauchy continue à faire : on le retrouve dans l'intitulé même de sa note et à maintes occasions pour qualifier une « lettre *i* » sur laquelle on reviendra plus loin. Ajoutons pour compléter cet exemple que Cauchy exposera à nouveau dans cette note la position qui fut la sienne jusqu'alors. Les déclarations suivantes que fait et fera encore Cauchy pour exprimer son recul et sa réserve vis-à-vis des imaginaires, nous serviront aussi d'exemple :

> « Mais il est évident que la théorie des imaginaires deviendrait beaucoup plus claire encore, et beaucoup plus facile à saisir, qu'elle pourrait être mise à la portée de toutes les intelligences, *si l'on parvenait à réduire les expressions imaginaires, et la lettre* i *elle-même, à n'être plus que des quantités réelles.* »[154]

La seconde déclaration, prise dans le *Mémoire sur la théorie des équivalences algébriques substituée à la théorie des imaginaires*[73] qui sera connue du public quelques mois plus tard, bien que très voisine de la précédente, mérite qu'on la cite pour les petites modifications qui interviennent dans son énoncé :

---

153. *C.R.*, t. XXIV, p. 1120 et *O.C.* (1e s.), t. X, pp. 312-323.

154. *Op. cit.*, note (73).

« Mais il est évident que les théories algébriques deviendraient beaucoup plus claires encore, et beaucoup plus faciles à saisir, qu'elles pourraient être mises à la portée de toutes les intelligences, si l'on parvenait à se débarrasser complètement des expressions imaginaires, en réduisant la lettre *i* à n'être plus qu'une quantité réelle. »[155]

Enfin, ajoutons qu'il écrit aussi :

« Dans la théorie des équivalences algébriques substituée à la théorie des imaginaires, la lettre *i* cessera de représenter le signe symbolique $\sqrt{-1}$, que nous répudierons complètement, et que nous pouvons abandonner sans regret, puisqu'on ne saurait dire ce que signifie ce prétendu signe, ni quel sens on doit lui attribuer. »[156]

### *La théorie des « équivalences algébriques »*

Si donc, comme le déclare Cauchy la lettre *i*, qu'il utilise pour la première fois, ne représente plus le « signe symbolique $\sqrt{-1}$ », comment doit-on alors la concevoir ? Comment faire disparaître les imaginaires tout en conservant les résultats qu'ils nous ont permis d'acquérir ? Ce sont toutes ces questions et celles qui s'en déduisent qui, dit Cauchy, trouveront leurs réponses grâce à la théorie des « équivalences algébriques ». La principale information que l'on doit retenir de la note de Cauchy et du *Mémoire* plus épuré qui suivra est, outre le fait que Cauchy utilisera la « lettre *i* » en lui donnant une signification beaucoup plus large, l'esquisse d'une théorie « purement algébrique » des imaginaires qui, reprise par Kronecker, conduira à l'élaboration de la théorie générale des corps et de leurs extensions algébriques, et qui permettra à plus long terme de définir l'ensemble des nombres complexes de la manière suivante :

« On appelle corps des complexes, et on le désigne par $\mathbb{C}$, le corps (commutatif) $\mathbb{R}[X]/(X^2+1)$ ; on désigne par *i* l'image canonique de X dans $\mathbb{C}$, de sorte que $\mathbb{C}$ est obtenu par adjonction algébrique au corps $\mathbb{R}$ de la racine *i* du polynôme $X^2+1$ ; les éléments de $\mathbb{C}$ sont appelés nombres complexes. »[157]

Mais une telle définition exprimée dans un langage qui nous est contemporain, et faisant appel à des notions progressivement acquises et maîtrisées à la fin du XIXᵉ siècle et au début du XXᵉ, doit une grande

---

155. *Op. cit.*, note (71), p. 94.

156. *Op. cit.*, note (71), pp. 100-101.

157. N. Bourbaki, *Eléments de Mathématiques* (V), livre III (« Topologie générale »), chap. VIII, p. 107.

part de son existence au travail original de Cauchy. C'est pour cette raison, entre autres, qu'il nous paraît important, car nous n'aborderons pas cette théorie bien connue, de rappeler qu'elle a été largement développée à la fois sous l'angle historique et sous l'angle mathématique par A. Dahan[158]. On peut néanmoins préciser que Cauchy rappelle dans le premier paragraphe de son *Mémoire*, intitulé *Sur les équivalences arithmétiques et algébriques*[159], *les notations dues à Gauss et à Kummer*[160] utilisées par le premier pour désigner la « congruence » ou l'*équivalence* de deux nombres entiers « suivant le *module* ou *diviseur* $n$ »[160] ($n$ étant un nombre entier) et, par le second, pour désigner l'*équivalence* entre deux polynômes $\varphi(x)$ et $\chi(x)$, « ou, en d'autres termes, deux fonctions entières de $x$ »[160], « suivant le *module* ou *diviseur* $\varpi(x)$ »[160] ($\varpi(x)$ étant lui aussi un polynôme en $x$) ; soit, respectivement :

$$l \equiv m \qquad (mod\ n)$$

et

$$\varphi(x) = \chi(x) \qquad (\text{mod}\ .\varpi(x)).$$

Cauchy voudra marquer une distinction plus nette entre ces deux types d'équivalences. Les premières seront dites « arithmétiques » parce qu'elles désignent des égalités entre les restes de deux « divisions arithmétiques »; les secondes seront appelées « algébriques » car elles résultent de deux « divisions algébriques ». Pour rendre plus explicite et visible cette distinction dans les calculs et les formules, il introduira une nouvelle notation : le signe « $\asymp$ »[161] servira à indiquer, de toutes les *équivalences*, celles qui seront algébriques. De plus, trouvant nuisible la polysémie du mot *module*, il lui préférera le mot « diviseur » dans ce cas précis. Ainsi, écrit-il :

> « ... la formule
>
> $$\varphi(x) \asymp \chi(x) \quad (\text{div. } \varpi(x))$$
>
> exprimera que les deux polynômes $\varphi(x)$ et $\chi(x)$ sont équivalents entre eux, suivant le diviseur $\varpi(x)$, ou, en d'autres termes, que les deux polynômes, divisés algébriquement par $\varpi(x)$, fournissent le même reste. Cette équivalence pourra donc toujours être remplacée par une équation de la forme
>
> $$\varphi(x) = \chi(x) + u\varpi(x),$$
>
> $u$ désignant une fonction entière de $x$ »[162]

158. Dans sa thèse (*op. cit.*, voir notamment pp. 206-210).

159. *Ibid.*, p. 94.

160. Cauchy a été très largement inspiré par ce dernier qu'il ne manque pas de citer à plusieurs reprises.

161. *Ibid.*, p. 95. Il se réservera par la suite l'utilisation du signe « $\asymp$ » dans le cas plus particulier où $\varpi(x)$ devient le polynôme $x^2 + 1$.

162. *Ibid.*, pp. 95-96.

Une fois ces premières précisions données, Cauchy montrera que les *équivalences algébriques*, relatives à un même diviseur, peuvent être, sans difficulté, ajoutées, soustraites et multipliées entre elles ; en termes actuels, il vérifiera que l'ensemble des équivalences algébriques, relatives à un même diviseur, est muni d'une structure d'anneau. Après avoir choisi pour diviseur $\varpi(x)$ un polynôme de degré $n$, il fera remarquer[163], toujours suivant les termes contemporains, que $\mathbb{R}[X]/\varpi(x)$ est un *espace vectoriel* de dimension $n$. Plus loin, dans le second paragraphe, il se posera le problème de la « substitution des équivalences algébriques aux équations imaginaires »[164] ; c'est alors qu'interviendra sa nouvelle notation « $\asymp$ »[165], car il choisira comme diviseur le polynôme $x^2 + 1$ et la lettre $i$ fera son apparition. Son statut est différent, son rôle n'est plus le même. Dans la *note* aux *Comptes Rendus* de l'Académie de Paris, elle intervenait encore comme une « lettre symbolique » utilisée dans une « équation symbolique » de la forme $\varphi(i) = \chi(i)$, où $\varphi(i)$ ne désignait pas la valeur de $\varphi(x)$ quand on substituait $i$ à $x$, mais celle du reste de la « division algébrique » de $\varphi(x)$ par $x^2 + 1$. Après une telle « convention fondamentale », la forme $\varphi(i) = \chi(i)$ devenait similaire à celle de Kummer. Dans un même temps et compte tenu de la précédente « convention fondamentale », la *lettre symbolique i*, utilisée dans l'*équation symbolique*, devait être considérée, « d'après la théorie nouvelle, comme une quantité réelle mais indéterminée, à laquelle on pourra donner toute valeur que l'on voudra, et même la valeur nulle, quand on posera $x = i$ dans les fonctions $\varphi(x)$ et $\chi(x)$ après avoir réduit chacune de ces fonctions au reste de sa division par $x^2 + 1$. »[166]

Dans le *Mémoire* qui suit, une mise au point s'est produite, le *symbolique* a disparu, la lettre $i$ reste une « quantité réelle, mais indéterminée » dans une théorie qui s'est précisée. De plus :

> « En substituant le signe $\asymp$ au signe =, nous transformerons ce qu'on appelait une *équation imaginaire* en une équivalence algébrique, relative à la variable $i$ et au diviseur $i^2 + 1$. D'ailleurs, ce diviseur restant le même dans toutes les formules, on pourra se dispenser de l'écrire. Il suffira d'admettre, comme nous le ferons effectivement, que le signe $\asymp$ indique toujours une équivalence algébrique relative au diviseur $i^2 + 1$. Cela posé, on passera sans peine des équations qui renferment une variable réelle aux équivalences qui devront remplacer les équations imaginaires. »[167]

163. *Ibid.*, pp. 97-100.
164. *Ibid.*, p. 100.
165. *Ibid.*, p. 101.
166. Note A. Dahan, *op. cit.*, p. 207.
167. *Ibid.*, p. 101.

Une fois cette théorie construite, il ne restera plus à Cauchy qu'à *traduire* l'ancienne théorie des imaginaires. Parler simplement d'une *traduction* peut surprendre surtout quand on sait tout le parti que l'on tirera de cette théorie. Pourtant, c'est l'impression que l'on retire de la lecture du texte de Cauchy ; une impression étonnante que nous partageons avec Dahan[168]. Cauchy paraît s'être satisfait de prendre les *équivalences algébriques* comme un langage nouveau qui, à ses yeux, a le mérite d'être à la fois *algébrique* et moins suspect que le précédent.

*Des « quantités géométriques »*

Dans son *Mémoire sur les quantités géométriques*[169] paru quelques mois plus tard, Cauchy propose une nouvelle approche systématique des *imaginaires*. Il commence par écrire :

> « La théorie des équivalences algébriques n'est pas la seule qui puisse être utilement substituée à la théorie des expressions imaginaires. On peut encore, avec avantage, remplacer ces expressions par les *quantités géométriques*, dont l'emploi donne à l'algèbre non seulement une clarté, une précision nouvelle, mais encore une plus grande généralité. »[170]

Enfin Cauchy parle de *quantités* à la place d'*expressions* imaginaires. Le point de vue formaliste et symbolique exprimé dans son *Analyse algébrique* avait écarté dès 1821 une telle dénomination pour les *imaginaires* ; ces derniers, alors condamnés en tant que *symboles* à n'être que des *outils de calcul*, réapparaissent après une longue errance, qui dura plus d'un quart de siècle, sous une forme apparemment peu nouvelle pour nous ; peu différente de celle qu'ils durent abandonner. Bien sûr cette réapparition n'est pas spontanée, elle est annoncée dans la théorie des *équivalences algébriques*, certes pas de façon directe et explicite, mais le fait que Cauchy ait tenu, par exemple, à souligner que le principe utilisé dans sa théorie trouve des applications dans la théorie des nombres[171], constitue un indice non négligeable.

La déclaration précédente de Cauchy, confirme, d'une part sa décision de remplacer la théorie des *expressions imaginaires* par une autre théorie moins contestable. D'autre part, elle nous enseigne que Cauchy cède enfin au courant général suivi par une grande majorité de ses contemporains en prenant en considération cette fois, ne serait-ce

---

168. *Ibid.*, p. 210.
169. Cauchy, *O.C.* (2e s.), t. XIV, pp. 175-202.
170. Cauchy, *O.C.* (2e s.), t. XIV, p. 175.
171. Cauchy, *O.C.* (2e s.), t. XIV, p. 94.

que par le vocabulaire choisi pour désigner les nouvelles entités mathématiques qu'il propose, les conceptions plus proprement « géométriques » des grandeurs imaginaires élaborées par des mathématiciens de moindre notoriété que lui. Une précision, avant de poursuivre, s'impose. Dire que Cauchy cède au courant « géométrique », ne veut pas dire qu'il renonce par un revirement inattendu à la position qu'on le voit adopter progressivement au cours des mois précédents, ni qu'il va dorénavant se fier à l'exclusivité de l'intuition géométrique véhiculée par des *images*.

Après avoir enfin reconnu l'existence des travaux de Buée et Argand et cité leur interprétation géométrique de $\sqrt{-1}$ comme signe de perpendicularité, souligné les recherches que Français, Faure, Mourey et Vallés firent pour développer ou modifier ladite interprétation, Cauchy, tout en rappelant son ancien parti, considère que la nouvelle théorie dont il dispose va plus loin :

> « Dans mon *Analyse algébrique* publiée en 1821 je m'étais contenté de faire voir qu'on peut rendre rigoureuse la théorie des expressions et des équations imaginaires, en considérant ces expressions et ces équations comme *symboliques*. Mais, après de nouvelles et mûres réflexions, le meilleur parti à prendre me paraît être d'abandonner entièrement l'usage du signe $\sqrt{-1}$, et de remplacer la théorie des expressions imaginaires par la théorie des quantités que j'appellerai *géométriques*, en mettant à profit les idées émises et les notations proposées non seulement par les auteurs déjà cités, mais aussi par M. de Saint-Venant, dans un Mémoire digne de remarques sur les *sommes algébriques*. »[172]

Dès lors, précise Cauchy lui-même, ce *Mémoire* ne doit pas être vu comme l'initiation à une théorie, en essence, nouvelle, mais comme une

> « sorte de résumé des travaux faits sur cette matière, reproduits dans un ordre méthodique, avec des modifications utiles, sous une forme simple et nouvelle en quelques points. »[91]

Plutôt qu'essayer de développer *in extenso* ce texte dont la valeur pédagogique n'a rien à envier à celle de l'*Analyse algébrique* et qui est, à bien des égards, aussi fondamental que son précédent *Mémoire* sur les « fonctions de variables imaginaires » écrit trois ans plus tôt, on se limitera à relever certaines des définitions, notations ou théorèmes qui mettront en évidence ce qui revient aux prédécesseurs, en accord avec les déclarations de Cauchy, et ce que nous lui devons. On peut, avant de l'aborder, déjà conclure que la synthèse de Cauchy dépasse à la fois par la qualité et la clarté de son exposition toutes les études anté-

172. *Ibid.*, p. 175-176.

rieures, à l'exception peut-être de l'œuvre singulièrement achevée de Wessel.

Tout d'abord, à l'image de ses précédents écrits, le premier paragraphe présente un inventaire des définitions, du vocabulaire et des notations qui seront utilisés au cours de l'étude :

> « Menons, dans un plan fixe, et par un point fixe $O$ pris pour *origine* ou *pôle*, un axe polaire $OX$. Soit d'ailleurs $r$ la distance de l'origine $O$ à un autre point $A$ du plan fixe, et $p$ l'angle polaire, positif ou négatif, décrit par un rayon mobile, qui en tournant autour de l'origine $O$ dans un sens ou dans l'autre, passe de la position $OX$ à la position $OA$.
> Nous appellerons *quantité géométrique*, et nous désignerons par la notation $r_p$ le rayon vecteur $OA$ dirigé de $O$ vers $A$. La longueur de ce rayon, représentée par la lettre $r$, sera nommée la *valeur numérique* ou le *module* de la quantité géométrique $r_p$ ; l'angle $p$, qui indique la direction du rayon vecteur $OA$, sera l'*argument* ou l'*azimuth* de cette même quantité. »[173]

Deux quantités géométriques, dit alors Cauchy, seront dites « égales », lorsqu'elles indiqueront le même rayon vecteur. Par conséquent, si l'on choisit deux telles « quantités », soit $R_P$ et $r_p$, leur égalité impliquera les deux suivantes :

$$R = r$$

et

$$P = p + 2k\pi, \text{ où } k \text{ est un entier relatif quelconque.}$$

Enfin, ajoute-t-il, « nous conviendrons de mesurer les longueurs absolues sur l'axe polaire $OX$, en sorte qu'on aura identiquement $r_0 = r$ » ; convention importante, dont nous avons, à plusieurs reprises, souligné l'absence chez les prédécesseurs de Cauchy. De plus, observe-t-il, la « quantité géométrique $r_\pi$ » qui, à l'égal de $r_0$, est mesurée sur l'axe polaire $OX$, mais en sens inverse, « pourra être censée représenter ce qu'on nomme, en algèbre, une *quantité négative.* »[174] Ajoutons aussi que Cauchy précisera dans une note[175] ce que $r_p$ et $r_{p+\pi}$ représenteront : « deux longueurs mesurées sur la même droite, mais dans des directions opposées ». Une fois cet inventaire fait, il ne lui restera plus qu'à énoncer un résultat de la plus haute importance :

> « ... la notion de *quantité géométrique* comprendra, comme cas particulier, la notion de *quantité algébrique,* positive ou négative, et à plus forte raison, la notion de *quantité arithmétique* ou de *nombre*, renfermée elle-même, comme cas particulier, dans la notion de quantité algébrique. »[176]

173. *Ibid.*, p. 176.
174. *Ibid.*, p. 177.
175. *Ibid.*, p. 177, note (1).
176. *Ibid.*, p. 177.

On voit, par l'orientation qu'impliquent les dénominations précédentes, que Cauchy, contrairement à Gauss, et bien qu'ayant en vue une évidente extension de la notion de quantité, ne cherche pas, tout au moins dans le présent écrit, à concevoir lesdites *quantités géométriques* comme une extension d'ordre 2 de la notion de *nombre*.

On peut donc considérer, d'une certaine manière, que Cauchy s'inscrira, comme le suggère E. Study, plutôt dans le *courant géométrique* qui vise l'admission des nombres complexes en mathématiques, que dans le courant plus proprement arithmétique introduit par l'*École algébrique anglaise* et parachevé par W. R. Hamilton, et ce, bien que sa *Théorie des équivalences algébriques*, puisse s'apparenter au dernier courant. On peut également ajouter qu'il serait parfaitement abusif de croire que ce grand mathématicien ait marqué sa vie durant une réticence à l'égard des nombres complexes uniquement parce que ceux-ci se trouvaient à sa connaissance dépourvus de tout fondement intuitif redevable de la représentation géométrique. C'est sans doute son exigence de rigueur qui rend leur considération en mathématique difficile et moins tolérable que d'autres.

Cauchy, à l'égal d'un grand nombre de ses contemporains, cherche à endiguer cet incommensurable flot de connaissances nouvelles que lui apportent les nombres complexes. Non pas qu'il soit rétif à la nouveauté, plutôt cherche-t-il à ne pas être débordé à jamais par des conceptions qui, bien que s'avérant d'une richesse sans pareille, conduisent à des paradoxes insurmontables. Dès lors, on peut comprendre que $\sqrt{-1}$ soit pour lui un *symbole*, un instrument commode mais pas une entité mathématique en soi. On peut également saisir l'importance de la distinction qu'il tient à marquer entre les nombres réels et complexes lorsqu'il leur choisit respectivement les expressions *quantités algébriques* et *expressions imaginaires*. L'*expression* ne saurait être *quantité* et *a fortiori nombre*. La réticence de Cauchy est donc bien claire. Elle est le fruit d'une sagesse qui peut faire penser a plus d'une raison à l'extrême prudence de Gauss.

Mais ces entités ne cessent pas de surprendre ; les multiples raisonnements ou calculs utilisés à leur place ne cessent de montrer que les résultats obtenus grâce à elles sont tous exacts et fondés. De plus, on ne peut s'empêcher de se rendre à l'évidence de l'incontestable simplification qu'apporte leur emploi. Certes, des théories et des calculs s'élaborent plus particulièrement avec ces entités, Cauchy lui-même avec sa théorie des fonctions de variable imaginaire ou avec son calcul des résidus, participe à cette construction qui jette plus de lumière sur le *réel* en réduisant des difficultés que ce dernier s'avérait incapable de suggérer et par conséquent de résoudre. Même si la *théorie des équivalences algébriques* n'est pour un esprit contemporain qu'une esquisse pas vraiment convaincante pour avoir raison des doutes jetés par les *expressions imaginaires*, elle suffit pour Cauchy et ses émules à rendre moins contestables ces dernières et à organiser une future victoire qui, bien que n'étant pas du ressort de l'algèbre, saura convaincre un esprit imbu de rigueur, et ce malgré une introduction géométrique en algèbre. De nouvelles *quantités* sont nées, leur emploi conférera une « plus grande généralité » à l'algèbre, « une précision nouvelle ». Mais un prix reste à payer, rançon amère pour sortir de la violence visuelle que jetait le signe « $\sqrt{-1}$ » ou du simple mot « imaginaire » : il faut accepter de voir l'algèbre perdre une part de ses prérogatives au bénéfice de la géométrie. Ainsi, par exemple, le *théorème fondamental de l'Algèbre* devra sa confirmation à l'existence de *quantités géométriques*. Certes la victoire est d'importance, car, comme le dit Cauchy, la théorie des « expressions et des équations imaginaires » est rendue « rigoureuse ». Mais si la « grandeur dirigée » voit par là son règne s'accroître, le « nombre complexe » voit le sien singulièrement amputé et sérieusement compromis.

Cauchy poursuit le premier paragraphe de son chapitre en introduisant une autre conception qui fut introduite par Argand :

> « pour plus de généralité, dit-il, on pourra désigner encore, sous le nom de *quantité géométrique*, et à l'aide de la notation $r_p$ une longueur $r$ mesurée dans le plan fixe donné, à partir d'un point quelconque, mais dans une direction qui forme avec l'axe $OX$, ou avec un axe parallèle, l'angle polaire $p$. Alors le point à partir duquel se mesurera la longueur $r$, et le point auquel elle aboutira, seront l'*origine* et l'*extrémité* de cette longueur. »[176]

Résumons ces dernières informations par la figure suivante :

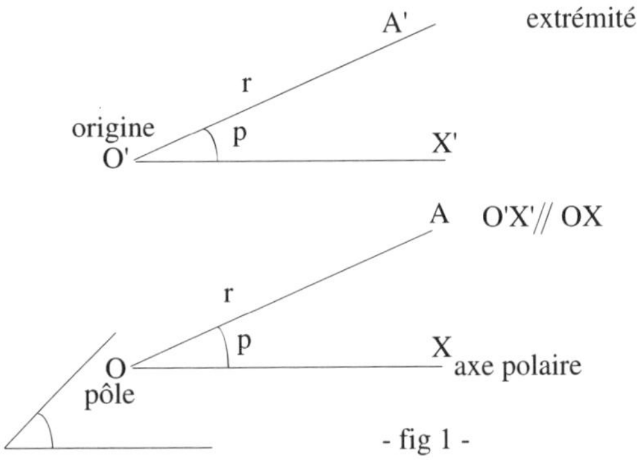


- fig 1 -

OA et O'A' représentent tous les deux la même « quantité géométrique $r_p$ ».

Le paragraphe qui suit définira ce que l'on appelle *somme*, *produit* et *puissance entière* de « quantités géométriques » mais on fera en sorte que ces définitions « s'accordent avec celles que l'on admet dans le cas où il s'agit simplement de quantités algébriques. »[177] Soit $r_p$, $r'_{p'}$, $r''_{p''}$, … des quantités géométriques représentées « en grandeur et en direction par les rayons vecteurs OA, OA', OA", ... »

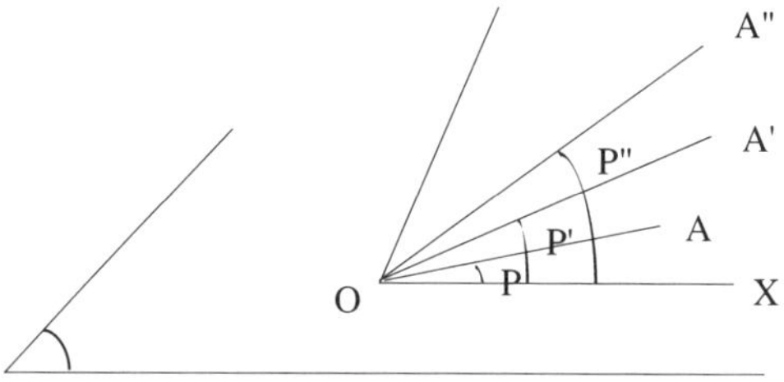


- fig. 2 -

La construction de la *somme* de ces *quantités géométriques* ne diffère pas de celles que l'on connaît déjà. L'opération qui permet d'obtenir une ligne brisée à partir de la situation décrite dans la figure 2 est totalement autorisée par ce que l'on vient d'apprendre et qui est résumé dans la figure 1. Afin de mieux nous remémorer cette construction, nous laisserons Cauchy l'expliquer :

> « ... concevons que l'on mène par l'extrémité *A* du rayon vecteur *OA* une droite *AB* égale et parallèle au rayon vecteur *OA'*, puis, par le point *B* une droite *BC* égale et parallèle au rayon vecteur *OA"*, ... et joignons le pôle *O* au dernier sommet *K* de la portion du polygone *OABC... HK* construite comme on vient de le dire. On obtiendra le dernier côté *OK* d'un polygone fermé dont les côtés seront *OA, AB, BC, ..., HK*. Or, ce dernier côté *OK* sera ce que nous appellerons la *somme* des quantités géométriques données, et ce que nous indiquerons par la juxtaposition de ces quantités, liées l'une à l'autre par le signe +, comme on a coutume de le faire pour une somme de quantités algébriques. En conséquence, si l'on nomme *R* la valeur numérique du rayon vecteur *OK*, et *P* l'angle polaire formé par ce rayon avec l'axe polaire, on aura,
>
> (1) $R_P = r_p + r'_{p'} + r''_{p''} + \ldots$ »[178]

Dès lors, il ne reste plus à Cauchy qu'à énoncer la règle générale qui résulte de cette construction[179] :

> « pour obtenir la somme de plusieurs quantités géométriques, il suffit de porter, l'une après l'autre, les diverses longueurs qu'elles représentent, dans les directions indiquées par les divers arguments, en prenant pour

177. *Ibid.*, p. 99.
178. *Ibid.*, p. 178.
179. *Ibid.*, p. 179.

origine de chaque longueur nouvelle l'extrémité de la longueur précédente, puis de joindre l'origine de la première longueur à l'extrémité de la dernière, par une droite qui représentera en grandeur et en direction la somme cherchée. »

Cauchy ne manquera pas de noter que si l'on projette « orthogonalement » la ligne polygonale précédente sur l'axe polaire *OX* et sur un axe fixe perpendiculaire à ce dernier, on obtient alors, à partir de l'équation (1), deux nouvelles équations,

(2) $R \cos P = r \cos p + r' \cos p' + r'' \cos p'' + \ldots$

et

(3) $R \sin P = r \sin p + \sin p' + r'' \sin p'' + \ldots$

lesquelles permettront de déterminer le *module R* et l'*argument P* de la somme des quantités géométriques considérées. Enfin, Cauchy achèvera ce survol de la somme en énonçant deux théorèmes, dont le second se déduit du premier, directement relié à des considérations sur les modules :

« Théorème I.
Le module de la somme de deux quantités géométriques est toujours compris entre la somme et la différence de leurs modules. »

Le lecteur comprendra immédiatement l'origine de ce théorème en se remémorant ses connaissances les plus élémentaires sur le triangle ; ici un tel triangle est bien sûr celui dont les deux côtés seraient deux *quantités géométriques*, leur *somme* représentant le troisième. Les cas limites qui échappent à ce type de représentation sont triviaux.

« Théorème II.[180]
Le module de la somme de plusieurs quantités géométriques ne peut surpasser la somme de leurs modules. »

Ce second théorème n'est en fait qu'une généralisation à plus de deux éléments du théorème I et, il suffit, fait remarquer Cauchy, de se reporter à une simple ligne polygonale *OABC... HK* fermée pour observer que le dernier côté, i.e. *OK*, ne saurait excéder en longueur « la somme de tous les autres ».[181]

Le « *produit* de plusieurs quantités géométriques » ne présente pas lui non plus de nouveauté par rapport à ce que l'on savait déjà : « ce sera une nouvelle quantité géométrique qui aura pour module le produit de leur module, et pour argument la somme de leurs argument. »[181] Ainsi,

(4) « $r_p r'_{p'}, r''_{p''} \ldots = (r r' r'' \ldots)_{p + p' + p'' + \ldots}$ »

180. *Ibid.*, p. 180.
181. *Ibid.*, p. 181.

sera dit le « produit » des quantités géométriques $r_p$, $r'_{p'}$, $r''_{p''}$, etc. Une opération qui nous avait déjà été mise en évidence est également soulignée par Cauchy, celle de la *distributivité* de la multiplication par rapport à l'addition :

> « Théorème III.
> Pour multiplier la somme
> $r_p + r'_{p'} + \ldots$
> de plusieurs quantités géométriques $r_p$, $r'_{p'}$ ... par le facteur géométrique $\rho_\varpi$, il suffit de multiplier chacun des termes qui la composent par ce même facteur. »[181]

c'est-à-dire :

$$\rho_\varpi (r_p + r'_{p'} + \ldots) = \rho_\varpi\, r_p + \rho_\varpi r'_{p'} + \ldots$$

soit, en tenant compte de la dernière définition résumée par l'égalité (4) :

$$\rho_\varpi (r_p + r'_{p'} + \ldots) = (\rho r)_{\varpi + p} + (\rho r')_{\varpi + p'} + \ldots$$

On étend facilement ce dernier théorème pour en obtenir un autre plus général :

> « Théorème IV.
> Le produit de plusieurs sommes de quantités géométriques est la somme des produits partiels que l'on peut former avec les divers termes de ces mêmes sommes, en prenant un facteur dans chacune d'elles. »[182]

soit (pour simplifier on prendra le produit de trois sommes de deux termes) :

$$\begin{aligned}
&(r_p + r'_{p'})(s_q + s'_{q'})(t_u + t'_{u'})\\
&= r_p(s_q + s'_{q'})(t_u + t'_{u'}) + r'_{p'}(s_q + s'_{q'})(t_u + t'_{u'})\\
&= r_p[s_q(t_u + t'_{u'}) + s'_{q'}(t_u + t'_{u'})] + r'_{p'}[s_q(t_u + t'_{u'}) + s'_{q'}(t_u + t'_{u'})]\\
&= r_p[s_q t_u + s_q t'_{u'} + s'_{q'} t_u + s'_{q'} t'_{u'}] + r'_{p'}[s_q t_u + s_q t'_{u'} + s'_{q'} t_u + s'_{q'} t'_{u'}]\\
&= r_p[(st)_{q+u} + (st')_{q+u'} + (s't)_{q'+u} + (s't')_{q'+u'}]\\
&+ r'_{p'}[(st)_{q+u} + (st')_{q+u'} + (s't)_{q'+u} + (s't')_{q'+u'}]\\
&= r_p(st)_{q+u} + r_p(st')_{q+u'} + r_p(s't)_{q'+u} + r_p(s't')_{q'+u'}\\
&+ r'_{p'}(st)_{q+u} + r'_{p'}(st')_{q+u'} + r'_{p'}(s't)_{q'+u} + r'_{p'}(s't')_{q'+u'}\\
&= (rst)_{p+q+u} + (rst')_{p+q+u'} + (rs't)_{p+q'+u} + (rs't')_{p+q'+u'}\\
&+ (r'st)_{p'+q+u} + (r'st')_{p'+q+u'} + (r's't)_{p'+q'+u} + (r's't')_{p'+q'+u'}.
\end{aligned}$$

De nombreux résultats plus directement liés aux *puissances* d'une quantité géométrique ne méritent pas ici une attention particulière, car ils sont dus à Mourey et exprimés sous une même forme. Précisons

182. *Ibid.*, p. 182.

néanmoins que Cauchy contrairement à Mourey ne s'encombre pas d'un vocabulaire nouveau, il utilise, on aura déjà pu s'en convaincre, des expressions propres aux *quantités algébriques* en leurs donnant, à la manière de Wessel, une signification plus étendue. Ainsi, par exemple,

> « deux quantités géométriques seront dites *opposées* l'une à l'autre, lorsque leur somme sera nulle, et *inverses* l'une de l'autre, lorsque leur produit sera l'unité. »[183]

On remarquera au passage que Cauchy ne cherche pas au préalable à énoncer ce qu'il faut entendre par les mots « nulle » et « unité », leur sens est tacite dans la mesure où il nous a appris précédemment que le « produit » et la « somme » de « quantités géométriques » correspondent à une autre quantité géométrique ; d'autre part on sait que la notion de quantité géométrique renferme celles de « quantité algébrique » et de « quantité arithmétique ou nombre ». Enfin, on sait aussi que, par convention, « $r_0 = r$ ». Par conséquent, les notations « 0 » et « 1 » se révèlent parfaitement significatives pour représenter les mots précédents. Cauchy expliquera tout aussi simplement les opérations inverses de l'addition, de la multiplication ou de l'élévation aux puissances[184]. Par exemple :

> « Théorème I
> Pour soustraire une quantité géométrique, il suffit d'ajouter la quantité opposée »[185],

soit :

$$(1) \qquad r_p - s_q = r_p + (-s_q) = r_p + s_{q+\pi}.$$

> « Théorème II
> Pour diviser par une quantité géométrique, il suffit de multiplier par la quantité inverse »,

soit :

$$(2) \qquad \frac{r_p}{s_q} = r_p \cdot s_q^{-1}.$$

L'égalité (1) nous montre que l'on peut utiliser les quantités géométriques en les faisant précéder des signes opérationnels, et ce isolément. Cauchy nous permet de procéder ainsi grâce entre autres à la déclaration suivante :

183. *Ibid.*, p. 182.
184. *Ibid.*, p. 183.
185. Les égalités (1) et (2) sont établies uniquement en tenant compte des notations et des concepts introduits par Cauchy.

« Lorsque, dans une somme ou différence de quantités géométriques, quelques-unes s'évanouiront, on pourra se dispenser de les écrire. Donc, la somme et la différence des quantités géométriques O et $r_p$ pourront être représentées simplement par $+ r_p$ et $- r_p$ ; et l'on aura, eu égard au théorème I[186],

$$+r_p = r_p\,,\ -r_p = r_{p+\pi}\,.$$ »[187]

Une remarque s'impose de nouveau. Cauchy nous annonce dès le début de son étude que les quantités géométriques renferment les quantités algébriques, or une quantité algébrique est une grandeur « qualifiée », c'est-à-dire, précédée des signes « + » ou « – ». D'autre part, une quantité géométrique représentée en général par l'expression « $r_p$ » se suffit à elle-même, par convention et par définition, pour, suivant les valeurs de son argument et les valeurs de son module, décrire toutes les quantités positives et négatives. Ainsi, on l'a vu, $r_0 = +r$ et $r_\pi = -r$, et ce quelle que soit la valeur du module $r$. De plus, on sait que lorsque « $r$ » n'est précédé d'aucun signe, on a alors affaire à une « quantité arithmétique ou nombre ». On constate par conséquent que l'utilisation des signes « + » ou « – » dans le cas des quantités géométriques est superflue ; on comprend bien la raison de leur existence lorsque l'on se reporte au propos précédent de Cauchy. Mais, on retrouve là encore la force que peuvent avoir des simplifications coutumières sur les propositions les plus volontairement et ouvertement déclarées rigoureuses. On a, dans l'écriture « $+r_p = r_p$ » la même simplification redoublée, celle qui est exprimée et celle qui suppose que $r_0 = r$. Non pas qu'il s'agisse ici exclusivement d'un *nombre*, on a plutôt affaire à une « quantité algébrique », compte tenu de la tacite réduction « $+r = r$ », i.e. de l'identification non exprimée entre une « quantité algébrique » (ici, en l'occurrence, d'une *quantité positive*) et un *nombre*. Bien sûr, Cauchy nous dit que la notion de « quantité arithmétique ou nombre » est « renfermée elle-même, comme cas particulier, dans la notion de quantité algébrique ». Mais, si cette phrase permet d'envisager l'ébauche d'une résolution au problème soulevé, elle ne le résout pas et laisse subsister, en faisant jouer des rôles distincts aux quantités *positives* et *négatives*, un manque de précision qui s'accorde mal avec les exigences de rigueur déclarées par l'auteur.[188]

Les éléments qui constituent la dernière partie du *Mémoire* sont de deux espèces. Les premiers, plus directement liés aux « racines $n^{\text{ièmes}}$ d'une quantité géométrique », ne sont pas nouveaux ; le seul fait

---

186. Cf. ci-dessus.

187. *Ibid.*, p. 184.

188. Le problème ne se serait pas posé sur un tel plan si Cauchy avait, au cours de son mémoire, « convenu » explicitement de l'identité « $+ r = r$ ».

de les voir réunis en une brève et claire exposition constitue un réel progrès. Les seconds mettent en jeu des concepts qui n'ont pas vraiment été abordés par les prédécesseurs de Cauchy et dans les développements des « fonctions entières » et des « équations algébriques ».

De nombreux autres *Mémoires* sur les *quantités géométriques* seront publiés par Cauchy. À titre indicatif, et pour mieux se rendre compte de l'importance qu'il leur accorda, on dira simplement qu'ils occupent plus de la moitié d'un des tomes de ses *Œuvres Complètes*. L'un d'entre eux, intitulé *Mémoire sur la quantité géométrique* $i = 1_{\frac{\pi}{2}}$ *et sur la réduction d'une quantité géométrique quelconque à la forme* $x + yi$ »[189], nous a paru plus important à cause de sa référence à la « lettre *i* ».

On conclura cette analyse partielle de la *théorie des quantités géométriques* en disant simplement que si Cauchy ne parvient pas à fonder totalement la théorie géométrique qu'il escomptait et à fonder à partir d'elle un *calcul vectoriel*, qui restera, vu le peu d'éléments obtenus, très en-deçà des conceptions et réalisations de Saint-Venant[190], Hamilton et Grassmann[191] exprimées à la même époque, il a, néanmoins le mérite d'être, par l'importance de ses travaux et de sa notoriété mathématique, celui qui aura, en France, balayé les derniers obstacles s'opposant à l'utilisation des nombres complexes et à leur représentation géométrique.

Une autre voie, la dernière après celle de Gauss et de Cauchy, aura eu raison entre-temps de l'obstacle le plus difficile : celui du *statut arithmétique* des *imaginaires*. Grâce à elle, l'*existence mathématique* du *nombre complexe* sera définitivement prouvée. C'est à cette réussite qu'est destinée le quatrième chapitre de cette étude.

---

189. Cauchy, *O.C.* (2e s.), t. XIV, pp. 241-249.

190. « Mémoire sur les sommes et les différences géométriques et sur leur usage pour simplifier la Mécanique » (présenté le 15 septembre 1845), *C. R.* Académie, t. XXI, pp. 621-625.

191. Dans un de ses derniers *Mémoires*, intitulé *Sur les clefs algébriques* (Cauchy, *O.C.* (2e s.), t. XIV, pp. 417-466) et présenté en 1853, Cauchy parviendra à mettre en évidence des principes très voisins de ceux de l'*algèbre extérieure de Grassmann* et établira avec ses « clefs algébriques » des relations identiques à celles que Hamilton, plus tôt, avait trouvées avec ses quaternions.

*Chapitre 4*

# William Rowan Hamilton et la généralisation algébrique

*Each mathematician for himself and not anyone for any other, nor even all for one, must tread that more than Royal road which leads to the palace and sanctuary of mathematical truth. Each for himself in his own person all being must awaken and call forth to mental view the original intuitions of Time and Space ; must meditate himself on those eternal forms, and follow for himself that linked chain of thought, which leads from principles inherent in the child and in the peasant, from the simplest notions and marks of temporal and local site, from the questions* when *and* where *to results so varied, so remove, and seemingly so inaccessible, that the mathematical intellect of fullgrown and fully cultivated man cannot reach and pass them without wonder and something of awe.*

William Rowan HAMILTON

« Discours devant la British Association »
10 août 1835 (Cf. R.P. Graves, vol. II, p. 151).

### *1 - Les mathématiques en Angleterre : le courant novateur*

La troisième étape fondamentale, après celles qu'illustrèrent Gauss en Allemagne et Cauchy en France, vers une acceptation définitive des entités mathématiques que l'on appelle communément aujourd'hui les *nombres complexes*, nous conduit Outre-Manche avec W. R. Hamilton.

Gauss et Cauchy, les plus éminents représentants de la science de leur pays, surent vaincre leur première et explicable réticence et convaincre leurs contemporains de l'importance des « quantités imaginaires ». Ils conduisirent l'un comme l'autre, grâce à leur adhésion, leurs lecteurs également indécis à tenir le plus grand compte de l'apport inappréciable que l'on pouvait attendre de la représentation géométrique des susdites quantités dans les *sciences analytiques* d'abord conçues sur un volontaire refus de prendre en considération toute conception géométrique (jugée alors sans appel « étrangère » à ces dernières).

Par leurs écrits, et au regard de leurs respectifs prédécesseurs, ils font tous les deux figures d'hommes de transition : ils abordent au cours de leurs œuvres les imaginaires successivement sous l'angle *algébrique* et sous l'angle *géométrique*. Cauchy parle d'*expressions symboliques* puis de *quantités géométriques* ; Gauss marque une subtile distinction entre la *quantité imaginaire* et le *nombre complexe*. Tous deux cherchent une *justification algébrique* des imaginaires mais reconnaissent finalement la légitimité et l'indispensable utilité de leurs représentations géométriques.

Leurs travaux sur les imaginaires ainsi que ceux de leurs prédécesseurs, connus ou méconnus, tels Wessel, Argand, Français, Servois, Gergonne, Warren, Mourey, ... font croître au-delà de l'imaginable les frontières d'une nouvelle Analyse. Mais leurs influences, tout au moins dans le premier XIXe siècle, participent davantage au développement de l'aspect *vectoriel* (géométrique) de la grandeur complexe, à la mise en valeur d'une nouvelle entité mathématique, courant dans lequel pourraient prendre place le *Calcul barycentrique*[1] de A. F. Möbius, la *Méthode des équipollences* de G. Bellavitis[2], et d'autres, plutôt qu'à l'élaboration de l'*Algèbre abstraite*. Autrement dit, tous ces auteurs, malgré l'importance de leurs conceptions et leur intérêt marqué pour les représentations géométriques des *quantités imaginaires* n'eurent pas raison de toutes les difficultés qui s'oppo-

---

1. A.F. Möbius, *Der barycentrische Calcul : Ein neues Hülfsmittel zur analytischen Bedandlung der Geometrie dargestellt und insbesondere auf die Bildung neuer Classen von Aufgaben die Entwicklung mehrerer Eigenschaften der Kegelschnitte*. Leipzig, 1827 ; *Gesammelte Werke*, 4 vol., Leipzig, 1885-1887, en part. t. I. Son étude remonte en fait à 1818.

2. *Metodo delle equipollenze* (1837). Son étude commença dès 1832.

saient à l'élucidation complète des nombres complexes. Une voie restait à ouvrir, celle qui s'affirme avec W. R. Hamilton et que l'on qualifierait d'*arithmétique* bien qu'elle soit plus proprement *algébrique*.

Avant d'aborder succinctement l'œuvre de ce savant qui, à l'égal des grands esprits de son temps, exerce son génie dans les sciences les plus diverses tout en faisant preuve d'une connaissance étendue des langues, des lettres et de la poésie, il peut sembler opportun de développer d'une manière assez nette une problématique sur les mathématiques des XVIIe et XVIIIe siècles. Cette problématique nous permettra ensuite de situer cet homme dans son contexte, d'apprécier l'ampleur de son effort, de voir en quoi l'originalité de sa contribution donnera *a posteriori* raison aux doutes et aux réticences qu'eurent, entre autres, Gauss[3] et Cauchy[4], et nous conduira naturellement à porter avant tout une attention particulière sur le développement mathématique Outre-Manche et plus particulièrement sur ce que l'on appelle souvent l'*École algébrique anglaise*[5].

Le développement que nous venons d'achever sur l'histoire des représentations géométriques des nombres complexes pourrait sembler conclure qu'on a enfin trouvé la solution à un problème posé : présenter une preuve de l'*existence réelle* des quantités imaginaires.

Si telle était la conclusion, rien ne nous empêcherait de mettre un point final à cette étude. Mais c'est oublier que, face à une acceptation croissante des nombres imaginaires, deux hommes d'importance considérable, Gauss et Cauchy, émirent des réserves fondées qu'ils ne surent pas faire disparaître malgré leur tardive adhésion au point de vue de la majorité de leurs contemporains. Leur acceptation s'explique : il manquait à Gauss et à Cauchy des outils qui étaient en train d'être forgés pour convaincre pleinement leur auditoire.

Les constructions géométriques, bien que se révélant d'une grande utilité pour faire progresser l'acceptation de la *réalité* des nombres *imaginaires*, masquèrent pendant longtemps l'état précaire dans lequel se trouvaient les bases de l'arithmétique, dont la solidité présentait une grande fragilité.

Une des études les plus sérieuses visant cette restauration, et qui allait apporter dans sa suite les éléments qui firent défaut à Gauss et à Cauchy, fut entreprise par George Peacock. Il considéra que l'algèbre devait être observée sous deux points de vue distincts. Dans ce but, il

---

3. Il écrivait : « La véritable nature métaphysique de $\sqrt{-1}$, nous échappe toujours » (cf. Musès, *ibid.*, p.78).

4. Il considéra longtemps la représentation géométrique « comme un artifice logique apte à ôter à la théorie des nombres imaginaires toute trace de paradoxe » (Loria, G., *Scientia*, 21 (1917), p. 56).

5. Nous donnerons à cette expression le sens le plus large que lui conféra L. Novy.

élabora une différenciation entre l'*Algèbre arithmétique* et l'*Algèbre symbolique*. Comme nous aurons à revenir sur cette habile distinction, nous ne chercherons pas à juger de sa pertinence, plutôt est-il bon de souligner que c'est ce genre d'étude, premier pas significatif vers l'abstraction, qui permettra de pouvoir forger une théorie consistante des nombres complexes. Les travaux effectués sur la nature même des opérations par des mathématiciens comme De Morgan, Boole, etc., les premiers bâtisseurs de la logique mathématique, permettront la compréhension définitive des nombres complexes et révèleront leur nature symbolique en se combinant aux découvertes de Hamilton.

Comme nous avons déjà pu le constater, les XVI^e^, XVII^e^ siècles et plus particulièrement le XVIII^e^ siècle sont le théâtre de nombreux paradoxes. Ceux-ci sont souvent le résultat de vagues analogies ou, ce qui est plus grave, les conséquences d'une application inconsciente (comme le dit explicitement E. Study[6]) du « principe de permanence » formulé par Peacock[7] (que nous verrons plus en détail dans les pages suivantes). Ce principe énonce que « si une expression est algébriquement équivalente à une autre, elle continuera à l'être, quelle que soit la signification attribuée aux symboles »[8]. On comprendra définitivement son sens en précisant qu'un tel principe permettait à son auteur d'établir un passage entre ses deux algèbres.

Il va de soi que ce principe de permanence n'était pas exprimé au XVIII^e^ siècle, et que par la suite il était utilisé implicitement sans qu'on en connût les conditions. Ainsi s'explique, sous la plume des plus grands auteurs, certains résultats ou raisonnements paraissant aberrants à un mathématicien débutant d'aujourd'hui.

Même Euler, à qui nous devons la théorie des logarithmes des nombres imaginaires, n'échappe pas à des errements. On lit dans ses *Elémens d'Algèbre,* à la note 147, l'énoncé très clair suivant :

> « ...comme $-a$, signifie autant que $+a$ multiplié par $-1$, et que la racine quarrée d'un produit se trouve en multipliant ensemble les racines des facteurs, il s'ensuit que la racine de $a$ multipliée par $-1$, ou $\sqrt{-a}$, est autant que $\sqrt{a}$ multiplié par $\sqrt{-1}$. Par cette raison donc, $\sqrt{-4}$ est autant que $\sqrt{4}$ multiplié par $\sqrt{-1}$, et autant que $2.\sqrt{-1}$, à cause de $\sqrt{4}$ égal à 2. Par la même raison $\sqrt{-9}$ se réduit à $\sqrt{9}.\sqrt{-1}$, ou à $3.\sqrt{-1}$ ; et $\sqrt{-16}$ signifie $4.\sqrt{-1}$ ».

Mais dans la note suivante nous trouvons ces résultats :

---

6. *Op. cit.*, p. 334.

7. Nous ne chercherons pas à faire de commentaire sur les formulations très précises de ce principe qui furent données vers la fin du XIX^e^ siècle par H. Hankel.

8. G. Loria, *op. cit.*, p. 62.

(Note 148) : « De plus, comme $\sqrt{a}$ multiplié par $\sqrt{b}$ fait $\sqrt{ab}$, l'on aura $\sqrt{6}$ pour la valeur de $\sqrt{-2}$ multiplié par $\sqrt{-3}$ ; et $\sqrt{4}$ ou 2, pour la valeur ou produit de $\sqrt{-1}$ par $\sqrt{-4}$. »[9]

Si Euler avait suivi sa règle énoncée dans la note 147, il aurait dû poser :

$$\sqrt{-2} = \sqrt{2}.\sqrt{-1}$$
$$\sqrt{-3} = \sqrt{3}.\sqrt{-1}$$
$$\sqrt{-4} = \sqrt{4}.\sqrt{-1} = 2\sqrt{-1}$$

et obtenir pour les produits les résultats suivants :

$$\sqrt{-2}.\sqrt{-3} = -\sqrt{6} \qquad = \sqrt{6}$$

et non

$$\sqrt{-1}.\sqrt{-4} = -\sqrt{4} \qquad = \sqrt{4}$$

Il semble assez surprenant que ces deux notes se suivent. Faut-il croire qu'une telle mise en page n'est pas le fait d'Euler ? Ces notes semblent avoir été écrites à des époques différentes, la seconde paraissant très largement antérieure à la première.

Mais si cette disposition de notes est correcte, conforme à la pensée de leur auteur, elle signale l'extension abusive d'une opération (l'extraction d'une racine carrée). Euler considère que l'égalité $\sqrt{ab} = \sqrt{a}\,.\,\sqrt{b}$ est toujours vraie, quels que soient les nombres $a$ et $b$. Ces calculs effectués vers 1740 montrent que Euler avait encore inconsciemment dans l'esprit l'image de $\sqrt{-1}$ comme étant la « racine carrée du nombre –1 » et non le symbole $i$. En d'autres termes, il voyait là une opération et non une « unité imaginaire ». Huit ans plus tard dans son *Introductio in Analysis Infinitorum*, il utilise $i$ pour représenter tantôt un infinitésimal, tantôt un infini et tantôt un entier positif ; mais déjà on pouvait trouver (p. 296) une première expression de $i$ ayant la signification que nous lui connaissons de nos jours :

> « Cum enim numerorum negativorum Logarithmi sint imaginarii, (...) erit 1.–$n$, quantitas imaginaria, quae sit = $i$. »

## *Une révolution conceptuelle*

La désignation de $\sqrt{-1}$ comme étant $i$, est définitivement donnée par Euler dans son article *De formulis differentialibus angularibus maxime irrationalibus, quas tamen per logarithmus et arcus circulares*

9. Cette erreur n'apparaît pas dans l'édition de 1807, mais la correction faite par le traducteur pose un problème logique en n'obéissant pas à la forme générale : $\sqrt{a}\cdot\sqrt{b} = \sqrt{ab}$. Une forme générique est mise en évidence avec des symboles (représentant des nombres quelconques) non « qualifiés ». En fait, on a bien $\sqrt{-2}\cdot\sqrt{-3} = \pm\sqrt{6}$, mais $\sqrt{-2}$ (par exemple) ne spécifie pas laquelle on a des deux racines de –2.

*integrae licet, MS. Academiae (St. Petersbourg) exhibit. die. 5 mai. 1777*[10], où il énonce :

> « ... formulam $\sqrt{-1}$ littera $i$ in posterum designabo, ita ut sit $ii = -1$, ideoque $\frac{1}{i} = -i$ (...) loco cos. has duas partes substituamus
>
> $$\frac{1}{2}(\cos\cdot\ \varphi + i\sin\cdot\ \varphi) + \frac{1}{2}(\cos\cdot\ \varphi - i\sin\cdot\ \varphi)$$
>
> constat autem esse
>
> $$(\cos\cdot\varphi + i\sin\cdot\ \varphi)^n = \cos\cdot\ n\varphi + i\sin\cdot\ n\varphi\ (...)$$
>
> ubi tam $x$ quam $y$ imaginaria involvit, hanc ob rem ponamus brevitatis gratia $x = r + is$, $y = r - is$ ».

Nous venons ainsi d'assister à une évolution conceptuelle du *nombre imaginaire*. Il apparaît au XVI^e^ siècle au cours de la résolution du *cas irréductible* de Cardan, où il commence d'avoir un caractère opérationnel et pourtant reste un *impossible* après avoir été un *sophistique*. Il est impossible, en effet, d'extraire la racine carrée d'un nombre négatif[11]. La seconde étape, celle des premières représentations géométriques, reste dans la même optique. Les nombres imaginaires $\sqrt{-3}$, $\sqrt{-2}$, etc. ainsi écrits, se trouvent interprétés comme ces moyennes proportionnelles entre $-3$ et $+3$, $-2$ et $+2$, etc. et représentés sur un axe perpendiculaire à celui des nombres réels. La troisième étape voit l'isolement de $\sqrt{-1}$. Ce signe est alors dit représenter le caractère « imaginaire » des nombres ainsi dénommés. On n'échappe pas encore dans cette nouvelle évolution à la logique de la conception de la première étape.

Dans une quatrième étape, on assiste à la rupture de cette progression linéaire, le nombre imaginaire se débarrasse de ce radical trop évocateur. $\sqrt{-1}$ se libère ainsi de sa dangereuse interprétation et ne devient qu'une simple lettre $i$, dont la seule propriété est d'avoir un carré égal à $-1$.

Nous constatons donc que cette évolution est en fait une *révolution* (retour à l'origine) que nous pourrions représenter par le schéma suivant :

---

10. Cité par W.W. Beman ; *A.L.S.B.* (2) 4 (1898), p. 274.

11. On comprend bien qu'il n'est pas concevable historiquement de dire que la racine carrée de $-3$ est $+\sqrt{3}\cdot\sqrt{-1}$

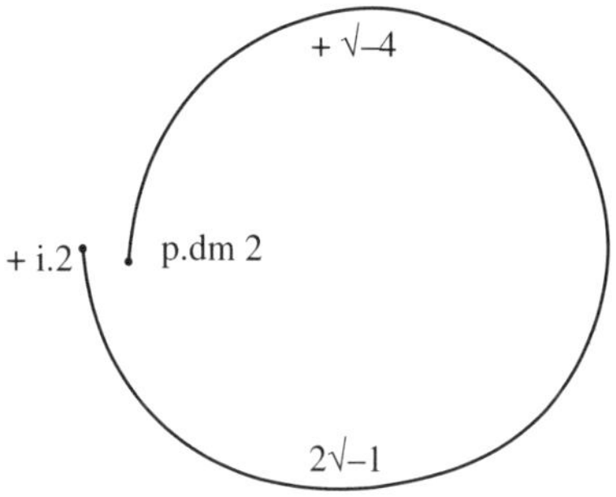


**Étapes :**

| | | |
|---|---|---|
| I. | p.dma : | m.dma : |
| II. | $+\sqrt{-a^2}$ : | $-\sqrt{-a^2}$ : |
| III. | $+\sqrt{-1}.\sqrt{a^2}$ : | $-\sqrt{-1}.\sqrt{a^2}$ : |
| IV. | $+$ ia : | $-$ ia |

On revient au *più di meno* et au *meno di meno* créés par Bombelli vers 1545.

> « Les continuateurs de sa théorie ont cru avoir réalisé un très remarquable progrès en revenant à la notation que Bombelli avait rejetée comme impropre après s'en être tout d'abord servi. On a voulu en effet substituer au « dm »[12] de Bombelli le signe $\sqrt{-1}$, et aux signes numériques dm.a, –dm.a, les notations $+\sqrt{-a^2}$, $-\sqrt{-a^2}$, sans s'apercevoir que, de cette manière, on employait abusivement le signe de racine, et que cela conduisait à un usage nécessairement fautif des propriétés formelles du calcul des radicaux arithmétiques. »[12]

Cette transformation de $\sqrt{-1}$ en *i*, qui est surtout l'œuvre de Euler, traduit avec beaucoup d'acuité le point sur lequel nous tenons à insister : dans le dernier tiers du XVIII^e^ siècle, la réflexion mathématique s'oriente sur de nouveaux objets ; le champ exclusif de l'application paraît céder le pas à des réflexions plus théoriques. Cette constatation permet de jeter une passerelle entre un XVIII^e^ et un XIX^e^ siècles que l'on nous présente trop souvent coupés l'un de l'autre.

On observe dans les XVII^e^ et XVIII^e^ siècles beaucoup d'autres pratiques mathématiques qui pourraient faire l'objet de cette même analyse. À titre d'exemple voyons brièvement quelques-unes d'entre elles.

Nous avons déjà pu constater dans les pages précédentes que les mathématiciens de la fin du XVII^e^ et du début du XVIII^e^ siècles ne s'encombraient guère de considérations critiques sur la nature des développements en séries dont ils faisaient un usage fréquent dans leurs démonstrations. Nous préciserons cependant que le manque de rigueur qu'on serait tenté de leur attribuer est en grande partie dû à l'emploi qu'ils faisaient d'exemples particuliers pour aboutir à une conclusion générale.

---

12. Bortolotti, E. *Scientia* 33 (1923), pp. 385-395.

Nous pourrions à titre d'indication préciser un tel cas particulier qui s'avère être en réalité l'expression d'une relation générale non formalisée.

On pourrait croire que, au XVI^e^ siècle, on ignore l'identité formelle :

I $(a + b)^2 = a^2 + 2ab + b^2$

en effet, nous rencontrons assez fréquemment des expressions comme :

II $(2 + 3)^2 = 2^2 + 2x(2.3) + 3^2$

III $(2 + 4)^2 = 2^2 + 2x(2.4) + 4^2$

au cours de démonstrations ; or, de telles relations traduisent assez nettement la connaissance implicite de la relation (I) même si celle-ci n'est pas énoncée. Le souci de conserver la forme du deuxième membre de l'égalité est suffisamment évocateur à ce sujet. En fait, les égalités (II) et (III) sont en quelque sorte la traduction de la phrase : le carré de la somme de deux nombres est égal à la somme des carrés de ces nombres ajoutée à leur double produit.

Une telle conclusion ne serait pas énoncée, si on avait établi une relation, dans l'expression (III) entre 2 et 4. Cet *exemple générique* permet donc d'atteindre une conclusion tout aussi générale que celle que l'on aurait obtenue en utilisant l'identité remarquable (I).

Bien sûr, d'autres démonstrations présentent un manque de rigueur incontrôlable qui poussera G. Berkeley en 1734 dans un pamphlet (*The Analyst...*) à critiquer « la faiblesse logique des modes de présentation habituels, en particulier l'emploi fréquent de l'induction. »[13]

## *À propos des séries*

Au cours des XVII^e^ et XVIII^e^ siècles, de nombreuses études sont faites sur les séries par des mathématiciens tels que Wallis, B. Taylor, T. Simpson, Mac-Laurin (nous marquons ici une certaine réticence dans notre constat à cause des travaux plus théoriques de Newton, Mercator et Gregory). Dans leurs calculs, ils utilisaient indifféremment des séries convergentes ou divergentes sans la moindre difficulté apparente. Souvent même une série se résumait à ses premiers termes et donc ne soulevait aucun problème de convergence. On peut, à la limite, considérer que la grande majorité utilisait les séries comme si elles étaient toutes convergentes. F. Nicole, par exemple, nous révèle cette pratique en ne considérant jamais le terme général d'une série.

---

13. Taton, R. *Histoire générale des sciences* (1957-1964), t. II, p. 439.

D'autre part, l'usage avant l'heure de séries formelles devait les conduire à des difficultés comme, par exemple, celles-ci :

I. Reprenons l'égalité formelle suivante :

$$\frac{1}{1-x} = 1 + x + x^2 + \ldots + x^m + \ldots$$

Ils considéraient, comme nous l'avons déjà précisé, que quelle que soit la valeur de $x$, cette égalité avait lieu. Pour sortir de l'impasse dans laquelle les entraînaient les valeurs de $x$ supérieures à 1, ils furent amenés à se demander « À quel signe reconnaîtra-t-on si une série a une somme finie ou infinie ? »

Euler répondit à la question, mais d'une manière qui ne put convaincre tous ses confrères.

> « Une série aura une somme finie, lorsqu'étant prolongée au-delà de l'infini, ce qui en résulte n'y ajoute rien ; et au contraire elle aura une somme infinie, si étant prolongée au-delà de l'infini (sic) il en résulte une addition à faire à la série ».[14]

Montucla nous explique comment Mac-Laurin envisageait le problème et la réponse qu'il y apportait :

> « Si sur une ligne droite infiniment prolongée et divisée en parties égales, réputées l'unité, on élève à chaque point de division des perpendiculaires égales aux termes de la série proposée et que de chaque sommet de ces perpendiculaires on mène des parallèles à l'axe, terminées chacune à la prolongation de la suivante, on aura autant de rectangles qui représenteront les termes de la série. Qu'on fasse ensuite ou qu'on conçoive une courbe passant par les sommets de ces perpendiculaires, il en résultera une courbe ayant son axe pour asymptote, puisque ces termes décroissent jusqu'à devenir moindres que toute quantité donnée. D'un autre côté il est aisé de voir que l'aire de cette courbe est moindre que la somme de tous ces rectangles, de la quantité de tous les petits triangles mixtilignes qui se trouvent au-dessus de la courbe et dont la somme est quelque peu plus grande que la moitié du premier terme. Car si au lieu de ces triangles on prenoit des petits rectangles dont ils sont les moitiés, il en résulteroit une somme égale à ce premier terme.
>
> Si donc l'aire infiniment prolongée de cette courbe était infinie, on en devra dire autant de la somme de la série proposée, et au contraire. »[15]

Montucla, comme pour donner une plus grande clarté à cette explication, l'enrichit d'un exemple :

> « ... l'hyperbole ordinaire est la limite entre toutes les hyperboles des degrés supérieurs, en ce qui concerne l'infinité ou non-infinité des aires

---

14. Montucla, *Histoire des Mathématiques* (réimp. 1968), t. III, p. 236.
15. *Ibid.*, t. III, p. 237.

comprises entre les branches de ces hyperboles et leurs asymptotes. Toutes celles qui passent entre l'hyperbole ordinaire et son asymptote, ont des aires finies de ce côté, et toutes celles qui passent au-delà ont des aires infinies. C'est pourquoi si une série ayant avec celle-ci $1+\frac{1}{2}+\frac{1}{3}+\frac{1}{4}$ + etc. un ou deux termes communs, a ensuite tous les autres moindres que leurs correspondants dans cette série, sa somme entendue dans le sens ordinaire sera finie ou aura une limite ...

Par exemple $1+\frac{1}{2}+\frac{1}{2\cdot 3}+\frac{1}{3\cdot 4}+\frac{1}{4\cdot 5}$ + etc, = 2. »[16]

L'autre exemple est beaucoup plus évocateur et les incitera à entreprendre une recherche approfondie sur la nature même des séries.

II. Les trois opérations

$1-1+1-1+1-1+\text{etc.}$

$1+0-1+1+0-1+1+\text{etc.}$

$1+0+0-1+1+0+0-1+\text{etc.}$

auraient dû, alors, avoir la même somme ; or la première était égale à $\frac{1}{2}$, la seconde à $\frac{2}{3}$ et la troisième à $\frac{3}{4}$.

Les premières démarches et les critères obtenus pour une telle étude furent données par d'Alembert et Euler. À ce premier travail de dégrossissement succédèrent les recherches plus précises du XIX^e^ siècle où l'on mettra définitivement en valeur les notions de convergence simple, normale, absolue et uniforme.

À la fin du XIXe siècle, par un juste retour des choses, on cessera de privilégier les séries convergentes, qui servirent à lever certains paradoxes et on s'intéressera avec profit aux séries divergentes qu'Abel avait (1826) qualifié de « diaboliques »[17], considérant que c'était « une honte d'oser bâtir sur elles une démonstration. En les utilisant, on peut obtenir ce que l'on veut... »

## *Représenter les racines d'une équation*

Un autre problème, bien que directement lié à la représentation géométrique des nombres imaginaires, a beaucoup préoccupé les mathématiciens tant au XVIIe qu'au XVIIIe siècle.

---

16. Notons au passage que la règle de Montucla est fausse ; par exemple, $\sum_{n=2}^{\infty}\frac{1}{n\log\cdot n}=\infty$ (p. 237).

17. Taton, A., *op. cit.*, tome 3, pp. 53-54 et 55.

Toute équation peut être exprimée comme une égalité dont le deuxième membre est nul. Si dans le premier membre d'une équation on fait varier le terme constant, l'ensemble du polynôme variant ainsi est une fonction représentable par une courbe. Sur cette courbe, une construction géométrique faisait apparaître les solutions réelles, par exemple $x^2 + x - 2 = 0$ dont les racines sont $x_1 = 1$ et $x_2 = -2$, serait représentée par la construction suivante :

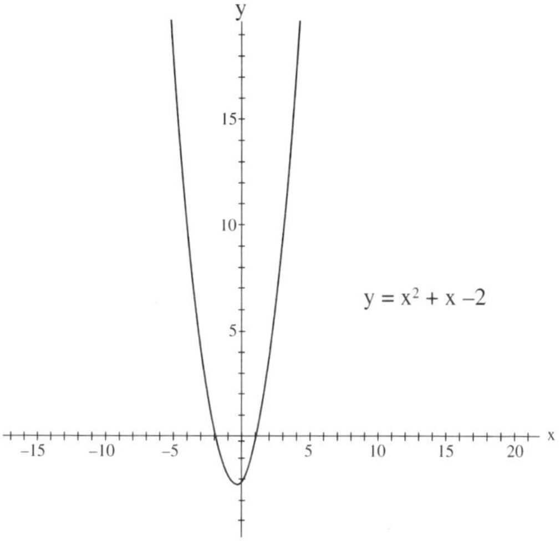


tandis que pour $x^2 + x + 2 = 0$ dont les racines sont $x_1 = \dfrac{-1 - i\sqrt{7}}{2}$ et $x_2 = \dfrac{-1 + i\sqrt{7}}{2}$ ; une même construction géométrique donnait :

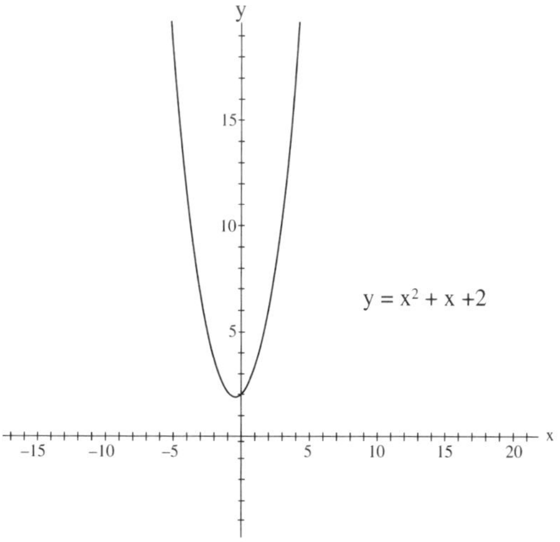

et, de fait, ne révélait pas dans l'espace cartésien les racines de cette dernière équation.

Bien que ne répondant pas exactement aux problèmes posés, Montucla nous transmet une méthode géométrique propre à la « découverte des racines imaginaires d'une équation proposée », en choisissant à cet effet l'équation du second degré $x^2 - 2x + 2 = 0$ dont il connaît les racines $1 - \sqrt{-1}$ et $1 + \sqrt{-1}$ :

> « Supposons $y = x^2 - 2x + 2$ et, en suivant ce qu'on a dit plus haut, on trouvera que la courbe parabolique représentative de cette équation sera celle de la figure 1 où l'on voit que cette courbe présente à son axe, qu'elle ne coupe nulle part, un ventre ou convexité, d'où résulte qu'en cet endroit il y a pour la valeur d'$y$, un minimum. Or, on la trouve par le calcul différentiel, égale à 1. Ceci nous suggère que pour trouver dans une équation du second degré, si elle a des racines imaginaires, il faut différencier cette équation ; et si elle donne un minimum, elle a deux racines de cette sorte. Mais il faut s'assurer si c'est un minimum ou un maximum, car on sait que la supposition $y' = 0$ donne indifféremment le maximum ou le minimum, parce que cette supposition est uniquement fondée sur ce que dans pareils points, la tangente est parallèle à l'axe. Or, pour distinguer le maximum du minimum, il faut différencier une seconde fois, et voir si cette seconde différence est positive ou négative. Car si elle est positive, cela annonce que c'est un minimum, puisque l'ordonnée après avoir décru jusqu'au minimum, recommence à croître. Ici, en effet, cette seconde différence est $ddy = 2dx^2$. Ainsi $ddy$ est positif, et sa valeur est aussi positive en prenant $dx$ négativement ; d'où l'on conclut avec fondement, que la valeur de $y$ en ce point, est un minimum véritable ; et les deux racines imaginaires sont la valeur de $x$, au point de ce minimum + ou – $\sqrt{(-\text{ la valeur d'}y\text{ en ce point})}$.
> Si nous transférons maintenant l'axe des $x$ plus haut, par exemple de la moitié de la valeur de ce minimum ou de $\frac{1}{2}$, nous aurons
>
> 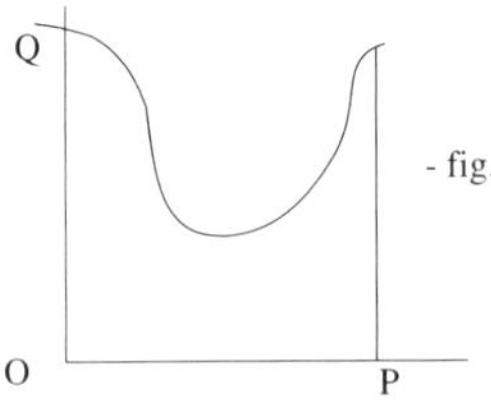
> 
>
> - fig. 1
>
> l'équation $y = x^2 - 2x + \frac{3}{2}$ et la traitant de la même manière, on aura encore un minimum répondant à l'abscisse $x = 1$ ; et la valeur d'$y$ sera $\frac{1}{2}$.
> On trouve en effet les deux racines imaginaires de l'équation proposée, égales à $1 \pm \sqrt{-\frac{1}{2}}$.

En transférant l'axe de $x$ de la quantité entière du minimum, donné par la première équation, on le fait toucher la convexité ou le sommet de la courbe, et l'on a l'ordonnée $y = 0$ dans son minimum, alors $x$ a deux valeurs égales chacune à 1.
Transportons enfin l'axe plus haut que de la valeur du minimum de $y$, comme de $\frac{3}{2}$, l'équation proposée se transformera en celle-ci, $y = x^2 - 2x + \frac{1}{2}$ et l'on trouvera un maximum de $y$, mais négatif, à savoir, $-\frac{3}{2}$, répondant encore à l'abscisse $x = 1$ ; ce qui montre que la courbe passe au-dessous de son axe, et la coupe en deux points, et l'on a pour deux racines de l'équation, les deux valeurs $1 + \sqrt{\frac{1}{2}}$, $1 - \sqrt{\frac{1}{2}}$. »

Nous voyons combien cette méthode est ingénieuse, mais devons constater qu'elle ne pouvait permettre d'obtenir la possibilité de repérer graphiquement les racines imaginaires.

### *Un legs des XVII^e^ et XVIII^e^ siècles ; des interrogations*

Pour conclure, nous devons donc globalement observer que dans le courant des XVIIe et du XVIIIe siècles plusieurs évolutions sont notables.

L'addition, qui est une opération commutative et associative, se voit en quelque sorte généralisée, en donnant le nom d'addition à une opération qui possède les mêmes propriétés. L'opération inverse, la soustraction, se trouve évacuée par l'intermédiaire des nombres négatifs, qui permettent en effet d'effectuer la transformation suivante : $a - b = a + (-b)$. La multiplication se voit généralisée de la même manière et son opération inverse, la division, se voit en quelque sorte libérée de sa non-commutativité par l'intervention de la fonction logarithmique et plus précisément par l'apparition des logarithmes négatifs et, *a fortiori*, des nombres négatifs et, en dernier lieu, par les logarithmes des nombres négatifs. Généralisation qui peut se saisir dans les égalités suivantes :

$$\log(a.b) = \log.a + \log.b$$

$$\log\frac{a}{b} = \log.a + \log\frac{1}{b} = \log.a - \log.b = \log.a + (-\log.b)$$
$$= (-\log.b) + \log.a \;;$$

« Au cours des recherches sur la représentation concrète des nombres, on a été conduit involontairement à se demander quelles étaient les propriétés qui caractérisent les opérations arithmétiques de l'addition et

> de la multiplication, ainsi que les opérations inverses, et on en vint à se croire autorisé à donner le même nom à toutes les opérations possédant les propriétés de ce genre. (...) On appliqua, d'autre part, à titre de canon général, le principe qu'il est permis d'introduire en mathématiques une nouvelle identité, pourvu que cette introduction ne soit pas en contradiction avec des principes déjà établis. »[18]

On se demande dans quelles conditions une série est susceptible de représenter un nombre fini, positif ou imaginaire. On étend la fonction logarithmique aux nombres négatifs, en se demandant si les résultats obtenus sont des nombres réels ou imaginaires. On se préoccupe de savoir si le logarithme d'un nombre réel est unique, et, sinon, quand les solutions sont réelles. Les fonctions trigonométriques qui jouissent de l'extension des opérations qui s'appliquaient uniquement à des nombres, en sont-elles pour autant considérées comme des nombres ?

Plusieurs de ces interrogations trouvent leurs réponses au cours du XVIIIe siècle comme nous avons pu le constater, mais certaines seront définitivement élucidées au XIXe siècle. La plus belle réponse fut certainement celle donnée par Euler qui réussit à montrer que le caractère univoque du logarithme devait être rejeté et qu'un nombre a une infinité de logarithmes dont l'un au plus est réel quand il est réel et positif.

On aurait également pu montrer, à partir des *Mémoires* de l'Académie de Berlin (qui nous semble refléter le mieux au XVIIIe siècle toutes les transformations dont nous parlons), à propos de questions et d'éventuelles réponses obtenues dans le courant du XVIIIe siècle, comment Euler utilise les fonctions trigonométriques et surtout comment il exploite l'idée que la fonction logarithmique est l'inverse de la fonction exponentielle, pour parvenir à ce résultat. On étendit les séries aux nombres imaginaires ainsi qu'aux fonctions ; cette extension ne trouvera sa légitimité qu'au XIXe siècle (en particulier avec Cauchy). Euler montre qu'un nombre imaginaire s'écrit comme le produit d'un nombre réel par $i$ (i.e., par exemple $bi$), l'« imaginaire simple » trouvant ainsi sa représentation symbolique tout comme le nombre « imaginaire » $a + bi$ (d'Alembert[19] expliqua à ce propos que $a + bi$ ne pouvait être qu'*imaginaire*, car si l'on suppose qu'il est réel, c'est-à-dire, si $a + bi = c$ ($a, b, c \in \mathbb{R}$) on aboutit à l'« impossible » égalité : $bi = c - a$).

18. Loria, G., *op. cit.*, p. 62.

19. Voir définition à l'article « imaginaire » dans l'*Encyclopédie*.

*L'Algèbre abstraite*

L'apparition de la *conception abstraite* de l'algèbre[20] ne peut être rattachée à un seul nom ni à une seule école. Les travaux qui annoncent cette nouvelle voie sont divers, on a pu au cours des pages précédentes en apprécier quelques-uns, et d'horizons très variés. Les écrits d'Abel, Galois, Cauchy, entre autres, jouent sans conteste un rôle des plus fondamentaux ; mais si l'on s'en tient aux déclarations de Bourbaki, ces auteurs

> « n'eurent pas d'action immédiate sur l'évolution de l'algèbre abstraite. C'est dans une troisième direction que se font les progrès les plus nets vers l'abstraction : à la suite de réflexions sur la nature des imaginaires (dont la représentation géométrique avait suscité, au début du XIXe siècle, d'assez nombreux travaux), les algébristes de l'école anglaise dégagent les premiers, de 1830 à 1850, la notion abstraite de la loi de composition, et élargissent immédiatement le champ de l'algèbre en appliquant cette notion à une foule d'êtres mathématiques nouveaux : algèbre de la logique avec Boole, vecteurs, matrices et lois non associatives avec Cayley »[21].

Sans doute, il est difficile de ramener ainsi les influences qui stimulèrent l'essor de notre algèbre moderne aux uniques réflexions portées sur la *nature* des imaginaires ; mais il est tout aussi difficile d'adhérer pleinement à la position de E. Koppelman lorsqu'il écrit :

> « it was not their work on the imaginary numbers but rather the development in the calculus of operations which directed the attention of the English towards the abstract study of laws of combination »[22].

La présente étude montre déjà combien le mouvement qui conduit de Buée à Cayley et Sylvester en passant par Warren, Peacock, J. Graves, De Morgan, Boole et Hamilton, entre autres, doit une grande partie de sa raison d'être au souci d'élaborer, par un juste retour sur les fondements de l'édifice « algébrico-arithmétique », une théorie satisfaisante des *quantités imaginaires*. Rappelons que ces entités au statut incertain étaient soumises aux vicissitudes d'un fort courant de critiques, mais que leur utilité était indéniable. Il fallait donc, en essayant de fonder ou en fondant une nouvelle algèbre (*Algèbre-langue* de

---

20. Rappelons que dans son *Cours d'Algèbre supérieure* (3e éd. Paris, 1865) J. A. Serret écrivait encore que « L'Algèbre est, à proprement parler, l'analyse des équations » (cf. Bourbaki, p. 74).

21. N. Bourbaki, *Éléments d'histoire des mathématiques* (1974), p. 73. On peut placer aussi dans cette nouvelle voie l'important passage du « nombre » se référant strictement à la quantité et à la mesure au « nombre » pris comme l'objet sur lequel porte le « calcul » (cf. Study).

22. « The Calculus of operations and the Rise of Abstract Algebra » (p. 215), *Archive for History of Exact Sciences*, éd. C. Truesdell (vol. 8) (1971-72), Springer Verlag, pp. 155-242.

Buée, *Algèbre symbolique* de Peacock, etc.) leur donner un plein accès, la possibilité d'*exister* en tant que telles, au même rang que toute autre entité mathématique reconnue. Bien sûr, on a vu que sur cette longue quête mouvementée se greffe le problème, loin d'être contingent, de la représentation géométrique des quantités imaginaires. Les uns acceptent ou tolèrent le recours à l'image ; les autres le refusent[23]. Leur refus s'entend fort bien : toute restructuration ou révision de l'*Algèbre* implique une nécessaire délimitation stricte du domaine correspondant à ce mot. Ainsi, Peacock, sur lequel nous insisterons, définit l'algèbre comme la « science of symbols and their combinations constructed upon its own rules, which may be applied to arithmetic and to all other sciences by interpretation... »[24], par conséquent aucune représentation géométrique ne saurait être admise comme *nécessaire* à la démonstration algébrique. Ceux qui acceptent l'*image* le font pour au moins deux raisons opposées qui suffisent à souligner que le groupe qu'ils constituaient était loin d'être homogène. Les uns font appel à la géométrie car elle seule permet de conclure à l'*existence* de l'*entité* algébrique proposée ; ils répondent là à une tradition mathématique dont l'origine remonte aux Grecs. Les autres mettent à profit et sans restriction aucune la connaissance mathématique dont ils disposent ou cherchent plus précisément à algébriser la géométrie. Leurs théories longtemps ramassées sous l'unique expression d'*application de l'algèbre à la géométrie*, s'élaboreront pour devenir partie intégrante d'une *Analyse* en pleine croissance.

On peut d'autre part observer que Koppelman n'a pas tenu compte de la précaution dont s'entoure Bourbaki. En effet, ce dernier

23. Au refus plus catégorique déjà mentionné de Frend, Maseres, Simon ou Carnot, on peut opposer le refus plus circonstancié de R. Woodhouse. Il refusait de prendre en considération la représentation géométrique comme une justification possible de l'utilisation des imaginaires. Son principal but était de libérer l'*Analyse* de toute dépendance envers la géométrie. Il publia dans les *Philosophical Transactions* (1810) un article où, tout en développant ses idées sur ce que devait être le fondement des imaginaires, il s'opposait au point de vue de J. Playfair exprimé quelques années plus tôt. « On the arithmetic of impossible quantities. » *Philos. Trans.*, 66 (1788) 318-343.

Woodhouse n'accepte pas que Playfair tire sa justification du calcul avec les imaginaires de l'analogie existant entre les « arcs circulaires » et les « arcs hyperboliques ».

Son point de vue est plus moderne : si toutes les opérations qui utilisent les imaginaires conduisent à des résultats exacts, il doit y avoir une explication logique à cela. Il écrit : « It would indeed be a singular paradox or a rare felicity if truth not always attained by meditation should unexpectedly result from unideal operations conducted without principle, purpose, or regularity » (réf. Koppelman, p. 229). Et il continue, si, par exemple, on ne peut pas prouver l'équivalence de $(a + b\sqrt{-1})(c + d\sqrt{-1})$ et de $ac - bd + (ab + bc)\sqrt{-1}$, peu importe, il suffit, comme Wessel ou d'autres, de les *supposer* tels, en tirant parti pour cela de l'extension aux quantités imaginaires de l'opération (ici la multiplication) démontrée pour les quantités réelles.

24. *Report on the Recent Progress and Actual State of Certain Branches of Analysis* (1834), pp. 194-195.

parle avec justesse de la *nature des imaginaires*. Or, s'interroger sur la *nature* de ces entités conduit presque naturellement à une réflexion plus générale portant sur l'opération. De cette réflexion en émerge une autre qui conduira à la *structure*, ultime quête qui rend par retour inutile la réponse à la première question qui ne servit qu'à amorcer ce cycle réflexif. Bourbaki évite de parler de *nombres imaginaires* comme le fait abusivement Koppelman. Une telle notion s'avère beaucoup trop évoluée pour être placée dans les prémisses du *calcul sur les opérations*. Il reste néanmoins que, compte tenu de cette utile mise au point, l'analyse faite par Koppelman, de l'émergence de l'*algèbre abstraite* en Grande-Bretagne, constitue une étude de grande valeur à laquelle nous ferons de fréquents appels dans les pages suivantes.

### *Le « déclin » de la Science en Angleterre*

Aux critiques précédentes contre les grandeurs imaginaires s'ajoutent en Angleterre des difficultés plus spécifiques. Mais plutôt que d'aller à l'encontre d'une édification théorique des quantités susdites, elles iront au-devant d'elle. La fin du XVIII^e^ siècle et le premier XIX^e^ siècle correspondent en Angleterre à une période particulière où s'exerce un courant d'auto-critiques portant tant sur la réflexion théorique que sur l'innovation scientifique. Il nous semble, et c'est là une hypothèse, que cette période est la plus claire manifestation du désir anglais de vouloir porter sa domination intellectuelle aussi loin sur le monde que sa suprématie économique. Les critiques sont nombreuses et portent aussi bien sur le savoir du scientifique anglais que sur les structures qui sont mises à sa disposition. Ainsi J. Playfair, qui succéda à Mac-Laurin à l'Université d'Edinbourg, écrivait en 1808 dans la *Edinburgh Review*[25] :

> « in the list of mathematicians and philosophers to whom the science of astronomy for the last 60 or 70 years has been indebted for its improvements, hardly a name from Great Britain falls to be mentioned, »

il est beaucoup plus sévère lorsqu'il ajoute :

> « We will venture to say that the number of those in this island who can read the « Mécanique céleste » with any tolerable facility is small indeed (...). A man may perfectly be acquainted with everything on mathematical barning that has been written in this country, and may yet find himself stopped at the first page of the works of Euler, or d'Alembert. »

25. Vol. II, p. 279 et suiv., voir aussi J. T. Merz. *A History of European Scientific Thought in the Nineteenth Century* (en 4 vol.), Gloucester. 1976. Voir surtout t. I, pp. 232-33.

De même Ch. Babbage, dans son *Decline of State of Science in England* (1830) ne ménage pas ses reproches mais, alors que Playfair s'attaquait plus volontiers à l'immobilisme et au strict conservatisme newtonien exacerbé des universités anglaises[26], il les adresse plus particulièrement à cette noble institution, prestigieuse mais figée qu'était alors la *Royal Society*. Il se défendait bien d'être le seul à porter un jugement défavorable sur la science et les institutions de son pays :

> « That science has been neglected and declining in England is not an opinion originating with me, but is shared by many, and has been expressed by higher authority than mine. »[27]

Quelques-unes des causes du déclin données par Babbage présentent un intérêt plus grand lorsque l'on se souvient qu'elles ont été écrites vers 1830 :

> « The pursuit of Science does not in England constitute a distinct profession, as it does in many others countries... Even men of sound sense and discernment can scarcely find means to distinguish between the possessors of knowledge merely elementary and those whose acquirements are of the highest order. This remark applies with peculiar force to all the more difficult applications of mathematics ; and the fact is to calculate and to check the energies of those who only look to reputation in England. »[28]

Whewell, apparemment plus modéré que ses deux autres contemporains, faisait néanmoins remarquer en 1831 que :

> « The researches of English men of science have been too much insulated from each other and from what is doing in other countries. »[27]

Waring avait un avis assez proche de celui de Babbage, alors que D. Brewster n'hésitait pas à écrire en 1830 que

> « durant les quinze dernières années aucune découverte significative ou invention d'intérêt majeur n'a été faite dans nos collèges, et qu'il n'y a aucun homme dans les huit universités de Grande-Bretagne qui soit actuellement connu pour être en train de poursuivre une recherche originale. »[29]

---

26. Remarquons au passage que la critique de Playfair s'exerce uniquement contre les universités anglaises. Elle ne concerne en rien les universités écossaises, par exemple, qui choisirent le modèle français.

27. J.T. Merz, *ibid.*, pp. 232-233.

28. Todhunter, *Life of Whewell*, vol. II, p. 126 (cf. Merz, t. I, p. 236).

29. J.T. Merz, t. I, p. 32 (trad. de l'auteur).

Si ce flot de critiques[30] ne paraît pas toujours correspondre à une réalité objective et est même parfois jugé d'excessif par certains Européens[31] qui apprécient la valeur des travaux scientifiques britanniques, il se révèle cependant favorable au changement et participe activement à celui-ci en donnant libre cours à des transformations capitales pour le renouveau de la Science[32] et du système éducatif en Grande-Bretagne. Au cours du XVIII^e siècle cette dernière resta longtemps en marge de la production intellectuelle européenne. Les travaux de grands mathématiciens, et plus principalement des analystes, tels qu'Euler, Lagrange, Laplace et autres, ne furent pas reçus par les scientifiques britanniques. Plusieurs raisons expliquent cette situation. Bien sûr, il y en a une, plus proprement externe, qui a une importance de tout premier plan : pendant cette période, l'Angleterre et la France n'eurent pas de très bons rapports, la guerre les dressa longtemps l'une contre l'autre. Une autre influence, cette fois plus subtile, que nous signale E. Koppelman[33] est la suivante :

> « There may have been a fealing of arrogance among English intellectuals raised by admiration of continental philosophers for the English political system[34] and her achievements in Industry and Commerce. »

Enfin, une troisième raison est sans nul doute la querelle de priorité qui s'éleva entre Leibniz, Newton et surtout leurs respectifs émules, à propos du calcul infinitésimal. Elle eut pour effet de stériliser toute coopération scientifique sérieuse entre la Grande-Bretagne et le continent. Bien sûr, au début du XVIII^e siècle, Newton et ses disciples règnent en maîtres sur les sciences et plus particulièrement sur deux

---

30. On peut encore ajouter celles de :

– Eubulus (Rev. S. Butler) *Thoughts on the Present System of Academic Education in the University of Cambridge*. London, 1822

– G. Peacock, *Observations on the Statutes of the Univ. Cambridge*, London, 1841.

– W. Whewell, *Thoughts on the Study of Mathematics as Part of a Liberal Education*, Cambridge and London, 1836.

31. Ainsi en est-il de :

– Cuvier, E. *Éloges historiques* (sur la *Royal Society*) et plus particulièrement son éloge (1821) à Sir J. Banks qui dirigea pendant 41 ans la *Royal Society* (vol. III, p. 79).

– Moll (Professeur à l'Université d'Utrecht) *On the alleged Decline of Science in England (by a Foreigner)*, London, 1831.

Remarquons de plus que, le grand Faraday, qui ne cherche pas à prendre parti pour ou contre dans ces discussions, écrivit cependant : « All must allow that it is an extraordinary circumstance for English character to be attacked by natives and defended by Foreigners. » (cf. Merz, t. I, p. 89).

32. Merz (p. 89) indique que l'acception anglaise actuelle date de la création à York de la *British Association for the Advancement of Science* en 1831 (B.A.A.S.).

33. *Ibid.*, p. 240.

34. Voir à cet égard l'ouvrage de Léon Cahen, *L'Angleterre au XIX^e siècle : son évolution politique*, A. Colin, Paris, 1941.

d'entre-elles : l'Astronomie et la Mécanique. On peut déclarer, sans risque majeur d'erreurs, que le XVIIIe siècle cherche surtout à tirer, dans ces deux sciences dominantes, les conséquences des *Principia* (1687) de Newton et que presque tous les mathématiciens d'Euler et Bernoulli à Lagrange et Laplace participent activement à cette recherche fructueuse.

Une telle recherche fut, en Grande-Bretagne, menée dans de nombreux centres, notamment à Cambridge, Glasgow, Oxford, Londres, Édinbourg, etc. Mais ce courant anglais perdit rapidement, à cause de son trop grand attachement aux préceptes newtoniens, toute sa vitalité dans la seconde moitié du XVIIIe siècle.

De plus, la méthode des fluxions ne connaîtra pas une diffusion aussi rapide que la méthode leibnizienne. Plusieurs raisons permettent de comprendre pourquoi. D'une part les essais fondamentaux de Newton furent publiés[35] très tardivement, d'autre part « les manuels de calcul des fluxions publiés par C. Hayes (1704), H. Ditton (1706), J. Hodgson (1736), T. Simpson (1737), Mac Laurin (1742), J. Rowe (1751) et Sanderson (1751) témoignent de l'intérêt trop exclusif porté par les savants britanniques aux méthodes et au symbolisme newtoniens. »[36] C'est-à-dire qu'à leur refus de tenir compte d'une production scientifique non britannique, ces savants ajoutent des choix plus malheureux (tels que le rejet des procédés analytiques au profit de méthodes trop strictement géométriques[37] ou la conservation ritualisée d'un symbolisme peu adapté, mais surtout trop directement rattaché au *sensible*[38], *au détriment du symbolisme leibnizien défini avec précision et volontairement détaché de toute référence extérieure* directe) qui rendent plus explicite la stagnation jusqu'au début des années 1820 de l'analyse britannique (c'est en 1816 que fut publiée la traduction du célèbre *Calcul différentiel et intégral* de S. F. Lacroix par C. Babbage,

35. C'est vers 1665 que Newton conçu les réflexions qu'il ne publia qu'en 1687 sous le titre *Philosophiae naturalis principia mathematica*. Ses essais « De analysis per aequationes numero terminorum infinitas » (1669) et « Method of Fluxions and infinite series » (écrit en latin en 1671) ne seront publiés qu'en 1711 le premier, et en 1704 (latin) et en 1736 (anglais) le second (cf. *Histoire Générale des Sciences*, dir. R. Taton, tome 2, p. 232).

36. R. Taton, *Histoire Générale des Sciences*, t. II, p. 438.

37. C'est Mac Laurin qui, avec son *Treatise of Fluxions* (1742), orienta ses contemporains dans cette voie.

38. On ne cherchera pas ici, contrairement à beaucoup d'autres ouvrages, à porter un jugement sur l'incidence qu'eut la notation newtonienne sur le développement de la science britannique. En effet, il nous semble excessif de croire que cette notation fut mauvaise au point d'être la responsable du blocage scientifique en Grande-Bretagne, surtout si l'on se rappelle qu'une partie significative de cette notation est actuellement utilisée par un grand nombre de mécaniciens. En revanche, il nous semble que le choix en faveur d'un symbolisme plutôt qu'un autre n'est pas dicté par des critères d'esthétique ou de commodité (dans le cas présent les écritures sont très voisines l'une de l'autre), mais répond à un choix entre deux domaines précis : la mécanique pour celui de Newton ; la mathématique avec Leibniz.

G. Peacock et J. F. W. Herschel ; elle fut suivie en 1820[39] de deux volumes d'exercices en grande partie développés par G. Peacock). Au cours du XVIIIe siècle l'écart entre les sciences européennes et britanniques est notable : au flot incessant de découvertes mathématiques d'un Euler, d'un Bernoulli, et plus tard d'un Lagrange et d'un Laplace, qui va en submergeant l'Europe, ne correspondent en Grande-Bretagne que les quelques travaux de Cotes, Taylor, de Moivre, Mac Laurin ou Waring plus franchement tournés vers les applications des mathématiques que vers les mathématiques elles-mêmes[40]. Mais cet écart deviendra de plus en plus flagrant à mesure que la France, principal pays qui influencera le renouveau britannique, opposera à la dispersion des savants britanniques la création de nombreux périodiques spécialisés et d'institutions d'enseignement nouvelles – telles que l'École normale supérieure, l'École polytechnique (1794) – dont la tâche principale est de former des ingénieurs de haut niveau, qui se chargeront de réaliser les progrès souhaités par Napoléon Ier, et des hommes qui seront parmi les plus aptes à se porter garants du savoir scientifique et de sa croissance. De telles créations s'inscrivent dans une politique plus large dont les quelques mots suivants suffiront à donner une idée :

> « Les vraies conquêtes, les seules qui ne donnent aucun regret, sont celles que l'on fait sur l'ignorance. L'occupation la plus honorable comme la plus utile pour les nations, c'est de contribuer à l'extension des idées humaines. La vraie puissance de la République française doit consister désormais à ne pas permettre qu'il existe une seule idée nouvelle, qui ne lui appartienne. »[41]

Alors qu'une telle modification s'opère à une large échelle sur toute la France, en Grande-Bretagne la situation est tout autre. On lit, par exemple, dans l'ouvrage de H. Hearder, *Europe in the nineteenth century 1830/1880*[42] :

> « Dans les universités, tout comme dans les écoles, la pratique britannique était plus aristocratique que celle des autres pays importants d'Europe centrale et occidentale (...). L'objet de l'université anglaise était de produire une petite *élite* dirigeante plutôt qu'une ample classe professionnelle ou cultivée. »[43]

---

39. *A collection of Examples of the Differential and Integral calculus* (Peacock). *A collection of Examples of the Applications of the Calculus of Finite Differences* (Herschel).

40. C'est ce qu'observe, par exemple, A. Delachet, dans *L'Analyse mathématique*, « Que sais-je ? » (n° 378), 1969, p. 134.

41. J. T. Merz, p. 153.

42. London, 1966 (éd. espagnole, Valencia, 1973).

43. Édition espagnole, p. 350.

## *L'*École Algébrique Anglaise

C'est pour remédier à cette situation qui devenait de plus en plus catastrophique pour la science britannique que de jeunes mathématiciens, la plupart de Cambridge, se firent les défenseurs de la notation différentielle[44] et des méthodes analytiques et qu'ils cherchèrent à les introduire en Grande-Bretagne, profondément convaincus que grâce à celles-ci ils sauraient sortir leur pays de l'impasse. Dès 1812, Babbage fonde avec Peacock et Herschel, *The Analytical Society*[45], les premiers *Mémoires* de cette société publiés en 1813 et qui présentent de façon détaillée les écrits de trente-cinq mathématiciens influents, parmi lesquels on retrouve, aux côtés d'autres auteurs continentaux de première valeur, un Euler ou un Lagrange[46]. Mais plus important est sans doute la préface de ce premier écrit annonciateur du renouveau : elle insiste sur l'importance du choix d'une bonne notation et développe les préférences des auteurs pour le symbolisme qui, selon eux, est la principale source du succès incontestable et de la supériorité de l'*Analyse*. C'est aussi de cette époque que date la première prise de conscience effective du rôle fondamental que joue un langage symbolique dans la généralisation des résultats acquis et l'intégration des nouveaux. On sait qu'ensuite, en 1816 et 1820, ces trois mêmes auteurs se chargeront de traduire et de publier le *Traité* de S. F. Lacroix. C'est enfin avec la création de la *British Association for the Advancement of Science*, en 1831 à York, que s'accomplit la plus grande confirmation du retour de la science britannique aux premières places. Nous ne chercherons pas à développer plus avant cette parenthèse qui est fondamentale à bien des égards pour comprendre l'évolution de la science au XIXe siècle, mais nous nous bornerons à mentionner que cette période des années 1830 en Grande-Bretagne a été analysée par M.-J. Durand[47] et a été l'objet de sa thèse de 3e cycle.

---

44. Voir à ce sujet « The introduction of the differential notation to Great Britain » de J.M. Dubbey, *Ann. of Science*, 1963, vol. 19, pp. 39-40.

45. Signalons au passage l'influence marquante qu'eut R. Woodhouse (prof. de Peacock) sur ces trois jeunes mathématiciens avec *The Principles of Analytical Calculation*, Cambridge (1803), ainsi que son article de 1802, « On the independence of the analytical and geometrical methods of investigation and on the advantages to be derived from their separation » (cf. Koppelman) et son plus important ouvrage daté de 1809, « Plane and Spherical Trigonometry », qui n'employait que l'écriture différentielle.

46. En 1811 Barlow introduisit quelques travaux de Gauss et de Legendre (J. M. Dubbey, *The Mathematical Work of C. Babbage*, p. 26 (cf. M. J. Durand, Mémoire de D.E.A. (ms.) EHESS, 1981)).

47. La Pensée mathématique de G. Peacock et le contexte économique, social et culturel des années 1830 (M.-J. Durand, Mémoire D.E.A.). George Peacock (1791-1858) : La synthèse algébrique comme loi symbolique dans l'Angleterre des réformes (1830). Paris, EHESS, 26 juin 1985.

Bien sûr, les hommes qui s'attachent à restaurer la science britannique sont aussi ceux qui participent au développement de l'*Algèbre abstraite* ; ainsi en est-il de Peacock.

Pour lui et pour ses successeurs, l'approche géométrique des *quantités imaginaires* ou *impossibles* est considérée comme insuffisante. Le fait que $\sqrt{-1}$ , ou plus généralement les *imaginaires,* puissent être représentés géométriquement, dit Peacock

> « does not in any respect affect the general theory of their introduction or of their relation to other signs : for in the first place, it is not an essential or necessary property of such signs ; and in the second place, it in no respect affects the form or equivalence of symbolical results, though it does affect both the extent and mode of their application. »[48]

Et il continue : L'« algèbre peut être considérée de deux manières ; la première est une interprétation sur les principes, la seconde sur ses applications ».

> « The first regards to its completeness as an independant science ; the second its usefulness and power as an instrument of investigation and discovery. »[49]

La seconde manière tiendra peu de place dans son *Rapport*, seul le premier point de vue mérite une attention particulière car, dit-il,

> « algebra considered with reference to its principles, has received very little attention, and consequently very little improvement during the last century »[49].

La *Géométrie* (euclidienne) et l'*Algèbre* sont pour lui, à l'opposé des sciences dites « physiques » (entendons par là les *sciences de la nature*), des « sciences spéculatives » (il dit même « abstraites »[50] ) fondées sur des « assumed principles » (des *hypothèses*) considérés comme des « ultimate facts » à partir desquels les recherches conduisent univoquement vers des conclusions qui ne dépendent que de ceux-ci, et dont la « correctness or truth involves no other condition than the existence of a necessary connexion between them, in whatever manner the evidence of that existence may be made manifest »[51]. Ces « ultimate facts » sont des « natural or assumable limits of our investigations » et les principes sur lesquels se fondent les sciences

48. *Report on the Recent Progress and Present State of Certain Branches of Analysis*, London, 1834, p. 231.

49. Peacock *Report ...*, London, 1834, p. 185.

50. *Ibid.*, par ex., p. 187.

51. *Ibid.*, p. 186. On notera au passage l'importance attachée au raisonnement déductif.

spéculatives sont les « proper limits of our inquieries »[52]. Dans de telles sciences, ajoute-t-il,

> « we merely regard the results of the science itself, and the logical accuracy of the reasoning by which they are deduced from assumed first principles ; and all our conclusions possess a necessary existence, without seeking either for their strict or for their approximate interpretation in the nature of things »[53].

Une *science spéculative,* contrairement à une *science physique*, n'est donc pas portée vers la *vérité* ni vers la recherche d'un lien précis avec la *nature* ; c'est une science de pur raisonnement aux enchaînements strictement logiques.

Une certaine « branch of Analysis » couvre une très grande étendue[54] de son *Rapport*, il s'agit de l'*Algèbre*. Appelée depuis l'époque de Newton, rappelle Peacock, « specious or universal arithmetic »[55], cette science est issue d'une « généralisation de l'arithmétique » résultant elle-même de l'utilisation d'un langage symbolique. Mais, dit-il,

> « Though in the exposition of the principles of algebra, arithmetic has always been taken for its foundation, and the names of the fundamental operations in one science have been transferred to the other without any immediate change of their meaning, yet it has generally been found necessary subsquently to enlarge this very narrow basis of so very general a science, though the reason to the necessity of doing so, and the precise point at which, or the extent to which, it was done, has usually been passed over without notice »[56].

Sans doute, précise-t-il, cette science peut être considérée comme parfaitement abstraite, mais « a serious error was committed in considering it as a science »[57]. L'attitude de Peacock se révèle clairement : il va au-devant des nombreuses critiques formulées par ses contemporains et ses prédécesseurs. En effet, comment cette généralisation de l'« arithmétique ordinaire » peut-elle être vue comme une science ? L'arithmétique traite uniquement avec des nombres et elle exclut l'usage de lettres pour désigner des nombres ou des quantités. Elle est dit-il, « the science of calculation, comprehending all sciences which are reducible to measure and to number »[58]; une science où toutes les

52. *Ibid.*, p. 187.
53. *Ibid.*
54. De 167 pages, l'Algèbre en occupe 81.
55. *Ibid.*, p. 188.
56. *Ibid.*, pp. 188-189.
57. *Ibid.*, p. 189.
58. *Ibid.*, p. 200.

opérations élémentaires admettent un unique résultat, où les signes d'opération n'ont pas de double emploi. Ainsi, par exemple, compte tenu de ces remarques, il ne peut être question à aucun moment d'avoir des nombres relatifs, c'est-à-dire des nombres précédés par les signes « + » et « – ». Par conséquent, on ne saurait souffrir les imaginaires dont la présence devient inconcevable. Lorsque l'on *généralise* cette science en introduisant l'usage de symboles et en leur appliquant les opérations propres à l'arithmétique, des difficultés surgissent alors spontanément : les symboles ont été inventés pour donner une plus grande généralité aux opérations ; ils sont théoriquement susceptibles de représenter n'importe quel *nombre* ou *quantité* mais, en fait, il n'est rien. Une opération telle que $a - b$ est *impossible* si $a < b$ et pour la même raison, il en est de même de $\sqrt{a-b}$ (d'où l'exclusion des « imaginaires ») ; si a représente la quantité nulle, alors une nouvelle entité « $-b$ » voit le jour et, par conséquent, le signe « – » (il en serait de même pour le signe « + ») présente un double emploi : il désigne une opération, la soustraction, et qualifie un nombre, le nombre négatif. D'autres phénomènes nouveaux apparaissent également. Par exemple, on ne peut plus parler de la racine $n^{\text{ième}}$ de l'unité, mais *des* racines $n^{\text{ièmes}}$ de l'unité : le logarithme d'un nombre n'a plus une seule valeur, mais une infinité.

### *L'*Algèbre symbolique *de Peacock*

Cette surenchère de problèmes nouveaux fait prendre peu à peu conscience que l'*arithmétique ordinaire* ne saurait suffire comme base à cette algèbre qui a soulevé à la fin du XVIIIe siècle et encore à l'époque de Peacock une vague de critiques et de contestations partisanes. Le but de Peacock devient donc on ne peut plus précis : remédier à toutes ces difficultés, erreurs ou problèmes paradoxaux qui dressent les mathématiciens, en proposant pour cela une nouvelle manière de concevoir cette *science* qu'est l'*algèbre*.

En fait, dit-il :

> « There are two distincts sciences, *arithmetical* and *symbolical algebra* (...). The first of these sciences would be properly speaking, *universal arithmetic* : its general symbols would represent numbers only ; its fundamental operations, and the signs used to denote them, would have the same meaning as in common arithmetic ; it would reject the *independent* use of the signs + and –, though it would recognise the common rules for their incorporation, when they are preceded by other quantities or symbols : the operation of substraction would be *impossible* when the substrahend was greater than the quantity from which it was required to be taken, and therefore the *negative* quantities... ; it would reject also the

> consideration of the multiple values of simple roots, as well as of the negative and impossible roots, of equations of the second and higher degree. »[59]

Cette « algèbre-arithmétique », la seule que W. Frend[60] ou B. Maseres eussent tolérée, dont les symboles sont limités en valeur et les opérations en forme, est « la science » qui pourrait selon Peacock être légitimement fondée sur l'*arithmétique*. L'autre science, l'*Algèbre symbolique*, est « essentialy a science of symbols and their combinations, constructed upon its own rules, which may be applied to arithmetic and to all other sciences by interpretation »[61]. Les symboles de cette nouvelle science, ajoute Peacock, sont parfaitement « general and unlimited both in value and representation » et les opérations qui leurs sont appliquées sont elles aussi « equally general »[62]. Comme si de telles précisions ne suffisaient pas, Peacock précise que « nothing in the symbols of algebra (...) might limit their meaning or their value »[62]. L'*algèbre symbolique*, dont les règles ne sont pas élaborées à partir de l'arithmétique (car elles ne sont pas, dit-il, « deductible from them »[63]) est donc la seule science qui puisse accepter les quantités *négatives*, les *imaginaires* ou les *opérations impossibles* de toutes sortes. Elle est, si l'on croit Peacock, un système logique élaboré *a priori* et indépendamment de toutes références *extérieures*. C'est là un progrès dans la mesure où, contrairement à ses prédécesseurs, l'auteur ne cherche pas une théorie qui traduise une réalité donnée ; celle-ci veut être une *science abstraite* en quête de *réalisation concrète*.

L'*Algèbre symbolique* n'est cependant pas aussi générale qu'a pu le laisser présager Peacock dans ses précédentes déclarations. Parmi toutes les représentations possibles que l'on est en droit d'attendre d'une telle science, une, l'*Algèbre arithmétique*, doit *a posteriori* y figurer impérativement. Ainsi en décide l'auteur et rien jusqu'à présent n'altère ni ne réduit sa position. On aura cette interprétation en donnant tout simplement aux symboles de l'*Algèbre symbolique* le sens qu'ils doivent avoir en arithmétique. Ainsi, une fois cette contrainte ou limitation érigée, les principes de l'*Algèbre symbolique* deviennent ceux de l'*Algèbre arithmétique*. Mais, Peacock ira beaucoup plus loin ; il condamne sa *science abstraite* et *universelle* à n'être plus que le vague reflet d'elle-même lorsqu'il écrit :

---

59. *Ibid.*, p. 189.

60. *The Principles of Algebra* » 1796 ; *The True Theory of Equations, established on Mathematical Demonstration*, 1799.

61. Peacock, *ibid.*, p. 195.

62. *Ibid.*, p. 194.

63. *Ibid.*, p. 198.

> « Though the science of arithmetic, or of arithmetical algebra does not furnish an adequate foundation for the science of symbolical algebra, it necessarily suggests its principles or rather its laws of combination. »[64]

Le problème est, on le voit, surtout posé par le mot « necessarily » employé par l'auteur. Il est sans nul doute parfaitement légitime de vouloir des résultats acquis mais plier une *science* voulue universelle à une *nécessaire* dépendance la ramène à une place beaucoup plus modeste, alors que l'instant d'avant elle semblait encore jouir d'une liberté aussi grande que celle reconnue aujourd'hui à la *structure*. Plus grave encore est cette déférence obligée envers l'arithmétique d'alors, car elle condamne un système non-commutatif à ne jamais faire partie de l'Algèbre (ou a en porter le nom). Il sera plus explicite encore quelques années plus tard lorsqu'il écrira, dans son *Traité d'Algèbre :*

> « I believe that no views of the nature of symbolical Algebra can be correct or philosophical which makes the selection of its rules of combination arbitrary and independant of arithmetic. »[65]

L'*Algèbre symbolique* est donc réduite à la portion congrue, elle se cantonne plus volontiers dans le domaine numérique, et l'*Algèbre arithmétique* devient sa « suggesting science »[66]. Poursuivons néanmoins son analyse car elle marqua profondément ses contemporains.

### *Le Principe de permanence des formes équivalentes*

Selon lui, tous les résultats obtenus par les opérations de l'*Algèbre symbolique* sont permanents et universels et tous s'expriment sous une forme symbolique qui ne souffre aucune exception (ainsi, par exemple, la « différence » $a - b$ sera toujours « possible » quelles que soient les valeurs que l'on puisse attribuer aux symboles $a$ et $b$) ; on les appelle « formes *équivalentes* »[67]. Peacock sait déjà que l'on peut en dénombrer plusieurs dans l'*Algèbre arithmétique*, mais certains résultats symboliques ne sont vérifiés que pour des valeurs particulières prises par les symboles. Pariant sur l'universalité de sa nouvelle science, l'auteur supposera donc que ces résultats doivent être nécessairement les esquisses imparfaites de formes absolument générales et permanentes, bien que, dit-il, « it may not be possible to exhibit

64. *Ibid.*, p. 195.

65. *A Treatise on Algebra* : vol. I *Arithmetical Algebra*, Cambridge, 1842 ; vol. II *On Symbolical Algebra and its Applications to the Geometry of Position*, Cambridge, 1845 (Reprint, N. Y. 1940) (cf. Koppelman, *op. cit.*, p. 816).

66. *Ibid.*, pp. 195 et 198.

67. *Ibid.*, p. 198.

the explicit forms themselves by means of the existing signs and symbols of algebra »[68]. Ces formes existent par nécessité, mais cette existence restera hypothétique tant que la symbolique dont dispose Peacock se refusera à la rendre explicite.

Il incombera par conséquent à l'*Algèbre symbolique* la tâche de les mettre en valeur dans un avenir difficilement évaluable mais certain. C'est même là son principal objectif, ajoute Peacock :

> « The discovery and determination of [The equivalent forms] form the principal business of Algebra. »[69]

La position de Peacock devient encore plus précise, lorsqu'il érige son point de vue en principe, dit de « permanence of equivalent forms »[69], dont l'énoncé est recueilli sous forme de deux propositions inverses comme suit :

> « Direct proposition :
> Whatever form is algebraically equivalent to another when expressed in general symbols, must continue to be equivalent, whatever those symbols denote.
> Converse proposition :
> Whatever equivalent form is discoverable in arithmetical algebra considered as the science of suggestion, when the symbols are general in their form, though specific in their value, will continue to be an equivalent form when the symbols are general in their nature as well as in their form. »[69]

Le travail de Peacock doit, nous semble-t-il, être retenu, malgré ses imprécisions ou erreurs, comme une admirable tentative pour exorciser l'*Algèbre* de ses multiples errements et comme un effort méritant pour la sortir de son trop strict cantonnement aux équations. On peut regretter qu'il reste néanmoins trop attaché à assujettir l'*Algèbre symbolique* à l'*Algèbre arithmétique* en faisant de cette dernière une « suggesting science » obligée. Il prive ainsi, premier effet néfaste notable, son *algèbre symbolique* de l'extension qui lui eut permit d'approcher la conception moderne d'*Algèbre* telle que nous l'utilisons aujourd'hui.

Pour finir nous donnerons un exemple qu'illustre l'indépendance entre ses algèbres :

Soit l'égalité

$$\text{(I)} \qquad \frac{1}{1-x} = 1 + x + x^2 + x^3 + \ldots + x^n + \ldots$$

---

68. *Ibid.*, p. 210.

69. *Ibid.*, pp. 198-199.

Elle est « formellement » vraie. Pour s'en convaincre, il suffit d'observer le développement du produit suivant :

$(1 - x)(1 + x + x^2 + \ldots + x^n + \ldots)$

$= 1 + x + x^2 + \ldots + x^n + \ldots$

$- x - x^2 - \ldots - x^n - \ldots$

Après simplification, on obtient :

$$(1 - x)(1 + x + x^2 + \ldots + x^n + \ldots) = 1.$$

Peacock fait alors remarquer avec insistance qu'il faut imposer à la variable $x$ (qui, théoriquement, devrait signifier n'importe quelle valeur de son *Algèbre symbolique*) d'être strictement plus petite que 1. Fort de cette limitation, il en conclut que l'*égalité formelle* (I) est une égalité valide de l'*Algèbre arithmétique*, car, dans le cas où $x < 1$, la série de terme général $x^n$ converge.

Ce premier pas vers l'abstraction que fait l'œuvre de Peacock sera ensuite suivi de beaucoup d'autres mais il n'est pas dans notre intention de paraphraser les admirables contributions de E. Koppelman[70], D. Clock[71] ou L. Novy[72] sur la science en Grande-Bretagne, ni même de nous lancer dans une étude aussi minutieuse que la leur. Plutôt tirerons-nous parti de leurs écrits pour souligner succinctement certains travaux sur ce chemin vers l'abstraction.

### *L'approche de D. F. Gregory*

C'est vers 1635 que Gregory écrit un article publié quelques années plus tard[73], dans lequel il précise ce qu'il entend par « algèbre symbolique ». C'est, dit-il :

> « The science which treats of the combination of operations defined not by their nature, that is, by what they are or what they do, but by the laws of combination to which they are subject. »[74]

On voit déjà que le point de vue de Gregory se distingue notablement de celui de Peacock : là où ce dernier écrivait « combinaisons de

---

70. « Calculus of Operations and Abstract Algebra », *Archiv. for History of Exact Sciences*, 8, 1971/72. En particulier, § 5 : « The Idea of Abstract Algebra in Great Britain », pp. 217 et suiv.

71. *A New Concept of Algebra : 1825-1850*, Ph. D. dissertation. Univ. Wisconsin, 1964.

72. « L'École algébrique anglaise », *Rev. de synthèse : III$^e$ s.*, n° 49-52, janvier-décembre 1968, pp. 211-221. Signalons encore la thèse de 3$^e$ cycle soutenue le 26 juin 1985 par M$^{me}$ M.-J. Durand à l'EHESS : *George Peacock (1791-1858) : la synthèse algébrique comme loi symbolique dans l'Angleterre des réformes (1830).*

73. « On the real nature of symbolical Algebra » *Trans. of the Roy. Soc. of Edinburgh ;* vol. XIV (1840, part. I, pp. 208-216.

74. *Ibid.*, p. 208.

symboles », Gregory propose l'expression « combinaison d'opérations ». On soulignera plus la différence dans la manière de procéder de ces auteurs, en ajoutant que Gregory, comme A. De Morgan, abandonnent les réflexions de Peacock sur les relations entre l'*Algèbre symbolique* et l'*Arithmétique* et renoncent, en le passant sous silence, à son *Principe de Permanence*.

Un autre point soulevé par Koppelman, montre définitivement la divergence de Peacock et Gregory sur leurs manières respectives de concevoir les symboles + et –. Ces signes sont pour Peacock des « signs of affectation », c'est-à-dire des signes qui laissent inchangée une *grandeur* mais qui modifient sa *direction*[75]. Gregory, dans un article intitulé *On a difficulty in the theory of algebra* (1843), considère qu'il existe uniquement une différence entre les deux symboles « *a* » et « + », par exemple lorsqu'on les prend dans l'« algèbre arithmétique » ; ainsi *a* + *b* a une signification bien précise. Mais dans une telle algèbre les lois de combinaison entre symboles n'intéressent aucunement. Car, ajoute Gregory, « in symbolical Algebra, where any symbol represents an operation »[76], « *a* » et « + » n'ont pas de signification générale préfixée. Pour lui, les signes « + » et « – » ne représentent pas l'addition et la soustraction dans l'*Algèbre symbolique*[77] et il va en proposer d'autres pour éviter toute ambiguïté et pour souligner le *caractère universel* de son algèbre symbolique principalement élaborée à partir d'une nécessaire « separation of symbols of operations from those of quantity »[78].

On peut rendre plus clair ce désir de changer les notations, de préférer d'autres symboles aux signes + et –, en disant que les signes + et – sont encore trop attachés pour le lecteur de l'époque à l'idée de nombre, non pas à cette idée abstraite de nombre dont on a parlé précédemment, mais plutôt à celle qui se rattache à la mesure et à la quantité. En changeant de notation, Gregory attire plus le regard de son lecteur sur la forme de son calcul que sur les objets qui y sont soumis. Les objets sont les opérations elles-mêmes et ce sont leurs lois de combinaison qu'il s'agit d'observer : un symbole, dit-il, « is defined *algebraically* when its laws of combination are given ; and ... a symbol represents a given operation when the laws of combination of the latter are the same as those of the former »[79]. Lorsque l'on travaillera dans

75. *Report...*, p. 225 ; *Treatise...*, vol. 2, pp. 120-121.

76. Koppelman, *ibid.*, p. 217, voir Gregory, *op. cit.*, *Maths writtings* p. 241. Pour Gregory : « ... symbolical Algebra is a calculus of operations » (cf. Koppelman, p. 232).

77. De tels signes représentent les opérations susdites uniquement dans le cadre de l'*Algèbre arithmétique*.

78. Gregory, *On the real...*, p. 208.

79. « On a difficulty in the theory of Algebra », 1843, *Math. Writtings*, p. 236 (cf. Koppelman).

l'algèbre symbolique, on n'écrira plus, $x + a$, par exemple, mais $Ax(a)$. Les trois « lois de combinaisons » qu'il rattachait à cette opération étaient les suivantes :

$$Ax\,Ay\,(a) = Ay\,Ax\,(a)$$
$$Ax\,(a) = Aa\,(x)$$
$$Ax\,Ay\,(a) = A_{Ay\,(x)}\,(a).$$

Elles correspondent, lorsque l'on se ramène à l'*Algèbre arithmétique*, respectivement aux trois suivantes :

I / $x + (y + a) = y + (x + a)$
II / $x + a = a + x$
III / $x + (y + a) = Ay\,(x) + a = (y + x) + a$

On a donc affaire à une *commutativité* des opérations $Ax$ et $Ay$, pour la première, à une *commutativité* de l'addition pour la seconde, et la troisième ressemble à une *associativité*[80] (là encore il devance Peacock). Voyons cette ultime déclaration de Gregory placée à la suite de sa définition de l'*Algèbre symbolique* :

> « ... as many different kinds of operations may be included in a class defined in the manner I have mentioned, whatever can be proved of the classe generally, is necessarily true of all the operations included under it. This, it may be remarked, does not arise from any analogy existing in the nature of the operations, which may be totally dissimilar, but merely, from the fact that they are all subject to the same laws of combination »[81]

L. Novy constata que sous ces mots, et plus particulièrement sous l'expression « les classes des opérations », il faut pressentir la « notion naissante d'isomorphisme »[82]. Certes Gregory ne manque pas de suggérer à un lecteur moderne des concepts fondamentaux, mais il nous faut conclure, comme le fait Novy, en regrettant qu'à chaque fois que Gregory cherche à développer ses idées originales, les « résultats sont pauvres et peu convaincants. »

---

80. L'auteur aurait dû écrire : $x + (y + a) = (x + y) + a$ dans le cadre de l'algèbre-arithmétique. La notation qu'il propose et l'égalité qui en résulte pour la troisième loi suppriment toute possible parenté immédiate avec l'"associativité ». Rappelons qu'il revient à Hamilton le mérite d'avoir complètement isolé le premier cette notion ; la « commutativité » et la « distributivité » ont été mises en évidence plus tôt, notamment par Servois, dans son « Essai sur un nouveau mode d'exposition des principes du calcul différentiel », *Annales de Mathématiques* (Gergonne), t. V (1814-15), pp. 93-170.

81. Gregory, *On the real nature...*, p. 208.

82. L. Novy, *ibid.*, p. 217.

*A. De Morgan : le fondement de l'algèbre*

Le travail de A. De Morgan est mieux connu et plus proche de la présente étude que celui de Gregory. Ainsi en est-il par exemple de ses fameux articles *On the foundation of Algebra*[83]. Une telle dénomination est significative ; elle met en évidence un changement dans la manière habituelle de concevoir les entités suscitées : il ne s'agit plus, contrairement à Wessel, Argand, Français, Warren ou Mourey, pour ne parler que des plus célèbres, de créer une entité dont la parenté avec les nombres réels n'est plus immédiatement perçue. De Morgan n'essaie pas de faire disparaître le caractère multiple ou *complexe* de ces nouveaux objets *numériques*, plutôt le souligne-t-il en cherchant à fonder une algèbre sur deux unités, 1 et *i*, celle des quantités imaginaires véritable *extension* dans la mesure où elle renferme une algèbre à une unité, 1, celle des nombres réels. On peut également ajouter que c'est par cette amorce de recherche originale que s'ouvre la voie qui conduira aux « hypercomplexes » (aujourd'hui appelés *algèbres*).

De Morgan ne nie pas l'influence qu'il a reçue de Peacock. Il va même jusqu'à faire de lui le premier à avoir établi une distinction entre deux types d'algèbres, oubliant que ce mérite, si cela en est un, revient à Buée. De Morgan, nous l'avons dit, procède comme Gregory lorsqu'il ne prend en considération qu'une partie des idées avancées par Peacock. Dans son premier article, il distingue deux algèbres : l'*Algèbre technique* et l'*Algèbre logique*, où la « Technical algebra is the art of using symbols under regulations which, when this part of the subject is considered independently of the other, are prescribed as the definition of the symbols »[84], alors que l'*algèbre logique* est la « science which investigates the method of giving meaning to the primary symbols, and of interpreting all subsequent symbolic results »[85]. On a vu que l'auteur préfère le mot « technique » au mot « symbolique » car, dit-il :

> « the latter does not distinguish the use of the symbols from the explanation of symbols »[86].

Le premier article, précise l'auteur, est surtout « the possible explanation of one given technical algebra »[86]. Le fait qu'il rajoute

83. N° I, *Trans. of the Camb. Philos. Soc.*, vol. VII, part. II, 1841, 273-180 ; N°II, *Trans. of the Camb. Philos. Soc.*, vol. II, part III, 1841, 287-300 ; N°III, *Trans. of the Camb. Philos. Soc.*, vol. VIII, part. I, 1844, 139-144 ; N°IV, *Trans. of the Camb. Philos. Soc.*, « On triple Algebra », vol. VIII, part. III, 1847, 241-254 (lu le 28 octobre 1844).

84. Koppelman, *ibid.*, p. 218.

85. De Morgan, n° 1, p. 173.

86. De Morgan, *ibid.*, p. 176.

dans un autre endroit : « the symbolical algebra which we have, and... any other which we might have »[86], constitue une déclaration de première importance : il suppose que le système proposé n'est pas unique ; d'autres sont susceptibles d'exister et d'avoir une égale représentativité. Mais si une telle affirmation correspond à un pas de plus vers notre actuelle conception de l'Algèbre que nul autre avant lui ne fit, elle ne sera pas approfondie par l'auteur. Mieux, il l'abandonnera à l'avantage d'une position plus modeste, comme l'attestent plusieurs remarques écrites dans un ouvrage postérieur *Trigonometry and Double algebra* (1849), et plus précisément la suivante :

> « Any system of symbols which obey these rules, *and no others*[87], except they be formed by combinations of theses rules – and which uses the preceding symbols *and no others* – except they be new symbols invented in abbreviation of combinations of these symbols – is *symbolical algebra.* »[88]

Les huit règles que l'on trouve dans son second article (présenté le 29 novembre 1841), bien qu'assez proches de celles qui caractérisent une structure de *corps*, celle des *nombres complexes* (selon Koppelman[88]), constituent un système très compliqué, difficile à embrasser d'un seul regard, « très fortuit et non cohérent »[89]. Dans cet article, De Morgan, rejette l'idée que l'algèbre fût ou puisse être basée sur des idées géométriques. Dans un autre article de la *Penny Cyclopedia*, « Negative and impossible quantities », il insistait sur le fait que son « Algèbre double » est élaborée à partir d'une *algèbre symbolique*, elle-même fondée sur l'*arithmétique*. Une fois que sa théorie est construite, on peut, dit-il, l'appliquer sans difficulté aucune à la géométrie. C'est-à-dire, qu'une fois élaborées les règles de l'*algèbre symbolique*, la géométrie est introduite comme une forme possible d'interprétation[90]. Nous laisserons à Koppelman le soin de situer l'effort de De Morgan :

> « Although De Morgan did not base his idea of algebra on the concept of arithmetic as a suggesting science in the sense of Peacock, his views were some what limited in a similar fashion. In essence, in the main body of his work, he was looking for a single universal system, in which all operations led to interpretable results and in which the laws were the axioms characterizing the complex numbers. De Morgan felt that he had achieved this, when, in his third paper in the series he gave a definition for $A^B$, where A and B represent both magnitude and direction, i.e., are

---

87. Règles qu'il a lui-même caractérisées. C'est nous qui soulignons. Notons que De Morgan interdit ici la possible existence d'une algèbre « non-commutative ».

88. Koppelman, *ibid.*, p. 218.

89. L. Novy, *ibid.*, p. 219.

90. Koppelman, *ibid.*, p. 231.

complex. De Morgan's aims remained the same, even in the last paper in the series, which was a work inspired by the publication of Hamilton's first paper on quaternions in 1844. »[91]

Le quatrième article de De Morgan sur l'*Algèbre triple* sera abordé lors des premiers efforts similaires de Hamilton qui le conduisirent aux quaternions. Nous terminerons sur un nouvel élément de comparaison entre Gregory et De Morgan. On connaît le point de vue du premier sur l'*addition* et sa symbolisation, pour le second ce que l'on appelle « addition » « is truly not addition of *magnitude* to produce *magnitude*, but function of *effects* to produce joint *effects* »[92].

Ajoutons que De Morgan cherche à étendre à la géométrie[93] ses conceptions algébriques, elles-mêmes largement inspirées par sa formation de logicien[94], mais elles n'eurent que très peu d'effet sur ses contemporains. Puisque nous faisons référence à la logique, il peut être plus opportun ici de faire une rapide allusion à l'un de ses plus grands représentants : Boole.

### *G. Boole : les lois de la pensée*

Il n'a pas vraiment écrit sur la formalisation de l'algèbre, mais plusieurs de ses travaux renferment des réflexions sur la nature de l'algèbre dignes de mention. Ainsi lit-on par exemple dans l'introduction de son premier ouvrage de Logique[95], la déclaration suivante :

> « We might justly assign it as the definitive character of a true calculus, that is a method resting upon this employment of symbols, whose laws of combination are known and general, and whose results admit of a consistent interpretation. »[96]

On trouve également plus loin :

> « Those who are acquainted with present state of the theory of symbolical Algebra, are aware that the validity of the processes of analysis does not depend upon the interpretation of the symbols which are employed, but solely upon the laws of their combination. »[97]

---

91. Koppelman, *Ibid.*, p. 219.

92. Koppelman, *ibid.*, p. 232.

93. A. De Morgan, « On the mode of using the signs + et – in plane geometry ». *Camb. and Dublin Math. Journ.* VI, 1851, pp. 156-160.

94. A. De Morgan, *Formal Logic : on the calculus of inference, necessary and probable*, London (1847) ; « On the syllogism, n° IV, and on the Logic of relations » (lu le 23-4-1860) *Trans. Camb. Phil. Soc.*, 10 (1864) 331-358.

95. G. Boole, *The Mathematical Analysis of Logic, being an essay towards a calculus of deductive reasoning*, London, (1847).

96. Koppelman, *ibid.*, p. 220.

97. Koppelman, *ibid.*, pp. 235-236.

Dans son célèbre ouvrage *An investigation of laws of though, on which are founded the mathematical theories of Logic and probabilities* (1854), Boole développe un point de vue encore plus abstrait que ceux émis par Peacock, Gregory et De Morgan : « it is not of the essence of mathematics to be conversant with the ideas of number and quantity »[98], mais il ne renonce pas à la nécessité d'une « suggesting science », délaissée par Gregory et De Morgan, qui cependant n'a pas besoin d'être, contrairement à Peacock, l'arithmétique. Il ne faut pas pour autant, observe Koppelman[98], en déduire hâtivement que l'auteur marque un recul par rapport à ses prédécesseurs : il va beaucoup plus loin qu'eux lorsqu'il envisage pour des combinaisons de symboles des opérations *non commutatives*. Laissons à Koppelman le soin de nous décrire la construction de la « science symbolique » faite par Boole :

> « One must start with a fixed interpretation of the symbols in order to establish the laws of combination ; in the formal process of reasoning, no attention shoud be paid to the interpretability of the intermediate steps ; only the final result must be interpretable. In logical works, the so-called suggesing science is, Boole claimed, the laws of thought. »[98]

Les lois qu'isole Boole pour ses symboles étaient les suivantes :

$xy = yx$
$x^2 = x$
$z(x + y) = zx + zy$

On constate que la seconde loi est, dans le cas de l'algèbre ordinaire, uniquement vérifiée par deux valeurs particulières, 0 et 1. Il est donc bien naturel de supposer qu'elle ne peut être prise comme une loi fondamentale de l'algèbre et donc, observait Boole, qu'il était tout à fait illusoire et d'aucune valeur de rechercher une analogie entre l'algèbre ordinaire et son système logique[98]. Boole concluait alors :

> « Let us conceive, then, of an Algebra in which the symbols *x, y, z,* etc. admit undifferently of the 0 and 1, and of these value alone. The laws, the axioms, and the process, of such an Algebra will be identical in their whole extent with the laws, the axioms, and the processes of an Algebra of Logic. Difference of intepretation will alone divide them. »[98]

Il resterait encore à parler des travaux de Sylvester et Cayley sur la *théorie des invariants*, la *théorie des déterminants*, la *théorie des matrices* et plus, sans doute, des publications de Cayley[99] (dès 1854) sur la *théorie des groupes*, qui s'inscrivent dans la droite ligne de ce

98. *Ibid.*, pp. 221.

99. Cayley, A. « On the theory of groups, as depending on the symbolic equation $\theta^n = 1$ », *Philos. Mag.* (1854) (cf. *The collected Mathematical Papers*, vol. 2, pp. 123-130 ; réf. L. Novy).

qui précède, mais cela serait déborder du cadre de notre étude et omettre, ce qui fait la teneur de la fin de cet ouvrage, les incomparables travaux de Hamilton sur la *théorie des couples* et les « Quaternions ».

## 2 - L'Algèbre comme Science du Temps Pur

On ne cherchera pas une fois de plus, comme pour les autres auteurs déjà étudiés dans le présent ouvrage, à exploiter toutes les richesses connues ou méconnues de l'œuvre hamiltonienne. Celles-ci, trop nombreuses, nous obligeraient par la multiplicité de leurs références à nous hasarder dans des domaines de réflexions très différents les uns des autres : la philosophie, la métaphysique, l'astronomie et la physique, la mécanique, l'optique théorique et les mathématiques. Une telle étude nécessaire et urgente à plus d'un titre excéderait trop largement les limites que l'on s'est imposées dans cet ouvrage.

Ainsi, par exemple, on ne s'appesantira pas outre mesure sur la précocité et la virtuosité de Hamilton pour les langues vivantes. E. T. Bell écrit à ce sujet :

> « À trois ans, il [Hamilton] lisait supérieurement l'anglais et était très avancé en arithmétique (...) ; à cinq ans, il traduisait et lisait le latin, le grec et l'hébreu et se plaisait à réciter de longs passages de Dryden, Collins, Milton et Homère (en grec) ; à huit ans, il avait ajouté à sa collection l'italien et le français et improvisait couramment en latin ; son grand plaisir était de dépeindre en hexamètres latins la beauté des paysages d'Irlande, lorsque la prose anglaise lui paraissait un exutoire trop plébéien pour exprimer l'exaltation de ses nobles sentiments »[100].

Son oncle, le Révérend William Hamilton, à qui il devait ces premières connaissances, lui-même un fameux linguiste qui se chargea de l'éducation du jeune Hamilton à la suite de la mort prématurée de ses parents, rajoute à ce palmarès élogieux :

> « Il ne peut pas apaiser sa soif de langues orientales : il les possède maintenant presque toutes, à part les dialectes les moins importants des provinces. La connaissance de l'hébreu, du persan et de l'arabe va se trouver complétée par la connaissance approfondie du sanscrit, dans lequel il est déjà très fort. Il a déjà appris les éléments du chaldéen et du syriaque, ainsi que de l'hindoustani, les idiomes des pays Malais du Mahratta, du Bengale et d'autres. Il va commencer le chinois, mais il est très difficile de se procurer les livres voulus »[101].

---

100. E. T. Bell, *op. cit.*, p. 369.

101. E. T. Bell, *op. cit.*, p. 369. On peut aussi ajouter à cette liste la connaissance de l'allemand.

On voit, s'en tenant pour cela aux quelques lignes précédentes, qu'Hamilton pût sans gêne aucune s'adonner pleinement aux langues et devenir sans doute un linguiste de tout premier plan. Mais, comme pour son illustre contemporain Gauss, ce sont finalement les mathématiques qui l'emporteront. Il semble que, selon Bell[102], ce choix ultime de Hamilton remonte à la rencontre fortuite qu'il eut avec le jeune calculateur prodigue Z. Colburn. En effet, alors qu'il n'avait pas encore 14 ans, on plaça Hamilton aux côtés du jeune Américain afin qu'il puisse découvrir les méthodes qui devaient justifier son incontestable habilité. Bien sûr, Hamilton eut raison de ces peu extraordinaires méthodes et constata que le plus grand atout du calculateur était sa mémoire. Cette recherche lui fit prendre un goût définitif pour la reine des sciences[103].

On ne s'arrêtera pas non plus sur la *Théorie des systèmes de rayons* qu'il proposa à la *Royal Irish Academy* dès 1827 et dont il avait, semble-t-il, déjà présent à l'esprit les premiers éléments de base dès ses 17 ans comme le prouve une lettre datée du 31 mai 1823, dans laquelle il écrivait :

> « ... En optique, j'ai fait une découverte fort curieuse, au moins à ce qu'il me paraît... »[104]

Un tel écrit dont la valeur n'est pas contestable sera suivi de trois autres et non moins importants articles complémentaires qui s'achèveront, en 1833, sur la fameuse « réfraction conique » de Hamilton. C'est en 1834 et 1835 qu'il étendra à la mécanique sa théorie optique. Deux articles, *On a general Method of Dynamic*, ramasseront cette extension révolutionnaire et développeront ce qui est maintenant connu sous le nom de « Mécanique hamiltonienne »[105]. Ces travaux remarquables valurent à leur auteur, dès leur parution, un succès immédiat et le placèrent rapidement au rang des plus grands savants de son temps. On soulignera leur importance en disant que leur conception devait permettre une transition plus aisée de l'œuvre newtonienne aux

---

102. *Ibid.*, p. 370.

103. Hamilton reconnaît l'influence qu'eut Colburn sur lui dans une lettre adressée à un cousin (Arthur) et qui est datée du mois d'août 1822 (note Bell, *op. cit.*, p. 370).

104. *Ibid.*, p. 371.

105. V. Arnold écrit, dans *Les méthodes Mathématiques de la Mécanique classique* (1974, p. 163) :

« Le point de vue hamiltonien permet d'étudier complètement de nombreux problèmes insolubles par les autres méthodes (par exemple, le problème de l'attraction de deux centres fixes, le problème des géodésiques sur un ellipsoïde à trois axes). Le point de vue hamiltonien est encore plus important dans les méthodes approchées de la théorie des perturbations (mécanique céleste), pour la compréhension du caractère général du mouvement de systèmes mécaniques complexes (théorie ergodique, mécanique statistique) ainsi que dans d'autres domaines de la physique mathématique (optique, mécanique quantique), etc. »

conceptions et réalisations plus bouleversantes et plus abstraites d'Einstein.

Même si nous n'abordons pas ces écrits de valeur, il était néanmoins utile de rappeler leur existence dans la mesure où leurs influences sur les morceaux choisis que nous avons retenus sont manifestes. Ainsi, n'hésiterons-nous pas à souligner la grande emprise que la philosophie de Kant eut sur Hamilton. Elle fut si importante qu'elle alla jusqu'à marquer profondément la genèse de sa nouvelle théorie algébrique, restée à ses débuts en marge de celle préférée par ses contemporains. On peut également voir, quoique cela soit moins évident, dans les exigences de simplicité, d'harmonie, d'esthétique et de clarté qu'il impose à sa rédaction mathématique, une influence du poète Hamilton sur le mathématicien Hamilton. Soulignons enfin son désir de vouloir élaborer une *science* algébrique qui ne soit ni un *Art* ni une *Langue* alors que le poète eut pu préférer l'Art et le linguiste la Langue[106]. Peut-être faut-il voir dans ce choix suprême la manifestation d'une recherche de la partie commune à l'Art et à la Langue.

On se contentera donc dans les pages suivantes d'exposer une partie très limitée des écrits de Hamilton : ceux qui, plus proprement algébriques, développent ses idées sur les nombres complexes. Voyons pour l'instant sa *Theory of conjugate Functions, or Algebraic Couples ; with a Preliminary and Elementary Essay on Algebra as the Science of Pure Time*.

Lorsqu'on recherche dans l'œuvre mathématique de Hamilton cet article, on constate immédiatement qu'il s'agit en fait de la réunion de deux écrits distincts, présentés à des dates différentes devant l'Académie Royale d'Irlande. On a d'abord affaire à une *Theory of Conjugate Functions, or Algebraic Couples*, lue le 4 novembre 1833 et, ensuite, à un *Preliminary and Elementary Essay on Algebra as the Science of Pure Time*[107] lu le 1er juin 1835 ; les *Introductory Remarks* ont été quant à elles rédigées peu après le dernier article. Or, et c'est là une nouvelle constatation, ces trois écrits furent réunis et publiés en 1835 dans les *Transactions of the Royal Irish Academy*[108] dans l'ordre exactement inverse à celui de leur élaboration. Cette disposition connue et souhaitée par l'auteur[109], privilégie l'ordre que l'on choisi-

---

106. Il reconnaît néanmoins dans ses « Remarques d'introduction » (p. 1) : « No men can be so merely practical as to use frequently the rules of Algebra, and never to admire the beauty of the language which expresses those rules... »

107. Dans une lettre à Aubrey de Vere, du 13 mai 1835, Hamilton écrit : « ... of late, instead of continuing those letters (on Algebra) I have been drawing up an *Essay* for the Royal Irish Academy, on *Algebra as the Science of Pure Time*. The conception has long been in my mind... »

108. Vol. XII, pp. 293-422.

109. Il dit lui-même dans la préface à ses *Lectures on Quaternions* (Dublin, 1853, note p. (14)) que son article « On Conjugate Functions or Algebraic Couples » fut, à cette occasion, « considerably modified ».

rait pour faciliter l'enseignement de la théorie proposée. Ce non-respect de l'ordre historique nous expose à un risque évident d'interprétation. En effet, si l'*Essai* précède la *Théorie*, on imagine aisément que cette dernière est rédigée en écartant certaines des imprécisions que renfermait l'écrit antérieur alors qu'en fait, il faut plutôt voir l'exposé d'une théorie abstraite rendue plus explicite et consistante par la publication d'un essai.

On conclura en disant que les deux observations sont en fait aussi légitimes l'une que l'autre suivant les sources que l'on a préférées. La première est justifiée par les premiers écrits d'Hamilton ; la seconde est parfaitement exacte compte tenu de la précision précédente faite par l'auteur.

### *Le « Temps Pur »*

Avant de voir de plus près les écrits précédents, il est préférable de rappeler les raisons qui amènent Hamilton à choisir le concept de « Temps Pur » comme élément fondateur de son Algèbre. Ajoutons tout de suite à ce qui vient d'être dit que ces articles ont souvent été mentionnés dans les ouvrages d'histoire, dégagés de la gangue de considérations sur le temps jugées étrangères à la théorie abstraite qu'ils développent. On a fréquemment dit, avec raison, que la théorie algébrique de Hamilton pouvait être parfaitement validée sans un tel recours considéré inutile, voire intempestif. Une telle considération est, semble-t-il, beaucoup trop *sensible* ou *extérieure* aux mathématiques pour qu'elle puisse servir d'élément primitif et génétique à l'algèbre. Supprimer cette référence c'est bien sûr libérer l'algèbre d'un important fardeau, l'extraire d'un trop réaliste carcan qui l'empêche d'être globale. Mais c'est aussi mutiler sans rémission aucune la pensée d'un créateur de première force en la ramenant à une simple contribution mathématique, alors qu'elle fut, et reste, à côté de la théorie voisine de Cauchy, une des justifications algébriques de l'existence des nombres complexes les plus importantes du premier XIX^e siècle. C'est enfin couper une mathématique du contexte socio-culturel qui est une des raisons premières de son existence. Il n'est donc pas étonnant que l'on respecte ici la forme et le contenu symbolique de ses écrits mathématiques d'hier, même si ceux-ci renferment des références, notions ou concepts, qui peuvent être déclarés aujourd'hui erronés ou, dans le meilleur des cas, maladroits par un esprit rigoureux trop attaché à ne voir les mathématiques du passé qu'au travers d'exigences conceptuelles et formelles contemporaines ; ou qui, plus étroitement, conçoit celles-ci comme un art subtil et symbolique qui s'auto-développe et s'auto-structure en dehors de toute empreinte humaine.

Selon Hamilton et ses contemporains, en accord avec une domination marquée de la pensée philosophique Kantienne, la géométrie en tant que *Science* est fondée sur la « pure intuition de l'Espace »[110]. L'Algèbre considérée comme la science du non-géométrique[111], et proposée cette fois par Hamilton seul, est fondée sur la « pure intuition du Temps ». Une telle « pure intuition »[111], ou « original mental form »[112] est intimement et directement reliée, voire parfois même coïncidente, avec la notion de « progression continue » (i. e. « continuous progression »).

Sa « Science du Temps Pur »[113] doit être, dit-il écartée

> « on the one hand from all actual outward chronology, or collections of recorded events and phenomenal marks and measures, and on the other from all dynamical science, or reasoning and results from the notion of cause and effects »[111].

---

110. Lettre de Hamilton à J. T. Graves, datée du 11 juillet 1835 (*cf.* R. P. Graves, vol. II, p. 143). On trouve déjà une trace des réflexions de Hamilton sur l'Espace et le Temps et leurs rapports avec la Géométrie et l'Algèbre, dans le texte qu'il présenta sur sa « théorie des systèmes de rayons » devant l'Académie Royale d'Irlande le 23 avril 1827 : « Les sciences de l'espace et du temps (pour adopter un aspect de l'algèbre que je me suis risqué à proposer ailleurs) sont devenues intimement liées et indissolublement unies l'une à l'autre. Désormais, il fut presque impossible de perfectionner l'une sans faire progresser l'autre » (réf. E.T. Bell, *ibid.*, p. 376).

111. On est conduit à utiliser cette expression à la simple constatation de la définition que donne Hamilton pour le mot « Algèbre », qui va jusqu'à englober celle donnée à l'Analyse. D'autre part, Hamilton, dans une lettre adressée à F. Edgeworth (2 juin 1835), confirme cette dénomination lorsqu'il écrit : « opinions seem to be of late converging to this point, that Algebra is merely a Language, and not in any proper sense a counterpart of Geometry » (réf. R. P. Graves, vol. II, p. 147).

112. R. P. Graves, vol. II, p. 138.

113. Dans une lettre adressée à Sir W.R. Hamilton et datée du 27 août 1835, Maria Edgeworth lui demandait :

« Why do you say *pure* time ?
Why not *time* without any epithet ? »
(réf. R. P. Graves, vol. II, p. 160).

On trouve une partie de la réponse dans la déclaration de Hamilton ci-dessus ; l'autre partie a évidemment un lien clair avec les lectures qu'il fit de la « *Critique de la raison pure* » de Kant dans sa version originale.

Dans une leçon d'Astronomie (1836), Hamilton dit :

« L'Algèbre et la Géométrie, ces sciences exclusivement mathématiques, sont les sciences de pure raison : elles n'empruntent à l'expérience ni secours ni autorité ; elles sont ou du moins peuvent être entièrement isolées des phénomènes contingents du monde extérieur »

(réf. A. Cayley, « Discours prononcé devant les membres de l'Association Britannique », trad. M. Raffy, p. 32).

Dans une lettre adressée à Dan Griffin le 6 avril 1835, Hamilton va jusqu'à écrire : « ... I began to look inward more, and for several years have aspired to contemplate Algebra as a branch and almost a type, ot fhe philosophy of the mind in general. »

Enfin, dans une lettre adressée à F. Edgeworth (2 juin 1835) Hamilton dit : « it is remarkable that Kant perceived that Time, like Space, must be the foundation of a Science *a priori* ; yet failed to perceived that Algebra may be viewed as precisely such a Science » (réf. R. P. Graves, vol. II, p. 145).

Non seulement l'*Algèbre* repose sur l'*intuition du Temps* mais, dit Hamilton,

> « it is impossible to treat Algebra as a *Science* at all (I say not as an Art or a Language), without invoking more or less the aid of this Intuition. Pure time – the before and after ; precedence, subsequence, and simultaneity ; continuous indefinite progression from the past through the present to the futur – this thought, or intuition, or form of the human mind, appears to me to force itself upon me whenever I seek to *analyse* what I and others *mean*, as the object *reasoned upon*, in Algebraic Science : though I willingly admit that the *Time* thus considered is Pure (just as the Space of the geometers is Pure) (...) »[114].

Enfin, quelques années plus tard, Hamilton confiait (en 1844) à son ami De Morgan que ses idées étaient en grande partie restées inchangées :

> « I am very sensible, that, besides general dullness and heaviness of style, there is too much obscurity, in my Essay on Algebra as the Science of Pure Time, and one Thing I am, and was, prepared to admit, nay, if it had seemed needful, to contend for, that Algebra does not require, for its foundation as a Science, any knowledge or conception of the actual succession of events, or of the relation of cause and effects ; continuous progression appeared, and still appears, to me sufficient ; but this, I thought and think, is the essential element in the conception of what I call *pure Time*. Whether I am right in using the last form of expression is in a great degree, nay, almost wholly, a metaphysical question in deciding which for myself I confess that I have been much influenced by study of Kant's "Pure Reason" (...). »[115]

Aux raisons précédentes avancées par Hamilton pour justifier sa conception nouvelle, s'ajoute une autre qui, pour lui, n'est pas de moindre importance. Il constate que les plus grandes découvertes faites en *Algèbre* ont un rapport étroit avec le concept *temps*. Trois exemples pertinents lui suffisent pour conclure à l'exactitude de son observation : Newton, dont la révolution dans les sphères les plus élevées de l'Algèbre pure et appliquée fut réalisée grâce à une théorie « fluxionnaire »[116] ; or, cette notion de *fluxion* « involves the notion of *time* »[117]. J. Napier[118] qui, pour découvrir le logarithme, n'utilisa pas

114. Lettre à J. T. Graves du 11 juillet 1835 (réf. R. P. Graves, vol. II, p. 143).

115. Réf. R. P. Graves, vol. II, p. 246.

116. « Considerando igitur quod quantitates aequalibus temporibus crescentes et crescendo genitae, pro velocitate majori vel minori que crescunt ac generantur evadunt majores vel minores ; methodum quaerebam determinandi quantitates ex velocitatibus motuum vel incrementorum quibus generantur ; et has motuum vel incrementorum velocitates nominando *Fluxiones*, et quantitates genitas nominando *Fluentes*, incidi paulatim annis 1665 et 1666 in Methodum Fluxionum qua hic usus sum in Quadratura Curvarum » (réf. Hamilton, note pp. 5-6).

117. « Introductory Remarks », p. 5.

118. Neper, J. (Sir John Napier of Merchiston », *Mirifici Logarithmorum canonis Descriptio*, Édimbourgh, 1614.

les éléments de l'arithmétique mais « the contemplation of *Continous Progression*, in describing which he speaks expressly of *Fluxions, Velocities* and *Times* »[118]. Le troisième exemple est plus étonnant car il concerne Lagrange. On sait que Lagrange, ainsi qu'Hamilton, prônait une démarche « purement algébrique » par laquelle il essaya, dit Hamilton[119], « to reduce the Theory of Fluxions to a system of operations upon symbols, analogous to the earliest symbolic operations of Algebra, and professed to reject the notion of time as foreign to such a system ». Mais, ajoute-t-il, si l'Algèbre souhaitée par Lagrange est celle d'une « Science des fonctions », c'est là introduire de nouveau la notion de temps qu'il a cherché à faire disparaître. Car, dit-il :

> « it is not easy to conceive a clearer or juster idea of a Function in this Science, that by regarding its essence as consisting in a *Law connecting Change with Change* ».

et alors de conclure :

> « where *Change* and *Progression* are, there is TIME ».

La grande transformation que propose Hamitlon est donc de mettre le temps sous la forme d'une théorie et de la rapprocher, voire la faire coïncider, une fois élaborée, avec celle de l'Algèbre. On voit par conséquent que cette façon de procéder n'a plus rien à voir avec celles de certains prédécesseurs ou contemporains, entre autres Buée, qui proposèrent le temps par l'intermédiaire de notions telles que celles d'Avant-Arrière, d'Avant-Après, de Passé-Avenir ou de durée, afin de rendre *réelle* une quantité *impossible* ou *imaginaire*. De telles illustrations, dit Hamilton, « avails little for Science, so long as *magnitude* instead of PROGRESSION is attempted to be made the basis of the doctrine »[120].

À cette longue suite de raisons avancées pour justifier le lien privilégié existant entre le concept de *Temps Pur*[121] et l'*Algèbre*, il reste à Hamilton, avant d'exposer sa théorie, à dire pourquoi une

---

119. *Ibid.*, p. 6.

120. Il semble que l'on soit autorisé à voir ici Hamilton proche de ses contemporains, et ce bien que son point de vue ne soit, dans les termes choisis, absolument pas semblable à celui de Peacock, Gregory et autres. Il marqua une distinction entre ses propres vues et celles des précédents auteurs lorsqu'il écrivait, par exemple dans la préface à ses *Lectures on Quaternions* (1853, p. (14) ) : « ... my own old views respecting, perhaps modified in some respects by subsequent thought and reading, are not fundamentally and irreconcileably opposed to the teaching of writers whom I so much respect as Drs. Ohm and Peacock ». Ceci se confirme d'autant plus lorsqu'il considère l'Algèbre comme une science non exclusivement liée à la notion de nombre se référant explicitement à la « quantité » et à la « mesure ».

121. « There is something mysterious and transcendent involved in the idea of Time ; but there is also something definite and clear ; and while Metaphysicians medidate on the one, Mathematicians may reason from the other » (« Intr. Remarks », p. 7).

nouvelle théorie est nécessaire alors qu'il en existe déjà une en plein essor.

*L'Algébriste : Praticien, Philologue ou Théoricien ?*

Hamilton, dans ses *Remarques d'introduction*, distingue trois écoles algébriques, trois manières de concevoir l'étude de l'Algèbre : La « Practical », la « Philological » et la « Theoretical », suivant que l'on conçoit l'algèbre comme un « instrument » une « langue » ou une « contemplation », « according as ease of operation, or symmetry of expression, or clearness of thought (the *agere*, the *fari*, or the *sapere*) is eminently prized and sought for »[122].

L'auteur s'étend longuement sur ce qui fait l'originalité et la spécificité de chaque procédure. Il expose les avantages, les inconvénients et enfin les difficultés qui leur sont propres. Il présente ces écoles en les supposant dès le départ très différentes les unes des autres, allant même presque jusqu'à obliger le lecteur à prendre parti pour l'une ou l'autre (toute position intermédiaire paraissant exclue), puis, il ajoute, comme pour le rassurer :

> « it is not here asserted that every or any Algebraist belong exclusively to any *one* of these three schools, so as to be *only* Practical, or *only* philological, or *only* Theoretical. Language and Thought react, and Theory and Practice help each other »[23].

Mais, observe-t-il finalement, il reste vrai que n'importe quel travail algébrique peut toujours, pour l'essentiel, être rattaché à une et une seule de ces trois écoles.

En procédant ainsi, Hamilton a surtout cherché à caractériser l'orientation de sa propre activité qu'il situe exclusivement dans le strict champ *Théorique* ; c'est dire que ses articles présents ne chercheront pas à appliquer des règles existantes à un problème donné (« Practical School ») ni à trouver de nouvelles notations ou formulations qui remplaceraient celles déjà existantes (« Philological School »). Hamilton se propose dans ces articles :

> « to improve the *Science*, not the Art[123] not the Language of Algebra, » [car] « the imperfections sought to be removed, are confusions of

122. *Ibid.*, p. 3.

123. On peut rapprocher ce que dit Hamilton de ce qu'écrit De Morgan dans son ouvrage *Trigonometry and Double Algebra* (1849, p. 92) : « As soon as the idea of acquiring symbols and laws of combination, without giving meaning, has become familiar, the student has the notion of what I will call a *symbolical calculus* ; which, with certains symbols and certains laws of combination, is *symbolical algebra* : an art, not a science ; and an apparently useless art, except as it may afterwards furnish the grammar of a science. »

thought, and obscurities or errors of reasonning ; not difficulties of application of an instrument, nor failures of symmetry in expression. And that confusions of thought, and errors of reasoning, still darken the beginnings of Algebra, is the earnest and just complaint of sober and thoughtful men, who in a spirit of love and honour have studied Algebraic Science admiring, extending, and applying what has been already brought to light, and feeling all the beauty and consistence of many a remote deduction, from principles which yet remain obscure, and doubtful »[124].

Ces mots, qui pour un lecteur contemporain paraissent comme allant de soi, prennent une importance tout autre[125] lorsque l'on prend conscience qu'ils ne sont pas ceux d'un homme d'aujourd'hui, mais ceux que prononça un homme il y a plus d'un siècle, époque où l'algèbre émergeait avec de grandes difficultés et où il était presque impossible de dire avec sûreté, tant les critères faisaient cruellement défaut, qu'elles étaient, parmi le foisonnement d'idées nouvelles, celles qu'il fallait retenir pour faire progresser l'Algèbre.

Hamilton accomplit déjà un remarquable progrès en faisant une synthèse de l'algèbre, en analysant avec beaucoup de clairvoyance les nombreuses difficultés à vaincre pour engager enfin l'algèbre sur la voie du progrès, ce travail était d'autant plus urgent que la situation allait en s'aggravant, observait-il lui-même. Bien sûr l'*Algèbre* devenait de plus en plus importante ; elle débordait largement, en s'appliquant à la géométrie, le cadre limité que lui avaient imposé les mathématiciens des siècles précédents. Or, si les mathématiques allaient en s'algébrisant de plus en plus, ou si l'algèbre était vouée à occuper toutes les parties des mathématiques non soumises à la Géométrie, il fallait absolument réviser ses fondements. Car, dit-il, dans l'état actuel de l'algèbre : « it requires no peculiar scepticism to doubt (...). It must be hard to found a SCIENCE on such ground... »[126]

Ces difficultés, nous les avons vues tour à tour faire leur apparition au cours du présent ouvrage. Tous les auteurs précédents, à l'exception de Cauchy (son travail étant postérieur à celui de Hamilton), essayèrent de les réduire mais en vain. Ils ne parvinrent jamais vraiment à les faire disparaître ; leurs propres *limitations* ou leur *doute* les firent mesurer l'incomplétude de leurs travaux achevés.

---

124. *Ibid.*, p. 4.

125. C'est ce que croit aussi Mac Duffee dans son article « Algebra's debt to Hamilton » (1945, pp. 26-27), lorsqu'il écrit : « it is startling to notice that these lines of Hamilton, written one hundred and eleven years ago, summerize so perfectly the confusion which quite generally still persists in the teaching of elementary algebra in our secondary schools ».

126. *Ibid.*, p. 4. On peut, au passage, noter dans cette citation, dans celles qui précèdent ou à venir, l'utilisation faite par Hamilton des majuscules et des italiques pour attirer l'attention du lecteur sur les idées maîtresses de sa théorie réformatrice.

Leur nombre est celui des raisons qui suffisent à décider, sans aucun doute, le rejet de l'actuelle théorie des quantités négatives et imaginaires, observe avec justesse Hamilton. En effet, comment faire foi à une théorie qui, dit-il, se fonde sur les principes suivants :

> « That a *greater magnitude may be subtracted from a less*, and that the remainder is *less than nothing ;* that *two negative numbers*, or numbers denoting magnitudes each less than nothing, may be *multiplied* the one by the other, and that the product will be a *positive* number, or a number denoting a magnitude greater than nothing ; and that although the *square* of a number, or the product obtained by multiplying that number by itself, is therefore *always positive*, whether the number be positive or negative, yet that numbers, called *imaginary*, can be found or conceived or determined, and operated on by all the rules of positive and negative numbers, as if they were subject fo those rules, *although they have negative squares*, and must therefore be supposed to be themselves neither positive nor negative, not yet null numbers, so that the magnitudes which they are supposed to denote can neither be greater than nothing, not less than nothing, nor even equal to nothing. »[127]

Ce paragraphe admirable et étonnant nous semble l'exemple type qu'aurait pu choisir un orateur de talent avisé pour défendre sa cause et la promouvoir. On découvre à travers ces quelques lignes le style vif et alerte de Hamilton, simple et convaincant ; l'expression d'une grande facilité de synthèse. Devant cette suite d'évidentes contradictions, le lecteur est d'abord surpris, puis, interloqué, il se demande avec une inquiétude bien compréhensible pourquoi et comment une théorie a pu subsister avec de si grossières et apparentes contradictions. C'est sans aucun doute possible le but recherché par l'auteur. Si le lecteur n'accepte pas de telles obscurités, il sera obligé par voie de conséquence de se convaincre également qu'il faut cesser de faire dépendre le concept de nombre de celui de « magnitude ». Car tout le problème logique que pose l'extension aux imaginaires des règles conçues pour les nombres réels, tous les exemples que rappelle Hamilton doivent leur absurdité à l'association du nombre avec la mesure et la quantité.

Il va donc de soi, après un si sombre tableau, que la théorie existante des quantités négatives et imaginaires doit être définitivement écartée. C'est, dit-il, une science qu'il faut chercher à fonder pour la remplacer et mettre fin à l'obscurité. C'est la *voie théorique* qui seule permettra d'atteindre ce but. Car même si les principes sont conservés, « the form of Logic may build up from them a symetrical system of expressions, and a practical art may be learned of rightly applying usefull rules which seem to depend upon them. »[128]

---

127. *Ibid.*, p. 4.

En effet, il sera toujours possible de faire de la théorie existante un système parfaitement rigoureux aux développements logiques irréprochables qui conduisent des principes aux conclusions. Mais c'est justement dans les conclusions qu'existent des résultats qui viennent heurter le sens commun. C'est donc une révision des fondements qui doit être faite. Par conséquent, la précédente déclaration de Hamilton est une condamnation sans appel de toute autre tentative qui ne soit pas de l'*École théorique* ; c'est le rejet de la *voie philologique*, dit Hamilton, ouverte par Peacock, Gregory, Ohm, De Morgan et autres. Il serait regrettable que la destinée de l'Algèbre soit celle-ci, alors qu'elle fait de plus en plus d'adeptes et a « almost superseded the Study of Geometrical science »[128] ; qu'elle ne soit pas une science « in any strict and proper sens », mais un simple gain d'*adresse* ou d'*élégance*[29] au détriment de la *Contemplation* et de l'*Intuition*[29].

C'est à cause du risque de sophistication et de stérilisation, conclut-il, qu'il faut accorder à une tentative comme la sienne – la recherche dans l'algèbre existante du premier principe d'une Science algébrique, « science properly so called ; strict, pure, and independent, deduced by valid reasonings from its own intuitive principles »[129] – les plus larges facilités. L'Algèbre ne doit plus être uniquement prise comme un système de règles ou d'expressions, mais aussi comme un « system of Truths »[130].

Le premier rudiment qui permettra de faire de l'Algèbre une science, Hamilton l'a déjà trouvé : c'est, nous le savons, ce qu'il appelle l'« intuition of TIME »[131].

### *L'Algèbre : la « Science du Temps Pur »*

Son « Essai sur l'Algèbre comme la "Science du Temps Pur" » repose sur les trois conceptions fondamentales suivantes que l'on ne cherchera pas à approfondir :

1 – La notion de temps est liée à l'Algèbre existante.

2 – Cette notion, ou « intuition » du temps peut être développée en une science pure et indépendante.

3 – Cette science du « Temps Pur » a le même objet que l'Algèbre et lui est identique, en tant que l'Algèbre elle-même reste une science.

---

128. *Ibid.*, p. 5

129. *Ibid.*, p. 5. Notons que Hamilton paraît, en employant l'expression « intuitive principles », marquer un recul certain par rapport à la vision plus moderne de Peacock, par exemple, qui parle d'« hypothèses » de construction.

130. *Ibid.*, p. 4.

131. *Ibid.*, p. 5.

Nous avons vu dans les pages précédentes comment Hamilton tira du passé quelques exemples pour nous convaincre de la première partie de sa conclusion.

La seconde composante de la conclusion (2), i. e. qu'une « Science du Temps Pur » est possible, tient de la conviction de Hamilton :

> « the notion or intuition of ORDER IN TIME is not less but more deep-seated in the human mind, than the notion or intuition of ORDER IN SPACE ; and a mathematical science may be founded on the former, as pure and as demonstrative as the science founded on the latter ».

Cette référence à l'ordre est, après le rejet de la stricte dépendance du nombre à la grandeur, un nouvel élément de comparaison entre l'approche de Hamilton et celle de ses contemporains Peacock, Ohm, qu'il décrivit de la manière suivante :

> « I by no mean dispute the possibility of constructing a consistent and useful system of algebraical calculations, by starting with the notion of *integer number* ; unfolding that notion into its necessary consequences, expressing those consequences with the help of *symbols*, which are already general in form, although supposed at first limited in their signification, or *value* ; and then, by *definition*, for the sake of *symbolic generality, removing the restrictions* which the original notion had imposed ; and so resolving to *adopt*, as perfectly *general* in *calculation*, what had been only *proved* to be *true* for a certain subordinate and limited extent of *meaning*. »[132]

Leur démarche préfère comme point de départ le concept de nombre cardinal. Or, dit Hamilton,

> « I cannot fancy myself as *counting* any set of things, without first ordering them, and treating them as successive : however *arbitrary* and *mental* (or *subjective*) this assumed succession may be. »

Ainsi, il retient au contraire comme point de départ le concept de nombre ordinal ; choix qui, on le constate, s'accorde parfaitement avec ses considérations sur le temps et celle plus générique d'« order in Time ». Il n'est pas dans notre intention de trancher ici en faveur de la première plutôt que de l'autre conception en répondant pour cela à la question de savoir si le nombre cardinal précède celle du nombre ordinal ; cette question fut et reste un problème philosophique posé. Mais on peut déjà souligner que cette référence à l'ordre se retrouve dans son caractère fondamental directement rattachée à la forme symbolique, i.e. le couple qu'a retenu Hamilton pour désigner le nombre complexe. On reviendra sur ce dernier point.

---

132. W.R. Hamilton, *Lectures on quaternions*, Preface (1853), note p. 15.

Enfin, la troisième et dernière composante de la conclusion de Hamilton est le bilan de toutes les tentatives de l'auteur pour « *analyse* what is *scientific in Algebra*, or to construct a Science of Pure Time »[133].

Vient ensuite l'exposé de la théorie elle-même, de cette théorie qui aura raison des difficultés inhérentes à l'ancienne. Il ne s'agit plus là de *quantités négatives* et *imaginaires*, mais de « contrapositives and couples ». Sa théorie, « free from those old difficulties »,

> « is deduced from the intuition of Original Mental Form of Time : the opposition of the (so-called) Negatives and Positives being referred by him[134], not the opposition of the operations of increasing and diminishing a *magnitude*, but to the simpler and more extensive contrast between the relations of *Before* and *After*[135], or between the directions of *Forward* and *Backward* ; and *Pairs of Moments* being used to suggest a *Theory of Conjugate Functions*, wich gives reality and meaning to conceptions that were before imaginary, impossible or contradictory, because Mathematicians had derived them from the bounded notion of *Magnitude*, instead of the original and comprehensive thought of ORDER IN PROGRESSION »[34].

Si cette théorie est prometteuse, elle n'en a pas moins de nombreux détracteurs. On sait déjà comment l'entourage de Hamilton perçut cette surprenante nouveauté. On sait aussi qu'un grand nombre de ses amis, dont il estimait profondément le jugement, étaient opposés à lui sur ce point. Ainsi, par exemple, reconnaissait-il dans une lettre à A. De Vere :

> « among my mathematical friends I have met none who seemed to catch, or at least adopt it, from what I could impart in conversation »[136].

Bien sûr, il disait aussi dans sa lettre qu'il n'était pas le seul à croire en ce changement, « a Kantian friend in England, to whom I mentionned it not long ago in writing, (...) wrote me back a decided approval ».

Ce qu'il écrit dans une autre lettre[137] adressée à son ami J. T. Graves, montre d'une part qu'il adopte un comportement préalable visant la retenue lorsqu'il sait ou imagine la pensée, contraire à la sienne, de son interlocuteur et, d'autre part nous révèle que par-delà toute opposition, il a maintenu avec ténacité sa position à l'égal d'une

133. « Introductory Remarks », p. 7.

134. L'auteur.

135. Compte tenu de l'importante modification relative à l'idée de nombre, cette opposition est soulignée volontairement à plusieurs reprises.

136. Du 13 mai 1835 (réf. R. P. Graves, vol. II, pp. 141-142).

137. Du 11 Juin 1835 (réf. R. P. Graves, vol. II, p. 143).

profonde conviction et, enfin, apporte un élément nouveau sur la façon qu'il avait de considérer la théorie rivale :

> « Perhaps I have not ever talked to you about this crotchet[138] of mine, for I know that with all our personal and intellectual tie we belong to opposite poles in Algebra ; since you, like Peacock, seem to consider Algebra as a "system of Signs and of their combinations", somewhat analogous to syllogisms expressed in letters ; (...) I habitually desire to find or make in Algebra a system of demonstrations resting at least on intuitions... »[139]

Dans son *Calculus of Functions*[140], De Morgan faisait mention de cette manière de voir en termes plutôt amicaux bien que non exempts de réserve :

> « A distinguished analyst calls Algebra the science of Pure Time (...) the notion of time, succession, and number are so closely related that, we have no doubt, very admissible conventions would make this true. »

La critique[141] de A. Cayley est en revanche plus sévère et ne s'entoure d'aucune précaution oratoire superflue. En 1864, il écrivait :

> « I do not admit the assertion that the idea of number is derived from that of time, it appears to me that it is derived from that of succession in time or space indifferently. »[142]

Plus tard, en 1883, il fera montre d'un jugement encore moins conciliant :

> « Je ne puis concéder que l'Algèbre soit en relation avec l'idée de temps. J'accorde que la notion de continuité s'impose et qu'elle a une grande importance, mais je ne puis absolument voir en elle l'idée mère de la Science. Et je partage encore moins les vues de Hamilton, quand il prétend rattacher à la notion du temps son couple algébrique ou symbole imaginaire $a + bi$. »[143]

---

138. Il s'agit de son article « On Algebra as the Science of Pure Time ».

139. Bien qu'il soit resté en tout point fidèle à Kant, il écrivit en 1846 qu'il en était venu à croire que : « there is a sort of Symbolical Science, or *science of language* which well deserves to be studied, abstraction being made for a while of *meaning* or of interpretation ; and *forms of expression*, being treated as themselves the subject-matter, to be studied : in short I feel an increased sympathy with, and fancy that I better understand that *Philological School...* » (réf. R. P. Graves, vol. II, pp. 521-522).

140. P. 347 (Note Koppelman, *op. cit.*, p. 225).

141. Voir aussi celle de E. T. Bell, *op. cit.*, pp. 387-388, et du même auteur *Men of Mathematics* (1965), p. 358.

142. Cité par Koppelman, *ibid.*, pp. 225-226.

143. Tiré de son « Discours devant les membres de l'Association Britannique », (trad. M. Raffy) ; *Bulletin des Sciences Mathématiques*, 2e sér. t. VIII (1884) ; 30-48 et 54-80.

Mais puisque Cayley ne sera pas étudié dans notre ouvrage, et ce malgré l'ampleur de son immense tâche, il est intéressant de voir comment ce très grand savant du XIX$^{e}$ siècle considérait les nombres complexes[144] et quelle place il leur accordait :

> « L'idée de "quantité imaginaire" [est celle] qui embrasse et pénètre toute l'Analyse et toute la Géométrie modernes. Aujourd'hui qu'on voit quel rôle capital cette idée joue dans la Science, il ne faut pas venir nous dire qu'elle n'intéresse que les Mathématiques et qu'elle rentre dans la catégorie des chimères qui ne sont pas un objet de science ; je trouve qu'une pareille ignorance n'est plus permise, et qu'on devrait au moins donner les raisons de ce parti pris. »[145]

Ces dernières lignes, on le voit, dénoncent l'existence d'un problème que l'on aurait pu croire résolu à la fin du XIX$^{e}$ siècle. Les nombres complexes sont encore restés pour certains ce qu'ils furent pour la majorité des mathématiciens : des *quantités imaginaires* ou *impossibles* peu dignes de confiance, ou, comme l'écrivait aux alentours de 1890 P. Painlevé, « le chemin le plus facile et le plus court entre deux vérités du domaine réel. »[146]

Cayley accorde ouvertement aux nombres complexes une place encore plus grande et plus centrale que celle retenue aujourd'hui par les mathématiciens. Nous ne croyons pas que l'auteur ait réellement eu une telle conception ; il s'agit plutôt, nous semble-t-il, d'une volontaire exagération conçue pour contrebalancer l'*ignorance* de ceux qui se permettent le précédent jugement.

Ce sont, disait-il, parlant des quantités imaginaires $a + bi$[147] :

> « Les quantités que l'on considère en Analyse, et l'Analyse est précisément la science de ces quantités (...). L'idée maîtresse de l'Analyse est de substituer aux quantités réelles ces quantités imaginaires ou complexes de la forme $a + bi$. »

L'analyse qui suit ne prétend nullement reproduire tout ce qui fait l'immense intérêt de l'article d'Hamilton « On Algebra as the science of Pure Time ». Elle est limitée à ses traits les plus essentiels d'une part à ceux qui suffiront pour que l'on ait une idée précise sur la théorie de l'auteur, ses conceptions originales et leurs incidences dans la manière de concevoir l'Algèbre, et d'autre part à ceux qui correspondent aux

---

144. Cayley connaît et emploie parfois cette dénomination, mais pour les besoins de son « Discours » il fait un usage plus fréquent du mot « imaginaire », qui présente l'avantage, dans le cas présent, d'avoir un sens double.

145. *Ibid.*, p. 36.

146. P. Painlevé, *Analyse des travaux scientifiques jusqu'en 1900*, (éd. autorisée par son fils Jean et réalisée par A. Blanchard en 1967), introduction, p. 2.

147. *Ibid.*, pp. 41-42.

notions plus abstraites qu'utilise chaque jour le mathématicien d'aujourd'hui. Nous avons choisi également d'aborder les « Couples algébriques » de Hamilton, théorie qui sera plus particulièrement développée ici, car elle correspond à un des moments les plus fondamentaux de l'histoire des nombres complexes, en la faisant précéder de l'article « On Algebra as the science of Pure Time », choix qui s'explique, d'une part, par l'origine de nos sources de références[148], les œuvres complètes de Hamilton (plus particulièrement le volume d'Algèbre) et d'autre part par notre désir de privilégier l'ordre logique dans l'exposition de sa théorie, ordre que Hamilton a tenu lui-même à exposer plus tardivement, et qui conduit des entiers naturels aux couples algébriques, i. e. nombres complexes, en passant par les nombres rationnels, irrationnels et enfin réels.

### *L'*Essai préliminaire et élémentaire

La première page de son *Preliminary and Elementary Essay* débute, comme on pouvait s'y attendre, par des considérations relatives à la notion d'*ordre* et au formalisme qui sera choisi. On doit préalablement, dit Hamilton dès la première ligne, parvenir à concevoir dans notre esprit la *pensée* qui correspond à celle d'un « moment » quelconque (i.e. *instant* quelconque). Ensuite, être capable de répéter à volonté cette *pensée* ou de former celle d'un moment différent. Ce *premier acte* à la portée de tous, sinon Hamilton ne l'aurait pas choisi comme l'élément unificateur de sa théorie et de l'Algèbre, est capital dans la mesure où, dit-il plus précisément, « The *moment* is to Algebra, what the point is to Geometry. »[149]

Les lettres capitales de notre alphabet sont choisies pour désigner les moments, ce sont les « dates » ou les « answers to the question *when* »[150]. L'*identité* entre deux moments A et B ou l'*équivalence*[151] entre les *dates* A et B qui les repèrent, est désignée par l'expression symbolique :

$$\mathrm{A} = \mathrm{B}^{151}. \qquad (1)$$

148. Ajoutons néanmoins qu'un tel choix n'exclut pas, comme on le constatera par la suite, que nous ayons parfois recours aux écrits antérieurs dont la rédaction est non remaniée.

149. Lettre à J. T. Graves du 11 Juillet 1835 (réf. R. P. Graves, vol. II, p. 143).

150. *Ibid.*, p. 9.

151. On verra plus tard que ce signe désigne plus précisément l'"équivalence entre les deux marques d'une même relation ordinale » (Hamilton, *Lectures on Quaternions* (1853) préface, p. (5) ). Précisons que la numérotation que nous utilisons pour désigner les formules dans le texte ne coïncide pas avec celle de Hamilton.

Leur différence ou *non-équivalence*[152] s'exprime quant à elle par :

$A \neq B.$ (2)

La *non-équivalence* se subdivise en deux autres relations ; celles de « subsequence » (i.e. de postériorité) et de « precedence » (i. e. d'antériorité) « acccording as the moment B is later or earlier than A »[51].

Elles sont respectivement désignées comme suit :

$B > A$ (3)

et

$B < A.$ (4)

Cette entrée en matière s'achève sur une suite d'implications logiques mettant en jeu les notions qui précèdent :

si $B = A$ alors $A = B$ ; (5)

si $B \neq A$ alors $A \neq B$ ; (6)

si $B > A$ alors $A < B$ ; (7)

si $B < A$ alors $A > B$ . (8)

Tous ces signes utilisés par Hamilton, le lecteur les aura reconnus, sont en général, et plus encore à l'époque où l'auteur écrit, utilisés pour désigner des opérations, ou des relations, sur les nombres ; nombres bien sûr conçus sur une référence explicite à la « quantité » et à la « mesure ». On voit par conséquent que Hamilton ne les emploie pas pour un usage courant. Sa théorie garde le formalisme en vigueur, mais s'écarte de la trop exclusive et alors habituelle dépendance du concept de *nombre* par rapport à celui de *grandeur*. Lorsqu'il écrit $A = B$, il ne s'agit pas d'égaler deux durées. L'idée qui illustre le mieux cette identité, dit-il, est celle de *simultanéité* ou de *synchronisme* ; elle représente « the thought of the *present* in time »[153] et, ajoute-t-il, de toutes les réponses à la question « when », c'est celle qui correspond à « maintenant » (« now »).

Après avoir introduit la comparaison entre les moments, Hamilton en vient à étendre cette comparaison, qui donnera lieu à deux nouvelles conceptions, l'« analogy » et la « non-analogy », aux paires de moments.

Si l'on choisit deux autres lettres C et D, on voit que, si elles désignent les moments précédents, elles doivent vérifier les deux conditions suivantes :

$C = A$ et $D = B.$ (9)

Mais si les paires de moments sont différentes, i. e. si les lettres qui les représentent sont distinctes, les relations qu'elles ont entre elles peuvent rester inchangées. C'est-à-dire que l'on peut avoir $C = A$ et D

152. P. 9. Hamilton parle aussi dans ce cas de « diversity ».

153. Hamilton, *Lectures on Quaternions*, Preface, p. (4).

= B d'une part et d'autre part avoir une identité entre la relation de C à A et celle de D à B. Ce que Hamilton résume en disant : « the two pairs, A, B and C, D may be *analogous*, even if they be not coincident with each other »[154]. L'analogie susdite est représentée par l'*équation* :

D – C = B – A « ou » B – A = D – C. (10)

Le signe ou la « marque »[155] « = » est donc utilisé aussi pour représenter l'« identité » de deux relations, ce qui constitue une première extension par rapport à sa signification primitive. Le résultat de Hamilton, son observation plutôt, n'est pas une nouveauté ; Gauss et Cauchy, entre autres, l'avaient largement devancé sur ce point précis de comparaison entre « relations ».

Comme pour les moments où l'on distinguait l'*équivalence* de la *non-équivalence*, on distingue pour les paires de moments, entre leur *analogie* et leur *non-analogie*. Mais, avant cela, Hamilton montre qu'à partir d'une analogie entre deux paires de moments AB et CD qui soit connue, on peut en connaître d'autres entre les quatre mêmes moments donnés A, B, C, D. Il procède comme suit :

si D – C = B – A alors D – B = C – A, (11)

on voit alors que l'analogie des paires AB et CD implique celle des paires BD et AC. Un tel changement, obtenu en modifiant les relations entre les moments ou, plus précisément, en permutant les lettres B et C, est appelé par Hamilton l'« alternation of an analogy ».[55]

Si AB et CD sont analogues, alors les « paires *inverses* » BA et DC le sont également ; soit :

si D – C = B – A alors C – D = A – B. (12)

Cette dernière implication logique est obtenue en combinant les observations (11) et (10) et ne nécessite pas la définition d'une nouvelle opération (par exemple, celle de la permutation d'ordre entre les moments d'une paire et ceux d'une paire qui lui est analogue) ; en effet

1/ si D – C = B – A alors D – B = C – A, ((11))
2/ *or* D – B = C – A « ou »[156] C – A = D – B ((10))
3/ *et* si C – A = D – B alors C – D = A – B ((11))
d'où, finalement, l'implication voulue :
4/ si D – C = B – A alors C – D = A – B ((12))

154. *Ibid.*, p. 10.

155. On voit ici, comme dans l'expression (5), que Hamilton, bien qu'il n'en parle pas explicitement, tient à souligner la « symétrie » de la relation « = ». Précisons, bien que cela soit évident, que l'on n'a pas affaire là à la « commutativité » d'une opération donnée.

156. Un tel « ou » n'est évidemment pas le « ou » de la logique ; Hamilton l'emploie dans son texte pour dire que les deux expressions symboliques désignent indifféremment, l'analogie des paires BD et AC. Il faut donc entendre en ce lieu et place l'expression « si et seulement si », représentée logiquement par le signe d'équivalence « $\Leftrightarrow$ ».

Par conséquent, l'introduction de la nouvelle opération appelée « inversion of an analogy » n'est pas la marque d'une nécessité, comme cela a été le cas pour les précédentes ; c'est l'apport d'une nouvelle définition qui permet de réduire à une simple implication logique l'ensemble du précédent calcul (1/–3/).

En utilisant tout à tour l'*alternation* et l'*inversion* Hamilton arrive aux huit (qui sont en fait quatre) combinaisons équivalentes une à une qui désignent la même *relation* (i. e. disposition) entre les quatre moments A, B, C, D[157].

$$D - C = B - A, \quad B - A = D - C$$
$$D - B = C - A, \quad C - A = D - B$$
$$C - D = A - B, \quad A - B = C - D$$
$$B - D = A - C, \quad A - C = B - D.$$

La « non-analogy » entre deux paires quelconques AB et CD est représentée par le signe « $\neq$ », le même qui traduisait la « non-équivalence » entre moments ; soit :

$$D - C \neq B - A. \tag{13}$$

Elle exprime que la « relation ordinale » de D à C (« as identical, or subsequent, or precedent »[158]) ne coïncide pas avec la relation ordinale de B à A.

À L'égal de la *non-équivalence*, la *non-analogie* se subdivise en deux autres relations, celles d'antériorité et de postériorité qui s'écrivent :

$$D - C > B - A \quad \text{et} \quad D - C < B - A, \tag{14}$$

en ayant cependant préalablement pris soin, dit-il, « to write $B > A$ if the moment B were later than the moment A, or $B < A$ if B were earlier than A »[159].

Sans vouloir encore changer la signification de $B - A$ (la symbolisation d'une relation ordinale entre les moments A et B), Hamilton, conscient que les expressions précédentes sont sinon maladroites du moins difficiles à utiliser, va chercher à la simplifier en faisant appel à de nouveaux symboles.

Il faut cependant d'abord faire référence à la relation nulle, symbolisée par « 0 », qui désignera l'*identité* de deux moments. Ainsi, on écrira :

$$A - A = 0\,; \tag{15}$$

L'*équivalence* de deux moments quelconques B et A étant :

$$B - A = 0 \tag{16}$$

---

157. La figure suivante, simplement indicative, suffira à les repérer.

158. *Ibid.*, p. 16.
159. *Ibid.*, p. 17.

La *non-équivalence*, et ses deux subdivisions, l'antériorité et la postériorité, seront naturellement, et respectivement, désignées par les expressions suivantes :

$$B - A \neq 0 \qquad (17)$$

$$B - A > 0 \qquad (18)$$

$$\text{et } B - A < 0. \qquad (19)$$

Dès lors, si l'on pose B – A = a, toutes ces relations se ramènent aux suivantes :

$$a = 0 \qquad (16')$$

$$a \neq 0 \qquad (17')$$

$$a > 0 \qquad (18')$$

$$\text{et } a < 0. \qquad (19')$$

De même, si pour simplifier, on pose D – C = b, alors l'*analogie* (10), la *non-analogie* (13) et ses subdivisions (14) s'écriront respectivement :

$$b = a \qquad (10')$$

$$b \neq a \qquad (13')$$

$$b > a \text{ et } b < a. \qquad (14')$$

Hamilton utilise aussi un nouveau signe « Θ » pour représenter une relation qui est « exactly the inverse or opposite"[160] d'une relation donnée. Ainsi on aura :

$$B - A = a \text{ et } A - B = \Theta a \qquad (20)$$

$$D - C = b \text{ et } C - D = \Theta b. \qquad (21)$$

Par conséquent, les relations logiques (5) – (8) se réduiront quant à elles aux suivantes :

$$\Theta a = 0 \text{ si } a = 0 \qquad (5')$$

$$\Theta a \neq 0 \text{ si } a \neq 0 \qquad (6')$$

$$\Theta a < 0 \text{ si } a > 0 \qquad (7')$$

$$\Theta a > 0 \text{ si } a < 0, \qquad (8')$$

et le théorème d'inversion (12) à :

$$\Theta b = \Theta a \text{ si } b = a. \qquad (12')$$

Les expressions restantes subissent toutes des simplifications semblables.

Cette écriture est avantageuse comme on le constate immédiatement dans la simplicité du résultat suivant énoncé par Hamilton :

> « The opposite of the opposite of any proposed relation a is that proposed relation itself ; a theorem which may be concisely expressed as follows :[161]

---

160. *Ibid.*, p. 18. Le choix de ce symbole n'est pas fait au hasard ; Hamilton écrit à propos de lui : « ... the initial letter O of the Latin word *Oppositio*, distinguished by a bar across it, form the same letter used for other purposes ». Il ne s'agit donc pas d'une lettre grecque ; celles-ci, on le verra, sont réservées à un autre usage.

161. *Ibid.*, p. 18. L'auteur tient à préciser que l'on peut, si on le désire, choisir des écritures différentes pour désigner le résultat $\Theta(\Theta a) = a$ ; il en propose lui-même : $\Theta\{\Theta a\} = a$, $\Theta[\Theta a] = a$, $\Theta\overline{\Theta a} = a$, ou simplement $\Theta\Theta a = a$.

$\Theta\ (\Theta a) = a$ » (22)

*Du « moment » à la « transition«*

Une nouvelle notion fondamentale est ensuite introduite par l'auteur, celle de « *steps* in the progression of time »[162] (traduisible par le mot français « transition »[163]), qui va permettre à son tour l'introduction d'une nouvelle définition symbolique ou, dit-il, « conventional manner of writing »[164], soit :

$B = (B - A) + A$

ou, si l'on a posé $B - A = a$,

$$B = a + A. \quad (23)$$

Cette écriture symbolique qui, pour le moment, ne paraît pas homogène, correspond, dit Hamilton, à la conception d'un certain

> « *mental act* or *act of transition*, which is determined in direction and degree by the ordinal relation a or B – A, and may, therefore, be called "the step a", or the step B – A, and which is such that by making this mental step, or performing this act of transition, we pass, in thought, from the moment A to the moment B, and thus suggest or generate (in thought) the latter from the former, as a mental product or result B of the *act* a and of the *object* A »[66].

Après avoir, à partir d'un moment A, conçu une *transition* a qui agit sur le moment A pour conduire au résultat B, et ramassé ce jeu *objet-acte-résultat*, en une simple expression « B = a + A », on peut à partir de ce dernier, pris comme objet, concevoir un nouvel acte b qui conduise au moment C et ainsi de suite[66]. Si

$B - A = a$ et $C - B = b$ alors $C = b + (a + A)$.

En effet,

$B = a + A$

$$C = b + B = b + (a + A)\ ; \quad (24)$$

> « It is evident, that the *total change* or *total step*, effective or null, from the first moment A to the last moment C, in this successive transition from A to B and from B to C, may be considered as *compound* of the two successive or *partial* steps a and b, namely the step a from A to B, and the step b from B to C ; and that the *ultimate ordinal relation* of C to A may likewise be considered as *compounded* of the two *intermediate* (or suggesting) ordinal relations b and a, namely the relation b of C to B,

---

162. *Ibid.*, p. 19.

163. Hamilton emploie lui-même ce dernier mot pour dénommer la même notion (cf. *Lectures on Quaternions*, Preface, p. (5)); on utilisera indistinctement dans la suite les deux mots.

164. On retrouve dans l'article de Jean Schneider « La logique Self-référentielle de la temporalité », une méthode très proche de celle de Hamilton.

and the relation a of B to A ; a composition of steps or of relations which may conveniently be denoted, by interposing, as a mark of combination, between the signs of the component step or of the component ordinal relations, the same mark + which was before employed to combine an act of transition with its object, or an ordinal relation with its antecedent. »[165]

Afin de conserver la forme générique de sa nouvelle notation, Hamilton fait observer[66] que, dans la précédente relation le résultat

$C = b + (a + A)$ ((24))

est inchangé lorsque l'on pose à sa place :

$C = (b + a) + A,$ (25)

et ensuite que l'on peut sans risque omettre les parenthèses[67] et écrire :

$C = b + a + A.$ (26)

Il étendra ce résultat à un nombre quelconque[166] de « steps » :

$...+ c + b + a + A = ... + c + b + (a + A) = ... + c + (b + a) + A$

$= ... + (c + b + a) + A = ... = (...+ c + b + a) + A.$

On remarquera que les mêmes résultats peuvent être obtenus avec les transitions inverses, dit Hamilton, et que :

$\Theta\ (b + a) = \Theta b + \Theta a,$ (27)

car, précise-t-il,

« in order to destroy or undo the effect of the compound step b + a, it is sufficient first to apply the step Θb which destroys the effect of the last component step b, and afterwards to destroy the effect of the first component step a by applying its opposite Θa, whatever the two steps denoted by a and b may be. In like manner,

$\Theta\ (c + b + a) = \Theta a + \Theta b + \Theta c$ (28)

and similarly for more steps than three »[167].

Viennent ensuite plusieurs formules intéressantes déduites des derniers résultats acquis et certaines relations fondamentales :

.) Si $a' = a$ alors $b + a' = b + a$, $a' + b = a + b$

$b + \Theta a' = b + \Theta a, \Theta a' + b = \Theta a + b$ (29)

$\Theta b + a' = \Theta b + a, a' + \Theta b = a + \Theta b.$

.) Si $a'' = a'$ et $a' = a$ alors $a'' = a$[168] (30)

.) $a + b = b + a$.[169] (31)

Hamilton, en utilisant les formules (22), (27), (28) et (31), arrivera à montrer que :

165. *Ibid.*, p. 20.

166. *Ibid.*, p. 21.

167. *Ibid.*, p. 22.

168. *Ibid.*, p. 22. Cette implication logique correspond à la « transitivité » de la relation « = ».

169. « Commutativité » de la composition des « steps » ; composition désignée par le symbole « + ».

.) c + b + a = c + a + b = b + c + a
= a + b + c = a + c + b = b + a + c. (32)

On voit donc, à ce stade de l'article de Hamilton, que la composition + des « *steps* in the progression of time » vérifie les quatre axiomes caractérisant la structure de « groupe commutatif" :

–) La commutativité a + b = b + a
–) L'associativité a + (b + c) = (a + b) + c
–) L'existence d'un élément neutre, 0 (« null step »)
a + 0 = 0 + a = a
–) L'existence, pour un « step » quelconque d'un élément symétrique,
Θa, a + Θa = Θa + a = 0 ;

et les axiomes qui désignent une « relation d'équivalence » :

–) La réflexivité (a = a)
–) La symétrie (si a = b alors b = a)
–) La transitivité (si a = b et b = c alors a = c).

Bien sûr, il ne s'agit ici que d'une simple constatation ; on ne prétend nullement affirmer que Hamilton soit l'auteur d'une telle réalisation : il ne parle pas explicitement, en les nommant, de la plupart des axiomes précédents et ne fait pas une allusion expresse au concept fondamental de *loi de composition* (bien qu'il précise que la composition quelconque de « steps » est un « step ») dans l'*ensemble*[170] des « steps ». On a surtout voulu montrer que Hamilton a permis, autant sinon plus que Gauss ou Cauchy, de faire un grand pas vers leur définitive acquisition. Les pages qui suivent prouveront amplement cette première ébauche de constat.

La partie suivante, « on the multiples of a given base, or unit-step ; and on the Algebraic Addition, Substraction, Multiplication, and Division, of their determining or multipling Whole Numbers, whether positive, or contra-positive, or null »[171] comme son intitulé complexe l'indique, va nous conduire cette fois aux nombres, à la manière de les concevoir et aux opérations algébriques qui s'y rattachent.

Les notions qui ont été abordées dans les pages précédentes sont maintenant appliquées à une suite de moments équidistants :

... E" E' E A B B' B"... (33)

satisfaisant aux conditions de ce que Hamilton appelle une « continued analogy »[172] :

... B" – B' = B' – B = B – A = A – E = E – E' = E' – E"... . (34)

Si dans cette suite on choisit le moment A « as a standard with which all the others are to be compared, and let it be called the *zero-*

170. Hamilton parle de « group » (*ibid.*, p. 29 et voir ci-après, p. 300).
171. *Ibid.*, p. 24.
172. *Ibid.*, pp. 13-16.

*moment* »[72] alors, les moments qui le précèdent (... E", E', E) et lui succèdent (B, B', B", ...), « in that order of progression"[72], seront respectivement appelés « contra-positives »[72] et « positives »[72] :

> « the moment B being called the *positive first*, ore the first moment of the series on the positive side of the zero ; while in the same plan of nomenclature the moment B' is the *positive second*, B" the *positive third*, E the *contra-positive first*, E' the *contra-positive second*, and so forth »[173].

Compte tenu de tous les préalables que nous venons de connaître, de la suite (33) et des conditions (34), et sachant que tous les moments de cette suite peuvent être « conceived as *generated* from the zero-moment A, by the continual and successive application of one common step a »[74] lorsqu'ils sont « positifs » ou par l'« opposite step $\ominus$a » lorsqu'ils sont « contra-positifs », on peut alors écrire :

$$\begin{aligned} &B = a + A,\ B' = a + B,\ B'' = a + B', \ldots \\ \text{et}\quad &E = \ominus a + A,\ E' = \ominus a + E,\ E'' = \ominus a + E', \ldots \end{aligned} \tag{35}$$

Hamilton tient à ajouter, (il faut voir là une preuve supplémentaire de la précision de son article et de sa minutie), que le moment « standard » ou « zéro » *A* peut-être représenté, et doit l'être, par l'expression plus complexe 0 + *A*, ce qui revient à dire[174] qu'il peut être conçu comme le moment résultant de l'action sur lui-même du « null-step 0 »[74].

Il est facile ensuite, à partir des formules (35), de déduire les suivantes pour les
*Moments* :

$$\left\{\begin{array}{l} \ldots\ldots \\ E'' = \ominus a + E = \ominus a + (\ominus a + E) = \ominus a + \ominus a + E = \ominus a + \ominus a + \ominus a + A, \\ E' = \ominus a + E = \ominus a + \ominus a + A, \\ E = \ominus a + A, \\ A = 0 + A, \\ B = a + A, \\ B' = a + B = a + a + A, \\ B'' = a + B' = a + a + B = a + a + a + A, \\ \ldots\ldots \end{array}\right. \tag{36}$$

173. *Ibid.*, p. 25.

174. En nous en tenant strictement à ce que nous avons appris précédemment.

*Relations ordinales relatives au moment A*

$$\begin{cases} E'' - A = \Theta a + \Theta a + \Theta a, \\ E' - A = \Theta a + \Theta a, \\ E - A = \Theta a, \\ A - A = 0, \\ B - A = a, \\ B' - A = a + a, \\ B'' - A = a + a + a, \\ \ldots\ldots\ldots \end{cases} \qquad (37)$$

*Des « transitions » aux « nombres »*

Malgré sa longueur, nous avons tenu à reproduire la citation suivante car elle nous semble correspondre à un des tournants les plus significatifs de l'exposé théorique de Hamilton:

> « The simple or compound step, a, or a + a, etc., from the zero-moment A to any positive moment B or B' etc. of the series, may be called a *positive step* ; and the opposite simple or compound step, Θa, or Θa + Θa, etc., from the same zero-moment A to any contra-positive moment E or E' ; etc., of the series, may be called a *contra-positive step* ; while the null step 0, from the zero-moment A to itself, may be called, by analogy of Language, the *zero-step*. The original step a is supposed to be an effective step, and not a null one, since otherwise the whole series of moments (36) would reduce themselves to the one original moment A ; but it may be either a late-making or an early-making step, according as the (mental) order of progression fo that series is from earlier to later, or from later to earlier moments. And the whole series or system of steps (37), simple or compound, positive or contra-positive, effective or null, which serve to generate the several moments of the equi-distant series (35) or (36) from the original or standard moment A, may be regarded as a *system of steps generated from the original step a*, by a *system of acts* of generation which are all of one common kind ; each step having therefore a certain *relation* of its own to that original step, and these relations having all a general ressemblance to each other, so that they may be conceived as composing a certain *system of relations*, having all one common character. To mark this *common generation* of the system of steps (37) from the one original step a, and their *common relation* thereto, we may call them all by the common name of *multiples* of that original step, and may say that they are or may be (mentally) formed by *multiplying* that common *base*, or *unit-step*, a ; distinguishing, however, these several multiples among themselves by peculiar or special names, which shall serve to mark the peculiar relation of any one multiple to the base, or the special act of multiplying by which it may be conceived to be generated therefrom.

Thus, the null step, or zero-step, 0, which conducts to the zero-moment A, may be called, according to this way of conceiving it, the *zero-multiple* of the original step a ; and the positive (effective) steps, simple or compound, a, a + a, a + a + a, etc., may be called by the general name of *positive multiples* of a, and may be distinguished by the special ordinal name of *first, second, third*, etc., so that the original step a is, in this view, its own first positive multiple ; and finally, the contra-positive (but effective) steps, simple or compound, namely $\Theta a$, $\Theta a + \Theta a$, $\Theta a + \Theta a + \Theta a$, etc., may be called the *first contra-positive multiple* of a, the *second contra-positive multiple* of the same original step a, and so forth (...) In general, the original step a may be called (as we just now agreed) the common *base* (or *unit*) of all these several multiples ; and the ordinal name or number, (such as zero, or positive-first, or contra-positive second), which serves as a special mark to distinguish some one of these multiples from every other, in the general serie of such multiples (37) may be called the *determining ordinal* : so that any one multiple step is sufficiently described, when we mention its base and its determining ordinal. In conformity with this conception fo the series of steps (37), as a *series of multiples of the base* a, we may denote them by the following series of written symbols,

$$\ldots 3\,\Theta a,\ 2\,\Theta a,\ 1\,\Theta a,\ 0a,\ 1a,\ 2a,\ 3a,\ \ldots \qquad (38)$$ »[175]

L'auteur observe ensuite que la suite de « multiple steps » (38) est formée en combinant le symbole de base a avec la suite de symboles ordinaux

$$\ldots 3\Theta,\ 2\Theta,\ 1\Theta,\ 0,\ 1,\ 2,\ 3, \ldots ; \qquad (39)$$

laquelle à son tour, dit Hamilton, peut être vue comme « équivalente » à une suite de symboles cardinaux :

« *positive cardinals, contra-positive cardinals*, and the *null cardinal* (or number *none*) ; namely, the system of all possible answers to the following complex question : « *Have any* effective steps (equivalente or opposite to the given base a) been made (from the standard moment A), and if any, then *How many* and *in which direction* ? »[176]

La dernière partie de la question peut de prime abord paraître incongrue : on devrait pouvoir se suffire de la question « *How many* ? » (i. e. « Combien ? »), laquelle implique immédiatement une réponse exprimée par un nombre cardinal. Mais, en fait, la deuxième partie de la question « *in which direction* ? » est nécessaire car les symboles cardinaux sont « qualifiés » (i. e. relatifs). Par conséquent,

---

175. *Ibid.*, pp. 25-26. Les termes de cette dernière suite sont tels que :

$3\,\Theta a = \Theta a + \Theta a + \Theta a$, $1a = a$

$2\,\Theta a = \Theta a + \Theta a$, $2a = a + a$

$1\,\Theta a = \Theta a$, $3a = a + a + a$

$a = 0$ ..................

176. *Ibid.*, p. 27.

cette question permet de savoir si l'on a affaire à un « contra-positive cardinal » ou à un « positive cardinal ».

Hamilton achèvera ce paragraphe en faisant remarquer que, dans le cas général, l'identification des « signes numériques » de la suite (39) à des « nombres *cardinaux* » conduisait aux mêmes interprétations des symboles de la suite (36), pour les « steps » de la suite (37), que celles obtenues ci-dessus en considérant les signes numériques de (39) comme des « nombres *ordinaux* ». Si l'on s'en tient, dit-il, à la dernière identification qu'il a proposée, on pourra appeler « nombres entiers » (i. e. « *Whole* (or *integer*) *numbers* »)[177] les « signes numériques » de la suite (39).

Alors que sa théorie semblait vouloir s'alléger du poids d'un nouveau vocabulaire, ce qui précède suffit à le prouver, Hamilton conserve l'usage du mot « multiple » devenu apparemment inutile, mais il explique pourquoi :

> « We may conveniently continue to use the word *multiple* (occasionally) as a verb active[177], and may speak of the several multiple steps of the series (37), or (38), as formed from the base a, by *multiplying that base by the several whole* (cardinal) *numbers* : because every multiple step may be conceived as generated (in thought) from the base, by a certain mental act, of which the cardinal number is the mark. »[177]

Un tel souci, celui d'insister sur l'effectivité d'un « certain acte mental » permettant la conception d'une « transition multiple », est si grand qu'il pousse Hamilton à rendre visible dans son symbolisme cette « action »[178] :

> « in general, to distinguish more clearly, in the written symbol of a multiple step, between the base and the determining number (ordinal or cardinal), and to indicate more fully the performance of that mental act (directed by the number) which generates the multiple from the base, the mark x may be inscribed between the sign of the base, and the sign of the number ».

On écrira alors la suite (38) de « multiple steps » comme suit :

$$\ldots\ 3\,\Theta xa,\ 2\,\Theta xa,\ 1\,\Theta xa,\ 0xa,\ 1xa,\ 2xa,\ 3xa,\ \ldots \qquad (40)$$

On observe ainsi que l'on est passé de « multiple-steps » $n\ \Theta a$ (par exemple) qui étaient tels que $n\Theta a = \underbrace{\Theta a + \Theta a + \ldots + \Theta a}_{n \text{ fois}}$ et conçus comme des « actes » exercés sur un « zéro-moment » A, à des « multiple-steps » $n\ \Theta xa$, vus, cette fois, comme les résultats de

177. On peut voir là une trace de l'influence de Buée sur Hamilton.

178. *Ibid.*, p. 28.

l'action d'un « multiplying number » $n\Theta$ sur une base « a ». Il est bien sûr trop tôt pour en tirer une observation définitive, mais il semble que Hamilton distingue entre deux types d'opérations, interne et externe, que l'on retrouve de nos jours en mathématiques et qui y jouent un rôle fondamental.

L'auteur profite de cette nouvelle notation x pour en déduire plusieurs autres formules :

.) $n\,\Theta \mathrm{xa} = n\mathrm{x}\,\Theta\mathrm{a} = \Theta\ (n\mathrm{xa}) = \Theta\ (n\Theta\mathrm{x}\,\Theta\mathrm{a})$ (41)

.) $n\mathrm{xa} = n\,\Theta\mathrm{x}\,\Theta\mathrm{a} = \Theta\ (n\Theta\mathrm{xa}) = \Theta\ (n\mathrm{x}\,\Theta\mathrm{a})$

(où $n$ est un nombre entier « positif"[179] quelconque)

.) $\Theta n = n\Theta,\ \Theta\ (n\Theta) = n,\ \Theta 0 = 0,$ (42)

où cette fois le symbole $\Theta$ est utilisé pour marquer l'opposition entre des entiers relatifs. Hamilton exprime cela d'une autre manière en disant :

> « We denote by *n* any positive whole number, and (...) we call two whole numbers *opposites* of each other, when they are the determining or multiplying numbers of two opposite steps. »[180]

Hamilton évitera la gêne éventuelle que comporterait l'emploi systématique du symbole $\Theta$, dans le cas des entiers relatifs, en introduisant pour les désigner les lettres de l'alphabet grec. Ainsi, $\mu$, $\nu$, $\xi$, etc., seront des nombres entiers quelconques « positifs », « contra-positifs » ou « nuls ». On sait que la composition de « steps » est encore un « step », si donc on considère des « multiple steps », $\mu$xa, $\nu$xa, $\xi$xa, ..., relatifs à une même base a, tels qu'ils sortent « successive with each other », les résultats de leurs compositions seront encore des « multiple steps » de la forme $\omega$xa qui dépendront effectivement des « multiple steps » intervenus dans chaque composition. Cette « loi de dépendance », dit Hamilton, est rendue explicite par l'emploi du signe « + », utilisé antérieurement pour former le symbole complexe, i. e., par exemple, a + A, d'un « step ». Ainsi, si l'on pose

$$\omega = \nu + \mu,\ \text{alors}\ \omega\mathrm{xa} = (\nu\mathrm{xa}) + (\mu\mathrm{xa})$$

ou, plus généralement :

$$\text{si}\ \omega = \xi + \mu + \nu \ldots\ \text{alors}\ \omega\mathrm{xa} = (\xi\mathrm{xa} + (\mu\mathrm{xa}) + (\nu\mathrm{xa}) + \ldots \qquad (43)$$

Il est alors temps pour l'auteur de rapprocher, voire de faire coïncider, cette opération de composition avec celle, plus classique,

179. Il s'agit là en fait d'un entier naturel, ou, pour garder un vocabulaire encore d'époque, d'un nombre « abstrait ». Hamilton, à l'égal de la majorité de ses contemporains, ne juge pas nécessaire d'établir une franche distinction entre l'entier relatif positif et l'entier naturel ou à dire le pourquoi de leur identification.

180. *Ibid.*, p. 28.

d'*addition* et de revenir à un vocabulaire plus familier et mieux connu de ses contemporains. D'abord, si les nombres entiers μ, ν, ξ etc., sont *positifs*, leur *loi de composition* ν + μ, ξ + ν + μ etc.

> « is easily seen to be the law called *addition* of numbers (that is of quotities) in elementary arithmetic ; and the quotity of the compound or resulting whole number is the arithmetical *sum* of the quotities of the component number, this arithmetical *sum* being the answer to the question, *How many* things or thoughts does a total group contain, if it be composed of *partial groups* of which the quotities are given, namely the numbers tobe arithmetically added »[181].

Il propose ensuite une définition plus large qui permettra l'accès de ses conceptions à l'Algèbre :

> « we shall not clash in our enlarged phraseology with the language of elementary arithmetic, respecting the addition of numbers regarded as answers to the question *How many*, if we now establish, as a definition, in the more extensive *Science* of *Pure Time*, that any combination of whole numbers μ, ν, ξ of the form ν + μ or ξ + ν + μ, interpreted so as to satisfy the equation (43), is the *sum* of those numbers, and is composed by *adding* them together, whether they be positive, or contra-positive, or null. But as a mark that these words of *sum* and *adding* are used in ALGEBRA (as the general Science of Pure Time), ina more extensive sense than that in which *Arithmetic* (as the science of counting) employs them, we may, more fully, call ν + μ the *algebraic sum* of the whole number μ and ν, and say that it is formed by the operation of *algebraically adding* them together, ν to μ. »[82]

## « *Multiplier* » *des* « *transitions* »

Afin de pouvoir permettre l'introduction de l'idée de « multiplication », Hamilton se limite, et avec raison compte tenu des précisions qui précèdent, à faire remarquer qu'un « multiple-step » $\mu$a, ou $\mu$xa, par exemple, peut servir à son tour de « base » ou de nouvel « unit-step ». Il ajoute, pour ne rien laisser au hasard, qu'il est évident que les multiples d'un multiple d'une « transition » sont eux-mêmes les « multiple-step » de cette « transition » ; c'est-à-dire, si on « multiplie » une « transition unité » donnée, a, par un nombre entier quelconque, $\mu$, puis que l'on répète une « multiplication » sur le résultat, $\mu$xa, par un autre nombre entier quelconque, $\nu$, l'ultime résultat, νx(μxa), est de la forme $\omega$xe, où $\omega$ est un autre nombre entier dépendant des deux précédents. On devine aisément que cette loi de dépendance sera exprimée par Hamilton au moyen du signe « x »,

181. *Ibid.*, p. 29.

préalablement utilisé pour rendre explicite l'action de l'« acte mental » qui permet la conception d'une « transition multiple ».

Ainsi, si l'on pose

ω = νxμ alors ωxa = (νxμ)xa = νx(μxa).

ou, plus généralement, si

ω = ξxνxμx... alors ωxa = ξx{νx{μx{...(.xa)}....}.

Hamilton introduit alors, comme cela a été fait précédemment pour l'*addition*, l'idée, et le vocabulaire courant qui lui est associé, de « multiplication » :

> « When *μ* and *ν* re positive numbers, the law of combinaison expressed by the notation *ν* x *μ*, as above explained, is easily seen to be that which is called *Multiplication* in elementary Arithmetic, namely, the arithmetical addition of a given number *ν* of equal quotities *μ* ; and the resulting quotity *ν* x *μ* is the arithmetical *product* of the numbers to be combined, or the product of *μ* multiplied by *ν*. (...) From this analogy to arithmetic, we may in general call *ν* x *μ* the *product*, or (more fully) *the algebraic product*, of the whole numbers *μ* and *ν*, whether these, which we may call the *factors* of the product, be positive, or contra-positive, or null ; and may speak of the process of combinaison of these numbers, as the *multipling*, or (more fully) the *algebric multipling* of *μ* by *ν* : reserving still the more familiar arithmetical word "multiplying" to be used in algebra in a[182] more general sense, which include the operation of multipling. »

Le lecteur se sera sans aucun doute rendu compte que l'auteur, dans les pages qui précèdent, ne fait qu'utiliser le mot « multipling ». Il est aisé de comprendre la différence qui sépare les mots « multipling » et « multiplying » et d'entendre pourquoi l'auteur tient à la faire. Le mot « multipling » désigne, si l'on peut s'exprimer ainsi, la « multiplication » (ou la « génération ») d'un « unit-step » a par des nombres *entiers*, ξ, ν, μ, etc. Le mot « multiplying » se réfère quant à lui à la « multiplication » par des nombres *quelconques* (i.e. *réels* ; ces derniers nombres seront d'ailleurs représentés non plus par des lettres de l'alphabet grec, mais par les lettres minuscules de notre alphabet écrites en caractère italique) du même « unit-step ». Dans le premier cas, on peut correctement et généralement, contrairement au second, parler de « multiple-steps ». La « multiplication », donc, avec le sens le plus général qu'on lui connaît en Algèbre, ne pourra être vraiment définie et utilisée, on le comprend bien, qu'après avoir expliqué ce qu'il faut entendre par « sub-multiples and fractions of any given step in the Progression of time » et introduit la notion de nombre « incommensurable ».

---

182. *Ibid.*, p. 31.

On a vu comment Hamilton, grâce à son opération de « multipling », parvenait à construire la suite des multiples (cf. (37), (38) ou (40) ) d'un « time-step » quelconque *a* pris comme « base » ou « unit-step ». On a également vu que ces « multiple-steps » étaient différenciés les uns des autres par leur respectif « détermining whole number », un nombre entier positif, « contra-positif » ou nul. Mais, dit l'auteur, on a dû pour cela concevoir la pensée qui correspondait à l'« act of multipling », générateur de la suite susdite. Or, on peut aussi former la pensée de l'« act inverse or reciprocal » : celle qui correspond à l'« act of sub-multipling », acte faisant passer d'un « multiple-step » quelconque à l'« unit-step » à partir duquel il a été engendré. Ainsi, par exemple, dit-il,

> « We way return to the base from its second contra-positive multiple, by an act of thought which may be called sub-multipling by contra-positive two. »[183]

Bien sûr, reconnaît-il immédiatement, ces deux *actes* ne font en fait partie que d'un seul, plus complexe, celui qui correspond à l'idée du passage d'un « step » à un autre de la même suite. Tous ces « actes composés », qui correspondent à tous les passages entre les « steps » d'une même suite, peuvent être classés, dit-il, sous une unique dénomination. On les appellera les « *multiplying acts* »[184] ou « acts of *algebraic multiplication* »[184]. L'« objet » sur lequel opère ce type d'acte sera dit être le « *multiplicande* »[84] et le résultat obtenu, le « *produit* »[84]. La relation entre le « produit algébrique » et son « multiplicande » sera appelée le « rapport »[184] ou, plus complètement, le « rapport algébrique »[184]. Enfin, observe-t-il,

> « the *number* which specifies the *act* of multiplication, serves therefore also to specify the resulting *ratio*, and every number may be viewed either as the *mark of ratio*, or the *mark of a multiplication*, according as we conceive ourselves to be *analytically examining* a product already formed, or *synthetically generating*[184] that product »[185].

Il ne reste plus alors à Hamilton qu'à développer les fractions rationnelles en écrivant la méthode qu'il a déjà adoptée pour exposer les « multiple-steps » et parvenir aux nombres entiers, leurs « détermining whole numbers », et à procéder aux simplifications d'usage du vocabulaire (i.e., fraction, numérateur, dénominateur, quotient, etc. On peut signaler cependant qu'il conservera l'expression « Fractionnal numbers » pour dénommer les « nombres rationnels ») et

183. *Ibid.*, p. 34.

184. On reconnaîtra là, par le choix même des deux expressions soulignées, l'influence effective, entre autres philosophe, de Kant sur Hamilton.

185. *Ibid.*

de l'écriture symbolique (ainsi, par exemple, le symbole $\frac{a}{b}$ sera celui d'une fraction de numérateur a et de dénominateur[186] b, il fera également disparaître la référence explicite, qu'il avait tenu à souligner précédemment par le signe x, des « steps à leur « base » commune. Notons cependant qu'il inventera un signe spécial, ᴚ, pour désigner l'inversion d'une fraction de « steps », $\frac{a}{b}$, ou de nombres, $\frac{\mu}{\nu}$, soit : $\frac{a}{b} = ᴚ\,\frac{b}{a}$ ou $\frac{\mu}{\nu} = ᴚ\,\frac{\nu}{\mu}$ [187]. C'est ensuite à partir de l'idée d'ordre rattachée aux nombres rationnels et de l'hypothèse de la continuité du temps (« order in progression », « continous progression », etc.) que Hamilton procède à la construction de la théorie des irrationnels.

Toujours en supposant l'identification des *instants* (temporels) à l'ensemble des *nombres réels*[188], Hamilton parviendra à montrer que tous les nombres ne sont pas rationnels, qu'il en est qui ne sont pas la racine carrée d'un nombre rationnel, qui sont « incommensurables »[189]. Il montrera aussi, sous ses précédentes hypothèses, que tout rapport positif doit avoir une racine carrée, et que celle-ci peut être toujours « approximate in fractions »[190] aussi près qu'on le désire :

> « This process of approximation, to an incommensurable, root $\sqrt{b}$ is capable, therefore, of an indefinitely great, though never of perfect accuracy ; and using the notation already given for *limits*, we may write
>
> $$\sqrt{b} = \underline{L}\frac{n'}{m'},\ \text{if}\ \frac{n'n'}{m'm'} < b,\ \frac{1+n'}{m'} \times \frac{1+n'}{m'} > b$$
>
> and may think of the incommensurable root as the *limit* of the varying fractionnal number (i.e. $\frac{n'}{m'}$). »[191]

186. Il considère toujours des « steps » ou des « nombres » non nuls. Le symbole, $\frac{1}{0}$ par exemple, est considéré comme l'expression d'un « impossible mental act ».

187. On trouve aussi un autre symbole nouveau pour désigner la « limite » décrivant les rapports $\frac{C-A}{B-A} = x$, où A, B, C sont des moments, le dernier étant variable, il déduit l'implication suivante : si $\underline{L}\,C = B$ alors $\underline{L}\,x = 1$. Ce qui signifie en langage clair : « Si C tend vers B, alors x tend vers 1. » Ce symbole, comme le précédent (ᴚ) n'est pas pris au hasard ; ainsi, dit-il, le symbole « $\underline{L}$ » est la première lettre du mot latin « limes » (« limite ») « distinguished by a bar drawn under it » (*ibid.*, p. 52). Le symbole « ᴚ » est la première lettre inversée du mot latin « Reciprocatio » (*ibid.*, p. 36).

188. Nous avons mis le mot « réels » entre guillemets car dans la théorie présente de Hamilton, une telle dénomination, non utilisée par lui, est incongrue.

189. *Ibid.*, p. 53.

190. *Ibid.*, p. 59.

Hamilton achèvera ces observations en développant, dans le paragraphe intitulé « More formal proof of the general existence of a determined positive square-root, commensurable or incommensurable, for every determined positive ratio : continuity of progression of the square, and principles connected with this continuity »[191], les quatre lemmes suivants :

I. Si $x' \gtreqqless x$ et $x > 0$, $x' > 0$, alors $xx' \gtreqqless xx$[192].

Ce qui montre que $x$ étant positif son carré $x^2$ croît « constantly » (traduire par « constamment ») si lui-même croît « continûment ».

II. Si a' et a'' sont deux rapports quelconques, distincts et donnés, alors entre eux il en existe un autre[192].

À ce lemme succède un corollaire :

Soit a', b', c', ... et a", b", c", ...., deux suites de rapports. Si le plus petit rapport de la seconde suite est plus grand que le plus grand rapport de la première, alors on peut trouver (il existe) un rapport a qui vérifie toutes les relations suivantes :

$$a > a',\ a > b',\ a > c',\ \ldots$$
$$a < a'',\ a < b'',\ a < c'',\ \ldots$$

III. Si b est un rapport positif donné quelconque, i. e., rationnel ou non, alors il existe un et un seul rapport positif a qui vérifie les conditions suivantes :

$$a > \frac{n'}{m'} \quad \text{et} \quad a < \frac{n''}{m''}$$

où m', n', m", n" sont des entiers positifs quelconques choisis pour satisfaire les relations

$$\frac{n'n'}{m'm'} < b \text{ et } \frac{n''n''}{m''m''} > b$$ [193].

IV. Entre deux rapports positifs quelconques b', b", il est toujours possible d'insérer le carré d'un nombre rationnel[194].

Grâce à ces quatre lemmes, Hamilton fut en mesure de prouver le théorème suivant :

> « Theorem :
> The square aa of a determined positive ratio a of which the existence was shown in the III^rd^. Lemma, is equal to the proposed positive ratio b in the same Lemma ; that is,
>
> if $a > \frac{n'}{m'}$ whenever $\frac{n'n'}{m'm'} < b$,

191. *Ibid.*, p. 54.
192. *Ibid.*, p. 55.
193. *Ibid.*, p. 56.
194. *Ibid.*, p. 57.

and $a < \frac{n''}{m''}$ whenever $\frac{n''n''}{m''m''} > b$,

then $aa = b$, $a = \sqrt{b}$ »[195].

Après cette introduction des irrationnels surprenante par sa tournure moderne qui, dit Koppelman[196], tire ses racines de la définition énoncée par Eudoxe de la proportion[197] et qui, ajoute-t-il, a une certaine ressemblance[198] avec la théorie élaborée par R. Dedekind, Hamilton achèvera son *Preliminary and Elementary Essay on Algebra as the Science of Pure Time* en traitant tour à tour les puissances, racines et logarithmes[199] de « steps » et de *nombres*.

L'*Essai* de Hamilton prend fin sur une dernière et nouvelle simplification de l'écriture symbolique.

Il propose d'écrire les « steps » positifs et « contra-positifs », respectivement, sous la forme

$+ a$ et $- a$,

à condition toutefois de s'accorder sur le fait que ces formes elles-mêmes sont les abréviations des formes plus complexes suivantes :

$0 + a$ et $0 - a$ ;

on en déduira alors les identifications respectives

$+ a = a$ et $- a = \Theta a$.

Précisons que toutes ces notations sont aussi étendues aux nombres. On voit, par conséquent, que la suite (35) s'écrit plus simplement sous la forme plus classique

$$\ldots - 3, - 2, - 1, 0, + 1, + 2, + 3, \ldots$$

Une si rapide analyse de l'*Essai* de Hamilton ne peut se clore qu'en rappelant que toutes les lois et axiomes qui caractérisent les *nombres*[200] se sont dégagés au fur et à mesure de notre lecture ; la plupart d'entre eux sont explicitement mis en valeur ; les autres, parce que peut-être plus *évidents* et par conséquent plus difficiles à exprimer par une volontaire abstraction (par exemple, la *loi de composition interne*, la *relation d'équivalence*, etc.) restent implicites.

---

195. *Ibid.*, p. 58.

196. *Op. cit.*, p. 224.

197. Dont Hamilton avait pris connaissance.

198. Cette comparaison a déjà été mise en lumière dans une note de E. Hawkes en 1901 (cf. Koppelman, *op. cit.*, p. 224). Il faut néanmoins préciser qu'à l'opposé de Hamilton, Dedekind fonda sa théorie sur le concept de la continuité spatiale.

199. Hamilton signale dans ses *Lectures on Quaternions* (préface, p. (13)) la correspondance qu'il eut avec ce dernier à propos des logarithmes.

200. On remarquera, et cela est très important, que l'auteur n'a jamais introduit la multiplication entre « steps » ; un tel produit n'a pas de « sens » pour lui. Donc la structure de « corps » est exclue pour l'ensemble des « steps ». On reconnaîtra néanmoins que l'ensemble des « steps » admet une structure d'"espace vectoriel » sur le « corps » des nombres « réels ».

### *3 - Théorie des Couples Algébriques*

On sait que la théorie des couples algébriques fut présentée en 1833 devant l'Académie Royale d'Irlande, mais il est aisé de montrer, grâce aux manuscrits de Hamilton, qu'elle fut conçue dans sa quasi-totalité quelques années plus tôt, vers 1826[201]. Une telle observation doit son intérêt au simple fait qu'elle permet d'écarter toute influence effective de Gauss sur Hamilton.[202]

L'auteur donne lui-même une des raisons de la publication en 1835 de sa théorie : il reproche, entre autres, à son ami J. T. Graves d'avoir, dans ses recherches sur les logarithmes, étendu ses formules aux « quantités imaginaires », sans se préoccuper préalablement de justifier leur existence, leur « inner meaning », et de s'être contenté d'une simple preuve de leur « nécessité symbolique »[203] :

> « The present *theory of couples* is published to make manifest that hidden meaning : and to show, by this remarkable instance, that expressions which seem according to common views to be merely symbolical[204], and quite incapable of being interpreted, may pass into the world of thoughts, and acquire reality and significance, if Algebra be viewed as not a mere Art or Language, but as a Science of Pure Time. »[205]

Même si cette théorie s'appuie toujours sur des considérations relatives au temps, elle n'en reste pas moins très abstraite et proche, dans plus d'un aspect, de notre algèbre actuelle.

L'*Essai Préliminaire* a su faire disparaître un grand nombre des difficultés qui nuisaient à la bonne marche de l'Algèbre en détachant le *nombre* d'une trop stricte dépendance à la *grandeur* (« Magnitude »). Mais toutes n'ont pas disparu : il reste encore celles qui se rattachent à la notion d'« imaginaire ». Hamilton écrit d'ailleurs à ce sujet :

> « What it is at present chiefly important to observe is, that because (...) *the square root of every number is positive*, therefore *no number*, whether positive or negative, could be the *square root of a negative number*, in *this* any more than in *other* views of algebra. »[206]

---

201. Cf. Halberstam, H. et Eingram, R. *The Mathematical Papers of Sir W. R. Hamilton*, vol. III (« Algebra »), Introduction, p. XIV.

202. Gauss parvint en 1831 à des résultats voisins de ceux de Hamilton qu'il ne publia qu'en 1837.

203. Hamilton, « Theory of Conjugate Functions or Algebraic Couples » (1835), p. 96.

204. Rappelons que Cauchy parlait d'« expressions symboliques » (1821) pour se référer aux « quantités imaginaires ».

205. *Ibid.*, p. 96.

206. *Lectures on Quaternions* (1853), préface, p. (8).

Ainsi Hamilton fait observer que si l'on tient uniquement à la théorie développée dans son *Essai Préliminaire* on ne parviendra pas alors à échapper à l'obstacle que dresse la racine carrée d'un nombre négatif, car le nombre tel qu'il est défini ne peut correspondre au résultat d'une si singulière extraction. Qu'il nous soit permis à ce stade de l'exposé de faire la remarque suivante. On a vu dans les pages précédentes que les façons préconisées pour échapper à la difficulté que présente $\sqrt{-1}$ pouvaient se classer en deux groupes relativement homogènes : un premier, moins progressiste, se limitait au simple refus des nombres imaginaires ou les utilisait comme de simples instruments de simplification des calculs qui disparaissaient des résultats définitifs ou concluants ; un second, plus moderne, proposait de remplacer ce radical révélateur d'une opération impossible par un symbole, ou autre[207], dont la propriété était d'avoir un *carré* égal à –1. Hamilton procède différemment : $\sqrt{-1}$ est une opération certes *impossible* dans l'état présent de toutes les théories existantes, mais elle deviendra *possible* par l'introduction d'un concept nouveau. On pourra continuer, dira-t-il, à utiliser un tel symbole mais celui-ci ne désignera plus la « racine carrée d'un couple (–1, 0), identifié conventionnellement à –1 ». Nous reviendrons plus loin sur cette distinction fondamentale au cours de l'exposition de la théorie des couples.

Si donc le *nombre* tel qu'on l'a considéré jusqu'à présent dans la théorie exposée précédemment ne peut pas satisfaire une opération fondamentale de l'*Algèbre*, alors, en conclut Hamilton, il faudra concevoir une définition autre, qui étend le nom de *nombre*[208] à un *objet* plus complexe ; l'auteur choisit le *couple* pour être celui-ci. Hamilton rappelle dans la préface de ses *Lectures on Quaternions* ce qu'il pensa alors :

> « ... without going out of the same *general class of interpretations*[209], and specially without ceasing to refer all to the notion of *time*, explained and guarded as above, we might conceived and compare *couples of moments* ; and so derived a conception of *couples of steps* (in time), in which might be founded a theory of *couples of numbers* wherein no such difficulty should present itself »[210].

---

207. Voir ci-dessus dans le chapitre consacré à Gauss la note (60). Rappelons aussi les « p.dm » et « m.dm » de Bombelli, le « ε » de Wessel et le $1_{\pm\frac{\pi}{2}}$ d'Argand et Français.

208. Pour une signification plus précise de ce mot et plus généralement du mot *calcul*, nous renvoyons aux explications d'É. Cartan (*Encyclopédie des Sciences Mathématiques*, t. I., vol. 1, fasc. 3, 1908).

209. Dans le *Preliminary and Elementary Essay on Algebra as the Science of Pure Time*.

210. *Lectures on Quaternions*, préface, p. (8).

*Introduction du « couple »*

> « When we have imagined any one moment of time $A_1$ which we may call a *primary moment*, we may again imagine a moment of time $A_2$, and may call this a *secondary moment*, without regarding whether it follows, or coincides with, or precedes the primary, in the common progression of time ; we may also speak of this primary and secondary moment as forming a couple of moments, or a moment-couple, which may be denoted thus $(A_1, A_2)$. »[211]

Dès lors, une fois cette introduction faite du « couple de moments », Hamilton va opérer sur lui d'une manière semblable à celle qu'il utilisera pour un simple « moment ».

On a eu affaire d'abord, dans les cas des moments A et B (par exemple), à leur relation ordinale qui est rendue explicite par l'écriture symbolique B – A. Vient ensuite une première simplification scripturale qui s'accompagne pour ce faire de la création d'un nouveau concept, celui d'*état-intermédiaire* ou « step », représenté par une simple lettre, a (par exemple) ; on a alors B – A = a. Celui-ci, à son tour, se voit octroyer un rôle d'« opérateur » agissant sur le moment A pour engendrer le moment B, soit : B = a + A. Aux comparaisons entre relations ordinales vont alors correspondre des comparaisons entre « steps ». De ces comparaisons naîtront des opérations, celles d'« addition », de « multipling » et de « multiplying ». Viendra enfin la définition du « single number », considéré comme le rapport entre deux « steps », et toutes les opérations qui s'y rapportent. Hamilton, on va le voir, suit exactement cette démarche pour parvenir au « nombre-couple ».

Si on a pu concevoir deux moments, un primaire $A_1$ et un secondaire $A_2$ et symboliser, si l'on peut dire, leur *indifférence relationnelle*, par le couple $(A_1, A_2)$, on concevra aussi facilement un autre couple de moments $(B_1, B_2)$. La première chose que l'on fait alors est de définir une *relation ordinale* entre eux. Cette comparaison entre couples, nous apprend l'auteur, se fera entre moments et, plus précisément, de primaire à primaire, i.e. $B_1–A_1$, et de secondaire à secondaire, i.e. $B_2–A_2$. Par conséquent, ajoute l'auteur, elle peut être « separately denoted $B_1 –A_1$, $B_2 –A_2$, or thus collectively as a *relation-couple*[212]

$(B_1 – A_1, B_2 – A_2)$. » - 1 -

Mais, ce couple de relations entre moments peut aussi être représenté, par analogie avec la théorie précédente, comme l'expression d'une relation complexe entre les couples $(A_1, A_2)$ et $(B_1, B_2)$ que l'on écrira :

$(B_1, B_2) – (A_1, A_2)$ - 2 -

211. *Ibid.*, p. 76.

Ainsi, en comparant les deux expressions - 1 - et - 2 -, on aura :
$(B_1 - A_1, B_2 - A_2) = (B_1, B_2) - (A_1, A_2)$. - 3 -
Hamilton passe alors à l'étape suivante :

« Instead of conceiving thus a couple of ordinal relations between moments, or a relation between two couples of moments, discovered by the (analytic) *comparison* of one such couple of moments with another, we may conceive a *couple of steps* in the progression of time, from moment to moment respectively, or a single complex step which we may call a *step-couple* from one *moment-couple* to another, serving to generate (synthetically) one of those moment-couple from the other. »[212]

On écrira alors sans difficulté :
$(B_1, B_2) = (a_1 + A_1, a_2 + A_2)$
$= (a_1, a_2) + (A_1, A_2)$ - 4 -
$= \{(B_1, B_2) - (A_1, A_2)\} + (A_1, A_2)$
égalités grâce auxquelles on conçoit mieux le passage de la relation complexe entre les couples $(B_1, B_2)$ et $(A_1, A_2)$, i. e. $(B_1, B_2) - (A_1, A_2)$, à un « step-couple », $(a_1, a_2)$, devenu à son tour l'*opérateur* qui, à partir du couple $(A_1, A_2)$, engendre le couple $(B_1, B_2)$. Comme on l'a fait plus haut pour les couples de moments, on conviendra d'appeler $a_1$ et $a_2$, le « step primaire » et le « step secondaire » du couple $(a_1, a_2)$.

Un « step-couple » sera dit « effective »[12] lorsqu'on pourra noter son effet ; une telle dénomination subsistera même si l'un des deux « steps » formant le couple est nul. Lorsque les deux « steps » sont nuls, on parle alors du « null step-couple » (0,0)[12]. En fait, pour résumer, disons que Hamilton distingue entre quatre types possibles de couples :

$$\text{- 5 -}\quad \begin{cases} (0,0) & \text{ou « null step - couple »} \\ (a_1,a_2) & \text{ou « doubly effective - couple »} \\ (a_1,0) & \text{ou « pure primary step - couple »} \\ (0,a_2) & \text{ou « pure secondary step - couple »} \end{cases}$$

où 0 est le « null-step » et $a_1$, $a_2$, des « steps » $\neq 0$[213].

Après ces quelques préliminaires viennent des relations plus importantes qui sont systématiquement abordées par Hamilton. Précisons, avant de poursuivre, que l'on ne cherchera pas à rendre compte d'une grande partie des notions et justifications liées au temps utilisées par Hamilton ; plutôt nous limiterons-nous à suivre pas à pas la théorie mathématique que constituent les « couples algébriques ».

212. *Ibid.*, p. 77.

213. Hamilton suppose toujours, quand il emploie une lettre, que celle-ci désigne un « step » non nul.

*Composition et décomposition des « couples de transitions »*

Comme pour les moments, on peut, avec les « moments-couples », définir leur composition et leur décomposition. La première est désignée par le signe « + », la seconde par le signe « – » :

soit pour cela, trois couples $(A_1,A_2)$, $(B_1,B_2)$ et $(C_1,C_2)$ tels que

$(C_1,C_2) = (b_1,b_2) + (B_1,B_2)$,

$(B_1,B_2) = (a_1,a_2) + (A_1,A_2)$, - 6 -

alors on déduit

$(C_1,C_2) = (b_1,b_2) + \{(a_1,a_2) + (A_1,A_2)\}$,

soit finalement

$(C_1,C_2) = (b_1,b_2) + (a_1,a_2) + (A_1,A_2)$. - 7 -

On peut aussi considérer cette dernière expression en disant que le couple de moments $(C_1,C_2)$ a été engendré par $(b_1,b_2) + (a_1,a_2)$ à partir du couple de moments $(A_1,A_2)$. On sait d'après les égalités - 6 - que les moments $C_1$ et $C_2$ ont été engendrés respectivement par $b_1$ et $b_2$ à partir des moments $B_1$ et $B_2$, et que ces derniers furent obtenus via $a_1$ et $a_2$ à partir des moments $A_1$ et $A_2$. Or, d'après l'*Essai préliminaire* de Hamilton, on en déduisait que les moments $C_1$ et $C_2$ avaient été respectivement engendrés par $b_1 + a_1$ et $b_2 + a_2$ à partir des moments $A_1$ et $A_2$. On écrira par conséquent :

$(C_1,C_2) = (b_1 + a_1, b_2 + a_2) + (A_1,A_2)$ ; - 8 -

d'où, en rapprochant - 7 - et - 8 - :

$(b_1,b_2) + (a_1,a_2) = (b_1 + a_1, b_2 + a_2)$ - 9 -

résultat que l'auteur résume en disant :

> « the sum of two step-couples may be formed by coupling the two sum-steps »[214].

De plus, on sait, toujours d'après l'*Essai préliminaire*, que la somme de « steps » reste inchangée si l'on modifie l'ordre des termes qui la constitue, i.e., par exemple,

$a_1 + b_1 = b_1 + a_1$ et $a_2 + b_2 = b_2 + a_2$ - 10 -

Par conséquent :

$(b_1 + a_1, b_2 + a_2) = (a_1 + b_1, a_2 + b_2)$ - 11 -

or, d'après - 9 -,

$(a_1 + b_1, a_2 + b_2) = (a_1, a_1) + ( b_1 + b_2)$. - 12 -

D'où, compte tenu de - 9 -, - 11 - et - 12 -, le résultat :

$(b_1, b_2) + (a_1,a_2) = (a_1,a_2) + (b_1, b_2)$, - 13 -

soit, dit-il :

> « the order of any two component step-couples may be changed without altering the result »[215].

---

214. *Ibid.*, p. 78.

La formule - 13 - se généralise sans difficulté à plus de deux « step-couples » en sachant que les formules - 10 - sont vérifiées pour un nombre quelconque de « steps ». Nous épargnerons au lecteur la démonstration de cette évidente généralisation. On remarquera qu'un cas particulier de la formule - 12 - nous permet de faire une observation importante :

$(a_1,0) + (0,a_2) = (a_1 + 0,0 + a_2) = (a_1,a_2),$ - 14 -

soit :

> « every doubly effective step couple is the sum of a pure primary and a pure secondary »[215].

Bien sûr, dans ce résultat comme dans ceux à venir, on se sert des simplifications conventionnelles proposées dans l'étude précédente, c'est-à-dire que l'on supposera toujours les identifications suivantes :

$0 + a = + a = a$ et $0 - a = - a.$ (*)

On parle aussi de « décomposition » ou de « soustraction », d'un « step-couple » à un autre.

Soit $(a_1,a_2)$ et $(b_1,b_2)$ deux tels couples, alors on écrira :

$(b_1,b_2) - (a_1,a_2)$ ; - 15 -

de plus, on sait qu'une telle soustraction s'effectue entre « steps » de même ordre, par conséquent la relation - 15 - s'écrira complètement sous la forme :

$(b_1,b_2) - (a_1,a_2) = (b_1 - a_1,b_2 - a_2).$ - 16 -

Là encore, on tire de cette formule générale un cas particulier fondamental, soit,

$(0,0) - (a_1,a_2) = (0 - a_1,0 - a_2)$ ;

d'où compte tenu de (*) :

$(0,0) - (a_1,a_2) = (- a_1,- a_2)$ - 17 -

On observe aussi, dans la formule - 13 -, que l'on a :

$(0,0) + (a_1,a_2) = (a_1,a_2).$ - 18 -

Toujours en ayant présent à l'esprit l'écrit précédent, on dira, par analogie, que (–a,–b) ou –(a,b) est le « *opposite* step-couple » de (a,b), c'est-à-dire que la *composition* du couple –(a,b) et du couple (a,b) a pour résultat le couple nul (0, 0).

Vient ensuite dans la théorie des couples algébriques, ce que l'on peut, dans tout ce qui précède, considérer comme la partie la plus difficile, la plus importante et la plus originale à la fois.

*« Multiplication » des couples*

L'auteur remarque d'abord rapidement que l'on peut, en suivant la méthode qui nous a permis, à partir de la suite (33) (soumise aux conditions (34)), de construire (36) et (37) et de donner un sens précis aux suites (39) et (40), envisager de façon analogue la suite

$$\ldots(E'_1,E'_2),(E_1,E_2),(A_1,A_2),(B_1,B_2),(B'_1,B'_2),\ldots \qquad \text{- 19 -}$$

où $(A_1,A_2)$ joue relativement aux « step-couples » le même rôle que celui du moment A dans la suite (33), et où les couples $(a_1,a_2)$ et $(-a_1,-a_2)$ substituent le « step a » et son opposé « –a ». Les résultats analogues à (36) et (37) sont alors, compte tenu des remarques et simplifications faites sur le symbolisme, les suivants :

$$\text{- 20 -}\begin{cases}\ldots\ldots \\ (E'_1,E'_2) = -2(a_1,a_2) + (A_1,A_2) \\ (E_1,E_2) = -1(a_1,a_2) + (A_1,A_2) \\ (A_1,A_2) = 0(a_1,a_2) + (A_1,A_2) \\ (B_1,B_2) = +1(a_1,a_2) + (A_1,A_2) \\ (B'_1,B'_2) = +2(a_1,a_2) + (A_1,A_2) \\ \ldots\ldots\end{cases}$$

$$\text{- 21 -}\begin{cases}\ldots\ldots \\ (E'_1,E'_2) - (A_1,A_2) = -2(a_1,a_2) = -2\text{x}(a_1,a_2) \\ (E_1,E_2) - (A_1,A_2) = -1(a_1,a_2) = -1\text{x}(a_1,a_2) \\ (A_1,A_2) - (A_1,A_2) = 0(a_1,a_2) = 0\text{x}(a_1,a_2) \\ (B_1,B_2) - (A_1,A_2) = +1(a_1,a_2) = +1\text{x}(a_1,a_2) \\ (B'_1,B'_2) - (A_1,A_2) = +2(a_1,a_2) = +2\text{x}(a_1,a_2) \\ \ldots\ldots\end{cases}$$

On concevra aussi des « sous-multiples »[215] et des « fractions » de « step-couples », soit :

$$(c_1,c_2) = \frac{\nu}{\mu}\text{x}(b_1,b_2) = \frac{\nu}{\mu}(b_1,b_2). \qquad \text{- 22 -}$$

Cette dernière formule pourra être étendue aux irrationnels, c'est-à-dire, précise Hamilton :

> « if we suppose the *fractional multiplier* $\frac{\nu}{\mu}$ to tend to any *incommensurable limit a* ; we may denote by *ax* $(b_1,b_2)$ the[216] corresponding limit of the functional product, and may consider this latter limit as the *product* obtained by multiplying the step-couple $(b_1,b_2)$ by the *incommensurable multiplier* or number *a* ; so that we may write
>
> $$(c_1,c_2) = a\text{x}(b_1b_2) = a(b_1,b_2)$$
>
> $$\text{if } (c_1,c_2) = \underline{\text{L}}\left(\frac{\nu}{\mu}(b_1,b_2)\right) \text{ and } a = \underline{\text{L}}\frac{\nu}{\mu}$$ »[217]. - 23 -

---

215. *Ibid.*, p. 79.

216. Au cours de cette étude Hamilton a choisi de représenter les nombres par les lettres de l'alphabet écrites en caractère italique pour les distinguer des « steps ».

217. *Ibid.*, p. 80.

Ainsi donc, le premier résultat important qui découle de la précédente observation est la multiplication d'un « step-couple » quelconque $(a_1,b_1)$ par un nombre *réel* quelconque, soit :

$$a\text{x}(\mathrm{a}_1,\mathrm{b}_1) = (a\text{x}\mathrm{a}_1,a\text{x}\mathrm{b}_1) = (a\mathrm{a}_1,a\mathrm{b}_1). \qquad \text{- 24 -}$$

On aura également, en nous rappelant la convention de Hamilton qui veut que les lettres, lorsqu'elles sont écrites explicitement, désignent uniquement des *nombres* ou des « steps » non nuls :

$$\frac{(a\mathrm{a}_1,a\mathrm{a}_2)}{(\mathrm{a}_1,\mathrm{a}_2)} = a \qquad \text{- 25 -}$$

ce qui revient à dire que tout nombre $a$ peut être considéré comme le rapport des deux « step-couples » $(a\mathrm{a}_1,a\mathrm{a}_2)$ et $(\mathrm{a}_1,\mathrm{a}_2)$ Mais, et c'est là une première difficulté de taille, on observe que cette formule - 25 - ne désigne pas un rapport entre deux « step-couples » quelconques. Or, on doit, pour parvenir à l'unique considération des nombres, pouvoir dire que tout nombre est le rapport de deux couples quelconques et *inversement*. Hamilton écrit à ce propos :

> « the formula - 25 - enable us, in an infinite variety of cases, to assign a single number $a$ as the ratio of one proposed step-couple $(\mathrm{b}_1,\mathrm{b}_2)$ to another $(\mathrm{a}_1,\mathrm{a}_2)$ ; namely, in all those cases in which the primary and the secondary steps of the one couple are proportional to those of the other : but it fails to assign such a ratio, in all those cases in which this condition is not satisfied »[17].

Ainsi, pour sortir de cette impasse, Hamilton formule sa première hypothèse constructive en plein accord avec la conception générale des couples. Il supposera que dans la formule susdite, le nombre $a$ est en fait un « nombre-couple » $(a_1,a_2)$ dont le « secondary number » est nul, i.e. $(a_1,0)$ ; soit :

$$\frac{(a_1\mathrm{a}_1,a_1\mathrm{a}_2)}{(\mathrm{a}_1,\mathrm{a}_2)} = (a_1,0). \qquad \text{-26-}$$

De même, on écrira la relation - 24 - sous la nouvelle forme

$$(a_1,0)\text{x}(\mathrm{a}_1,\mathrm{a}_2) = (a_1,0)(\mathrm{a}_1,\mathrm{a}_2) = (a_1\mathrm{a}_1,a_1\mathrm{a}_2) \qquad \text{- 27 -}$$

Pour résumer, on dira qu'un « nombre-couple » $(a_1,a_2)$ est :

–) « doubly effective » si $a_1 \neq 0$ et $a_2 \neq 0$

–) « pure primary » si $a_1 \neq 0$ et $a_2 = 0$

–) « pure secondary » si $a_1 = 0$ et $a_2 \neq 0$.

Par conséquent, remarque l'auteur après cette nouvelle conception, on peut concevoir aussi le rapport d'un « step-couple » $(\mathrm{b}_1,\mathrm{b}_2)$ et d'un « pure primary step-couple » $(\mathrm{a}_1,0)$, comme étant le couple des rapports $\frac{\mathrm{b}_1}{\mathrm{a}_1}$ et $\frac{\mathrm{b}_2}{\mathrm{a}_1}$, soit :

$$\frac{(b_1,b_2)}{(a_1,0)} = \left(\frac{b_1}{a_1},\frac{b_2}{a_1}\right). \qquad -28-$$

On constatera que l'on n'aurait pas pu écrire une telle identification avant d'avoir introduit l'idée du « nombre-couple ». L'auteur observe également que l'on peut, dans les formules - 26 - et - 27 -, intervertir les lettres désignant les « nombres » et les « steps » et obtenir alors les nouvelles relations :

$$\frac{(a_1\mathrm{a}_1,a_2\mathrm{a}_1)}{(\mathrm{a}_1,0)} = (a_1,a_2) \qquad -29-$$

et

$$(a_1,a_2)\mathrm{x}(\mathrm{a}_1,0) = (a_1,a_2)(\mathrm{a}_1,0) = (a_1\mathrm{a}_1,a_2\mathrm{a}_1) \qquad -30-$$

Ces derniers résultats sont bien sûr différents de ceux obtenus dans les formules - 26 - et - 27 -, comme l'est aussi leur interprétation. Ainsi, par exemple, dans la formule - 27 - on a affaire au résultat de l'« action », rendue explicite par le signe « x », d'un « pure primary number-couple » $(a_1, 0)$ sur un « step-couple » $(\mathrm{a}_1, \mathrm{a}_2)$ ; alors que la formule - 30 - traduit l'« action » d'un « number-couple » $(a_1, a_2)$ sur un « pure primary step-couple ». Le lecteur aura également noté que l'échange entre les « steps » et les « nombres » s'est accompagné d'une certaine modification de l'ordre scriptural des formules d'origine, - 26 - et - 27 - : elle s'explique par le fait que l'écriture générique choisie par l'auteur, $a$ x a (par exemple), répond à une définition précise et reste inchangée ; une modification de celle-ci n'aurait aucune signification.

En partant des formules - 27 - et - 30 -, et compte tenu de la définition - 9 - de la somme de deux couples, on obtient :

$(b_1 + a_1,0)(\mathrm{a}_1,\mathrm{a}_2) = ((b_1 + a_1)\mathrm{a}_1,(b_1 + a_1)\mathrm{a}_2)$ (d'après - 27-)

$= (b_1a_1 + a_1\mathrm{a}_1,b_1\mathrm{a}_2 + a_1\mathrm{a}_2)$

$= (b_1\mathrm{a}_1,b_1\mathrm{a}_2) + (a_1\mathrm{a}_1,a_1\mathrm{a}_2)$ (d'après - 9 -)

$= (b_1,0)(\mathrm{a}_1,\mathrm{a}_2) + (a_1,0)(\mathrm{a}_1,\mathrm{a}_2)$. (d'après - 27 -)

On parvient plus facilement au résultat précédent en faisant comme suit :

$(b_1 + a_1,0)(\mathrm{a}_1,\mathrm{a}_2) = ((b_1,0) + (a_1,0))(\mathrm{a}_1,\mathrm{a}_2)$ (d'après - 9 -)

$= (b_1,0)(\mathrm{a}_1,\mathrm{a}_2) + (a_1,0)(\mathrm{a}_1,\mathrm{a}_2)$.

D'où :

$$(b_1 + a_1,0)(\mathrm{a}_1,\mathrm{a}_2) = (b_1,0)(\mathrm{a}_1,\mathrm{a}_2) + (a_1,0)(\mathrm{a}_1,\mathrm{a}_2) \qquad -31-$$

En procédant de la même manière, on parvient à la relation :

$$(a_1,a_2)(\mathrm{b}_1 +\mathrm{a}_1,0) = (a_1,a_2)(\mathrm{b}_1,0) + (a_1,a_2)(\mathrm{a}_1,0). \qquad -32-$$

*Généralisation du produit à des couples quelconques*

Vient ensuite ce que l'on doit considérer comme la seconde difficulté, et sans doute la plus importante, de la théorie des couples. Hamilton l'annonce en disant :

> « the spirit of the present extension of reasonings and operations on single moments, steps, and numbers, to moment-couples, step-couples, and number-couples, leads us to determine (if we can) what remains yet indetermined in the conception of a number-couple, as a multiplier ratio, so as to satisfy the two following more general conditions :
>
> $(b_1 + a_1, b_2 + a_2)(\mathrm{a}_1,\mathrm{a}_2) = (b_1,b_2)(\mathrm{a}_1,\mathrm{a}_2) + (a_1,a_2)(\mathrm{a}_1,\mathrm{a}_2)$ - 33 -
>
> and
>
> $(a_1,a_2)(\mathrm{b}_1 + \mathrm{a}_1, \mathrm{b}_2 + \mathrm{a}_2) = (a_1,a_2)(\mathrm{b}_1,\mathrm{b}_2) + (a_1,a_2)(\mathrm{a}_1,\mathrm{a}_2)$. »[218]

Ainsi, la difficulté qu'il reste à vaincre est, d'une part, la détermination des produits de la forme générale, par exemple,

$(a_1,a_2)(\mathrm{a}_1,\mathrm{a}_2)$ - 35 -

i.e. le produit d'un « nombre-couple » $(a_1,a_2)$, tel que $a_1 \neq 0$ et $a_2 \neq 0$ par un « step-couple » $(\mathrm{a}_1,\mathrm{a}_2)$, tel que $\mathrm{a}_1 \neq 0$ et $\mathrm{a}_2 \neq 0$, et d'autre part, la détermination générale du produit de deux couples de nombres « doubly effective ». On remarquera que la seconde détermination est une conséquence de la première.

Soit donc le produit - 35 -. On peut, en se servant des relations - 27 - et - 30 - et des définitions propres aux « step-couples » et aux « number-couples », faire le calcul suivant :

$(a_1,a_2)(\mathrm{a}_1,\mathrm{a}_2) = ((a_1,0) + (0,a_2))(\mathrm{a}_1,\mathrm{a}_2)$

$= (a_1,0)(\mathrm{a}_1,\mathrm{a}_2) + (0,a_2)(\mathrm{a}_1,\mathrm{a}_2)$

$= (a_1\mathrm{a}_1,a_1\mathrm{a}_2) + (0,a_2)((\mathrm{a}_1,0) + (0,\mathrm{a}_2))$ (d'après - 27 -)

$= (a_1\mathrm{a}_1,a_1\mathrm{a}_2) + (0,a_2)(\mathrm{a}_1,0) + (0,a_2)(0,\mathrm{a}_2)$

$= (a_1\mathrm{a}_1,a_1\mathrm{a}_2) + (0,a_2\mathrm{a}_1) + (0,a_2)(0,\mathrm{a}_2)$ (d'après - 30 -)

$= (a_1\mathrm{a}_1,a_1\mathrm{a}_2 + a_2\mathrm{a}_1) + (0,a_2)(0,\mathrm{a}_2)$

Ainsi, le problème se réduit à lever l'indétermination posée par le produit $(0,a_2)(0,\mathrm{a}_2)$. On le résout en procédant de la manière suivante :

–) On sait, d'une part, que ce produit doit être un couple de transitions (ou « steps »), i.e. il existe deux steps $\mathrm{c}_1$ et $\mathrm{c}_2$ tels que :

$(0,a_2)(0,\mathrm{a}_2) = (\mathrm{c}_1,\mathrm{c}_2)$.- 36 -

-) D'autre part, ces transitions résultantes ne peuvent dépendre que du produit des facteurs intervenant dans la multiplication, i. e., de $a_2\mathrm{a}_2$, sinon les relations - 33 - et - 34 - ne seraient plus vérifiées.

218. *Ibid.*, p. 81.

*Introduction des « constantes de multiplication »*

Par conséquent, on posera :

$c_1 = \gamma_1 a_2 \mathrm{a}_2$ et $c_2 = \gamma_2 a_2 \mathrm{a}_2$, - 37 -

où $\gamma_1$ et $\gamma_2$ sont deux constantes arbitraires indépendantes de $a_2$ et $\mathrm{a}_2$; d'où

$(0,a_2)(0,\mathrm{a}_2) = (\gamma_1 a_2 \mathrm{a}_2, \gamma_2 a_2 \mathrm{a}_2)$ - 38 -

et

$(a_1,a_2)(\mathrm{a}_1,\mathrm{a}_2) = (a_1\mathrm{a}_1 + \gamma_1 a_2\mathrm{a}_2, a_1\mathrm{a}_2 + a_2\mathrm{a}_1 + \gamma_2 a_2\mathrm{a}_2)$ - 39-

Quelles que soient les valeurs prises par les constantes $\gamma_1$ et $\gamma_2$, la formule - 39 - ainsi construite vérifiera les relations - 33 - et - 34 - ainsi que celles plus particulières données en - 27 - et - 30 -. Mais, dit Hamilton :

> « provided that after once choosing these numbers, which we may call the *constants of multiplication*, we retain them thenceforth unaltered, and treat them as independent of both the multiplier and the multiplicand. It is clear, however, that the simplicity and elegance of our future operations and results must mainly depend on our making a simple and suitable choice of these two constants of multiplication and that in making this choice, we ought to take care to satisfy if possible, the essential condition that there shall be always *one determined number-couple to express the ratio of any one determined step-couple to any other*, at least when the latter is not null : since this was the very object, to accomplish which we were led to introduce the conception of these number-couples. It is easy to show that no choice simpler than the following[219],
>
> $\gamma_1 = -1,\ \gamma_2 = 0,$ - 40 -
>
> would satisfy this condition »[220]

Par conséquent, le produit - 39 - s'écrira plus simplement

$(a_1,a_2)(\mathrm{a}_1,\mathrm{a}_2) = (a_1\mathrm{a}_1 - a_2\mathrm{a}_2, a_1\mathrm{a}_2 + a_2\mathrm{a}_1)$. - 41 -

Il est remarquable que le choix fait par Hamilton, fondé sur de modestes critères de simplicité et d'élégance, se révèle être celui que nous avons retenu aujourd'hui. Voyons comment l'auteur parvient à un tel choix :

Quelles que soient les « constantes de multiplication » $\gamma_1$ et $\gamma_2$ si nous prenons $(\mathrm{b}_1,\mathrm{b}_2)$ pour représenter le couple résultant du produit de $(\mathrm{a}_1,\mathrm{a}_2)$ par $(a_1,a_2)$, on aura, compte tenu de - 39 -, les deux égalités suivantes :

---

219. Hamilton sait qu'il existe beaucoup d'autres choix possibles ; il écrit même dans une note (p. 10), préface à ses *Lectures on Quaternions* (1853) : « In some of my unprinted investigations, other selections of these constants were employed. »

220. *Ibid.*, p. 82.

$$- 42 - \quad \begin{cases} \mathrm{b}_1 = a_1\mathrm{a}_1 + \gamma_1 a_2 \mathrm{a}_1 \\ \mathrm{b}_2 = a_1\mathrm{a}_2 + a_2\mathrm{a}_1 + \gamma_2 a_2 \mathrm{a}_2 \end{cases} .$$

Désignons par $\alpha_1$, $\alpha_2$, $\beta_1$ et $\beta_2$ les rapports respectifs des quatre transitions $\mathrm{a}_1$, $\mathrm{a}_2$, $\mathrm{b}_1$ et $\mathrm{b}_2$ avec une commune transition c, i.e. posons :

$$\begin{aligned} \mathrm{a}_1 = \alpha_1\mathrm{c} \ , \ \mathrm{a}_2 = \alpha_2\mathrm{c} \\ \mathrm{b}_1 = \beta_1\mathrm{c} \ , \ \mathrm{b}_2 = \beta_2\mathrm{c}. \end{aligned} \qquad - 43 -$$

Si l'on reporte ces nouvelles expressions dans les relations - 42 -, on obtient alors, après simplification :

$$- 44 - \begin{cases} \beta_1 = a_1\alpha_1 + \gamma_1 a_2 \alpha_2 \\ \beta_2 = a_1\alpha_1 + a_2\alpha_1 + \gamma_2 a_2 \alpha_2 \end{cases} .$$

Considérant maintenant ces deux égalités comme un système d'équations à deux inconnues $a_1$ et $a_2$, on obtient, après résolution, les égalités autres[221] :

$$- 45 - \begin{cases} a_1 = \dfrac{\begin{vmatrix} \beta_1 & \gamma_1\alpha_2 \\ \beta_2\alpha_1 + \gamma_2\alpha_2 \end{vmatrix}}{\begin{vmatrix} \alpha_1 & \gamma_1\alpha_2 \\ \alpha_2 & \alpha_1 + \gamma_2\alpha_2 \end{vmatrix}} = \dfrac{\beta_1(\alpha_1 + \gamma_2\alpha_2) - \beta_2\gamma_1\alpha_2}{\alpha_1(\alpha_1 + \gamma_2\alpha_2) - \gamma_1\alpha_2^2} \\ a_2 = \dfrac{\begin{vmatrix} \alpha_1\beta_1 \\ \alpha_2\beta_2 \end{vmatrix}}{\begin{vmatrix} \alpha_1 & \gamma_1\alpha_2 \\ \alpha_2 & \alpha_1 + \gamma_2\alpha_2 \end{vmatrix}} = \dfrac{\alpha_1\beta_2 - \alpha_2\beta_1}{\alpha_1(\alpha_1 + \gamma_2\alpha_2) - \gamma_1\alpha_2^2} \end{cases} .$$

Par conséquent, supposant que les transitions (ou « steps ») $\mathrm{a}_1$ et $\mathrm{a}_2$ sont non nulles, les nombres $a_1$ et $a_2$ seront toujours déterminés par les équations - 42 - si et seulement si

$$\alpha_1(\alpha_1 + \gamma_2\alpha_2) - \gamma_1\alpha_2^2 \qquad - 46 -$$

est non nul. Or,

$$\alpha_1(\alpha_1 + \gamma_2\alpha_2) - \gamma_1\alpha_2^2 = \left(\alpha_1 + \frac{1}{2}\gamma_2\alpha_2\right)^2 - \left(\gamma_1 + \frac{1}{4}\gamma_2^2\right)\alpha_2^2 . \qquad - 47-$$

Par conséquent, pour que - 46 - soit non nul il faut, supposant que $\alpha_1$ et $\alpha_2$ sont tout deux non nuls, que :

$$\gamma_1 + \frac{1}{4}\gamma_2^2 < 0 \qquad - 48 -$$

221. Précisons que seules les secondes égalités sont de Hamilton, ce afin d'éviter des problèmes de notation.

En effet, si l'on supposait que $\gamma_1 + \frac{1}{4}\gamma_2^2 \geq 0$, alors le second membre de l'égalité - 47 - pourrait s'annuler, tandis que si $\gamma_1 + \frac{1}{4}\gamma_2^2$ est $< 0$, la différence du second membre de - 47 - restera toujours un nombre strictement positif.

Hamilton observe d'autre part, que les résultats particuliers suivants sont toujours vérifiés quelles que soient les valeurs attribuées aux constantes $\gamma_1$, et $\gamma_2$[222]:

–) Si $\beta_1 = \alpha_1 = 1$ et $\beta_2 = \alpha_2 = 0$, alors $a_1 = 1$ et $a_2 = 0$ ;

d'où : $\frac{(c,0)}{(c,0)} = (1,0)$ - 49 -

–) si $\beta_1 = \alpha_1 = 0$ et $\beta_2 = \alpha_2 = 1$, alors $a_1 = 1$ et $a_2 = 0$ ;

d'où : $\frac{(0,c)}{(0,c)} = (1,0)$ - 50 -

–) si $\beta_1 = \alpha_2 = 0$ et $\alpha_1 = \beta_2 = 1$, alors $a_1 = 0$ et $a_2 = 1$ ;

d'où : $\frac{(0,c)}{(c,0)} = (0,1)$ - 51 -

–) Enfin, si $\beta_1 = \alpha_2 = 1$ et $\beta_2 = \alpha_1 = 0$, alors $a_1 = -\frac{\gamma_2}{\gamma_1}$ et $a_2 = \frac{1}{\gamma_1}$ ;

d'où : $\frac{(c,0)}{(0,c)} = \left(-\frac{\gamma_2}{\gamma_1}, \frac{1}{\gamma_1}\right)$ - 52 -

de sorte que, dit Hamilton :

> « although the ratio of the pure pirmary step-couple (c,0) to the pure secondary step-couple (0,c) can never be expressed as as a *pure primary number-couple*, it may be expressed as a *pure secondary number-couple*, namely $\left(0, \frac{1}{\gamma_1}\right)$, if we chose 0, as in - 40 -, for the value of the secondary constant $\gamma_2$, but not otherwise : this choice $\gamma_2 = 0$ is therefore required by simplicity »[223].

Si donc on revient à la formule - 48 -, où $\gamma_2$ et remplacée par sa valeur, il s'ensuit l'inégalité stricte

$$\gamma_1 < 0,$$

par conséquent $\gamma_1$ doit être strictement négative. Or, ajoute Hamilton « the simplest way of determining it is to make it the contra-positive

222. Rappelons que $\frac{(b_1,b_2)}{(a_1,a_2)} = (a_1,a_2) = \frac{(\beta_1 c,\beta_2 c)}{(\alpha_1 c,\alpha_2 c)}$ et que l'on a les égalités - 45 - à notre disposition.

223. *Ibid.*, p. 82.

one, $\gamma_1 = -1$, as announced in -40- »[224]. Dès lors, l'égalité - 52 - devient :

$$\frac{(c,0)}{(0,c)} = (0,-1) \qquad \text{- 53 -}$$

et la formule générale du rapport entre deux couples de transitions, i.e.,

$$\frac{(b_1,b_2)}{(a_1,a_2)} = (a_1,a_2) = \frac{(\beta_1 c,\beta_2 c)}{(\alpha_1 c,\alpha_2 c)},$$

s'écrit finalement, compte tenu des formules - 40 - et - 45 - :

$$\frac{(b_1,b_2)}{(a_1,a_2)} = \left(\frac{\beta_1\alpha_1 + \beta_2\alpha_2}{\alpha_1^2 + \alpha_2^2}, \frac{\alpha_1\beta_2 - \alpha_2\beta_1}{\alpha_1^2 + \alpha_2^2}\right) \qquad \text{- 54 -}$$

Ainsi, Hamilton est parvenu à montrer que le rapport de deux « step-couples » quelconques est un « nombre-couple ». Par conséquent, à ce stade de l'exposé, il ne lui reste plus qu'à se limiter strictement aux couples de nombres et à abandonner toute référence aux « step-couples ». Rappelons que ces derniers ne servirent qu'à introduire les premiers. On remarquera que l'auteur ne parle jamais du produit entre couples de transitions, comme il n'a jamais parlé auparavant de produit entre transitions. Ce constat est capital et au moins deux raisons l'expliquent. La première est immédiate et tient à la référence au « Temps Pur » que fait Hamilton. En effet, si, au fur et à mesure que se développe son exposé, on comprend ce que veulent dire des concepts tels que « moment », « transition », « transition-multiple », « transition sous-multiple », etc., car on s'en fait des images simples, on comprendrait moins bien, ou pas du tout, la signification « temporelle » d'un produit tel que a x b, où a et b sont des transitions. En d'autres mots et pour choisir un exemple naïf non lié à la situation présente mais suffisamment explicite pour la suggérer, dans l'univers unidimensionnel de la droite, les « produits » entre segments de cette droite n'ont aucune existence tangible, car celle-ci est conditionnée par l'existence d'un univers au moins bi-dimensionnel.

La seconde raison est l'appel que fait Hamilton au rapport de transitions et de couples de transitions pour introduire le nombre et le couple de nombres. Pourquoi considère-t-il exclusivement le rapport et rejette-t-il le produit ? La réponse est simple, contrairement à la multiplication dont nous avons vu l'effet dans la première raison : le rapport est privilégié par Hamilton car il est, si l'on peut s'exprimer ainsi, « réducteur » de toute référence sensible ou extérieure ; il est « abstrait », c'est-à-dire sans unité spécifique.

224. *Ibid.*, pp. 82-83.

*Les opérations sur les « couples de nombres »*

La partie qu'aborde maintenant l'auteur, « On the addition, substraction, Multiplication, and division of Number-couples, as combined with each other », est un exposé théorique complètement débarrassé des notions ou concepts précédents rattachés au « Temps Pur ».

> « It is easy now to see the reasonableness of the following definitions, and even their necessity, if we would preserve in the simplest way, the analogy of the theory of couples to the theory of singles :
>
> $$(b_1,b_2) + (a_1,a_2) = (b_1 + a_1,b_2 + a_2) \qquad \text{- 55 -}$$
>
> $$(b_1,b_2) - (a_1,a_2) = (b_1 - a_1,b_2 - a_2) \text{ -} \qquad \text{56 -}$$
>
> $$(b_1,b_2)\ (a_1,a_2) = (b_1,b_2)\text{x}(a_1,a_2)^{225}$$
>
> $$= (b_1a_1 - b_2a_2,b_2a_1 + b_1a_2) \qquad \text{- 57 -}$$
>
> $$\frac{(b_1,b_2)}{(a_1,a_2)} = \left(\frac{b_1a_1 + b_2a_2}{a_1^2 + a_2^2},\frac{b_2a_1 - b_1a_2}{a_1^2 + a_2^2}\right). \text{»} \qquad \text{- 58 -}$$

Ce qu'ajoute Hamilton nous permet de voir combien il est, malgré son incontestable supériorité sur ses contemporains – qui le placent au rang d'un Cauchy ou d'un Gauss – encore éloigné du style et de la manière propres au mathématicien de notre temps :

> « ... were these definitions even altogether arbitrary, they would at least not contradict each other, nor the earlier principles of Algebra, and it would be possible to draw legitimate conclusions by rigourous mathematical reasoning, from premises thus arbitrarily assumed : but the persons who have read with attention the foregoing remark of this theory, and have compared them with the Preliminary Essay, will see that these definitions *are really not arbitrarily chosen*, and that though others might have been assumed, no others would be equally proper »[226].

---

225. *Ibid.*, p. 83.

226. C.C. Mac Duffee dans son article « Algebra's debt to Hamilton » (1945), va même jusqu'à écrire qu'un mathématicien de notre époque eut dit : « These are my definition and you have no right to question their propriety. That they are happily chosen will appear when their implications are investigated, for the theory of couples subject to the operations here defined will prove to be abstractly identical with the theory of those complex numbers whose logical foundation is other wise so insecure » (p. 29). E. Koppelman observe (*ibid.*, p. 224) que Hamilton semble marquer un certain recul dans sa précédente déclaration relativement au degré d'abstraction auquel il était parvenu antérieurement lorsqu'il écrivait, par exemple : « In general the definitions of mahematical science are not altogether arbitrary, but a certain discretion is allowed in the selection of them, although once selected, they must then be consistently reasoned upon. »

Un mathématicien eut posé aujourd'hui ces définitions sans aucun commentaire les justifiant[227].

Hamilton fait ensuite observer que les opérations - 55 - à - 58 - ont certaines propriétés qu'il est utile de mentionner. Ainsi on a :

–) $(b_1,b_2) + (a_1,a_2) = (a_1,a_2) + (b_1,b_2)$ ;- 59 -
(i.e., commutativité de l'addition)

–) $(b_1,b_2)\text{x}(a_1,a_2) = (a_1,a_2)\text{x}(b_1,b_2)$ ;- 60 -
(i.e., commutativité de la multiplication)

–) $(b_1,b_2)\{(a'_1,a'_2) + (a_1,a_2)\} = (b_1,b_2)(a'_1,a'_2) + (b_1,b_2)(a_1,a_2)$ ;
(i.e., distributivité de la multiplication par rapport à l'addition) - 60 -

et il ajoute :

> « we may, therefore, extend to number-couples all those results respecting numbers, which have been deduced from principles corresponding to these last relations. For example
>
> $\{(b_1,b_2) + (a_1,a_2)\}\text{x}\{(b_1,b_2) + (a_1,a_2)\}$
> $= (b_1,b_2)(b_1,b_2) + 2(b_1,b_2)(a_1,a_2) + (a_1,a_2)(a_1,a_2)$ ; - 62 -
>
> in which
>
> $2(b_1,b_2)(a_1,a_2) = (2,0)(b_1,b_2)(a_1,a_2)$ - 63 -
> $= (b_1,b_2)(a_1,a_2) + (b_1,b_2)(a_1,a_2)$,
>
> for in general, we may *mix the signs of numbers with those of number-couples*, if we consider every single number *a* as equivalent to a pure primary number couple,
>
> $a = (a,0)$. »[227] -64-

Hamilton profite de l'occasion qui lui est donnée par la formule - 64 - pour introduire deux nouvelles dénominations qui auront de l'importance dans la suite de son exposé. On appellera (1,0), couple équivalent à 1, la « *primary unit* »[28] et (0,1) la « *secondary unit* ». La formule - 64 -, qui tire son origine de la formule analogue établie entre un « pure primary step-couple » (a,0) et un « step » a, achève de montrer que les « nombre-couples » sont une véritable extension des nombres dits « simples ».

En accord avec les conventions et simplifications qui nous permirent de poser les formules - 17 - et - 18 -, on posera par analogie les suivantes pour les « nombre-couples » :

$(a_1,a_2) = (0,0) + (a_1,a_2) = +\,(a_1,a_2)$ - 65 -
$(-\,a_1,-\,a_2) = (0,0) - (a_1,a_2) = -\,(a_1,a_2)$

et on dira que $-\,(a_1,a_2)$ est l'« opposite number-couple » du couple de nombres $(a_1,a_2)$.

227. *Ibid.*, p. 84.

L'« inverse », ou le « *reciprocal* », d'un couple de nombres quelconque $(a_1,a_2)$ sera, compte tenu de la définition - 58 - , le couple de nombres suivant :

$$\frac{1}{(a_1,a_2)} = \frac{(1,0)}{(a_1,a_2)} = \left(\frac{a_1}{a_1^2+a_2^2},\frac{-a_2}{a_1^2+a_2^2}\right). \qquad \text{- 66 -}$$

Hamilton termine cette partie de son Mémoire par une remarque qui rappellera au lecteur celle de Cauchy[228] :

> « It need scarcely be mentioned that the insertion of the sign of coincidence = between any two number-couples implies that those two couples coincide, number with number, primary with primary, and secondary with secondary ; so that *an equation between number-couples is equivalent to a couple of equations* between numbers. »[229]

*Puissances d'un couple de nombres*

Grâce à la partie suivante, « On the Powering of a Number-couple by a single whole number », on s'approche un peu plus de la notion qui pour nous constitue le point capital, celle de l'identification du couple de nombres $(a,b)$ avec le nombre complexe $a + bi$.

Hamilton conçoit d'abord la suite

$$..(a_1,a_2)^{-2},(a_1,a_2)^{-1},(a_1,a_2)^{0},(a_1,a_2)^{1}.. \qquad \text{- 67 -}$$

où le couple $(a_1,a_2)^1$ joue le rôle de « base », et où :

$$\left.\begin{aligned}
&\ldots\ldots\ldots\ldots\ldots\\
(a_1,a_2)^{-2} &= \frac{(1,0)}{(a_1,a_2)^2} = \frac{(1,0)}{(a_1,a_2)(a_1,a_2)}\\
(a_1,a_2)^{-1} &= \frac{(1,0)}{(a_1,a_2)}\\
(a_1,a_2)^{0} &= (1,0)\\
(a_1,a_2)^{1} &= (a_1,a_2)\\
(a_1,a_2)^{2} &= (a_1,a_2)(a_1,a_2)\\
&\ldots\ldots\ldots\ldots\ldots
\end{aligned}\right\} \qquad \text{- 68 -}$$

228. « Toute équation imaginaire n'est que la représentation symbolique de deux équations entre quantités réelles » (*Cours d'Analyse* (1821), p. 176).

229. *Ibid.*, p. 84.

Donc, précise-t-il[230] :

« to *power* the couple $(a_1,a_2)$ by any *positive* whole number m, is, therefore, to *multiply m* times successively the *primary unit*, or the couple (1,0), by the proposed couple $(a_1,a_2)$, and to power $(a_1,a_2)$ by any *contra-positive* whole number-*m*, is to divide (1,0) by the same couple $(a_1,a_2)$, *m* times successively ; but to power by 0 produce always (1,0) ».

Il conclut par deux importantes relations :

$$\left.\begin{array}{l}(a_1,a_2)^{\mu}(a_1,a_2)^{\upsilon} = (a_1,a_2)^{\mu+\upsilon}\\ ((a_1,a_2)^{\mu})^{\nu} = (a_1,a_2)^{\mu\nu}\end{array}\right\}, \qquad \text{- 69 -}$$

où μ et υ sont deux entiers relatifs quelconques, et par la démonstration des résultats suivants :

$$\left.\begin{array}{l}(a_1,0)^i = a_1^i(1,0)^i\\ (0,a_2)^i = a_2^i(0,1)^i\end{array}\right\} \qquad \text{- 70 -}$$

et

$$\begin{array}{l}(1,0)^i = (1,0)\\ (0,1)^{4k-3} = (0,1)\\ (0,1)^{4k-2} = (-1,0)\\ (0,1)^{4k-1} = (0,-1)\\ (0,1)^{4k} = (1,0)\end{array} \qquad \text{- 71 -}$$

(où *i* et *k* sont des entiers relatifs quelconques), c'est-à-dire que :

« the powers of the primary unit are all themselves equal to the primary unit ; but the first, second, third, and fourth, powers of the secondary unit are respectively

(0,1), (–1, 0), (0, –1), (1,0)

and the higher powers are formed by merely respecting this period »[230].

Plus loin, il nous montre que l'équation

$$(a_1,a_2)^m = (b_1,b_2) \qquad \text{- 72 -}$$

est « équivalente » aux deux suivantes :

$$b_1 = a_1^m - \frac{m(m-1)}{1\text{x}2}a_1^{m-2}a_2^2 + \frac{m(m-1)(m-2)(m-3)}{1\text{x}2\text{x}3\text{x}4}a_1^{m-4}a_2^4 - \text{etc.}$$

$$b_2 = a_1^{m-1}a_2 = \frac{m(m-1)(m-2)}{1\text{x}2\text{x}3}a_1^{m-3}a_2^3 + \text{etc. »}^{231} \text{- 73 -}$$

Enfin, Hamilton tient à nous faire part de résultats qui acquirent une importance capitale. Ceux-ci permettent, entre autres, de montrer que le

230. *Ibid.*, p. 85. On rapprochera cette conclusion de celle d'Argand.
231. *Ibid.*, pp. 85-86.

*module* d'un produit est le produit des modules de chaque facteur. Cette notion fut longtemps un problème qui préoccupa les mathématiciens, surtout anglais, du XIX<sup>e</sup> siècle ; ceux-ci chercheront à montrer que cette loi dite *loi du module*, se conserve lorsqu'on l'applique, par exemple, aux quaternions et aux *octaves* de J. T. Graves ou *nombres de Cayley*.

En général, dit-il, si

$$(a_1,a_2)(a_1',a_2') = (a_1'',a_2'') \qquad \text{- 74 -}$$

alors, en appliquant la définition de la multiplication - 57 -, on aura :

$$(a_1'',a_2'') = (a_1a_1' - a_2a_2', a_1a_2' + a_2a_1'), \qquad \text{- 75 -}$$

soit, en égalant terme à terme :

$$\begin{cases} a_1'' = a_1a_1' - a_2a_2' \\ a_2'' = a_1a_2' + a_2a_1' \end{cases} \qquad \text{- 76 -}$$

or,

$$\begin{cases} a_1''^2 = (a_1a_1' - a_2a_2')^2 = a_1^2a_1'^2 + a_2^2a_2'^2 - 2a_1a_1'a_2a_2' \\ a_1''^2 = (a_1a_2' + a_2a_1')^2 = a_1^2a_2'^2 + a_2^2a_1'^2 + 2a_1a_2'a_2a_1' \end{cases} \qquad \text{- 77 -}$$

d'où :

$$a_1''^2 + a_1''^2 = a_1^2a_1'^2 + a_2^2a_2'^2 + a_1^2a_2'^2 + a_2^2a_1'^2 \qquad \text{- 78 -}$$

$$= a_1^2(a_1'^2 + a_2'^2) + a_2^2(a_1'^2 + a_2'^2)$$

$$= (a_1^2 + a_2^2)(a_1'^2 + a_2'^2).$$

En procédant de la même manière, dit Hamilton, on montrerait que :

$$\text{si } (a_1,a_2)(a_1',a_2')(a_1'',a_2'') = (a_1''',a_2'''),$$

$$a_1'''^2 + a_2'''^2 = (a_1^2 + a_2^2)(a_1'^2 + a_2'^2)(a_1''^2 + a_2''^2\,; \qquad \text{- 79 -}$$

« and so on, for any number *m* of factors »[232].

Enfin, toujours en procédant de la même manière, on montrerait que pour un entier naturel quelconque m on a :

$$\text{si } (b_1,b_2) = (a_1,a_2)^m, \text{ alors } b_1^2 + b_2^2 = (a_1^2 + a_2^2)^m$$

et

$$\text{si } (b_1,b_2) = (a_1,a_2)^{-m}, \text{ alors } b_1^2 + b_2^2 = (a_1^2 + a_2^2)^{-m} \qquad \text{- 80 -}$$

car, précise-t-il pour cette dernière implication, « in general

232. *Ibid.*, p. 86.

$$\text{if } (b_1,b_2) = \frac{(a_1a_2)(a_1',a_2')(a_1'',a_2'')\ldots\ldots}{(c_1,c_2)(c_1',c_2')(c_1'',c_2'')\ldots\ldots} \qquad -81-$$

$$\text{then } (b_1^2+b_2^2) = \frac{(a_1^2+a_2^2)(a_1'^2+a_2'^2)(a_1''^2+a_2''^2)\ldots}{(c_1^2+c_2^2)(c_1'^2+c_2'^2)(c_1''^2+c_2''^2)\ldots}$$ »[233].

*Racines d'un couple de nombres*

Il est maintenant temps d'en venir à ce qui constitue pour nous le principal intérêt de cette théorie des couples algébriques : la justification algébrique des nombres complexes.

On ne cherchera pas ici à s'étendre davantage sur les nombreuses propriétés des couples de nombres ni sur les nombreuses applications qu'en fait Hamilton. Nous nous intéresserons plutôt dans la suite de cette étude succincte, à une opération plus particulière, l'extraction des racines, qui, on aura déjà pu largement s'en convaincre, va permettre de relier (et d'identifier) un couple de nombres précis au symbole $\sqrt{-1}$.

Hamilton pour ce faire en appellera à un « Function-couple » $F(a_1,a_2)$ défini et caractérisé de la façon suivante :

partant des deux expressions

$$\mathrm{F}_m(a_1,a_2) = (1,0) + \frac{(a_1,a_2)^1}{1} + \frac{(a_1,a_2)^2}{1\text{x}2} + \ldots + \frac{(a_1,a_2)^m}{1\text{x}2\text{x}3\text{x}\ldots m} \qquad -82-$$

$$\mathrm{F}_m(b_1,b_2) = (1,0) + \frac{(b_1,b_2)^1}{1} + \frac{(b_1,b_2)^2}{1\text{x}2} + \ldots + \frac{(b_1,b_2)^m}{1\text{x}2\text{x}3\text{x}\ldots m} \qquad -83-$$

où l'écriture $\mathrm{F}_m(\alpha,\beta)$ désigne non pas une fonction $\mathrm{F}_m$ de deux variables $\alpha$ et $\beta$, mais une « fonction-couple » du couple $(\alpha, \beta)$ ; Hamilton prouvera d'ailleurs que les formules -82 - et - 83 - désignent un couple $\mathrm{F}_m(\alpha,\beta)$ correspondant à la somme qui apparaît dans leur second membre, i.e.,

$$(1,0) + \frac{(\alpha,\beta)^1}{1} + \frac{(\alpha,\beta)^2}{1\text{x}2} + \cdots + \frac{(\alpha,\beta)^m}{1\text{x}2\text{x}3\text{x}\ldots m} \quad . \qquad -84-$$

Cette nouvelle notation permet donc, entre autres choses, une évidente simplification d'écriture.

L'auteur montre ensuite que $\mathrm{F}_m$ vérifie la propriété suivante :

$$\mathrm{F}_m((a_1,a_2)+(b_1,b_2)) = \mathrm{F}_m(a_1+b_1,a_2+b_2) \ ; \qquad -85-$$

233. *Ibid.*, p. 86. On observera que cette relation permet, entre autres, de dire que le « module » d'un rapport est le rapport des « modules ».

il développe la différence

$\{F_m(a_1,a_2) \mathrm{x} F_m(b_1,b_2)\} - F_m((a_1,a_2) + (b_1,b_2))$ - 86 -

et démontre qu'elle devient nulle lorsque « *m* becomes greater and greater without end »[234], c'est-à-dire :

$\underline{L}$ - 86 - = (0,0) - 87 -

On écrira, dit-il, le « limit-couple » déterminé de $F_m(\alpha,\beta)$, quand *m* croît à l'infini, F $(\alpha,\beta)$ ; soit :

$F(\alpha,\beta) = F_\infty(\alpha,\beta) = \underline{L}F_m(\alpha,\beta)$. - 88 -

Il déduira alors de la formule - 87 - l'identité suivante :

$F(a_1,a_2) \mathrm{x} F(b_1,b_2) = F((a_1,a_2) + (b_1,b_2))$. - 89 -

$= F(a_1 + b_1, a_2 + b_2)$ (d'après - 85 -).

On pourra par conséquent, conclut-il, dire « by analogy » que cette « fonction-couple » $F(\alpha,\beta)$ est une « *exponential function-couple* and that its *base-couple* is

F(1,0) = (e,0) »[235]. - 90 -

On dira aussi, toujours par analogie avec ce qui a été montré pour les nombres « simples » *m*, que le « nombre-couple » $(a_1,a_2)$ est une « fonction logarithme » du couple $F(a_1,a_2)$, que l'on notera

$(a_1,a_2) = F^{-1}(b_1,b_2)$ si $(b_1,b_2) = F(a_1,a_2)$. - 91 -

De plus, on peut, à partir des propriétés de F, montrer que :

$(b_1,b_2) = F(a_1,a_2) = F(a_1,0) \mathrm{x} F(0,a_1)$. - 92 -

(on utilise - 89 -)

Or, si l'on pose :

$F(\alpha,0) = F(\alpha) = \underset{0}{e}^{\alpha}$. - 93 -

et

$F(0,\alpha) = (\cos\alpha, \sin\alpha)$,

on en déduit alors une nouvelle expression de la relation - 92 - soit :

$(b_1,b_2) = (\underset{0}{e}^{a_1}\cos a_2, \underset{0}{e}^{a_1}\sin a_2)$. - 94 -

Hamilton introduit ensuite la « Law of periodicity » des deux fonctions trigonométriques cos α et sin α, i.e.,

$\cos(\alpha \pm 2i\pi) = \cos\alpha$ - 95 -

$\sin(\alpha \pm 2i\pi) = \sin\alpha$

où *i* est un entier naturel quelconque, afin de distinguer, parmi l'infinité des a qui satisfont les équations,

$\cos\alpha = \beta_1$ - 96 -

$\sin\alpha = \beta_2$

où $\beta_1$ et $\beta_2$ sont deux nombres fixés, celui qui correspondra à la « solution principale », c'est-à-dire, celui qui satisfait aux inégalités

$\alpha > -\pi, \quad \alpha \not> \pi$ - 97 -

---

234. *Ibid.*, p. 89.

235. La signification logique du signe « $\not>$ » est : « non (>) ».

(où il faut voir dans le signe « $\not>$ » qu'utilise Hamilton, celui que l'on emploie aujourd'hui, « $\leq$ » ; les inégalités se ramènent à dire que $\alpha$ doit appartenir à l'intervalle « semi-ouvert » $]-\pi,+\pi]$)[236].

Par conséquent, dit-il, il existe aussi une infinité de couples qui vérifient la relation - 94 - car, on doit vérifier les deux égalités suivantes pour la satisfaire :

$$b_1 = \underset{0}{e}^{a_1} \cos a_2$$

et

$$b_2 = \underset{0}{e}^{a_1} \sin a_2 \qquad \text{- 98 -}$$

qui sont équivalentes aux trois autres suivantes :

$$\underset{0}{e}^{a_1} = \sqrt{b_1^2 + b_2^2} \qquad \text{- 99 -}$$

et

$$\cos a_2 = \frac{b_1}{\sqrt{b_1^2 + b_2^2}},\ \sin a_2 = \frac{b_2}{\sqrt{b_1^2 + b_2^2}}. \qquad \text{- 100 -}$$

Si $\alpha$ désigne la « solution principale » des deux dernières équations, on aura alors comme solution générale

$$a_2 = \alpha + 2\omega\pi \qquad \text{- 101 -}$$

(où $\omega$ est un entier relatif quelconque).

D'autre part, on tire de la relation - 99 - le résultat

$$a_1 = log_e \sqrt{b_1^2 + b_2^2}, \qquad \text{- 102 -}$$

grâce auquel Hamilton déduit alors l'expression générale du couple $(a_1,a_2)$ de la formule - 91 -, soit :

$$(a_1,a_2) = \mathrm{F}^{-1}(b_1,b_2) = (log_e \sqrt{(b_1^2 + b_2^2)}, \alpha + 2\omega\pi) \qquad \text{- 103 -}$$

Afin de distinguer plus clairement la *valeur principale* des autres valeurs du couple $(a_1,a_2)$, l'auteur fait appel, respectivement, aux deux notations suivantes :

$$\underset{0}{(a_1,a_2)} \text{ ou } \underset{0}{\mathrm{F}}^{-1}(b_1,b_2)$$

et

$$\underset{\omega}{(a_1,a_2)} \text{ ou } \underset{\omega}{\mathrm{F}}^{-1}(b_1,b_2). \qquad \text{- 104 -}$$

On peut dès lors grâce à tous ces préliminaires déduire successivement toutes les relations qui vont suivre :

$$(\mathrm{F}(a_1,a_2))^{\mu} = \mathrm{F}(\mu a_1,\mu a_2) \quad \text{(d'après - 89 -)} \qquad \text{- 105 -}$$

(où $\mu$ est un entier relatif quelconque), à partir de laquelle on extrait la $\mu^{\text{ième}}$ puissance (ou « power-couple »)[236] d'un couple de nombres quelconque

$$(b_1,b_2)^\mu = F((\mu(a_1,a_2)), \qquad \text{(on utilise - 91 -)}$$

soit encore

$$(b_1,b_2)^\mu = F(\mu F^{-1}(b_1,b_2)) \qquad \text{- 106 -}$$

Réciproquement, si $(a_1,a_2)$ est la racine $m^{-\text{ième}}$ (ou « root-couple ») d'un couple donné $(b_1,b_2)$ alors :

$$(a_1,a_2) = (b_1,b_2)^{\frac{1}{m}} = F\left(\frac{1}{m}F^{-1}(b_1,b_2)\right) ; \qquad \text{- 107 -}$$

d'où :

$$(b_1,b_2)_{\omega}^{\frac{1}{m}} = F\left(\frac{1}{m}F_{\omega}^{-1}(b_1,b_2)\right) \qquad \text{- 108 -}$$

et

$$(b_1,b_2)_{0}^{\frac{1}{m}} = F\left(\frac{1}{m}F_{0}^{-1}(b_1,b_2)\right) \qquad \text{- 109 -}$$

(i.e., la racine principale m^e du couple $(b_1,b_2)$).

Hamilton observe que l'on a, par exemple, comme cas particulier :

$$(1,0)_{\omega}^{\frac{1}{m}} = F\left(0,\frac{2\omega\pi}{m}\right) \qquad \text{- 110 -}$$

On aura également, d'après ce qui précède :

$$(b_1,b_2)_{\omega}^{\frac{1}{m}} = (b_1,b_2)_{0}^{\frac{1}{m}}(1,0)_{\omega}^{\frac{1}{m}} \qquad \text{- 111 -}$$

c'est-à-dire, précise Hamilton,

> « that generally, the $\omega$'th value of the *m*'th root of any number-couple is equal to the principal value of that root multiplied by the $\omega$'th value of the *m*'th root of the primary unit (1,0) »[237].

L'auteur en déduit alors un résultat classique pour ses couples, qui est que la racine $m^{-\text{ième}}$ d'un couple quelconque admet *m* valeurs distinctes. Ainsi, par exemple, les *m* valeurs distinctes de la racine $m^{-\text{ième}}$ de l'« unité primaire » (1,0) seront déduites de la formule

$$(1,0)_{\omega}^{\frac{1}{m}} = \left(\cos\frac{2\omega\pi}{m},\sin\frac{2\omega\pi}{m}\right) \qquad \text{- 112 -}$$

236. *Ibid.*, p. 92.
237. *Ibid.*, p. 93.

où $\omega = 0, 1, 2, ..., m\text{-}1$.

*Une identification attendue*

C'est alors que l'auteur introduit enfin la correspondance tant attendue entre le couple de sa théorie et le radical de l'ancienne :

> « In general we may agree to denote the principal square-root of a couple $(b_1,b_2)$ by the symbol
>
> $$\sqrt{(b_1,b_2)} = (b_1,b_2)_0^{\frac{1}{2}}.$$ »[238]

Dès lors, la « racine principale » du couple (–1, 0) est obtenue de la manière suivante :
-) soit

$$(b_1,b_2)_0^{\frac{1}{2}} = \mathrm{F}\left(\frac{1}{2}\mathrm{F}_0^{-1}(b_1,b_2)\right) \quad \text{(d'après - 109 -)}$$

$$= \mathrm{F}\left(\frac{1}{2}(log_e\sqrt{b_1^2+b_2^2},\alpha)\right) \quad \text{(d'après - 103 -)}$$

où $\alpha \in\ ]-\pi, +\pi]$ et

$$\cos\alpha = \frac{b_1}{\sqrt{b_1^2+b_2^2}}, \sin\alpha = \frac{b_2}{\sqrt{b_1^2+b_2^2}} \quad \text{(d'après - 100 -)}$$

posons : $b_1 = -1$ et $b_2 = 0$,
alors :

$$(-1,0)_0^{\frac{1}{2}} = \mathrm{F}\left(\frac{1}{2}(log_e 1,\pi)\right) = \mathrm{F}\left(\frac{1}{2}(0,\pi)\right)$$

$$= \mathrm{F}\left\{\left(\frac{1}{2},0\right)(0,\pi)\right\} = \mathrm{F}\left(0,\frac{\pi}{2}\right) \quad \text{(d'après - 67 -)}$$

$$= \left(\cos\frac{\pi}{2},\sin\frac{\pi}{2}\right) \quad \text{(d'après - 93 -)}^{238}$$

$$= (0,1),$$

s'écrira :

---

238. On montrerait de la même manière que la seconde valeur de $(-1,0)^{\frac{1}{2}}$ est égale au couple (0,1), i.e. $(-1,0)_1^{\frac{1}{2}} = (0,1)$.

$$\sqrt{(-1,0)} = (0,1) \qquad \text{- 113 -}$$

soit, en tenant compte de l'identification - 64 -, i.e., de $(\alpha, 0) = \alpha$, finalement :

$$\sqrt{-1} = (0,1). \qquad \text{- 114 -}$$

Hamilton concluera cette remarquable théorie par la célèbre phrase suivante[239] :

> « In the THEORY OF SINGLE NUMBERS, the symbol $\sqrt{-1}$ is *absurd*, and denotes an IMPOSSIBLE EXTRACTION, or a merely IMAGINARY NUMBER, but in the THEORY OF COUPLES, the same symbol $\sqrt{-1}$ is *significant*, and denotes a POSSIBLE EXTRACTION, or a REAL COUPLE, namely.... the *principal square root* of the couple (–1,0). »[240]

Ainsi, grâce à cette ultime convergence, disparaît la première et plus ancienne difficulté qui valut aux nombres complexes les dénominations[241] apparues tout au long du présent ouvrage. La théorie des couples met fin à l'ambiguïté inhérente à l'écriture « $\sqrt{-1}$ » ; elle montre que « $\sqrt{-1}$ » n'est plus le symbole équivoque d'une impossibilité opératoire, qu'il est et doit être vu comme l'expression d'une opération légitime et possible, à condition toutefois de voir en lui, non plus l'extraction de la racine carrée du nombre négatif - 1, mais la racine carrée principale du couple (–1,0) identifié à -1[242]. Une fois que l'on a bien mesuré toute la portée de cette importante modification de sens, il n'y a plus dès lors de danger à conserver l'écriture $\sqrt{-1}$ ; c'est ce que fera Hamilton dans la plupart de ses écrits postérieurs.

On aura également pu remarquer que la méthode suivie par Hamilton s'écarte en grande partie, par le but qu'elle vise et qu'elle atteint, de celles qui, avec raison ou non, se limitèrent à faire disparaître de la vue le symbole « $\sqrt{-1}$ », jugé trop suggestif, en le remplaçant par un autre symbole moins accusateur, *i* par exemple, dont la propriété est que multiplié une fois par lui-même il s'identifie à - 1.

On peut, dès lors, fort de cette justification algébrique de l'existence de $\sqrt{-1}$, retourner aux expressions plus familières de l'époque,

---

239. On voit que cette phrase nous donne une nouvelle confirmation de la grande force de caractère de Hamilton, ainsi qu'une illustration de plus de la détermination de son inébranlable conviction.

240. *Ibid.*, p. 93.

241. « Sophistique », « imaginaire », « inexplicable », « impossible », « absurde », etc.

242. Plus précisément, Hamilton écrivait que -1 était la « forme dégénérée » (cf. préface, p. (9)) du couple (-1,0).

toujours usitées de nos jours, en observant que l'équivalence fondamentale suivante est parfaitement légitime :

$(a,b)= (a,0) + (0,b)$
$= a(1,0) + b(0,1)$
$= a(1,0) + b\sqrt{(-1,0)}$ - 115 -
$= a + b\sqrt{-1}$ .

Une si brève analyse de la théorie des couples algébriques de Hamilton ne peut s'achever sans faire quelques remarques et constatations précises.

Le lecteur n'aura sans doute pas laissé échapper toute la part d'arbitraire que contenait le choix d'une définition de la relation ordinale entre couples de moments. Rappelons que celle-ci, d'abord représentée par une « différence » de la forme

(1) $(B_1,B_2)-(A_1,A_2)$,

était ensuite amenée à coïncider avec un couple de relations ordinales entre moments de la forme :

(2) $(B_1-A_1,B_2-A_2)$,

Si l'on comprend bien qu'un couple de moments, par exemple $(A_1,A_2)$, n'est en fait qu'une écriture abrégée voulant dire que l'on a choisi deux moments $A_1$ et $A_2$, mais que l'on ne cherche pas à savoir si l'un coïncide avec l'autre, le précède ou lui succède, on comprend moins bien pourquoi, lorsque l'auteur veut spécifier la relation (1), il la fait coïncider avec (2) et rejette ainsi d'autres choix possibles. En d'autres mots, entre les quatre moments $A_1$, $A_2$, $B_1$, $B_2$, même si l'on exclut toute relation entre les moments $A_1$ et $A_2$ et entre les moments $B_1$ et $B_2$, il existe quatre relations ordinales qui sont les suivantes :

1/ $B_1-A_2$ ; 2/ $B_2-A_2$ ;
3/ $B_1-A_1$ ; 4/ $B_2-A_1$.

On ne voit pas alors *a priori* pourquoi Hamilton rejette les relations 1/ et 4/ et ne pose pas, par exemple : $(B_1,B_2)-(A_1,A_2) = (B_1-A_1,B_2-A_1)$. On peut aussi ajouter que la signification « temporelle » du couple de moments, contrairement à celles des notions qui précèdent son introduction, n'est pas clairement explicitée par lui. Bien sûr, le choix qu'il fait se révèle être le meilleur et il ne s'agit pas ici de vouloir remettre en question sa pertinence. Ce sont ses propres déclarations qui nous obligent à souligner ce point de détail. En effet, on a vu[243] qu'il reconnaît que les définitions en mathématiques ne sont pas tout à fait arbitraires, mais qu'il est cependant toujours possible de procéder à certains choix. Par conséquent, à ce stade, s'il s'en était tenu à cette déclaration qui le rapproche du mathématicien actuel, nous n'aurions pas eu à intervenir : sa définition de la

243. Voir note 27.

relation ordinale entre couples de moments eut été incontestable. Mais, Hamilton va plus loin et semble marquer un certain recul dans la modernité de ses conceptions lorsqu'il ajoute qu'un lecteur attentif ayant pris connaissance de sa théorie pourra constater que ses définitions « *are really not arbitrarily chosen*, and that though others might have been assumed, no others would be equally proper ». C'est en faisant cette dernière déclaration qu'il nous oblige à faire la présente remarque. De plus, ayant été ce lecteur attentif nous sommes parvenus à conclure que rien dans ce qui précède ne saurait faire prévaloir, pour la définition de la relation ordinale entre couples de moments, son choix sur un autre, ce même en tenant compte de sa référence au temps pur. On pourrait insister davantage sur cette part d'arbitraire[244] intervenant dans le choix des définitions, par exemple, sur le fait que Hamilton choisit sans nécessité théorique aucune les définitions en se fondant sur des critères de simplicité, mais on ne le fera pas, rappelant qu'un tel défaut, si défaut il y a, n'appartient pas en propre à Hamilton, mais est une caractéristique de son époque.

Les couples, contrairement à l'ordre retenu aujourd'hui dans l'enseignement des mathématiques, ne succèdent pas aux nombres complexes, ils les précédent. Bien sûr, on peut trouver dans des ouvrages modernes une introduction telle que la suivante qui semble prouver que notre observation est fausse :

> "Définissons deux applications de l'ensemble $\mathbb{R}^2 \times \mathbb{R}^2$ dans $\mathbb{R}^2$. par
>
> $$((x,y),(x', y')) \rightarrow (x + x', y + y') \qquad (1)$$
>
> $$((x,y), (x',y')) \rightarrow (xx' - yy', xy' + yx'). \qquad (2)$$
>
> Elles sont appelées respectivement addition et multiplication, et s'écrivent $(z,z') \rightarrow z + z'$ et $(z,z') \rightarrow zz'$. Ces deux applications satisfont aux axiomes d'un corps, en prenant $0 = (0,0), 1 = (1,0)$ et $z^{-1} = \left(\frac{x}{x^2+y^2}, \frac{-y}{x^2+y^2}\right)$ si $z = (x,y) \neq 0$. Le corps ainsi défini, noté $\mathbb{C}$, est appelé le corps des nombres complexes, ses éléments étant appelés les *nombres complexes*. L'application $x \rightarrow (x,0)$ de $\mathbb{R}$ dans $\mathbb{C}$ est injective et conserve addition et multiplication, et par suite on identifie $\mathbb{R}$ au sous-corps de $\mathbb{C}$ formé des éléments $(x,0)$. L'élément $i = (0,1)$ est tel que $i^2 = (-1,0) = -1$, et tout $(x,y) \in \mathbb{C}$ peut s'écrire $(x,y) = x + iy$ ; si $z = x + iy$, $x$, $y$ étant réels, $x$ s'écrit $\Re z$ et s'appelle la partie réelle de $z$, $y$ s'écrit $\Im z$ et s'appelle la partie imaginaire de $z$. »[245]

244. Voir à ce sujet M. Pasch, *Archiv. Math. Phys.* (3)7(1904), p. 102 (cf. Study, *ibid.*, pp. 3-5), note (79)).

245. J. Dieudonné, *Éléments d'analyse*, tome I : « Fondements de l'Analyse moderne » (1969), pp. 87-88.

Mais une telle introduction, qui s'accorde avec celle de Hamilton, et qui peut être vue comme un très bon résumé de ce qu'il faut retenir de sa théorie, doit être en fait considérée comme le bilan, le produit fini, d'un apprentissage effectif qui s'est déroulé dans un ordre inverse. En effet, on apprend généralement aujourd'hui qu'un nombre complexe a + $b\sqrt{-1}$ peut être représenté sous la forme d'un couple $(a,b)$, que la multiplication de ce dernier par un autre couple $(c,d)$, i.e. $(a,b)(c,d)$, se déduit de celle préalablement effectuée entre les nombres complexes correspondants, $a + b\sqrt{-1}$ et $c + d\sqrt{-1}$ i.e. $(a + b\sqrt{-1})(c + d\sqrt{-1})$. Or, pense-t-on, si le second résultat est

$$(a + b\sqrt{-1})(c + d\sqrt{-1}) = (ac - bd) + (ad + bc)\sqrt{-1},$$

le premier produit sera alors :

$$(a,b)(c,d) = (ac - bd, ad + bc).$$

Dès lors, on peut prendre ce dernier résultat et le poser, tel que le fait par exemple Dieudonné, comme définition de départ. Mais cette définition a perdu, si l'on peut s'exprimer ainsi, le caractère artificiel ou arbitraire qu'elle avait en (2). Cette observation s'applique également pour la définition de la somme de deux couples. On voit, par conséquent, que la démarche de Hamilton a été autre : le « produit fini » auquel il parvient, celui que donne Dieudonné, est exactement la marche qu'il a suivie. Elle ne pouvait être autre, car si sa théorie avait tiré partie d'une connaissance préalable des nombres complexes, elle n'aurait pu être considérée comme une justification théorique de l'existence des nombres complexes et une légitimation de leur emploi[246].

Malgré tous les reproches que l'on peut faire à la théorie des couples algébriques et à ses définitions, dit É. Cartan[247],

> « un examen approfondi de la question montre... que ces définitions sont essentiellement les seules possibles, c'est-à-dire que tout autre système de définitions conduirait, à l'écriture près, aux mêmes règles de calcul ».

Ainsi, soit un autre système de nombres qui comprend comme cas particulier les nombres réels et tel que ses opérations vérifient les mêmes propriétés que les opérations du même nom appliquées aux nombres réels. De plus, ses opérations sont, lorsque le système se réduit aux nombres réels, identiques à celles qui ont été définies pour les nombres réels.

---

246. C'est ce qui explique qu'il cherche à établir le produit (2) afin de lui ôter tout caractère artificiel ou arbitraire, en faisant appel à des considérations sans rapport aucun avec les nombres complexes.

247. É. Cartan, exposé sur l'article de E. Study, *Encycl. des Sciences Mathématiques*, t. I, vol. 1, fasc. 3 (1908), p. 352.

Ce système comprendra tous les nombres de la forme $\alpha + \beta j$, où $\alpha$ et $\beta$ désignent des nombres réels quelconques et $j$ est un nombre « non réel » appartenant au système. Vu ces premières conditions, l'égalité

$$\alpha + \beta j = a' + \beta' j$$

impliquera *nécessairement*

$$\alpha = \alpha' \text{ et } \beta = \beta'.$$

Si maintenant on admet que « tout nombre du système considéré puisse réciproquement se mettre sous la forme $\alpha + \beta j$ »[248], alors, on aura l'égalité :

$$j^2 = \lambda j + \mu,$$

où $\lambda$ et $\mu$ sont deux nombres réels.

On voit, en suivant la méthode utilisée par Hamilton pour déterminer la multiplication de deux couples de nombres, c'est-à-dire, plus précisément, en supposant que le produit de deux « nombres » ne peut être nul si aucun des deux facteurs est nul[249], que l'on doit avoir l'inégalité stricte suivante :

$$\frac{\lambda^2}{4} + \mu < 0\,.$$

En effet, si on a :

$$j^2 = \lambda j + \mu \qquad /1/$$

cela revient à dire que l'on a l'équation en $j$ du second degré

$$j^2 - \lambda j - \mu = 0 \qquad /2/$$

qui s'annule si $j$ prend l'une ou l'autre des valeurs suivantes

$$j_1 = \frac{\lambda}{2} + \sqrt{\frac{\lambda^2}{4} + \mu},\ j_2 = \frac{\lambda}{2} - \sqrt{\frac{\lambda^2}{4} + \mu},$$

/2/ s'écrit sous la nouvelle forme

$$(j - j_1)(j - j_2) = 0. \qquad /3/$$

Donc dire ce qui précède, c'est reconnaître tacitement que si l'on a un produit tel que /3/, alors l'un des facteurs au moins est nul.

---

248. É. Cartan, *ibid.*, pp. 352-353.

249. Une telle supposition peut paraître singulière, voire paradoxale, à un lecteur peu averti en mathématiques. Mais, la faire lui montre qu'il peut en être autrement. Ainsi en est-il de l'exemple choisi dans l'ensemble des matrices carrées d'ordre deux suivant : $\begin{pmatrix} a & -a \\ -a & a \end{pmatrix}\begin{pmatrix} 0 & a \\ 0 & a \end{pmatrix} = \begin{pmatrix} 0 & 0 \\ 0 & 0 \end{pmatrix}$, où $a$ est un nombre réel quelconque non nul et $\begin{pmatrix} 0 & 0 \\ 0 & 0 \end{pmatrix}$ la *matrice nulle.* On observera au passage que le produit de deux matrices n'est pas en général commutatif. On constatera que les matrices vérifient une *structure*, celle d'"anneau », moins restrictive que celle de « corps » vérifiée par les « nombres ». Un corps est un « anneau intègre », c'est-à-dire un anneau commutatif ayant un élément unité distinct de 0, tel que le produit de deux éléments non nuls soit non nul. Cette notion d'intégrité est par conséquent fondamentale et se doit à l'extension des règles et axiomes à des objets autres que les nombres. Son introduction s'accompagnera de la mise en valeur de nouveaux concepts tels que, entre autres, celui de « diviseur de zéro ».

D'autre part, il est clair, d'après l'hypothèse qui veut que $j$ soit un nombre « non réel », que $\frac{\lambda^2}{4} + \mu$ doit être strictement négatif. Dans le cas contraire on arriverait à une contradiction ; en effet :

si $\frac{\lambda^2}{4} + \mu \geq 0$ alors $j_1$ et $j_2$ sont deux nombres réels ; or $j_1$ et $j_2$ sont les deux racines de l'équation /2/, c'est-à-dire les deux valeurs de $j$ qui l'annulent. Par conséquent cette dernière hypothèse est absurde car elle débouche sur l'identification impossible d'un nombre « non-réel » avec un nombre « réel ». Donc $\frac{\lambda^2}{4} + \mu$ est $< 0$.

Si l'on pose maintenant

$$i = \frac{2j - \lambda}{\sqrt{-\lambda^2 - 4\mu}}$$

on constate alors, d'une part que ce nouveau $i$ n'est pas réel et d'autre part que multiplié une fois par lui-même le résultat obtenu est égal à $-1$, soit :

$$i^2 = \frac{(2j-\lambda)^2}{-(\lambda^2 + 4\mu)} = \frac{4j^2 - 4j\lambda + \lambda^2}{-(\lambda^2 + 4\mu)} = \frac{4\mu + \lambda^2}{-(\lambda^2 + 4\mu)} = -1 \quad \text{(d'après /1/)}$$

Cartan achèvera en disant que :

> « Tout nombre du système peut se mettre, d'une manière et d'une seule, sous la forme $a + bi$ ; autrement dit tout nombre du système est défini par un couple de deux nombres réels $(a,b)$. Les opérations à effectuer sur ces couples sont alors nécessairement celles qui ont été définies »[250]

précédemment et que nous allons rappeler[251] à la suite pour finir.

*Les opérations sur les couples de nombres : bilan*

1°) La « somme », ou « composition », de deux couples de nombres est univoquement déterminée par un autre couple ; soit[252] :

$$(a,b) + (c,d) = (a + c, b + d).$$

250. *Ibid.*, p. 353.

251. On cherchera, dans la mesure du possible, à ne pas trop s'éloigner, sauf mention expresse, du style et du vocabulaire de Hamilton.

252. Les lettres minuscules de notre alphabet représentent à présent, et pour simplifier, les nombres réels.

Cette définition résulte de la conjonction des trois informations suivantes

- I - La composition de deux, ou plus, couples est un couple ;

- II - L'addition des nombres réels ou « simples » a, b, c, etc., est une opération commutative.

- III - Si $(a,b) = (c,d)$ alors $a = c$ et $b = d$.

2°) Le « produit » de deux couples quelconques est déterminé de manière unique par un couple ; soit :

$$(a,b)\,(c,d) = (ac - bd,\ ad + bc).$$

Cette définition résulte elle aussi de la conjonction de plusieurs informations ; les suivantes constituent les principales :

I' : Le produit de deux, ou plus, couples est un couple.

II' : La multiplication des nombres réels est une opération commutative.

III' : Le produit de deux couples ne peut être nul que si l'un d'entre eux, au moins, est nul.

IV' : *Idem* - III -.

Toutes les autres propriétés qui suivent tirent évidemment parti de la structure de corps des nombres réels.

3°) L'ensemble des couples, muni de la loi additive définie en 1°) a une structure de groupe commutatif ; soit, a, b, c,... étant des nombres réels quelconques :

($\alpha$) *associativité* :

$$(a,b) + \{(c,d) + (e,f)\} = \{(a,b) + (c,d)\} + (e,f)$$

($\beta$) *commutativité* :

$$(a,b) + (c,d) = (c,d) + (a,b)$$

($\gamma$) Il existe un couple (0,0), tel que

$(0,0) + (a,b) = (a,b)$ quels que soient les nombres réels a,b.

($\delta$) Pour chaque couple (a,b) il existe un couple opposé (c,d) tel que :

$$(a,b) + (c,d) = (0,0)\ ;\ \text{noté}\ -(a,b).$$

4°) L'ensemble des couples de nombres $\neq (0,0)$ muni de la loi multiplicative définie en 2°), a une structure de groupe commutatif ; soit, a, b, c,... étant des nombres réels quelconques :

($\alpha'$) *associativité* :

$$(a,b)\,\{(c,d)\,(e,f)\} = \{(a,b)\,(c,d)\}\,(e,f)$$

($\beta'$) *commutativité* :

$$(a,b)\,(c,d) = (c,d)\,(a,b)$$

($\gamma'$) Il existe un couple $(1,0) \neq (0,0)$ tel que

$(1,0)\,(a,b) = (a,b)$, a et b étant quelconques.

($\delta'$) Pour chaque couple $(a,b) \neq (0,0)$, il existe un couple $(a,b)^{-1}$ tel que

$$(a,b)\,(a,b)^{-1} = (1,0)\ ;$$

ce couple $(a,b)^{-1}$ est égal au couple $\left(\frac{a}{a^2+b^2}, \frac{-b}{a^2+b^2}\right)$[253].

5°) La multiplication est distributive par rapport à l'addition :
(a,b) {(c,d) + (e,f)} = (a,b) (c,d) + (a,b) (e,f)
{(c,d) + (e,f)} (a,b) = (c,d) (a,b) + (e,f) (a,b).

### *4 - Des Triplets aux Quaternions : une ouverture sur les algèbres modernes*

L'histoire des nombres complexes d'ordre supérieur à deux ou, pour reprendre une expression consacrée par G. Frobenius[254], des « nombres hypercomplexes »[255], nécessite à elle seule une étude spécifique qui conduirait des nombres complexes ordinaires jusqu'aux dernières découvertes sur les hypernombres[256]. Il n'est pas dans notre intention de l'aborder ici, mais on peut néanmoins en souligner quelques traits particuliers.

Elle remonte au moins à 1750, date de la première étude de H. Kühn[257]; mais, en fait, elle ne commencera vraiment de manière significative qu'avec les travaux de Wessel (en 1797) et ceux d'Argand, Français et Servois (entre 1814 et 1815).

Le but commun visé par ces différents auteurs fut surtout l'extension à l'espace des résultats acquis dans le plan sur les nombres complexes. L'imprécision de l'exposé de Kühn sur les « quantités imaginaires », considérées comme les côtés d'un carré ayant été soumis à des rotations préalables d'un quart de révolution, rendit vains ses efforts visant à étendre au cube ses calculs. L'absence d'une définition explicite et précise pour la rotation autour de l'axe réel[258] condamna l'initiative, pourtant pleine de promesses,

---

253. D'autres présentations de nombres complexes furent proposées au cours de la seconde moitié du XIX^e siècle par, entre autres, Weierstrass, Hankel et Houël. Toutes, surtout la première d'entre elles, correspondent à des exposés très précis qui, à quelques détails d'écriture près, coïncident avec ceux que le mathématicien d'aujourd'hui a fait sien. Malgré leur richesse et intérêt propres, nous ne les envisagerons pas ici car elles excèdent largement la limite de simple reconnaissance des nombres complexes que nous nous sommes imposés dans cet ouvrage.

254. *Sitzsb. Akad.* Berlin (1903), p. 506 (note É. Cartan).

255. Les « systèmes de nombres hypercomplexes » sont ce que l'on appelle aujourd'hui « algèbres ». Cette expression n'a pas totalement disparu, on la retrouve parfois aujourd'hui encore sous la plume de quelques auteurs.

256. Ch. Musès, « Voyage de reconnaissance dans l'univers des Mathématiques », *Impact*, 27, (1977). Un lecteur désireux de connaître plus en détail une partie notable de ce développement peut se reporter à l'article de E. Study (traduit et augmenté par Cartan) « Les nombres complexes », *Encyc. des Scien. Math.* éd. Française, t. 1, vol. 1, fasc 3 (1908).

257. Voir p. 105.

258. Voir p. 143.

de Wessel. Il prolongea son « segment » plan « $a + \varepsilon b$ » à l'espace en lui adjoignant une nouvelle unité $\eta$ (telle que $\eta^2 = -1$). L'expression obtenue, « $a + \varepsilon b + \eta c$ », devait désigner une droite de l'espace tridimensionnel. Une difficulté liée à la multiplication de deux telles droites se présenta aussitôt : si le produit de deux « segments » plans, $(a + \varepsilon b)\ (c + \varepsilon d)$, n'offre pas de difficulté particulière, en revanche, il n'en est plus de même pour le produit,

$$(a' + \varepsilon b' + \eta c')(a'' + \varepsilon b'' + \eta c''),$$

de deux droites de l'espace ainsi désignées. Son développement,

$$= a'a''-b'b''-c'c''+\varepsilon(a'b'' + b'a'') + \eta(a'c''+c'a'') + \varepsilon\eta b'c'' + \eta\varepsilon c'b'',$$

confronte, on l'a vu précédemment en détail[259], à plusieurs difficultés occasionnées par le désir de vouloir conserver pour le résultat obtenu la forme générique « $a + \varepsilon b + \eta c$ » ; ce même souhait les rend irréductibles. Wessel, conscient d'être déjà parvenu à mettre en valeur une théorie dont l'abstraction ne heurtera pas ses lecteurs les académiciens, ne poussera pas plus loin ses recherches.

Les études de Français et de Servois serviront à montrer que la forme « $a + b\sqrt{-1} + c\sqrt{-1}^{\sqrt{-1}}$ » proposée par Argand ne saurait être celle d'une droite orientée de l'espace à trois dimensions car, précisèrent-ils, chacun à leur manière, on sait depuis Euler et d'Alembert que « $\sqrt{-1}^{\sqrt{-1}}$ » est, contrairement aux premières croyances d'Argand, une « quantité » réductible à la forme « $\alpha + \beta\sqrt{-1}$ ». Ainsi, par exemple, peut-elle prendre la valeur réelle $e^{-\frac{1}{2}\pi}$. Une telle réduction a pour immédiate conséquence de ramener l'expression « $a + b\sqrt{-1} + c\sqrt{-1}^{\sqrt{-1}}$ » à celle, $\alpha + \beta\sqrt{-1}$, d'une ligne dirigée du plan à deux dimensions. Bien que ce résultat soit légitime, il n'emportera pas la totale adhésion d'Argand qui, dans ses « Réflexions sur la nouvelle théorie des imaginaires... »[260] (1814), souligna que les arguments avancés pour parvenir à l'identification susdite s'appuyaient sur des considérations propres aux nombres réels arbitrairement étendues au domaine imaginaire.

Il se limitera cependant à formuler la question suivante :

> « ... si la perpendiculaire dont il s'agit ne peut être exprimée par $(\sqrt{-1})^{\sqrt{-1}}$, quelle sera donc son expression ? »[261]

---

259. Voir ci-dessus, pp. 142-145.

260. *Annales de Mathématiques* (Gergonne), t. V (1814-15), pp. 197-209.

261. *Ibid.*, p. 21. Voir aussi son *Essai*... (Blanchard, 1971), p. 114.

et de conclure :

> « C'est là une question qui semble devoir exciter la curiosité des géomètres, du moins de ceux d'entre eux qui admettent la nouvelle théorie. »[262]

Qu'Argand fasse preuve d'une retenue devant un résultat qui ne lui semble pas avoir été obtenu par un raisonnement totalement correct, c'est là une manifestation louable d'un esprit exigeant qui, pour ce seul fait, mérite de figurer au rang des mathématiciens qui s'imposèrent, comme première tâche d'assainir le discours mathématique en le débarrassant de tous les paradoxes qu'un flot impétueux de découvertes formelles léguées par le XVIIIe siècle n'avait cessé de sécréter.

En revanche, retrouver chez un mathématicien membre de plusieurs sociétés savantes des idées voisines de celles d'Argand, ce dans le dernier tiers du XIXe siècle, ne peut que surprendre et conduire à un jugement tout autre. On retrouve en effet dans les travaux publiés de F. Vallés, notamment dans son ouvrage intitulé : *Des formes imaginaires en Algèbre. Troisième partie : Représentation algébrique à l'aide de ces formes des directions dans l'espace* (1876), de nombreuses déclarations telles que les suivantes :

> « On nous dit que cette expression (i.e., $(\sqrt{-1})^{\sqrt{-1}}$ ) ne constitue pas une forme algébrique nouvelle. Il est admis en effet, par beaucoup d'esprits, que, sous quelque aspect que se présente une expression imaginaire, cette expression est toujours réductible à la forme simple $a + b\sqrt{-1}$ , et l'on paraît croire de bonne foi que cette proposition est appuyée sur des raisonnements inattaquables (...). Certes si toutes ces choses étaient vraies, il faudrait prendre condamnation et renoncer à l'espoir de faire rentrer dans le domaine de l'Algèbre la supputation des directions considérées dans l'espace. Les idées que nous poursuivons ici ne seraient que des utopies, et il ne nous resterait plus qu'à déposer immédiatement la plume. »[262]

Après une longue explication qui s'étend sur plus de trente pages, il conclura :

> « ... il n'est pas exact de prétendre que $(\sqrt{-1})^{\sqrt{-1}}$ est réel. Cette dernière expression constitue donc une espèce à part, non représentable par les autres formes connues et déjà étudiées, soit réelles, soit imaginaires, et ne saurait par conséquent être exclue de ce chef de la possibilité de

262. *Ibid.*, p. 21.

devenir l'équivalent algébrique de la double perpendicularité de l'axe des z sur ceux des x et des y »[263].

Ce retour tardif, en total désaccord avec les étonnants progrès mathématiques qui caractérisent avec éclat la seconde moitié du XIX^e^ siècle, à des notions ou concepts reconnus depuis lors inexacts par Argand lui-même, ne nous servira ici qu'à souligner une fois de plus, si besoin en était, la faiblesse de la diffusion de l'information scientifique au XIX^e^ siècle, et ce malgré les nombreux efforts qui furent fait pour l'accroître considérablement. Elle reste encore modeste et ne saurait être comparée à celle qui, aujourd'hui, menace de submerger les scientifiques.

De l'avis de Hamilton[264], qui n'a pas eu connaissance du Mémoire de Wessel, Servois est celui qui s'approchera le plus près du but. On a vu qu'il proposera une écriture trinomiale telle que

$$p \cos \alpha + q \cos \beta + r \cos \gamma$$

pour désigner une droite de l'espace faisant, avec les trois axes *ox*, *oy*, *oz* qui le repèrent, respectivement les angles $\alpha$, $\beta$ et $\gamma$. Le problème resta néanmoins entier. Servois achevait sa lettre du 23 novembre 1813 en écrivant que dans le produit

$$(p \cos \alpha + q \cos \beta + r \cos \gamma)(p' \cos \alpha + q' \cos \beta + r' \cos \gamma)$$
$$= \cos^2 \alpha + \cos^2 \beta + \cos^2 \gamma = 1$$

« Les valeurs de p, q, r, p', q', r', (...) seraient *absurdes*, mais seraient-elles imaginaires, réductibles à la forme générale $A + B\sqrt{-1}$ ? »[265]

Et il ajoutait en guise de conclusion :

« La simple proposition que je voulais suffit pour vous faire voir que je ne crois point que toute fonction analytique *non-réelle* soit vraiment réductible à la forme $A + B\sqrt{-1}$. »[266]

Ainsi, à des degrés divers, toutes ces recherches se soldèrent par un échec.

C'est vers 1830 que ces premières tentatives seront reprises en Angleterre par entre autres, Gregory, De Morgan, J.T. et C. Graves, ainsi que par Hamilton. Le problème sera abordé plus sérieusement et plus systématiquement par ces auteurs, ce qui devait, treize ans plus

---

263. *Ibid.*, p. 54.

264. Voir la préface de ses *Lectures on Quaternions* (1853), note (*), ainsi que sa lettre à A. De Morgan du 14-I-1852, (réf. R. P. Graves, vol. II, p. 317).

265. Voir R. Argand. *Essai*... (Blanchard, 1971), p. 108.

266. *Ibid.*, p. 109.

tard, conduire Hamilton à la découverte, le 16 octobre 1843, des quaternions[267].

## *Découverte des quaternions*

Il raconta lui-même à son fils Archibald[268] comment, après quinze ans de vaines recherches, lui apparut enfin la solution inattendue du problème :

> « In october 1843, having recently returned from a meeting of the British Association in Cork, the desire to discover the laws of the multiplication of triplets regained with me a certain strengh and earnestness, which had for years been dormant, but was then on the point of being gratified, and was occasionally talked of with you. Every morning in the early part of the above cited month, on my coming down to breakfast, your brother William Edwin and yourself used to ask me, « well, Papa, can you *multiply* triplets ? » Whereto I was always obliged to reply, with a sad shade of the head, « No, I can only *add* and *substract* them ». But on the 16th day of the same month which happened to be a Monday and a Council day of the Royal Irish Academy – I was walking in to attend and preside, and your mother was walking with me, along the Royal Canal, to which she had perhaps been driven ; and although she talked with me now and then, yet an *under-current* of thought was going on in my mind, which gave at last a result, whereof it is not too much to say that I felt *at once* the importance. An electric circuit seemed to close ; and a spark flashed forth, the herald (as I *foresaw, immediately*) of many long years to come of definitely directed thought and work, by *myself* if spared, and at all events on the part of *others,* if I should even be allowed to live long enough distinctly to communicate the discovery. I pulled out on the spot a pocket-book, which still exists, and made and entry there and then. Nor could I resist the impulse – unphilosophical as it may have been – to cut with a knife on a stone of Brougham Bridge, as we passed it, the fundamental formula with the symbols, $i, j, k$ :
>
> $$i^2 = j^2 = k^2 = ijk = -1,$$
>
> which contains the solution of the Problem... »

Le système des quaternions satisfait à toutes les propriétés vérifiées par les nombres complexes, exception faite de la commutativité de la multiplication où, pour deux quaternions quelconques $A$ et $B$, on a :

$$AB \neq BA.$$

267. On pourra, à ce propos, se reporter à la thèse de 3e cycle (nouveau régime) de Luc Sinègre : *Au-delà du Temps Pur : aspects géométriques, constructions et pratiques dans l'œuvre algébrique de Sir William Rowan Hamilton*, Université Denis Diderot (Paris VII), 1994.

268. Lettre du 2 septembre 1865 (cf. R.P. Graves, vol. II, pp. 435-436).

Sa structure est donc celle d'un corps non commutatif. On sait qu'un quaternion quelconque $Q$ est représenté par Hamilton au moyen d'une expression linéaire et homogène à coefficients réels[269] par rapport à quatre symboles 1, $i$, $j$, $k$ appelés « unités », telle que la suivante :

$Q = w + ix + jy + kz$[270] (I)

Les symboles $i$, $j$, $k$ forment le « system of three different imaginary quantities"[18] suivant :

« $i^2 = j^2 = k^2 = -1$ (A)

$ij = k, jk = i, ki = j$ (B)

$ji = -k, kj = -i, ik = -j$ (C),

no linear relation between $i$, $j$, $k$ being supposed to exist »[271].

Soit

$$Q = w + ix + jy + kz$$

et

$$Q' = w' + ix' + jy' + kz'$$

deux quaternions quelconques, on a :

(1) $Q = Q' \Leftrightarrow w = w', x = x', y = y'$ et $z = z'$

(2) $Q + Q' = w + w' + i(x + x') + j(y + y') + k(z + z')$

(3) $Q.Q' = ww' - xx' - yy' - zz'$
$+ (wx' + w'x + yz' - zy')i$
$+ (wy' - xz' + yw' + zx')j$
$+ (wz' + xy' - yx' + zw')k$

(4) Le quaternion $w + i0 + j0 + k0$ est identifié au nombre réel $w$.

(5) Le quaternion $w + ix + j0 + k0$ est identifié au nombre complexe $w + ix$ (ce qui revient à identifier l'unité $i$ de quaternion avec l'unité $i$ du nombre complexe).

On peut également définir pour un quaternion $Q$ non nul quelconque son quaternion conjugué :

$$\bar{Q} = w - ix - jy - kz$$[272]

269. Ici, pour conserver la dénomination « quaternion » choisie par Hamilton, nous sommes obligés de limiter l'ensemble des valeurs possibles des coefficients $w$, $x$, $y$, $z$, au seul domaine réel. En effet, Hamilton (*Math. Papers*, vol. III (Algebra) sect. VIII, p. 294) et une partie de ses successeurs utilisent, lorsque ces coefficients sont imaginaires, la dénomination « biquaternion ». Plus tardivement, on marquera cette distinction en parlant de « quaternions réels ».

270. Pour que cette écriture soit réellement homogène, on aurait dû en fait écrire : $Q = 1w + ix + jy + kz$ ; écriture qui permet de distinguer la valeur « 1 » que peut prendre $w$ de l'unité « 1 » du système.

271. « On a new species of imaginary quantities connected with the theory of quaternions », *Proc. Roy. Irish. Acad.*, vol. II (1844), pp. 424-434.

272. Hamilton propose l'écriture KQ.

(6) Le produit $Q.\bar{Q}$ déduit de (3), admet pour résultat :

$Q.\bar{Q} = w^2 + x^2 + y^2 + z^2 (= \bar{Q}.Q)$, et est appelé la « norme » du quaternion $Q$, notée N($Q$).

On remarquera au passage que la norme d'un produit de deux quaternions quelconques est égale au produit des normes de ces deux quaternions ; soit :

$$N(Q.Q') = N(Q).N(Q'),$$

soit encore :

(II) $(w^2 + x^2 + y^2 + z^2)(w'^2 + x'^2 + y'^2 + z'^2) = a^2 + b^2 + c^2 + d^2$,

où

$a = ww' - xx' - yy' - zz'$
$b = wx' + w'x + yz' - zy'$
$c = wy' + w'y + zx' - xz'$
$d = wz' + w'z + zy' - yx'$

sont les coefficients du quaternion $Q.Q'$[273].

Grâce à cette dernière précision, on peut introduire l'« inverse » d'un quaternion quelconque $Q$, i.e. $Q^{-1}$, par l'expression

$$Q^{-1} = \frac{\bar{Q}}{N(Q)} = \frac{w - ix - jy - kz}{w^2 + x^2 + y^2 + z^2}.$$

La découverte des quaternions est directement reliée à un calcul semblable à (II) effectué avec des triplets. Considérer des triplets, après avoir fondé une théorie des couples qui généralise les nombres simples, était pour Hamilton et ses contemporains une extension naturelle pleinement justifiée. Hamilton écrivait d'ailleurs à ce propos :

> « Without departing from the same general view of algebra, as the science of pure time, it was obvious that no necessity existed for any limitation to pairs, of moments, steps, and numbers. »[274]

### *Le calcul des triplets*

Une autre raison plus puissante que cette généralisation des couples algébriques poussait Hamilton vers un calcul de triplets.

Th. L. Hankins[275] observe que[276] :

---

273. Hamilton fait un calcul similaire dans la lettre qu'il adresse à J. T. Graves le 17-X-1843.

274. *Lectures on Quaternions* (1853), « Préface », p. (16).

275. « Triplets and Triads. Sir W.R. Hamilton on the Metaphysics of Mathematics », *Isis*, vol. 68, n° 242 (juin 1977), pp. 175-193.

276. *Ibid*, p. 175.

« The triplets were one expression of Hamilton's continuing infatuation with the idea of a triadic arrangement of elements or categories in mathematics and philosophy. »

C'est en 1827 que les triplets feront leur première apparition sous forme de « triades », alors que Hamilton est encore élève au *Trinity College* de Dublin. Au cours des années 1830, ils prendront peu à peu leur forme mathématique définitive. Il est assez singulier, compte tenu de leur importance capitale, que Hamilton ne soit jamais parvenu à élaborer une $\mathbb{R}$ – algèbre de triplets[277], résultat que visait sa recherche et qui devait légitimer sa philosophie.

Hamilton cherche d'abord à développer sa théorie des triplets en suivant le modèle qu'il proposa pour sa théorie des couples algébriques : il introduisit donc des notions telles que celle de relation ordinale entre triplets de moments, $(\mathrm{B}_1, \mathrm{B}_2, \mathrm{B}_3) - (\mathrm{A}_1, \mathrm{A}_2, \mathrm{A}_3)$, de relation entre triplets de transitions, $(\mathrm{B}_1 - \mathrm{A}_1, \mathrm{B}_2 - \mathrm{A}_2, \mathrm{B}_3 - \mathrm{A}_3) = (\mathrm{a}_1, \mathrm{a}_2, \mathrm{a}_3)$ et, enfin, celle de triplets de nombres définie comme le rapport de triplets de transitions, $(\mathrm{b}_1, \mathrm{b}_2, \mathrm{b}_3) \div (\mathrm{a}_1, \mathrm{a}_2, \mathrm{a}_3) = (a_1, a_2, a_3)$. Il distinguait un triplet de nombres d'un triplet de transitions par l'introduction de deux écritures symboliques distinctes, soit :

$$\begin{aligned}(a_1, a_2, a_3) &= (a_1,0,0) + (0,a_2,0) + (0,0,a_3)\\ &= a_1(1,0,0) + a_2(0,1,0) + a_3(0,0,1)^{278}\\ &= a_1\mathrm{x}_1 + a_2\mathrm{x}_2 + a_3\mathrm{x}_3\end{aligned}$$

pour le premier, et

$$\begin{aligned}(\mathrm{a}_1,\mathrm{a}_2,\mathrm{a}_3) &= \mathrm{a}_1(1,0,0) + \mathrm{a}_2(0,1,0) + \mathrm{a}_3(0,0,1)\\ &= \mathrm{a}_1 1_1 + \mathrm{a}_2 1_2 + \mathrm{a}_3 1_3,\end{aligned}$$

pour le second.

Le problème posé fut celui de la détermination du produit de deux triplets de nombres quelconques sous la forme d'un troisième triplet de nombres ; soit :

$$(a_1, a_2, a_3)(b_1, b_2, b_3) = (x,y,z)$$

où $x$, $y$, $z$ seraient des polynômes linéaires en $a_1, a_2, a_3$ et en $b_1, b_2, b_3$ qui, de plus, devraient vérifier l'identité des modules, c'est-à-dire que l'on devrait avoir, si $\sqrt{a_1^2 + a_2^2 + a_3^2}$ désigne le module d'un triplet quelconque de nombres $(a_1, a_2, a_3)$ :

$$\sqrt{a_1^2 + a_2^2 + a_3^2} \cdot \sqrt{b_1^2 + b_2^2 + b_3^2} = \sqrt{x^2 + y^2 + z^2},$$

ou encore, pour simplifier l'écriture :

---

277. On sait, depuis les premiers travaux de G. Frobenius, que ce but est impossible à atteindre. Cf. Kenneth O'May : « The impossibility of a division algebra of Vectors in three dimensional space », *Asm. Math. Monthly* (1866), 73, pp. 289-291.

278. Il utilisera ensuite l'écriture plus souple qu'on lui connaît i.e. $a + bi + cj$, dont la première conception doit être attribuée à C. Graves (cf. Hamilton, Préface, p. (38)).

$$\text{(III)} \qquad (a_1^2 + a_2^2 + a_3^2)(b_1^2 + b_2^2 + b_3^2) = x^2 + y^2 + z^2$$ [279].

Hamilton chercha longtemps à vérifier cette identité ; cette recherche semée de difficultés[280] l'amènera à rompre avec ses conceptions sur une *Algèbre* considérée comme « la science du Temps Pur ». En effet, après avoir essayé sans succès plusieurs systèmes de triplets et s'être convaincu que tous présentaient des difficultés telles que, par exemple, le fait qu'un produit de deux triplets puisse s'annuler sans que ni l'un ni l'autre des facteurs ne soient nuls (i.e. problème de l'existence de *diviseurs de zéro*) ou encore que le principe de *distributivité* de la multiplication par rapport à l'addition de triplets ne soit pas vérifié, etc., Hamilton se tournera vers la Géométrie[281] :

> « The foregoing reasoning respecting triplet systems were quite independent of any sort of *geometrical interpretation*. Yet it was natural to interpret the results, and I did so, by conceiving the three sets of coefficients $(m, n, p)$, $(r, s, t)$, $(x, y, z)$[282], which belonged to the three triplets in the multiplication, to be the *co-ordinate projections*, on three rectangular axes, of *three right lines* drawn from a common origin ; which lines (I thought) be said to be, respectively, in this system of interpretation, the multiplier line, the multiplicand line, and the product line. »[283]

Ce seul recours à la géométrie n'apportera pas bien sûr la réponse au problème posé (au plus en suggérera-t-il une partie) et laissera inchangées les difficultés mentionnées plus haut. Il reste cependant vrai qu'en procédant ainsi, c'est-à-dire en géométrisant ses recherches algébriques, Hamilton s'écarte radicalement des idées qu'il exposa avec force et ténacité dans ses précédents écrits, notamment dans son *Preliminary and Elementary Essay on Algebra as the Science of Pure Time* et sa théorie des couples algébriques. Il rompt avec ce difficile partage des mathématiques entre *Algèbre* et *Géométrie*, où l'*Algèbre* était conçue comme tout le *non-géométrique*. Il remet en question le rapport entre Temps et Espace, où selon lui, le premier était à l'Algèbre ce que le second était à la Géométrie.

---

279. C'est-à-dire, l'identité entre les *normes* des triplets.

280. Le lecteur qui souhaiterait connaître ce point précis peut se reporter à la « Préface » des *Lectures on Quaternions* (1853) de Hamilton.

281. Du vivant de Hamilton, il y eut à Dublin une école florissante de Géométrie (cf. « The Dublin Mathematical School in the First Half of the Nineteenth C. », de A.J. McConnell, *Proc. Irish Acad.* Vol. L (1945), pp. 75-88). On peut légitimement penser qu'elle eut une influence déterminante sur le choix de Hamilton.

282. Les trois triplets considérés doivent être tels que : $(x,y,z) = (m,n,p)(r,s,t)$.

283. Préface, pp. (22)-(23).

Bien qu'une recherche sur des systèmes plus généraux de *n*-uplets ou de « steps » (qui renferment comme cas particuliers à la fois les nombres « simples », les couples algébriques et les triplets) l'amenât à écrire :

> « ... I believe that the compass and difficulty, which I thus perceived to exist, in that very *general* theory, deterred me from pursuing it farther at the time... »[284]

Hamilton n'en continuera pas moins cependant à poursuivre son étude des triplets, car, disait-il :

> « There was, however, a motive which induced me then to attach a special importance to the consideration of *triplets*, as distinguished from those more general *sets* (...). This was the desire to connect, in some new and useful (or at least interesting) way, *calculation* with *geometry*, through some undiscovered extension, to *space of three dimensions*, of a method of *construction* or representation which had been employed with success by Mr. Warren..., for *operations on right lines in one plane*. Which method had given a species of *geometrical interpretation* to the usual and well-known *imaginary symbol of algebra*. »[285]

Revenons aux identités précédentes (II) et (III). Hamilton ne parvient pas à écrire une formule qui puisse montrer que le produit de deux sommes de trois carrés est la somme de trois carrés. Le résultat qu'il obtenait à partir du produit
$(a + ib + jc)(x + iy + jz) = ax - by - cz + i(ay + bx) + j(az + cx) + ij(bz - cy)$
de deux triplets, était le suivant :
$(a^2 + b^2 + c^2)(x^2 + y^2 + z^2) = (ax - by - cz)^2 + (ay + bx)^2 + (az + cx)^2 + (bz - cy)^2$,
où apparaissaient quatre carrés au lieu de trois dans le second membre. C'est en combinant à la fois l'influence de l'apport géométrique et la précédente égalité que Hamilton parviendra enfin au but. Les quatre carrés lui suggèrent l'idée d'un quadruplet en lieu et place du triplet ; la géométrie confirmera cette hypothèse en donnant un sens à la nouvelle unité $k$ proposée pour le produit $ij$ et telle que $k^2 = -1$.

### *Le quaternion et ses représentations géométriques*

Hamilton baptisera « quaternion » le nouveau-né et c'est en justifiant le choix de ce mot et le lien qu'il a avec sa signification originelle, qu'il achève de confirmer nos précédentes remarques

---

284. Préface, p. (31).

285. Préface, pp. (31)-(32). Les unités $i$, $j$, qui forment le triplet désigneront alors des rotations de 90° autour de certains des axes qui repèrent l'espace. Cette dernière conception est, on en conviendra, la même que celle que proposa Wessel.

l'accusant de rompre avec sa position philosophique initiale lorsqu'il se décida à accorder une grande importance à l'interprétation géométrique :

> « (1)... The word (like the Latin " quaternio", from which it is derived) means simply a *set of four*, whether those " four" be persons or things.
> (2) But the question arises, what special connexion has the *number Four* with mathematics generally, or with that branch of mathematical science in particular, to which the " Lectures on Quaternions" relate ?
> (3) One general form of answer to this question is the following :
> - that in the mathematical quaternion is involved a peculiar synthesis, or combination, of the conception of space and time (...). Time is said to have only *one dimension*, and space to have *three dimensions* (...). The mathematical *quaternion* partakes of both elements ; in technical language it may be said to be « time plus space » or « space plus time » : and in this sense it has, or at least it involves a reference to four dimensions. »[286]

Conscient que sa théorie était en grande partie trop abstraite, Hamilton fera un exposé en ayant en vue son application géométrique[287]. Dès sa première communication du 13 novembre 1843[288], il donna une représentation géométrique d'un quaternion quelconque $Q = w + ix + jy + kz$ :

> « (...) We call the positive quantity
>
> $$\mu = \sqrt{w^2 + x^2 + y^2 + z^2}$$
>
> the *modulus* of the quaternion Q (...)
> Let
>
> $$w = \mu \cos \theta$$
> $$x = \mu \sin \theta \cos \phi$$
> $$y = \mu \sin \theta \sin \phi \cos \psi$$
> $$z = \mu \sin \theta \sin \phi \sin \psi \; ; (\dots)$$
>
> consider $x$, $y$, $z$ as the rectangular coordinates of a point of space, and let R be the point where the radius vector of $x$, $y$, $z$ (prolonged if necessary) intersects the spheric surface described about the origin with a radius equal to unity ; call R the *representative point* of the quaternion $Q$, and let the polar coordinates $\phi$ and $\psi$, which determine R upon the sphere, be called the *co-latitude* and the *longitude* of the representative point R, or of the quaternion $Q$ itself ; let also the other angle be

286. Cf. R. P. Graves, *The life of W. R. Hamilton*, vol. III, p. 635, « Elementary sketch of the nature of that conception of mathematical quaternions, which is developed more in detail by Sir W. R. Hamilton, in his recently published volume of Lectures on that subject. »

287. Préface, pp. (54)-(62).

288. « On a new species of Imaginary quantities connected with the theory of quaternions » (1843), *Proc. Roy. Irish Acad.*, vol. II, (1844), pp. 424-434.

called the *amplitude* of the quaternion, so that a quaternion is completely determined by its modulus, amplitude, co-latitude, and longitude. »[289]

Un autre mode d'exposition des quaternions aura un succès plus durable et suscitera la création de nouvelles voies mathématiques. Hamilton (dès 1843) considère qu'un quaternion quelconque $Q = w + ix + jy + kz$ peut aussi s'écrire comme une combinaison « scalar plus vector »[290], soit, dit-il[291] :

« $Q = \omega + \rho = SQ + VQ$ (...),
where the scalar $\omega$, or SQ is a positive or negative *number*, while the vector $\rho$, or VQ, is by me usually constructed as a *directed right* line in tridimensional space. »

À la suite de ce partage du quaternion en un nombre réel[292] et une partie vectorielle, on cherchera à fonder un *calcul vectoriel* (i.e., un calcul avec les parties vectorielles des quaternions dont la forme générale s'écrit $\rho = ix + jy + kz$). La raison la plus importante qui stimulera ce choix a sans doute été le fait qu'un grand nombre de concepts physiques et mécaniques, tels que ceux de vitesse, accélération, force, etc. (qui sont caractérisés par trois nombres), trouvèrent aussitôt une interprétation géométrique. Sans rentrer dans le détail de cette théorie familière au lecteur qui, entre autres résultats, permit à Hamilton, après avoir identifié les vecteurs de $\mathbb{R}^3$ aux « quaternions vectoriels » (ou « purs »)[293], d'écrire les rotations de $\mathbb{R}^3$ sous la forme « $q(ix + jy + kz)q^{-1}$ », où $q$ est un quaternion quelconque de norme égale à 1 (i.e., $q.\bar{q} = 1$)[294], on profitera de l'occasion qui nous est donnée pour voir comment, à partir de telles considérations sur les quaternions « purs », les produits

---

289. *Ibid.*, pp. 424-425. Voir aussi les *Mathematical Papers* de Hamilton, vol. III (« Algebra »), pp. 111-112.

290. Lettre à A. De Morgan datée du 25-V-1854 (réf. R. P. Graves, *op. cit.*, vol. II, p. 480). Plusieurs articles touchant cette manière de concevoir un quaternion ont été rassemblés dans ses *Mathematical Papers* (1831-1840), vol. III (*Algebra*), sect. VIII. On remarquera aussi que Hamilton est le premier à faire un usage isolé du mot « vecteur ».

291. *Ibid.*, p. 480. Hamilton, à l'occasion de cette nouvelle présentation du quaternion, emploiera le mot « Tenseur » pour désigner le module d'un quaternion quelconque $Q$ et le notera « $TQ$ ».

292. On a vu la raison de cette restriction, note (16).

293. Réf. J. Guérindon et J. Dieudonné, *op. cit.*, vol. I, p. 108.

294. W. R. Hamilton, *Mathematical Papers*, vol. III, sect. VIII, art. 41 et suiv. (Voir aussi l'« Appendix 1 », pp. 643-644) ; ajoutons qu'il introduira dans l'article 49 de la même section les opérations $\nabla = i\frac{\partial}{\partial x} + j\frac{\partial}{\partial y} + k\frac{\partial}{\partial z}$ et $\nabla^2 = \frac{\partial^2}{\partial x^2} + \frac{\partial^2}{\partial y^2} + \frac{\partial^2}{\partial z^2}$. Cayley, sur le lien des quaternions et des rotations, est parvenu en 1845 à des résultats similaires à ceux de Hamilton (« On certain Results relating to Quaternions », *Phil. Mag.* vol, 81, (1945), pp. 141-145).

scalaire et vectoriel[295] (dont on a fait plusieurs fois mention dans la présente étude) vont faire leur apparition. Soit :

$$\alpha = xi + yi + zk \text{ et } \beta = x'i + y'j + z'k$$

deux quaternions « purs », leur produit est le suivant :

$$\text{(I)} \quad (xi + yj + zk)(x'i + y'j + z'k)$$
$$= -xx' - yy' - zz' + (yz' - y'z)i + (zx' - z'x)j + (xy' - x'y)k.$$

On obtient donc pour résultat un quaternion composé d'une partie scalaire, $-(xx' + yy' + zz')$, et d'une partie vectorielle, $(yz' - y'z)i + (zx' - z'x)j + (xy' - x'y)k$.

Par définition, après avoir identifié les quaternions *i, j, k* avec leurs vecteurs unitaires correspondants, que l'on notera encore *i, j, k*, pris le long des axes de coordonnées, on dira que :

$$\text{(II)} \quad \alpha\beta = xx' + yy' + zz'$$

est le « produit scalaire » des vecteurs $\alpha$ et $\beta$, et que

$$\text{(III)} \quad \alpha \wedge \beta = (yz' - y'z)i + (zx' - z'x)j + (xy' - x'y)k$$

est leur *produit vectoriel*[296]

On laissera à Hamilton le soin de donner une interprétation géométrique à ces produits ; le premier[297] est le :

> « product of the lengths of the two *factor-lines, multiplied by the cosine of the supplement of their inclination to each other* »[298],

---

295. Ces notions, connues de Hamilton comme on va le voir, seront surtout développées et étendues à des espaces de dimension *n* quelconque par H. Grassmann dans sa *Lineale Ausdehnungslehre* (1844 ; version complètement refondue en 1862). Plus abstraites et plus profondes que celles de Hamilton et de Cayley, les idées « géométriques » de Grassmann eurent peu d'écho chez ses contemporains, car la lecture de son ouvrage fut rendue longtemps difficile par la nouveauté à la fois des conceptions proposées, du vocabulaire choisi et des notations ainsi que par de fréquents appels à des considérations philosophiques. On pourra avoir une idée élémentaire assez précise sur le « calcul » de Grassmann en se reportant à J. Guérindon et J. Dieudonné, *op. cit.*, vol. I, pp. 94-95, 110-111 ; H. G. Grassmann, *La science de la grandeur extensive ; la « lineale Ausdehnungslehre »* (Trad. B. Bekemeier et D. Flament, avec une préface de D. Flament), Paris, A. Blanchard, 1994. Voir également, D. Flament, « La "lineale Ausdehnungslehre" (1844) de Hermann Günther Grassmann », *1830-1930 : A Century of Geometry* (éds. L. Boi, D. Flament et J. M. Salanskis), Springer-Verlag, *Lectures Notes in Physics*, 402 (1992), pp. 205-221.

296. Par définition on aura donc aussi :

$$i.j = j\,i = k.j = k.i = i.k = 0$$
$$i.i = j.j = k.k = 1,$$

et

$$i \wedge j = -j \wedge i = k,\ k \wedge i = -i \wedge k = j,\ j \wedge k = -k \wedge j = i$$
$$i \wedge i = j \wedge j = k \wedge k = 0.$$

297. Hamilton part de l'expression générale (I) et donne une interprétation géométrique des deux expressions qui constituent le second membre, par conséquent le produit « scalaire » qu'il considère est au signe près (« – ») celui qui a été défini plus haut. Cette remarque permet alors de comprendre pourquoi Hamilton parle ensuite du « supplément » de l'inclinaison d'un vecteur sur l'autre, et non de l'inclinaison elle-même.

298. *Lectures on Quaternions*, préface, p. (47). On a donc, si l'on s'en tient aux définitions précédentes (II) et (III) et si $\varphi$ est l'angle que forment les deux vecteurs $\alpha$ et $\beta$ :
$\alpha.\beta = |\alpha|.|\beta| \cos.\varphi$ et $|\alpha \wedge \beta| = |\alpha|.|\beta| \sin.\varphi$.

le second :

> « represent a *line*, which is in *length* the *product of the same two lengths, multiplied by the sine of the same inclination*, while in *direction* it is *perpendicular to the plane of the factor-lines*, and is such that the *rotation around the multiplier-line*, from the multiplicand-line towards the product-line (or towards the *line-part* of the whole quaternion product), has the *same right-handed* (or left-handed) *character*, as the rotation round the positive semiaxis of $k$ (or of $z$) ; from the positive semiaxis of $i$ (or of $x$), towards that of $j$ (or of $y$) »[46].

On n'insistera pas davantage sur cette conception géométrique du quaternion. Disons simplement qu'elle joua le plus grand rôle pour l'exposition des *Lectures on Quaternions* (1853) de Hamilton (où les quaternions sont conçus comme des « biradiales »)[299]. Nous terminerons plutôt en remarquant que Hamilton tiendra à souligner à la fois l'originalité de sa conception géométrique vis-à-vis de la méthode d'Argand et sa priorité sur la théorie des quaternions par rapport aux travaux de H. Grassmann ; il écrit pour la première :

> « Among these *distinctions* of method, it is important to bear in mind that *no one line* is taken, in my system, as representing the *direction of positive* unity : and that, on the contrary, *every vector-unit* is regarded as *one of the square roots of negative-unity*. It is to be remarked also, that the product of two inclined but non-rectangular vectors is considered in this theory as *not a line*, but a quaternion. »[300]

Bien qu'il donnât libre cours à son admiration pour H. Grassmann, en disant :[301]

> « I have recently been *reading*.... more than a hundred pages of Grassmann's *Ausdehnungslehre*, with great admiration and interest. Previously I had only the most slight and general knowledge of the book, and thought that it would require me to learn to *smoke* in order to read it. If I could hope to be put in rivalship with Descartes on the one hand, and with Grassmann on the other, my scientific ambition would be fulfilled ! »[302]

Il reconnut quelques jours plus tard, après avoir lu tous les écrits de Grassmann qui lui furent accessibles :

---

299. Voir en particulier les articles 518-528 dans la *Théorie élémentaire des Quantités complexes* (1874) de G. T. Houël. On notera aussi à ce propos que Hamilton (voir préface, p. (63), note (*)) précise qu'un « biquaternion » (cf. note (17)) peut être conçu comme un couple de quaternions et représenté par une « Triradiale ».

300. *Lectures on Quaternions*, Preface, p. (61).

301. On ne manquera pas de noter que Hamilton reconnaît explicitement la difficulté que présente la lecture de l'ouvrage susdit (note (42)) de Grassmann.

302. Lettre à A. De Morgan du 31 janvier 1853 (réf. R. P. Graves, *op. cit.*, vol. III, p. 441).

« I am not quite so enthusiastic to-day about Grassmann as I was when I last wrote (...) Grassmann is a great and most German genius ; his view of *space* is at least as new and comprehensive as mine of *time* ; but he has not anticipated, nor attained the conception of, the *quaternions*, even so nearly I guessed that he might have done, from a notion hastily taken up, of what might have been his meaning (and what it *was*, I *very* dimly know even *now*), in his doctrine of « eingewandte multiplikation ». I quote from memory. His *outer* products (äussere) I think that I *do* understand ; and that is saying something for a person who has not learned to smoke. And even his *inner* products, published subsequently to the *outer* ones (in 1847), I can swallow pretty well. In fact, the « *inner products* » of Grassmann have much analogy to my « *scalar parts* » of a quaternion, and his « outer products » to my « *vector parts* ». If the notion of *combining* them had occured to him, he *might* have been led to the quaternions ; but those he seems to me to have altogether failed to perceive. »[303]

La découverte des quaternions, qui aura un grand retentissement en Grande-Bretagne, surtout après la création par P. G. Tait (le disciple le plus convaincu de Hamilton) d'un mouvement « quaternioniste » dont le but principal fut d'appliquer les quaternions au plus grand nombre de domaines scientifiques, correspond au premier exemple reconnu d'une « structure »[304] mathématique qui, à cause du non-respect de la commutativité de la multiplication entre « nombres », n'obéit pas au « principe de permanence » érigé en dogme par Peacock. G. Frobenius prouvera dans son « Ueber lineare substitutionen und bilineare Formen »[305] que les quaternions constituent en fait, suivant la terminologie actuelle, le seul exemple de corps *non-commutatif* (de rang fini[306]) sur le corps des réels.

303. Lettre à A. De Morgan du 2 février 1853 (réf. R. P. Graves, *op. cit.*, vol. III, p. 442).

304. Ce mot, employé par Hamilton, ne trouvera que très tardivement son sens mathématique actuel.

305. *J. Reine Angew. Math.* t. LXXXIV (1878), pp. 59-63.

On pourra également consulter sur ce sujet :

– C. S. Peirce, *Amer. J. Math.* 4 (1881), p. 225

– É. Cartan, *Ann. Fac. Scie.* Toulouse, 12 (1898), mém. n° 2, p. 81 (réf. E. Cartan, *op. cit.*, p. 409, note (159))

– N. Bourbaki, *Éléments de mathématique* (V), livre III (« topologie générale »), chap. VIII, pp. 111-113.

306. É. Cartan écrit sur ce point (*op. cit.*, p. 362) :

« On peut remarquer que l'extension de la notion de nombre est possible sans l'abandon d'aucune des propriétés de l'algèbre ordinaire si l'on admet des systèmes d'ordre infini, par exemple, le système formé par l'ensemble des fonctions rationnelles à coefficients réels d'une variable réelle *i*, chaque fonction rationnelle étant regardée comme un *nombre* et les opérations étant celles de l'algèbre ordinaire. »

*Au-delà des quaternions*

Point limite d'une longue errance dans l'univers tridimensionnel, la découverte des quaternions constitue, plus que toute autre découverte dans l'histoire esquissée au cours de la présente étude, une des ruptures les plus nettes des mathématiques avec leur forme « classique ». Sa propre existence fait se rompre le carcan du « principe de permanence » de Peacock qui, bien que s'étant révélé utile à la redéfinition et à l'unification du discours mathématique, menaçait à plus ou moins longue échéance, vu sa formulation étroite et la déférence obligée qu'on lui devait, les mathématiques d'asphyxie certaine.

L'apparition de ce paradigme, i.e., la reconnaissance explicite par un grand savant de la *non-commutativité*, va profondément modifier le panorama de l'activité mathématique. Son premier et plus notable effet sera de faire naître et de légitimer des recherches orientées vers la mise en valeur de tous les *calculs* possibles dans des espaces de dimension quelconque et, plus précisément dans l'immédiat, dans les espaces $\mathbb{R}^n$ (où $n$ est un entier naturel quelconque).

Le premier d'entre eux communiqué dès la fin de l'année 1843[307] par J. T. Graves à Hamilton fut un « système d'octaves » (ou « octonions ») :

> « I shall be curious to know whether you can devise any good way of representing what I call octaves (or octonions). According to the scheme of the product of two octaves which I sent in my last letter[55] the whole system of imaginary products of two factors would be as follows :
> $i^2 = j^2 = k^2 = l^2 = m^2 = n^2 = o^2 = -1$
> $i = jk = lm = on = -kj = -ml = -no$
> $j = ki = ln = mo = -ik = -nl = -om$
> $k = ij = lo = nm = -ij = -ol = -mn$
> $l = mi = nj = ok = -im = -jn = -ko$
> $m = il = oj = kn = -li = -jo = -nk$
> $n = jl = io = mk = -lj = -oi = -kn$
> $o = ni = jm = kl = -in = -mj = -lk$ ».[308]

Hamilton, dans une lettre datée du 19 février 1844, lui répondit :

> « As to my poor Quaternions, your octaves, at their first announcement, for I have never the courage (not to say the time) to examine them more closely, threw them, even in my own eyes, so completely into the shade that I have not yet ventured to think of them. I fancy that I hear Octavius exclaiming to his unfortunate brother "you poor, four legged animal, how durst you have the confidence to come into the world before me ?" »[309]

307. Lettre du 26 décembre 1843. Voir aussi ses lettres adressées à Hamilton du 4, 13 et 18 janvier 1844.

308. Lettre du 4 janvier 1844.

309. Réf. R. P. Graves, vol. II, pp. 455-456.

Deux mois plus tard, raconte R. P. Graves[310], Hamilton faisait savoir à son ami que l'animal à quatre pattes « could stand better in his fact, and move in all directions better, than his later born brother with eight legs ». Dans une autre lettre, datée du 8 juillet 1844, Hamilton précise encore plus cette constatation :

> « In general, in my system of quaternions (containing only three imaginaries) it is indifferent where we place the points, in any successive multiplication :
> A.BC = AB.C = ∴ ABC, if A.B.C be quaternions ; but not so, generally with your octaves (...). »[311]

Ainsi, compte tenu des propriétés soulignées plus haut sur les « unités imaginaires » (ou « relatives »[312]), on observe que pour des quaternions quelconques A, B, C..., on a entre autres résultats les deux suivants :

(a) $AB \neq BA$ (non-commutativité)

et

(b) $(AB)C = A(BC)$ (associativité de la multiplication).

Le système proposé par J. T. Graves (redécouvert indépendamment par A. Cayley en 1845[312]) est à la fois *non-commutatif* et *non-associatif*. Les sept unités $i$, $j$, $k$, $l$, $m$, $n$, $o$ (ou $i_1$ ... , $i_7$ suivant l'écriture de

---

310. *Ibid.*, voir aussi W. R. Hamilton, *Mathematical Papers*, vol. III (*Algebra*), appendix 3, p. 650.

311. Expression que l'on retrouve fréquemment dans l'ouvrage déjà cité de E. Study ; voir en particulier la page 467 (art. 38).

312. A. Cayley « On Jacobi's elliptic function in Reply to Rev. Brice Brounin and on Quaternions », *Phil. Mag*. vol. XXXVI (1845), pp. 210-213.

Il écrit notamment : « It is possible to form an analogous theory with seven imaginary roots of (- 1). Thus if these be $i_1, i_2, \ldots, i_7$ which group together according to types 123, 145, 624, 653, 725, 734, 176. i. e. the type 123 denotes the system of equations

$i_1 i_2 = i_3,\ i_2 i_3 = i_1,\ i_3 i_1 = i_2,\ i_2 i_1 = -i_3,\ i_3 i_2 = -i_1,\ i_1 . i_3 = -i_2$, etc.

we have the following expression for the product of two factors :

$$(x_0 + x_1 i_1 + \ldots + x_7 i_7)(x'_0 + x'_1 i_1 + x'_2 i_2 + \ldots + x' i_7) = x_0 x'_0 - x_1 x'_1 - x_2 x'_2 - x_3 x'_3 - \ldots - x_7 x'_7$$
$$+[\overline{23} + \overline{45} + \overline{76} + (01)]i_1$$
$$+[\overline{31} + \overline{46} + \overline{57} + (02)]i_2$$
$$+[\overline{12} + \overline{65} + \overline{47} + (03)]i_3$$
$$+[\overline{51} + \overline{62} + \overline{37} + (04)]i_4$$
$$+[\overline{14} + \overline{36} + \overline{72} + (05)]i_5$$
$$+[\overline{24} + \overline{53} + \overline{17} + (06)]i_6$$
$$+[\overline{25} + \overline{34} + \overline{61} + (07)]i_7$$

where $\begin{matrix} (01) = x_0 x'_1 + x_1 x'_0 \\ \overline{12} = x_1 x'_2 - x_2 x'_1 \end{matrix}$, etc. (…) »

À la suite de cette découverte de Cayley on utilisera souvent l'expression « nombre de Cayley » pour parler de l'octave ou (« octonion ») de Graves.

A. Cayley) sont réparties en sept « triades », les trois unités constituant une même triade forment un système identique à celui des unités d'un quaternion et, en particulier, vérifient les deux propriétés (a) et (b).

Soit[313]

*ijk*, *ilm*, *ion*, *jln*, *jmo*, *klo*, *knm*, les sept triades de Graves. Si l'on prend une triade quelconque, *ilm* par exemple, on aura :

$$il = m,\ lm = i,\ mi = l$$
$$li = -m,\ ml = -i,\ im = -l$$

et

$$i^2 = l^2 = m^2 = ilm = -1.$$

On remarquera aussi que si l'on choisit trois unités quelconques, et non toutes les trois dans une même triade, alors la propriété (b) n'est plus satisfaite.

Un lien particulier supplémentaire rattache les *nombres de Cayley* aux *quaternions* : les premiers peuvent être conçus comme les couples des seconds[314]. Deux octonions quelconques, $H_1$ et $H_2$, s'écriront en effet sous la forme

$$H_1 = (Q_1,Q_2) \text{ et } H_2 = (Q_1,Q_2) \text{ où } Q_1,Q_2,Q'_1,Q'_2$$

sont des quaternions. On leur définira une multiplication de la manière suivante :

$$H_1 \cdot H_2 = (Q_1,Q_2)(Q'_1,Q'_2) = (Q_1Q'_1 - \bar{Q}'_2Q_2, Q_2\bar{Q}'_1 + Q'_2Q_1),$$

une telle multiplication, ni associative ni commutative, vérifie cependant les propriétés plus faibles suivantes :

$$H_1^2H_2 = H_1(H_1H_2) \text{ et } H_1H_2^2 = (H_1H_2)H_2.$$

Enfin, on définit aussi un élément inverse ; soit, pour un « nombre de Cayley » quelconque H(≠0), tel que $H = (Q_1,Q_2)$ :

$$H^{-1} = \bar{H}/N(H) \text{ où } \bar{H} = (\bar{Q}_1,-Q_2),$$

313. Remarquons qu'une triade quelconque, *klo* par exemple, reste inchangée si l'on permute ses termes pour obtenir *lok* ou *okl*. Cette remarque nous amène alors à constater que le groupe de sept triades de Cayley est le même que celui de Graves. Il ne faut pas pour autant en déduire suite à cette coïncidence, un quelconque plagiat de Cayley. Le choix de Cayley et Graves résulte à la fois de la première triade retenue, qui rappelle directement celle de Hamilton, et du mode de construction choisi (rappelons que l'octave de Graves, ou le « nombre de Cayley » est conçu par l'adjonction de quatre unités supplémentaires aux unités *i, j, k* de Hamilton, comme l'extension d'un quaternion). Plusieurs autres choix sont possibles. Ainsi, à titre d'exemple, on peut citer celui proposé par É. Cartan (*op. cit.*, p. 467), les sept unités sont $e_1, ..., e_7$) :

« $(e_1, e_2, e_6), (e_2, e_3, e_7), (e_3, e_4, e_1), (e_4, e_5, e_2), (e_5, e_6, e_3), (e_6, e_7, e_4), (e_7, e_1, e_5)$,

et l'on a d'une manière générale

$$e_i^2 = -1, e_ie_{i+1} = -e_{i+1}e_i = e_{i+5}, e_ie_{i+2} = -e_{i+2}e_i = e_{i+3}, e_ie_{i+4} = -e_{i+4}e_i = e_{i+6},$$

en convenant de remplacer un indice, lorsqu'il dépasse 7, par le reste de sa division par 7. »

314. Cf. par exemple, J. Guérindon et J. Dieudonné, *op. cit.* vol. I, p. 107.

et on vérifie que l'identité des normes est satisfaite, i.e.,

$$N(H_1H_2) = N(H_1)N(H_2)$$[315].

Dans une lettre datée du 13 janvier 1844, J. T. Graves écrivait déjà à Hamilton qu'il avait envisagé une extension de ses octaves :

> « I thought that, in like manner, I might go on to sets of sixteen by assuming
> $p^2 = q^2 = r^2 = s^2 = t^2 = u^2 = v^2 = w^2 = -1$
> $ip = q, jp = r, kp = s, lp = t, mp = u, np = v, op = w, pi = -q$, etc.
> but I have found it to be impossible to construct a scheme consistent with the law of moduli on these hypotheses. Indeed I begin to doubt whether the product of sums of squares
> $(a_1^2 + a_2^2 +.....+a_{16}^2)(a'^2_1 + a'^2_2+...+a'^2_{16})$
> can possibly be represented by the sum of sixteen squares of sums of products of the form $aa'$ +.... »[316]

Quelques jours plus tard[317] il signalait à Hamilton :

> « it ought to be capable of a *priori* proof that the problem it impossible, if it be so ».

J. T. Graves n'alla pas au-delà de cette constatation lucide et abandonna le problème. Mais, si cette conviction fut rapidement celle de tous ses contemporains, plus de cinquante ans s'écouleront avant qu'A. Hurwitz[318] démontre que l'égalité

$$\text{(C)} \quad \left(\sum_{j=1}^{n} x_j^2\right)\left(\sum_{j=1}^{n} y_j^2\right) = \sum_{j=1}^{n} X_j^2,$$

où les $X_j$ sont des combinaisons bilinéaires des $x_k$ , $y_k$, à coefficients réels, n'est satisfaite que pour les valeurs 1, 2, 4 et 8 de l'indice $n$.

---

315. J.T. Graves démontre cette égalité dans sa lettre du 18 janvier 1844 adressée à Hamilton. Dans une lettre du 4 décembre 1852, il faisait savoir à Hamilton que cette égalité n'était pas nouvelle, qu'elle avait déjà été démontrée par C. F. Degen en 1822 (réf. R. P. Graves, *op. cit.*, vol. II, p. 577, note (*)) dans son « Adumbratio Demonstrationis Theorematis arithmetici maxime generalis » (*Mémoires de l'Acad. Imp.* Sc. de St Petersbourg, t. VIII (1822), p. 207). Degen, dans le même ouvrage (p. 213), commentait que : « cujus aequalitatis, dispositionem ita me instituisse spero, ut etiam nimis sagacitibus de veritata ejus facile constare possit » (réf. Hamilton, *op. cit.*, vol. III, p. 655, note (*)). Dans la même lettre, J. T. Graves signalait à Hamilton que l'identité des normes avait été mise en valeur, pour les quaternions, par Euler dans son mémoire : « Novae demonstrationes circa resolutionem numerorum in quadrata » (*Acta Erud.* Lips. 1773), et qu'on la retrouve aussi dans une lettre d'Euler à Goldbach (4 mai 1746).

316. Ref. W. R. Hamilton, *Mathematical Papers*, vol. III, appendix 3, p. 649.

317. Lettre du 3 février 1844.

318. A. Hurwitz, *Nach. Ges. Gött.* 1898, math. pp. 309-316. (note E. Study, *op. cit.*, p. 368). Voir également J. Guérindon et J. Dieudonné, *op. cit.*, vol. I, p. 108.

On conclura en disant que ce double échec, du fait que les quaternions soient les seuls à avoir une structure de corps non-commutatif (de rang fini) sur le corps des nombres réels IR et que l'identité (C) soit satisfaite uniquement pour des valeurs 1, 2, 4 et 8 de *n*, aura pour effet de réduire considérablement en algèbre le rôle des quaternions (ils ne pourront avoir la place centrale que voulait leur destiner Hamilton) et d'ouvrir la voie à d'autres recherches. Dès la seconde moitié du XIX^e^ siècle, on continuera certes à mettre en valeur tous les calculs possibles dans les espaces $\mathbb{R}^n$, mais ces derniers devront conserver l'associativité[319] de la multiplication que la voie conduisant aux *nombres de Cayley* avait auparavant semblé devoir condamner. Un tel choix aura pour conséquence le retour à certaines des difficultés rencontrées par Hamilton lors de son étude sur les triplets. Ainsi, par exemple[320], on renoncera à vouloir montrer qu'il existe pour un *nombre* donné ($\neq 0$) un *élément inverse* ; on concevra qu'il puisse existe des éléments *a, b* non nuls vérifiant des relations de la forme $ab = 0$ ou $a^n = 0$ (on parlera alors de *diviseurs de zéro* ou d'éléments *nilpotents*, respectivement)[321].

On peut néanmoins signaler que les quaternions et les nombres de Cayley retrouvèrent une certaine importance plus tardivement, notamment dans la théorie des groupes de Lie et la Topologie différentielle, pour les mathématiques, et, pour la physique, en mécanique quantique[322]. Ils influencèrent notablement le développement mathématique Outre-Atlantique, et plus précisément les premiers écrits de B. Peirce *Linear associative algebra* (1870) et de J. W. Gibbs (en Analyse Vectorielle). Enfin, l'Anglais W. F. Clifford (qui fonda une théorie des biquaternions) unifia vers 1878 les points de vue de Grassmann et Hamilton, en soulignant leur complémentarité et, après avoir inclu le calcul vectoriel ordinaire de l'espace à trois dimensions élaboré par Gibbs, il créa l'algèbre qui porte son nom.

Ainsi, en guise de conclusion, on remarquera que le pas historique correspondant au passage des nombres « réels » aux « nombres imaginaires » nécessite plusieurs siècles pour s'accomplir, que le pas suivant, celui qui conduit des nombres complexes « ordinaires » aux quaternions, n'aura coûté qu'une quinzaine d'années de recherches et, enfin, que la dernière étape significative de cette évolution, la création d'un *calcul* (les octaves », « octonions » ou « nombres de Cayley »)

---

319. Remarquons cependant que cette exigence ne sera pas stricte ; les « algèbres de Lie » doivent leur existence à la poursuite de ces recherches.

320. Cf. J. Guérindon et J. Dieudonné, *op. cit.*, p. 108.

321. Un des premiers exemples de calculs de ce type fut celui des matrices carrées cité précédemment (note (50), p. 331).

322. Voir par exemple,

– F. J. Dyson, *J. Math. Physics*, vol. III (1912), pp. 1199-1215.

– G. Casanova, *L'Algèbre vectorielle* (1976), pp. 33-122.

dont le nombre d'unités excède celui des quaternions, sera encore plus brève. Quelques mois suffirent pour voir se confirmer l'ouverture de la voie annoncée par les quaternions, celle des nombres hypercomplexes, qui allait directement influencer le développement de l'algèbre linéaire, des analyses matricielle, vectorielle et tensorielle, ainsi que l'éclosion plus tardive d'algèbres abstraites qui occupent de nos jours une place prépondérante dans les mathématiques.

Au cours de ces transformations, les mathématiques, tant dans leur contenu que dans leur forme, se seront beaucoup modifiées. Elles cesseront d'être les immédiates et facilement décelables traductions du *monde sensible* qu'elles furent pendant longtemps, pour devenir progressivement, à force d'abstractions successives et de recherches de cohésion interne, un réservoir de *formes abstraites*, un langage symbolique apparemment sans commune parenté avec l'« extérieur » et hors d'atteinte de son influence.[323]

323. Les résultats, entre autres, de Kurt Gödel obligeront, au cours de la première moitié du XXe siècle, une partie des mathématiciens à revenir sur cette position et, comme le dit Emilio Garbayo Martínez, dans son ouvrage intitulé : *Control ideológico de la invención matemática* (Barcelona, 1978) : « ...no parece quedar otro remedio que examinar en detalle los lazos que se han mostrado indestructibles, aunque complejos, entre el mundo real y las matemáticas » (p. 3).

# Conclusion

Les difficultés qui s'opposèrent à l'élucidation des nombres complexes ont été levées à mesure, d'une part des progrès du symbolisme et du langage mathématiques et d'autre part d'une remise en question des rapports existants entre Algèbre et Géométrie. Dans ce cas particulier, ces progrès ne purent guère s'accomplir en ligne droite. On ne saurait parler de progrès *linéaire*, mais plutôt d'un progrès présentant l'image d'un faisceau entre des points de convergence dont d'ailleurs les apparences syncrétiques ne sauraient faire méconnaître qu'elles impliquent la rencontre consciente de plusieurs champs de réflexions conduites indépendamment les unes des autres par le raisonnement clair et clairement énoncé, bien qu'elles soient dépendantes entre elles dans ce que, faute d'expression plus commode, on désigna sous le nom de « milieu » conceptuel inconscient. Naturellement un tel *milieu* n'agit que parce qu'existe aussi « une » société de savants, société appartenant elle-même par toute sorte de liens à « la » société la plus générale définie par toutes ses formes d'ambitions et d'activités.

Les *più di meno* et *meno di meno* de Bombelli sont d'un usage mal commode et l'auteur lui-même les représentera par les abréviations *p.dm* et *m.dm*, respectivement. Une telle notation a l'inconvénient de ne pas renseigner sur la nature de l'objet mathématique désigné, mais a au moins l'avantage de ne pas conduire à une interprétation fausse. Le XVII^e siècle paye d'audace en leur préférant « $+\sqrt{-1}$ » et « $-\sqrt{-1}$ », respectivement. Mais si un tel signifiant veut dire quelque chose, ce quelque chose lui-même est erroné puisqu'il est évident qu'on ne peut pas extraire la racine carrée d'un nombre négatif. Utiliser le radical c'est donner aux symboles de Bombelli un caractère opérationnel qu'ils ne possèdent pas. Ce faisant, c'est aussi faire des *signes* de Bombelli des *quantités* ou des *nombres* que les mathématiciens seront conduits, selon les cas et/ou les époques, à qualifier de « sophistiques », « inexplicables », « impossibles » ou « imaginaires ».

Euler semble avoir compris le danger, mais après de longues réflexions : dans une première étape, reprenant à son compte la notation erronée $\sqrt{-a}$, il découvre opportunément (vers 1740) qu'elle résulte du produit de « $\sqrt{-1}$ » par « $\sqrt{a}$ ». Dans une seconde étape, il lève une deuxième difficulté en utilisant la lettre « *i* », symbole dont la propriété est seulement de donner « $-1$ » comme résultat lorsqu'il est

« multiplié » par lui-même. Plus de deux cents années se seront écoulées pour « redécouvrir » le symbolisme de Bombelli, mais cette fois simplifié en « $+i$ » et « $-i$ » et possédant plusieurs avantages : il utilise à bon escient les signes + et – ; il cesse d'évoquer mal à propos la notion de racine ; il conduit à une notation simple, $a + bi$, qui était effectivement sous-jacente dans les expressions de Bombelli mais si peu clairement exprimée qu'entre-temps on en avait oublié la pertinence.

La représentation géométrique des quantités imaginaires a été longtemps cherchée en vain pour répondre au besoin de donner à ces *nombres* une « réalité » et grâce à elle plein accès à l'ensemble des mathématiques. Quand enfin cette équivalence géométrique est trouvée, on constate qu'elle ne constitue pas une « preuve d'existence » comme on l'avait cru précédemment. Les efforts dépensés ainsi ont contribué à approfondir les exigences du raisonnement. Le caractère « nécessaire » de cette représentation se révélera relatif à l'esprit du temps, comme le remarquera plus tard Gino Loria : « la représentation géométrique des nombres imaginaires a été découverte une demi-douzaine de fois "prouvant" qu'on se trouve en présence, non d'un produit artificiel de l'imagination (sic) de quelque mathématicien de génie, mais d'une découverte au sens vrai et propre du mot ».

La recherche d'une représentation géométrique signale un des tournants les plus décisifs dans l'histoire de ces entités qui de *quantités imaginaires* deviendront des *nombres complexes*. Du moins peut-on en mesurer l'importance aux difficultés que soulève l'analyse historique des *tentatives géométriques* ayant connu des succès divers, s'étant, non sans erreur ni retour, approchées du but et l'ayant finalement atteint au moment où il était en train de l'être ou l'avait été par un autre chemin plus strictement algébrique et discursif.

Le problème ainsi posé est celui des rapports de l'Algèbre avec la Géométrie. On a vu à propos de Viète et du courant d'innovations auquel il participe, comment se posait la question de savoir s'il était licite de représenter les grandeurs géométriques et les grandeurs arithmétiques exactement de la même manière. Viète lui-même ne le pense pas et, au XVIIIe siècle encore, on distingue, par exemple, deux signes différents pour marquer des égalités entre rapports : notre actuel signe « = » s'il s'agit de nombres ou de quantités arithmétiques et « :: » l'égalité entre rapports de grandeurs géométriques. À cet égard donc, Descartes et ses émules n'ont pas mis fin à un débat : en étendant le recours des équations à la démonstration de problèmes géométriques, ils signalent une nouvelle manière d'utiliser l'algèbre plutôt qu'ils ne la transforment radicalement. Et l'ambiguïté entre les deux procédures – l'une plus traditionnelle, l'autre plutôt cartésienne – subsiste encore chez d'Alembert utilisant les mêmes qualificatifs que Viète pour distinguer l'algèbre numérale de l'algèbre spécieuse.

C'est donc dans un ensemble de processus mentaux, de recherches logiques et de préoccupations lexicales très divers que se situa la question de savoir si les *nombres imaginaires* relèvent ou non d'une représentation géométrique.

La recherche et la découverte d'une représentation géométrique des *nombres imaginaires* contribueront à rendre homogène l'*Algèbre*, c'est-à-dire, à en unifier sinon les définitions continuant à donner lieu à débat, du moins l'idée que l'on s'en est fait, en étendant le plus possible une même légitimité au plus grand nombre de domaines de la mathématique. La réussite acquise de nos jours est due à des symboles vidés de leur contenu concret et ne se référant plus à quelque *réalité* ou à quelque *nature propre* susceptible d'en troubler l'emploi en les spécifiant sans nécessité. Il s'agit là d'un achèvement dont les origines très anciennes seront dues à une succession d'efforts plus ou moins réussis des prédécesseurs italiens et des successeurs de Descartes pour affranchir la symbolisation des contraintes du langage ordinaire afin qu'elle gagne en efficacité et en universalité.

La géométrie de Descartes présente une nouveauté capitale : l'ancienne géométrie euclidienne devient analytique en multipliant les recours aux équations tant pour refaire d'anciennes démonstrations que pour en découvrir de nouvelles. Dès lors, et bien qu'il soit plus aisé de représenter toute équation déjà connue ou connaissable que de trouver à n'importe quelle courbe l'équation qui la traduise exactement, on est en mesure d'espérer que l'identification se généralise entre courbe et équation. Toute « construction » géométrique pouvant se traduire en formules, l'ancien fossé entre géométrie, algèbre et arithmétique se trouvera comblé ; on ne parlera plus à leur sujet d'opposition irréductible.

Pour prometteuse que soit cette symbiose, elle se heurte pourtant à des paradoxes faisant douter que cette harmonie si parfaite puisse être indéfiniment conquérante. Non seulement n'importe quelle courbe n'est pas également transcriptible en une équation algébrique, mais il faut se résoudre à admettre que dans la résolution d'équations certaines racines doivent être considérées comme exactes, bien qu'on les qualifiera encore de *fausses*, *impossibles* ou *irréductibles* et qu'elles ne soient pas représentables par un dessin. Grâce à cette correspondance, la droite deviendra le lieu naturel du nombre réel, mais à cause d'elle les entités dont on a longuement parlé seront condamnées par le plan cartésien à n'être que des quantités *imaginaires* ou, comme le dira plus tard Leibniz, « des monstres amphibies entre l'être et le non-être ». Le plan de Descartes se dresse devant ces entités et constitua un des principaux obstacles à la pleine et totale reconnaissance des quantités imaginaires. Une des principales tâches qu'auront à réaliser les mathématiciens et qui trouvera son aboutissement au cours du premier XIX$^{e}$ siècle, consistera à « dégéométriser » le nombre, à donner un statut mathématique incontestable à la *quantité imaginaire* en faisant d'elle un *nombre complexe*, puis à « regéométriser » le nombre. Un tel labeur n'écartera pas bien sûr le plan cartésien, mais conduira à la création du plan de Gauss.

C'est dans ces circonstances, et donc dans un milieu intellectuel s'interrogeant sur la solidité des bases de l'édifice mathématique, qu'apparaissent simultanément les premières représentations géométriques des *quantités imaginaires*. Mais alors constate-t-on aussi que même quand sont tenues pour « vraies » des représentations géométriques en fait inadéquates, cette *vérité* ne satisfait plus le mathématicien (encore appelé *Géomètre* bien qu'il fût de plus en plus *Analyste*), qui a entre-temps accru les exigences de ses critères de certitude. Il découvre au sein même de ses raisonnements propres (même quand ceux-ci sont purement discursifs) la nécessité de ces nouvelles exigences et, donc, n'attache plus l'importance d'autrefois à ce qui faisait mesurer l'*existence* de symbolisations abstraites à leur identification avec les *réalisations* concrètes de la géométrie.

Bien sûr, un tel surcroît d'obligations n'est pas la règle d'or de tous. Nombreux sont ceux qui se contentent de formules paraissant suffisamment pertinentes pour expliquer les phénomènes physiques ou mécaniques. Dans ce cas, on ne cherchera pas à fonder les raisons de cette efficacité dans les formulations elles-mêmes, mais seulement à en mesurer le caractère satisfaisant à l'ampleur de champs d'action. C'est ainsi que l'on ne se demandera pas à quelles conditions une série converge, dès lors que seuls ses premiers termes importent dans les applications pratiques. Pour ce genre de mathématicien, les préoccupations du côté de l'infini ne sont pas plus de mise que pour l'expérimentateur condamné aux approximations de ses appareillages.

C'est précisément à la conjonction de deux comportements rationnels si différents – recherche de la rigueur d'un côté et recours aux pratiques de l'autre – que se situeront les inventions de constructions géométriques susceptibles de *réaliser* les *quantités imaginaires* : elles sont dues à des praticiens. Face à ces derniers plus mêlés aux activités de leur temps, les théoriciens, cherchant dans les propriétés des symbolisations la validité des formulations symboliques, sont alors plutôt des marginaux. Pour sortir de cet isolement, ils doivent souvent prouver leur talent ou leur génie dans des recherches secondaires par rapport à ce qu'ils estiment plus essentiel et qui en définitive feront leur gloire. C'est ainsi que, sur le moment, la renommée de Gauss est due bien davantage au calcul de la trajectoire de Cérès qu'à son étude des nombres complexes, de leur représentation et redéfinition. Même si le jeune Gauss doit quelque chose de ses innovations dans ce domaine aux travaux nourriciers qu'il dût faire comme cartographe, il conservera par-devers lui et pendant plus de trente ans certains des résultats qu'il avait atteints.

Pourquoi, dans sa dissertation inaugurale de 1799, ne fait-il pas état de la représentation géométrique des nombres complexes alors qu'elle y est implicite ? Pourquoi intitule-t-il sa thèse : « Nouvelle démonstration, que toute fonction rationnelle entière d'une variable peut être décomposée en facteurs réels du premier ou du second degré », s'interdisant ainsi de parler explicitement des *nombres imaginaires* ? Pourquoi Cauchy considère-t-il pendant si longtemps les *quantités imaginaires* comme de simples *expressions symboliques* ? Autant de questions dont les réponses que nous avons essayé d'apporter montrent combien les idées qu'on a pu se faire à l'époque sur les *nombres imaginaires* sont riches et d'une analyse très difficile. Nul doute qu'on attende une preuve de leur réalité avant d'y croire, nul doute aussi qu'on hésite à faire cas des preuves qu'on ne peut découvrir.

Vers la fin du XVIIIe siècle et au début du XIXe s'engagèrent des réflexions dont le dynamisme devait déboucher sur une profonde réforme des mathématiques. En d'autres termes, et à titre d'exemple, une formule ne sera plus uniquement regardée comme une machine dont l'efficacité est ou sera prouvée, mais comme un mécanisme, un ensemble de symboles et de signes présentant une structure particulière dont l'étude est propice à apporter une refonte des acquis.

Les principes mêmes de la théorie deviennent des *objets* privilégiés auxquels s'applique la critique du raisonnement ; l'étude se porte insensiblement vers la légitimité des résultats qui en découlent en donnant ainsi naissance à une logique symbolique. Le *calcul* purement symbolique peu à peu s'installe au détriment d'un calcul qui trouvait ou cherchait sa justification dans l'espace euclidien ; ce dernier deviendra un simple cas particulier d'hyper-espaces devenus parfaitement concevables ; on ne cherchera plus la « preuve » de formulation abstraites dans l'expérience quotidienne ou dans la *logique du sens commun* ; on se fiera de plus en plus à la vérité issue d'une logique ne s'exerçant que sur des symboles vidés de leur référence originelle.

Peu à peu, non sans difficulté, et suite à de nombreuses et successives abstractions accompagnées d'une complexification toujours plus grande, l'*objet* de « la » mathématique : la structure ira en se précisant. Les notions de *loi de composition*, c'est-à-dire une relation entre trois éléments déterminant le troisième de façon univoque en fonction des deux autres, et d'*isomorphisme*, permettront ce dénouement actuel et momentané de *la* mathématique. Les *axiomes*, ces vérités premières, évidentes et indémontrables, deviendront des règles ou des définitions, les conditions que doivent vérifier certaines relations entre certains être abstraits pour appartenir à une structure donnée. Mais si cette tendance essaie d'écarter l'*intuition sensible vulgaire* au profit d'une intuition plus professionnelle, elle n'isole en rien la (ou les) mathématique(s) du contexte social et mental qui l'entoure ; ainsi nous le confirme incidemment Bourbaki lorsqu'il écrit :

> « Dans la conception axiomatique, la mathématique apparaît en somme comme un réservoir de formes abstraites – les structures mathématiques ; et il se trouve – sans qu'on sache très bien pourquoi – que certains aspects de la réalité expérimentale viennent se mouler en certaines de ces formes, comme par une sorte de pré-adaptation. »

À cette déclaration nous a-t-il semblé opportun de faire suivre celle de Borel :

> « Il faudrait toutefois ajouter, pour ne pas risquer de confondre les mathématiques, ni avec la logique ni avec des jeux tels que le jeu d'échecs, que ces définitions (au sens susdit) arbitraires ont été tout d'abord suggérées par des analogies avec des objets réels ; tel est le cas pour la ligne droite, pour le cercle, pour le corps solide de la mécanique rationnelle, etc., mais les nombres imaginaires, les nombres transfinis, bien d'autres êtres mathématiques, sont de pures créations de l'esprit humain. Elles sont justifiées par le fait qu'elles ont permis de résoudre plus facilement des problèmes que se posaient les mathématiciens et les physiciens, et d'éclaircir les difficultés qu'ils avaient rencontrées. »

C'est en ayant présent à l'esprit un tel développement propre aux XIX^e^ et XX^e^ siècles que nous nous sommes cru obligés de parler longuement des diverses transformations qui donneront naissance aux représentations géométriques des *quantités imaginaires*. On ne saurait réduire à néant, nous l'avons vu, le rôle fondamental qu'elles jouèrent pour faire accepter enfin ces « nombres ».

Les recherches de Buée sur une « algèbre-langue » n'atteindront pas le but qu'il s'était fixé, mais elles auront le mérite d'amorcer une étude féconde. Georges Peacock ira beaucoup plus loin : son souci, entre autres, de légitimer l'usage des nombres négatifs et imaginaires le poussera à établir une distinction fondamentale entre une algèbre-arithmétique appliquant les opérations usuelles de l'arithmétique aux nombres positifs et réels, et une algèbre symbolique – « essentially a science of symbols and their combinations, constructed upon its own rules, which may be applied to arithmetic and to all other sciences by interpretation » – dont les symboles parfaitement « general and unlimited both in value and representation » et les opérations « equally general » permettront d'utiliser sans restriction les quantités négatives, positives et imaginaires. Les travaux effectués sur la nature même des opérations par De Morgan, Boole, etc., les successeurs directs de Peacock, Babbage et J. Herschel, combinés à ceux de Hamilton et à certaines considérations directement liées aux représentations géométriques achèveront d'élucider ces nombres complexes.

Ainsi a-t-on observé dans notre étude que la *réalité* des nombres imaginaires a été acquise par deux modes distincts bien que non sans corrélation, surtout lorsque l'on prend en compte la grande diversité des travaux de plusieurs des principaux artisans qui menèrent à bien cette tâche. L'un plutôt *géométrique* avec Wessel, Argand, Mourey, Warren, Gauss et Cauchy ; l'autre plutôt *algébrique* avec Buée, Peacock, Hamilton, De Morgan, Boole et Cauchy.

Wessel ne cherchait pas, contrairement à ce qui se fera dans le courant du XIXᵉ siècle, à isoler l'algèbre de la géométrie. Mais son attitude est beaucoup plus moderne que celle de ses prédécesseurs, même si elle reste dans son essence fidèle à l'esprit cartésien en faisant encore de la *géométrie analytique* une « application de l'algèbre à la géométrie ». Il est plus moderne dans la mesure où il ne cherche pas à tout prix à trouver une image géométrique qui donnerait une prétendue existence aux quantités imaginaires. Il observe que si les définitions permettant l'usage d'opérations algébriques en géométrie expliquent pleinement la *direction* positive de son opposée la négative, elles privent en revanche les « directions intermédiaires » de toute signification parce que les opérations qu'on leur applique indûment les rendent impossibles. Par conséquent, conclut Wessel, c'est la définition des opérations qui doit être revue. Il trouva cette nouvelle définition, et les opérations s'appliqueront à un nouvel objet de « grandeur et de direction » qu'il désignera par le mot *segment*. La *méthode* que cherchait Wessel et qui devait permettre « d'éviter les opérations impossibles », résume la presque totalité des propriétés qui caractérisent les quantités imaginaires et, notamment, expose la multiplication de ces quantités lorsqu'elles sont représentées en coordonnées polaires. Outre le fait qu'il faudra attendre près d'un siècle pour connaître le travail de Wessel, on observa que le *segment* pouvait certes servir de « contenant réel », mais que son « contenu » restait toujours aussi insondable. Wessel créa un nouvel objet mathématique mais il ne démontra pas, pour ainsi dire, l'*existence* du nombre imaginaire. Ce dernier n'était pas encore l'entité arithmétique cherchée, appelée plus tard *nombre complexe* par Gauss.

L'œuvre d'Argand constitue un événement historique de grande importance dans la mesure où elle renferme la première exposition reconnue d'une représentation géométrique exacte des quantités imaginaires. Moins théorique et moins proche de nous par sa conception, l'*Essai* d'Argand contient cependant la plupart des résultats auxquels était parvenu Wessel. Mais en faisant état lui aussi d'un objet mathématique nouveau, il s'expose à la même objection que l'on a faite au Mémoire de Wessel.

Dans ce milieu conceptuel qui s'interroge et où les mathématiques font un retour sur elles-mêmes pour se fonder plus rigoureusement, une telle représentation géométrique, on le sait, ne suffit plus. À l'heure où l'on cherche à isoler l'Algèbre de la Géométrie et de l'Arithmétique afin d'en définir les champs respectifs et les objets propres, on ne saurait souffrir les ingérences d'un domaine dans un autre ; même si par la suite, une fois mise en valeur cette restructuration, on s'autorisera à reconnaître les mille chemins qui réunissent ces domaines qu'on a voulu autonomes pour des raisons de méthodologie. L'Analyse elle-même marque une réticence temporaire à l'emploi de la représentation géométrique des quantités imaginaires ; elle octroiera longtemps à ces dernières le statut de purs symboles propres à simplifier les calculs, mais indignes de figurer en tant que nombres. Tout n'était pas dit et beaucoup restait encore à faire comme le témoignèrent largement les contributions qui suivirent.

Mourey et Warren tentent de cerner tous les problèmes liés aux quantités imaginaires ; le premier précisait dans sa « Vraie théorie des quantités négatives et des quantités prétendues imaginaires... » (1828) :

> « Tous les mathématiciens qui pensent, et qui sont de bonne foi, conviennent que la théorie des quantités négatives est loin d'être satisfaisante. Mais, s'il en est ainsi des quantités simplement négatives, que doit-on dire des imaginaires ? Pour un esprit qui tient à voir clair, n'ont-elles pas quelque chose de repoussant ? »

Le second dans sa *Geometrical interpretation of the square roots of negative quantities* (1828) arrivait à des résultats analogues à ceux de Mourey. Les critiques incontournables que lui opposèrent ses détracteurs l'amenèrent à convenir que :

> « l'obscurité qui enveloppe ces quantités est l'indice de quelque lacune existant toujours dans les principes de l'Algèbre et, pour combler cette lacune, on aurait besoin de définitions et de principes d'une nature plus ample que ceux adoptés dans l'Algèbre ordinaire, et non suggérés par des considérations de pertinence de la science de l'extension ».

Contrairement à leurs prédécesseurs, Gauss, Cauchy et Hamilton sont célèbres et reconnus par tous leurs contemporains. C'est cette notoriété jointe à des travaux sans précédent qui aura définitivement raison des dernières réticences et permettra aux nombres complexes d'avoir totalement droit de cité dans les mathématiques.

On l'a vu, le jeune Gauss fera partie de ceux qui ne jugèrent pas opportun de faire état publiquement de leurs réflexions sur la validité et la pertinence d'une représentation géométrique pour les quantités imaginaires. Pour lui, la « nature métaphysique de $\sqrt{-1}$ » restera un problème longtemps ouvert. Il parvient très tôt à des résultats significatifs (la lettre qu'il adressa à Bessel en 1811 le prouve largement) ; mais ce n'est qu'en 1831 avec sa *Theoria residuorum biquadraticorum* (*commentatio secunda*) » qu'il devient le principal promoteur de la théorie géométrique des nombres complexes.

L'attitude de Cauchy sera très voisine de celle de Gauss. Bien qu'il écrivit sur les quantités imaginaires très tôt et plus que tout autre, il considéra pendant plus de vingt ans la représentation géométrique comme un « simple artifice logique ». Cependant, même s'il présente les *quantités imaginaires* comme des *expressions symboliques* pouvant « être soumises aussi bien que les quantités réelles, aux opérations de l'Algèbre », il ne cesse d'associer à $x + iy$ le point de coordonnées $(x,y)$ et d'utiliser librement le langage de la géométrie ; il se refuse officiellement à identifier de tels *nombres* aux points d'un plan. Ce n'est que vers la seconde moitié des années 1840 qu'il adhéra aux nouvelles idées en donnant dans sa *Théorie des équivalences algébriques* une preuve formelle de la légitimité des nombres complexes.

Les travaux de Hamilton permettront quant à eux de fournir un statut « arithmético-algébrique » aux quantités imaginaires. Ainsi que le précisait à la fin du siècle dernier le mathématicien Study, si on reprocha à la théorie de Wessel ou d'Argand de faire mention en Algèbre de « notions géométriques tout à fait étrangères à la question » ou si Bolyai fit le même reproche à la théorie de Gauss, Hamilton, en revanche, avec sa « théorie purement arithmétique » ne s'exposa pas à cette critique. Il ira au-devant d'autres objections (peut-être pas totalement pertinentes) en faisant du « Temps Pur » le substrat légitime du nombre. À partir de « couples de transitions » et de « couples de moments », il définit la notion de « nombres-couples » $(a,b)$, où $a$ et $b$ sont des nombres réels. Un nombre réel, $a$, est considéré et identifié au couple $(a,0)$. Après avoir défini au cours d'un examen exhaustif toutes les opérations sur ces couples, Hamilton parvient à l'expression $(a,b) = (a,0) + (0,b) =(a,0)(1,0) + (b,0)(0,1)$ puis identifie formellement le couple (1,0) à l'unité réelle 1, et le couple (0,1) à l'unité imaginaire $i$. Il montra ainsi que tout couple $(a,b)$ pouvait se mettre sous la forme $a + bi$, i.e. $(a,b) = a + bi$, où $i^2 = -1$. Cette théorie permet de retrouver toutes les règles de calcul propres aux nombres complexes.

Dès lors, de la conjonction de ces courants *algébrique* et *géométrique*, tout nombre complexe $a + bi$ peut être représenté par un point de coordonnées $a$ et $b$, ou par un vecteur ayant pour origine celle du repère choisi et pour extrémité le point $(a,b)$.

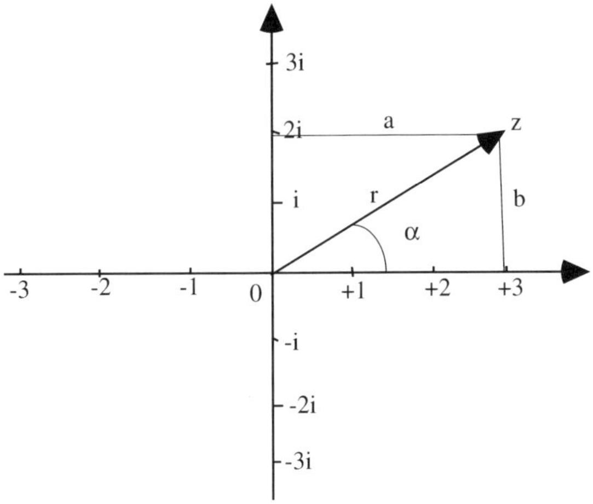


$z = a + bi$
$a = Re(z)$ (partie réelle de z)
$b = Im(z)$ (partie imaginaire de z)
$r = |z| = \sqrt{a^2 + b^2}$ (module de z)
$\alpha = \arg z$ (argument de z)
$z = r(\cos\alpha + i \sin\alpha)$
(représentation en coordonnées polaires)
$z = re^{i\alpha}$
(représentation canonique)

Ainsi peut-on montrer comment se dégagea difficilement et progressivement la « nature » du nombre complexe désormais capable d'entrer légitimement tant dans le calcul expérimental que dans le formalisme opératoire. À partir d'un sujet apparemment exclusif, précis et limité, on débouche dans des champs de très vaste ampleur faisant concevoir après coup qu'il eût fallu faire intervenir dans nos recherches beaucoup de concepts et de notions qui se révéleront indispensables aux aboutissements des XIXe et XXe siècles. Aussi doit-on ajouter qu'une telle étude peut être poursuivie beaucoup plus loin, notamment par l'analyse de l'introduction et des conséquences des nombres complexes en Géométrie.

L'étude des nombres complexes semble bien être l'une de celles capables de jeter le plus de lumière sur le développement des mathématiques en général, sur la nature de leur fécondité et sur l'étendue de leur champ d'application.

# Bibliographie

La majorité des abréviations utilisées ici sont celles retenues par la revue *ISIS* .


AEPINUS F. U. Th., « Démonstration du théorème de Harriot, avec une méthode de chercher si une équation algébrique a toutes les racines possibles ou non ? ». *Mémoire de H.A.R.S.B.L.* de Berlin (1758) 354-366.

ALBERT A. A., « Absolute valued algebraic algebras », *Bull. Amer. Soc.*, vol. 55 (1949) 763-768.

ALEKSANDROV A. D., KOLMOGOROV A. N. et LAURENTIEV M. A., y otros. *La matemática : Su contenido, métodos y significados* ; 3 tomes, traduction espagnole, Madrid, 1973.

D'ALEMBERT Jean Le Rond, « Recherches sur le calcul intégral ; de l'intégration des fractions rationnelles ». *Mémoire de H.A.R.S.B.L.* de Berlin (1746) 180-200.

—, « Solutions de quelques problèmes d'astronomie ». *Mémoire de H.A.R.S.B.L.* de Berlin (1746) 144-153.

—, *Réflexions sur la cause générale des vents.* Paris, 1747.

ALTMANN S., « Hamilton, Rodrigues, and the quaternion scandal », *mathematics Magazine*, 62 (1989), 289-311, and « Epilogue ».

APERY R. *et al.*, *Penser les mathématiques.* Séminaire de Philosophie et Mathématiques de l'École normale supérieure (de J. Dieudonné, M. Loi et R. Thom). Paris, Seuil, 1982.

ARGAND J. R., *Essai sur une manière de représenter les quantités imaginaires dans les constructions géométriques* (1806). Réimp. Paris, Blanchard, 1971.

ARNOLD V., *Les méthodes mathématiques de la mécanique classique.* Moscou, éd. M.I.R., 1974.

BABBAGE Ch., « An essay towards the calculus of functions ». Part. II, *Philos. Trans.* London (1817) 179-256.

—, « Observations on the analogy which subsists between calculus of functions and others branches of analysis », *Philos. Trans.*, London (1817) 196-216.

—, « Observations on the notation employed in the calculus of functions », *Trans. of the Camb. Philos. Soc.*, vol. I, part. I, Cambridge (1821) 63-76.

—, « On the influence of signs in mathematical reasonning », *Trans. of the Camb. Philos. Soc.*, vol. II, part. II, Cambridge (1827) 325-377.

BACHELARD G., *La dialectique de la durée*. Paris, P.U.F., 1963.

—, *La philosophie du non*. Paris, P.U.F., 1963.

—, « La représentation géométrique des quantités imaginaires au début du XIX^e^ siècle » ; *Conférence au Palais de la découverte*, 1966.

—, « Du rôle de l'interprétation dans les théories algébriques de Hamilton » ; *Actes du XIII^e^ Congrès Int. Hist. Scie.* 1971, 5 (1974) 113-118.

BALL W. W., *Histoire des mathématiques* ; 2 vol., Paris, Hermann, 1906.

BARTLETT W. P. G., (Quaternions, elements). *Camb. M. Mth.*, M 2 (1860) 29, 97, 128, 195.

BATEMAN H., « Hamilton's work in dynamics and its influence on modern thought », *Scripta Mathematica*, 10 (1944) 51-63.

BECKER O. et HOFMANN J. E., *Geschichte der Mathematik* (1951), trad. française, Paris, 1956.

BELHOSTE B., « Augustin-Louis Cauchy et la pratique des Sciences Exactes en France au XIX^e^ siècle ». *Thèse de 3^e^ Cycle*, université de Paris I, 1982.

—, « Augustin-Louis Cauchy », *Pour la Science*, 71 (sept. 1983) 26-35.

—, *Cauchy ; un mathématicien légitimiste au XIX^e^ siècle*. Paris, Berlin, 1985.

BELL E. T., *The development of mathematics*. (2nd ed.), New York, 1945.

—, *Les grands mathématiciens*. Paris, Payot, 1950.

—, *Men of Mathematics*. New York, 1965.

—, *Mathematics, queen and servant of science*. New York, Mc Graw-Hill, 1951.

BELLAVITIS G., *Exposition de la méthode des équipollences*. (1854). Traduction française de Laisant ; Paris, Gauthier-Villars, 1874.

—, (Quaternions and method of equipollence). *Ven. At.*, 1857-58, p. 334 ; *Mod. Mn. S. It.*, 1 (1862), p. 126.

—, « A chapter in the history of mathematics ». *Proc. of the A.A.A.S.* , 46 (1897) 33-50.

BEMANN W. W., « Un chapitre de l'histoire des mathématiques » (1893). Traduction française de Ch. Berdellé, *L'Ens. Math.*, (1899). Amsterdam (1965) 165-184.

BERGHUYS J. J. W., *L'objet de la Géométrie*. Groningen-Djakarta, P. Woordhoff (1964) 395-407.

BERNOULLI J., *Opera* 1. Lausanne et Genève, 1742, p. 511.

—, « Anecdotes pour servir à l'histoire des mathématiques ». *Mémoire de H.A.R.S.B.L.* de Berlin (1799-1800) 32-50.

BETH E. W., *Mathematical thought. An introduction to the philosophy of mathematics*, 1965.

—, W., *The foundations of Mathematics*. Amsterdam, North-Holland, 1965.

BETTAZZI R., *La représentation graphique des nombres*. Paris, C. Naud, 1901.

BIOCHE Ch., *Histoire des Mathématiques*. Paris, A. Belin, (préface de 1912).

BIRKHOFF G.D., *Proc. Roy. Irish. Acad.*, vol. L (1945) 72-75.

BLANCHÉ, R. *L'épistémologie*. Paris, P.U.F. (« Que Sais-je ? »), 1972.

—, *Le raisonnement*. Paris, P.U.F. (Bibliothèque de Philosophie contemporaine), 1973.

BOI L., « Géométrie elliptique non-euclidienne et théorie des biquaternions chez Clifford : l'élaboration d'une algèbre géométrique », *in* D. Flament (s.d.) *Le nombre une hydre à* n *visages. Entre nombres complexes et vecteurs*. Paris, Éditions de la Maison des Sciences de l'Homme, 1997, pp. 209-238.

BOI L., FLAMENT D. et SALANSKIS J.-M. (Eds), *1830-1930: A Century of Geometry. Epistemology, History and Mathematics*. Springer-Verlag, *Lectures Notes in Physics* 402, berlin-Heidelberg-New York, 1992.

BOLL M., *Histoire des Mathématiques*, Paris, P.U.F. (« Que Sais-je ? » (n° 4)), 1974.

BOMBELLI R., *L'Algebra*. (1972). Venice, 1572 ( Bologna, G. Rossi, 1579).

BOOLE G., *The mathematical analysis of Logic, being an essay toward a calculus of deductive reasoning*. London and Cambridge, 1847.

—, *An investigation of the laws of thought, on which are founded the mathematical theories of logic and probabilities*. London, 1854.

—, *Collected logical works ;* 2 vol., éd. Jourdain, Chicago-London, 1916.

BOOLE G. et JEVONS W.S., *Algèbre et logique d'après les textes de G. Boole et W.S. Jevons, etc*. Paris, A. Blanchard, 1962.

BOREL É., *L'imaginaire et le réel en mathématique et en physique*. Paris, A. Michel, 1952.

BOREL É. et DELTHEIL R., *La géométrie et les imaginaires*. Paris, A. Michel, 1931.

BORK A. M., (Vectors versus quaternions, the letters in nature). *Ann. J. of Physics*, 34 (1966) 202-211.

BORTOLOTTI E., « Origine e primo inizio del calculo degli imaginari ». *Scientia*, 33 (1923) 385-395.

—, « I contributi del Tartaglia, del Cardano, del Ferrari e della scuela matematica Bolognese alla teoria algebrica delle equazioni cubiche ». (*Studie e memorie per la storia dell' universita di Bologna*, vol. 9). Imola, 1926.

—, « L'algebra, opera di Rafael Bombelli, cittadino Bolognese ». *Arch. für Geschichte der Mathematik, der Naturwissenschaften und der Technik*, 11 (1929) 419-424.

—, *L'algebra, opera di Rafael Bombelli da Bologna : Libri IV e V*. Bologna, N. Zanichelli, 1929.

BOSMANS H., « La trigonométrie d'A. Girard » (La Haye, 1926). *Mathesis* (1926) 337-348 ; 385-392 ; 433-439.

BOSSUT G., *Essai sur l'histoire des mathématiques*. Paris, 1802.

BOTTAZZINI U., *The Higher Calculus: A History of Real and Complex Analysis from Euler to Weierstrass*. Berlin, Springer-Verlag, 1986.

BOULIGAND G., « Le simple et le complexe dans la mathématique ». *Rev. Gén. des Scie.*, tome LXIV, 1957.

—, « L'unité des sciences mathématiques ». *Scientia*, 15 (1929) 77-84.

BOURBAKI N., « Éléments de Mathématiques (VI) ; Les structures fondamentales de l'analyse » (première partie). Livre II, « Algèbre », Chap. II, « Algèbre linéaire ». *Actualités scientifiques et industrielles (1032-1236)*, Hermann (Paris), 1955.

—, « L'architecture des mathématiques », *Les grands courants de la pensée mathématique,* présenté par François Le Lionnais. Paris, Blanchard, 1962, 35-47.

—, *Éléments d'histoire des mathématiques*. (Nouvelle édition revue, corrigée et augmentée). Paris, Hermann, 1975.

BOUTROUX P., *L'idéal scientifique des mathématiciens*. (2e édition). Paris, 1955.

BOYE A., *et al.*, *Images, Imaginaires, Imaginations. Une perspective pour l'introduction des nombres complexes*. Ellipses, IREM, Paris, 1998.

BOYER J., *A History of Mathematics*. N. Y., London, Sydney, John Wiley & Sons, Inc., 1968.

—, *Histoire des mathématiques*. Paris, G. Carré et C. Naud, 1900.

BREHIER E., *Histoire de la philosophie* (tome II) : *La philosophie moderne*. Paris, P.U.F., 1940.

BREMOND F. (de), *Table des mémoires imprimés dans les transactions philosophiques de la Société Royale de Londres, depuis 1665 à 1735*. Paris, 1739.

BRIGGS H., *Arithmetica logarithmica*. London, 1624.

BRILL, A. et NOETHER, M. « Die Entwicklungen der theorie der algebraïschen Funktionem in älterer und neurer Zeit », *Jahresbericht der Deutschen Mathematiker-Vereinigung*, 3 (1894).

BRUCK R. H. et KLEINFELD E., « The structure of alternative division rings ». *Proc. Amer. Math. Soc.*, vol. 2 (1951) 878-90.

BRUN V., « Caspar Wessel et l'introduction géométrique des nombres complexes ». *Rev. His. Sc. Ap.*, 12 (1959) 19-24.

BRUNSCHVICG L., *Les étapes de la philosophie mathématique* (4e éd.). Paris, 1947.

BUCHLEIN A., (Quaternions, applications to theory of linear complex and linear congruence). *Mess. Mth.,* 12 (1883), p. 129.

BUÉE A. Q., « Mémoire sur les quantités imaginaires ». *Philos. Trans. of the Roy. Soc. of London* (20 juin 1805), 1806.

BURALI-FORTI C., *Introduction à la géométrie différentielle selon la méthode de H. Grassmann*, Gauthiers-Villars, Paris, 1897.

BURAU W. ET SCRIBA C. J., Article « Grassmann », *Dictionary of Scientific Biography.*

BURJA A., « Méthode élémentaire et directe pour le calcul numérique des logarithmes ». *H.A.R.S.B.L.* de Berlin (1787) 433-478.

—, « Essai d'un nouvel algorithme des logarithmes ». *H.A.R.S.B.L.* de Berlin (1788) 300-325.

BURKHARDT H., « Entwicklungen nach oscillierenden Funktionem und integration der differential gleichungen der mathematischen Physik », *Jahresbericht der Deutschen Mathematiker-Vereinigung*, 10, 1904-1908.

CAJORI F., « Historical note on the graphic representation of imaginaries before the time of Wessel ». *Amer. math. Mon.*, 19 (1912) 167-171.

—, « A revaluation of Harriot's Artis analyticae praxis ». *ISIS* (1928) 316- .

—, *History of Mathematics* (2e éd.). New York, 1919.

—, *History of Mathematical notations* ; 2 vol. Chicago, 1928.

—, « Origin of the name "mathematical induction" ». *Ann. Math. Mon.*, 25 (1918) 197-201.

—, « The unification of mathematical notations in the light of History ». *Math. Teacher*, 17 (1924) 87-93.

CANTOR G., *Vorlesungen über Geschichte der Mathematik.* Leipzig, 1907, 1914, 1901, 1908.

CARDANO G. (Jérôme CARDAN) *Ars Magna*, Bologna, 1545.

—, *Opera* ; 10 vol, Lyon, 1663.

CARMICHEL R. D., « Analyse indéterminée » (Traduction française, A. Sallin). *Monographies de Math. Sup. pures et appliquées.* Paris, P.U.F., 1929.

CARNOT L., *Géométrie de position.* Paris, 1804.

—, *Réflexions sur la métaphysique du calcul infinitésimal* (1813) ; (5e éd.), Gauthier-Villars, 1881. Réimpression, A. Blanchard, 1970.

CARRUCCIO, E., « I fondamenti dell' analisi matematica nel pensiero di Agostino Cauchy », *Rendiconti del Seminario matematico*, (Turin), 16, (1956-57), pp. 205-216

CARTAN É., « Les nombres complexes » ; *Encyclopédie des sciences mathématiques*, t. 1, vol. 1, fasc. 3, 1908.

—, *Leçons sur les invariants intégraux.* Paris, Hermann, 1922.

—, *Œuvres complètes*, 6 vol., Gauthier-Villars, Paris, 1952 (rééd. CNRS, 1984).

CARTAN H., *Théorie élémentaire des fonctions d'une ou plusieurs variables complexes*. Paris, Hermann, 1961.

CASANOVA G., *L'Algèbre vectorielle*. Paris, P.U.F. (« Que sais-je ? », n° 1657), 1976.

CASORATI F., *Teorica delle funzioni di variabili complesse* (Pavie, 1868).

CASPARY F., « Über der Erzeugung algebraischer Raumkurven durch veranderliche Figuren », *Journal für die reine und angewandte Mathematik*, 100 (1887), 405-412; « Sur une méthode générale de la géométrie, qui forme le lieu entre la géométrie synthétique et la géométrie analytique », *Bulletin des sciences mathématiques et astronomiques*, 2e série, 13 (1889), 202-240.

CASTILLON J., « Mémoire sur les équations résolues par M. de Moivre avec quelques réflexions sur ces équations et sur les cas irréductibles ». *H.A.R.S.B.L.* de Berlin (1771) 254-272.

—, « Mémoire sur la règle de CARDAN, et sur les équations cubiques, avec quelques remarques sur les équations en général ». *H.A.R.S.B.L.* de Berlin (1783) 244-265.

—, « Examen philosophique de quelques principes de l'algèbre ». *H.A.R.S.B.L.* de Berlin (1790) 331-341 ; 342-363.

CAUCHY A.L., *Œuvres complètes*, 27 vol. (2 séries). Paris, Gauthier-Villars, 1882-1974.

CAVAILLÈS J., *Méthode axiomatique et formalisme* ; 3 vol. Paris, 1938.

CAYLEY A., « On Jacobi's elliptic function in reply to Rev. Brice Brownin and on quaternions ». *Phil. Mag.*, vol. III (1845) 210-213.

—, « Report on the recent progress of theoretical dynamics ». *British Association Reports* (1857) 1-42.

—, « Arthur Cayley » ( par G. Salmon). *Nature*, 28, 1883.

—, « Discours prononcé par M. Cayley devant les membres de l'Assocation Britannique » (Traduction M. Raffy). *Bull. Sci. Math.*, 2e série, t. VIII, (1884) 30-48 ; 54-80.

—, « James Joseph Sylvester ». *Nature*, 39, 1889.

—, *Collected Mathematical papers ;* 13 vol. Cambridge (University Press), 1889-1898.

CHAPMAN C. H., (Quaternions, applications to projective geometry). *Ann. J. Mth.*, 14 (1892), p. 115.

CHASLES M., *Aperçu historique sur l'origine et le développement des méthodes en géométrie*. Bruxelles, 1837.

CHUQUET N., Le Triparty en la science des nombres par Maitre Nicolas Chuquet Parisien... par M. Aristide Marre. *Bull. Biblio. storia math.*, (Boncompagni) t. XIII (1880) 555-659 et 698-814.

CLAIRAUT A., « Quatre problèmes sur de nouvelles courbes ». *Misc.* Berlin, IV, 143-152.

—, *Éléments d'algèbre* ; (4e éd.), Paris.

CLIFFORD W. F., « Application of Grassmann's Extensive Algebra », *American Journal of Mathematics*, 1878, 1, 350-358.

—, *Math. Papers* [Macmillan and Co., London, 1882] ; Chelsea, New York, 1968.

CHÂTELET G., « Capture de l'Extension comme Dialectique Géométrique : Dimension et Puissance Selon l'Ausdehnung de Grassmann », *Lectures Notes in Physics*, 402 (1992), *1830-1930* : *A Century of Geometry*, 222-244.

COCHILIS L., « Sur l'analogie de l'étendue et de la durée ». *H.A.R.S.B.L.* de Berlin (1775) 428-439.

—, « Examen de la question : si toute succession doit renfermer un commencement ? » *H.A.R.S.B.L.* de Berlin (1773) 325-346.

COLERUS, *De Pythagore à Hilbert*. Paris, 1943.

COLEBROOKE H. T., *Algebra with arithmetic and mesuration*. London, 1817.

COLLINS J. V., « An Elementary Exposition of Grassmann's 'Ausdehnungslehre', or Theory of Extension », *The American Mathematical Monthly*, VI, No. 10 (October, 1899), 193-198 ; No. 11 (November, 1899), 261-266 ; No. 12 (December, 1899) 297-301 ; Vol. VII, No. 2 (February, 1900), 31-35 ; Nos. 6-7 (June-July, 1900), 163-166 ; Nos. 8-9 (August-September, 1900), 181-187 ; No. 10 (October, 1900), 207-214 ; No. 11 (November, 1900), 281-285.

CONWAY A.W. AND SYNGE J. L., « William Rowan Hamilton's contributions to geometrical optics ». *Nature,* 123 (1929), p. 349.

COOLIDGE J.C., *The geometry of the complex domain*. Oxford, 1924.

COSTABEL P., « Descartes et la racine cubique des nombres binômes ». *Rev. Hist. Scie.*, t. XXII, 2 (1969) 97-116.

—, « Les "regulae" et l'actualité scientifique de leur temps ». *Les études philosophiques*, 4 (1976) 415-423.

COURANT, R. et HILBERT, D., *Methods of Mathematical Physics*, t. II, (1962), voir plus particulièrement pp. 210-221.

COURNOT A. A., *De l'origine et des limites de la correspondance entre l'algèbre et la géométrie*. Paris, Hachette, 1847.

COURT N. A., « Imaginary elements in pure geometry – what they are and what they are not ». *Scripta Mathematica*, 17 (1951) 55-64.

COUTURAT L., *L'algèbre et la logique*. Paris, Alcan, 1905.

—, « Les principes des mathématiques. Avec un appendice sur la philosophie des mathématiques de Kant ». Paris, Alcan (*Bib. Philos. Contemp.*), 1906.

—, *De l'infini mathématique* (nouveau tirage). Paris, Blanchard, 1973.

COXETER H. S. M,. *Non-euclidean geometry* (5e éd.). Toronto, Univ. of Toronto Press, 1965.

CRAHAY F., *Le formalisme logico-mathématique et le problème du non sens*. Paris, ed. Des Belles Feuilles, 1957.

CRAMER G., *Introduction et analyse des lignes courbes*. Genève, Cramer et Philibert, 1750

—, « Dissertation sur Hippocrate de Chio ». *H.A.R.S.B.L.* de Berlin (1748) 482-498.

—, « Mémoire posthume de géométrie ». *H.A.R.S.B.L.* de Berlin (1752) 283-290.

CROMBIE A. C., *Histoire des sciences de Saint-Augustin à Galilée* ; 2 vol. Paris, 1959.

CROWE M. J., *A History of Vector analysis ; the evolution of the idea of a vectorail system*. London, Univ. of Notre Dame Press., 1968 (rééd. 1985, 1994).

DAHAN A., *Les recherches algébriques de Cauchy*. Thèse de 3e cycle ; université Paris-Nord (p. 13), 1979.

—, « L'étoile "imaginaire" a-t-elle immuablement brillé ? Le nombre complexe et ses différentes interprétations dans l'œuvre de Cauchy », *in* D. Flament (s.d.) *Le nombre une hydre à* n *visages. Entre nombres complexes et vecteurs*. Paris, Éditions de la Maison des Sciences de l'Homme, 1997, pp. 29-50.

DAHAN A. et PEIFFER J., *Routes et Dédales*. Paris, Études Vivantes, 1982.

DANTZIG T., *Le nombre langage de la science*. Paris, 1974.

DATTA B. et SINGH A.N., *History of Hindu Mathematics* ; 2 vol. Lahore, 1935-38.

DAVAL S. et GUILBAUT G.T., *Le raisonnement mathématique*. Paris, 1945.

DEDEKIND R., *Les nombres. Que sont-ils et à quoi servent-ils ?* Paris, Ornicar, 1978.

DEMIDOVITCH B., *Recueil d'exercices et de problèmes d'analyse mathématique*. Moscou, MIR, 1972.

DE MORGAN A., « On the foundation of Algebra », n° 1. Cambridge, *Trans. of the Camb. Philos. Soc.,* vol. VII, part. II (1841) 173-188.

—, « On the foundation of Algebra », n° 2, *ibid.*, vol. II, part. III (1841) 267-300.

—, « On the foundation of Algebra », n° 3, *ibid.*, vol. VIII, part. I (1844) 139-143.

—, « On the foundation of Algebra », n° 4, « On the triple Algebra », *Ibid.*, vol. VIII, part. III (1847) 241-254.

—, *Formal logic : Or, the calculus of inference, necessary and probable*. London, 1847.

—, « On the syllogisme, n° IV, and on the logic of relations » (read 23-4-1860). *Trans. Camb. Phil. Soc.*, 10 (1864) 31-358.

—, *Formal Logic* (1847). Chicago, éd. Taylor, 1926.
—, *Trigonometry and double Algebra*. London, 1849.
—, « On the mode of using the signs + and – in plane geometry ». *Camb. and Dublin Math. Journ.*, VI (1851) 156-160.
—, « On the signs + and – in Geometry, and on the interpretation of the equation of a curve ». *Camb. and Dublin Math. Journ.*, VII (1852) 242-251.
DESCARTES R., *La Géométrie*. Paris, 1664.
DHOMBRES J., *Nombre, mesure et continu.* Paris, Cedic/Nathan, 1978.
DICKSON L. E., « Arithmetic of Quaternions ». *Proc. London Math. Soc.,* 20 (1921), 421-431.
—, « The theory of numbers ; its principal branches ». *Scientia*, 31 (1922) 421-431.
*Dictionnary of Scientific Biography*, s.d. Ch. C. Gillipsie, New York, 1970-1978.
DIEUDONNÉ J., *Fondements de l'analyse moderne*. Paris, 1969.
—, « L'œuvre mathématique de C.F. Gauss ». *Conf. Palais de la Découverte*, 1978.
—, (s.d.) *Abrégé d'histoire des mathématiques, 1700-1900* ; 2 vol. Paris, Hermann, 1978.
DILLNER G., « Hamilton's method, attempt at a new development ». *Math. A.*, 11 (1877), p. 168.
DIOPHANTI A., *Opera Omnia* ; 2 vol., éd. P. Tannery. Lipsiae, 1893-95.
—, *Opera Omnia*. Trad. Ver. Eecke. Bruges, 1926.
DIXMIER J., *Cours de Mathématiques du premier cycle* (1re année). Paris, 1973.
DIXON E. T., *The foundations of geometry*, Cambridge, 1891.
DOBROVOLSKII V.A., « Développement de la théorie des vecteurs et des quaternions dans les travaux des mathématiciens russes du XIXe siècle ». *Rev. Hist. Sci. Appl.*, 21 (1968) 158-186.
DONCEL M. G., « Maxwell et la traduction intuitive du calcul vectoriel », *in* D. Flament (s.d.) *Le nombre une hydre à* n *visages. Entre nombres complexes et vecteurs*. Paris, Éditions de la Maison des Sciences de l'Homme, 1997, pp. 103-117.
DONKIN,W.F., (Quaternions, geometrical interpretations). *Ph. Mag.*, 36 (1950), p. 489.
DUBARLE D., « L'utilité mathématique de la formalisation ». *Revue philosophique de France et de l'étranger* (1957) 158-186.
DUBBEY J. M., *Development of modern mathematics*. New York, 1972.
—, « Babbage, Peacock and modern algebra ». *Hist. Math.*, 4 (1977) 295-302.
DUGAS R., « Sur la pensée dynamique d'Hamilton, origines optiques et prolongements modernes ». *Rev. Scie.*, 79 (1941) 15-23.
DUPASQUIER L. G., « Le développement de la Notion de nombre. » (*Mémoire de l'Université de Neuchâtel*, 3). Paris, 1921.

DURAND M.-J., *George Peacock (1791-1858) : La synthèse algébrique comme loi symbolique dans l'Angleterre des réformes (1830).* Paris, EHESS, 26 juin 1985.

—, « Genèse de l'algèbre symbolique en Angleterre : une influence possible de J. Locke », *Revue d'Histoire des Sciences*, 43 (1990), 129-180.

DUPASQUIER L. G., *Sur les nombres complexes généraux*. Toulouse, 1921.

DYSON F. J., « The three-fold way ». *Jour. Math. Phys.*, vol. III (1962) 1199-1215.

*Encyclopédie ou Dictionnaire raisonné des sciences, arts et métiers.* Édité par Diderot et D'Alembert. Paris, 35 vol., 1751-1765.

*Encyclopédie des Sciences Mathématiques* ; éd. française, I. 5, Paris, 1908.

*Encyclopédie Méthodique. Mathématiques*. Paris, rééd. du bicentenaire, ACL-éditions, 3 vol., 1987.

ENGEL F., « H. Grassmann », *Jahresberichte der Deutschen Mathematiker-vereinigung*, 18 (1909), 344-356.

—, *Grassmanns Leben* (1911), inséré dans le troisième volume, deuxième partie, des *Hermanns Grassmanns gesammelte mathematische und physikalische Werke*, Leipzig, B. G. Teubner, 1894-1911.

ENRIQUES F., *Les concepts fondamentaux de la Science : leur signification réelle et leur acquisition psychologique*. (Traduction L. Rougier), Paris, Flammarion, 1913.

*Enseignement Mathématique* (l'). Revue internationale fondée en 1899 par H. FEHR et C.A. LAISANT.

EULER L., « Réflexions sur l'espace et le temps ». *H.A.R.S.B.L.* de Berlin (1749) 324-333.

—, « De la controverse entre M. Bernoulli et Leibniz sur les logarithmes des nombres négatifs et imaginaires ». *H.A.R.S.B.L.* de Berlin (1749) 139-179.

—, « Examen de la dissertation de M. Le prof. Koënig inséré dans les actes de Leipzig pour le mois de mars 1751 ». *H.A.R.S.B.L.* de Berlin (1751) 219-245.

—, « Principes de la trigonométrie sphérique tirés de la méthode des plus grands et des plus petits ». *H.A.R.S.B.L.* de Berlin (1753) 223-293.

—, *Introduction à l'analyse infinitésimale*. Traduite du latin en français, avec des Notes & des Éclaircissements, par J. B. Labey.Tome premier. À Paris, Chez Barrois, 1796.

—, « Lettres inédites d'Euler à d'Alembert », par Charles Henry. Rome, 1886.

—, *Elémens d'Algèbre*, Lyon, Bouyset, an III.

—, *Elémens d'Algèbre ;* 2 vol. Paris, 1774.

—, *Elémens d'Algèbre* ; 2 vol. revue et augmentée de notes par J. G. Garnier, 1807.
—, *L'Arithmétique raisonnée et démontrée* ; œuvres posthumes de L. Euler, traduites en français par J. Bernoulli, 1792.
—, *Leonhardi Euleri Commentationes arithmeticae collectae...*, 1849.
—, *Opera Omnia* ; 46 vol. (3 séries), Leipzig-Berlin-Zürich, Teubner et Füssli, 1911.
—, « Novae demonstrationes circa resolutionem numerorum in quadrata ». *Acta Erud.*, 1773.
EVGRAFOV M., (s.d.) *Recueil de problèmes sur la théorie des fonctions analytiques*. Moscou, MIR, 1974.
FARRINGTON B., *La science dans l'Antiquité*. Paris, Payot (Petite Bibliothèque Payot, n° 94), 1967.
FAURE A., *Essai sur la théorie et l'interprétation des quantités dites imaginaires*. Paris, Mallet-Bachelier, 1845.
FEARNLEY-SANDER D., « Hermann Grassmann and the Creation of Linear Algebra », *Am. Math. Monthly* 86 (1979), 809-817.
—, « Hermann Grassmann and the Prehistory of Universal Algebra », *Am. Math. Monthly* (1982), 161-166.
FINE H. B., *The number system of algebra*. Boston and N.Y., 1890.
FLAMENT D., « La "lineale Ausdehnungslehre" (1844) de Hermann Günther Grassmann », *Lectures Notes in Physics*, 402 (1992), *1830-1930 : A Century of Geometry*, 205-221.
—, Hermann Günther Grassmann, La science de la grandeur extensive ; la *Lineale Ausdehnungslehre*, A. Blanchard, Paris, 1994.
—, « Quelques étapes de la constitution du nombre complexe », *in* Lelong, P., Stora, R. (éd.), *Géométrie complexe*, Paris, Hermann, 1996, p. 241-269.
—, (s.d.), *Le nombre une hydre à* n *visages. Entre nombres complexes et vecteurs*. Paris, Éditions de la Maison des Sciences de l'Homme, 1997.
FLOYD W. F., « Graphical representation of complex numbers ». *Nature*, 135 (1935), p. 224.
FORDER H. G., *Calculus of Extension* ; Cambridge, 1941 (rééd. Chelsea, N. Y., 1960).
FORSYTH A. R., *Theory of functions of a complex variable*. Cambridge, 1893.
FOURIER J., *Théorie analytique de la chaleur*. Paris, 1822.
FRAENKEL A. A., « The instuitionistic revolution in mathematics and logic ». *Bull. Res. Counc. Israel*, 3 (1954) 283-289.
FRANÇAIS J. F., « Nouveaux principes de géométrie de position et interprétation des symboles imaginaires ». *Ann. de Math.*, t. IV, p. 61-71 (voir aussi Argand, *op. cit.* 12, Appendice, 63-74).

—, *Mémoire sur le mouvement de rotation d'un corps solide libre autour de son centre des masses.* Paris, Vve Courrier, 1813.

FRANCHINI F., *Saggio sulla storia delle Matematiche*. Luca, 1821.

FREND W., *The principles of Algebra*. London, 1796.

—, *The true theory of Equations established on mathematical demonstration*. London.1799.

FREUDENTHAL, H. article « Cauchy » *Dictionnary of the Scientific Biography*, vol. III, pp. 131-148.

FRIEDRICHS K. Otto., *From Pythagorus to Einstein*. N.Y., 1965.

FROBENUIS G., « Ueber lineare substitutionem und bilineare Formen ». *J. de Crelle*, t. LXXXIV (1878) 59-63.

FUSS P. H., *Correspondance mathématique et physique de quelques célèbres géomètres du XVIII*e *siècle* ; 2 vol. Académie de Saint-Petersbourg, 1843.

FUSS P. H. et SCHUBERT F.T., « Mémoires posthumes de L. Euler ». *Mémoires de l'Académie des Sciences de Saint-Petersbourg,* t. II, 1830.

GALOIS É., *Ecrits et Mémoires mathématiques*. (Éd. R. Bouvigne et J. Y. Azra). Paris, Gauthier-Villars, 1962.

GARBAYO E. M., *Control ideológico de la invención matemática*. Barcelona, 1978.

GAUSS C. F., *Werke*, 12 vol. Göttingen, 1870-1927.

—, *Recherches artihmétiques* ; trad. Poullet-Delisle. Paris, 1807.

—, *Théorie du mouvement des corps célestes parcourant des sections coniques autour du Soleil* (trad. du *Theoria motus*). Paris, Bertrand, 1864,.

—, *Recherches générales sur les surfaces courbes* ; trad. française. Grenoble, 1855 (2e éd., 1870.).

—, *Méthode des moindres carrés. Mémoires sur les combinaisons des observations* (Trad. J. Bertrand) ; Paris, Mallet-Bachelier, 1855.

—, « Theoria residuorum biquadraticorum commentatio secunda » (15.04.1831). *Werke* 2, *Göttingue Acad.*, 1876, p. 95. *Werke 2,* Göttingue Acad. (1876) 169-178.

—, « Journal mathématique de Gauss ». *Rev. Hist. Sci.*, t. IX, n° 1 (Janvier-Mars 1956), P.U.F., 23-51.

GELFAND L. *et al.*, *El método de coordenadas* ; 3e éd. Moscou, MIR, 1981.

GERICKE H., *Geschichte des Zahlbegriffs*. Manheim, 1970.

GIBBS J. W., « Multiple algebra ». *Proc. of the Amer. Asso. for the Adv. of Sc.*, 1886.

GILAIN Ch., « Sur l'histoire du théorème fondamental de l'algèbre : théorie des équations et calcul intégral », *Archive for History of Exact Sciences*, 42 (1991), 91-136.

—, « Le théorème fondamental de l'algèbre et la théorie géométrique des nombres complexes », *in* D. Flament (s.d.) *Le nombre une*

*hydre à* n *visages. Entre nombres complexes et vecteurs.* Paris, Éditions de la Maison des Sciences de l'Homme, 1997, pp. 51-73.
GIRARD A., *Invention nouvelle en algèbre.* Amsterdam, 1629.
—, « La trigonométrie d'A. Girard (La Haye, 1629), par Bosmans, H. *Mathesis*, pp. 337-348 ; 385-392 ; 433-439, Bruxelles, 1926.
GODBILLON C., *Géométrie différentielle et Mécanique analytique.* Paris, Hermann, 1969.
GODEAUX L., *Les Géométries.* Paris, A. Colin, 1937.
COMPERTZ B., *The principles and applications of imaginary quantities.* London, 1817-1818.
GONSETH F., « La réalité et la vérité mathématique ». *Scientia* I, X (1934), LVI, 313-325.
GONSETH F., *Les mathématiques et la réalité : Essai sur la méthode axiomatique* (1936). Paris, Rééd. A. Blanchard, 1974.
—, « Analogie et modèles mathématiques ». *Dialectica*, XVII (1963), n.n. 2/3, 119-151.
GRAEFE E., « Point and line calculus, with special reference to parallels ». *Arch. Mth. B.*, 15 (1895), p. 34 ; vii.
GRAHAM R. H., *Geometry of Position.* London, 1891.
GRANGER G. G., « Logique, langage, communication ». *Mélanges Bachelard*, Paris, P.U.F., 1957, 31-57.
—, *Essai d'une philosophie du style.* Armand Colin, Paris, 1968 (En particulier le chap. IV, *Naissance du style vectoriel*).
—, *La méthode aristotélicienne de la science.* Paris, Aubier-Montaigne, 1976.
GRASSMANN H. (fils), *Projektive Geometrie der Ebene, unter Verwendung der Punktrechnung dargestellt*, 2 vol. Leipzig, 1909-1923.
—, « Über die Verwertung der Streckenrechnung in der Kreiseltheorie », *Sitzungsberichte der Berliner mathematischen Gesellschaft*, 8 (1909), 100-114.
GRASSMANN H. G., *Theorie der Ebbe und Flut*, 1840 ( cf. [51], vol. III,1, 1-238).
—, *Die lineale Ausdehnungslehre, eine neuer Zweig der Mathematik, dargestellt und durch Anwendungen auf die übrigen Zweige der Mathematik, wie auch auf die Statik, Mechanik, die Lehre vom Magnetismus und die Krystallonomie erläutert.* Verlag von Otto Wigand, Leipzig, 1844 (rééd., Otto Wigand, Leipzig, 1878 ; voir aussi, [51], vol. I,1, 2-292).
—, « Kurze Uebersicht über das Wesen der Ausdehnungslehre », *Archiv der Mathematik und Physik* (Grunert) 6 (1845), 337-350 (voir aussi, [51], vol. I,1, 297-312).
—, « Neue Theorie der Elektrodynamik », *Annalen der Physik und Chemie* (Poggendorff), 64 (1845), 1-18 (voir aussi, [51], vol. II, 2, 147-160).

—, *Die Geometrische Analyse geknüpft an die von Leibniz erfundene geometrische Charakteristik.* Leipzig, 1847 (voir aussi, [51], vol. I, 1, 322-399).

—, « Grundsätze der stereometrischen Multiplikation », *Journal für die reine und angewandte Mathematik* (Crelle), 49 (1855), 10-20 (voir aussi, [51], II, 1, 145-154).

—, « Sur les différents genres de multiplication », *Journal für die reine und angewandte Mathematik* (Crelle), 44 (1855), 123-141 (voir aussi, [51], II, 1, 199-217).

—, *Die Ausdehnungslehre. Vollständig und in strender Form bearbeitet*, Berlin, 1862 (voir aussi, [51], vol. II, 1-382).

—, « Die neuere Algebra und Ausdehnungslehre », *Mathematischen Annalen*, 7 (1874), 538-548 (voir aussi, [51], II, 1, 258-267).

—, « Zur Elektrodynamik » (10 janv. 1877), *Journal für die reine und angewandte Mathematik* (Crelle), 83 (1877), 57-64 (voir aussi, [51], II, 2, 203-210).

—, « Die Mechanik nach den Prinzipien der Ausdehnungslehre », *Mathematischen Annalen*},12 (1877), 222-240 (voir aussi, [51], II, 2, 46-72).

—, « Der Ort der *Hamilton*schen Quaternionen in der Ausdehnungslehre », *Mathematischen Annalen*,12 (1877), 375-386 (voir aussi, [51], II, 1, 268-282).

—, *Gesammelte mathematische und physikalische Werke.* Ed. F. Engel. 3 vols. en 6 parties, Leipzig, 1894-1911.

—, *La science de la grandeur extensive. La* Lineale Ausdehnungslehre.Préface de D. Flament, traduction française de B. Bekemeier et D. Flament, revue par E. Knobloch. Paris, Librairie A. Blanchard, 1994.

—, *Raumlehre fuer Volksschulen, Ebene raeumliche Verbindungslehre*, Berlin, 1817.

—, *Raumlehre fuer die untern Klassen der Gymnasien, und fuer Volksschulen, Ebene raeumliche Groessenlehre*, Berlin, 1824.

—, « Combinatorische Entwicklung der Krystallgestalten », *Annalen der Physik und Chemie*, 30 (1836), « Ergaenzungsband », 1-43.

—, *Über den Begriff und Umfang des reinen Zahlenlehre, Programmschrift*, Stettin, 1827.

—, *Zur physischen Krystallonomie und geometrischen Combinationslehre*, Stettin, bei Friedr. Heinr. Morin, 1829.

—, *Lehrbuch der ebenen und sphärischen Trigonometrie*, Berlin, 1835.

GRAVES J. T., « An attempt to rectify the inaccuracy of some logarithmic formulae » (rééd 18.12.1828). *Philos. trans.* London, vol. 119 (1829) 171-186.

GRAVES R. P., *Life of Sir William Rowan Hamilton*. 3 vol., Dublin, 1882-1889.

—, *Addendum to the life Sir W. R. Hamilton*. Dublin, 1891.

GRAY J., « Around and around : quaternions, rotations, and Olinde Rodrigues », *in* D. Flament (s.d.) *Le nombre une hydre à* n *visages. Entre nombres complexes et vecteurs*. Paris, Éditions de la Maison des Sciences de l'Homme, 1997, pp. 89-101.

GREGORY D. F., « On the real nature of symbolical algebra ». *Trans. of the Roy. Soc. of Edinburg*, vol. XIV, part. I (1840) 208-216.

GREGORY J., *Tricentenary memorial volume, containing his correspondance with John Collins and his hitherto unpublished mathematical manuscripts*. London, H. W. Turnbull, 1939.

GROZA V. S., *A survey of mathematics : Elementary concepts and their historical development*. New York, Holt Rinchard and Winston, 1968.

GUA J. P., *Usages de l'analyse de Descartes pour découvrir, sans le secours du calcul différentiel, les propriétés... des lignes géométriques*. Paris, Briasson.

GUINCHAN M., *Pour comprendre et utiliser les nombres complexes*. Paris, Eyrolles, 1964.

HADAMARD J., *Essai sur la psychologie de l'invention dans le domaine mathématique*. Paris, 1959.

HAMILTON W. R., *The mathematical papers* (of). Cambridge Univ. Press. (1931-1967), vol. III, by H. Holberstam and R.E. Ingram, 1967.

—, « A collection of papers in memory of Sir William Rowan Hamilton ». *Scripta Mathematica Studies*, 2. New York, Yeshiva College, 1945.

—, *Lectures on Quaternions*. Dublin, 1853.

—, « Theory of conjugate functions, on algebraic couples with a preliminary and elementary essay on algebra as the science of pure time » (1835). *Irish Acad. Trans.*, XVII (1837) 519-422.

—, « On the conjugate functions or algebraic couples, as tending to illustrate generally the doctrine of imaginary quantities, and as confirming the results of Mr. Graves respecting the existence of two independent integers with complete expression fo the imaginary logarithm ». *Brit. Assoc. rep.* (1834) 519-523.

—, « Illustrations from geometry of the theory of algebraic quaternions ». *Irish Acad. Proc.*, III (1847) 31-49.

HANKEL H., *Theorie der complexen zahlensysteme*. Leipzig, Voss., 1867.

—, *Vorlesungen über die complexen Zahlen und ihre Functionen*. Leipzig, 1867.

—, *Esquisse historique sur la marche du développement de la nouvelle géomérie* ; (trad. de M. Dervuff). Paris, Gauthier-Villars, 1885.

HANKINS Th. L., « Algebra as pure time : W. R. Hamilton and the foundations of Algebra » (P. 327-359), *in Motion and time, space and matter : interrelations in the history of philosophy and science* (eds. P.K. Machamer et R.G. Turnbull). Columbus, Ohio, State Univ. Press., 1976.

—, « Triplets and triads : Sir William Rowan Hamilton on the Metaphysics of Mathematics ». *ISIS*, vol. 68, n° 242 (1977) 175-193.

—, *Sir William Rowan Hamilton*. The John Hopkins University Press, Baltimore and London, 1980.

HARRIOT Th., *Artis Analyticae Praxis*. London, 1631.

HASKINS Ch., *Studies in the history of medieval science*. Cambridge, Harvard Univ. Press., 1924.

HAWKINS Th. W., « Hypercomplex numbers, Lie groups and the creation of group representation theory ». *Arch. Hist. Exact. Sci.*, 8 (1972), pp. 243-287.

HEARDER H., *Europa en el siglo 19 desde 1830 hasta 1880*. Trad. espagnole de J. Garcia-Puente). Madrid, Aguilar, 1973.

HEATH A. E., « Hermann Grassmann. The Neglect of His Work. The Geometric Analysis and Its Connection with Leibniz "Characteristic" », *Monist*, 27 (1917) 1-56.

HEATH J., *Diophantus of Alexandria* ; (2e éd.). Cambridge, 1910.

HEMPEL C. G., *Matemática, verdad, realidad*. Barcelone, Grijalbo, 1974.

HERBRAND J., « Recherches sur la théorie de la démonstration ». *Trav. Soc. Sci. Lett. Varsovie*, cl. II, 1930.

HESSE M. B., « Boole and the algebra of logic ». *Notes Roy. Soc.* London, 12 (1956), 53-63.

HESTENES D., *Space-Time Algebra*, Gordon and Breach, New York, 1966 (1987)

—, *Unified Language for mathematics and Physics*. Inc. J. S. R. Chisholm and A. K. Common (eds), *Clifford Algebras and their Applications in Mathematical Physics*. D. Reidel Publ. Co. Dordrecht/Boston, 1986, pp. 1-23.

—, *New Foundations for Classical Mechanics*. D.Reidel Publ. Co. Dordrecht,/Boston, 1986 (3e éd. corrigée 1993)

—, « Universal Geometric Algebra », *Simon Stevin, A Quaterly Journal of Pure and Applied Mathematics*, 62 (1988), 3-4 (September-December) 253-274.

—, *The Design of Linear Algebra and Geometry*, *Acta Applicandae Mathematicae*, Kluwer Academic Publishers, 23, 1991, 65-93.

HESTENES D. et SOBCZYK G., *Clifford Algebra to Geometric Calculus*. D.Reidel Publ. Co. Dordrecht/Boston, 1984.

HOFMANN J. E. et BECKER O., *Histoire des mathématiques* (1951). Trad. française, Paris, 1956.

HÖRMANDER L., *An introduction to complex analysis in several variables*. New York, North-Holland Math. Lib., vol 7, 1973.

HOUËL G. T., *Théorie élémentaire des quantités complexes*. Paris, 1874.

HOUZEL Ch., « Fonctions elliptiques et intégrales abéliennes » (chap. VII), dans *Abrégé d'histoire des mathématiques, 1700-1900*. (s.d. J. Dieudonné), t. II, 1978.

HURWITZ A., « Über die Zahlentheorie des Quaternionen ». *Mathematische Werke*, vol. 2 (1993) 303-330.

International Association for promoting the Study of Quaternions and Allied Systems of Mathematics, Pennsylvania, June 1912.

ITARD J., *Arithmétique et théorie des nombres*. Paris, P.U.F. (« Que sais-je ? », n° 1093), 1973.

—, *Matériaux pour l'histoire des nombres complexes*. Paris, 1969.

—, « Hamilton et les quaternions ». *Bull. de l'A.P.M.E.P.*, n° 263-264 (octobre 1968), p. 309.

ITARD J. et DEDRON P., *Mathématiques et Mathématiciens*. Paris, Magnard, 1959.

JACQUIER et LESEUR, *Elémens du calcul intégral* ; 2 vol. Parme, Les héritiers Monti, 1768.

JAYAWARDENE S. A., « Unpublished documents relating to R. Bombelli in the Archives of Bologna ». *ISIS* (1963) 391-5.

—, « Rafael Bombelli, Engineer-Architect : Some unpublished documents of the Apostolic Camera ». *ISIS*, vol. 56, 3, n° 185 (1965) 298-306.

—, « The influence of the practical arithmetics on the algebra of Rafael Bombelli ». *ISIS*, vol. 674, n° 224 (1973) 23-74.

JEVONS W. S., *Pure logic, or the logic of quality apart from quantity : with remarks on Book's system and on the relation of logic and mathematics*. London, 1864.

—, *Pure logic and others minors works*. London and New York, éd. R. Adamson and H. A. Jevons (1890) 1-77.

JOLY C. J., « Homographic divisions of planes, spheres and space ». *Ir. Ac. P.*, 4 (1896-98), p. 515.

—, « Quaternions invariant of linear vector functions, and quaternion determinants ». *Ir. Ac. P.*, 4 (1896-98), p. 1.

—, « Vector expressions for curves ». *Cr. Ac. P.*, 4 (1896-98), p. 374.

—, « Hamilton's operator $\nabla$, applications in calculus of variations ». *Ir. Ac. P.*, 5 (1898-1900), p. 666.

JONES P. S., « Complex numbers : an example of recurring themes in the development of mathematics ». *Math. Teacher*, 47 (1964) 106-114 ; 257-263 ; 340-345.

JOURDAIN P., « The theory of functions with Cauchy and Gauss », *Bib. Math.* 3°s., 6 (1905), pp. 190-207.

—, « The origin of Cauchy's conception of a definite integral and of the continuity of a Function », *Isis* 1, (1913-1914) 661-703.

JOURDAIN Ph. E. B., « The function of symbolism in mathematical logic ». *Scientia*, 21 (1917), p. 1.

—, « L'influence de la théorie de la conduction de la chaleur de Fourier sur le développement des mathématiques pures ». *Scientia*, 22 (1917), trad. française de M. E. Philippi, pp. 79-89 (Supplément).

KANNENBERG Ll. C., *Hermann Grassmann. A New Branch of Mathematics ; The* Ausdehnungslehre *of 1844, and Other Works*. Open Court, Chicago and La Salle, 1995.

—, *Extension Theory. Hermann Grassmann* (Translated by Lloyd C. Kannenberg) *History of mathematics* Sources, vol. 19. American Mathematical Society, London Mathematical Society, USA, 2000.

KARGON R., « W. R. Hamilton, Michael Faraday, and the revival of Boscovichean atomism ». *Ann. of Physics*, 2 (1964) 792-5.

—, « W.R. Hamilton and Boscovichean atomism ». *J. of the Hist. Of Ideas*, 26 (1965) 137-140.

KARPINSKI L. Ch., *Robert of Chester's latin translation of the Algebra of Al-Khawarizmi with an introduction, critical notes and an English version*. New York, The Mac-Millan Company, 1915.

KAYE G. R., *Indian Mathematics*. Calcutta and Simla, Thacher, Spink and Co, 1915.

KEARNS D. A., *Math. Teacher*, 51 (1958) 373-374 (Wallis).

KIEFFER L., « Le plan complexe et les coordonnées isotropes ». *Rev. Janus*, 54 (1967) 207-211.

KLEENE S., *Introduction to metamathematics*. New York, 1952.

KLEIN F., *Vorlesungen über nicht-euklidische Geometrie*. Éd. Julius Springer, Berlin, 1928.

—, *Programme d'Erlangen*. Paris, Dunod et Gauthier-Villars (Coll. Méthode : M. Riback), 1974.

KLEINFELD E. et BRUCK R. H., « The structure of alternative division rings ». *Proc. Amer. Math. Soc.*, vol. 2 (1951) 878-90.

KLINE M., *Mathematical thought from Ancient to Modern times*. Oxford Univ. Press., New York, 1972.

KNOTT C. G., (Quaternion, and its depreciators). *Edimb. Mth. S.P.*, 11 (1893), p. 63.

KOENIG S., « Sur la véritable raison du défaut de la règle de Cardan ». *H.A.R.S.B.L.* de Berlin (1749) 180-192.

KOPPELMAN E., « The calculus of operations and the rise of abstract algebra ». *Arch. Hist. Exact. Sci.*, 8 (1972) 155-242.

KOYRÉ A., *Études d'histoire de la pensée scientifique*. Paris, Gallimard, 1973.

KRAFT F., *Abriss des geometrischen Calculs nach H. G. Grassmann*. Leipzig, 1893.

KÜHN H., « Meditationes de quantitatibus imaginariis construendis et radicibus imaginariis exhibendis ». *Mémoire de l'Acad. Saint-Petersbourg* (Novi commentarii, t. III), 1751.

KÜHN S. T., *La structure des révolutions scientifiques*. Paris, Flammarion, 1972.

KUMMER E., « Sur les nombres complexes qui sont formés avec les nombres entiers réels et les racines de l'unité ». *Journ. de Math.* (1), t. XII, 1847.

—, « Mémoire sur les nombres complexes composés de racines de l'unité et des nombres entiers ». *Journ. de Math.* (1), t. XIV, 1851.

LAGRANGE J. L., « Sur l'élimination des inconnues dans les équations ». *H.A.R.S.B.L.* de Berlin, (1769) 303-318.

—, « Réflexions sur la résolution algébrique des équations ». *H.A.R.S.B.L.* de Berlin (1770)134-215 ; (1771) 138-253.

—, « Sur la forme des racines imaginaires des équations ». *H.A.R.S.B.L.* de Berlin (1772) 222-258.

—, « Recherches sur la détermination du nombre des racines imaginaires dans les équations litérales ». *H.A.R.S.B.L.* de Berlin (1777) 111-139.

—, *Théorie des fonctions analytiques*. Paris, 1797.

—, *Leçons sur le calcul des fonctions*. Paris, 1801.

LAISANT C. A., (Mechanics, applications of quaternions). *Liouv. J. Mth.*, 3 (1877), p. 325.

—, *Introduction à la méthode des quaternions*. Paris, 1881.

LAKATOS I., *Pruebas y refutationes, la lógica del descubrimiento matemático* ; traduction espagnole. Madrid, A.U. 206, 1978.

—, *Matemáticas, cienca y epistemología* ; traduction espagnole. Madrid, A.U. 294, 1981.

LALANDE A., *Les théories de l'induction et de l'expérimentation*. Paris, Boivin, 1929.

LANCZOS C., *The variational principles of mechanics* ; (3e éd.) Toronto, 1966.

LARMOR J., « Historical note on Hamiltonian rays and dynamical action ». *Atti del Congresso Internazionale di Matematici*, 5 (1928), Bologna (1931) 79-82.

LAURENT H., *Sur les principes fondamentaux de la théorie des nombres et de la géométrie*. Evreux, imp. de C. Hérissey, 1902.

LAURENTIEV M. et CHABAT B., *Méthodes de la théorie des fonctions d'une variable complexe*. Moscou, MIR, 1972.

MACLAURIN C., *Traité de l'algèbre et de la manière de l'appliquer* ; traduction française. Londres, Lecrozi, 1748.

LEBESGUE H., « Notices d'histoire des mathématiques », *Monographies de l'Ens. Math.*, 4, Genève, 1958.

LEBLOND J. M., *Le temps et l'espace selon Aristote*. Padoue, 1965.

—, *Logique et méthode chez Aristote*. Paris, 1939.

LEGENDRE A. M. *Éléments de géométrie*, Paris, F. Didot, an II-1794.

LEIBNIZ G. W., *Werke*, ed. C.I. Gerhardt Halle. *Math. Schr.*, 3 (1885-6) 881-915.

—, *Marginalia in Newtoni principia mathematica*. Éd. E.A. Fellmann, traduction française de J. F. Courtine, Paris, Vrin, 1973.

LEIBNIZ G. W. et BERNOULLI J., *Commercium Philosophicum et Mathematicum* ; 2 vol. Lausanne et Genève, 1745.

LE LIONNAIS F., *Les grands courants de la pensée mathématique* (présentés par). Paris, A. Blanchard, 1962.

LEWIS A. C. H., « Grassmann's 1844 Ausdehnungslehre and Schleiermacher's Dialektik », *Annals of Science* 34 (1977), 103-162.

—, « Justus Grassmann's school programms as mathematical antecedents of Hermann Grassmann's 1844 *Ausdehnungslehre* », *Epistemological and Social Problems of the Sciences in the early 19th Century*, Jahnke, N. and Otte, M., Dordrecht, Boston/London, 1981, pp. 255-267.

LIBRI G., *Histoire des sciences mathématiques en Italie*. Tome III, Paris, 1840.

LIPSCHITZ Ch., *Untersuchungen über die Summen von Quadraten*. Bonn, 1886.

LONGCORE R., *A survey of mathematics elementary concepts and their historical development*. New York, 1968.

LORENZO J. (de), *Introduccion al estilo matemático*. Madrid, Technos, 1971.

LORIA G., « L'enigma dei numeri imaginari attraverso i secoli ». *Scientia*, 21 (1917) 101-121.

—, « Lo spettro dell' imaginari attraverso i secoli ». *Scientia*, 22 (1917) 3-15.

—, « A. L. Cauchy in the history of analytic geometry », *Scripta Mathematica*, 1, 1932, 123-128.

—, « Le rôle de la représentation géométrique des grandeurs aux différentes époques de l'histoire des mathématiques ». *Rev. Méthaphy. Morale*, 146 (1939) 57-64.

LOTZE A., *Die Grundgleichungen der Mechanik, neu entwickelt mit Grassmanns Punktrechnung*. Leipzig, 1922.

—, *Punkt- und Vektorenrechnung*. Berlin-Leipzig, 1929.

LOVE, A. E. H. *A treatise of the mathematical theory of elasticity*, Oxford, (1927).

LUSTERNIK L. A. et PETROVA S. S., « Les premières étapes du calcul symbolique ». *Rev. Hist. Sci. Appl.*, 25 (1972) 201-206.

MACCONNEL A. J., « The Dublin Mathematical School in the first half of the Nineteenth century ». *Proc. Ir. Ac.*, vol. L, (1945) 75-88.

MACDUFFEE C. C., « Algebra's debt to Hamilton ». *The Scripta Mathematica Studies*, n° 2, *A collection of papers in memory of Sir William Rowan Hamilton*. N. Y. (1945) 25-36.

MACFARLANE A., *Lectures on 10 British mathematicians of the 19 century*. New York, 1916.

MAHONEY M.J., *The mathematial career of Pierre de Fermart*. Princeton, N.J., Princeton Univ. Press., 1973.

MALLIAVIN P., *Géométrie différentielle intrinsèque*. Paris, Hermann, 1972.

MAKSIMOVICH V. P., « Hamiltonian pairs, and generalized theory of complex variable ». *Kazan Nt., Ps. Math.*, p. 2 (1884), pp. i- ; p. 95.

MANSION P., « Gauss contre Kant sur la géométrie non-euclidienne ». *Mathesis*. 3e s., 8, supp. (Décembre 1908) 1-16. Et, *Rev. Néoscolastique*, 15 (1908) 441-443.

MARIE M., *Histoire des sciences mathématiques et physiques en 12 volumes*. Paris, 1883-1888.

—, *Discours sur la nature des grandeurs négatives et imaginaires et interprétation des solutions imaginaires en géométrie*. Paris, Carilian-Gœury et V. Dalmont, 1843.

—, *Théorie des fonctions de variables imaginaires*. Paris, Gauthier-Villars, 1874.

—, *Réalisation et usage des formes imaginaires en géométrie*. Conférences données au collège de Stanislas, à Sainte-Barbe à l'École de Sainte Geneviève et à l'École Monge. Paris, Gauthier-Villars, 1891.

MARKUSHEVICH A. I., « Curvas maravillosas ; Numeros complejos y representaciones conformes ; Funciones maravillosas ». Moscou, *Lecciones populares de matemáticas*, éd. MIR, 1977.

*Mathématique parlée par ceux qui l'enseignent*. Commission du Dictionnaire de l'A.P.M.E.P. *Bibliot. d'Ens. Math.*, 3, Paris, 1967.

MATHEWS J., « W. R. Hamilton's paper of 1837 on the Arithmetization of Analysis ». *Arch. Hist. of Exact. Sci.*, 19, n° 2, 1978.

MATZKA W., *Versuch einer richtigen Lehre von der Realitaet der Vorgeblich imaginären Grössen der Algebra oder einer GRUNDLEHRE von der Ablenkung algebraischer Grössenbeziehungen*. Prague, 1850.

MAZAHERI A., *Kushiyar (abu al hasan al gili) 971-1029 après J.C. Les origines persanes de l'arithmétique*. Paris, NICC, I.D.E.R.I.C., Études Préliminaires (8), 1975.

MEHMKE B., *Anwendung der Grassmann'schen Ausdehnungslehre auf die Geometrie der Kreise in der Ebene*. Stuttgart, 1880.

—, *Vorlesungen über Punkt- und Vektorenrechnung*, I. Leipzig-Berlin, 1913.

MERZ J. T., *A History of European Scientific Thought in the Nineteenth Century* ; 4 vol. (En particulier vol. I et II). Gloucester, Mass., Peter Smith, 1976.

MILLER, E. A., « Historical sketch of the development of the theory of groups of finits order », *Bib. Math.* 3°s., 10 (1909) 317-329.

MILLER G. A., « Fundamental facts in the history of mathematics ». *Sci. Mon.*, 21 (1925) 150-156.

—, « Motifs pour l'introduction des nombres négatifs » ; traduction J. P. Dunnur. *L'Ens. Math.*, 33 (1934) 221-226.

—, « Fundamental laws of operations in Mathematics ». *Science*, 91 (1940) 571-572.

—, « Laws relating to mathematical operations ». *Science*, 67 (1928), p. 104.

—, « Five fundamental concepts of pure mathematics ». *Sci. Mon.*, 19 (1924) 496-501, (traduction française, Histoire de cinq concepts fondamentaux des mathématiques ». *Ens. Math.*, 24 (1925), 59-69).

—, « On the history of determinants ». *Amer. Math. Mon.*, 37 (1930) 216-219.

—, « The evolution of group theory ». *Math. Teacher*, 57 (1964) 26-30.

—, « Historical note on negative numbers ». *Amer. Math. Mon.*, 40 (1933) 4-5.

MÖBIUS A. F., *Der Barycentrische Calcul.* Leipzig, Verlag von Johann Ambrosius Barth, 1827 (rééd. Georg Olms, Hildesheim-New York, 1976).

—, « Die Grassmann'sche Lehre von Punktgrössen und den davon abhängigen Grössenformen », *Gesammelte Werke*, vol. I, 613-633.

—, *Gesammelte Werke*, 4 vol., Leipzig, 1885-1887.

MOIVRE A. (de), *Miscellanea analytica de seriebus et quadraturis...* Londini, 1730.

—, « Equations of the 3th, 5th, 7th, 9th, etc. Powers solv'd analytically ». *Mémoire de la Roy. Soc. (The Philos. trans. of*, n° 309, p. 2368) ; From the year 1700 to the year 1780 (Abridg'd).

MONTEL P., *Les Mathématiques.* Article de l'Encyclopédie Française, t. I, Paris, 1937.

MONTUCLA J. F., *Histoire des Mathématiques* ; 4 vol. (1799-1802). Paris, réimp. A. Blanchard, 1968.

MORAZÉ Ch., « Le siècle de la curiosité ». *La science moderne de 1450 à 1800* ; t. II de Hist. Gén. des Sciences (s.d.r. Taton). Paris (1958) 425-432.

—, « Les structures temporelles ». *Sens et usages du terme structure dans les sciences humaines.* La Haye, Mouton, 1962.

—, *La Logique de l'Histoire.* Paris, Gallimard, 1967.

—, « Les Mythes, les Sciences et la raison commune ». *Revista de Historia Sao Paulo*, 100 (1974)399-428.

—, « Préface » à l' *Histoire comparée des numérations écrites* de G. Guitel. Paris, Flammarion, 1975, 7-16.

—, *La Science et les facteurs de l'inégalité : Leçons du passé et espoirs de l'avenir* (s.d.) Paris, Unesco, 1979.

— *et alii.*, *Le point critique*. Paris, P.U.F., 1980.

—, *Les origines sacrées des sciences modernes*. Paris, Fayard, 1986.

MOUREY C. V., *La vraie théorie des quantités négatives et des quantités prétendues imaginaires dédiée aux amis de l'évidence* (1828). Paris, Bachelier, (2e éd.), 1861.

MURNAGHAM F. D., « An elementary presentation fo the theory of quaternions ». *Scripta Mathematica Studies*, n° 2 ( »A collection of papers in memory of Sir William Rowan Hamilton »). New York (1945) 37-50.

MUSES Ch., « Explorations en Mathématiques ». *Impact*, 27 (1977) 71-91.

NAGEL E., « Impossible numbers ». *Stud. of the Hist. of Ideas*, 3 (1935) 429-476.

NEPER J., *De Arte logistica Joannis Naperi Merchistonii Baroni Libri qui supersunt*. Edinburgh, 1839.

NETTO E., « Le théorème fondamental ». *Ency. des Sci. Math.*, éd. française, t. I, vol. 2, fasc. 1, 1907.

NEWTON I., *The mathematical papers of Isaac Newton* ; vol. I, 1664-1666 (éd. Whiteside). Cambridge, Univ. Press., 1967.

NEVILLE E. H., « Time and the Mathematician ». *Sci. Math.*, 5 (1938) 171-175.

NICOLE F., *Mémoire de l'Histoire de l'Académie des Sciences de Paris*, 1738.

—, *Mémoire de l'Histoire de l'Académie des Sciences de Paris*, 1741, p. 25.

NIKLITSCHEK A., *El prodigioso jardin de las matemáticas* ; traduction espagnole de A. Fonts. Barcelona, Atalaya, 1943.

NORDON D., *Les Mathématiques pures n'existent pas !* Le Paradou, éd. Actes Sud, 1981.

NOVY L., « L'École Algébrique Anglaise ». *Actes du XIIe Congrès Int. Hist. Sci.* (1968), t. I, Paris, A. Michel, (1968) 211-222.

—, *Origins of Modern Algebra*. Leyden, 1973.

OCAGNE M. (d'), *Histoire abrégée des sciences mathématiques*. (Ouvrage recueilli et achevé par R. Dugas). Paris, Vuibert, 1955.

O'DONOGHUE D. J., *The poets of Ireland*. London, 1912.

OHM M., *Versuch eines vollkommen consequenten Systems der Mathematik*. Berlin, 1829.

O'MAY K., « The Impossibility of a Division Algebra of Vectors in Three Dimensional Space ». *Amer. Math. Mon.*, 73 (1966) 289-291.

OTTE M., « The Ideas of Hermann Grassmann in the Context of the Mathematical and Philosophical Tradition since Leibniz », *Historia Mathematica* 16 (1989), 1-35.

PACIOLI L., *Summa de arthmetica geometrica proportioni et proportionalita*. Venice, 1494.

PAINLEVÉ, P. *Analyse des travaux scientifiques jusqu'en 1900*. Paris, A.Blanchard, 1967.

PATERSON J., (Quaternions, geometry of). *Camb. and Dublin Mth. J.*, 9 (1854), p. 241.

PATY M., « D'Alembert : Science et philosophie à l'époque des Lumières ». *La Recherche*, 152 (1984) 166-177.

PEACOCK G., « Arithmetic ». *Article de l'Ency. of Pure Math.* London, 1847.

—, « Report on the recent progress and present state of certain branches of analysis ». *Brt. A. A. S.* (1833) 185-352.

—, *Treatise on Algebra*. Cambridge, 1830.

—, *A Treatrise on Algebra* ; vol. I : « Arithmetical Algebra ». Cambridge, 1842. Vol. II : « On symbolical Algebra and its applications to the geometry of Position ». Cambridge, 1845 (Reprint, N.Y., 1940).

—, *Miscellaneous works...* ; vol. I-II, *including his scientific memoirs*. 1855.

PEANO G., *Calcolo geometrico secondo l'Ausdehnungslehre di Grassmann, preceduto dalle operazioni della logica deduttiva*, Torino, 1888.

—, « Gli elementi di calcolo geometrico », *Opere Scelte*, vol. III, opuscolo n° 30 (1891) 41-69.

—, « Saggio di calcolo geometrico », *Opere Scelte*, vol. III, opuscolo n° 90 (1895-1896) 167-186.

—, « Elenco bibliografico sull' "Ausdehnungslehre" di H. Grassmann », *Rivista di matematica*, 5 (1895) 179-182.

—, « Importanza dei simboli in matematica ». *Scientia*, 18 (1915) 165-173.

PEIRCE C. S., « Upon the logic of mathematics ». *Proc. Amer. Acad. of Arts and Sci.*, VII, 1865-1868.

—, « On the Algebra of Logic ». *Amer. J. of Math.*, 3, 1880.

—, « On the relative forms of the Algebras ». *Amer. J. of Math.*, 4 1881.

—, « On the Algebras in which division is unambiguous ». *Amer. J. of Math.*, 4, 1881.

—, « On the Algebra of Logic ». *Amer. J. of Math.*, 7, 1884.

PERNA A., « Use of $\sqrt{-1}$ and alternate numbers *i, j, k,* in study of infinitesimal deformations ». Palermo, *Cir Mt. Rd.*, 12 (1898), p. 322.
PETRONIEVICS B., « Les lois fondamentales de l'addition arithmétique et le principe de l'induction mathématique ». *Rev. Gén. Sci.*, 35 (1924) 358-365.
*Philosophical Transactions* (The) from the year 1700 to the year 1720, London.
*Philosophical Transactions* (The) of the Royal Society of London. For Lochyer Davis, 1776-1891.
*Philosophical Transactions* (The). Abridged and disposed under general heads... London, 1665-1750.
*Philosophical Transactions* (The) for the months of July, August and September. London, 1717.
PIAGET J., *Traité de logique. Essai de logistique opératoire*. Paris, A. Colin, 1949.
PIAGET J., (s.d.) *Logique et connaissance scientifique*. Dijon, Encyclopédie de la Pléiade, 1976.
PIAGGIO H.T. H., « The significance and development of Hamilton's quaternions ». *Nature*, 152 (1943) 553-555.
PIEPER H., *Die komplexen Zahlen ; Theorie. Praxis. Geschichte*. Deutscher Verlag der Wissenschaften, Berlin, 1991.
PLÜCKER J., *Analytisch-geometrische Entwicklungen...* Essen, 1828-1831.
POINCARÉ H., *Des fondements de la géométrie*. Paris, 1921.
—, *La valeur de la science*. Paris, Flammarion, 1905.
—, « Les mathématiques et la logique ». *Rev. Métaph. Morale*, 13 (1905), pp. 815-835. Et *Rev. Métaph. Morale*, 14 (1906) 17-34.
—, *Science et Méthode*. Paris, Flammarion, 1908.
—, « La logique de l'infini ». *Rev. Métaph. Morale*, 17 (1909) 461-482.
—, *La Science et l'Hypothèse*. Paris, Flammarion (réimp.), 1968.
—, *Dernières pensées*. Paris, Flammarion, 1913.
—, *Œuvres*, 11 vol., Gauthier-Villars, Paris, 1916-1956.
POLYA G., *Induction and analogy in mathematics*, 2 vol. (1. of mathematics and plausible reasoning ; 2. Patterns of plausible inference). Princeton, Univ. Press., 1954.
POMEY J. B., *Application des imaginaires au calcul vectoriel*. Paris, Gauthier-Villars, 1933.
PRASAD G., *Some great mathematicians of the 19th century*, 2 vol. Benares, 1933-34.
PRESTET T., *Nouveaux élémens de mathématiques* ; T. II. Paris, 1689.
PYCIOR H. M., « The role of Sir W.R. Hamilton in the developement of British modern Algebre ». *Diss. Abstr. Int.*, 37 (1976), p. 1184.
—, « G. Peacock et les origines anglaises de l'algèbre symbolique », *Historia mathematica*, 1981.

PYEVSON L., « Mathematics... Singular or Plural ? », *Hist. Math. Can.*, 2 (May, 1975) 197-199.

RASHED R., *Entre arithmétique et algèbre ; recherches sur l'histoire des mathématiques arabes*. Paris, Les Belles Lettres, 1984.

—, *Sharaf al-Tūsī, œuvres mathématiques. Algèbre et géométrie au XII^e siècle*. 2 tomes, Paris, Les Belles Lettres, 1986

REY A., *L'Apogée de la science technique grecque : l'essor de la Mathématique*. Paris, A. Michel, 1948.

REY PASTOR J., « La systématisation de la géométrie au moyen de la théorie des groupes ». *Scientia*, 23 (1918) 413-422.

REY Y HEREDIA J. M., *Theoria trascendental de las cuantidades imaginarias*. Ménendez y Pelayo, s.d.

REYMOND A., *Histoire des sciences exactes et naturelles dans l'Antiquité gréco-romaine*. Paris, 1955.

RICHARD J., « Les principes des mathématiques et le problème des ensembles ». *Rev. Gén. Sci. Pures et Appl.*, 14, 1905.

RIEMANN B., *Œuvres Mathématiques*. Paris, réimp. A. Blanchard, 1968.

RIGAUD S. P., *Correspondence of scientific men...*, 2 vol. Oxford, 1841-42.

ROBERVAL G. (de), « Ouvrages de Mathématiques. » *Mémoires de l'Acad. Roy. des Sci.*, t. VI, Paris (1730) 1-478.

ROLLE M., *Traité d'algèbre*. Paris, 1690.

ROMEIN J. M., « The common human pattern ». *Cahiers d'Hist. Mond.*, IV (1958) 449-463.

ROSE P. L., « Études sur la renaissance des mathématiques en Italie, 1400-1600 ». Paris, *Thèse de 3^e cycle Histoire* (université Paris I), 1973.

ROSEN F., *The Algebra of Mohamed Ben Musa (Al Khawarizmi)*. London, 1831.

ROSENFELD B. A. Y SERGEEVA, N. D., Proyección estereográfica. *Lecciones populares de matemáticas*. Moscou, MIR, 1977.

ROTA G-C., BARNABEI M. et BRINI A., « On the Exterior Calculus of Invariant Theory », *Journal of Algebra*, 96, 1 (septembre 1985), 120-160.

ROWE D. E., « In search of Ghosts: Imaginary elements in nineteenth century geometry », *in* D. Flament (s.d.) *Le nombre une hydre à* n *visages. Entre nombres complexes et vecteurs*. Paris, Éditions de la Maison des Sciences de l'Homme, 1997, pp. 193-208.

ROWNING J., *A compendious of National Philosophy, with notes containing the mathematical demonstratiosn and some occasional remarks...* Cambridge, University Press., 1735.

RUSSEL B. et WHITEHEAD, A. N., *Principia Mathematica*, 3 vol. Cambridge, 1910-1913.

RUSSO F., « La constitution de l'algèbre moderne au XVIe siècle ». *Rev. Hist. Sci.*, 12 (1969) pp. 203 - 208.

SAINT VENANT Barré (de), « Mémoire sur les sommes et les différences géométriques ». *C. R. Acad. Sci.*, XXI (15 septembre 1845), p. 621.

SALMON G., « Arthur Cavley ». *Nature*, 28 (21 septembre 1883).

SARTON G., « Discovery of conical refraction by W. R. Hamilton and Humphrey Lloyd » (1833). *ISIS*, 17 (1939) 154-170.

—, « Grassmann- 1844 », *Isis*, 35 (1944) 326-330.

SCHEFFERS G.W., *Zurückführung complexen Zahlensysteme auf typische Formen, Habilitationschrift...* Leipzig, Druch von B.G. Teubner, 1891.

SCHEFFLER H., *Der Situationskalkul...* Brunswick, 1851.

SCHLEGEL V., *System der Raumlehre. Nach den Prinzipien der Graßmann'schen Ausdehnungslehre* Teubner, 2 vol., Leipzig, 1872-75.

—, *Hermann Grassmann, sein Leben und seine Werke*. Leipzig, 1878.

—, *Die Graßmannsche Ausdehnungslehre. Ein Beitrag zur Geschichte der Mathematik in den letzen 50 Jahren*. Leipzig, 1896.

SCHLOTE Karl-Heinz, « Des nombres complexes aux systèmes hypercomplexes. Histoire de la théorie des algèbres à ses débuts » (traduit de l'allemand par Jeanne Peiffer), *in* D. Flament (s.d.) *Le nombre une hydre à* n *visages. Entre nombres complexes et vecteurs*. Paris, Éditions de la Maison des Sciences de l'Homme, 1997, pp. 15-27.

SCHRÖDER E., *Die Algebra der Logik*, 3 vol., Chelsea, N. Y., 1966.

—, *Lehrbuch der Arithmetik und Algebra*. Leipzig, Teubner, 1873.

SCHUBRING G., « Ruptures dans le statut mathématique des nombres négatifs », *Petit x*, 12 (1986) 5-32.

—, « L'interaction entre les débats sur le statut des nombres négatifs et imaginaires et l'émergence de la notion de segment orienté », *in* D. Flament (s.d.) *Le nombre une hydre à* n *visages. Entre nombres complexes et vecteurs*. Paris, Éditions de la Maison des Sciences de l'Homme, 1997, pp. 1-14.

—, (s.d.), *Hermann Günther Grassmann (1809-1877): Visionary Mathematician, Scientist and Neohumanist Scholar*. Kluwer Academic Publisher, 1996.

SCHUSTER A., « The influence of mathematics on the progress of physics ». *Nature*, 25 (1882), p. 17.

SCRIBA C. J., « Report of the Sixteenth Colloquium on the History of Mathematics at Mathematical Research Institut Oberwolfach ». Germany (Blackforest), 18 to 23 Oct. 1971.

SEGNER J. A. (von), « Démonstration de la règle de Descartes, pour connaître le nombre de racines affirmatives et négatives qui peuvent se trouver dans les équations ». *H.A.R.S.B.L.* de Berlin (1756) 292-299.

SEGRE B., « The rise of algebra and the creation of algebraic geometry ». *Cah. Hist. Mond.*, 7 (1963) 383-406.

SEGUIER J. A. (de), *Théorie des groupes finis. Eléments de la théorie des groupes abstraits.* Paris, Gauthier-Villars, 1904.

SERRES M., « La querelle des Anciens et des Modernes en Mathématiques et en Épistémologie ». *Critique*, 1963, p. 1003.

SERRET J. A., *Cours d'algèbre supérieure* (3e éd.) Paris, Gauthier-Villars, 1866.

SERVOIS F. J., *Essai sur un nouveau mode d'exposition des principes de calcul différentiel...* Nîmes, P. Blachier Belle, 1814.

SESIANO J., « The Appearance of Negative Solutions in Medieval Mathematics », *Archive for History of Exact Sciences*, 32, 2 (1982), 105-150.

SHAPIN S. AND HILL S., « The Turner collection of the History of mathematics at the University of Keele » (collection d'ouvrages du XVe au milieu du XIXe siècles). *Brit. J. Hist. Sci.*, 6 (1973), n° 23.

SINÈGRE L., *Au-delà du temps pur : aspects géométriques, constructions et pratiques dans l'œuvre de Sir William Rowan Hamilton (1850-1865)*, thèse de Doctorat, université de Paris VII, 1994.

—, « Quelques essais pour multiplier les vecteurs au XIXe siècle », *in* D. Flament (s.d.) *Le nombre une hydre à* n *visages. Entre nombres complexes et vecteurs.* Paris, Éditions de la Maison des Sciences de l'Homme, 1997, pp. 119-138.

SMITH D. E., *Rara arithmetica* (1908). Chelsea publishing compagny, 4e éd., N. Y. , 1970.

—, « Sir W.R. Hamilton ». *Scripta Math.*, 10 (1944) 9-11.

—, *History of Mathematics*, 2 vol. N.Y., Reed, 1958.

—, *History of Modern Mathematics* (4e éd. augmentée). N.Y., J. Wiley and Sons, 1906.

—, *A source book in Mathematics*, 2 vol. 1959.

—, « Changes in elementary mathematical terms in the last three centuries ». *Sci. math.*, 3 (1935), 291-300.

SMITH H. J. S., « On the present state and prospects of some branches of pure mathematics ». *Proc. London Math. Soc.*, vol. VIII, n° 104 and n° 105, 1876.

SMITH P. F., « On Sophus Lie's representation og imaginaries in plane geometry », *American Journal of mathematics*, 25 (1903), 165-179.

SMOGORZHEVSKI A. S., Acerca de la geometria de Lobachevski. *Lecciones populares de matemáticas*. Moscou, MIR, 1978.

SOMMER, *Introduction à la théorie des nombres algébriques* (traduction française de A. Levy). Paris, Hermann, 1911.

SPOTTISWOODE W., (Quaternions, geometrical interpretation). *Phi. Mag.*, 37 (1850), p. 108.

STAECKEL, P. « Integration durch das imaginären Gebeit », *Bib. Math.*, 3° s., 1 (1900) 109-128.

STEPHENSON R. J., « Development of vector analysis from quaternions ». *Amer. J. Physics*, 34 (1966) 194-201.

STEVIN S., *Les Œuvres mathématiques...* Leyde, A. Girard, 1634.

STEWARD G. C., « On the optical writings of Sir W.R. Hamilton ». *Math. Gaz.*, 16(1932) 179-191.

STIFEL M., *Arithmetica integra.* Nüremberg, 1544.

STIRLING J., *Linear tertii ordinis Newtonianae...* (1717). Paris, Nouvelle édition de Duprat, 1797.

STOLZ Otto., *Vorlesungen über allgemeine Arithmetik, nach den neueren Ansichten*, 2 vol. Leipzig, Teubner, 1885-86.

STUDY E. et CARTAN É., « Les nombres complexes ». *Ency. Sci. Math.*, éd. française, t. 1, vol. 1, fasc. 3, 1908.

STURM R., SCHRÖDER E., et SOHNCKE I., « H. Grassmann. Sein Leben und seine mathematisch-physikalischen Arbeiten », *Mathematische Annalen*, 14 (1879), 1-45 avec une bibliographie de ses travaux.

SUREMAIN DE MISSERY A., *Théorie purement algébrique des quantités imaginaires et des fonctions qui en résultent, où l'on traite de nouveau la question des logarithmes des quantités négatives...* Paris, F. Didot, an IX-1801.

SYLVESTER J. J., *Nature*, 39 (janvier 1889), par A. Cayley.

—, *La forma del pensamiento matemático* (traduction espagnole). Barcelona, ed. Grijalbo, 1974.

SYNGE J. L., *Geometrical optics : an introduction to Hamilton's Method.* Cambridge, Univ. Press., 1937.

—, « Hamilton's Method in geometrical optics ». *J. Optical Soc. of America*, 27 (1937) 75-82.

—, The Life and Early Work of Sir William Rowan Hamilton. *Scripta Mathematica Studies, n° 2* (A collection of papers in memory of Sir William Rowan Hamilton). N.Y. (1945) 13-24.

TAIT P. G., « Quaternions and algebra of vectors ». *Nt.*, 43 (1891), p. 608.

—, *Elementary treatise on quaternion* (3e éd.). Cambridge, 1890.

TANNERY J., « La géométrie imaginaire et la notion d'espace ». *Rev. Philos.*, t. II, p. 433.

TARSKY A., « Sur la méthode déductive ». *Travaux IXe Cong. Int. Philos.*, VI Paris, Hermann (1937) 95-104.

—, *Logique, sémantique, métamathématique.* (1923-44). 2 vol. Paris, A. Colin, 1972.

TATON R., « L'École Polytechnique et le renouveau de la géométrie analytique », *Mélanges Koyré*, vol. 1.1964, Paris, Hermann, pp. 552-564.

—, « Les sciences exactes du XVIII^e au XIX^e siècles ». *Tableau de la Philo. Contemp.* par Weber et Huisman. Paris, Fiochebacher (1957) 563-589.

—, « L'évolution d'une opération : la multiplication ». *La Nature*, 76 (1948) 268-271.

—, (s.d.), *Histoire générale des sciences* ; vol. 2 (*La science moderne*), Paris, PUF, 1958.

—, « Sur les relations scientifiques d'A. Cauchy et d'É. Galois », *Rev. d'Hist. des Sciences*, t. XXIV (1971) 123-148.

TAYLOR B., *Methodus incrementorum directa et inversa*. Londini, 1715.

TEIXEIRA F. G., *Sur les problèmes célèbres de la géométrie élémentaire non résolubles avec la règle et le compas.* Coimbra Univ. (s.d.).

*Transactions philosophiques de la Société Royale de Londres*, traduites par M. de Bremond (puis par M. Demours) ; Nemours, 1731-1746.

TORRETTI R., *Philosophy of Geometry from Riemann to Poincaré* (1978), D. Reidel, Dordrecht, 1984.

TRUC A., *Introduction élémentaire à la Géométrie Lobatschewskienne* (avant-propos de J. Itard), 1957.

UHLER H. S., « On the numerical value of $i^i$ ». *Amer. Math. Mon.*, 28 (1921) 114-116.

VALLES M. F., *Des formes imaginaires en Algèbre. Leur interprétation en abstrait et en concret.* Trois parties en 2 vol. Gauthier-Villars, Paris, 1869-1876.

VALSON C. A., « *La vie et les travaux du Baron Cauchy* » (1868), 2 vol. Paris, réimp. A. Blanchard (préface de Ch. Hermite et avant-propos de R. Taton), 1970.

VANDERMONDE A., « Mémoire sur la résolution des équations ». *Hist. de l'Acad. Roy. des Sci.*, (1771), Paris (1774) 365-416.

VAN DER WAERDEN B. L., *Modern Algebra*, 2 vol. Berlin, Springer, 1930-31.

—, *A History of Algebra*. Berlin, Springer-Verlag, 1985.

VERDET E., *Leçons d'optique physique*, vol. V-VI (des œuvres de Verdet), Paris, 1869-1872.

VERLEY J. L., « La controverse des logarithmes des nombres négatifs et imaginaires », *Chantiers de Pédagogie Mathématique*, A.P.M.E.P, 34, septembre 1975 ; voir également dans les *Fragments d'histoire des mathématiques*, brochure APMEP, 41 (1981) 121-140.

VIÈTE F., *L'algèbre, effections géométriques et partie de l'Exégétique nombreuse de... Traduites du latin en français, où est adouté des*

*notes et commentaires et quantité de problèmes zététiques* par N. Durret, Paris, l'auteur, 1644.
—, *Algèbre*. Paris, L. Boulanger, 1636.
—, *Introduction en l'art analytique, ou nouvelle algèbre de F. Viète, œuvre dans laquelle sont vus les plus miraculeux effets des sciences mathématiques, tant des problèmes que théorèmes proposészen icelles, traduit en notre langue et commenté et illustré d'exemples*, par J. L. Sieur de Vaulezard. Paris, J. Jacquin, 1630.
VUILLEMIN J., *La Philosophie de l'Algèbre*. Paris, t. I, P.U.F., 1962.
—, *La logique et le monde sensible*. Paris, Flammarion, 1971.
WALLIS J., *A treatise of Algebra*. London, Playford, 1685.
—, *Opera Mathematica*. 3 vol. Oxoniae, 1693-1695.
WALMESLEY Ch., « Méthode de trouver les logarithmes de chaque nombre positif, négatif, ou même impossible ». *H.A.R.S.B.L.* de Berlin (1755) 397-400.
WARREN J., *Treatise on the geometrical interpretation of the square roots of negative quantities*. Cambridge, 1828.
—, « Consideration of the objections raised against the geometrical representation of the square roots of negative quantities ». *Philos. trans.* London, 119 (1829) 241-254.
—, « On the geometrical representation of the powers quantities, whose indices involve the square roots of negative quantities ». *Philos. Trans.* London, 119 (1829) 339-359.
WARUSFEL A., *Les nombres et leurs mystères*. Paris, Seuil, 1961.
WEIL A., « Foundations of Algebraic Geometry ». *Amer. math. Soc. Coll. Publ.*, 29 (1946), N.Y.
WESSEL C., *Essai sur la représentation analytique de la direction* (1797). Traduction française de H. G. Zeuthen, Copenhague et Paris, 1897.
WHITEHEAD A. N., *A Treatise on Universal Algebra with Applications*. Cambridge, Univ. Press, 1897 (rééd. Hafner, N. Y., 1960).
WHITTAKER E. R., « The Hamiltonian Revival ». *Math. Gaz.*, 24 (1940).
WHITTAKER E. T., « The sequence of ideas in the discovery of quaternions ». *Proc. Roy. Ir. Acad.* (1945) 93-98.
—, « W.R. Hamilton ». *Scientific American*, 190 (1954), 5, 82-87.
—, *A history of the theories of aether and electricity*, Édimbourg, 1951.
WILCKENS H. D., *Die Lehre von den entgegengesetzten Größen in neuem Gewande*. Braunschweig, 1800.
WILDER R. L., *Evolution of mathematical concepts : An elementary study*. N.Y., Wiley, 1968.
WILSON E. B., *Vector Analysis Founded Upon the Lectures of J. Willard Gibbs*. New York, 1901.

WILSON N., « On Hamilton's conception of algebra as the science of pure time ». *Actes du XIII*e *Cong. Int. Hist. Sci.*, 1971, 5 (1974) 108-112.

WINDRED G., « History of the theory of imaginary and complex quantities ». *Math. Gaz.*, 14 (1929) 533-541.

—, « History of mathematical Time ». *ISIS*, 19 (1933) 121-153 ; et *ISIS*, 20 (1933) 192-219.

WITJTHOFF W. A., « Analogue to quaternions in four dimensions ». *Amst. Ak. Vs.*, 6 (1898), p. 520.

YAGLOM I. M., *Les nombres complexes et leurs applications géométriques*. Paris, Dunod, 1966.

ZADDACH A., *Grassmanns algebra in der Geometrie, mit Seitenblicken auf verwandte Strukturen* BI Wissenschaftsverlag 1994.

ZERNER M., « L'installation de la variable complexe dans l'enseignement », *in* D. Flament (s.d.) *Le nombre une hydre à* n *visages. Entre nombres complexes et vecteurs*. Paris, Éditions de la Maison des Sciences de l'Homme, 1997, pp. 75-87.

ZEUTHEN H. G., *Forelaesning over matematikens historie*. Copenhague, 1893.

ZIEGLER R., *Die Geschichte der Geometrischen Mechanik im 19. Jahrhundert* Franz Steiner Verlag Wiesbaden GMBH, Stuttgart 1985

ZIWET A., « A Brief Account of H. Grassmann's Geometrical Theories », *Annals of Mathematics* II, No. 1. (September, 1885), 1-11 ; II, n° 2. (February, 1886).

ZOLOTAREFF G., « Sur la théorie des nombres complexes ». *J. de Math.* (3), t. VI (1880) 51-84 ; 129-166.

# Index des principaux symboles


| **Symboles** | **Significations** | **Pages** |
|---|---|---|
| ℞, | $\sqrt{\ }$ | p. 10,… (Chuquet) |
| m̃, p̃ | +, – | p. 10,… (Chuquet) |
| 3. p̃. ℞$^2$5. | $3+\sqrt{5}$ | p. 10 (Chuquet) |
| ℞$^2$ .1.$\frac{1}{2}$ . p̃ . ℞$^2$ .24. p̃ . ℞$^2$ 1.$\frac{1}{2}$ | $\sqrt{\frac{3}{2}+\sqrt{24}}+\sqrt{\frac{1}{2}}$ | p. 11 (Chuquet) |
| ℞$^2$ $12^4$ | $\sqrt[3]{12x^4}$ | p. 12 (Chuquet) |
| $12^{1\cdot\bar{m}}$ | $12x^{-1}$ | p. 12 (Chuquet) |
| $4^0\bar{p}\cdot\ 1^2$ est $3^1$ | $4+x^2=3x$ | p. 13 (Chuquet) |
| $1^1$ est $\frac{3}{2}$ . p̃ . ℞$^2$ .2.$\frac{1}{4}$ . m̃ .4 | $x=\frac{3}{2}+\sqrt{\frac{9}{4}-4}$ | p. 13 (Chuquet) |
| co, ce, cu | $x, x^2, x^3$ | p. 19,… (Cardan) |
| 1. ce. p̃ .2.co——48 | $x^2+2x=48$ | p. 20 (Cardan) |
| aeq. , ——, | = | p. 20 (Cardan) |
| 1. quad. p̄ .2.pos.aeq.48 | $x^2+2x=48$ | p. 20 (Cardan) |
| quadr. quad.; ce.ce, … | $x^4$ | p. 20 (Cardan) |
| ℞m : | $\sqrt{-}$, $\sqrt{-}$ | p. 22 (Cardan) |
| p: , m: | +, – | p. 22 (Cardan) |
| 5p:℞m:15 | $5+\sqrt{-15}$ | p. 22 (Cardan) |
| R.q.2 | $\sqrt{2}$ | p. 23 (Bombelli) |
| R.q.2 via R.q.6 fa R.q.12 | $\sqrt{2}\cdot\sqrt{6}=\sqrt{12}$ | p. 23 (Bombelli) |
| $\underset{\smile}{0}$, $\underset{\smile}{1}$, $\underset{\smile}{2}$, $\underset{\smile}{3}$ | $1, x, x^2, x^3$ | p. 23 (Bombelli) |
| R.c. | $\sqrt[3]{\ }$ | p. 24 (Bombelli) |
| p.dm, m.dm | $+\sqrt{-}, -\sqrt{-}$ | p. 25 (Bombelli) |
| 1 eguale à 15$\underset{\smile}{1}$.p.4$\underset{\smile}{0}$ | $x^3=15x+4$ | p. 26 (Bombelli) |
| R.c. ⌊ 2 p. dm. R.q. 121 ⌋ | $\sqrt[3]{2+\sqrt{-121}}$ | p. 27 (Bombelli) |

| **Symboles** | **Significations** | **Pages** |
|---|---|---|
| R.c. ⌊ 2 p. dm. R.q. 121⌋ | $\sqrt[3]{2-\sqrt{-121}}$ | p. 27 (Bombelli) |
| $\dfrac{B\text{in}A}{D}$ | $\dfrac{Bx}{D}$ | p. 30, … (Viète) |
| $l$ | $\sqrt{\ }$ | p. 30, … (Viète) |
| $l\dfrac{25}{3}$ | $\sqrt{\dfrac{25}{3}}$ | p. 30 (Viète) |
| $B \text{ in } \left\{\begin{matrix}\text{D quadratum} \\ +B \text{ in } D\end{matrix}\right\}$ | $B(D^2+BD)$ | p. 30 (Viète) |
| B in $\overline{\text{Dquad + BinD}}$ | $B(D^2+BD)$ | p. 30 (Viète) |
| addenda$^{a+b}_{\quad -d}$ | $(a+b)+(-d)$<br>$(=a+b-d)$ | p. 32 (Harriot) |
| $\surd - dddddd$ | $\sqrt{-d^6}$ | p. 33 (Harriot) |
| $eee = ccc + \surd - dddddd,$ | $x^3 = c^3 + \sqrt{-d^6}$ | p. 33 (Harriot) |
| $\begin{array}{c\|l} a-b & \\ a-c & = aa - ba \\ \hline & \quad\ \ - ca + bc \end{array}$ | $(x-b)(x-c)$<br>$= x^2 - bx - cx + bc$ | p. 33 (Harriot) |
| $\begin{array}{c\|l} a-b & \\ a+c & = aa - ba \\ \hline & \quad\ \ + ca - bc \end{array}$ | $(x-b)(x+c)$<br>$= x^2 - bx + cx - bc$ | p. 33 (Harriot) |
| $>, <$ | Supérieur à, inférieur à | p. 34 (Harriot) |
| ff | plus que | p. 35 (Girard) |
| § | moins que | p. 35 (Girard) |
| (2) esgale 6 (1) – 25 | $x^2 = 6x - 25$ | p. 36 (Girard) |
| 1 (4) esgale<br>4 (3) + 7 (2) – 34 (1) – 24 | $x^4 = 4x^3 + 7x^2 - 34x - 24$ | p. 37 (Girard) |
| $\sqrt{C\cdot\ a^3 - b^3 + abb}$ | $\sqrt[3]{a^3 - b^3 + ab^2}$ | p. 40 (Descartes) |
| $\infty$ | $=$ | p. 41, …(Descartes) |
| $z^3 \infty + az^2 + bbz - c^3$ | $z^3 = + az^2 + bbz - c^3$ | p. 41, …(Descartes) |
| $x^3 - 9xx + 26x - 24 \infty 0$ | $x^3 - 9xx + 26x - 24 = 0$ | p. 42 (Descartes) |

| Symboles | Significations | Pages |
|---|---|---|
| $x + \sqrt[3]{}[\frac{1}{2}q + \sqrt{}\left(\frac{1}{4}qq - \frac{1}{27}p^3\right)]$ $+ \sqrt[3]{}[\frac{1}{2}q - \sqrt{}\left(\frac{1}{4}qq - \frac{1}{27}p^3\right)] = 0$ | $x + \sqrt[3]{\frac{1}{2}q + \sqrt{\frac{1}{4}qq - \frac{1}{27}p^3}}$ $+ \sqrt[3]{\frac{1}{2}q + \sqrt{\frac{1}{4}qq - \frac{1}{27}p^3}} = 0$, | p. 53, … (Nicole) |
| $\overline{\frac{1}{2}q + \sqrt{}\left(\frac{1}{4}qq - \frac{1}{27}p^3\right)}^2$ | $(\frac{1}{2}q + \sqrt{}\left(\frac{1}{4}qq - \frac{1}{27}p^3\right))^2$ | p. 59, … (Nicole) |
| *l.y* et *l.–y* | log *y* et log *–y* | p. 84, … (Euler) |
| $i$ [=√–1] | $i$ [$=\sqrt{-1}$] | p. 321 (Euler) |
| ε | $\sqrt{-1}$ | p. 128, …(Wessel) |
| $\eta$, $\eta^2 = -1$ | $\eta \neq \varepsilon$ et $\varepsilon \perp \eta$ | p. 137, …(Wessel) |
| " | rotation | p. 138, …(Wessel) |
| (x + η y + ε z),,(cos I + ε sin I) | « rotation horizontale » d'un angle I du *Strecke* $x + \eta y + \varepsilon z$ | p. 139 (Wessel) |
| (x + η y + ε z),,(cos II + η sin II) | « rotation verticale » d'un angle II du *Strecke* $x + \eta y + \varepsilon z$ | p. 139 (Wessel) |
| $\overline{\mathrm{KE}}$ | « ligne dirigée » | p. 171, … (Argand) |
| $\overline{AKP}$ | angle AKP | p. 173, … (Argand) |
| $a_\alpha$ | « grandeur absolue donnée de position », $ae^{i\alpha}$ | p. 197 (Français) |
| signes « ~ » et « ∔ » | $+\sqrt{-1}$ et $-\sqrt{-1}$ | p. 179, … (Argand) |
| $a_0$ | $a$ | p. 199 (Français) |
| $1_o$ et $1_{\pm\pi}$ | + 1 et – 1 | p. 199 (Français) |
| $a.1_o$ et $a.1_{\pm\pi}$ | $+a$ et $-a$ | p. 200, … (Français) |
| $a \cdot e^{o\pi\sqrt{-1}}$ et $a \cdot e^{\pm\pi\sqrt{-1}}$ | $+a$ et $-a$ | p. 201 (Français) |
| $a_{+\frac{\pi}{2}}$ et $a_{-\frac{\pi}{2}}$ | $+a\sqrt{-1}$ et $-a\sqrt{-1}$ | p. 201 (Français) |
| $\lvert z \rvert = \sqrt{z\bar{z}} = \sqrt{a^2 + b^2}$ | module | p. 218 (Argand, Cauchy,…) |
| $\bar{z}$ | *conjugué* | p. 218 (Argand, Cauchy,…) |

| **Symboles** | **Significations** | **Pages** |
|---|---|---|
| $\begin{pmatrix}1\\1\end{pmatrix}^{\frac{1}{4}}$ | $\sqrt{-1}$ | p. 225 (Mourey) |
| $(\cos c + \sin c\sqrt{-1})^{\frac{1}{4}} = \begin{pmatrix}1\\1\end{pmatrix}^{\frac{1}{4}}$ ($c$ = circonférence d'un cercle de rayon égal à 1) | $\sqrt{-1}$ | p. 225, …(Mourey) |
| $\rho' = \log\rho = \log r + \theta\cdot\sqrt{-1}$ | « general hyperbolic logarithm » de $\rho$ | p. 226, … (Mourey) |
| $\underset{p}{\rho'} = v + \overline{\theta + pc}\cdot\sqrt{-1}$ | | p. 226, … (Mourey) |
| $\widehat{\mathrm{BAC}}$ | angle BAC | p. 237, … (Mourey) |
| $AB_r = AC$ | « le *chemin AB* devient le *chemin AC* » si l'on « verse *AB* de *r* », i.e., si l'on fait tourner *AB* autour de son origine *A* d'un angle r | p. 237, … (Mourey) |
| $AC = AB_{\frac{2}{3}}$ | | p. 239, … (Mourey) |
| $\acute{=}$ | égalité entre *angles directeurs* | p. 240, … (Mourey) |
| QC ·.· AB | « rapport directeur » de deux *chemins* quelconques | p. 242, … (Mourey) |
| $\frac{{}^{1}2 + \sigma}{n}$ | $\sqrt[n]{-1}$ | p. 246, … (Mourey) |
| $a + bi$ | nombre *complexe* | p. 264, … (Gauss) |
| $R_p, r_p, \ldots$ | quantités géométriques | p. 308, … (Cauchy) |
| $z = a + b\sqrt{-1}$ | variable imaginaire | p. 292, … (Cauchy) |
| $z = \rho(\cos\varpi + \sqrt{-1}\sin\varpi)$ | $\rho$ est module de $z$, $\omega$ est son *argument* | p. 297, … (Cauchy) |
| $l \equiv m \pmod{n}$ | congruence ($n$ = « module » ou « diviseur ») | p. 304 (Gauss) |
| $\varphi(x) = \chi(x)\ (\mathrm{mod.}\varpi(x))$ | équivalence ($\varpi(x)$ = « module » ou « diviseur") | p. 304 (Kummer) |
| $\varphi(x) \asymp \chi(x)\ \ (\mathrm{div.}\varpi(\mathrm{x}))$ | | p. 304 (Cauchy) |

| **Symboles** | **Significations** | **Pages** |
|---|---|---|
| $\asymp$ | « équivalence algébrique » | p. 304 (Cauchy) |
| $i$ | $\sqrt{-1}$ | p. 321 (Euler) |
| $Ax(a)$ | $x + a$ | p. 347, … (Gregory) |
| $Ax\,Ay\,(a) = Ay\,Ax\,(a)$ | $x + (y + a) = y + (x + a)$ | p. 347, … (Gregory) |
| $Ax\,(a) = Aa\,(x)$ | $x + a = a + x$ | p. 347, … (Gregory) |
| $Ax\,Ay\,(a) = A_{Ay(x)}(a)$ | $x + (y + a) = Ay\,(x) + a$ $= (y + x) + a$ | p. 347, … (Gregory) |
| A = B | « identité » entre moments de temps, ou « équivalence » entre dates | p. 367 (Hamilton) |
| A ≠ B | non-équivalence | p. 368 (Hamilton) |
| B < A | antériorité | p. 368 (Hamilton) |
| B > A | postériorité | p. 368 (Hamilton) |
| Θ | relation qui est « exactly the inverse or opposite » d'une relation donnée | p. 371 (Hamilton) |
| B – A = a | transition | p. 371, … (Hamilton) |
| B – A = a et A – B = Θa | | p. 371 (Hamilton) |
| Θ (Θa) = a | | p. 371 (Hamilton) |
| B = a + A. | | p. 372 (Hamilton) |
| ꓤ | $\frac{a}{b}$ = ꓤ $\frac{b}{a}$ | p. 383 (Hamilton) |
| $\gtreqless$ | | p. 384 (Hamilton) |
| $(A_1, A_2)$ | « moment-couple » | p. 388, … (Hamilton) |
| $(B_1 - A_1, B_2 - A_2)$ | « relation-couple » | p. 388, … (Hamilton) |
| $(a_1, a_2)$ | « step-couple » | p. 389, … (Hamilton) |

| **Symboles** | **Significations** | **Pages** |
|---|---|---|
| $\frac{(a\mathrm{a}_1, a\mathrm{a}_2)}{(\mathrm{a}_1,\mathrm{a}_2)} = a$ | *a* est un *nombre* ; $\mathrm{a}_1$ et $\mathrm{a}_2$ des « transitions » ou « steps » | p. 393 (Hamilton) |
| $(a_1, a_2)$ | « nombre-couple » | p. 394 (Hamilton) |
| $\mathrm{F}(a_1, a_2)$ | « Function-couple » | p. 405 (Hamilton) |
| $\underline{\mathrm{L}}$ | *lim* (limite) | p. 406 (Hamilton) |
| $\mathrm{F}(\alpha,0) = \mathrm{F}(\alpha) = \underset{0}{e}^{\alpha}$ | | p. 406 (Hamilton) |
| $\mathrm{F}(0,\alpha) = (\cos\alpha, \sin\alpha)$ | | p. 406 (Hamilton) |
| $(b_1,b_2) = (\underset{0}{e}^{a_1}\cos a_2, \underset{0}{e}^{a_1}\sin a_2)$ | | p. 406 (Hamilton) |
| $\not>$ | « non > », i.e ≤ | p. 406 (Hamilton) |
| $(a_1,a_2) = \mathrm{F}^{-1}(b_1,b_2)$ | $= (log_e\sqrt{(b_1^2 + b_b^2)}, \alpha + 2\omega\pi)$ | p. 407 (Hamilton) |
| $(a_{\underset{\omega}{1}},a_2)$ ou $\underset{0}{\mathrm{F}}^{-1}(b_1,b_2)$ | « valeur principale » du couple $(a_1,a_2)$ | p. 407 (Hamilton) |
| $(a_{\underset{\omega}{1}},a_2)$ ou $\underset{\omega}{\mathrm{F}}^{-1}(b_1,b_2)$ | | p. 407 (Hamilton) |
| $(1\underset{\omega}{,}0)^{\frac{1}{m}} = \mathrm{F}(0,\frac{2\omega\pi}{m})$ | | p. 408 (Hamilton) |
| $\left(b_1\underset{\omega}{,}b_2\right)^{\frac{1}{m}} = (b_1\underset{0}{,}b_2)^{\frac{1}{m}}(1\underset{\omega}{,}0)^{\frac{1}{m}}$ | | p. 408 (Hamilton) |
| $(1\underset{\omega}{,}0)^{\frac{1}{m}} = (\cos\frac{2\omega\pi}{m}, \sin\frac{\omega\pi}{m})$<br>$\omega = 0, 1, 2, ..., m-1$ | | p. 408 (Hamilton) |
| $\sqrt{(b_1,b_2)} = (b_1\underset{0}{,}b_2)^{\frac{1}{2}}$ | « racine carrée principale » du couple $(b_1,b_2)$ | p. 409 (Hamilton) |
| $\sqrt{(-1,0)} = (0,1)$ | | p. 410 (Hamilton) |
| $\sqrt{-1} = (0,1)$ | | p. 410 (Hamilton) |
| $(\mathrm{a},\mathrm{b}) = \mathrm{a} + \mathrm{b}\sqrt{-1}$ | | p. 411 (Hamilton) |

| | | |
|---|---|---|
| $x = \Re z$ et $y = \Im z$ | « partie réelle » et « partie imaginaire » de z = x +iy | p. 412 (Hamilton) |
| $i^2 = j^2 = k^2 = ijk = -1$ | « System of three different imaginary quantities » | p. 421 (Hamilton) |
| $Q = w + ix + jy + kz$ | *Quaternion Q* | p. 422 (Hamilton) |
| $\bar{Q} = w - ix - jy - kz$ | quaternion *conjugué* de *Q* | p. 422 (Hamilton) |
| $N(Q) = Q.\bar{Q} = w^2 - x^2 - y^2 - z^2$ $(= \bar{Q}Q)$ | « norme » de Q | p. 423 (Hamilton) |
| $Q^{-1} = \dfrac{\bar{Q}}{N(Q)} = \dfrac{w - ix - jy - kz}{w^2 + x^2 + y^2 + z^2}$ | *inverse* du quaternion Q | p. 423 (Hamilton) |
| $Q = \omega + \rho = SQ + VQ$ | Q = « scalaire » + « vecteur » | p. 427 (Hamilton) |
| $\mathbb{R}$ | corps des nombres réels | |
| $\mathbb{C}$ | corps des nombres complexes | |
| $\mathbb{Z}$ | anneau des entiers relatifs | |
| $\mathbb{Q}$ | corps des nombres rationnels | |
| $K[x]$ | anneau des polynômes à coefficients dans le corps K | |

# Index des noms

Abel, N. H., 61, 64, 69, 113, 249, 250, 252, 275, 277, 283, 284, 285, 326, 331
Aepinus, F. U. Th., 33, 34 (note 62)
al-Khw rizm , 9,19
Archimède, 9
Arenstein, J., 273
Argand, J.-R., 106,107, 112, 116, 142, 146, 147, 148 (note 61), 162-221, 222, 223, 231, 233, 234, 241, 242, 244, 245, 263, 268, 269, 273, 286, 290, 296, 300, 307, 318, 348, 387 (note 207), 403 (note 230), 417, 418, 445, 447
Arnold, V., 353 (note 105)

Babbage, C., 227, 334, 336, 338, 444
Bachelard, S., 39 (note 78), 295
Ballauf, L., 272
Banks, J., 335 (note 30)
Bekemeier, B., 420 (note 295)
Belhoste, B., 275 (note 86)
Bell, E. T., 7, 80 (note 146), 177 (note 103), 249, 253, 276, 277, 278 (nhote 93), 282, 284 (note 106), 352, 353, 356 (note 110), 365 (note 141)
Bellavitis, G., 220, 231, 271 (note 64), 318
Beman, W. W., 213 (note 164), 222, 262 (note 30), 268 (note 56), 270 (note 59), 322 (note 10)
Berkeley, J., 230, 324
Bernoulli, D., 336, 337
Bernoulli, J., 62, 80, 81, 82, 83, 87, 93, 94, 106, 107, 286
Bernoulli, N., 64, 70 (note 133), 84
Bertrand, J., 259
Bessel, F. W., 249 (note 2), 255, 262, 446
Bhaskara, 10, 63 (note 112)
Bierens de Haan, D., 35 (note 67)
Boi, L., 429 (note 295)
Bolyai, J., 182 (note 108), 261
Bolzano, B., 280, 281, 286
Bombelli, R., 22-28, 37, 38, 47, 62 (note 109), 63, 323, 387 (note 207), 439, 440
Boncompagni, 10 (note 7), 11 (note 10), 12 (notes 12 et 13)
Boole, G., 227, 320, 331, 350-352, 444, 445
Borel, É., 113, 280 (note 96), 444
Bortolotti, E., 9 (note 3), 22 (note 34), 27, 323 (note 12)
Bosmans, H., 30 (note 51)
Bougainville, L. A., 65 (note 122), 77, 78

Bourbaki, N., 21, 25, 26, 62 (note 108), 112, 163, 220, 250 (note 8), 252, 258, 261, 303 (note 157), 331, 332, 333, 431 (note 305), 443
Bréhier, E., 289 (note 121)
Bretschneider, C. A., 272
Brewster, D., 334
Brill, A., 279 (note 95)
Brounin, B. Rev., 373 (note 59)
Brouwer, L. E. J., 278
Brun, V., 110 (note 1)
Buée, A. Q., 146-162, 166, 172, 199, 200, 204, 221, 223, 226, 230 (note 199), 234, 273, 290, 331, 358, 378 (note 177), 444, 445, 296, 300, 307
Burkhardt, H., 279 (note 95)

Cahen, L., 335 (note 31)
Cajori, F., 10, 11, 19 (note 23), 20, 21 (note 33), 24 (note 37), 26 (note 44), 30, 31, 32, 33, 35 (note 68), 103, 106, 107
Cardan, J., 15, 16, 17, 18, 19-22, 35, 44, 47, 52, 63, 322
Carnot, L., 111, 152, 159, 161, 166, 223, 226, 286, 289
Carruccio, E., 279 (note 95)
Cartan, É., 32, 194 (note 124), 231, 387 (note 208), 413, 414 (note 248), 417 (notes 254 et 256), 431 (note 305), 434 (note 313)
Casanova, G., 436 (note 322)
Casorati, F., 279 (note 95)
Cauchy, A. L., 94, 95, 100, 107, 109, 111, 142, 147, 148, 163, 172, 217, 220, 230, 249, 250, 252, 259, 261, 263, 271 (note 63), 273-316, 318, 319, 330, 331, 335, 360, 374, 400, 402, 443, 445, 446, 447
Cayley, A., 278, 331, 351, 356 (note 113), 365, 366, 404, 428 (note 294), 429 (note 295), 433, 434, 436
Chatelain, Y., 277
Christensen, M. S. A., 113
Chuquet, N., 10-15, 19, 23, 36, 38, 110, 168
Clairaut, A.-C., 256
Clifford, W. F., 436
Clock, D., 345
Colburn, Z., 353
Colebrooke, H. T., 63 (note 112)
Colerus, 28 (note 48)
Colson, J., 52
Costabel, P., 34 (note 65)
Cotes, R., 61, 80, 106, 337
Coulson, Ch., 95 (note 1)
Courant, R., 279 (note 95)
Crelle, L., 250
Cuvier, E., 335 (note 30)

Dahan, A., 275 (note 86), 279 (note 95), 283 (note 103), 284, 286 (note 116), 292, 295, 301 (note 150), 304, 305 (note 166), 306
D'Alembert, J., 15, 38, 40 (note 81), 65, 68, 69 (note 127), 70-78, 83, 87, 89, 91, 93, 97, 138, 215 (note 167), 233, 260, 289, 326, 330, 333, 418, 440

De Morgan, A., 210, 221, 227, 231, 271 (note 63), 320, 331, 346, 348-350, 351, 357, 359 (note 123), 362, 365, 420, 428 (note 290), 430 (note 302), 431 (note 303), 444, 445
De Vere, A., 354 (note 107), 364
Dedekind, R., 325
Dedron, P., 11 (note 11)
Degen, C. F., 435 (note 315)
Del Ferro, S., 15, 26
Delachet, A., 337 (note 40)
Descartes, R., 21, 31, 34, 35, 38, 39-46, 58, 59, 64, 97, 98, 122, 124, 126, 127, 174, 203 (note 138), 440, 441
Dieudonné, J., 7, 252, 258, 265, 277, 279 (note 95), 282, 286 (note 116), 412 (note 245), 413, 428 (note 293), 429 (note 295), 434 (note 314), 435 (note 318), 436 (note 320)
Diophante, 31
Dirichlet, G. P. L., 277
Ditton, H., 336
Dixon, A. C., 271 (note 63)
D'Ocagne, M., 277
Drobisch, W. M., 272
Duddey, J. M., 338 (notes 44 et 46)
Dugac, P., 280 (note 96), 282, 286 (note 116), 292
Dupuy, M., 254 (note 17)
Durand, M.-J., 338, 345 (note 72)
Dyson, F. J., 436 (note 322)

Edgeworth, F., 356 (notes 111 et 113)
Edgeworth, M., 356 (note 113)
Eingram, R., 386 (note 201)
Einstein, A., 354
Eisenhart, C., 259
Eubulus (Rev. S. Butler), 335 (note 30)
Euclide, 222
Eudoxe, 385
Euler, L., 38, 51, 59, 60, 61, 62, 64, 65-68, 70 (note 134), 77, 80, 82, 83-93, 106, 107, 109, 134, 147, 166, 187, 189, 201, 215, 216, 250, 286, 289, 320, 321, 326, 330, 333, 335, 336, 337, 338, 418, 435 (note 315)

Fagnano, J. C., 87
Fagnano, J. F., 87
Faraday, M., 335 (note 31)
Faure, A., 307
Ferrari, G. B., 17, 21, 63
Flament, D., 429 (note 295)
Floyd, W. F., 132, 133
Fourier, J., 195, 282
Français, J. F., 164, 165, 196-211, 212, 213, 214, 217, 220, 221, 222, 223, 230, 231, 268, 273, 290, 296, 307, 318, 348, 387 (note 207), 417, 418, 419
Franz, M., 273

Frend, W., 95 (notes 160 et 161), 152, 223, 226, 287, 342
Freudenthal, H., 279 (note 95)
Frobenius, G., 417, 431

Galilée, G., 45 (note 94)
Galois, É., 249, 250, 252, 276, 277, 283, 284, 331
Garbayo Martinez, E., 437 (note 323)
Gauss, C. F., 6, 7, 38, 65, 68, 69 (note 127), 78, 79, 94, 95, 99, 107, 109, 111, 142, 146, 163, 207, 216, 220, 227, 233, 249-273, 274, 278, 280, 286 (note 117), 288, 295, 296, 301, 309, 316, 318, 319, 338, 353, 374, 386, 400, 442, 445, 446, 447
Gehardt, C. I., 62 (note 106)
Gergonne, J. D., 164, 184, 206-208, 213, 215, 216, 269, 273, 296, 318
Germain, S., 261
Gibbs, J. W., 436
Gilain, C., 69, 70 (note 134), 286 (note 115)
Girard, A., 34, 35-38, 39, 40, 51, 64
Gödel, K., 437 (note 323)
Goldbach, C., 435 (note 315)
Gompertz, B., 220
Grassmann, H. G., 7, 220, 301, 316, 429 (note 295), 430, 431, 436
Graves, C., 420, 424 (note 278)
Graves, J. T., 6, 147, 317, 331, 356 (note 110), 357 (note 114), 364, 367 (note 149), 386, 404, 420, 423 (note 273), 432, 433 (note 312), 434 (note 313), 435
Graves, R. P., 231(note 202), 356 (notes 110, 111, 112 et 113), 357 (notes 114 et 115), 364 (notes 136 et 137), 365 (note 139), 367 (note 149), 420 (note 264), 421 (note 268), 427 (note 286), 428 (note 290), 430 (note 302), 432 (note 309), 433
Gregory, D. F., 274, 291-293, 294, 295, 302 (note 21), 305, 362, 324, 345-347, 348, 350, 351, 358 (note 120), 362, 420
Gua, J. P., 64, 68 (note 126)
Guérindon, J., 428 (note 293), 429 (note 295), 434 (note 314), 435 (note 318), 436 (note 320)

Hadamard, J., 93 (note 158)
Halberstam, H., 386 (note 201)
Hamilton, W. R., 6, 7, 142, 147, 148, 163 (note 80), 165, 182, 183, 184, 210, 211, 217, 220, 221, 230, 249, 261, 266, 272, 301, 309, 316, 317-437, 445, 446, 447
Hankel, H., 163, 164, 207, 220, 281, 320 (note 7), 417 (note 253)
Hankins, Th. L., 423
Harriot, Th., 28-35, 37, 38, 39, 40, 63, 64
Hawkes, E.,325 (note 99)
Hayes, C., 336
Hearder, H.,337
Hegel, G. W., 253
Héron d'Alexandrie, 9
Herschel, J., 227, 337, 338, 444

Hilbert, D., 28 (note 48), 230, 279 (note 95)
Hobbes, Th., 175
Hodgson, J., 336
Houël, G. J., 104, 105, 163 (note 82), 209 (notes 153 et 154), 210 (note 155), 213 (note 163), 220, 221 (note 180), 225 (note 192), 226, 268, 417 (note 253), 430 (note 299)
Houzel, C., 259 (notes 24 et 25)
Hurwitz, A., 435 (note 318)
Huygens, C., 47

Infeld, L., 276 (note 87)
Itard, J., 11 (note 11), 26, 35 (note 68), 36 (notes 70 et 71), 37 (note 72), 81 (note 147), 250 (note 8), 285 (note 111), 293 (note 128)

Jacobi, C. G. J., 249, 433 (note 312)
Jones, Ph. S., 110 (note 11)
Jones, W., 51
Jourdain, P., 279 (note 95)
Juel, C., 113

Kant, E., 254 (note 16), 354, 356 (note 113), 357, 365 (note 139), 382 (note 184)
Karsten, G., 106, 107
Klein, F., 250, 258
Kline, M., 163 (note 79), 196 (note 126)
Koppelman, E., 331, 332, 333, 335, 338 (note 45), 343 (note 65), 344, 345, 348 (note 84), 349, 350 (notes 91, 92, 96 et 97), 351, 365 (notes 140 et 142), 385, 400 (note 226)
Kronecker, L., 303
Kühn, H., 100, 104, 105, 147, 156, 417
Kummer, E. E., 305

La Condamine, Ch. M., 256
Labey, J., 65 (note 124)
Lacroix, S. F., 227, 336, 338
Lagrange, J.-L., 20 (note 27), 21 (note 31), 78, 146, 194 (note 126), 278, 282, 286, 290, 335, 336, 337, 338, 358
Laisant, C. A., 231, 248
Lakatos, I., 282 (note 102), 285 (note 111)
Laplace, P.-S., 196 (note 126), 257, 278, 286, 289, 335, 336, 337
Lefschetz, S., 228 (note 196)
Legendre, A. M., 164, 196 (note 126), 198, 209, 233, 338 (note 46)
Leibniz, G. W., 47, 48, 62, 69, 70, 80, 81, 83, 87, 107, 147, 286, 288, 289 (note 121), 335, 336 (note 38)
Le Lionnais, F., 113 (note 16)
Libermann, P., 258
Libri, G., 15, 18, 20 (note 30), 21
Lie, S., 436
Lindemann, C. L. F., 80

Liouville, J., 284
Littré, É., 198 (note 131)
Lobatchevsky, N. I., 251, 252
Lorenzo, J., 284 (notes 107 et 108)
Loria, G., 10 (note 5), 48 (note 96), 63, 79, 109, 148 (note 58), 149, 225, 263, 279 (note 95), 288 (note 120), 319 (note 4), 320 (note 8), 440
Love, A. E. H., 279 (note 95)
Lübsen, H. B., 272

Mac Duffee, C. C., 360 (note 125), 400(note 226)
Maclaurin, C., 62, 324, 325, 333, 336, 337
Malus, É. L., 278
Mansion, P., 254 (note 16)
Marie, M., 29 (note 50)
Maizière, M. de, 206
Maseres, F., 223, 226, 287, 342
Matzka, W., 104, 165, 231, 272 (note 72)
Maupertuis, P. L., 256
McConnell, A. J., 425 (note 281)
Mercator, G. K., 324
Merz, J. T., 264 (note 38), 333 (note 25), 334 (notes 27 et 29), 355 (note 31 et 32), 337 (note 41)
Miller, E. A., 279 (note 95)
Möbius, A. F., 220, 318
Moivre, A (De), 48-52, 60, 106, 134, 188, 337
Monge, G., 111, 257, 279
Montucla, J.-É., 27, 32 (note 56), 33, 81, 106, 325, 326 (note 16), 328
Morgan, W., 146
Mourey, C. V., 165, 221, 229-248, 263, 269, 273, 288, 296, 307, 313, 314, 318, 348, 445, 446
Müller, F., 109
Müller, G. W., 272
Muses, C., 266 (note 45), 319 (note 3), 417 (note 256)

Néper, J. (Sir John Napier of Merchiston), 79, 357
Netto, E., 64 (note 119), 65 (note 121), 68
Newton, I., 34, 38, 46, 64, 83, 324, 335, 336, 340, 357
Nicole, F., 48, 52-61, 324
Noether, M., 279 (note 95)
Novy, L., 227 (note 194), 319 (note 5), 345, 347, 349 (note 89)

Ohm, M., 248, 358 (note 126), 362, 363
Olbers, H. W. M., 255
Oldenbourg, H., 48, 80
O'May, K., 424 (note 277)
Ozanam, J., 64 (note 118)

Pacioli, L., 19
Painlevé, P., 366

Pappus, d'Alexandrie, 41
Parmentier, M., 62 (note 106)
Pasch, M., 412 (note 244)
Peacock, G., 148, 149, 198, 202 (note 135), 210, 221, 227-229, 230, 248, 288, 319, 331, 332, 335 (note 30), 337, 338, 339, 340, 341-345, 346, 348, 351, 358 (note 120), 362, 363, 365, 444
Peirce, B., 436
Peirce, C. S., 431 (note 305)
Piazzi, G., 253
Picard, É., 285
Pincherle, S., 272
Playfair, J., 226, 332 (notes 23 et 24), 333, 334 (note 26)
Poincaré, H., 230, 251, 252, 253
Poisson, S.-D., 282
Pozniak, E. G., 258 (note 21)
Prestet, J., 52, 64
Pythagore, 28 (note 48), 155, 191

Rashed, R., 9 (note 4), 18 (note 22), 25 (notes 38 et 39)
Rey, A., 135 (note 46)
Reyneau, Chr. R., 64 (note 118)
Riemann, G. F. B., 252, 260, 295
Rivard, M., 264 (note 39)
Rolle, M., 52, 64
Rosen, F., 63 (note 111)
Rothe, P., 38, 64
Rowe, J., 336

Saint-Venant, A. Barré de, 307, 316
Salanskis, J.-M., 429 (note 295)
Scheffler, H., 273
Schneider, J., 372 (note 164)
Serret, J. A., 331 (note 20)
Servois, F.-J., 78, 214-217, 220, 273, 290, 296, 318, 417, 418, 420
Shakespeare, W., 252
Simon, R., 226, 287
Simpson, T., 324, 336
Sinègre, L., 421 (note 267)
Staeckel, P., 279 (note 95)
Stevin, S., 38, 40
Stifel, M., 38, 40
Study, E., 9, 14, 27, 81, 84 (note 153), 86 (note 155), 93 (note 159), 194 (note 124), 231 (note 204), 264 (note 39), 266 (note 47), 271 (note 64), 309, 320, 331 (note 21), 412 (note 244), 413 (note 247), 417 (note 256)
Sylvester, J. J., 331, 351

Tait, P. G., 431
Tartaglia, N., 18

Taton, R., 83 (note 152), 114 (note 20), 279 (note 96), 284, 293 (note 128), 324 (hote), 326 (note 17), 336 (notes 35 et 36)
Taylor, B., 324, 337
Thalès, 126
Thiele,T. N., 110 (note 12)
Toupin, R., 279 (note 95)
Transon, A., 240
Truel, D., 107, 172
Truesdell, C., 279 (note 95), 331 (note 20)

Ullherr, J. C., 273

Vaihinger, M. H., 289 (note 121)
Valentiner, H., 110 (note 12), 111, 112, 116
Vallès, F., 78, 307
Valson, C. A., 279 (note 95)
Varignon, P., 80
Verdet, E., 279 (note 95)
Verley, J.-L., 80 (note 146), 279 (note 95), 286 (notes 114 et 116), 289, 292
Viète,F., 28-35, 37, 38, 51, 63, 97, 126, 127, 174, 440
Vuillemin, J., 249 (note 1), 263, 266, 267

Wallis, J., 31, 33, 83, 100, 101, 102, 105, 109, 147, 160, 172, 208, 324
Walmesley, Ch., 107
Waring, E., 334, 337
Warren, J., 147, 165, 221-229, 263, 268, 273, 288, 296, 318, 331, 348, 426, 445, 446
Weber, W. E., 259
Weierstrass, K. T. W., 264, 272 (note 67), 281, 282, 286, 417 (note 253),
Wessel, C., 103 (note 4), 106, 107, 109, 110-146, 147, 149, 150, 162, 163, 164, 174, 184, 194, 195, 199, 207, 211, 220, 222, 223, 241, 244, 245, 260, 263, 273, 288, 348, 387 (note 207), 417, 418, 426 (note 285), 445, 447, 314, 317
Whewell, W., 334, 335 (note 30)
Whittaker, E. T., 279 (note 95)
Widman, I., 19 (note 25)
Wittstein, T., 272
Woodhouse, R., 226, 332 (note 23), 338 (note 45)

Zeuthen, H. G., 110 (note 12)

# Table des matières


INTRODUCTION ........ 5

Chapitre premier. LES NOMBRES IMAGINAIRES COMME PROBLÈME .... 9

A – Apparition des nombres impossibles ........ 9

1 - Les nombres « impossibles » comme problème au XVI$^e$ siècle ........ 9

*Le triparty en la science des nombres de Nicolas Chuquet* ........ 10

*Les mathématiciens italiens et la résolution d'équations du 3$^e$ et du 4$^e$ degré* ........ 15

*L'*Ars Magna *de Hieronimo Cardano ; « Radix minus »* 19

*L'Algebra de Rafaele Bombelli ; « più di meno e meno di meno »* ........ 22

2 - Éclipse apparente du problème à l'époque de Viète et Harriot ........ 28

3 - Comment le problème ressurgit grâce à la théorie des équations ........ 35

*L'Invention nouvelle en l'algèbre d'Albert Girard* ....... 35

*La Géométrie de René Descartes* ........ 39

B - De la pratique à la théorie ........ 46

1 - Tentatives pour bannir l'« imaginaire » des résultats .. 47

*Abraham de Moivre et sa « formule »* ........ 48

*L'approche de F. Nicole* ........ 52

*- a - Écriture symbolique* ........ 58

*- b - Mode de raisonnement* ........ 59

2 - Tentatives pour décomposer toute fraction en éléments simples ........ 63

*Forme générique de l'imaginaire : $a + b\sqrt{-1}$* ........ 69

3 - Tentatives pour généraliser les logarithmes ........ 79

À propos de la controverse ; le logarithme perd son caractère uniforme ........ 87

4 - Nécessité réelle du nombre imaginaire ........ 94

Chapitre II. CONTRIBUTIONS DE QUELQUES MARGINAUX ........ 97

La représentation des nombres complexes ........ 97

1 - De Wallis à Kühn : le recours à l'image ........ 100

2 – Wessel, un méconnu : analyse de la direction ........ 110

*2-1 Le Strecke, objet de « longueur » et de « direction »* 113
*Définir les « directions impossibles »* ........................... 114
*« Addition de segments »* ............................................ 121
*« Multiplication de segments »* .................................... 124
*« $\sqrt{-1}$ » identifié à « ε »* ............................................... 128
*« Division » et « racines » de « segments »* ................. 133
*« Sur la représentation de la direction d'un rayon dans une sphère »* ........................................................ 135
*Du plan à l'espace* ....................................................... 136
*Wessel : un devancier de Hamilton ?* .......................... 142
*Plusieurs choix sont possibles :* ............................... 143
*Autre raisonnement :* ............................................... 144
3 - Buée : l'idée d'une « Algèbre-langue » ...................... 146
*L'originalité de Buée* ................................................... 147
*L'algèbre : une « langue mathématique »* .................. 149
*Allier la quantité à la qualité* ...................................... 150
*Aperçu de la grammaire de la « langue mathématique »* 152
*« $\sqrt{-1}$ », « signe de perpendicularité ».* .................... 156
*« $\sqrt{-1}$ », « signe purement descriptif »* .......................... 158
4 - Argand, un reconnu : symbolisation des déplacements 162
*L'homme* ...................................................................... 162
*Les préalables* ............................................................. 164
*La brochure de 1806* .................................................... 165
*Des exemples démonstratifs ; le secours du réel détourné* ........................................................................ 166
*La* direction *au secours du* négatif *; comment chasser l'*imaginaire ................................................................. 169
*L'imaginaire trouve sa place* ....................................... 171
*Les « lignes dirigées » gagnent leur liberté ; naissance d'une nouvelle théorie* ................................ 174
*Nouvelle théorie, nouveau vocabulaire, nouveau symbolisme* .................................................................. 178
*Effets des symboles sur le développement mathématique* ............................................................... 181
*Caractérisations et pertinence de la nouvelle théorie* .. 184
*« Multiplier » les « lignes dirigées »* ........................... 187
*La « formule de Moivre »* ............................................. 188
*Comparer et confronter les méthodes* .......................... 190
*Des exemples significatifs* ........................................... 191
*Une observation ; premier bilan* .................................. 193
*Le rôle et la contribution de J. F. Français* ................. 196
*Notation* ................................................................... 197
*Les « symboles imaginaires »* ..................................... 199
*Toujours les « imaginaires »* ........................................ 206
*Intervention de J. D. Gergonne* .................................... 206

*L'Essai de 1813* ........ 209
*Influence de Français sur Argand* ........ 210
*Rendre public le passage à l'espace des résultats confinés au plan* ........ 211
*Les critiques de F.-J. Servois* ........ 214
*Quelques points de vocabulaire et de notation* ........ 217
*état des lieux vers 1814* ........ 220
5 – Warren et Mourey : tentatives de synthèses ........ 221
*Objections élevées contre la représentation géométrique de Warren* ........ 222
*De la difficulté de convaincre* ........ 225
*La réticence de Peacock* ........ 227
*La vraie théorie des quantités négatives et des quantités prétendues imaginaires* ........ 229
*La solution de Mourey* ........ 232
*L'angle directif* ........ 237
*Les nombres directifs* ........ 240
*Surabondance de mots* ........ 241
*Multiplier par un nombre directif* ........ 243
*Une confrontation : Mourey, Argand et Wessel* ........ 245
*Retour aux « imaginaires »* ........ 246

Chapitre III. DEUX APPORTS MAGISTRAUX ........ 249

1 - Gauss : Le plan des « complexes » ........ 249
*Un mathématicien proche de nous* ........ 250
*L'expérience décisive pour le choix de la géométrie possible* ........ 252
*La trajectoire de Céres ; Gauss « astronome praticien »* 253
*L'essor de la cartographie ; le partage de la Terre* ........ 255
*Gauss et les « imaginaires »* ........ 260
*Gauss sort de sa réserve* ........ 263
*Des « nombres complexes »* ........ 264
*Attribuer une « existence objective » aux « imaginaires »* ........ 265
*Une représentation géométrique ; le « plan de Gauss »* 269
2 - Cauchy : de l'expression symbolique aux quantités géométriques ........ 273
*L'entreprise Cauchy* ........ 275
*Des « expressions symboliques » aux « quantités géométriques »* ........ 276
*Les « imaginaires » chez Cauchy* ........ 279
*Un renouveau de rigueur ?* ........ 280
*L'Analyse algébrique* ........ 287
*Des « expressions imaginaires » ou « symboliques »* ... 289

*« Imaginaires » et points du plan* ............................... 292
*La conception « géométrique » des « imaginaires » gagne du terrain* ............................... 296
*Sortir de l'impasse ; échapper à la contradiction* ........ 300
*« Algébrisation » des « imaginaires »* ......................... 302
*La théorie des « équivalences algébriques »* ............... 303
*Des « quantités géométriques »* .................................. 306

Chapitre IV. WILLIAM ROWAN HAMILTON ET LA GÉNÉRALISATION ALGÉBRIQUE ............................... 317

1 - Les mathématiques en Angleterre : le courant novateur ............................... 318
*Une révolution conceptuelle* ............................... 321
*À propos des séries* ............................... 324
*Représenter les racines d'une équation* ............................... 326
*Un legs des XVII^e^ et XVIII^e^ siècles ; des interrogations* ... 329
*L'Algèbre abstraite* ............................... 331
*Le « déclin » de la Science en Angleterre* ............................... 333
*L'*École Algébrique Anglaise ............................... 338
*L'*Algèbre symbolique *de Peacock* ............................... 341
*Le Principe de permanence des formes équivalentes* ... 343
*L'approche de D. F. Gregory* ............................... 345
*A. De Morgan : le fondement de l'algèbre* ............................... 348
*G. Boole : les lois de la pensée* ............................... 350
2 - L'Algèbre comme Science du Temps Pur ............................... 352
*Le « Temps Pur »* ............................... 355
*L'Algébriste : Praticien, Philologue ou Théoricien ?* .. 359
*L'Algèbre : la « Science du Temps Pur »* ............................... 362
*L'*Essai préliminaire et élémentaire ............................... 367
*Du « moment » à la « transition«* ............................... 372
*Des « transitions » aux « nombres »* ............................... 376
*« Multiplier » des « transitions »* ............................... 380
3 - Théorie des Couples Algébriques ............................... 386
*Introduction du « couple »* ............................... 388
*Composition et décomposition des « couples de transitions »* ............................... 390
*« Multiplication » des couples* ............................... 391
*Généralisation du produit à des couples quelconques* . 395
*Introduction des « constantes de multiplication »* ........ 396
*Les opérations sur les « couples de nombres »* ............ 400
*Puissances d'un couple de nombres* ............................... 402
*Racines d'un couple de nombres* ............................... 405
*Une identification attendue* ............................... 409
*Les opérations sur les couples de nombres : bilan* ....... 415

4 - Des Triplets aux Quaternions : une ouverture sur les algèbres modernes ........ 417
*Découverte des quaternions* ........ 421
*Le calcul des triplets* ........ 423
*Le quaternion et ses représentations géométriques* ........ 426
*Au-delà des quaternions* ........ 432

CONCLUSION ........ 439

BIBLIOGRAPHIE ........ 449

INDEX DES PRINCIPAUX SYMBOLES ........ 481

INDEX DES NOMS ........ 489

Mise en page : Exegraph, 31380 Villariès

Achevé d'imprimer sur les presses de l'Imprimerie BARNÉOUD
B.P. 44 - 53960 BONCHAMP-LÈS-LAVAL
Dépôt légal : Août 2003 - N° d'imprimeur : 14221
*Imprimé en France*